21世纪数学基础课系列教材

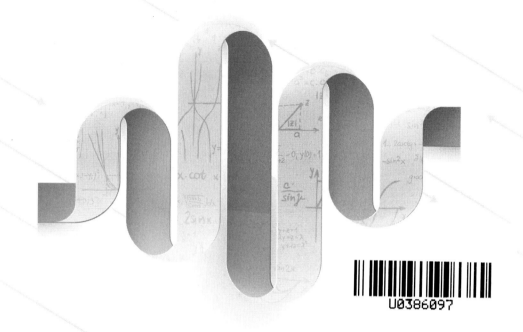

U0386097

数学分析 （下册）

Shuxue Fenxi

总主编　戴斌祥
主　编　郭瑞芝　刘心歌　许友军

中国人民大学出版社

·北京·

前　言

　　数学分析是大学数学专业的一门主干专业基础课，它是大学数学专业最先学习的专业课之一．本课程的目的是为后继课程提供必要的专业基础知识，同时通过本课程的教学，锻炼和提高学生的数学思维能力和严格的逻辑推理能力，帮助学生掌握分析问题和解决问题的思想方法．本课程不仅对许多后继课程的学习有直接影响，而且对学生基本功的训练与良好素质的培养起着十分重要的作用．

　　编写本教材的总的指导思想是"适度"和"实用"．所谓"适度"，是指在教材内容的选取上，强调加强对数学基础知识的学习，力求讲解的内容通俗易懂，同时注重对学生数学文化素质和数学思维能力的培养；所谓"实用"，是指编写的教材要面向一本院校理科专业（特别是数学专业）的本科生，严格按照教学大纲的要求编写教材内容，使教师好用、学生好学，同时适当考虑教材的覆盖面，也能够适合二本院校数学专业本科生的学习与考研之用．

　　本教材的主要特色是：

　　1．在内容的取舍上，遵从"适度"与"实用"的原则，我们尽量运用通俗易懂的语言或以新的视角来诠释和解读所出现的重要概念和基本定理的证明方法与思路；同时，在本教材中我们对一些内容做了适当的修改和调整，如在第二章中我们添加了数列极限计算中常用到的斯托尔茨公式；由于课时的限制，一些在课堂上很少介绍的内容（如 n 重积分与向量函数的微积分学等）没有出现在我们的教材中，而对上、下极限和达布上、下和等内容做了较为详细的介绍．

　　2．为了注重对学生数学文化素质和数学思维能力的培养，我们在每一章的开头都有一个"导入案例"，通过与本章内容有关的小故事、历史、生活实例、应用实例等，引出与本章知识点相关的问题，从而导出本章的重点，激发学生的兴趣．同时为了便于学生的复习，我们在每一章的最后给出了"本章小结"．

　　3．数学分析的习题可分为较为抽象的证明题和较为具体的计算题，证明题往往用到数学分析的较为抽象的一般性定理及其衍生的思想方法，而计算题往往需要一些特殊的技巧．学好数学分析离不开做一定量的练习题，做题过程是一个积累和提高的过程，不但有利于理解和掌握数学分析的概念、理论和方法，还有利于数学思维能力的培养和提高．在本教材中，我们按照循序渐进与综合应用相结合的思想，在每一节精心挑选了一些基本的练习题，而在每一章之后准备了一些有一定难度的综合练习题．

　　本教材的上册为实数理论、极限理论与一元函数的微积分学部分；下册为级数理论、多元函数的极限与微积分学部分. 第一、二章由戴斌祥执笔，第三、四、五、六章由黄斌执笔，第七、八、九、十章由舒小保执笔，第十一、十六、十七、十八章由许友军执笔，第十二、十三、十四、十五章由刘心歌执笔，第十九、二十、二十一、二十二章由郭瑞芝执笔，戴斌祥完成统稿. 本教材在编写过程中得到了中南大学本科生院本科教材建设基金的资助和中国人民大学出版社的支持，也得到了中南大学、湖南大学、湖南师范大学、长沙理工大学、南华大学等许多院校的大力协助，在此一并表示感谢.

　　教材中难免有不妥之处，希望使用本教材的教师和学生能提出宝贵的意见和建议.

编者

2020 年 5 月 1 日

目　录

第十二章

数项级数

本章要点

1. 数项级数的定义，数项级数的部分和数列，数项级数的收敛和发散，级数收敛的必要条件，级数收敛的柯西准则，收敛级数的基本性质；

2. 正项级数收敛的主要判别法：比较判别法，比式判别法，根式判别法，积分判别法及拉贝判别法；

3. 交错级数的莱布尼茨判别法，一般项级数的绝对收敛与条件收敛，数项级数的乘积，阿贝尔判别法和狄利克雷判别法.

导几案例

无穷级数是数学分析的一个重要组成部分，其理论具有悠久的历史. 在古希腊时期，无穷级数在希腊数学中就出现过，希腊人试图用有限和来代替无穷和. **阿基米德**在求抛物线弓形面积的方法中使用了几何级数，并且求出了它的和. 到了中世纪，无穷级数引起哲学家与数学家对"无穷"的兴趣，又促使他们就一些明显的悖论进行激烈的争论，其中最杰出的代表人物是**奥雷姆**(Oresme)，他明确指出当公比大于等于 1 时几何级数发散；当公比小于 1 时几何级数收敛. **休塞特**(Swineshead) 借助于运动叙述并解决了这样一个问题：如果一个质点在某段时间的前一半时间内以初始速度匀速运动，在接下来四分之一的时间内以两倍的初始速度运动，在随后的八分之一时间内以三倍的初始速度运动，…，依此不断继续下去，则这个质点在整个这段时间的平均速度等于初始速度的两倍. 显然，如果我们把这段时间的长度和初始速度都取为一个单位，则上述问题等价于数项级数 $\frac{1}{2}+\frac{2}{4}+\frac{3}{8}+\cdots+\frac{n}{2^n}+\cdots=2$. 法国著名数学家**韦达**（Vieta）给出了一个无穷几何级数的求和公式. 1650 年，**门戈里**（Mengoli）在研究图形数的倒数的求和问题时证明了调和级数 $\sum\limits_{n=1}^{\infty}\frac{1}{n}$ 的发散性. **莱布尼茨**解决了**惠更斯**（Huygens）提出的 $\sum\limits_{n=1}^{\infty}\frac{1}{n(n+1)}$ 的求和问题，还得出了 $\sum\limits_{n=1}^{\infty}(-1)^{n-1}\frac{1}{2n-1}=\frac{\pi}{4}$. **雅各布·伯努利**(Jacob Bernoulli) 证明了调和级数发散且无穷

级数 $\sum\limits_{n=1}^{\infty}\dfrac{1}{n^2}$ 的和是有限数. 1737 年, **欧拉**（Euler）成功地得到 $\sum\limits_{n=1}^{\infty}\dfrac{1}{n^2}$ 的和是 $\dfrac{\pi^2}{6}$. 达朗贝尔(D'Alembert)提出了数项级数绝对收敛的判别法. 1742 年苏格兰数学家**麦克劳林**给出了无穷级数收敛的积分判别法.

无穷级数在函数的表示和数值分析等方面具有广泛的应用. 无穷级数分为数项级数和函数项级数. 本章主要介绍数项级数的一些基本概念, 基于数列的极限理论, 研究数项级数的基本性质, 给出数项级数收敛和发散的相关判别方法, 为函数项级数的研究奠定基础.

§12.1 级数的敛散性

在初等数学中, 有限个实数相加, 其和仍然是一个实数, 而且运算过程中允许使用结合律和交换律, 那么无限个实数相加会是什么结果? 无限个实数相加是否存在"和"? 如果"和"存在, 则"和"等于什么? 因此, 有必要建立"无限和"自身的严密的数学理论.

定义 12.1 设 $\{u_n\}_{n=1}^{\infty}$ 是一个给定的实数数列, 依次用"＋"号将其各项连接起来的表达式

$$u_1 + u_2 + u_3 + \cdots + u_n + \cdots \tag{12.1}$$

称为一个**数项级数**或**无穷级数**, 简称**级数**, 记为 $\sum\limits_{n=1}^{\infty} u_n$ 或 $\sum u_n$, 其中 u_n 称为该级数的**通项**或**一般项**.

数项级数式(12.1) 只是一种形式上的相加. 这个和的确切意义是什么?

令

$$s_n = u_1 + u_2 + \cdots + u_n = \sum_{i=1}^{n} u_i, \quad n = 1, 2, \cdots, \tag{12.2}$$

称 s_n 为级数 $\sum\limits_{n=1}^{\infty} u_n$ 的**前 n 项的和**或简称**部分和**. 数列 $\{s_n\}_{n=1,2,\cdots}$ 称为级数 $\sum\limits_{n=1}^{\infty} u_n$ 的**部分和数列**.

定义 12.2 若级数 $\sum\limits_{n=1}^{\infty} u_n$ 的部分和数列 $\{s_n\}$ 收敛于有限数 s, 即 $\lim\limits_{n\to\infty} s_n = s$, 则称数项级数 $\sum\limits_{n=1}^{\infty} u_n$ **收敛**, 极限值 s 叫作级数 $\sum\limits_{n=1}^{\infty} u_n$ 的**和**, 并记成 $\sum\limits_{n=1}^{\infty} u_n = s$, 或 $s = u_1 + u_2 + \cdots + u_n + \cdots$. 若部分和数列 $\{s_n\}$ 发散, 则称数项级数 $\sum\limits_{n=1}^{\infty} u_n$ **发散**.

由定义 12.2 可知, 当级数收敛时, 记号 $\sum\limits_{n=1}^{\infty} u_n$ 也表示该级数的和, 但发散级数 $\sum\limits_{n=1}^{\infty} u_n$ 只是一个形式上的记号, 不代表任何实数. 研究数项级数 $\sum\limits_{n=1}^{\infty} u_n$ 的敛散性本质上是研究数项级数 $\sum\limits_{n=1}^{\infty} u_n$ 的部分和数列 $\{s_n\}$ 的敛散性, 即数项级数收敛（发散）等价于

$\lim\limits_{n \to \infty} s_n = s$ 存在(不存在).

例 12.1　讨论几何级数（也称**等比级数**）

$$\sum_{n=0}^{\infty} q^n = 1 + q + q^2 + \cdots + q^n + \cdots \tag{12.3}$$

的敛散性.

解　考察几何级数 $\sum\limits_{n=0}^{\infty} q^n$ 的部分和数列$\{s_n\}$.

当 $q = 1$ 时，前 n 项部分和 $s_n = n$，$\lim\limits_{n \to \infty} s_n = \infty$，此时几何级数 $\sum\limits_{n=0}^{\infty} q^n$ 发散到无穷.

当 $q = -1$ 时，部分和数列 $s_1 = 1$，$s_2 = 0$，$s_3 = 1$，$\cdots$，$s_{2k-1} = 1$，$s_{2k} = 0$，$\cdots$，部分和数列 $\{s_n\}$ 的奇、偶子列收敛于不同的数. 从而$\lim\limits_{n \to \infty} s_n$ 不存在. 因此，几何级数 $\sum\limits_{n=0}^{\infty} q^n$ 发散.

现设 $|q| \neq 1$，则 $s_n = 1 + q + q^2 + \cdots + q^{n-1} = \dfrac{1 - q^n}{1 - q} = \dfrac{1}{1-q} - \dfrac{q^n}{1-q}$，

(1) 当 $|q| < 1$ 时，$\lim\limits_{n \to \infty} s_n = \lim\limits_{n \to \infty} \left(\dfrac{1}{1-q} - \dfrac{q^n}{1-q} \right) = \dfrac{1}{1-q}$，几何级数 $\sum\limits_{n=0}^{\infty} q^n$ 收敛，其和为 $\dfrac{1}{1-q}$；

(2) 当 $|q| > 1$ 时，因为 $\lim\limits_{n \to \infty} q^n = \infty$，从而 $\lim\limits_{n \to \infty} s_n = \lim\limits_{n \to \infty} \left(\dfrac{1}{1-q} - \dfrac{q^n}{1-q} \right) = \infty$，几何级数 $\sum\limits_{n=0}^{\infty} q^n$ 发散到无穷.

综上所述，当 $|q| < 1$ 时，几何级数 $\sum\limits_{n=0}^{\infty} q^n$ 收敛，其和为 $\dfrac{1}{1-q}$；当 $|q| \geqslant 1$ 时，几何级数 $\sum\limits_{n=0}^{\infty} q^n$ 发散.

例 12.2　讨论级数 $\sum\limits_{n=1}^{\infty} \dfrac{1}{(2n-1)(2n+1)}$ 的敛散性.

解　对于任意正整数 n，前 n 项部分和

$$
\begin{aligned}
s_n &= \frac{1}{1 \times 3} + \frac{1}{3 \times 5} + \cdots + \frac{1}{(2n-1)(2n+1)} \\
&= \sum_{k=1}^{n} \frac{1}{(2k-1)(2k+1)} \\
&= \sum_{k=1}^{n} \frac{1}{2} \left(\frac{1}{2k-1} - \frac{1}{2k+1} \right) \\
&= \frac{1}{2} \left(1 - \frac{1}{3} \right) + \frac{1}{2} \left(\frac{1}{3} - \frac{1}{5} \right) + \cdots + \frac{1}{2} \left(\frac{1}{2n-1} - \frac{1}{2n+1} \right) \\
&= \frac{1}{2} \left(1 - \frac{1}{2n+1} \right).
\end{aligned}
$$

由于

$$\lim_{n\to\infty}s_n=\lim_{n\to\infty}\frac{1}{2}\left(1-\frac{1}{2n+1}\right)=\frac{1}{2},$$

因此级数 $\sum\limits_{n=1}^{\infty}\frac{1}{(2n-1)(2n+1)}$ 收敛，且 $\sum\limits_{n=1}^{\infty}\frac{1}{(2n-1)(2n+1)}=\frac{1}{2}.$

例 12.3　讨论级数 $\sum\limits_{n=1}^{\infty}\ln\left(1+\frac{1}{n}\right)$ 的敛散性.

解　因为通项 $u_n=\ln\left(1+\frac{1}{n}\right)=\ln(n+1)-\ln n$，从而

$s_1=\ln2,$

$s_2=\ln2+(\ln3-\ln2)=\ln3,$

$s_n=\ln2+(\ln3-\ln2)+(\ln4-\ln3)+\cdots+(\ln(n+1)-\ln n)=\ln(n+1).$

因此 $\lim\limits_{n\to\infty}s_n=\lim\limits_{n\to\infty}\ln(n+1)=+\infty.$ 级数 $\sum\limits_{n=1}^{\infty}\ln\left(1+\frac{1}{n}\right)$ 发散到无穷.

定理 12.1（级数收敛的必要条件）　若级数 $\sum\limits_{n=1}^{\infty}u_n$ 收敛，则 $\lim\limits_{n\to\infty}u_n=0$，即收敛级数的通项一定是无穷小量.

证明　设级数 $\sum\limits_{n=1}^{\infty}u_n$ 的前 n 项部分和为 s_n. 因为级数 $\sum\limits_{n=1}^{\infty}u_n$ 收敛，故不妨设 $\lim\limits_{n\to\infty}s_n=s$. 考察级数的一般项与部分和数列的关系知：$u_n=s_n-s_{n-1}$，$n=1$，$2$，$\cdots$，从而

$$\lim_{n\to\infty}u_n=\lim_{n\to\infty}(s_n-s_{n-1})=s-s=0.$$

证毕.

由定理 12.1 可知，若级数的通项不趋于 0，即 $\lim\limits_{n\to\infty}u_n\neq0$，则该级数一定发散. 如级数 $\sum\limits_{n=1}^{\infty}\left(1-\frac{1}{n+1}\right)$ 发散，因为 $\lim\limits_{n\to\infty}u_n=\lim\limits_{n\to\infty}1-\frac{1}{n+1}=1\neq0.$ 但一般项趋于 0 只是级数收敛的必要条件，而非充分条件. 如例 12.3 中级数的一般项满足 $\lim\limits_{n\to\infty}u_n=\lim\limits_{n\to\infty}\ln\left(1+\frac{1}{n}\right)=0$，但是该级数发散.

根据级数 $\sum\limits_{n=1}^{\infty}u_n$ 的收敛性与其部分和数列 $\{s_n\}$ 极限的存在性的关系及数列极限存在的柯西准则，容易得出下面级数收敛的柯西准则.

定理 12.2（级数收敛的柯西准则）　级数 $\sum\limits_{n=1}^{\infty}u_n$ 收敛的充分必要条件是：对任给的 $\varepsilon>0$，总存在正整数 N，对任给的 $n>N$ 与任意的正整数 p，都有

$$\left|\sum_{k=n+1}^{n+p}u_k\right|=|u_{n+1}+u_{n+2}+\cdots+u_{n+p}|<\varepsilon.$$

证明　必要性：若级数 $\sum\limits_{n=1}^{\infty}u_n$ 收敛，则其部分和数列 $\{s_n\}$ 的极限存在，根据数列极

限存在的柯西准则，对 $\forall\varepsilon>0$，存在正整数 N，对任意的 $n>N$ 与任意的正整数 p，都有 $|s_{n+p}-s_n|<\varepsilon$，即

$$\left|\sum_{k=n+1}^{n+p}u_k\right|=|u_{n+1}+u_{n+2}+\cdots+u_{n+p}|<\varepsilon.$$

充分性：若对任给的 $\varepsilon>0$，总存在正整数 N，对任给的 $n>N$ 与任意的正整数 p，都有 $\left|\sum_{k=n+1}^{n+p}u_k\right|=|u_{n+1}+u_{n+2}+\cdots+u_{n+p}|<\varepsilon$，则 $|s_{n+p}-s_n|<\varepsilon$．由数列极限存在的柯西准则知，部分和数列 $\{s_n\}$ 的极限存在，因此，级数 $\sum_{n=1}^{\infty}u_n$ 收敛．证毕.

根据级数收敛的柯西准则，则可写出其逆否命题.

级数 $\sum_{n=1}^{\infty}u_n$ 发散的充分必要条件是：存在某个常数 $\varepsilon_0>0$，对任给的正整数 N，总存在正整数 $n_0>N$ 与正整数 p_0，使得

$$\left|\sum_{k=n_0+1}^{n_0+p_0}u_k\right|=|u_{n_0+1}+u_{n_0+2}+\cdots+u_{n_0+p_0}|\geqslant\varepsilon_0.$$

例 12.4 证明级数 $\sum_{n=1}^{\infty}\frac{1}{n^2}$ 收敛，而级数 $\sum_{n=1}^{\infty}\frac{1}{n}$ 发散.

证明 （1）令 $u_n=\frac{1}{n^2}$．$\forall\varepsilon>0$，取 $N=\left[\frac{1}{\varepsilon}\right]$，当 $n>N$ 时，对任给的正整数 p，有

$$\left|\sum_{k=n+1}^{n+p}u_k\right|=\left|\frac{1}{(n+1)^2}+\frac{1}{(n+2)^2}+\cdots+\frac{1}{(n+p)^2}\right|$$
$$<\frac{1}{n(n+1)}+\frac{1}{(n+1)(n+2)}+\cdots+\frac{1}{(n+p-1)(n+p)}$$
$$=\frac{1}{n}-\frac{1}{n+1}+\frac{1}{n+1}-\frac{1}{n+2}+\cdots+\frac{1}{n+p-1}-\frac{1}{n+p}$$
$$=\frac{1}{n}-\frac{1}{n+p}<\frac{1}{n}<\varepsilon.$$

根据级数收敛的柯西准则知，级数 $\sum_{n=1}^{\infty}\frac{1}{n^2}$ 收敛.

（2）令 $u_n=\frac{1}{n}$．取 $\varepsilon_0=\frac{1}{3}$，对任给的正整数 N，取 $n_0=2N$，$p_0=N$，则

$$\left|\sum_{k=n_0+1}^{n_0+p_0}u_k\right|=\left|\frac{1}{n_0+1}+\frac{1}{n_0+2}+\cdots+\frac{1}{n_0+p_0}\right|$$
$$=\frac{1}{2N+1}+\frac{1}{2N+2}+\cdots+\frac{1}{2N+N}$$
$$>\frac{N}{3N}=\frac{1}{3}=\varepsilon_0$$

故 $\sum\limits_{n=1}^{\infty}\dfrac{1}{n}$ 发散. 证毕.

我们称级数 $\sum\limits_{n=1}^{\infty}\dfrac{1}{n}$ 为**调和级数**，上例说明了调和级数发散.

利用数列极限的性质，可得收敛级数的基本性质.

定理 12.3　设级数 $\sum\limits_{n=1}^{\infty}u_n$ 与 $\sum\limits_{n=1}^{\infty}v_n$ 都收敛，则对任意的常数 α 和 β，级数 $\sum\limits_{n=1}^{\infty}(\alpha u_n+\beta v_n)$ 亦收敛，且 $\sum\limits_{n=1}^{\infty}(\alpha u_n+\beta v_n)=\alpha\sum\limits_{n=1}^{\infty}u_n+\beta\sum\limits_{n=1}^{\infty}v_n.$

证明　设级数 $\sum\limits_{n=1}^{\infty}u_n$ 与 $\sum\limits_{n=1}^{\infty}v_n$ 的部分和分别为 s_n 和 σ_n，且 $\lim\limits_{n\to\infty}s_n=s$，$\lim\limits_{n\to\infty}\sigma_n=\sigma.$ $\sum\limits_{n=1}^{\infty}(\alpha u_n+\beta v_n)$ 的部分和记为 s_n^*，则

$$s_n^*=\sum_{k=1}^{n}(\alpha u_k+\beta v_k)=\alpha\sum_{k=1}^{n}u_k+\beta\sum_{k=1}^{n}v_k=\alpha s_n+\beta\sigma_n.$$

由 $\lim\limits_{n\to\infty}s_n=s$，$\lim\limits_{n\to\infty}\sigma_n=\sigma$ 知 $\lim\limits_{n\to\infty}s_n^*=\alpha\lim\limits_{n\to\infty}s_n+\beta\lim\limits_{n\to\infty}\sigma_n$ 存在，从而级数 $\sum\limits_{n=1}^{\infty}(\alpha u_n+\beta v_n)$ 收敛，且

$$\sum_{n=1}^{\infty}(\alpha u_n+\beta v_n)=\lim_{n\to\infty}s_n^*=\alpha\lim_{n\to\infty}s_n+\beta\lim_{n\to\infty}\sigma_n=\alpha\sum_{n=1}^{\infty}u_n+\beta\sum_{n=1}^{\infty}v_n.$$

证毕.

定理 12.4　设级数 $\sum\limits_{n=1}^{\infty}u_n$ 收敛，则对其任意项加括号后所成的级数仍收敛，且其和不变.

证明　设 $\sum\limits_{n=1}^{\infty}u_n$ 收敛于 s，其部分和数列为 $\{s_n\}$，则 $\lim\limits_{n\to\infty}s_n=s.$ 对其任意加上括号后所成的级数设为

$$(u_1+\cdots+u_{n_1})+(u_{n_1+1}+\cdots+u_{n_2})+(u_{n_2+1}+\cdots+u_{n_3})+\cdots.$$

令 $v_1=u_1+\cdots+u_{n_1}$，$v_2=u_{n_1+1}+\cdots+u_{n_2}$，$\cdots$，$v_k=u_{n_{k-1}+1}+\cdots+u_{n_k}$，$\cdots$. 下面证明 $\sum\limits_{n=1}^{\infty}v_n$ 收敛于 s. 设 $\sum\limits_{n=1}^{\infty}v_n$ 的部分和数列为 $\{\sigma_n\}$，则

$$\sigma_1=s_{n_1}，\sigma_2=s_{n_2}，\cdots,\sigma_k=s_{n_k}，\cdots.$$

从而 $\{\sigma_k\}$ 是 $\{s_n\}$ 的一个子列，故 $\lim\limits_{k\to\infty}\sigma_k=\lim\limits_{k\to\infty}s_{n_k}=\lim\limits_{n\to\infty}s_n=s$，即 $\sum\limits_{n=1}^{\infty}v_n$ 收敛于 s. 证毕.

注　定理 12.4 说明收敛级数满足加法的结合律. 但收敛级数去括号后所成的级数不一定收敛. 例如 $(1-1)+(1-1)+\cdots$ 收敛，但级数去括号后所成的级数 $1-1+1-1+\cdots$ 发散.

由定理 12.4 易得如下推论：

推论 12.1　如果级数加括号后所成的新级数发散，则原级数也发散.

这说明收敛的级数加括号后仍收敛，发散的级数去括号后仍发散.

由级数收敛的柯西准则，级数 $\sum\limits_{n=1}^{\infty} u_n$ 是否收敛取决于：对任给的 $\varepsilon > 0$，是否存在充分大的正整数 N，对任给的 $n > N$ 与任意的正整数 p，都满足

$$|u_{n+1} + u_{n+2} + \cdots + u_{n+p}| < \varepsilon.$$

从而一个级数的收敛性与级数前面的有限项无关. 因此可得如下定理：

定理 12.5　去掉、增加或改变级数的有限项不改变级数的敛散性，但可能改变收敛级数的和.

例如，当 $|q| < 1$ 时，等比级数 $\sum\limits_{n=0}^{\infty} q^n$ 收敛，且其和为 $\sum\limits_{n=0}^{\infty} q^n = \dfrac{1}{1-q}$；去掉第 1 项后，级数 $\sum\limits_{n=1}^{\infty} q^n$ 仍然是收敛的，但其和为 $\sum\limits_{n=1}^{\infty} q^n = \dfrac{q}{1-q}$.

由定理 12.5 可知，若级数 $\sum\limits_{n=1}^{\infty} u_n$ 收敛，设 $\sum\limits_{n=1}^{\infty} u_n$ 收敛于 s，其部分和数列为 $\{s_n\}$，则

$$\sum_{k=n+1}^{\infty} u_k = u_{n+1} + u_{n+2} + \cdots$$

仍收敛，且其和为 $R_n = s - s_n$. 我们称 $\sum\limits_{k=n+1}^{\infty} u_k$ 是级数 $\sum\limits_{n=1}^{\infty} u_n$ 的第 n 个**余项**（简称余项）. 显然，$\sum\limits_{n=1}^{\infty} u_n$ 收敛于 s 的充分必要条件是 $\lim\limits_{n \to \infty} R_n = 0$.

 习题 12.1

1. 判断下列级数的敛散性，若收敛，则求其和.

(1) $1 - \dfrac{1}{2} + \dfrac{1}{4} - \dfrac{1}{8} + \cdots + \dfrac{(-1)^{n-1}}{2^{n-1}} + \cdots$；

(2) $\dfrac{1}{1 \times 4} + \dfrac{1}{4 \times 7} + \cdots + \dfrac{1}{(3n-2)(3n+1)} + \cdots$；

(3) $\sum\limits_{n=1}^{\infty} \left(\dfrac{1}{3^n} - \dfrac{1}{2^n} \right)$；

(4) $\dfrac{1}{\sqrt{2}-1} - \dfrac{1}{\sqrt{2}+1} + \dfrac{1}{\sqrt{3}-1} - \dfrac{1}{\sqrt{3}+1} + \cdots + \dfrac{1}{\sqrt{n}-1} - \dfrac{1}{\sqrt{n}+1} + \cdots$；

(5) $\sum\limits_{n=1}^{\infty} \dfrac{\sqrt[n]{n}}{\left(1 + \dfrac{1}{n} \right)^n}$；

(6) $\sum\limits_{n=1}^{\infty} \sin \dfrac{n\pi}{6}$；

(7) $\dfrac{1}{1\times 6}+\dfrac{1}{6\times 11}+\dfrac{1}{11\times 16}+\cdots+\dfrac{1}{(5n-4)(5n+1)}+\cdots$;

(8) $\displaystyle\sum_{n=1}^{\infty}\dfrac{1}{n(n+1)(n+2)}$.

2. 证明下列级数是收敛的，并求和.

(1) $q\sin\alpha+q^2\sin 2\alpha+\cdots+q^n\sin n\alpha+\cdots\ (|q|<1)$;

(2) $q\cos\alpha+q^2\cos 2\alpha+\cdots+q^n\cos n\alpha+\cdots\ (|q|<1)$;

(3) $\displaystyle\sum_{n=1}^{\infty}\dfrac{\cos\dfrac{2n\pi}{3}}{2^n}$.

3. 利用柯西准则，讨论下列级数的敛散性.

(1) $\dfrac{\sin x}{2}+\dfrac{\sin 2x}{2^2}+\cdots+\dfrac{\sin nx}{2^n}+\cdots$;

(2) $1+\dfrac{1}{2}-\dfrac{1}{3}+\dfrac{1}{4}+\dfrac{1}{5}-\dfrac{1}{6}+\cdots$;

(3) $\displaystyle\sum_{n=1}^{\infty}\dfrac{\sin 2^n}{2^n}$;

(4) $\displaystyle\sum_{n=1}^{\infty}\dfrac{(-1)^n}{n}$.

4. 若当 $p=1$，2，3，$\cdots$时，$\lim\limits_{n\to\infty}(a_{n+1}+a_{n+2}+\cdots+a_{n+p})=0$，问级数 $\displaystyle\sum_{n=1}^{\infty}a_n$ 是收敛的吗?

5. 对固定的 $n_0\in\mathbf{Z}^+$，证明级数 $\displaystyle\sum_{n=1}^{\infty}\dfrac{1}{n(n+n_0)}$ 收敛，并求它的和.

6. 设 $u_n>0$，$\forall n\in\mathbf{N}$，$\displaystyle\sum_{n=1}^{\infty}u_n$ 收敛，其余项 $r_n=\displaystyle\sum_{k=n+1}^{\infty}u_k$，证明级数 $\displaystyle\sum_{n=1}^{\infty}\dfrac{u_n}{\sqrt{r_{n-1}}+\sqrt{r_n}}$ 收敛.

§12.2 正项级数

数项级数的敛散性可通过其部分和数列的敛散性来判别，也可利用柯西准则来判别. 但是对于一些具体的级数，直接用柯西准则有时不方便，甚至相当困难，因此有必要寻找新的判别方法.

如果数项级数 $\displaystyle\sum_{n=1}^{\infty}u_n$ 中各项的符号都相同，则称其为**同号级数**. 如果级数 $\displaystyle\sum_{n=1}^{\infty}u_n$ 中各项 $u_n>0$（或 $u_n<0$），则称其为**正项级数**（或**负项级数**）. 对于同号级数，只研究正项级数即可，因为负项级数只需乘以 -1 就转化为正项级数了.

设 $\{s_n\}$ 为正项级数 $\displaystyle\sum_{n=1}^{\infty}u_n$ 的部分和数列，因为 $s_n-s_{n-1}=u_n>0$，所以正项级数的部

分和数列 $\{s_n\}$ 为单调递增数列，根据单调有界性定理，正项级数 $\sum\limits_{n=1}^{\infty} u_n$ 的敛散性取决于部分和是否有界. 因此可得如下定理.

定理 12.6（基本判别法） 正项级数 $\sum\limits_{n=1}^{\infty} u_n$ 收敛的充分必要条件是它的部分和数列 $\{s_n\}$ 有上界.

由定理 12.6 可以得到：若正项级数发散，则它一定发散到正无穷大.

（一）比较判别法

定理 12.7 比较判别法（比较原则）

设级数 $\sum\limits_{n=1}^{\infty} u_n$ 和 $\sum\limits_{n=1}^{\infty} v_n$ 都为正项级数，若存在正整数 N，对任意 $n > N$，都有 $u_n \leqslant v_n$，则

(1) 当 $\sum\limits_{n=1}^{\infty} v_n$ 收敛时，$\sum\limits_{n=1}^{\infty} u_n$ 收敛；

(2) 当 $\sum\limits_{n=1}^{\infty} u_n$ 发散时，$\sum\limits_{n=1}^{\infty} v_n$ 发散.

证明 (1) 由于改变一个级数的有限项不会改变原级数的敛散性，因此不妨设当 $n \geqslant 1$ 时，都有 $u_n \leqslant v_n$. 设 $\sum\limits_{n=1}^{\infty} u_n$ 和 $\sum\limits_{n=1}^{\infty} v_n$ 的部分和数列分别为 $\{s_n\}$ 和 $\{\sigma_n\}$，则 $s_n \leqslant \sigma_n$. 因正项级数 $\sum\limits_{n=1}^{\infty} v_n$ 收敛，则其部分和数列 $\{\sigma_n\}$ 有上界，从而正项级数 $\sum\limits_{n=1}^{\infty} u_n$ 的部分和数列 $\{s_n\}$ 有上界. 根据定理 12.6，正项级数 $\sum\limits_{n=1}^{\infty} u_n$ 收敛.

(2) 为 (1) 的逆否命题，显然成立. 证毕.

从定理 12.7 的证明过程中易见：若 $\sum\limits_{n=1}^{\infty} u_n$ 和 $\sum\limits_{n=1}^{\infty} v_n$ 都为正项级数，且存在正整数 N 和正常数 c，对任意 $n > N$，都有 $u_n \leqslant cv_n$，则定理 12.7 的结论仍然成立.

例 12.5 判别正项级数 $\sum\limits_{n=1}^{\infty} \sin \dfrac{\pi}{(n+1)^2}$ 的敛散性.

解 当 $n \geqslant 1$ 时，$\sin \dfrac{\pi}{(n+1)^2} \leqslant \dfrac{\pi}{n^2}$，因为 $\sum\limits_{n=1}^{\infty} \dfrac{1}{n^2}$ 收敛，根据正项级数的比较原则，则 $\sum\limits_{n=1}^{\infty} \sin \dfrac{\pi}{(n+1)^2}$ 收敛.

例 12.6 考察级数 $\sum\limits_{n=1}^{\infty} \dfrac{1}{n^p}$（我们常称之为 **$p$-级数**，其中 p 是实常数）的敛散性.

解 当 $p \leqslant 0$ 时，由于 $\lim\limits_{n \to \infty} \dfrac{1}{n^p} \neq 0$，根据级数收敛的必要条件知，$\sum\limits_{n=1}^{\infty} \dfrac{1}{n^p}$ 发散.

当 $0 < p \leqslant 1$ 时，由于 $\dfrac{1}{n^p} \geqslant \dfrac{1}{n}$，而调和级数 $\sum\limits_{n=1}^{\infty} \dfrac{1}{n}$ 发散，根据比较原则得，$\sum\limits_{n=1}^{\infty} \dfrac{1}{n^p}$ 发散.

当 $p>1$ 时，考察级数的前 2^k 项的部分和：

$$s_{2^k} = 1 + \frac{1}{2^p} + \frac{1}{3^p} + \cdots + \frac{1}{(2^k)^p}$$

$$= 1 + \left(\frac{1}{2^p} + \frac{1}{3^p}\right) + \left(\frac{1}{4^p} + \frac{1}{5^p} + \frac{1}{6^p} + \frac{1}{7^p}\right) + \cdots$$

$$+ \left(\frac{1}{(2^{k-1})^p} + \frac{1}{(2^{k-1}+1)^p} + \cdots + \frac{1}{(2^k-1)^p}\right) + \frac{1}{(2^k)^p}$$

$$< 1 + \left(\frac{1}{2^p} + \frac{1}{2^p}\right) + \left(\frac{1}{4^p} + \frac{1}{4^p} + \frac{1}{4^p} + \frac{1}{4^p}\right) + \cdots$$

$$< 1 + \frac{1}{2^{p-1}} + \left(\frac{1}{2^{p-1}}\right)^2 + \cdots + \left(\frac{1}{2^{p-1}}\right)^{k-1} + \left(\frac{1}{2^{p-1}}\right)^k$$

$$= \frac{1 - \left(\frac{1}{2^{p-1}}\right)^{k+1}}{1 - \frac{1}{2^{p-1}}} \leqslant \frac{1}{1 - \frac{1}{2^{p-1}}},$$

知部分和数列 $\{s_{2^k}\}$ 有上界. 而对任意的自然数 n，存在 k，使得 $n \leqslant 2^k$. 因此有 $s_n \leqslant s_{2^k}$，即部分和数列 $\{s_n\}$ 有上界. 根据基本判别法知，$\sum\limits_{n=1}^{\infty} \frac{1}{n^p}$ 收敛.

综上所知，当 $p \leqslant 1$ 时，p-级数 $\sum\limits_{n=1}^{\infty} \frac{1}{n^p}$ 发散；当 $p>1$ 时，p-级数 $\sum\limits_{n=1}^{\infty} \frac{1}{n^p}$ 收敛.

注 从比较判别法我们看到，其关键是要找到一个能够做比较的正项级数（其敛散性是确定的），我们称之为**比较级数**. 通常选作比较级数的有：等比级数 $\sum\limits_{n=0}^{\infty} q^n$，$p$-级数 $\sum\limits_{n=1}^{\infty} \frac{1}{n^p}$ 等.

关于比较判别法有下面的极限形式.

定理 12.8（比较判别法的极限形式） 设 $\sum\limits_{n=1}^{\infty} u_n$ 与 $\sum\limits_{n=1}^{\infty} v_n$ 是两个正项级数，且 $\lim\limits_{n \to \infty} \frac{u_n}{v_n} = l (0 \leqslant l \leqslant +\infty)$.

(1) 若 $0 < l < +\infty$，则两个级数具有相同的敛散性；

(2) 若 $l = 0$，且 $\sum\limits_{n=1}^{\infty} v_n$ 收敛，则 $\sum\limits_{n=1}^{\infty} u_n$ 收敛；

(3) 若 $l = +\infty$，且 $\sum\limits_{n=1}^{\infty} v_n$ 发散，则 $\sum\limits_{n=1}^{\infty} u_n$ 发散.

证明 (1) 当 $0 < l < +\infty$ 时，由数列极限的定义可知，对 $\varepsilon = \frac{l}{2}$，存在正整数 N，当 $n > N$ 时，有 $\left|\frac{u_n}{v_n} - l\right| < \varepsilon$，即

$$\frac{l}{2} v_n < u_n < \frac{3l}{2} v_n. \tag{12.4}$$

由定理 12.7 和不等式(12.4) 可知，结论（1）成立.

（2）当 $l=0$ 时，由数列极限的定义可知，对任给的 $\varepsilon>0$，存在正整数 N，当 $n>N$ 时 $0<\dfrac{u_n}{v_n}<\varepsilon$，即 $u_n<\varepsilon v_n$. 由于 $\displaystyle\sum_{n=1}^{\infty}v_n$ 收敛，根据正项级数的比较原则，$\displaystyle\sum_{n=1}^{\infty}u_n$ 收敛.

（3）当 $l=+\infty$ 时，则对任给的正数 $G>0$，存在正整数 N，当 $n>N$ 时，都有 $\dfrac{u_n}{v_n}>G$，即 $u_n>Gv_n$，根据正项级数的比较原则，若 $\displaystyle\sum_{n=1}^{\infty}v_n$ 发散，则 $\displaystyle\sum_{n=1}^{\infty}u_n$ 发散. 证毕.

例 12.7　判别级数 $\displaystyle\sum_{n=1}^{\infty}2^n\sin\dfrac{\alpha}{3^n}$ $(0<\alpha<\pi)$ 的敛散性.

解　因为

$$\lim_{n\to\infty}\frac{2^n\sin\dfrac{\alpha}{3^n}}{\left(\dfrac{2}{3}\right)^n\alpha}=\lim_{n\to\infty}\frac{\alpha\cdot\dfrac{2^n}{3^n}}{\left(\dfrac{2}{3}\right)^n\alpha}=1,$$

又 $\displaystyle\sum_{n=1}^{\infty}\left(\dfrac{2}{3}\right)^n\alpha$ 是公比为 $\dfrac{2}{3}<1$ 的等比级数，所以 $\displaystyle\sum_{n=1}^{\infty}\left(\dfrac{2}{3}\right)^n\alpha$ 收敛. 由比较判别法的极限形式可知级数 $\displaystyle\sum_{n=1}^{\infty}2^n\sin\dfrac{\alpha}{3^n}$ 收敛.

例 12.8　级数 $\displaystyle\sum_{n=0}^{\infty}\dfrac{n+3}{2n^2+5}$ 是发散的.

证明　因为 $\displaystyle\lim_{n\to\infty}\frac{\dfrac{n+3}{2n^2+5}}{\dfrac{1}{n}}=\dfrac{1}{2}$，又调和级数 $\displaystyle\sum_{n=1}^{\infty}\dfrac{1}{n}$ 发散，根据比较判别法的极限形式，级数 $\displaystyle\sum_{n=0}^{\infty}\dfrac{n+3}{2n^2+5}$ 也发散.

（二）比式判别法

使用正项级数的比较原则和它的极限形式时必须熟悉比较级数的敛散性才能加以比较，下面的两个判别法都是基于正项等比级数，利用级数本身的条件来判断该级数的敛散性，相对简单些.

定理 12.9　比式判别法(达朗贝尔判别法)

设 $\displaystyle\sum_{n=1}^{\infty}u_n$ 为正项级数，且存在正整数 N_0 和正常数 $q(0<q<1)$，使得

（1）若当 $n>N_0$ 时，有 $\dfrac{u_{n+1}}{u_n}\leqslant q$，则级数 $\displaystyle\sum_{n=1}^{\infty}u_n$ 收敛；

（2）若当 $n>N_0$ 时，有 $\dfrac{u_{n+1}}{u_n}\geqslant 1$，则级数 $\displaystyle\sum_{n=1}^{\infty}u_n$ 发散.

证明　（1）由于当 $n>N_0$ 时，有 $\dfrac{u_{n+1}}{u_n}\leqslant q$，从而

$$\frac{u_n}{u_{N_0+1}} = \frac{u_{N_0+2}}{u_{N_0+1}} \cdot \frac{u_{N_0+3}}{u_{N_0+2}} \cdot \cdots \cdot \frac{u_n}{u_{n-1}} \leqslant q^{n-1-N_0}.$$

即 $u_n \leqslant u_{N_0+1}q^{n-1-N_0}$. 因为 $0<q<1$，等比级数 $\sum\limits_{n=N_0+1}^{\infty} q^{n-1-N_0}$ 收敛. 根据比较判别法，则级数 $\sum\limits_{n=1}^{\infty} u_n$ 收敛.

（2）若当 $n>N_0$ 时，有 $\frac{u_{n+1}}{u_n} \geqslant 1$，即 $u_{n+1} \geqslant u_n$，则有 $u_n \geqslant u_1 > 0$. 因此通项不趋于 0，根据级数收敛的必要条件，则级数 $\sum\limits_{n=1}^{\infty} u_n$ 发散. 证毕.

注 由定理 12.9 的证明可知：用比式判别法判别级数发散时，级数发散的原因是通项（一般项）不是无穷小量.

定理 12.10 比式判别法（达朗贝尔判别法）的极限形式

设 $\sum\limits_{n=1}^{\infty} u_n$ 为正项级数，且 $\lim\limits_{n\to\infty} \frac{u_{n+1}}{u_n} = q$.

（1）若 $q<1$，则级数 $\sum\limits_{n=1}^{\infty} u_n$ 收敛；

（2）若 $q>1$（或 $q=+\infty$），则级数 $\sum\limits_{n=1}^{\infty} u_n$ 发散；

（3）若 $q=1$，则级数 $\sum\limits_{n=1}^{\infty} u_n$ 可能收敛，也可能发散.

证明 （1）当 $q<1$ 时，取适当小的正数 ε 使 $q+\varepsilon=r<1$，因为 $\lim\limits_{n\to\infty} \frac{u_{n+1}}{u_n} = q$，所以存在正整数 N，当 $n>N$ 时，有

$$\left| \frac{u_{n+1}}{u_n} - q \right| < \varepsilon$$

即 $\frac{u_{n+1}}{u_n} < q+\varepsilon=r$. 由比式判别法知级数 $\sum\limits_{n=1}^{\infty} u_n$ 收敛.

（2）当 $q>1$ 时，取适当小的正数 ε 使 $q-\varepsilon>1$，令 $r=q-\varepsilon$. 由极限定义，存在正整数 N，当 $n>N$ 时，有

$$\left| \frac{u_{n+1}}{u_n} - q \right| < \varepsilon, \quad 即 \frac{u_{n+1}}{u_n} > q-\varepsilon=r>1.$$

由比式判别法知级数 $\sum\limits_{n=1}^{\infty} u_n$ 发散.

类似可证明 $\lim\limits_{n\to\infty} \frac{u_{n+1}}{u_n} = +\infty$ 时，级数 $\sum\limits_{n=1}^{\infty} u_n$ 也发散.

（3）当 $q=1$ 时级数可能收敛，也可能发散，如级数 $\sum\limits_{n=1}^{\infty} \frac{1}{n}$ 和 $\sum\limits_{n=1}^{\infty} \frac{1}{n^2}$ 均满足 $q=1$，但

$\sum\limits_{n=1}^{\infty}\dfrac{1}{n}$ 发散，$\sum\limits_{n=1}^{\infty}\dfrac{1}{n^2}$ 收敛. 这说明该判别方法失效. 得证.

例 12.9 讨论级数 $\sum\limits_{n=1}^{\infty}\dfrac{5^n}{n^5}$ 的敛散性.

解 由于 $\lim\limits_{n\to\infty}\dfrac{u_{n+1}}{u_n}=\lim\limits_{n\to\infty}\dfrac{\frac{5^{n+1}}{(n+1)^5}}{\frac{5^n}{n^5}}=5\lim\limits_{n\to\infty}\left(\dfrac{n}{n+1}\right)^5=5>1$，因此根据比式判别法可知原级

数发散.

例 12.10 设 $x\in\mathbf{R}$，研究级数 $\sum\limits_{n=1}^{\infty}\dfrac{n^n}{(n!)^x}$ 的敛散性.

解 $\lim\limits_{n\to\infty}\dfrac{u_{n+1}}{u_n}=\lim\limits_{n\to\infty}\dfrac{(n+1)^{n+1}}{[(n+1)!]^x}\dfrac{(n!)^x}{n^n}=\lim\limits_{n\to\infty}\dfrac{\left(1+\frac{1}{n}\right)^n}{(n+1)^{x-1}}$，

(i) 当 $x<1$ 时，$\lim\limits_{n\to\infty}\dfrac{u_{n+1}}{u_n}=+\infty$，级数 $\sum\limits_{n=1}^{\infty}\dfrac{n^n}{(n!)^x}$ 发散；

(ii) 当 $x=1$ 时，$\lim\limits_{n\to\infty}\dfrac{u_{n+1}}{u_n}=e>1$，级数 $\sum\limits_{n=1}^{\infty}\dfrac{n^n}{(n!)^x}$ 发散；

(iii) 当 $x>1$ 时，$\lim\limits_{n\to\infty}\dfrac{u_{n+1}}{u_n}=0<1$，级数 $\sum\limits_{n=1}^{\infty}\dfrac{n^n}{(n!)^x}$ 收敛.

在比式判别法的极限形式中若极限 $\lim\limits_{n\to\infty}\dfrac{u_{n+1}}{u_n}$ 不存在，则可利用上、下极限来判别正项级数的敛散性. 类似于定理 12.10 的证明，可得如下定理：

定理 12.11 设 $\sum\limits_{n=1}^{\infty}u_n$ 为正项级数，则

(1) 当 $\varlimsup\limits_{n\to\infty}\dfrac{u_{n+1}}{u_n}=q<1$ 时，级数 $\sum\limits_{n=1}^{\infty}u_n$ 收敛；

(2) 当 $\varliminf\limits_{n\to\infty}\dfrac{u_{n+1}}{u_n}=q>1$ 时，级数 $\sum\limits_{n=1}^{\infty}u_n$ 发散.

例 12.11 讨论级数 $\sum\limits_{n=1}^{\infty}\dfrac{4+(-1)^n}{2^n}$ 的敛散性.

解 因为 $\varlimsup\limits_{n\to\infty}\dfrac{u_{n+1}}{u_n}=\varlimsup\limits_{n\to\infty}\dfrac{4+(-1)^{n+1}}{2^{n+1}}\cdot\dfrac{2^n}{4+(-1)^n}=\dfrac{5}{6}<1$，所以级数收敛.

（三）根式判别法

定理 12.12 根式判别法（柯西判别法）

设 $\sum\limits_{n=1}^{\infty}u_n$ 为正项级数，且存在正整数 N_0 及正常数 l，使得

(1) 若当 $n>N_0$ 时，有 $\sqrt[n]{u_n}\leqslant l<1$，则级数 $\sum\limits_{n=1}^{\infty}u_n$ 收敛；

(2) 若当 $n>N_0$ 时，有 $\sqrt[n]{u_n}\geqslant 1$，则级数 $\sum\limits_{n=1}^{\infty}u_n$ 发散.

证明 （1）由于当 $n > N_0$ 时，有 $\sqrt[n]{u_n} \leqslant l$，从而 $u_n \leqslant l^n$. 因为 $l < 1$，几何级数 $\sum\limits_{n=1}^{\infty} l^n$ 收敛，故根据比较判别法，级数 $\sum\limits_{n=1}^{\infty} u_n$ 收敛.

（2）若当 $n > N_0$ 时，有 $\sqrt[n]{u_n} \geqslant 1$，即 $u_n \geqslant 1$，从而有 $u_n \geqslant u_1 > 0$. 因为通项不趋于 0，根据级数收敛的必要条件，级数 $\sum\limits_{n=1}^{\infty} u_n$ 发散. 证毕.

注 从定理 12.12 的证明可知：用根式判别法判别级数发散时，级数发散的原因是一般项不是无穷小量.

定理 12.13 根式判别法（柯西判别法）的极限形式

设 $\sum\limits_{n=1}^{\infty} u_n$ 为正项级数，且 $\lim\limits_{n \to \infty} \sqrt[n]{u_n} = l$，

（1）若 $l < 1$，则级数 $\sum\limits_{n=1}^{\infty} u_n$ 收敛；

（2）若 $l > 1$（含 $l = +\infty$），则级数 $\sum\limits_{n=1}^{\infty} u_n$ 发散；

（3）若 $l = 1$，则级数 $\sum\limits_{n=1}^{\infty} u_n$ 可能收敛，也可能发散.

证明 （1）当 $l < 1$ 时，取适当小的正数 ε 使 $l + \varepsilon = r < 1$，根据极限的定义，存在正整数 N，当 $n > N$ 时，有 $\left| \sqrt[n]{u_n} - l \right| < \varepsilon$，于是当 $n > N$ 时，$\sqrt[n]{u_n} < l + \varepsilon = r < 1$，由根式判别法知级数 $\sum\limits_{n=1}^{\infty} u_n$ 收敛.

（2）当 $l > 1$ 时，取适当小的正数 ε 使 $l - \varepsilon > 1$，从而存在正整数 N，当 $n > N$ 时，有 $\left| \sqrt[n]{u_n} - l \right| < \varepsilon$，于是当 $n > N$ 时，有 $\sqrt[n]{u_n} > l - \varepsilon > 1$，由根式判别法知，级数 $\sum\limits_{n=1}^{\infty} u_n$ 发散.

（3）当 $l = 1$ 时，级数可能收敛，也可能发散，如级数 $\sum\limits_{n=1}^{\infty} \dfrac{1}{n}$ 和 $\sum\limits_{n=1}^{\infty} \dfrac{1}{n^2}$ 均满足 $l = 1$，但一个发散、一个收敛，说明此时该判别方法失效. 得证.

在根式判别法的极限形式中，若极限 $\lim\limits_{n \to \infty} \sqrt[n]{u_n}$ 不存在，则可利用上、下极限来判别正项级数的敛散性.

定理 12.14 设 $\sum\limits_{n=1}^{\infty} u_n$ 为正项级数，则

（1）当 $\varlimsup\limits_{n \to \infty} \sqrt[n]{u_n} = l < 1$ 时，级数 $\sum\limits_{n=1}^{\infty} u_n$ 收敛；

（2）当 $\varliminf\limits_{n \to \infty} \sqrt[n]{u_n} = l > 1$ 时，级数 $\sum\limits_{n=1}^{\infty} u_n$ 发散.

例 12.12 判别级数 $\sum\limits_{n=1}^{\infty} 2^{-n-(-1)^n}$ 的敛散性.

解 因为 $\lim\limits_{n \to \infty} \sqrt[n]{u_n} = \lim\limits_{n \to \infty} 2^{-1 - \frac{(-1)^n}{n}} = \dfrac{1}{2} < 1$，由根式判别法的极限形式可知原级数收敛.

例 12.13 讨论级数 $\sum\limits_{n=1}^{\infty} \dfrac{\ln(n+2)}{\left(a+\frac{1}{n}\right)^n}(a>0)$ 的敛散性.

解 $\lim\limits_{n\to\infty}\sqrt[n]{u_n}=\lim\limits_{n\to\infty}\dfrac{\sqrt[n]{\ln(n+2)}}{a+\frac{1}{n}}=\dfrac{1}{a}\lim\limits_{n\to\infty}\sqrt[n]{\ln(n+2)}=\dfrac{1}{a}$.

当 $a>1$ 时，$0<\dfrac{1}{a}<1$，级数收敛；

当 $0<a<1$ 时，$\dfrac{1}{a}>1$，级数发散；

当 $a=1$ 时，级数为 $\sum\limits_{n=1}^{\infty}\dfrac{\ln(n+2)}{\left(1+\frac{1}{n}\right)^n}$，因为 $\lim\limits_{n\to\infty}\dfrac{\ln(n+2)}{\left(1+\frac{1}{n}\right)^n}=+\infty$，故级数发散.

例 12.14 讨论级数 $\sum\limits_{n=1}^{\infty}\dfrac{[2+(-1)^n]^n}{2^{2n+1}}$ 的敛散性.

解 因为 $\varlimsup\limits_{n\to\infty}\sqrt[n]{\dfrac{[2+(-1)^n]^n}{2^{2n+1}}}=\varlimsup\limits_{n\to\infty}\dfrac{2+(-1)^n}{2^{\frac{2n+1}{n}}}=\dfrac{3}{4}<1$，所以原级数收敛.

（四）积分判别法

由于级数与无穷积分从本质上看只是两种不同变量的求和方式，因此我们可利用非负函数的单调递减性和积分性质及无穷积分收敛的判别法来研究正项级数的敛散性.

定理 12.15 积分判别法

设 $f(x)$ 为 $[1,+\infty)$ 上的非负递减函数，$u_n=f(n)$，则正项级数 $\sum\limits_{n=1}^{\infty} u_n$ 与无穷积分 $\int_1^{+\infty} f(x)\mathrm{d}x$ 具有相同的敛散性.

证明 （1）若无穷积分 $\int_1^{+\infty} f(x)\mathrm{d}x$ 收敛，下面证明 $\sum\limits_{n=1}^{\infty} u_n$ 收敛.

因为 $f(x)$ 为 $[1,+\infty)$ 上的非负递减函数，$u_n=f(n)$，所以 $\sum\limits_{n=1}^{\infty} u_n$ 为正项级数，且数列 $\{u_n\}$ 单调递减. 于是

$$u_k=f(k)=f(k)\int_{k-1}^{k}\mathrm{d}x=\int_{k-1}^{k}f(k)\mathrm{d}x\leqslant\int_{k-1}^{k}f(x)\mathrm{d}x,$$

$$\sum_{k=2}^{n}u_k\leqslant\sum_{k=2}^{n}\int_{k-1}^{k}f(x)\mathrm{d}x=\int_1^n f(x)\mathrm{d}x\leqslant\int_1^{+\infty}f(x)\mathrm{d}x,$$

所以正项级数 $\sum\limits_{n=2}^{\infty} u_n$ 的部分和有上界，因此正项级数 $\sum\limits_{n=2}^{\infty} u_n$ 收敛. 由于改变一个级数的有限项不会改变原级数的敛散性，故正项级数 $\sum\limits_{n=1}^{\infty} u_n$ 收敛.

（2）若正项级数 $\sum\limits_{n=1}^{\infty} u_n$ 收敛于 s，下面证明无穷积分 $\int_1^{+\infty} f(x)\mathrm{d}x$ 收敛.

首先由于 $f(x)$ 为 $[1,+\infty)$ 上的非负函数，所以对任意 $A>1$，$\int_1^A f(x)\mathrm{d}x$ 是一个关于 $A\in[1,+\infty)$ 的递增函数. 又由于 $f(x)$ 为 $[1,+\infty)$ 上的递减函数，于是对任意正整数 $k\geqslant 2$ 有

$$\int_{k-1}^k f(x)\mathrm{d}x \leqslant f(k-1)\int_{k-1}^k \mathrm{d}x = u_{k-1}.$$

所以对任给正数 $A>1$，令 $n=[A]$，得

$$\int_1^A f(x)\mathrm{d}x \leqslant \int_1^{n+1} f(x)\mathrm{d}x = \sum_{k=2}^{n+1}\int_{k-1}^k f(x)\mathrm{d}x \leqslant \sum_{k=2}^{n+1} u_{k-1} = \sum_{k=1}^n u_k \leqslant \sum_{n=1}^\infty u_n = s.$$

因此 $\int_1^A f(x)\mathrm{d}x$ 关于 $A\in[1,+\infty)$ 有上界，故 $\lim\limits_{A\to+\infty}\int_1^A f(x)\mathrm{d}x$ 存在，即无穷积分 $\int_1^{+\infty} f(x)\mathrm{d}x$ 收敛.

众所周知：若一个命题成立，则该命题的逆否命题一定成立，因此可得到：正项级数 $\sum\limits_{n=1}^\infty u_n$ 与无穷积分 $\int_1^{+\infty} f(x)\mathrm{d}x$ 也具有相同的发散性. 证毕.

例 12.15　设 $p>0$，利用积分判别法讨论 p-级数 $1+\dfrac{1}{2^p}+\dfrac{1}{3^p}+\dfrac{1}{4^p}+\cdots+\dfrac{1}{n^p}+\cdots$ 的敛散性.

解　当 $p>0$ 时，$f(x)=\dfrac{1}{x^p}$ 为 $[1,+\infty)$ 上的非负减函数，$f(n)=\dfrac{1}{n^p}$. 又当 $p>1$ 时，无穷积分 $\int_1^{+\infty}\dfrac{\mathrm{d}x}{x^p}$ 收敛；当 $p\leqslant 1$ 时，无穷积分 $\int_1^{+\infty}\dfrac{\mathrm{d}x}{x^p}$ 发散. 根据积分判别法，当 $p>1$ 时 p-级数 $\sum\limits_{n=1}^\infty\dfrac{1}{n^p}$ 收敛；当 $p\leqslant 1$ 时，p-级数 $\sum\limits_{n=1}^\infty\dfrac{1}{n^p}$ 发散.

例 12.16　研究级数 $\sum\limits_{n=3}^\infty\dfrac{1}{n(\ln n)(\ln\ln n)^p}$ 的敛散性，其中 $p\geqslant 0$.

解　令 $f(x)=\dfrac{1}{x(\ln x)(\ln\ln x)^p}$，当 $p\geqslant 0$ 时，$f(x)$ 为 $[3,+\infty)$ 上的非负递减函数，且 $f(n)=\dfrac{1}{n(\ln n)(\ln\ln n)^p}$. 为此考察无穷积分 $\int_3^{+\infty}\dfrac{\mathrm{d}x}{x(\ln x)(\ln\ln x)^p}$ 的敛散性. 注意到

$$\int_3^{+\infty}\dfrac{\mathrm{d}x}{x(\ln x)(\ln\ln x)^p} = \int_3^{+\infty}\dfrac{\mathrm{d}\ln\ln x}{(\ln\ln x)^p} = \int_{\ln\ln 3}^{+\infty}\dfrac{\mathrm{d}u}{u^p},$$

从而当 $p>1$ 时反常积分 $\int_{\ln\ln 3}^{+\infty}\dfrac{\mathrm{d}u}{u^p}$ 收敛，当 $p\leqslant 1$ 时反常积分 $\int_{\ln\ln 3}^{+\infty}\dfrac{\mathrm{d}u}{u^p}$ 发散. 根据积分判别法，当 $p>1$ 时 $\sum\limits_{n=3}^\infty\dfrac{1}{n(\ln n)(\ln\ln n)^p}$ 收敛，当 $0\leqslant p\leqslant 1$ 时 $\sum\limits_{n=3}^\infty\dfrac{1}{n(\ln n)(\ln\ln n)^p}$ 发散.

（五）拉贝判别法

我们知道对于正项级数 $\sum\limits_{n=1}^\infty u_n$，当 $\lim\limits_{n\to\infty}\dfrac{u_{n+1}}{u_n}=1$ 时，比式判别法失效，这说明比式判别

法只能应用于收敛于 0 的速度快于某一等比级数的级数的敛散性的判别. 如果以 p-级数 $\sum\limits_{n=1}^{\infty} \dfrac{1}{n^p}$ 为比较级数，则可得到下面的**拉贝**（Raabe）判别法.

定理 12.16（拉贝判别法） 对于正项级数 $\sum\limits_{n=1}^{\infty} u_n$，若存在某正整数 N_0 及常数 r，使得

（1）当 $n > N_0$ 时，都有 $n\left(1 - \dfrac{u_{n+1}}{u_n}\right) \geqslant r > 1$，则级数 $\sum\limits_{n=1}^{\infty} u_n$ 收敛；

（2）当 $n > N_0$ 时，都有 $n\left(1 - \dfrac{u_{n+1}}{u_n}\right) \leqslant 1$，则级数 $\sum\limits_{n=1}^{\infty} u_n$ 发散.

定理 12.17（拉贝判别法的极限形式） 对于正项级数 $\sum\limits_{n=1}^{\infty} u_n$，若 $\lim\limits_{n \to \infty} n\left(1 - \dfrac{u_{n+1}}{u_n}\right) = r$，

则（1）当 $r > 1$ 时，级数 $\sum\limits_{n=1}^{\infty} u_n$ 收敛；

（2）当 $r < 1$ 时，级数 $\sum\limits_{n=1}^{\infty} u_n$ 发散；

（3）当 $r = 1$ 时，级数可能收敛，也可能发散.

定理 12.16 和定理 12.17 的证明请读者自己完成.

例 12.17 判别级数 $\sum\limits_{n=1}^{\infty} \dfrac{(2n-1)!!}{(2n)!!} \dfrac{1}{2n+1}$ 的敛散性.

解 由于比式法和根式法均失效，我们采用拉贝判别法.

$$
\begin{aligned}
\lim_{n \to \infty} n\left(1 - \frac{u_{n+1}}{u_n}\right) &= \lim_{n \to \infty} n\left[1 - \frac{(2n+1)^2}{(2n+2)(2n+3)}\right] \\
&= \lim_{n \to \infty} \frac{6n^2 + 5n}{(2n+2)(2n+3)} = \frac{3}{2} > 1,
\end{aligned}
$$

根据拉贝判别法的极限形式知，级数 $\sum\limits_{n=1}^{\infty} \dfrac{(2n-1)!!}{(2n)!!} \dfrac{1}{2n+1}$ 收敛.

 **习题 12.2**

1. 应用比较原则判别下列级数的敛散性.

（1）$\sum\limits_{n=1}^{\infty} \left(\dfrac{n}{3n+1}\right)^n$；

（2）$\sum\limits_{n=1}^{\infty} \left[\dfrac{1}{n(n+1)}\right]^{\alpha}$；

（3）$\sum\limits_{n=1}^{\infty} \ln\left(1 + \dfrac{1}{1+n^2}\right)$；

（4）$\sum\limits_{n=1}^{\infty} \left[\dfrac{1}{n} - \ln\left(1 + \dfrac{1}{n}\right)\right]$；

（5）$\sum\limits_{n=1}^{\infty} \dfrac{n^{n+\frac{1}{n}}}{\left(n + \dfrac{1}{n}\right)^n}$；

（6）$\sum\limits_{n=1}^{\infty} \displaystyle\int_n^{n+1} \dfrac{\mathrm{e}^{-x}}{x} \, \mathrm{d}x$；

（7）$\sum\limits_{n=1}^{\infty} \dfrac{n^{n-1}}{(2n^2 + n + 1)^{n + \frac{1}{2}}}$；

（8）$\sum\limits_{n=2}^{\infty} \dfrac{1}{(\ln n)^{\ln n}}$；

(9) $\sum\limits_{n=1}^{\infty} (\sqrt[n]{a}-1) \ (a>1)$;   (10) $\sum\limits_{n=1}^{\infty} (a^{\frac{1}{n}}+a^{-\frac{1}{n}}-2) \ (a>0)$.

2. 应用比式判别法或根式判别法判别下列级数的敛散性.

(1) $\sum\limits_{n=1}^{\infty} \dfrac{n^2}{3^n}$;   (2) $\sum\limits_{n=1}^{\infty} \dfrac{2^n n!}{n^n}$;

(3) $\sum\limits_{n=1}^{\infty} 3^n \sin\dfrac{\pi}{5^n}$;   (4) $\sum\limits_{n=1}^{\infty} \left(\dfrac{n}{2n+1}\right)^n$;

(5) $\sum\limits_{n=1}^{\infty} n\tan\dfrac{\pi}{2^{n+1}}$;   (6) $\sum\limits_{n=1}^{\infty} \dfrac{(n+1)!}{10^n}$;

(7) $\sum\limits_{n=1}^{\infty} \dfrac{3^n n!}{n^n}$;   (8) $\sum\limits_{n=1}^{\infty} \dfrac{(n!)^2}{(2n)!}$;

(9) $\sum\limits_{n=1}^{\infty} \dfrac{[3+(-1)^n]}{2^n} \left(\dfrac{n+1}{n}\right)^{n^2}$;   (10) $\sum\limits_{n=1}^{\infty} \left(\dfrac{na}{n+1}\right)^n (a>0)$.

3. 判别下列级数的敛散性.

(1) $\sum\limits_{n=1}^{\infty} \dfrac{\sqrt{n!}}{(2+\sqrt{1})(2+\sqrt{2})\cdots(2+\sqrt{n})}$;   (2) $\sum\limits_{n=1}^{\infty} \left[\dfrac{1}{\sqrt{n}}-\sqrt{\ln\dfrac{n+1}{n}}\right]$;

(3) $\sum\limits_{n=1}^{\infty} \dfrac{|x|^n}{(1+|x|)(1+|x|^2)\cdots(1+|x|^n)}$;   (4) $\sum\limits_{n=1}^{\infty} \dfrac{|x|^n n!}{n^n}$;

(5) $\sum\limits_{n=1}^{\infty} \dfrac{n^a [\sqrt{2}+(-1)^n]^n}{3^n}$;   (6) $\sum\limits_{n=1}^{\infty} \left(\cot\dfrac{n\pi}{4n-2}-\sin\dfrac{n\pi}{2n+1}\right)$;

(7) $\sum\limits_{n=2}^{\infty} \dfrac{n^{\ln n}}{(\ln n)^n}$;   (8) $\sum\limits_{n=1}^{\infty} \left(\cos\dfrac{a}{n}\right)^{n^3}$.

4. 已知级数 $\sum\limits_{n=1}^{\infty} (u_n-u_{n-1})$ 和 $\sum\limits_{n=1}^{\infty} v_n$ 都收敛，$v_n>0 \ (n=1, 2, \cdots)$，求证级数 $\sum\limits_{n=1}^{\infty} u_n v_n$ 收敛.

5. 证明等比级数各项倒数组成的级数是发散的.

6. 若级数 $\sum\limits_{n=1}^{\infty} a_n$ 及 $\sum\limits_{n=1}^{\infty} b_n$ 收敛，且 $a_n \leqslant c_n \leqslant b_n (n=1, 2, \cdots)$，证明级数 $\sum\limits_{n=1}^{\infty} c_n$ 也收敛. 若 $\sum\limits_{n=1}^{\infty} a_n$ 及 $\sum\limits_{n=1}^{\infty} b_n$ 发散，则级数 $\sum\limits_{n=1}^{\infty} c_n$ 的敛散性会怎样？

7. 若级数 $\sum\limits_{n=1}^{\infty} a_n^2$ 及 $\sum\limits_{n=1}^{\infty} b_n^2$ 收敛，证明级数 $\sum\limits_{n=1}^{\infty} |a_n b_n|$，$\sum\limits_{n=1}^{\infty} (a_n+b_n)^2$，$\sum\limits_{n=1}^{\infty} \dfrac{|a_n|}{n}$ 也收敛.

8. 若 $\lim\limits_{n\to\infty} na_n=a\neq0$，证明级数 $\sum\limits_{n=1}^{\infty} a_n$ 发散.

9. 设 $\{a_n\}$ 是单调递减的正数列且级数 $\sum\limits_{n=1}^{\infty} a_n$ 收敛，证明 $\lim\limits_{n\to\infty} na_n=0$.

10. 若 $\overline{\lim\limits_{n\to\infty}} \dfrac{a_{n+1}}{a_n}=q<1 (a_n>0)$，证明级数 $\sum\limits_{n=1}^{\infty} a_n$ 收敛. 反之不真. 研究级数

$$\frac{1}{2}+\frac{1}{3}+\frac{1}{2^2}+\frac{1}{3^2}+\frac{1}{2^3}+\frac{1}{3^3}+\cdots.$$

11. 若 $\varlimsup\limits_{n\to\infty}\sqrt[n]{a_n}=q(a_n\geqslant0)$，证明当 $q>1$ 时，级数 $\sum\limits_{n=1}^{\infty}a_n$ 发散.

12. 证明(对数判别法)：若存在 $\alpha>0$，使得当 $n\geqslant n_0$ 时，$\dfrac{\ln\dfrac{1}{a_n}}{\ln n}\geqslant1+\alpha$，则级数 $\sum\limits_{n=1}^{\infty}a_n$

$(a_n>0)$ 收敛；若当 $n\geqslant n_0$ 时，$\dfrac{\ln\dfrac{1}{a_n}}{\ln n}\leqslant1$，则该级数发散.

13. 利用上题的方法讨论下列级数的敛散性.

(1) $\sum\limits_{n=1}^{\infty}n^{\ln x}\,(x>0)$；　　(2) $\sum\limits_{n=3}^{\infty}\dfrac{1}{(\ln\ln n)^{\ln n}}$；　　(3) $\sum\limits_{n=2}^{\infty}\dfrac{1}{(\ln n)^{\ln\ln n}}$.

14. 利用积分判别法讨论下列级数的敛散性.

(1) $\sum\limits_{n=3}^{\infty}\dfrac{1}{n\ln^p n}$；　　(2) $\sum\limits_{n=3}^{\infty}\dfrac{1}{n(\ln n)^p(\ln\ln n)^q}$；　　(3) $\sum\limits_{n=2}^{\infty}\dfrac{1}{\ln(n!)}$.

15. 设正项级数 $\sum\limits_{n=1}^{\infty}u_n$ 收敛，且 $\mathrm{e}^{u_n}=u_n+\mathrm{e}^{u_n+v_n}$，证明级数 $\sum\limits_{n=1}^{\infty}v_n$ 收敛.

§12.3　一般项级数

(一) 交错级数

正、负项相间的级数称为**交错级数**，如 $\sum\limits_{n=1}^{\infty}(-1)^{n-1}u_n$ 或 $\sum\limits_{n=1}^{\infty}(-1)^n u_n$，其中 $u_n>0$.
对于交错级数，我们有以下重要的莱布尼茨判别法.

定理 12.18（莱布尼茨判别法）　如果交错级数 $\sum\limits_{n=1}^{\infty}(-1)^{n+1}u_n$ 满足以下两个条件：

（ⅰ）$u_n\geqslant u_{n+1}(n=1,\ 2,\ 3,\ \cdots)$，

（ⅱ）$\lim\limits_{n\to\infty}u_n=0$，

则级数 $\sum\limits_{n=1}^{\infty}(-1)^{n+1}u_n$ 收敛.

证明　设交错级数 $\sum\limits_{n=1}^{\infty}(-1)^{n+1}u_n$ 的部分和数列为 $\{s_n\}$，考察其奇子列 $\{s_{2n+1}\}$ 和偶子列 $\{s_{2n}\}$. 由于 $u_{n-1}-u_n\geqslant0$，$s_{2n}=(u_1-u_2)+(u_3-u_4)+\cdots+(u_{2n-1}-u_{2n})$，从而数列 s_{2n} 单调增加. 又 $s_{2n}=u_1-(u_2-u_3)-\cdots-(u_{2n-2}-u_{2n-1})-u_{2n}\leqslant u_1$，由数列的单调有界定理知，$\lim\limits_{n\to\infty}s_{2n}=s\leqslant u_1$. 由(ⅱ)知 $\lim\limits_{n\to\infty}u_{2n+1}=0$，于是 $\lim\limits_{n\to\infty}s_{2n+1}=\lim\limits_{n\to\infty}(s_{2n}+u_{2n+1})=s$. 故 $\lim\limits_{n\to\infty}s_n=s$，且 $s\leqslant u_1$. 证毕.

交错级数 $\sum\limits_{n=1}^{\infty}(-1)^{n+1}u_n$ 的余项 $\sum\limits_{k=n+1}^{\infty}(-1)^{k+1}u_k$ 仍构成一个交错级数，记其为

$$R_n = \sum_{k=n+1}^{\infty} (-1)^{k+1} u_k.$$

由定理 12.18 的证明易得如下推论：

推论 12.2 若交错级数 $\sum_{n=1}^{\infty} (-1)^{n+1} u_n$ 满足莱布尼茨判别法中的所有条件，则其余项 $|R_n| \leqslant u_{n+1}$.

例 12.18 研究级数 $\sum_{n=1}^{\infty} \frac{(-1)^{n-1}}{n^p}\,(p>0)$ 的敛散性.

解 令 $u_n = \frac{1}{n^p}$，由于 $p>0$，对任意的正整数 n，显然 $u_n \geqslant u_{n+1}$. 又因为 $p>0$，所以 $\lim_{n\to\infty} u_n = \lim_{n\to\infty} \frac{1}{n^p} = 0$. 由莱布尼茨判别法知级数 $\sum_{n=1}^{\infty} \frac{(-1)^{n-1}}{n^p}\,(p>0)$ 收敛.

（二）绝对收敛与条件收敛

设 $\sum_{n=1}^{\infty} u_n$ 为任意项级数，若 $\sum_{n=0}^{\infty} |u_n|$ 收敛，则称 $\sum_{n=1}^{\infty} u_n$ **绝对收敛**；若 $\sum_{n=1}^{\infty} u_n$ 收敛，而 $\sum_{n=1}^{\infty} |u_n|$ 发散，则称 $\sum_{n=1}^{\infty} u_n$ **条件收敛**.

定理 12.19 若级数 $\sum_{n=1}^{\infty} u_n$ 绝对收敛，则级数 $\sum_{n=1}^{\infty} u_n$ 一定收敛.

证明 对任给的正整数 n，令 $v_n = \frac{1}{2}(u_n + |u_n|)\,(n=1, 2, \cdots)$，则 $0 \leqslant v_n \leqslant |u_n|$，由题设 $\sum_{n=0}^{\infty} |u_n|$ 收敛，于是 $\sum_{n=1}^{\infty} v_n$ 收敛，从而 $\sum_{n=1}^{\infty} (2v_n - |u_n|)$ 收敛. 又注意到 $u_n = 2v_n - |u_n|$，故 $\sum_{n=1}^{\infty} u_n$ 收敛. 证毕.

定理 12.19 也可利用级数收敛的柯西准则来证明.

例 12.19 研究级数 $\sum_{n=1}^{\infty} \frac{(-1)^n}{\pi^n} \sin\frac{\pi}{n}$ 的敛散性.

解 由于 $|u_n| = \left| \frac{(-1)^n}{\pi^n} \sin\frac{\pi}{n} \right| \leqslant \left(\frac{1}{\pi}\right)^n$，又等比级数 $\sum_{n=1}^{\infty} \left(\frac{1}{\pi}\right)^n$ 收敛，故由比较判别法知级数 $\sum_{n=1}^{\infty} \frac{(-1)^n}{\pi^n} \sin\frac{\pi}{n}$ 绝对收敛.

例 12.20 设 $a>0$，$p>0$，讨论级数 $\sum_{n=1}^{\infty} \frac{(-a)^n}{n^p}$ 的敛散性.

解 因为 $\sum_{n=1}^{\infty} \left| \frac{(-a)^n}{n^p} \right| = \sum_{n=1}^{\infty} \frac{a^n}{n^p}$，由比式判别法或根式判别法的极限形式知，当 $a<1$ 时，级数 $\sum_{n=1}^{\infty} \frac{a^n}{n^p}$ 收敛，从而 $\sum_{n=1}^{\infty} \frac{(-a)^n}{n^p}$ 绝对收敛；当 $a>1$ 时，级数 $\sum_{n=1}^{\infty} \frac{a^n}{n^p}$ 发散，注意到此时通项不是无穷小量，从而 $\sum_{n=1}^{\infty} \frac{(-a)^n}{n^p}$ 发散. 当 $a=1$ 时，级数 $\sum_{n=1}^{\infty} \frac{(-a)^n}{n^p}$ 变成交错级数 $\sum_{n=1}^{\infty} \frac{(-1)^n}{n^p}$，

当 $p>1$ 时 $\sum\limits_{n=1}^{\infty}\dfrac{(-1)^n}{n^p}$ 绝对收敛，当 $0<p\leqslant1$ 时 $\sum\limits_{n=1}^{\infty}\dfrac{(-1)^n}{n^p}$ 条件收敛. 综上可得

（1）当 $0<a<1$，$p>0$ 时，级数 $\sum\limits_{n=1}^{\infty}\dfrac{(-a)^n}{n^p}$ 绝对收敛；

（2）当 $a>1$ 时，级数 $\sum\limits_{n=1}^{\infty}\dfrac{(-a)^n}{n^p}$ 发散；

（3）当 $a=1$，$p>1$ 时，级数 $\sum\limits_{n=1}^{\infty}\dfrac{(-1)^n}{n^p}$ 绝对收敛；

（4）当 $a=1$，$0<p\leqslant1$ 时，$\sum\limits_{n=1}^{\infty}\dfrac{(-1)^n}{n^p}$ 条件收敛.

（三）绝对收敛级数的性质

设 $f: \mathbf{N}\to\mathbf{N}$ 是一一映射，且 $f(n)=k(n)$，则称 $\sum\limits_{n=1}^{\infty}u_{k(n)}$ 为级数 $\sum\limits_{n=1}^{\infty}u_n$ 的**重排级数**，$\sum\limits_{n=1}^{\infty}u_{k(n)}$ 也常记为 $\sum\limits_{n=1}^{\infty}u_{k_n}$. 令 $v_n=u_{k(n)}=u_{k_n}$，则 $\sum\limits_{n=1}^{\infty}u_{k(n)}=\sum\limits_{n=1}^{\infty}v_n$，即 $\sum\limits_{n=1}^{\infty}v_n$ 是 $\sum\limits_{n=1}^{\infty}u_n$ 的重排级数.

定理 12.20 若级数 $\sum\limits_{n=1}^{\infty}u_n$ 绝对收敛，则其重排级数 $\sum\limits_{n=1}^{\infty}v_n$ 仍绝对收敛，且和相等，即 $\sum\limits_{n=1}^{\infty}v_n=\sum\limits_{n=1}^{\infty}u_n$.

证明 （1）先证 $\sum\limits_{n=1}^{\infty}u_n$ 为收敛的正项级数时，定理结论成立，因为正项级数收敛一定是绝对收敛.

设级数 $\sum\limits_{n=1}^{\infty}u_n$ 和重排级数 $\sum\limits_{n=1}^{\infty}v_n$ 的部分和数列分别为 $\{s_n\}$ 和 $\{\sigma_n\}$，且 $\lim\limits_{n\to\infty}s_n=s$. 则

$$\sigma_n=v_1+v_2+\cdots+v_n=u_{k_1}+u_{k_2}+\cdots+u_{k_n}.$$

令 $m=\max\{k_1,k_2,\cdots,k_n\}$，则

$$\sigma_n=u_{k_1}+u_{k_2}+\cdots+u_{k_n}\leqslant u_1+u_2+\cdots+u_m=s_m\leqslant s,$$

又因为 $\sum\limits_{n=1}^{\infty}v_n$ 是正项级数，因此 $\sum\limits_{n=1}^{\infty}v_n$ 一定收敛，且 $\sigma=\lim\limits_{n\to\infty}\sigma_n\leqslant s$.

另外，级数 $\sum\limits_{n=1}^{\infty}u_n$ 也可视为正项级数 $\sum\limits_{n=1}^{\infty}v_n$ 的重排级数，由上面的讨论，有

$$s=\lim\limits_{n\to\infty}s_n\leqslant\sigma,$$

从而 $\sum\limits_{n=1}^{\infty}u_n=\sum\limits_{n=1}^{\infty}v_n$.

（2）再证 $\sum\limits_{n=1}^{\infty}u_n$ 为任意绝对收敛级数时，定理结论成立.

设 $\sum\limits_{n=1}^{\infty} v_n$ 为级数 $\sum\limits_{n=1}^{\infty} u_n$ 的重排级数，当 $\sum\limits_{n=1}^{\infty} u_n$ 绝对收敛时，则正项级数 $\sum\limits_{n=1}^{\infty}|u_n|$ 收敛. 由（1）知，正项级数 $\sum\limits_{n=1}^{\infty}|u_n|$ 的重排级数 $\sum\limits_{n=1}^{\infty}|v_n|$ 收敛，即 $\sum\limits_{n=1}^{\infty} v_n$ 绝对收敛.

令 $p_n=\dfrac{|u_n|+u_n}{2}=\begin{cases}u_n,&u_n\geqslant 0\\0,&u_n<0\end{cases}$，$q_n=\dfrac{|u_n|-u_n}{2}=\begin{cases}0,&u_n\geqslant 0\\-u_n,&u_n<0\end{cases}$.

注意到 $0\leqslant p_n\leqslant|u_n|$，$0\leqslant q_n\leqslant|u_n|$，根据比较判别法，则级数 $\sum\limits_{n=1}^{\infty}p_n$ 和 $\sum\limits_{n=1}^{\infty}q_n$ 都收敛，不妨记 $\sum\limits_{n=1}^{\infty}p_n=p$，$\sum\limits_{n=1}^{\infty}q_n=q$. 因为 $p_n+q_n=|u_n|$，$p_n-q_n=u_n$，从而

$$\sum_{n=1}^{\infty}|u_n|=\sum_{n=1}^{\infty}p_n+\sum_{n=1}^{\infty}q_n,\quad \sum_{n=1}^{\infty}u_n=\sum_{n=1}^{\infty}p_n-\sum_{n=1}^{\infty}q_n.$$

因为 $\sum\limits_{n=1}^{\infty}|v_n|$ 为正项级数 $\sum\limits_{n=1}^{\infty}|u_n|$ 的重排级数，所以 $\sum\limits_{n=1}^{\infty}|u_n|=\sum\limits_{n=1}^{\infty}|v_n|$.

类似地，令 $p_n'=\dfrac{|v_n|+v_n}{2}$，$q_n'=\dfrac{|v_n|-v_n}{2}$. 则 $\sum\limits_{n=1}^{\infty}p_n'$ 和 $\sum\limits_{n=1}^{\infty}q_n'$ 分别是级数 $\sum\limits_{n=1}^{\infty}p_n$ 和 $\sum\limits_{n=1}^{\infty}q_n$ 的重排级数. 因此 $\sum\limits_{n=1}^{\infty}p_n'$ 和 $\sum\limits_{n=1}^{\infty}q_n'$ 都收敛，且 $\sum\limits_{n=1}^{\infty}p_n'=\sum\limits_{n=1}^{\infty}p_n=p$，$\sum\limits_{n=1}^{\infty}q_n'=\sum\limits_{n=1}^{\infty}q_n=q$，故 $\sum\limits_{n=1}^{\infty}v_n=\sum\limits_{n=1}^{\infty}p_n'-\sum\limits_{n=1}^{\infty}q_n'=\sum\limits_{n=1}^{\infty}p_n-\sum\limits_{n=1}^{\infty}q_n=\sum\limits_{n=1}^{\infty}u_n$. 证毕.

因为级数 $\sum\limits_{n=1}^{\infty}\dfrac{(-1)^{n+1}}{n^2}=1-\dfrac{1}{2^2}+\dfrac{1}{3^2}-\dfrac{1}{4^2}+\dfrac{1}{5^2}-\dfrac{1}{6^2}+\cdots$ 绝对收敛，所以其重排级数 $1-\dfrac{1}{2^2}-\dfrac{1}{4^2}+\dfrac{1}{3^2}-\dfrac{1}{6^2}-\dfrac{1}{8^2}+\cdots$ 绝对收敛，且其和与 $\sum\limits_{n=1}^{\infty}\dfrac{(-1)^{n+1}}{n^2}$ 相等.

注 定理 12.20 说明了当无穷级数绝对收敛时，无穷项的和满足交换律.

定理 12.21 若级数 $\sum\limits_{n=1}^{\infty}u_n$ 条件收敛，记

$$p_n=\dfrac{|u_n|+u_n}{2}=\begin{cases}u_n,&u_n\geqslant 0\\0,&u_n<0\end{cases},\quad q_n=\dfrac{|u_n|-u_n}{2}=\begin{cases}0,&u_n\geqslant 0\\-u_n,&u_n<0\end{cases},$$

则级数 $\sum\limits_{n=1}^{\infty}p_n$ 和 $\sum\limits_{n=1}^{\infty}q_n$ 都发散.

证明 反设 $\sum\limits_{n=1}^{\infty}p_n$ 和 $\sum\limits_{n=1}^{\infty}q_n$ 中至少有一个收敛. 不失一般性，设 $\sum\limits_{n=1}^{\infty}p_n$ 收敛，因为 $p_n-q_n=u_n$，从而 $\sum\limits_{n=1}^{\infty}q_n$ 收敛. 另外，$p_n+q_n=|u_n|$，因此正项级数 $\sum\limits_{n=1}^{\infty}|u_n|$ 收敛，即 $\sum\limits_{n=1}^{\infty}u_n$ 绝对收敛，与级数 $\sum\limits_{n=1}^{\infty}u_n$ 条件收敛相矛盾. 证毕.

关于条件收敛的级数，存在著名的黎曼定理：若级数 $\sum\limits_{n=1}^{\infty}u_n$ 条件收敛，则通过适当重

排，可使其重排级数收敛于任何给定的数 s（包括 ∞ 的情形）.

交错级数 $\displaystyle\sum_{n=1}^{\infty} \frac{(-1)^{n+1}}{n} = 1 - \frac{1}{2} + \frac{1}{3} - \frac{1}{4} + \frac{1}{5} - \cdots$ 条件收敛. 设

$$1 - \frac{1}{2} + \frac{1}{3} - \frac{1}{4} + \frac{1}{5} - \frac{1}{6} + \frac{1}{7} - \frac{1}{8} + \frac{1}{9} - \cdots = s ,\qquad (12.5)$$

两边同乘以 $\dfrac{1}{2}$ 得

$$\frac{1}{2} - \frac{1}{4} + \frac{1}{6} - \frac{1}{8} + \frac{1}{10} - \frac{1}{12} + \cdots = \frac{s}{2},$$

上式可改写成

$$0 + \frac{1}{2} + 0 - \frac{1}{4} + 0 + \frac{1}{6} + 0 - \frac{1}{8} + 0 + \frac{1}{10} + 0 - \frac{1}{12} + \cdots = \frac{s}{2},\qquad (12.6)$$

将式（12.5）与式（12.6）相加则得

$$1 + 0 + \frac{1}{3} - \frac{1}{2} + 0 + \frac{1}{5} + 0 + \frac{1}{7} - \frac{1}{4} + \frac{1}{9} + 0 + \cdots = \frac{3s}{2},$$

即

$$1 + \frac{1}{3} - \frac{1}{2} + \frac{1}{5} + \frac{1}{7} - \frac{1}{4} + \frac{1}{9} + \cdots = \frac{3s}{2}.\qquad (12.7)$$

可以看出式（12.7）是 $\displaystyle\sum_{n=1}^{\infty} \frac{(-1)^{n+1}}{n}$ 的重排级数. 虽然两者收敛，但是它们的和完全不一样.

例 12.21　计算 $\displaystyle\sum_{k=0}^{\infty} \left[3\,\frac{\ln(4k+2)}{4k+2} - \frac{\ln(4k+3)}{4k+3} - \frac{\ln(4k+4)}{4k+4} - \frac{\ln(4k+5)}{4k+5} \right]$.

解　令 $a_k = \dfrac{\ln k}{k} - \dfrac{\ln(k+1)}{k+1}$. 由于 $\displaystyle\sum_{k=1}^{n} a_k = -\frac{\ln(n+1)}{n+1}$，从而 $\displaystyle\sum_{k=1}^{\infty} a_k = 0$，即 $\displaystyle\sum_{k=1}^{\infty} a_k$ 收敛.

又当 $x > e$ 时，函数 $\dfrac{\ln x}{x}$ 关于 x 是单调递减的，所以当 $k > 3$ 时，$a_k > 0$，于是 $\displaystyle\sum_{k=1}^{\infty} a_k$ 绝对收敛，所以 $\displaystyle\sum_{k=1}^{\infty} a_k$ 的任意重排级数绝对收敛且和与 $\displaystyle\sum_{k=1}^{\infty} a_k$ 的和相等. 又

$$
\begin{aligned}
\sum_{k=1}^{\infty} a_{2k} &= \sum_{k=1}^{\infty} \left[\frac{\ln 2k}{2k} - \frac{\ln(2k+1)}{2k+1} \right] \\
&= \sum_{k=1}^{\infty} \frac{\ln 4k}{4k} + \sum_{k=0}^{\infty} \frac{\ln(4k+2)}{4k+2} - \sum_{k=1}^{\infty} \frac{\ln(4k+1)}{4k+1} - \sum_{k=0}^{\infty} \frac{\ln(4k+3)}{4k+3} \\
&= \sum_{k=1}^{\infty} \frac{\ln 4k}{4k} - \sum_{k=1}^{\infty} \frac{\ln(4k+1)}{4k+1} + \sum_{k=0}^{\infty} \frac{\ln(4k+2)}{4k+2} - \sum_{k=0}^{\infty} \frac{\ln(4k+3)}{4k+3} \\
&= \sum_{k=0}^{\infty} \frac{\ln(4k+4)}{4k+4} - \sum_{k=0}^{\infty} \frac{\ln(4k+5)}{4k+5} + \sum_{k=0}^{\infty} \frac{\ln(4k+2)}{4k+2} - \sum_{k=0}^{\infty} \frac{\ln(4k+3)}{4k+3}
\end{aligned}
$$

$$= \sum_{k=0}^{\infty} a_{4k+4} + \sum_{k=0}^{\infty} a_{4k+2}.$$

因此

$$\sum_{k=0}^{\infty} \left[3\frac{\ln(4k+2)}{4k+2} - \frac{\ln(4k+3)}{4k+3} - \frac{\ln(4k+4)}{4k+4} - \frac{\ln(4k+5)}{4k+5} \right]$$

$$= \sum_{k=0}^{\infty} (3a_{4k+2} + 2a_{4k+3} + a_{4k+4})$$

$$= \sum_{k=0}^{\infty} \left[(a_{4k+2} + a_{4k+4}) + 2(a_{4k+2} + a_{4k+3}) \right]$$

$$= \sum_{k=1}^{\infty} a_{2k} + \sum_{k=0}^{\infty} 2(a_{4k+2} + a_{4k+3})$$

$$= \sum_{k=1}^{\infty} a_{2k} + \sum_{k=0}^{\infty} 2\left(\frac{\ln(4k+2)}{4k+2} - \frac{\ln(4k+3)}{4k+3} + \frac{\ln(4k+3)}{4k+3} - \frac{\ln(4k+4)}{4k+4} \right)$$

$$= \sum_{k=1}^{\infty} a_{2k} + \sum_{k=0}^{\infty} \left(\frac{\ln2 + \ln(2k+1)}{2k+1} - \frac{\ln2 + \ln(2k+2)}{2k+2} \right)$$

$$= \sum_{k=1}^{\infty} a_{2k} + \sum_{k=0}^{\infty} \left(\frac{\ln(2k+1)}{2k+1} - \frac{\ln(2k+2)}{2k+2} \right) + \ln2 \sum_{k=0}^{\infty} \left(\frac{1}{2k+1} - \frac{1}{2k+2} \right)$$

$$= \sum_{k=1}^{\infty} a_{2k} + \sum_{k=0}^{\infty} a_{2k+1} + \ln2 \sum_{k=1}^{\infty} (-1)^{k+1} \frac{1}{k}$$

$$= \sum_{k=1}^{\infty} a_k + (\ln2)^2$$

$$= (\ln2)^2.$$

（四）级数的乘积

下面讨论级数的乘法运算.

若级数 $\sum\limits_{n=1}^{\infty} u_n$ 收敛，v 是一个实数，则易知 $v\sum\limits_{n=1}^{\infty} u_n = \sum\limits_{n=1}^{\infty} vu_n$.

若级数 $\sum\limits_{n=1}^{\infty} u_n$ 收敛，$v_i (i=1, 2, \cdots, m)$ 是有限个实数，则 $\left(\sum\limits_{i=1}^{m} v_i\right) \sum\limits_{n=1}^{\infty} u_n = \sum\limits_{n=1}^{\infty} \sum\limits_{i=1}^{m} v_i u_n$.

设级数 $\sum\limits_{n=1}^{\infty} u_n$ 和 $\sum\limits_{n=1}^{\infty} v_n$ 都收敛，类似于有限个实数与级数相乘的规则，我们可写出这两个收敛级数相乘可能出现的乘积项.

$$
\begin{array}{ccccc}
u_1 v_1 & u_1 v_2 & u_1 v_3 & \cdots & u_1 v_n & \cdots \\
u_2 v_1 & u_2 v_2 & u_2 v_3 & \cdots & u_2 v_n & \cdots \\
u_3 v_1 & u_3 v_2 & u_3 v_3 & \cdots & u_3 v_n & \cdots \\
& & \cdots\cdots & & & \\
u_n v_1 & u_n v_2 & u_n v_3 & \cdots & u_n v_n & \cdots \\
& & \cdots\cdots & & &
\end{array}
$$

这些乘积项可以以各种不同方式(如对角线法、正方形法)排列成不同的数列,再用加号相连,从而得到不同的级数.

若用对角线法排列成如下的数列

则按"对角线法"排序产生的级数为:

$$u_1 v_1 + u_1 v_2 + u_2 v_1 + u_1 v_3 + u_2 v_2 + u_3 v_1 + \cdots.$$

若令 $c_n = u_1 v_n + u_2 v_{n-1} + u_3 v_{n-2} + \cdots + u_n v_1$,则 $\sum\limits_{n=1}^{\infty} c_n$ 称为级数 $\sum\limits_{n=1}^{\infty} u_n$ 和 $\sum\limits_{n=1}^{\infty} v_n$ 的**柯西乘积**.

若用正方形法排列成如下的数列

则按"正方形法"排序产生的级数为:

$$u_1 v_1 + u_1 v_2 + u_2 v_2 + u_2 v_1 + u_1 v_3 + u_2 v_3 + u_3 v_3 + u_3 v_2 + u_3 v_1 + \cdots.$$

定理 12.22(柯西定理) 若级数 $\sum\limits_{n=1}^{\infty} u_n$ 绝对收敛,其和记为 A,级数 $\sum\limits_{n=1}^{\infty} v_n$ 绝对收敛,其和记为 B,则它们各项之积 $u_i v_j (i, j = 1, 2, 3, \cdots)$ 按任意方式排列所得的级数 $\sum\limits_{n=1}^{\infty} w_n$ 也绝对收敛且和为 AB.

证明 因为级数 $\sum\limits_{n=1}^{\infty} u_n$ 和 $\sum\limits_{n=1}^{\infty} v_n$ 绝对收敛,记 $\sum\limits_{n=1}^{\infty} |u_n| = U$,$\sum\limits_{n=1}^{\infty} |v_n| = V$,$A_n = \sum\limits_{k=1}^{n} u_k$,$B_n = \sum\limits_{k=1}^{n} v_k$.又设正项级数 $\sum\limits_{n=1}^{\infty} |w_n|$ 前 n 项的部分和为 $W_n = \sum\limits_{k=1}^{n} |w_k|$,并且

$w_k = u_{n_k} v_{m_k}$. 令 $\Lambda = \max\{n_1, m_1, n_2, m_2, \cdots, n_n, m_n\}$，则

$$W_n = \sum_{k=1}^n |w_k| = \sum_{k=1}^n |u_{n_k}| |v_{m_k}| \leqslant (\sum_{k=1}^n |u_{n_k}|)(\sum_{k=1}^n |v_{m_k}|)$$
$$\leqslant (\sum_{k=1}^\Lambda |u_k|)(\sum_{k=1}^\Lambda |v_k|) \leqslant UV.$$

由于正项级数 $\sum_{n=1}^\infty |w_n|$ 的部分和 W_n 有界，从而 $\sum_{n=1}^\infty w_n$ 绝对收敛。由定理 12.20 知，级数 $\sum_{n=1}^\infty w_n$ 任意的重排级数绝对收敛，且它们的和相等。考虑级数 $\sum_{n=1}^\infty u_n$ 与 $\sum_{n=1}^\infty v_n$ 的乘积按"正方形法"排序产生的级数：

$$u_1 v_1 + u_1 v_2 + u_2 v_2 + u_2 v_1 + u_1 v_3 + u_2 v_3 + u_3 v_3 + u_3 v_2 + u_3 v_1 + \cdots,$$

对它适当加括号得

$$u_1 v_1 + (u_1 v_2 + u_2 v_2 + u_2 v_1) + (u_1 v_3 + u_2 v_3 + u_3 v_3 + u_3 v_2 + u_3 v_1) + \cdots.$$

记 $c_n = (u_1 v_n + u_2 v_n + \cdots + u_n v_n + u_n v_{n-1} + \cdots + u_n v_1)$，$C_n = \sum_{k=1}^n c_k$. 则 $\sum_{n=1}^\infty c_n$ 与 $\sum_{n=1}^\infty w_n$ 具有相同的敛散性，且 $\sum_{n=1}^\infty w_n = \sum_{n=1}^\infty c_n$. 又 $C_n = \sum_{k=1}^n c_k = A_n B_n$，于是，$\lim_{n\to\infty} C_n = \lim_{n\to\infty} A_n B_n = AB$，因此重排级数 $\sum_{n=1}^\infty w_n$ 绝对收敛于 AB. 证毕.

例 12.22 设 $|r| < 1$，求 $\sum_{n=0}^\infty (n+1) r^n$ 的和.

解 考虑几何级数 $\sum_{n=0}^\infty r^n$，当 $|r| < 1$ 时，级数绝对收敛于 $\frac{1}{1-r}$. 根据柯西定理，将这个级数自乘并将乘积项按对角线法排列得到的级数也绝对收敛，且收敛于 $\frac{1}{(1-r)^2}$，即 $(\sum_{n=0}^\infty r^n)^2 = \frac{1}{(1-r)^2}$. 另外，

$$(\sum_{n=0}^\infty r^n)(\sum_{n=0}^\infty r^n) = (1 + r + r^2 + \cdots) \cdot (1 + r + r^2 + \cdots)$$
$$= 1 + (r + r) + (r^2 + r^2 + r^2) + \cdots$$
$$= 1 + 2r + 3r^2 + \cdots + (n+1) r^n + \cdots,$$

因此，$1 + 2r + 3r^2 + \cdots + (n+1) r^n + \cdots = \frac{1}{(1-r)^2}$.

（五）阿贝尔判别法和狄利克雷判别法

为了进一步研究级数的敛散性，类似于积分中的分部积分公式，我们建立序列的分部求和公式.

引理 12.1（阿贝尔变换）　设 a_i，$b_i(i=1,2,\cdots,n)$ 为两组数，令

$$B_k=b_1+b_2+\cdots+b_k(k=1,2,\cdots,n),$$

则有阿贝尔变换 $\displaystyle\sum_{i=1}^n a_i b_i = a_n B_n - \sum_{i=1}^{n-1}(a_{i+1}-a_i)B_i$.

证明　$\displaystyle\sum_{i=1}^n a_i b_i = a_1 B_1 + a_2(B_2-B_1)+\cdots+a_n(B_n-B_{n-1})$

$$=(a_1-a_2)B_1+(a_2-a_3)B_2+\cdots+(a_{n-1}-a_n)B_{n-1}+a_n B_n$$

$$=a_n B_n - \sum_{i=1}^{n-1}(a_{i+1}-a_i)B_i.$$

证毕.

阿贝尔变换也称**分部求和公式**.

引理 12.2（阿贝尔引理）　设 $\{a_i\}$，$i=1,2,\cdots,n$ 是一组实数，记 $B_k=b_1+b_2+\cdots+b_k$，若

（i）$\{a_i\}$（$i=1,2,\cdots,n$）单调，

（ii）$\{B_i\}$（$i=1,2,\cdots,n$）有界，且 $|B_i|\leqslant A$，$i=1,2,\cdots,n$，

则 $\left|\displaystyle\sum_{i=1}^n a_i b_i\right|\leqslant A(|a_1|+2|a_n|)$.

证明　利用阿贝尔变换，则 $\displaystyle\sum_{i=1}^n a_i b_i = a_n B_n - \sum_{i=1}^{n-1}(a_{i+1}-a_i)B_i$. 注意到 $\{a_i\}$ 的单调性和 $|B_k|\leqslant A$，从而

$$\left|\sum_{i=1}^n a_i b_i\right|\leqslant |a_n||B_n|+\sum_{i=1}^{n-1}|a_{i+1}-a_i||B_i|$$

$$\leqslant A|a_n|+A\left|\sum_{i=1}^{n-1}(a_{i+1}-a_i)\right|$$

$$\leqslant A|a_n|+A|a_n-a_1|\leqslant A(|a_1|+2|a_n|).$$

证毕.

由阿贝尔引理易得如下推论：

推论 12.3　设 $\{a_i\}$，$i=1,2,\cdots,n$ 是一组实数，记 $B_k=b_1+b_2+\cdots+b_k$，$i=1,2,\cdots,n$，若

（i）$\{a_i\}$（$i=1,2,\cdots,n$）单调，且 $\varepsilon=\max\limits_{1\leqslant i\leqslant n}|a_i|$，

（ii）$\{B_i\}$（$i=1,2,\cdots,n$）有界，且 $|B_i|\leqslant A$，$i=1,2,\cdots,n$，

则 $\left|\displaystyle\sum_{i=1}^n a_i b_i\right|\leqslant 3\varepsilon A$.

类似于广义积分收敛性的分析，下面利用阿贝尔引理及推论 12.3，我们研究级数 $\displaystyle\sum_{n=1}^{\infty} a_n b_n$ 的敛散性.

定理 12.23（阿贝尔判别法）　若 $\{a_n\}$ 为单调有界数列，级数 $\displaystyle\sum_{n=1}^{\infty} b_n$ 收敛，则级数

$\sum\limits_{n=1}^{\infty} a_n b_n$ 收敛.

证明   因为 $\{a_n\}$ 为单调有界数列，设 $|a_n| \leqslant M$. 级数 $\sum\limits_{n=1}^{\infty} b_n$ 收敛，由级数收敛的柯西准则，对任给的 $\varepsilon > 0$，必存在正整数 N，使当 $n > N$ 时，对任给的正整数 p，有

$$|b_{n+1} + b_{n+2} + \cdots + b_{n+p}| \leqslant \varepsilon,$$

利用推论 12.3，则有 $\left| \sum\limits_{k=n+1}^{n+p} a_i b_i \right| \leqslant 3M\varepsilon$. 再利用级数收敛的柯西准则，则 $\sum\limits_{n=1}^{\infty} a_n b_n$ 必定收敛. 证毕.

定理 12.24（狄利克雷判别法）   若数列 $\{a_n\}$ 单调趋于 0，级数 $\sum\limits_{n=1}^{\infty} b_n$ 的部分和数列有界，则级数 $\sum\limits_{n=1}^{\infty} a_n b_n$ 收敛.

证明   因为级数 $\sum\limits_{n=1}^{\infty} b_n$ 的部分和有界，令 $B_k = b_1 + \cdots + b_k$，不妨设 $|B_k| \leqslant A$，则

$$\left| \sum_{i=n}^{n+k} b_i \right| = \left| \sum_{i=1}^{n+k} b_i - \sum_{i=1}^{n-1} b_i \right| \leqslant 2A.$$

又因为 $\lim\limits_{n \to \infty} a_n = 0$，对任给的 $\varepsilon > 0$，必存在正整数 N，使当 $n > N$ 时，$|a_n| < \varepsilon$. 利用推论 12.3，$\left| \sum\limits_{k=n}^{n+p} a_n b_n \right| \leqslant 3 \cdot 2A\varepsilon = 6A\varepsilon$，再利用级数收敛的柯西准则知，$\sum\limits_{n=1}^{\infty} a_n b_n$ 收敛. 证毕.

注   交错级数的莱布尼茨判别法是狄利克雷判别法的特殊情形. 事实上，对于满足莱布尼茨判别法中条件的交错级数 $\sum\limits_{n=1}^{\infty} (-1)^{n+1} u_n$，$a_n = u_n$，$b_n = (-1)^{n+1}$，$\{a_n\}$ 单调且趋于 0，$\left| \sum\limits_{i=1}^{n} b_i \right| \leqslant 1$，利用狄利克雷判别法知 $\sum\limits_{n=1}^{\infty} (-1)^{n+1} u_n$ 收敛.

利用狄利克雷判别法也可以证明阿贝尔判别法.

例 12.23   研究级数 $\sum\limits_{n=1}^{\infty} \dfrac{(-1)^n}{n^{p+\frac{1}{n}}}$ 的绝对收敛性与条件收敛性.

解   令 $u_n = \dfrac{1}{n^{p+\frac{1}{n}}}$，

(1) 当 $p > 1$ 时，因为 $\left| \dfrac{(-1)^n}{n^{p+\frac{1}{n}}} \right| \leqslant \dfrac{1}{n^p}$，且 $\sum\limits_{n=1}^{\infty} \dfrac{1}{n^p}$ 收敛，故级数 $\sum\limits_{n=1}^{\infty} \dfrac{(-1)^n}{n^{p+\frac{1}{n}}}$ 绝对收敛.

(2) 当 $p < 0$ 时，$\lim\limits_{n \to \infty} u_n = \lim\limits_{n \to \infty} \dfrac{1}{n^{p+\frac{1}{n}}} = +\infty \neq 0$；当 $p = 0$ 时，$\lim\limits_{n \to \infty} u_n = \lim\limits_{n \to \infty} \dfrac{1}{n^{p+\frac{1}{n}}} = 1 \neq 0$；故当 $p \leqslant 0$ 时，级数 $\sum\limits_{n=1}^{\infty} \dfrac{(-1)^n}{n^{p+\frac{1}{n}}}$ 发散.

(3) 当 $0 < p \leqslant 1$ 时，级数 $\sum\limits_{n=1}^{\infty} \dfrac{(-1)^n}{n^p}$ 收敛，数列 $\dfrac{1}{\sqrt[n]{n}}$ 单调递增（$n \geqslant 3$）且有界，由阿贝

尔判别法得级数 $\sum\limits_{n=1}^{\infty}\dfrac{(-1)^n}{n^{p+\frac{1}{n}}}$ 收敛. 但 $\lim\limits_{n\to\infty}\dfrac{\frac{1}{n^{p+\frac{1}{n}}}}{\frac{1}{n^p}}=1$，又当 $0<p\leqslant1$ 时，p-级数 $\sum\limits_{n=1}^{\infty}\dfrac{1}{n^p}$ 发散.

因此，当 $0<p\leqslant1$ 时，级数 $\sum\limits_{n=1}^{\infty}\dfrac{(-1)^n}{n^{p+\frac{1}{n}}}$ 条件收敛.

例 12.24 设数列 $\{a_n\}$ 单调且趋于 0，证明对于任意的 x，$\sum\limits_{n=1}^{\infty}a_n\sin nx$ 收敛.

证明 （1）当 $x=2k\pi$，$k=1$，2，3，$\cdots$ 时，显然，$\sum\limits_{n=1}^{\infty}a_n\sin nx$ 收敛.

（2）若 $x\neq2k\pi$，$k=1$，2，3，$\cdots$，因为数列 $\{a_n\}$ 单调且趋于 0，只要证明 $\sum\limits_{n=1}^{\infty}\sin nx$ 满足狄利克雷判别法中的条件即可. 令 $B_n=\sin x+\sin2x+\cdots+\sin nx$. 注意到

$$2\sin A\sin B=\cos(A-B)-\cos(A+B),$$

于是有

$$2\sin\frac{x}{2}(\sin x+\sin2x+\cdots+\sin nx)$$

$$=\cos\frac{x}{2}-\cos\frac{3x}{2}+\cos\frac{3x}{2}-\cos\frac{5x}{2}+\cdots+\cos\left(n-\frac{1}{2}\right)x-\cos\left(n+\frac{1}{2}\right)x$$

$$=\cos\frac{x}{2}-\cos\left(n+\frac{1}{2}\right)x.$$

从而

$$|B_n|=\left|\sum_{k=1}^{n}\sin kx\right|=\frac{\left|\cos\dfrac{x}{2}-\cos\left(n+\dfrac{1}{2}\right)x\right|}{\left|2\sin\dfrac{x}{2}\right|}\leqslant\frac{2}{2\left|\sin\dfrac{x}{2}\right|}=\frac{1}{\left|\sin\dfrac{x}{2}\right|},$$

即级数 $\sum\limits_{n=1}^{\infty}\sin nx$ 的部分和有界，根据狄利克雷判别法，$\sum\limits_{n=1}^{\infty}a_n\sin nx$ 收敛.

综上所述，对于任意的 x，$\sum\limits_{n=1}^{\infty}a_n\sin nx$ 收敛. 证毕.

特别地，对于级数 $\sum\limits_{n=1}^{\infty}\dfrac{\sin nx}{n^p}$，我们看到，

（1）当 $x\neq2k\pi$，$p\leqslant0$ 时，因为一般项不趋于 0，从而 $\sum\limits_{n=1}^{\infty}\dfrac{\sin nx}{n^p}$ 发散.

（2）当 $p>1$ 时，$\left|\dfrac{\sin nx}{n^p}\right|\leqslant\dfrac{1}{n^p}$，从而 $\sum\limits_{n=1}^{\infty}\dfrac{\sin nx}{n^p}$ 绝对收敛.

（3）当 $0<p\leqslant1$ 时，$\dfrac{1}{n^p}$ 单调趋于 0，级数 $\sum\limits_{n=1}^{\infty}\sin nx$ 的部分和有界，根据狄利克雷判

别法，$\sum\limits_{n=1}^{\infty}\dfrac{\sin nx}{n^p}$ 收敛. 但 $\left|\dfrac{\sin nx}{n^p}\right|\geqslant\dfrac{\sin^2 nx}{n^p}=\dfrac{1}{2n^p}-\dfrac{\cos2nx}{2n^p}$，因为 $0<p\leqslant1$，故 $\sum\limits_{n=1}^{\infty}\dfrac{1}{n^p}$ 发

散，而由狄利克雷判别法知 $\sum\limits_{n=1}^{\infty} \dfrac{\cos 2nx}{n^p}$ 收敛，因此正项级数 $\sum\limits_{n=1}^{\infty} \left| \dfrac{\sin nx}{n^p} \right|$ 发散，从而级

数 $\sum\limits_{n=1}^{\infty} \dfrac{\sin nx}{n^p}$ 条件收敛.

 **习题 12.3**

1. 判别下列级数的敛散性. 如果收敛，是绝对收敛还是条件收敛？

(1) $\sum\limits_{n=1}^{\infty} (-1)^{n-1} \dfrac{n!}{n^n}$;

(2) $\sum\limits_{n=1}^{\infty} \dfrac{\alpha^n}{n!} (\alpha \in \mathbf{R})$;

(3) $\sum\limits_{n=1}^{\infty} \dfrac{\sin n}{n^2}$;

(4) $\sum\limits_{n=1}^{\infty} \dfrac{(-1)^{n-1} \sin \dfrac{\pi}{n+1}}{3^{n+1}}$;

(5) $\sum\limits_{n=1}^{\infty} (-1)^n \left(1 - \cos \dfrac{a}{n} \right)$ （常数 $a>0$）;

(6) $\sum\limits_{n=2}^{\infty} (-1)^n \dfrac{1}{\ln n}$;

(7) $\sum\limits_{n=1}^{\infty} (-1)^n \dfrac{n}{3^{n-1}}$;

(8) $\sum\limits_{n=1}^{\infty} (-1)^{n+1} \dfrac{2^{n^2}}{n!}$;

(9) $\sum\limits_{n=2}^{\infty} \dfrac{(-1)^n}{\sqrt{n} + (-1)^n}$;

(10) $\sum\limits_{n=1}^{\infty} (-1)^{n-1} \dfrac{2n-1}{n^2}$.

2. 讨论级数 $\sum\limits_{n=3}^{\infty} \dfrac{(-1)^n}{(n^2 - 3n + 2)^x}$ 的绝对收敛和条件收敛性.

3. 设 $u_n = (-1)^n \ln \dfrac{n+1}{n}$，试判定 $\sum\limits_{n=1}^{\infty} u_n$ 与 $\sum\limits_{n=1}^{\infty} u_n^2$ 的敛散性，并指出是绝对收敛还是条件收敛.

4. 设 $f(x)$ 为偶函数，存在二阶连续导数，且 $f(0)=1$，证明：级数 $\sum\limits_{n=1}^{\infty} \left(f\left(\dfrac{1}{n}\right) - 1 \right)$ 绝对收敛.

5. 证明：级数 $\sum\limits_{n=1}^{\infty} \dfrac{\sin nx}{n} (0<x<\pi)$ 条件收敛.

6. 设 $x_n = 1 + \dfrac{1}{\sqrt{2}} + \cdots + \dfrac{1}{\sqrt{n}} - 2\sqrt{n}$，证明数列 $\{x_n\}$ 收敛.

7. 应用阿贝尔判别法或狄利克雷判别法判断下列级数的敛散性.

(1) $\sum\limits_{n=1}^{\infty} \dfrac{\sin n \cdot \sin n^2}{n}$;

(2) $\sum\limits_{n=1}^{\infty} \dfrac{(-1)^n}{\sqrt[3]{n}} \left(1 + \dfrac{1}{n} \right)^n$;

(3) $\sum\limits_{n=1}^{\infty} \dfrac{(-1)^n}{n} \cdot \dfrac{x^n}{1+x^n} (x>0)$;

(4) $\sum\limits_{n=1}^{\infty} \dfrac{\ln^{100} n}{n} \sin \dfrac{n\pi}{4}$.

8. 设 $\{a_n\}$ 是实数列，且级数 $\sum\limits_{n=1}^{\infty} \dfrac{a_n}{n^x}$ 在 $x=x_0$ 收敛，证明 $\sum\limits_{n=1}^{\infty} \dfrac{a_n}{n^x}$ 当 $x>x_0$ 时都收敛.

9. 已知级数 $\sum\limits_{n=1}^{\infty} \dfrac{(-1)^{n-1}}{\sqrt{n}}$ 条件收敛，证明它的重排级数

$$1+\frac{1}{\sqrt{3}}-\frac{1}{\sqrt{2}}+\frac{1}{\sqrt{5}}+\frac{1}{\sqrt{7}}-\frac{1}{\sqrt{4}}+\cdots$$

是发散的.

10.　若 $\lim\limits_{n\to\infty}n^{2n\sin\frac{1}{n}}\cdot u_n=c\neq0$，证明级数 $\sum\limits_{n=1}^{\infty}u_n$ 绝对收敛.

本章小结

　　本章主要介绍了数项级数的概念和性质. 数项级数的敛散性是本章的中心问题，柯西准则是判别级数收敛的重要准则. 正项级数作为一类重要的数项级数，其敛散性的判别法有比较判别法及极限形式、比式判别法及极限形式、根式判别法及极限形式、积分判别法及拉贝判别法. 交错级数作为一类特殊的一般项级数对应有交错级数的莱布尼茨判别法.

一般项级数的收敛性又分为绝对收敛与条件收敛. 对于级数 $\sum\limits_{n=1}^{\infty}a_nb_n$，我们有相应的阿贝尔判别法和狄利克雷判别法. 本章中要熟练掌握几何级数、p-级数、交错级数等几类常用级数的敛散性. 本章的重点是正项级数敛散性的判别，难点是一般项级数敛散性的判别.

总练习题十二

1.　研究带有以下一般项的级数 $\sum\limits_{n=1}^{\infty}u_n$ 的敛散性.

　　(1) $u_n=\displaystyle\int_{n\pi}^{(n+1)\pi}\frac{\sin^2x}{x}\mathrm{d}x$；

　　(2) $u_n=\displaystyle\int_{0}^{\frac{\pi}{n}}\frac{\sin^3x}{x+1}\mathrm{d}x$；

　　(3) $u_n=\dfrac{1!+2!+3!+\cdots+n!}{(2n)!}$.

2.　证明下列极限.

　　(1) $\lim\limits_{n\to\infty}\dfrac{(2n)!}{3^{n(n+1)}}=0$；　　　　　　　　(2) $\lim\limits_{n\to\infty}\dfrac{2^nn!}{n^n}=0$.

3.　设数列 $\{b_n\}$ 单调收敛于 0，$x\in(0,\pi)$，讨论级数 $\sum\limits_{n=1}^{\infty}b_n\sin nx$ 的收敛性与绝对收敛性，并对 $\sum\limits_{n=1}^{\infty}\dfrac{\sin nx}{n^p}$ 进行讨论.

4.　已知 $\sum\limits_{n=1}^{\infty}\dfrac{(-1)^{n+1}}{n}=\ln2$，求由该级数各项重排所得的下列级数的和.

　　(1) $1+\dfrac{1}{3}-\dfrac{1}{2}+\dfrac{1}{5}+\dfrac{1}{7}-\dfrac{1}{4}+\cdots$；

（2）$1-\dfrac{1}{2}-\dfrac{1}{4}+\dfrac{1}{3}-\dfrac{1}{6}-\dfrac{1}{8}+\cdots$.

5. 设 $x_0>0$，$x_{n+1}=\dfrac{2(1+x_n)}{2+x_n}(n=0，1，2，3，\cdots)$，证明数列 $\{x_n\}$ 收敛，并求极限 $\lim\limits_{n\to\infty}x_n$.

6. 若级数 $\sum\limits_{n=1}^{\infty}a_n$ 收敛，且 $\lim\limits_{n\to\infty}\dfrac{b_n}{a_n}=1$，则能否确定级数 $\sum\limits_{n=1}^{\infty}b_n$ 也是收敛的？

7. 若两个正项级数 $\sum\limits_{n=1}^{\infty}a_n$ 和 $\sum\limits_{n=1}^{\infty}b_n$ 发散，$\sum\limits_{n=1}^{\infty}\max(a_n，b_n)$，$\sum\limits_{n=1}^{\infty}\min(a_n，b_n)$ 两个级数的敛散性如何？

8. 设级数 $\sum\limits_{n=1}^{\infty}a_n$ 条件收敛，且

$$P_n=\sum_{i=1}^{n}\dfrac{|a_i|+a_i}{2}，\quad N_n=\sum_{i=1}^{n}\dfrac{|a_i|-a_i}{2}，$$

证明 $\lim\limits_{n\to\infty}\dfrac{N_n}{P_n}=1$.

9. 证明 $\sum\limits_{n=0}^{\infty}\dfrac{1}{n!}\cdot\sum\limits_{n=0}^{\infty}\dfrac{(-1)^n}{n!}=1$.

10. 若 $\sum\limits_{m=1}^{\infty}(a_m-a_{m-1})$ 绝对收敛，$\sum\limits_{m=1}^{\infty}b_m$ 收敛，那么 $\sum\limits_{m=1}^{\infty}a_mb_m$ 收敛.

11. 设正项级数 $\sum\limits_{n=1}^{\infty}a_n$ 发散，证明 $\sum\limits_{n=1}^{\infty}\dfrac{a_n}{(a_1+1)(a_2+1)\cdots(a_n+1)}=1$.

第十三章
函数列与函数项级数

本章要点

1. 函数列的极限函数，函数列的一致收敛定义，函数列一致收敛的柯西准则，函数列一致收敛的判别定理；

2. 函数项级数的敛散性，收敛域，函数项级数的和函数，函数项级数的一致收敛性，函数项级数一致收敛的柯西准则，函数项级数一致收敛的判别法：魏尔斯特拉斯判别法、阿贝尔判别法、狄利克雷判别法；

3. 一致收敛函数列的性质：极限函数的连续性定理，极限函数的可积性定理，极限函数的可微性定理，一致收敛函数项级数的性质：和函数的连续性定理、逐项求积定理，逐项求导定理.

导入案例

在级数理论的发展中，18 世纪的大部分数学家单纯将级数看作多项式的代数推广. **波尔查诺**用函数序列取代了数列，提出了级数收敛判别准则. 大数学家柯西在级数理论及数学分析的完备性等方面做出了杰出贡献. 但柯西在他的《分析教程》中给出了一个错误的结论：处处收敛的连续函数的和也是连续函数. 1826 年，**阿贝尔**给出了一个反例 $\sum_{n=1}^{\infty} (-1)^{n-1} \dfrac{\sin nx}{n}$，该函数项级数的和在 $x=(2k+1)\pi$ 处都不连续. **狄利克雷**解释了阿贝尔所用反例的含义. 事实上存在一类函数，与**柯西**关于连续函数级数和的连续性定理相矛盾. 1838 年德国数学家**古德曼**(Gudermann) 在克莱尔杂志上发表的一篇论文中首次解释了椭圆函数展开的某个无穷级数的一致收敛性. 受老师**古德曼**的影响，基于收敛的幂级数在收敛域内一致收敛的证明，**魏尔斯特拉斯**得到了与幂级数的和函数连续性有关的阿贝尔定理的严格系统化，并给出了函数项级数逐项微分与积分定理.

无穷级数分为数项级数和函数项级数. 函数项级数以函数为通项，它涉及正整数变量和每个函数项的自变量. 数项级数是函数项级数的一种特殊情形. 我们知道，数项级数的收敛性等价于其部分和数列的收敛性，即数项级数的研究基于数列的极限理论. 类似地，函数项级数的有关研究可通过对函数列的研究来实现. 由于函数列比数列更复杂，需要建立新的数学理论，因此，本章引入了函数列与函数项级数的一致收敛性. 对于函数列与函数项级数，我们不仅要研究其收敛性、一致收敛性，更重要的还要深入研究极限函数及和函数的性质.

§13. 1　一致收敛性

（一）函数列的一致收敛性

设数集 $E \subseteq \mathbf{R}$，$f_1(x)$，$f_2(x)$，$\cdots$，$f_n(x)$，$\cdots$ 为定义在 E 上的实值函数，称为定义在 E 上的**函数列**，记为 $\{f_n(x)\}_{n=1}^{\infty}$，或者简记为 $\{f_n\}$ 或 f_n，$n=1$，2，$\cdots$.

对于数集 E 中每一个固定的 x_0，$\{f_n(x_0)\}$ 为一个实数列. 若 $\lim\limits_{n \to \infty} f_n(x_0)$ 存在，则称函数列 $\{f_n(x)\}$ 在点 x_0 处**收敛**，x_0 称为函数列 $\{f_n\}$ 的**收敛点**. 若数列 $\{f_n(x_0)\}$ 发散，则称函数列 $\{f_n(x)\}$ 在点 x_0 处**发散**.

设数集 $D \subset E$，若对 D 中的每一个点 x，数列 $\{f_n(x)\}$ 都有相应的极限值，显然，这个极限值随着点 x 的变化而变化，从而这个极限值是 x 的函数，我们用 $f(x)$ 表示，则称 $f(x)$ 为函数列 $\{f_n(x)\}$ 在数集 D 上的**极限函数**，或函数列 $\{f_n(x)\}$ 在 D 上收敛于函数 $f(x)$，记为

$$\lim_{n \to \infty} f_n(x) = f(x)，x \in D，\text{ 或 } f_n(x) \to f(x) \ (n \to \infty)，x \in D.$$

函数列 $\{f_n(x)\}$ 的极限为 $f(x)$ 或函数列 $\{f_n(x)\}$ 在 D 上收敛于 $f(x)$ 用 $\varepsilon - N$ 定义表示为：对任意给定的 $x \in D$，$\forall \varepsilon > 0$，$\exists N = N(\varepsilon，x)$，$\forall n > N$，都有 $|f_n(x) - f(x)| < \varepsilon$.

函数列 $\{f_n(x)\}$ 收敛的全体收敛点构成的集合，称为函数列 $\{f_n(x)\}$ 的**收敛域**. 函数列 $\{f_n(x)\}$ 全体发散点的集合，称为函数列 $\{f_n(x)\}$ 的**发散域**.

例 13. 1　定义在 $[0，+\infty)$ 上的函数列 $f_n(x) = \dfrac{1}{n+x}$，$n=1$，2，$\cdots$，对任给的 $x \in [0，+\infty)$，都有

$$|f_n(x)| = \left| \frac{1}{n+x} \right| \leqslant \frac{1}{n}.$$

从而对给定的 $x \in [0，+\infty)$，任给 $\varepsilon > 0$，取 $N = \left[\dfrac{1}{\varepsilon} \right]$，当 $n > N$ 时，有

$$|f_n(x) - 0| = \left| \frac{1}{n+x} \right| \leqslant \frac{1}{n} < \varepsilon，$$

因此，函数列 $\left\{ \dfrac{1}{n+x} \right\}$ 的收敛域为 $[0，+\infty)$，极限函数为 $f(x) = 0$.

例 13. 2　证明函数列 $f_n(x) = \dfrac{x^n}{1+x^{2n}} (n=1，2，\cdots)$ 的收敛域为 $(-\infty，-1) \bigcup (-1，+\infty)$，并求极限函数.

证及解　(i) 当 $x = 0$ 时，任给 $\varepsilon > 0$，N 取任意正整数，当 $n > N$ 时，都有

$|f_n(0)-0|=|0-0|<\varepsilon$，从而 $\lim\limits_{n\to\infty}f_n(0)=0$.

(ii) 当 $x=1$ 时，任给 $\varepsilon>0$，N 取任意正整数，当 $n>N$ 时，都有

$$\left|f_n(1)-\frac{1}{2}\right|=\left|\frac{1}{2}-\frac{1}{2}\right|<\varepsilon,$$

从而 $\lim\limits_{n\to\infty}f_n(1)=\frac{1}{2}$.

(iii) 当 $0<|x|<1$ 时，任给 $\varepsilon>0$(不妨设 $\varepsilon<1$)，取 $N=\left[\dfrac{\ln\varepsilon}{\ln|x|}\right]$，当 $n>N$ 时，则有

$$|f_n(x)-0|=\left|\frac{x^n}{1+x^{2n}}\right|=\frac{|x|^n}{1+x^{2n}}\leqslant|x|^n<\varepsilon.$$

从而 $\lim\limits_{n\to\infty}f_n(x)=0$.

(iv) 当 $|x|>1$ 时，任给 $\varepsilon>0$(不妨设 $\varepsilon<1$)，取 $N=\left[\dfrac{-\ln\varepsilon}{\ln|x|}\right]$，当 $n>N$ 时，则有

$$|f_n(x)-0|=\left|\frac{x^n}{1+x^{2n}}\right|=\frac{|x|^n}{1+x^{2n}}\leqslant\frac{|x|^n}{x^{2n}}=|x|^{-n}<\varepsilon.$$

从而 $\lim\limits_{n\to\infty}f_n(x)=0$.

(v) 当 $x=-1$ 时，对应的数列显然发散.

综上得函数列 $f_n(x)=\dfrac{x^n}{1+x^{2n}}$ 的收敛域为 $(-\infty,-1)\cup(-1,+\infty)$，极限函数

$$f(x)=\begin{cases}\dfrac{1}{2}, & x=1\\[2mm] 0, & |x|\neq1\end{cases}.$$

在例 13.2 中 $f_n(x)$ 在 $(-\infty,+\infty)$ 上连续，但极限函数 $f(x)$ 在 $(-\infty,+\infty)$ 上不连续，$x=1$ 是其间断点. $f_n(x)$ 在 $x=1$ 处可导，但极限函数 $f(x)$ 在 $x=1$ 处不可导.

例 13.3　考察定义在 $(-\infty,+\infty)$ 上的函数列 $f_n(x)=\dfrac{\sin nx}{\sqrt{n}}$ $(n=1,2,\cdots)$.

解　显然每个 $f_n(x)$ 均在 $(-\infty,+\infty)$ 上可微，且 $f_n'(x)=\sqrt{n}\cos nx$，$x\in(-\infty,+\infty)$. 而 $f(x)=\lim\limits_{n\to\infty}f_n(x)=0$，$x\in(-\infty,+\infty)$. 极限函数 $f(x)$ 可微，且 $f'(x)=0$. 但是

$$\lim_{n\to\infty}f_n'(0)=\lim_{n\to\infty}\sqrt{n}=+\infty.$$

这说明 $\lim\limits_{n\to\infty}f_n(x)=f(x)$ 不能保证 $\lim\limits_{n\to\infty}f_n'(x)=f'(x)$ 成立.

从例 13.2 和例 13.3 可以看出，函数列 $\{f_n(x)\}$ 收敛，只是点收敛，不能保证函数列的通项函数的许多性质能够被极限函数 $f(x)$ 继承，从而必须对函数列的收敛性提出更高的要求. 为此我们引入新的收敛方式：一致收敛性.

定义 13.1　设函数列 $\{f_n(x)\}$ 定义在数集 D 上. 若存在定义在数集 D 上的函数

$f(x)$，满足：对任给的 $\varepsilon>0$，存在 $N=N(\varepsilon)$，当 $n>N$ 时，对一切 $x\in D$，都有 $|f_n(x)-f(x)|<\varepsilon$，则称 $\{f_n(x)\}$ 在 D 上**一致收敛**于 $f(x)$. 记为

$$f_n(x)\rightrightarrows f(x),\quad n\to\infty,\quad x\in D.$$

从定义 13.1 易知：若函数列 $\{f_n(x)\}$ 在 D 上一致收敛于 $f(x)$，则 $\{f_n(x)\}$ 在 D 上一定收敛于 $f(x)$. 但 $\{f_n(x)\}$ 在 D 上收敛于 $f(x)$，不能保证 $\{f_n(x)\}$ 在 D 上一致收敛于 $f(x)$. 因为函数列收敛定义中的 N 可能随着收敛点的不同而变化，N 不仅与 ε 有关，而且与 x 有关，一般记为 $N=N(\varepsilon, x)$. 而一致收敛中的 N 只与 ε 有关，与 x 无关，即 N 对 D 中的所有点都通用，通常记为 $N=N(\varepsilon)$.

由定义 13.1，很容易写出 $\{f_n(x)\}$ 在 D 上不一致收敛于 $f(x)$ 的定义. $\{f_n(x)\}$ 在 D 上不一致收敛于 $f(x)$ 是指：$\exists\varepsilon_0>0$，$\forall N$，$\exists n'>N$ 及 $x_0\in D$，使 $|f_{n'}(x_0)-f(x_0)|\geqslant\varepsilon_0$.

例 13.4 设 $f_n(x)=\dfrac{\sin nx}{\sqrt{n}}$，$x\in(-\infty, +\infty)$. 考察函数列 $\{f_n(x)\}$ 在 $(-\infty, +\infty)$ 内的一致收敛性.

解 由例 13.3 知，$f(x)=\lim\limits_{n\to\infty}f_n(x)=0$，$x\in(-\infty, +\infty)$. 对任给的 $x\in(-\infty, +\infty)$，由于 $|f_n(x)|=\left|\dfrac{\sin nx}{\sqrt{n}}\right|\leqslant\dfrac{1}{\sqrt{n}}$，于是对任给的 $\varepsilon>0$，取 $N=\left[\dfrac{1}{\varepsilon^2}\right]$，当 $n>N$ 时，对于一切 $x\in(-\infty, +\infty)$，都有 $|f_n(x)-f(x)|=\left|\dfrac{\sin nx}{\sqrt{n}}-0\right|\leqslant\dfrac{1}{\sqrt{n}}<\varepsilon$，故数列 $\{f_n(x)\}$ 在 $(-\infty, +\infty)$ 上一致收敛.

例 13.5 设 $f(x)$ 在 $(-\infty, +\infty)$ 内有连续的导数，令 $g_n(x)=n\left[f\left(x+\dfrac{1}{n}\right)-f(x)\right]$. 则在任给的区间 $[a, b]$ 上，函数列 $\{g_n(x)\}$ 一致收敛于 $f'(x)$.

证明 由于 $f(x)$ 在 $(-\infty, +\infty)$ 上连续可微，$[a, b]\subseteq(-\infty, +\infty)$，利用拉格朗日中值定理，对任给的 $x\in[a, b+1]$，

$$g_n(x)=n\left[f\left(x+\dfrac{1}{n}\right)-f(x)\right]=f'\left(x+\dfrac{\theta}{n}\right),\ \theta\in(0, 1).$$

又因为 $f'(x)$ 在 $(-\infty, +\infty)$ 上连续，两边取极限，得

$$\lim\limits_{n\to\infty}g_n(x)=\lim\limits_{n\to\infty}f'\left(x+\dfrac{\theta}{n}\right)=f'(x),$$

所以 $\{g_n(x)\}$ 在 $(-\infty, +\infty)$ 上收敛于 $f'(x)$. 根据题设 $f'(x)$ 在 $[a, b+1]$ 上连续，从而一致连续，因此对任给的 $\varepsilon>0$，存在 $\delta=\delta(\varepsilon)>0$，对任给的 x'，$x''\in[a, b+1]$，只要 $|x'-x''|<\delta$，就有 $|f'(x')-f'(x'')|<\varepsilon$. 对上述任给的 ε，我们取 $N=\left[\dfrac{1}{\delta}\right]$，当 $n>N$ 时，对于一切的 $x\in[a, b]$，都有

$$|g_n(x)-f'(x)|=\left|n\left[f\left(x+\dfrac{1}{n}\right)-f(x)\right]-f'(x)\right|=\left|f'\left(x+\dfrac{\theta}{n}\right)-f'(x)\right|<\varepsilon,$$

故函数列 $\{g_n(x)\}$ 在 $[a, b]$ 上一致收敛于 $f'(x)$. 证毕.

例 13.6　设 $f_n(x) = x^n$, $n=1, 2, \cdots$, 讨论函数列 $\{f_n(x)\}$ 在 $(0, 1)$ 内的一致收敛性.

解　任给 $x \in (0, 1)$, $f(x) = \lim\limits_{n \to \infty} f_n(x) = \lim\limits_{n \to \infty} x^n = 0$, 函数列 $\{f_n(x)\}$ 在 $(0, 1)$ 内收敛于 0.

取 $\varepsilon_0 = \dfrac{1}{4}$, 对任给的正整数 N, 取 $n > N+1$, $x_0 = \left(1 - \dfrac{1}{n}\right)^{\frac{1}{n}} \in (0, 1)$, 有

$$|f_n(x_0) - f(x_0)| = \left|1 - \frac{1}{n} - 0\right| > 1 - \frac{1}{N+1} > 1 - \frac{1}{2} = \frac{1}{2} > \varepsilon_0,$$

因此, 函数列 $\{f_n(x)\}$ 在 $(0, 1)$ 内不一致收敛.

虽然函数列 $\{f_n(x)\}$ 在 $(0, 1)$ 内不一致收敛, 但在 $[0, c]$ (c 为小于 1 的任一正数) 上函数列 $\{f_n(x)\}$ 一致收敛. 事实上, 对任给的 $\varepsilon > 0$, 取 $N = \left[\dfrac{\ln \varepsilon}{\ln c}\right]$, 当 $n > N$ 时, 对于一切的 $x \in [0, c]$, 都有 $|f_n(x) - f(x)| = |x^n - 0| = |x^n| \leqslant c^n < \varepsilon$. 故函数列 $\{f_n(x)\}$ 在 $[0, c]$ 上一致收敛.

如图 13-1 所示, 函数列 $\{f_n(x)\}$ 在 $(0, 1)$ 内不一致收敛的几何解释是: 对任给的正整数 n, x^n 的取值落在 $(0, 1)$ 内, $(x, f_n(x))$ 不可能全部落在 $\{(x, y) \mid x \in (0, 1), 0 < y < \varepsilon, \varepsilon < 1\}$ 内. 而函数列 $\{f_n(x)\}$ 在 $[0, c]$ (c 为小于 1 的任一正数) 上一致收敛的几何解释是: 当 n 充分大时, 对任意的 $x \in [0, c]$, $c < 1$, $(x, f_n(x))$ 全部落在 $\{(x, y) \mid x \in [0, c], 0 < y < \varepsilon\}$ 内.

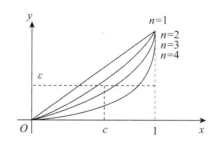

图 13-1　一致收敛与不一致收敛的几何解释

定义 13.2　设函数列 $\{f_n(x)\}$ 与函数 $f(x)$ 都定义在区间 I 上. 若对任给的闭子区间 $[a, b] \subset I$, 函数列 $\{f_n(x)\}$ 在 $[a, b]$ 上一致收敛于 $f(x)$, 则称函数列 $\{f_n(x)\}$ 在区间 I 上**内闭一致收敛**于 $f(x)$.

由例 13.6 知, 函数列 $\{f_n(x)\}$ 在 $(0, 1)$ 内不一致收敛, 但在 $(0, 1)$ 内内闭一致收敛于 0.

定理 13.1 (函数列一致收敛的柯西准则)　函数列 $\{f_n(x)\}$ 在数集 D 上一致收敛的充分必要条件是: 对任给的 $\varepsilon > 0$, 存在 $N > 0$, 当 $m, n > N$ 时, 对一切的 $x \in D$, 都有 $|f_n(x) - f_m(x)| < \varepsilon$.

证明　必要性: 若函数列 $\{f_n(x)\}$ 在数集 D 上一致收敛于 $f(x)$, 由一致收敛的定

义，对任给的 $\varepsilon>0$，存在 $N=N(\varepsilon)>0$，使得当 m，$n>N$ 时，对一切的 $x\in D$，都有

$$|f_n(x)-f(x)|<\frac{\varepsilon}{2},\quad |f_m(x)-f(x)|<\frac{\varepsilon}{2}.$$

于是

$$
\begin{aligned}
|f_n(x)-f_m(x)| &= |f_n(x)-f(x)-(f_m(x)-f(x))| \\
&\leqslant |f_n(x)-f(x)|+|f_m(x)-f(x)| \\
&< \frac{\varepsilon}{2}+\frac{\varepsilon}{2}=\varepsilon.
\end{aligned}
$$

充分性：设对任给 $\varepsilon>0$，存在 $N>0$，使得当 m，$n>N$ 时，对一切的 $x\in D$，都有 $|f_n(x)-f_m(x)|<\varepsilon$，这说明对每个 $x\in D$，数列 $\{f_n(x)\}$ 满足数列收敛的柯西准则，因此，函数列 $\{f_n(x)\}$ 收敛，设 $f(x)=\lim\limits_{n\to\infty}f_n(x)$，$x\in D$. 取定 n，在不等式 $|f_n(x)-f_m(x)|<\varepsilon$ 两边令 $m\to\infty$，则当 $n>N$ 时，对一切的 $x\in D$，都有 $|f_n(x)-f(x)|\leqslant\varepsilon<2\varepsilon$. 由 ε 的任意性和函数列 $\{f_n(x)\}$ 一致收敛的定义知，函数列 $\{f_n(x)\}$ 在数集 D 上一致收敛. 证毕.

为了应用的方便，函数列一致收敛的柯西准则也可表述如下：

函数列 $\{f_n(x)\}$ 在数集 D 上一致收敛的充分必要条件是：对任给 $\varepsilon>0$，存在 $N>0$，使得当 $n>N$ 时，对一切的 $x\in D$ 和一切的正整数 p，都有 $|f_{n+p}(x)-f_n(x)|<\varepsilon$.

定理 13.2　函数列 $\{f_n(x)\}$ 在数集 D 上一致收敛于 $f(x)$ 的充分必要条件是：$\lim\limits_{n\to\infty}\sup\limits_{x\in D}|f_n(x)-f(x)|=0$.

证明　必要性：若函数列 $\{f_n(x)\}$ 在数集 D 上一致收敛于 $f(x)$，则对任给的 $\varepsilon>0$，存在 $N=N(\varepsilon)>0$，当 $n>N$ 时，对于一切的 $x\in D$，都有 $|f_n(x)-f(x)|<\varepsilon$. 从而当 $n>N$ 时，对于一切的 $x\in D$，ε 是 $|f_n(x)-f(x)|$ 的一个上界，故 $\sup\limits_{x\in D}|f_n(x)-f(x)|\leqslant\varepsilon$. 由 ε 的任意性，根据数列极限的定义，则 $\lim\limits_{n\to\infty}\sup\limits_{x\in D}|f_n(x)-f(x)|=0$.

充分性：若 $\lim\limits_{n\to\infty}\sup\limits_{x\in D}|f_n(x)-f(x)|=0$，根据数列极限的定义，则对任给的 $\varepsilon>0$，存在 $N>0$，当 $n>N$ 时，$\left|\sup\limits_{x\in D}|f_n(x)-f(x)|-0\right|<\varepsilon$，即 $\sup\limits_{x\in D}|f_n(x)-f(x)|<\varepsilon$，由上确界的定义，从而对一切的 $x\in D$，有 $|f_n(x)-f(x)|\leqslant\sup\limits_{x\in D}|f_n(x)-f(x)|<\varepsilon$. 故函数列 $\{f_n(x)\}$ 在数集 D 上一致收敛于 $f(x)$. 证毕.

我们称 $\|f\|=\sup\limits_{x\in D}|f(x)|$ 为函数 $f(x)$ 在 D 上的**模**（或**范数**）. $\{f_n(x)\}$ 在数集 D 上一致收敛于 $f(x)\Leftrightarrow\lim\limits_{n\to\infty}\|f_n-f\|=0$.

例 13.7　证明 $f_n(x)=\dfrac{x}{1+n^2x^2}(n=1,2,\cdots)$ 在 $(-\infty,+\infty)$ 上一致收敛.

证明　对任给的 $x\in(-\infty,+\infty)$，$f(x)=\lim\limits_{n\to\infty}f_n(x)=\lim\limits_{n\to\infty}\dfrac{x}{1+n^2x^2}=0$，于是 $\{f_n(x)\}$ 在 $(-\infty,+\infty)$ 上收敛于 $f(x)=0$. 又

$$|f_n(x)-f(x)|=\left|\frac{x}{1+n^2x^2}\right|\leqslant\frac{1}{2n},$$

其中等号成立当且仅当 $nx=\pm 1$，即 $x=\pm\dfrac{1}{n}$. 于是 $\sup\limits_{x\in(-\infty,+\infty)}|f_n(x)-f(x)|=\dfrac{1}{2n}$. 因

此 $\lim\limits_{n\to\infty}\sup\limits_{x\in D}|f_n(x)-f(x)|=\lim\limits_{n\to\infty}\dfrac{1}{2n}=0$. 故函数列 $\{f_n(x)\}$ 在 $(-\infty,+\infty)$ 上一致收敛.

例 13.8　设 $f_n(x)=nx\mathrm{e}^{-nx}$，$x\in[0,1]$，证明函数列 $\{f_n(x)\}$ 在 $[0,1]$ 上不一致收敛.

证明　对任给的 $x\in[0,1]$，$f(x)=\lim\limits_{n\to\infty}f_n(x)=\lim\limits_{n\to\infty}nx\mathrm{e}^{-nx}=0$，$\{f_n(x)\}$ 收敛于 0.
对任给的正整数 n，$\dfrac{1}{n}\in[0,1]$，且

$$\sup\limits_{x\in[0,1]}|f_n(x)-f(x)|\geqslant\left|f_n\left(\dfrac{1}{n}\right)-f\left(\dfrac{1}{n}\right)\right|=\left|f_n\left(\dfrac{1}{n}\right)\right|=\mathrm{e}^{-1}.$$

因此，$\lim\limits_{n\to\infty}\sup\limits_{x\in D}|f_n(x)-f(x)|\geqslant\mathrm{e}^{-1}$. 由定理 13.2 的逆否命题知，函数列 $\{f_n(x)\}$ 在 $[0,1]$ 上不一致收敛.

（二）函数项级数的一致收敛性

设 $\{u_n(x)\}$ 是定义在数集 $E\subseteq\mathbf{R}$ 上的函数列，则称无穷个函数的"和"

$$u_1(x)+u_2(x)+u_3(x)+\cdots+u_n(x)+\cdots \tag{13.1}$$

为定义在 E 上的**函数项级数**，记为 $\sum\limits_{n=1}^{\infty}u_n(x)$，简记为 $\sum u_n(x)$. 令

$$s_n(x)=u_1(x)+u_2(x)+u_3(x)+\cdots+u_n(x)$$
$$=\sum_{i=1}^{n}u_i(x),x\in E,n=1,2,\cdots,$$

称 $s_n(x)$ 函数项级数式（13.1）的前 n 项和或简称为**部分和**. 函数列 $\{s_n(x)\}$（$n=1,2,\cdots$）称为级数式（13.1）的**部分和函数列**.

定义 13.3　若对 $x_0\in E$，级数 $\sum\limits_{n=1}^{\infty}u_n(x_0)$ 收敛，即 $\lim\limits_{n\to\infty}s_n(x_0)=\lim\limits_{n\to\infty}\sum\limits_{i=1}^{n}u_i(x_0)$ 存在，则称函数项级数 $\sum\limits_{n=1}^{\infty}u_n(x)$ 在点 x_0 处**收敛**，x_0 称为函数项级数 $\sum\limits_{n=1}^{\infty}u_n(x)$ 的**收敛点**，全体收敛点的集合称为函数项级数 $\sum\limits_{n=1}^{\infty}u_n(x)$ 的**收敛域**.

若对 $x_0\in E$，级数 $\sum\limits_{n=1}^{\infty}u_n(x_0)$ **发散**，则称函数项级数 $\sum\limits_{n=1}^{\infty}u_n(x)$ 在点 x_0 处**发散**. x_0 称为函数项级数 $\sum\limits_{n=1}^{\infty}u_n(x)$ 的**发散点**.

定义 13.4　设数集 $D\subseteq E$，若函数项级数 $\sum\limits_{n=1}^{\infty}u_n(x)$ 在 D 中的每一个点都收敛，则称函数项级数 $\sum\limits_{n=1}^{\infty}u_n(x)$ 在 D 上收敛. 若函数项级数 $\sum\limits_{n=1}^{\infty}u_n(x)$ 在 D 上收敛，则 $\sum\limits_{n=1}^{\infty}u_n(x)$

在 D 上定义一个函数

$$s(x) = \lim_{n \to \infty} s_n(x) = \sum_{n=1}^{\infty} u_n(x), \quad x \in D.$$

$s(x)$ 称为函数项级数 $\sum_{n=1}^{\infty} u_n(x)$ 在 D 上的**和函数**，或称函数项级数 $\sum_{n=1}^{\infty} u_n(x)$ 在 D 上收敛于 $s(x)$.

由定义知，函数项级数 $\sum_{n=1}^{\infty} u_n(x)$ 在 D 上的收敛性等价于其部分和函数列 $\{s_n(x)\}$ 在 D 上的收敛性.

例 13.9   求几何级数 $\sum_{n=0}^{\infty} x^n$，$x \in \mathbf{R}$ 的收敛域与和函数.

解   几何级数 $\sum_{n=0}^{\infty} x^n$ 的前 n 项部分和函数为

$$s_n(x) = \sum_{k=0}^{n-1} x^k = \frac{1-x^n}{1-x},$$

当 $x \in (-1, 1)$ 时，

$$s(x) = \lim_{n \to \infty} s_n(x) = \lim_{n \to \infty} \frac{1-x^n}{1-x} = \frac{1}{1-x}.$$

当 $x \notin (-1, 1)$ 时，$s_n(x)$ 发散. 故几何级数 $\sum_{n=0}^{\infty} x^n$ 的收敛域为 $(-1, 1)$，在 $(-1, 1)$ 内 $\sum_{n=0}^{\infty} x^n$ 收敛于和函数 $\frac{1}{1-x}$.

定义 13.5   若函数项级数 $\sum_{n=1}^{\infty} u_n(x)$ 的部分和函数列 $\{s_n(x)\}$ 在 $D \subseteq \mathbf{R}$ 上一致收敛于 $s(x)$，则称函数项级数 $\sum_{n=1}^{\infty} u_n(x)$ 在 D 上**一致收敛**于 $s(x)$. 若函数项级数 $\sum_{n=1}^{\infty} u_n(x)$ 的部分和函数列 $\{s_n(x)\}$ 在区间 I 上内闭一致收敛，则称函数项级数 $\sum_{n=1}^{\infty} u_n(x)$ 在区间 I 上**内闭一致收敛**.

根据函数项级数与其部分和函数列的关系，利用函数列一致收敛的柯西准则，易得函数项级数 $\sum_{n=1}^{\infty} u_n(x)$ 一致收敛的柯西准则。

定理 13.3（函数项级数一致收敛的柯西准则）   函数项级数 $\sum_{n=1}^{\infty} u_n(x)$ 在数集 D 上一致收敛的充分必要条件是：对任给的 $\varepsilon > 0$，存在正整数 $N = N(\varepsilon) > 0$，使得当 $m > n > N$ 时，对一切的 $x \in D$，都有

$$|u_{n+1}(x) + u_{n+2}(x) + \cdots + u_m(x)| < \varepsilon.$$

证明 根据定义 13.5，函数项级数 $\sum\limits_{n=1}^{\infty} u_n(x)$ 在 D 上一致收敛等价于其部分和函数列 $\{s_n(x)\}$ 在 D 上一致收敛，根据函数列一致收敛的柯西准则，对任给的 $\varepsilon > 0$，存在 $N = N(\varepsilon) > 0$，使得当 $m > n > N$ 时，对一切的 $x \in D$，都有 $|s_m(x) - s_n(x)| < \varepsilon$. 从而等价于对任给的 $\varepsilon > 0$，存在 $N = N(\varepsilon) > 0$，使得当 $m > n > N$ 时，对一切的 $x \in D$，都有

$$|u_{n+1}(x) + u_{n+2}(x) + \cdots + u_m(x)| < \varepsilon.$$

证毕.

函数项级数一致收敛的柯西准则还有另外一种表述形式：

函数项级数 $\sum\limits_{n=1}^{\infty} u_n(x)$ 在数集 D 上一致收敛的充分必要条件是：对任给的 $\varepsilon > 0$，存在正整数 $N = N(\varepsilon) > 0$，使得当 $n > N$ 时，对一切的 $x \in D$ 和任意的自然数 p，都有

$$|u_{n+1}(x) + u_{n+2}(x) + \cdots + u_{n+p}(x)| < \varepsilon.$$

由函数项级数一致收敛的柯西准则，可得函数项级数 $\sum\limits_{n=1}^{\infty} u_n(x)$ 在 D 上一致收敛的必要条件.

推论 13.1（函数项级数一致收敛的必要条件） 函数项级数 $\sum\limits_{n=1}^{\infty} u_n(x)$ 在 D 上一致收敛的必要条件是函数列 $\{u_n(x)\}$ 在 D 上一致收敛于 0.

证明 函数项级数 $\sum\limits_{n=1}^{\infty} u_n(x)$ 在 D 上一致收敛，由定理 13.3，对任给 $\varepsilon > 0$，存在 $N = N(\varepsilon) > 0$，使得当 $n+1 > n > N$ 时，对一切 $x \in D$，都有 $|u_{n+1}(x)| < \varepsilon$，因此函数列 $\{u_n(x)\}$ 在 D 上一致收敛于 0. 证毕.

函数项级数一致收敛的必要条件经常用来判别函数项级数的非一致收敛性. 它通过级数的通项的性态来反映级数整体的性态.

根据函数项级数一致收敛的定义，我们很容易证明下面的定理.

定理 13.4 设函数项级数 $\sum\limits_{n=1}^{\infty} u_n(x)$ 的部分和函数列为 $\{s_n(x)\}$，$\sum\limits_{n=1}^{\infty} u_n(x)$ 在数集 D 上一致收敛于 $s(x)$ 的充分必要条件是：$\lim\limits_{n \to \infty} \sup\limits_{x \in D} |s_n(x) - s(x)| = 0$.

例 13.10 分析几何级数 $\sum\limits_{n=0}^{\infty} x^n$ 在 (i) $(-1, 1)$，(ii) $[-a, a]$ $(0 < a < 1)$ 上的一致收敛性.

解 (i) 级数 $\sum\limits_{n=0}^{\infty} x^n$ 的前 n 项之和 $s_n(x) = \dfrac{1-x^n}{1-x}$，在 $(-1, 1)$ 内 $s_n(x)$ 收敛于 $\dfrac{1}{1-x}$. 因为

$$\sup_{x \in (-1,1)} |s_n(x) - s(x)| = \sup_{x \in (-1,1)} \left| \frac{1-x^n}{1-x} - \frac{1}{1-x} \right|$$

$$= \sup_{x \in (-1,1)} \left| \frac{x^n}{1-x} \right| \geqslant \frac{\left(\frac{n}{n+1}\right)^n}{1-\frac{n}{n+1}} = (n+1)\left(\frac{n}{n+1}\right)^n,$$

从而 $\lim\limits_{n\to\infty} \sup\limits_{x\in(-1,1)} |s_n(x)-s(x)| = +\infty$. 故 $\sum\limits_{n=0}^{\infty} x^n$ 在 $(-1, 1)$ 上不一致收敛.

也可根据函数项级数一致收敛的必要条件得到 $\sum\limits_{n=0}^{\infty} x^n$ 在 $(-1, 1)$ 上不一致收敛, 因为函数列 $\{x^n\}$ 在 $(-1, 1)$ 上不一致收敛于 0.

(ii) 因为 $0 < a < 1$,

$$\lim_{n\to\infty} \sup_{x\in[-a,a]} |s_n(x)-s(x)| = \lim_{n\to\infty} \sup_{x\in[-a,a]} \left| \frac{1-x^n}{1-x} - \frac{1}{1-x} \right|$$

$$= \lim_{n\to\infty} \sup_{x\in[-a,a]} \left| \frac{x^n}{1-x} \right| = \lim_{n\to\infty} \frac{a^n}{1-a} = 0.$$

故 $\sum\limits_{n=0}^{\infty} x^n$ 在 $[-a, a]$ $(0<a<1)$ 上一致收敛.

例 13.10 说明了几何级数 $\sum\limits_{n=0}^{\infty} x^n$ 在 $(-1, 1)$ 上内闭一致收敛.

例 13.11　研究函数项级数 $\dfrac{x}{1+x^2} + \sum\limits_{n=2}^{\infty} \left[\dfrac{x}{1+n^2 x^2} - \dfrac{x}{1+(n-1)^2 x^2} \right]$ 在 $(-\infty, +\infty)$ 上的一致收敛性.

解　因为 $s_n(x) = \dfrac{x}{1+x^2} + \sum\limits_{k=2}^{n} \left[\dfrac{x}{1+k^2 x^2} - \dfrac{x}{1+(k-1)^2 x^2} \right] = \dfrac{x}{1+n^2 x^2}$, 故对 $x \in (-\infty, +\infty)$,

$$s(x) = \lim_{n\to\infty} s_n(x) = \lim_{n\to\infty} \frac{x}{1+n^2 x^2} = 0.$$

又

$$\lim_{n\to\infty} \sup_{x\in(-\infty,+\infty)} |s_n(x)-s(x)| = \lim_{n\to\infty} \sup_{x\in(-\infty,+\infty)} \left| \frac{x}{1+n^2 x^2} \right| = \lim_{n\to\infty} \frac{1}{2n} = 0.$$

根据定理 13.4, 原函数项级数在 $(-\infty, +\infty)$ 上一致收敛.

(三) 函数项级数一致收敛的判别法

定理 13.5 (魏尔斯特拉斯判别法)　若存在收敛的正项级数 $\sum\limits_{n=1}^{\infty} M_n$, 使得对一切 $x \in D$, 都有

$$|u_n(x)| \leqslant M_n, \quad n=1, 2, \cdots,$$

则函数项级数 $\sum\limits_{n=1}^{\infty} u_n(x)$ 在 D 上一致收敛.

证明　因为正项级数 $\sum\limits_{n=1}^{\infty} M_n$ 收敛，由数项级数收敛的柯西准则，对任给的 $\varepsilon>0$，存在 $N=N(\varepsilon)>0$，使得当 $n>N$ 时，对任意的正整数 p，都有

$$|M_{n+1}+M_{n+2}+\cdots+M_{n+p}|<\varepsilon.$$

又对任意的 $x\in D$ 都有 $|u_n(x)|\leqslant M_n$，因此，当 $n>N$ 时，对任意的正整数 p，有

$$|u_{n+1}(x)+u_{n+2}(x)+\cdots+u_{n+p}(x)|<M_{n+1}+M_{n+2}+\cdots+M_{n+p}<\varepsilon,$$

由函数项级数一致收敛的柯西准则知，函数项级数 $\sum\limits_{n=1}^{\infty} u_n(x)$ 在 D 上一致收敛．证毕．

定理 13.5 中的正项级数 $\sum\limits_{n=1}^{\infty} M_n$ 称为函数项级数 $\sum\limits_{n=1}^{\infty} u_n(x)$ 在 D 上的**优级数**，因此定理 13.5 的判别法也称为**优级数判别法**或 **M 判别法**．

例 13.12　证明：

(1) 若 $p>1$，则 $\sum\limits_{n=1}^{\infty}\dfrac{(-1)^n\sin nx}{n^p}$ 在 $(-\infty,+\infty)$ 上一致收敛；

(2) $\sum\limits_{n=2}^{\infty}\ln\left(1+\dfrac{x}{n\ln^2 n}\right)$ 在 $[0,1]$ 上一致收敛．

证明　(1) 对任给的 $x\in(-\infty,+\infty)$，$\left|\dfrac{(-1)^n\sin nx}{n^p}\right|\leqslant\dfrac{1}{n^p}$．由于 $p>1$，故 p 级数 $\sum\limits_{n=1}^{\infty}\dfrac{1}{n^p}$ 收敛．$\sum\limits_{n=1}^{\infty}\dfrac{1}{n^p}$ 为函数项级数 $\sum\limits_{n=1}^{\infty}\dfrac{(-1)^n\sin nx}{n^p}$ 在 $(-\infty,+\infty)$ 上的优级数，由魏尔斯特拉斯判别法知，当 $p>1$ 时，$\sum\limits_{n=1}^{\infty}\dfrac{(-1)^n\sin nx}{n^p}$ 在 $(-\infty,+\infty)$ 上一致收敛．

(2) 对任给的 $x\in[0,1]$，当 $n\geqslant 2$ 时，$\left|\ln\left(1+\dfrac{x}{n\ln^2 n}\right)\right|\leqslant\dfrac{x}{n\ln^2 n}\leqslant\dfrac{1}{n\ln^2 n}$，由正项级数的积分判别法知，$\sum\limits_{n=2}^{\infty}\dfrac{1}{n\ln^2 n}$ 收敛，$\sum\limits_{n=2}^{\infty}\dfrac{1}{n\ln^2 n}$ 为函数项级数 $\sum\limits_{n=2}^{\infty}\ln\left(1+\dfrac{x}{n\ln^2 n}\right)$ 在 $[0,1]$ 上的优级数，由优级数判别法知，$\sum\limits_{n=2}^{\infty}\ln\left(1+\dfrac{x}{n\ln^2 n}\right)$ 在 $[0,1]$ 上一致收敛．

例 13.13　证明函数项级数 $\sum\limits_{n=1}^{\infty}(-1)^n n\mathrm{e}^{-nx}$ 在 $[a,+\infty)\ (a>0)$ 上一致收敛，在 $(0,+\infty)$ 上不一致收敛．

证明　对任给的 $x\in[a,+\infty)$，$|(-1)^n n\mathrm{e}^{-nx}|\leqslant n\mathrm{e}^{-na}$，考察正项级数 $\sum\limits_{n=1}^{\infty} n\mathrm{e}^{-na}$，

$$\lim_{n\to\infty}\frac{(n+1)\mathrm{e}^{-(n+1)a}}{n\mathrm{e}^{-na}}=\lim_{n\to\infty}\frac{n+1}{n\mathrm{e}^a}=\mathrm{e}^{-a}<1,$$

由正项级数的比式判别法知，正项级数 $\sum\limits_{n=1}^{\infty} n\mathrm{e}^{-na}$ 收敛，故由优级数判别法知，函数项级数 $\sum\limits_{n=1}^{\infty}(-1)^n n\mathrm{e}^{-nx}$ 在 $[a,+\infty)\ (a>0)$ 上一致收敛．

取 $x_n = \dfrac{1}{n}$，则 $u_n(x_n) = (-1)^n n e^{-n \cdot \frac{1}{n}}$，$\lim\limits_{n \to \infty} u_n(x_n) = \lim\limits_{n \to \infty} (-1)^n n e^{-n \cdot \frac{1}{n}} = \infty$，从而函数列 $\{(-1)^n n e^{-nx}\}$ 在 $(0, +\infty)$ 内不一致收敛到 0. 由函数项级数收敛的必要条件，函数项级数 $\sum\limits_{n=1}^{\infty} (-1)^n n e^{-nx}$ 在 $(0, +\infty)$ 上不一致收敛. 证毕.

上面的结果说明 $\sum\limits_{n=1}^{\infty} (-1)^n n e^{-nx}$ 在 $(0, +\infty)$ 上内闭一致收敛，但不一致收敛.

魏尔斯特拉斯判别法虽然应用起来很方便，但其实际上要求函数项级数 $\sum\limits_{n=1}^{\infty} u_n(x)$ 在 D 上绝对收敛，且 $\sum\limits_{n=1}^{\infty} |u_n(x)|$ 一致收敛. 为此，有必要削弱魏尔斯特拉斯判别法中的相关条件，建立函数项级数一致收敛新的判别法.

定理 13.6（阿贝尔判别法） 如果

(1) 函数项级数 $\sum\limits_{n=1}^{\infty} u_n(x)$ 在 D 上一致收敛，

(2) 对每个 $x \in D$，数列 $\{v_n(x)\}$ 关于 n 单调，

(3) 函数列 $\{v_n(x)\}$ 在 D 上一致有界，即存在 $M > 0$，对一切的 $x \in D$ 和任意的自然数 n，都有 $|v_n(x)| \leqslant M$，

则函数项级数 $\sum\limits_{n=1}^{\infty} u_n(x) v_n(x)$ 在 D 上一致收敛.

证明 因为函数项级数 $\sum\limits_{n=1}^{\infty} u_n(x)$ 在 D 上一致收敛，根据函数项级数一致收敛的柯西准则，对任给的 $\varepsilon > 0$，存在 $N = N(\varepsilon) > 0$，使得当 $n > N$ 时，对一切的 $x \in D$ 和任意的自然数 p，都有

$$|u_{n+1}(x) + u_{n+2}(x) + \cdots + u_{n+p}(x)| < \varepsilon.$$

由假设（2）知，对每个 $x \in D$，数列 $\{v_n(x)\}$ 单调，利用阿贝尔引理则有

$$|u_{n+1}(x)v_{n+1}(x) + u_{n+2}(x)v_{n+2}(x) + \cdots + u_{n+p}(x)v_{n+p}(x)|$$
$$\leqslant \varepsilon(|v_{n+1}(x)| + 2|v_{n+p}(x)|).$$

由于函数列 $\{v_n(x)\}$ 在 D 上一致有界，则存在一个正常数 $M > 0$，使得对一切 $x \in D$ 和正整数 n，都有 $|v_n(x)| \leqslant M$. 故

$$|u_{n+1}(x)v_{n+1}(x) + u_{n+2}(x)v_{n+2}(x) + \cdots + u_{n+p}(x)v_{n+p}(x)|$$
$$< \varepsilon(|v_{n+1}(x)| + 2|v_{n+p}(x)|)$$
$$\leqslant \varepsilon(M + 2M)$$
$$\leqslant 3M\varepsilon.$$

由函数项级数一致收敛的柯西准则，定理得证.

定理 13.7（狄利克雷判别法） 如果

(1) 函数项级数 $\sum\limits_{n=1}^{\infty} u_n(x)$ 的部分和函数列 $\{s_n(x)\}$ 在 D 上一致有界，

（2）对每个 $x \in D$，数列 $\{v_n(x)\}$ 关于 n 单调，

（3）函数列 $\{v_n(x)\}$ 在 D 上一致收敛于 0，

则函数项级数 $\sum_{n=1}^{\infty} u_n(x) v_n(x)$ 在 D 上一致收敛.

证明　函数项级数 $\sum_{n=1}^{\infty} u_n(x)$ 的部分和函数列 $\{s_n(x)\}$ 在 D 上一致有界，则存在一个正常数 $M>0$，使得对一切 $x \in D$ 和正整数 n，都有 $|s_n(x)| \leqslant M$，从而对任意的自然数 p，

$$|u_{n+1}(x)+u_{n+2}(x)+\cdots+u_{n+p}(x)| = |s_{n+p}(x)-s_n(x)|$$
$$\leqslant |s_{n+p}(x)|+|s_n(x)| \leqslant 2M.$$

又对每个 $x \in D$，数列 $\{v_n(x)\}$ 单调，利用阿贝尔引理则有

$$|u_{n+1}(x)v_{n+1}(x)+u_{n+2}(x)v_{n+2}(x)+\cdots+u_{n+p}(x)v_{n+p}(x)|$$
$$\leqslant 2M(|v_{n+1}(x)|+2|v_{n+p}(x)|);$$

又因为函数列 $\{v_n(x)\}$ 在 D 上一致收敛于 0，则对任给的 $\varepsilon>0$，存在 $N=N(\varepsilon)>0$，使得当 $n>N$ 时，对一切 $x \in D$，都有 $|v_n(x)| < \dfrac{\varepsilon}{6M}$. 因此

$$|u_{n+1}(x)v_{n+1}(x)+u_{n+2}(x)v_{n+2}(x)+\cdots+u_{n+p}(x)v_{n+p}(x)|$$
$$\leqslant 2M(|v_{n+1}(x)|+2|v_{n+p}(x)|)$$
$$< 2M\left(\frac{\varepsilon}{6M}+\frac{2\varepsilon}{6M}\right)=\varepsilon.$$

由函数项级数一致收敛的柯西准则，定理得证.

例 13.14　设数项级数 $\sum_{n=1}^{\infty} a_n$ 收敛，常数 $b>0$，证明：$\sum_{n=1}^{\infty} a_n \dfrac{\int_0^x t^n \mathrm{e}^{-t}\mathrm{d}t}{n!}$ 在 $[0, b]$ 上一致收敛.

证明　(i) 数项级数 $\sum_{n=1}^{\infty} a_n$ 收敛，因不含 x，从而 $\sum_{n=1}^{\infty} a_n$ 在 $[0, b]$ 上一致收敛.

(ii) 由于 $0 \leqslant \dfrac{\int_0^x t^n \mathrm{e}^{-t}\mathrm{d}t}{n!} \leqslant \dfrac{\int_0^{+\infty} t^n \mathrm{e}^{-t}\mathrm{d}t}{n!} = \dfrac{\Gamma(n+1)}{n!}=1$，从而函数列 $\dfrac{1}{n!}\int_0^x t^n \mathrm{e}^{-t}\mathrm{d}t$ 一致有界.

(iii) 当 $n>b$ 时，对任给的 $x \in [0, b]$，有

$$\frac{\int_0^x t^{n+1}\mathrm{e}^{-t}\mathrm{d}t}{(n+1)!} = \frac{1}{n!}\int_0^x \frac{t}{n+1}t^n \mathrm{e}^{-t}\mathrm{d}t \leqslant \frac{1}{n!}\int_0^x t^n \mathrm{e}^{-t}\mathrm{d}t,$$

于是，当 $n>b$ 时，函数列 $\dfrac{1}{n!}\int_0^x t^n \mathrm{e}^{-t}\mathrm{d}t$ 关于 n 单调递减.

由阿贝尔判别法知，$\sum\limits_{n=1}^{\infty} a_n \dfrac{\int_0^x t^n \mathrm{e}^{-t}\mathrm{d}t}{n!}$ 在 $[0，b]$ 上一致收敛．证毕．

例 13.15 证明 $\sum\limits_{n=1}^{\infty} \dfrac{(-1)^n}{n^p} x^n (p>0)$ 在 $[0，1]$ 上一致收敛．

证明 **方法 1**：由于 $p>0$，则交错级数 $\sum\limits_{n=1}^{\infty} \dfrac{(-1)^n}{n^p}$ 满足莱布尼茨判别法的所有条件，

从而数项级数 $\sum\limits_{n=1}^{\infty} \dfrac{(-1)^n}{n^p}$ 收敛，且在 $[0，1]$ 上一致收敛；对每个 $x\in[0，1]$，数列 $\{x^n\}$

单调递减，且对一切 $x\in[0，1]$ 和任意自然数 n，都有 $|x^n|\leqslant 1$，即数列 $\{x^n\}$ 在 $[0，1]$

上一致有界．由阿贝尔判别法知，$\sum\limits_{n=1}^{\infty} \dfrac{(-1)^n}{n^p} x^n (p>0)$ 在 $[0，1]$ 上一致收敛．

方法 2：函数项级数 $\sum\limits_{n=1}^{\infty} (-1)^n$ 的部分和函数 $s_n(x)=\dfrac{-1+(-1)^n}{2}$，函数列 $\{s_n(x)\}$

在 $[0，1]$ 上一致有界．对每个 $x\in[0，1]$，$\dfrac{x^n}{n^p}$ 单调递减．对任给的 $x\in[0，1]$，$\dfrac{x^n}{n^p}\leqslant\dfrac{1}{n^p}$，

函数列 $\left\{\dfrac{x^n}{n^p}\right\}$ 在 $[0，1]$ 上一致收敛于 0．由狄利克雷判别法，$\sum\limits_{n=1}^{\infty} \dfrac{(-1)^n}{n^p} x^n (p>0)$ 在 $[0，$

$1]$ 上一致收敛．证毕．

例 13.16 证明函数项级数 $\sum\limits_{n=1}^{\infty} \dfrac{\sin nx}{n}$．

（ⅰ）在 $[a，2\pi-a](a>0)$ 上一致收敛；

（ⅱ）在 $(0，2\pi)$ 上不一致收敛．

证明 （ⅰ）当 $x\in[a，2\pi-a](a>0)$ 时，

$$\left|\sum_{k=1}^{n} \sin kx\right| = \left|\dfrac{\cos\dfrac{(2n+1)x}{2} - \cos\dfrac{x}{2}}{2\sin\dfrac{x}{2}}\right| \leqslant \dfrac{2}{2\sin\dfrac{x}{2}} \leqslant \dfrac{2}{2\sin\dfrac{a}{2}}，$$

即 $\sum\limits_{n=1}^{\infty} \sin nx$ 的部分和函数列在 $[a，2\pi-a](a>0)$ 上一致有界；数列 $\dfrac{1}{n}$ 单调递减，

$\left\{\dfrac{1}{n}\right\}$ 在 $[a，2\pi-a]$ 上一致收敛于 0．故由狄利克雷判别法可得函数项级数 $\sum\limits_{n=1}^{\infty} \dfrac{\sin nx}{n}$ 在

$[a，2\pi-a](a>0)$ 上一致收敛．

（ⅱ）取 $\varepsilon_0=\dfrac{1}{4}$，对任给的自然数 N，取 $n>N$，及 $p_0=n$，$x_0=\dfrac{\pi}{4(n+1)}\in(0，2\pi)$，

则有

$$\left|\dfrac{\sin(n+1)x_0}{n+1} + \dfrac{\sin(n+2)x_0}{n+2} + \cdots + \dfrac{\sin(n+p_0)x_0}{n+p_0}\right|$$

$$= \left|\dfrac{\sin\dfrac{(n+1)\pi}{4(n+1)}}{n+1} + \dfrac{\sin\dfrac{(n+2)\pi}{4(n+1)}}{n+2} + \cdots + \dfrac{\sin\dfrac{(n+n)\pi}{4(n+1)}}{n+n}\right|$$

$$\geqslant \frac{\sin\frac{\pi}{4}}{2n} + \frac{\sin\frac{\pi}{4}}{2n} + \cdots + \frac{\sin\frac{\pi}{4}}{2n} = \frac{\sin\frac{\pi}{4}}{2n}n \geqslant \frac{1}{4} = \varepsilon_0.$$

根据函数项级数非一致收敛的柯西准则知，函数项级数 $\sum\limits_{n=1}^{\infty} \frac{\sin nx}{n}$ 在 $(0, 2\pi)$ 上不一致收敛. 证毕.

 **习题 13.1**

1. 在指定的区间研究下列函数列的一致收敛性.

(1) $f_n(x) = x^n$, 　(i) $0 \leqslant x \leqslant \frac{1}{2}$, 　(ii) $0 \leqslant x \leqslant 1$;

(2) $f_n(x) = x^n - x^{2n}$, $0 \leqslant x \leqslant 1$;

(3) $f_n(x) = \frac{nx}{1+n+x}$, $0 \leqslant x \leqslant 1$;

(4) $f_n(x) = \frac{2nx}{1+n^2x^2}$, 　(i) $0 \leqslant x \leqslant 1$, 　(ii) $1 < x < +\infty$;

(5) $f_n(x) = n\left(\sqrt{x+\frac{1}{n}} - \sqrt{x}\right)$, $0 < x < +\infty$;

(6) $f_n(x) = \begin{cases} n^2 x, & 0 \leqslant x \leqslant \frac{1}{n} \\ n^2\left(\frac{2}{n} - x\right), & \frac{1}{n} < x < \frac{2}{n}, \\ 0, & x \geqslant \frac{2}{n} \end{cases}$ $x \in (0, +\infty)$.

2. 设 $f(x)$ 为区间 $(-\infty, +\infty)$ 的连续函数，$g_n(x) = \sum\limits_{i=0}^{n-1} \frac{1}{n} f\left(x + \frac{i}{n}\right)$. 证明函数列 $g_n(x)$ 在任何有限区间 $[a, b]$ 上一致收敛.

3. 设 $f_0(x)$ 在 $[0, a]$ 上连续，又 $f_n(x) = \int_0^x f_{n-1}(t)\mathrm{d}t$，证明 $\{f_n(x)\}$ 在 $[0, a]$ 上一致收敛于零.

4. 研究下列函数项级数在相应区间上的一致收敛性.

(1) $\sum\limits_{n=1}^{\infty} \frac{1}{(x+n)(x+n+1)}$, $0 < x < +\infty$;

(2) $\sum\limits_{n=1}^{\infty} \frac{n^2}{\sqrt{n!}}(x^n + x^{-n})$, $\frac{1}{2} \leqslant |x| \leqslant 2$;

(3) $\sum\limits_{n=1}^{\infty} \frac{x^2}{\left[\frac{n}{2}\right]!}$, $|x| < a$, 其中 a 为任意正数;

(4) $\sum\limits_{n=1}^{\infty} \ln\left(1 + \frac{x^2}{n\ln^2 n}\right)$, $|x| < a$;

(5) $\displaystyle\sum_{n=1}^{\infty} \arctan \frac{2x}{x^2+n^3}$，$|x|<+\infty$；

(6) $\displaystyle\sum_{n=1}^{\infty} \left(\frac{x^n}{n} - \frac{x^{n+1}}{n+1}\right)$，$-1 \leqslant x \leqslant 1$.

5. 若级数 $\displaystyle\sum_{n=1}^{\infty} |f_n(x)|$ 在区间 $[a, b]$ 上一致收敛，证明级数 $\displaystyle\sum_{n=1}^{\infty} f_n(x)$ 在区间 $[a, b]$ 上也一致收敛.

6. 不连续函数的序列能一致收敛于连续函数吗？举例说明.

7. 若 $S_n(x)$ 在 c 点 $(n=1, 2, 3, \cdots)$ 左连续但 $\{S_n(x)\}$ 发散，证明在任何区间 $(c-\delta, c)$ $(\delta>0)$ 内，$\{S_n(x)\}$ 必不一致收敛.

8. 讨论下列级数的一致收敛性.

(1) $\displaystyle\sum_{n=2}^{\infty} \frac{1-2n}{(x^2+n^2)[x^2+(n-1)^2]}$，$D=[-1, 1]$；

(2) $\displaystyle\sum_{n=1}^{\infty} \frac{\ln(1+nx)}{nx^n}$，$D=[1+\alpha, \infty)$，$\alpha>0$；

(3) $\sin nx + \displaystyle\sum_{n=1}^{\infty} \left(\sin \frac{x}{n+1} - \sin \frac{x}{n}\right)$，$D=(-\infty, +\infty)$；

(4) $\displaystyle\sum_{n=1}^{\infty} \frac{\sin x \sin nx}{\sqrt{n+x}}$，$D=[0, +\infty)$.

9. 讨论级数 $\displaystyle\sum_{n=1}^{\infty} 2^n \sin \frac{1}{3^n x}$ 在区间 $(0, +\infty)$ 上的一致收敛性.

10. 设 $a_n \to \infty$，且级数 $\displaystyle\sum_{n=1}^{\infty} \left|\frac{1}{a_n}\right|$ 收敛. 证明级数 $\displaystyle\sum_{n=1}^{\infty} \frac{1}{x-a_n}$ 在任何不含 a_n $(n=1, 2, \cdots)$ 点的有界闭集中都是绝对收敛并一致收敛的.

11. 设 $\{u_n(x)\}$ 为 $[a, b]$ 上正的、递减且收敛于零的函数列，每一个 $u_n(x)$ 都是 $[a, b]$ 上的单调函数，证明级数

$$u_1(x) - u_2(x) + u_3(x) - u_4(x) + \cdots$$

在 $[a, b]$ 上不仅收敛而且一致收敛.

12. 证明级数 $\displaystyle\sum_{n=1}^{\infty} (-1)^{n-1} \frac{1}{n+x^2}$ 关于 x 在 $(-\infty, +\infty)$ 上为一致收敛，但对任何 x 并非绝对收敛，而级数 $\displaystyle\sum_{n=1}^{\infty} \frac{x^2}{(1+x^2)^n}$ 虽在 $x \in (-\infty, +\infty)$ 上绝对收敛，但并不一致收敛.

13. 在 $[0, 1]$ 上定义函数列

$$u_n(x) = \begin{cases} \dfrac{1}{n}, & x = \dfrac{1}{n} \\ 0 & x \neq \dfrac{1}{n} \end{cases}, \quad n=1, 2, \cdots,$$

证明级数 $\displaystyle\sum u_n(x)$ 在 $[0, 1]$ 上一致收敛，但它不存在优级数.

14. 用有限覆盖定理证明狄尼（Dini）定理：若在 $[a, b]$ 上连续的函数序列 $\{S_n(x)\}$ 收敛于连续函数 $S(x)$，而对 $[a, b]$ 上每一 x，$S_n(x)$ 是单调数列，则 $S_n(x)$ 在 $[a, b]$ 上一致收敛于 $S(x)$.

§13.2 一致收敛函数列和函数项级数的性质

收敛的函数项级数 $\sum\limits_{n=1}^{\infty} u_n(x)$ 的和函数不一定能保持其通项 $u_n(x)$ 所具有的性质. 本节将研究一致收敛的函数列的极限函数及函数项级数的和函数的性质.

定理 13.8 设 $x_0 \in (c, d)$，函数列 $\{f_n(x)\}$ 在 $(c, x_0) \bigcup (x_0, d)$ 上一致收敛于 $f(x)$. 若对每个 n，极限 $\lim\limits_{x \to x_0} f_n(x) = a_n$ 存在，则 $\lim\limits_{n \to \infty} a_n$ 与 $\lim\limits_{x \to x_0} f(x)$ 都存在，且 $\lim\limits_{x \to x_0} f(x) = \lim\limits_{n \to \infty} a_n$，即 $\lim\limits_{n \to \infty} \lim\limits_{x \to x_0} f_n(x) = \lim\limits_{x \to x_0} \lim\limits_{n \to \infty} f_n(x)$.

证明 因为函数列 $\{f_n(x)\}$ 在 $(c, x_0) \bigcup (x_0, d)$ 上一致收敛，由函数列一致收敛的柯西准则知，对任给的 $\varepsilon > 0$，存在 $N_0 = N_0(\varepsilon) > 0$，使得当 $n > N_0$ 时，对一切的 $x \in (c, x_0) \bigcup (x_0, d)$ 和自然数 p，都有

$$|f_n(x) - f_{n+p}(x)| < \frac{\varepsilon}{3}.$$

令 $x \to x_0$，则

$$|a_n - a_{n+p}| = \lim_{x \to x_0} |f_n(x) - f_{n+p}(x)| \leqslant \frac{\varepsilon}{3} < \varepsilon,$$

由数列收敛的柯西准则知 $\lim\limits_{n \to \infty} a_n$ 存在，记 $\lim\limits_{n \to \infty} a_n = a$.

又因为 $\{f_n(x)\}$ 在 $(c, x_0) \bigcup (x_0, d)$ 上一致收敛于 $f(x)$，则对任给的 $\varepsilon > 0$，存在 $N_1 = N_1(\varepsilon) > 0$，使得当 $n > N_1$ 时，对一切的 $x \in (c, x_0) \bigcup (x_0, d)$，都有

$$|f_n(x) - f(x)| < \frac{\varepsilon}{3}.$$

注意到 $\lim\limits_{n \to \infty} a_n = a$，从而存在 $N_2 > 0$，使得当 $n > N_2$ 时，$|a_n - a| < \frac{\varepsilon}{3}$.

取 $N = \max\{N_1, N_2\} + 1$，因为 $\lim\limits_{x \to x_0} f_N(x) = a_N$，所以对任给的 $\varepsilon > 0$，存在 $\delta > 0$，当 $0 < |x - x_0| < \delta$ 且 $x \in (c, x_0) \bigcup (x_0, d)$ 时，有

$$|f_N(x) - a_N| < \frac{\varepsilon}{3}.$$

从而当 $0 < |x - x_0| < \delta$ 且 $x \in (c, x_0) \bigcup (x_0, d)$ 时，有

$$
\begin{aligned}
|f(x) - a| &= |f(x) - f_N(x) + f_N(x) - a_N + a_N - a| \\
&\leqslant |f(x) - f_N(x)| + |f_N(x) - a_N| + |a_N - a| \\
&< \frac{\varepsilon}{3} + \frac{\varepsilon}{3} + \frac{\varepsilon}{3} = \varepsilon.
\end{aligned}
$$

故 $\lim\limits_{x \to x_0} f(x) = a = \lim\limits_{n \to \infty} a_n$. 证毕.

定理 13.8 说明, 在一致收敛的条件下, 极限运算 $\lim\limits_{x \to x_0}$ 与极限运算 $\lim\limits_{n \to \infty}$ 可交换顺序.

引理 13.1　设 $x_0 \in I$, 函数列 $\{f_n(x)\}$ 在 I 上一致收敛于 $f(x)$, 且每个 $f_n(x)(n \in \mathbf{N})$ 在点 $x = x_0$ 处连续, 则 $f(x)$ 在点 $x = x_0$ 处连续.

证明　因为 $f_n(x)$ 在点 $x = x_0$ 处连续, 所以 $\lim\limits_{x \to x_0} f_n(x) = f_n(x_0)$. 记 $a_n = f_n(x_0)$. 因为函数列 $\{f_n(x)\}$ 在 I 上一致收敛于 $f(x)$, 当然有 $\lim\limits_{n \to \infty} f_n(x) = f(x)$, 根据定理 13.8, 则 $\lim\limits_{x \to x_0} f(x) = \lim\limits_{n \to \infty} a_n$, 从而 $\lim\limits_{x \to x_0} f(x) = \lim\limits_{n \to \infty} a_n = \lim\limits_{n \to \infty} f_n(x_0) = f(x_0)$, 故 $f(x)$ 在点 $x = x_0$ 处连续. 证毕.

由引理 13.1, 容易得到下面的定理.

定理 13.9 (极限函数的连续性定理)　设函数列 $\{f_n(x)\}$ 在区间 I 上一致收敛于 $f(x)$, 且每个 $f_n(x)$ 在 I 上连续, 则极限函数 $f(x)$ 在 I 上连续.

由定理 13.9 可知: 若各项连续的函数列的极限函数在区间 I 上不连续, 则函数列在区间 I 上不一致收敛.

例 13.17　考察函数列 $\{x^n\}$ 在收敛域 $(-1, 1]$ 上的一致收敛性.

解　令 $f_n(x) = x^n$, $x \in (-1, 1]$, 则 $f(x) = \lim\limits_{n \to \infty} f_n(x) = \lim\limits_{n \to \infty} x^n = \begin{cases} 0, & x \in (-1, 1) \\ 1, & x = 1 \end{cases}$, 因为每一项 x^n 都在 $(-1, 1]$ 上连续, 但极限函数 $f(x)$ 在 $(-1, 1]$ 上不连续, 故 $\{x^n\}$ 在收敛域 $(-1, 1]$ 上不一致收敛.

注意, 函数 $f(x)$ 在区间 I 上的连续性是指在区间 I 上的每一点 x 处连续, 而在点 x 处的连续仅与它在点 x 的附近的性质有关, 因此由引理 13.1 可得下面的推论.

推论 13.2　设函数列 $\{f_n(x)\}$ 在区间 I 上内闭一致收敛于 $f(x)$, 且每个 $f_n(x)$ 在 I 上连续, 则 $f(x)$ 在 I 上连续.

定理 13.10　设函数列 $\{f_n(x)\}$ 在 $[a, b]$ 上收敛于连续函数 $f(x)$, 则 $\{f_n(x)\}$ 在 $[a, b]$ 上一致收敛于 $f(x)$ 的充分必要条件是: 对 $[a, b]$ 中的任意收敛点列 $\{x_n\}$, 记 $\lim\limits_{n \to \infty} x_n = x_0$, 都有 $\lim\limits_{n \to \infty} f_n(x_n) = f(x_0)$.

证明　必要性: 因为 $\{f_n(x)\}$ 在 $[a, b]$ 上一致收敛于 $f(x)$, 所以对任给的 $\varepsilon > 0$, 存在 $N_1 = N_1(\varepsilon) > 0$, 使得当 $n > N_1$ 时, 对一切的 $x \in [a, b]$, 都有

$$|f_n(x) - f(x)| < \frac{\varepsilon}{3}.$$

又函数 $f(x)$ 在 $[a, b]$ 上连续, 则 $f(x)$ 在 $[a, b]$ 上一致连续, 于是对上述任给的 $\varepsilon > 0$, 存在 $\delta = \delta(\varepsilon) > 0$, 对任给的 $x_1, x_2 \in [a, b]$, 当 $|x_1 - x_2| < \delta$ 时, 有

$$|f(x_2) - f(x_1)| < \frac{\varepsilon}{3}.$$

由 $\lim\limits_{n \to \infty} x_n = x_0$, 对于上述 δ, 存在 $N_2 > 0$, 使得当 $n > N_2$ 时, 有 $|x_n - x_0| < \delta$, 从而

$$|f(x_n) - f(x_0)| < \frac{\varepsilon}{3}.$$

取 $N=\max\{N_1,N_2\}$，则当 $n>N$ 时，

$$|f_n(x_n)-f(x_0)|\leqslant|f_n(x_n)-f(x_n)|+|f(x_n)-f(x_0)|<\frac{\varepsilon}{3}+\frac{\varepsilon}{3}<\varepsilon.$$

充分性：反设 $\{f_n(x)\}$ 在 $[a,b]$ 上不一致收敛于 $f(x)$，则一定存在某个 $\varepsilon_0>0$，对任给的 $N_1>0$，存在 $k>N_1$ 和 $x_{n_k}\in[a,b]$ 使得

$$|f_{n_k}(x_{n_k})-f(x_{n_k})|\geqslant\varepsilon_0. \tag{13.2}$$

因为 $\{x_{n_k}\}$ 是有界数列，根据致密性定理，一定有收敛子列，不妨将该子列仍然记为 $\{x_{n_k}\}$，且记 $\lim\limits_{k\to\infty}x_{n_k}=x_0$，则 $x_0\in[a,b]$. 由假设，函数 $f(x)$ 在 $[a,b]$ 上连续且 $\lim\limits_{k\to\infty}f_{n_k}(x_{n_k})=f(x_0)$，于是对上述 $\varepsilon_0>0$，一定存在 $K_1>0$，当 $k>K_1$ 时，有

$$|f(x_{n_k})-f(x_0)|<\frac{\varepsilon_0}{3},\quad|f_{n_k}(x_{n_k})-f(x_0)|<\frac{\varepsilon_0}{3}.$$

于是当 $k>K_1$ 时，有

$$|f_{n_k}(x_{n_k})-f(x_{n_k})|\leqslant|f(x_{n_k})-f(x_0)|+|f(x_0)-f_{n_k}(x_{n_k})|<\frac{\varepsilon_0}{3}+\frac{\varepsilon_0}{3}<\varepsilon_0.$$

这与式（13.2）矛盾. 定理得证.

定理 13.11（极限函数的可积性定理） 设函数列 $\{f_n(x)\}$ 在 $[a,b]$ 上一致收敛于 $f(x)$，且每个 $f_n(x)$ 在 $[a,b]$ 上连续，则极限函数 $f(x)$ 在 $[a,b]$ 上可积，且

$$\int_a^b f(x)\mathrm{d}x=\int_a^b\lim_{n\to\infty}f_n(x)\mathrm{d}x=\lim_{n\to\infty}\int_a^b f_n(x)\mathrm{d}x.$$

证明 $\{f_n(x)\}$ 在 $[a,b]$ 上一致收敛于 $f(x)$，且每个 $f_n(x)$ 在 $[a,b]$ 上连续，由定理 13.9，则 $f(x)$ 在 $[a,b]$ 上连续. 从而 $f(x)$ 及每个 $f_n(x)$ 都在 $[a,b]$ 上可积. 因为 $\{f_n(x)\}$ 在 $[a,b]$ 上一致收敛于 $f(x)$，所以对任给的 $\varepsilon>0$，存在 $N=N(\varepsilon)>0$，使得当 $n>N$ 时，对所有的 $x\in[a,b]$，都有 $|f_n(x)-f(x)|<\varepsilon$. 从而

$$\left|\int_a^b f_n(x)\mathrm{d}x-\int_a^b f(x)\mathrm{d}x\right|\leqslant\int_a^b|f_n(x)-f(x)|\mathrm{d}x\leqslant(b-a)\varepsilon.$$

故 $\lim\limits_{n\to\infty}\int_a^b f_n(x)\mathrm{d}x=\int_a^b f(x)\mathrm{d}x=\int_a^b\lim\limits_{n\to\infty}f_n(x)\mathrm{d}x$. 证毕.

定理 13.11 说明，在一致收敛的条件下，极限运算与积分运算可交换顺序.

例 13.18 设

$$f_n(x)=\begin{cases}4n^2x, & 0\leqslant x\leqslant\dfrac{1}{2n}\\ -4n^2x+4n, & \dfrac{1}{2n}\leqslant x\leqslant\dfrac{1}{n},\\ 0, & \dfrac{1}{n}\leqslant x\leqslant1\end{cases}$$

证明 $f_n(x)$ 在收敛域 $[0，1]$ 上不一致收敛.

证明   对任意的 $x \in [0，1]$，$f(x) = \lim\limits_{n \to \infty} f_n(x) = 0$. 反设 $\{f_n(x)\}$ 在 $[0，1]$ 上一致收敛于 $f(x)$. 根据定理 13.11，则有

$$\lim_{n \to \infty} \int_0^1 f_n(x) \mathrm{d}x = \int_0^1 \lim_{n \to \infty} f_n(x) \mathrm{d}x = \int_0^1 f(x) \mathrm{d}x = 0.$$

但是

$$\lim_{n \to \infty} \int_0^1 f_n(x) \mathrm{d}x = \lim_{n \to \infty} \left[\int_0^{\frac{1}{2n}} f_n(x) \mathrm{d}x + \int_{\frac{1}{2n}}^{\frac{1}{n}} f_n(x) \mathrm{d}x + \int_{\frac{1}{n}}^1 f_n(x) \mathrm{d}x \right] = 1,$$

矛盾. 故 $f_n(x)$ 在收敛域 $[0，1]$ 上不一致收敛. 证毕.

定理 13.12 (极限函数的可微性定理)   设 $x_0 \in [a，b]$ 为函数列 $\{f_n(x)\}$ 的收敛点，对每个 n，$f_n(x)$ 在 $[a，b]$ 上有连续的导数，若导函数列 $\{f_n'(x)\}$ 在 $[a，b]$ 上一致收敛于 $g(x)$，则函数列 $\{f_n(x)\}$ 在 $[a，b]$ 上收敛，其极限函数 $\lim\limits_{n \to \infty} f_n(x)$ 在 $[a，b]$ 上可导，且

$$\frac{\mathrm{d}}{\mathrm{d}x}\left(\lim_{n \to \infty} f_n(x)\right) = \lim_{n \to \infty} \frac{\mathrm{d}}{\mathrm{d}x} f_n(x) = g(x).$$

证明   因为 $x_0 \in [a，b]$ 为函数列 $\{f_n(x)\}$ 的收敛点，则 $\lim\limits_{n \to \infty} f_n(x_0)$ 存在. 由于 $f_n'(x)$ 在 $[a，b]$ 上连续，且 $f_n'(x)$ 在 $[a，b]$ 上一致收敛于 $g(x)$，则 $g(x)$ 在 $[a，b]$ 上连续，从而可积. 又对任给的 $x \in [a，b]$，有

$$f_n(x) = f_n(x_0) + \int_{x_0}^x f_n'(t) \mathrm{d}t.$$

根据定理 13.11，两边令 $n \to \infty$，得

$$\begin{aligned}
\lim_{n \to \infty} f_n(x) &= \lim_{n \to \infty} f_n(x_0) + \lim_{n \to \infty} \int_{x_0}^x f_n'(t) \mathrm{d}t \\
&= \lim_{n \to \infty} f_n(x_0) + \int_{x_0}^x \lim_{n \to \infty} f_n'(t) \mathrm{d}t \\
&= \lim_{n \to \infty} f_n(x_0) + \int_{x_0}^x g(t) \mathrm{d}t.
\end{aligned}$$

这表明极限 $\lim\limits_{n \to \infty} f_n(x)$ 存在，即函数列 $\{f_n(x)\}$ 在 $[a，b]$ 上收敛，记其极限为 $f(x)$. 上式两边关于 x 求导得

$$\begin{aligned}
f'(x) = \left(\lim_{n \to \infty} f_n(x)\right)' &= \left[\lim_{n \to \infty} f_n(x_0) + \int_{x_0}^x g(t) \mathrm{d}t \right]' \\
&= \left[f(x_0) + \int_{x_0}^x g(t) \mathrm{d}t \right]' = g(x).
\end{aligned}$$

即

$$\frac{\mathrm{d}}{\mathrm{d}x}\left(\lim_{n \to \infty} f_n(x)\right) = g(x) = \lim_{n \to \infty} f_n'(x) = \lim_{n \to \infty} \frac{\mathrm{d}}{\mathrm{d}x} f_n(x).$$

证毕.

定理 13.12 表明,在给定的定理条件下,极限运算与求导运算可交换顺序.

由定理 13.12 可知,在 $[a,b]$ 上 $\{f_n(x)\}$ 收敛于 $f(x)$. 实际上我们还可以进一步证明 $\{f_n(x)\}$ 在 $[a,b]$ 上一致收敛于 $f(x)$. 请读者自证.

我们还可以将定理 13.12 的条件减弱,得到下面的推论.

推论 13.3　设可导函数列 $\{f_n(x)\}$ 的收敛域为区间 I. 若函数列 $\{f_n'(x)\}$ 在区间 I 上内闭一致收敛,则极限函数 $\lim\limits_{n\to\infty}f_n(x)$ 在 I 上可导,且 $\dfrac{\mathrm{d}}{\mathrm{d}x}(\lim\limits_{n\to\infty}f_n(x))=\lim\limits_{n\to\infty}\dfrac{\mathrm{d}}{\mathrm{d}x}f_n(x)$.

对于函数项级数 $\sum\limits_{n=1}^{\infty}u_n(x)$,利用部分和函数列 $\{s_n(x)\}$ 的极限函数的性质,我们可得到函数项级数和函数的下列性质.

定理 13.13 (和函数的连续性定理)　若函数项级数 $\sum\limits_{n=1}^{\infty}u_n(x)$ 的每一项 $u_n(x)$ 都在 $[a,b]$ 上连续,且 $\sum\limits_{n=1}^{\infty}u_n(x)$ 在 $[a,b]$ 上一致收敛于 $s(x)$,则和函数 $s(x)$ 在 $[a,b]$ 上连续.

推论 13.4　若函数项级数 $\sum\limits_{n=1}^{\infty}u_n(x)$ 的每一项 $u_n(x)$ 都在 I 上连续,且 $\sum\limits_{n=1}^{\infty}u_n(x)$ 在 I 上内闭一致收敛于 $s(x)$,则和函数 $s(x)$ 在 I 上连续.

例 13.19　计算 $\lim\limits_{x\to 1}\sum\limits_{n=1}^{\infty}\dfrac{x^n\cos n\pi x^2}{2^n}$.

解　函数项级数 $\sum\limits_{n=1}^{\infty}\dfrac{x^n\cos n\pi x^2}{2^n}$ 在 $(0,2)$ 内内闭一致收敛,且通项 $u_n(x)=\dfrac{x^n\cos n\pi x^2}{2^n}$ 在 $(0,2)$ 上连续,则和函数 $s(x)$ 在 $(0,2)$ 上连续. 故

$$\lim_{x\to 1}\sum_{n=1}^{\infty}\frac{x^n\cos n\pi x^2}{2^n}=\sum_{n=1}^{\infty}\lim_{x\to 1}\frac{x^n\cos n\pi x^2}{2^n}=\sum_{n=1}^{\infty}\frac{\cos n\pi}{2^n}=\sum_{n=1}^{\infty}\frac{(-1)^n}{2^n}=-\frac{1}{3}.$$

定理 13.14 (逐项积分定理)　若函数项级数 $\sum\limits_{n=1}^{\infty}u_n(x)$ 的每一项 $u_n(x)$ 都在 $[a,b]$ 上连续,且 $\sum\limits_{n=1}^{\infty}u_n(x)$ 在 $[a,b]$ 上一致收敛于 $s(x)$,则和函数 $s(x)$ 在 $[a,b]$ 上可积,且

$$\sum_{n=1}^{\infty}\int_a^b u_n(x)\mathrm{d}x=\int_a^b\sum_{n=1}^{\infty}u_n(x)\mathrm{d}x.$$

定理 13.15(逐项求导定理)　设函数项级数 $\sum\limits_{n=1}^{\infty}u_n(x)$ 的收敛域为 $[a,b]$,每一项 $u_n(x)$ 在 $[a,b]$ 上具有连续的导函数,若 $\sum\limits_{n=1}^{\infty}u_n'(x)$ 在 $[a,b]$ 上一致收敛,则和函数 $s(x)$ 在 $[a,b]$ 上具有连续的导函数,且

$$\left(\sum_{n=1}^{\infty}u_n(x)\right)'=\sum_{n=1}^{\infty}u_n'(x).$$

推论 13.5 设函数项级数 $\sum\limits_{n=1}^{\infty} u_n(x)$ 在区间 I 上收敛于 $s(x)$，每一项 $u_n(x)$ 在 I 上具有连续的导函数，若 $\sum\limits_{n=1}^{\infty} u_n'(x)$ 在 I 上内闭一致收敛，则 $s(x)$ 在 I 上具有连续的导函数，且

$$\frac{\mathrm{d}}{\mathrm{d}x}\Big(\sum_{n=1}^{\infty} u_n(x)\Big) = \sum_{n=1}^{\infty}\Big(\frac{\mathrm{d}}{\mathrm{d}x} u_n(x)\Big).$$

例 13.20 讨论函数项级数 $\sum\limits_{n=1}^{\infty} \dfrac{\ln(1+n^2 x^2)}{n^3}$ 的和函数在区间 $[0,1]$ 的可微性.

解 令 $u_n(x) = \dfrac{\ln(1+n^2 x^2)}{n^3}$，对任给的 $x \in [0,1]$，

$$|u_n(x)| = \left|\frac{\ln(1+n^2 x^2)}{n^3}\right| \leqslant \frac{\ln(1+n^2)}{n^3}.$$

而正项级数 $\sum\limits_{n=1}^{\infty} \dfrac{\ln(1+n^2)}{n^3}$ 收敛，由 M 判别法知 $\sum\limits_{n=1}^{\infty} \dfrac{\ln(1+n^2 x^2)}{n^3}$ 在 $[0,1]$ 上一致收敛，从而其和函数 $s(x)$ 在 $[0,1]$ 上连续. 又 $u_n'(x) = \dfrac{2x}{n(1+n^2 x^2)}$ 在 $[0,1]$ 上连续. 由 $1+n^2 x^2 \geqslant 2nx$ 知，对任给的 $x \in [0,1]$，有

$$|u_n'(x)| = \left|\frac{2x}{n(1+n^2 x^2)}\right| \leqslant \frac{1}{n^2},$$

由 M 判别法知，$\sum\limits_{n=1}^{\infty} u_n'(x)$ 在区间 $[0,1]$ 上一致收敛. 由定理 13.15 知，$s(x)$ 在区间 $[0,1]$ 上具有连续的导函数 $s'(x)$，即 $s(x)$ 在 $[0,1]$ 上可微.

注意，函数项级数 $\sum\limits_{n=1}^{\infty} u_n(x)$ 的一致收敛性并不能保证可以逐项求导. 请看下例.

例 13.21 考察函数项级数 $\dfrac{\sin x}{1^2} + \dfrac{\sin 2^2 x}{2^2} + \cdots + \dfrac{\sin n^2 x}{n^2} + \cdots$.

解 显然，这个级数在任何区间 $[a,b]$ 上都是一致收敛的. 逐项求导后的级数为 $\sum\limits_{n=1}^{\infty} \cos n^2 x$. 因为其一般项 $\cos n^2 x$ 不趋于 0，从而对任意的 x，$\sum\limits_{n=1}^{\infty} \cos n^2 x$ 都发散. 这说明函数项级数 $\sum\limits_{n=1}^{\infty} u_n(x)$ 的一致收敛性并不能保证可以逐项求导.

 习题 13.2

1. 确定下列函数 $f(x)$ 的定义域并研究它的连续性.

(1) $f(x) = \sum\limits_{n=1}^{\infty} \Big(x+\dfrac{1}{n}\Big)^n$；   (2) $f(x) = \sum\limits_{n=1}^{\infty} \dfrac{x+n(-1)^n}{x^2+n^2}$；

(3) $f(x) = \sum\limits_{n=1}^{\infty} \dfrac{x}{(1+x^2)^n}$.

2. 求当参数 α 取何值时，函数列 $f_n(x)=n^{\alpha}xe^{-nx}\,(n=1,\ 2,\ \cdots)$

(1) 在区间 $[0,\ 1]$ 上收敛；

(2) 在区间 $[0,\ 1]$ 上一致收敛；

(3) 能够在积分号下取极限，即 $\lim\limits_{n\to\infty}\int_0^1 f_n(x)\mathrm{d}x=\int_0^1\lim\limits_{n\to\infty}f_n(x)\mathrm{d}x$.

3. 证明：设在 I 上 $\{f_n\}$，$\{g_n\}$ 一致收敛，且从某个 n 开始，$\{f_n\}$，$\{g_n\}$ 有界，则 $\{f_n(x)g_n(x)\}$ 在 I 上一致收敛于 fg.

4. 证明：函数 $f(x)=\sum\limits_{n=1}^{\infty}\dfrac{\sin nx}{n^3}$ 在 $(-\infty,\ +\infty)$ 内连续，并具有连续导数.

5. 证明：级数 $\sum\limits_{n=1}^{\infty}\left[nxe^{-nx}-(n-1)xe^{-(n-1)x}\right]$ 在区间 $[0,\ 1]$ 上非一致收敛，但是它的和在这个区间上是连续函数.

6. 证明函数 $S(x)=\sum\limits_{n=1}^{\infty}\dfrac{1}{n^x}$ 在 $(1,\ +\infty)$ 内连续，并有连续的各阶导数.

7. 证明级数 $\sum\limits_{n=1}^{\infty}\dfrac{\sin(2^n\pi x)}{2^n}$ 在整个实数轴上一致收敛，但在任何区间内都不能逐项求微分.

8. 证明当 $|r|<1$ 时，

(1) $\dfrac{1-r^2}{1-2r\cos x+r^2}=1+2\sum\limits_{n=1}^{\infty}r^n\cos nx$；

(2) $\int_{-\pi}^{\pi}\dfrac{1-r^2}{1-2r\cos x+r^2}\mathrm{d}x=2\pi$.

9. 证明函数列：$f_n(x)=\dfrac{1}{n}\arctan x^n\,(n=1,\ 2,\ \cdots)$ 在区间 $(-\infty,\ +\infty)$ 上一致收敛，但是 $\left[\lim\limits_{n\to\infty}f_n(x)\right]'_{x=1}\neq\lim\limits_{n\to\infty}f_n'(1)$.

10. 证明函数列 $f_n(x)=nx(1-x)^n\,(n=1,\ 2,\ \cdots)$ 在区间 $[0,\ 1]$ 上收敛，但不一致收敛，却有 $\lim\limits_{n\to\infty}\int_0^1 f_n(x)\mathrm{d}x=\int_0^1\lim\limits_{n\to\infty}f_n(x)\mathrm{d}x$.

11. 讨论下列计算是否合理：

(1) $\lim\limits_{n\to\infty}\int_0^1\dfrac{nx}{1+n^2x^4}\mathrm{d}x$ 中在积分号下取极限；

(2) 逐项微分级数 $\sum\limits_{n=1}^{\infty}\arctan\dfrac{x}{n^2}$；

(3) 在区间 $[0,\ 1]$ 上逐项积分级数 $\sum\limits_{n=1}^{\infty}\left(x^{\frac{1}{2n+1}}-x^{\frac{1}{2n-1}}\right)$.

本章小结

本章主要介绍了函数列的收敛、发散及一致收敛等定义，给出了函数列一致收敛的柯西准则及相关的充要条件. 针对函数项级数，利用和函数引入了收敛域等概念，分析了函数项级数的收敛性及一致收敛性，给出了函数项级数一致收敛的柯西准则及函数项级数一致收敛的相关判别法：魏尔斯特拉斯判别法、阿贝尔判别法、狄利克雷判别法等. 讨论了一致收敛的函数列及一致收敛的函数项级数的分析性质，得到了一致收敛的函数列的极限函数的连续性定理、可积性定理和可微性定理，相应地得到了函数项级数的和函数的连续性定理、逐项求积定理和逐项求导定理. 本章的难点和重点是函数列与函数项级数的一致收敛性的判别，以及函数项级数和函数的分析性质.

总练习题十三

1. 给定函数列 $f_n(x) = \dfrac{x(\ln n)^{\alpha}}{n^x}$ $(n = 2, 3, 4, \cdots)$，试问当 α 取何值时，

   (1) $\{f_n(x)\}$ 在 $(0, +\infty)$ 上收敛，

   (2) $\{f_n(x)\}$ 在 $(0, +\infty)$ 上一致收敛.

2. 讨论下列级数在 $[0, 1]$ 区间上的一致收敛性.

   (1) $\displaystyle\sum_{n=1}^{\infty} x^n(\ln x)^2$；

   (2) $\displaystyle\sum_{n=1}^{\infty} x^n \ln x$.

3. 设 $f(x)$ 在 $[0, 1]$ 上连续，并且当 $0 \leqslant x \leqslant 1$ 时，$0 \leqslant f(x) < 1$，试证明 $\displaystyle\lim_{n \to \infty} \int_0^1 f^n(x)\mathrm{d}x = 0$.

4. 求级数 $\displaystyle\sum_{n=1}^{\infty} \dfrac{\mathrm{e}^{-nx}}{n}$ 的收敛域和一致收敛的范围.

5. 证明函数项级数 $\displaystyle\sum_{n=1}^{\infty} \dfrac{1}{n}\left[\mathrm{e}^x - \left(1 + \dfrac{x}{n}\right)^n\right]$ 在任一有限区间 $[a, b]$ 上一致收敛，而在 $(0, +\infty)$ 上不一致收敛.

6. 若每个函数 $U_n(x)$ $(n = 1, 2, \cdots)$ 都在 $[a, b]$ 上连续，$\displaystyle\sum_{n=1}^{\infty} U_n(x)$ 在 (a, b) 内一致收敛，求证 $\displaystyle\sum_{n=1}^{\infty} U_n(x)$ 在 $[a, b]$ 上一致连续.

7. 讨论级数 $\displaystyle\sum_{n=1}^{\infty} \dfrac{n^2}{\left(x + \dfrac{1}{n}\right)^n}$ 的收敛性和一致收敛性 $(x \geqslant 0)$.

8. 设 $\{f_n(x)\}$ 和 $\{g_n(x)\}$ 在点集 X 上分别一致收敛于 $f(x)$ 和 $g(x)$，且 $f(x)$ 和 $g(x)$ 在 X 上有界，证明 $\{f_n(x)g_n(x)\}$ 在 X 上一致收敛于 $f(x)g(x)$. 举例说明"$f(x)$ 和 $g(x)$ 在 X 上有界"这个条件是不可缺少的.

9. 设 $\{f_n(x)\}$ 是 $[a, b]$ 上的函数列，满足对每一个 $x \in [a, b]$，$f_n'(x)$ 存在 $(n = 1, 2, \cdots)$，并且

（1）对于某一个 $x_0 \in [a, b]$，$\{f_n(x_0)\}$ 收敛，

（2）$\{f_n'(x)\}$ 在 $[a, b]$ 上一致收敛，

证明 $\{f_n(x)\}$ 在 $[a, b]$ 上一致收敛.

10.（1）设

（i）$f_n(x)$ 在 $[a, b]$ 上连续，$n=1, 2, \cdots$，

（ii）$\{f_n(x)\}$ 在 $[a, b]$ 上一致收敛于 $f(x)$，

（iii）在 $[a, b]$ 上 $f_n(x) \leqslant f(x)$，$n=1, 2, \cdots$，

试证 $e^{f_n(x)}$ 在 $[a, b]$ 上一致收敛于 $e^{f(x)}$.

（2）若将（1）中条件(iii)去掉，$\{e^{f_n(x)}\}$ 是否还一致收敛? 试证明你的结论.

第十四章

幂级数

本章要点

1. 阿贝尔定理，幂级数的收敛性及和函数，收敛半径，收敛区间，收敛域，幂级数的一致收敛性，内闭一致收敛，幂级数的和函数的分析性质：连续性、逐项可微、逐项积分；

2. 泰勒级数，函数展开成泰勒级数的条件，常用函数的泰勒展开式，魏尔斯特拉斯逼近定理.

导入案例

幂函数是一类最常见的初等函数，若在函数项级数中通项为幂函数，则得到函数项级数的特殊情形：幂级数. 幂级数由于形式简单，在数学理论和实际中都有广泛的应用. 17 世纪，**牛顿**和**莱布尼茨**得到微积分的一些基本算法. 为了把微积分方法应用于超越函数，常需把这些函数表示为可以逐项微分或积分的无穷级数的形式. 牛顿在 1665 年初发现了一般的二项式定理. **墨卡托**(Mercator) 1668 年用长除法得到了 $\ln(1+x)$ 的幂级数表示. **牛顿**利用级数反演的方法得到了 $\sin x$ 和 $\cos x$ 的幂级数. **莱布尼茨**于 1673 年也独立地得到了 $\sin x$, $\cos x$ 和 $\arctan x$ 等函数的无穷级数展开式. 17 世纪后期和 18 世纪，随着航海、天文学和地理学的发展，要求对三角函数、对数函数和航海表的插值有更高的精确度。**格雷戈里**和**牛顿**给出了著名的 Gregory-Newton 插值公式. **泰勒**提出了著名的泰勒定理，将 Gregory-Newton 内插公式发展成一个把函数展成无穷级数的最有力的方法. 18 世纪末，**拉格朗日**给出了泰勒公式的余项表达式(即拉格朗日余项)，但没有研究余项的值与无穷级数收敛性的关系. 德国数学家**高斯**(Gauss) 首次对无穷级数理论的严格化进行了研究，他认识到级数的应用应限制在其收敛的区域内. 但在其天文学等的研究中，他还是沿旧习只使用了无穷级数的有限多项而略去了其余项，并没有估计误差. **柯西**是第一个认识到无穷级数并非多项式理论的平凡推广而应当以极限为基础建立起完整理论的数学家.

在这一章，针对给定的幂级数，我们将研究其收敛性及和函数的相关性质；另外，我们也将研究函数展开成幂级数的相关问题.

§14.1 幂级数

形如 $\sum\limits_{n=0}^{\infty} a_n (x-x_0)^n$ 的函数项级数称为**幂级数**,其中 $x_0 \in \mathbf{R}$,a_n 只与 n 有关,a_n 称为幂级数的**系数**. 当 $x_0 = 0$ 时,幂级数 $\sum\limits_{n=0}^{\infty} a_n (x-x_0)^n$ 在形式上变为 $\sum\limits_{n=0}^{\infty} a_n x^n$. 为了方便起见,我们主要研究幂级数

$$\sum_{n=0}^{\infty} a_n x^n = a_0 + a_1 x + a_2 x^2 + \cdots + a_n x^n + \cdots.$$

幂级数 $\sum\limits_{n=0}^{\infty} a_n (x-x_0)^n$ 的情形只做变换 $t = x - x_0$ 就可得到.

对于幂级数 $\sum\limits_{n=0}^{\infty} a_n x^n$,显然,它总在 $x=0$ 处收敛. 作为一类特殊的函数项级数,我们将研究其他点处的敛散性.

(一) 幂级数的收敛区间

定理 14.1 (阿贝尔定理) (1) 如果幂级数 $\sum\limits_{n=0}^{\infty} a_n x^n$ 在点 $x = x_0 (x_0 \neq 0)$ 处收敛,则当 $|x| < |x_0|$ 时,$\sum\limits_{n=0}^{\infty} a_n x^n$ 绝对收敛;(2) 如果幂级数 $\sum\limits_{n=0}^{\infty} a_n x^n$ 在点 $x = x_0$ 处发散,则当 $|x| > |x_0|$ 时,$\sum\limits_{n=0}^{\infty} a_n x^n$ 发散.

证明 (1) 由于幂级数 $\sum\limits_{n=0}^{\infty} a_n x_0^n$ 收敛,根据级数收敛的必要条件,则 $\lim\limits_{n\to\infty} a_n x_0^n = 0$,且存在常数 $M > 0$,使得 $|a_n x_0^n| < M$. 当 $|x| < |x_0|$ 时,有 $\left|\dfrac{x}{x_0}\right| < 1$. 于是

$$|a_n x^n| = \left| a_n x_0^n \cdot \frac{x^n}{x_0^n} \right| = |a_n x_0^n| \cdot \left| \frac{x}{x_0} \right|^n < M \left| \frac{x}{x_0} \right|^n.$$

注意到 $\sum\limits_{n=0}^{\infty} \left|\dfrac{x}{x_0}\right|^n$ 为公比的绝对值小于 1 的几何级数,故 $\sum\limits_{n=0}^{\infty} \left|\dfrac{x}{x_0}\right|^n$ 收敛. 由正项级数的比较判别法知,$\sum\limits_{n=0}^{\infty} a_n x^n$ 绝对收敛.

(2) 用反证法证明. 反设存在 x_1 且 $|x_1| > |x_0|$,使得 $\sum\limits_{n=0}^{\infty} a_n x_1^n$ 收敛. 根据 (1) 的结论,则 $\sum\limits_{n=0}^{\infty} a_n x_0^n$ 绝对收敛,从而收敛,这与 $\sum\limits_{n=0}^{\infty} a_n x^n$ 在点 $x = x_0$ 处发散相矛盾. 从而得证. 证毕.

例 14.1 证明幂级数 $\sum\limits_{n=0}^{\infty}\dfrac{x^n}{n!}$ 在$(-\infty, +\infty)$上收敛.

证明 当 $x_0=0$ 时，$\sum\limits_{n=0}^{\infty}\dfrac{x_0^n}{n!}$ 显然收敛.

对任给的 $x_0 \in (-\infty, +\infty)$ 且 $x_0 \neq 0$，考虑正项级数 $\sum\limits_{n=0}^{\infty}\left|\dfrac{x_0^n}{n!}\right|$. 由比式判别法，

$$\lim_{n\to\infty}\frac{\left|\dfrac{x_0^{n+1}}{(n+1)!}\right|}{\left|\dfrac{x_0^n}{n!}\right|}=\lim_{n\to\infty}\frac{|x_0|}{(n+1)}=0<1.$$

从而对任意的 $x_0 \neq 0$，$\sum\limits_{n=0}^{\infty}\left|\dfrac{x_0^n}{n!}\right|$ 都收敛. 因此 $\sum\limits_{n=0}^{\infty}\dfrac{x^n}{n!}$ 在$(-\infty, +\infty)$上绝对收敛. $(-\infty, +\infty)$ 为 $\sum\limits_{n=0}^{\infty}\dfrac{x^n}{n!}$ 的收敛域.

例 14.2 求幂级数 $\sum\limits_{n=0}^{\infty}x^n$ 的收敛域.

解 显然当 $|x|<1$ 时，幂级数 $\sum\limits_{n=0}^{\infty}x^n$ 收敛；当 $|x|\geqslant 1$ 时，$\sum\limits_{n=0}^{\infty}x^n$ 发散. 收敛域为$(-1, 1)$.

例 14.3 幂级数 $\sum\limits_{n=0}^{\infty}e^{n!}x^n$ 的收敛域为 $\{0\}$.

解 当 $x\neq 0$ 时，有 $\lim\limits_{n\to\infty}e^{n!}x^n\neq 0$，由收敛的必要条件知，$\sum\limits_{n=0}^{\infty}e^{n!}x^n$ 发散. 故 $\sum\limits_{n=0}^{\infty}e^{n!}x^n$ 只在点 $x=0$ 处收敛，即收敛域为 $\{0\}$.

上面三个例题说明幂级数的收敛域可能是整个实轴、原点以及以原点为中心的区间. 若幂级数 $\sum\limits_{n=0}^{\infty}a_nx^n$ 在点 $x_0\neq 0$ 处收敛，又在点 x_1 处发散，由阿贝尔定理知，当 $|x|<|x_0|$ 时 $\sum\limits_{n=0}^{\infty}a_nx^n$ 绝对收敛，当 $|x|>|x_1|$ 时 $\sum\limits_{n=0}^{\infty}a_nx^n$ 发散. 令 $E=\{x\,|\,x$ 为 $\sum\limits_{n=0}^{\infty}a_nx^n$ 的收敛点$\}$，则 E 为一个有界集. 记 $R=\sup E$，则 $|x_0|\leqslant R\leqslant|x_1|$. 当 $|x|<R$ 时，$\sum\limits_{n=0}^{\infty}a_nx^n$ 绝对收敛，当 $|x|>R$ 时，$\sum\limits_{n=0}^{\infty}a_nx^n$ 发散.

对于幂级数 $\sum\limits_{n=0}^{\infty}a_nx^n$，如果收敛域为 $\{0\}$，则可视为 $R=0$；如果收敛域为$(-\infty, +\infty)$，则可视为 $R=+\infty$.

定义 14.1 对于幂级数 $\sum\limits_{n=0}^{\infty}a_nx^n$，必存在 $0\leqslant R\leqslant+\infty$，当 $|x|<R$ 时，$\sum\limits_{n=0}^{\infty}a_nx^n$ 绝对收敛，当 $|x|>R$ 时，$\sum\limits_{n=0}^{\infty}a_nx^n$ 发散，但当 $|x|=R$ 时，$\sum\limits_{n=0}^{\infty}a_nx^n$ 可能收敛，也可能发散. 则

R 称为幂级数 $\sum\limits_{n=0}^{\infty} a_n x^n$ 的**收敛半径**，$(-R，R)$ 称为幂级数的**收敛区间**. 再考虑到 $x=\pm R$

处的收敛性，则幂级数 $\sum\limits_{n=0}^{\infty} a_n x^n$ 收敛域为下列 4 种情况之一：$(-R，R)$，$[-R，R)$，

$(-R，R]$，$[-R，R]$.

下面考虑幂级数的收敛半径的求法.

定理 14.2 设幂级数 $\sum\limits_{n=0}^{\infty} a_n x^n$ 的收敛半径为 R，如果 $a_n \neq 0$，且 $\lim\limits_{n \to \infty}\left|\dfrac{a_{n+1}}{a_n}\right|=\rho$，则

(1) 当 $0<\rho<+\infty$ 时，$R=\dfrac{1}{\rho}$；

(2) 当 $\rho=0$ 时，$R=+\infty$；

(3) 当 $\rho=+\infty$ 时，$R=0$.

证明 对级数 $\sum\limits_{n=0}^{\infty}|a_n x^n|$ 应用正项级数的比式判别法，有

$$\lim_{n \to \infty}\frac{|a_{n+1}x^{n+1}|}{|a_n x^n|}=\lim_{n \to \infty}\frac{|a_{n+1}|}{|a_n|}|x|=\rho|x|，$$

(1) 若 $0<\rho<+\infty$，由比式判别法，当 $\rho|x|<1$，即 $|x|<\dfrac{1}{\rho}$ 时，$\sum\limits_{n=0}^{\infty} a_n x^n$ 绝对收敛；

当 $\rho|x|>1$，即 $|x|>\dfrac{1}{\rho}$ 时，$\sum\limits_{n=0}^{\infty} a_n x^n$ 发散. 故幂级数 $\sum\limits_{n=0}^{\infty} a_n x^n$ 的收敛半径为 $R=\dfrac{1}{\rho}$.

(2) 若 $\rho=0$，则 $\lim\limits_{n \to \infty}\dfrac{|a_{n+1}x^{n+1}|}{|a_n x^n|}=\lim\limits_{n \to \infty}\dfrac{|a_{n+1}|}{|a_n|}|x|=\rho|x|=0$，显然对任意的 $x\in(-\infty，$

$+\infty)$，都有 $\rho|x|=0<1$，由比式判别法知 $\sum\limits_{n=0}^{\infty} a_n x^n$ 收敛，其收敛域为 $(-\infty，+\infty)$，收

敛半径 $R=+\infty$.

(3) 若 $\rho=+\infty$，任给 $x \neq 0$，$\rho|x|=+\infty>1$，$\sum\limits_{n=0}^{\infty}|a_n x^n|$ 发散，此时 $\sum\limits_{n=0}^{\infty} a_n x^n$ 一定发

散. 因此 $\sum\limits_{n=0}^{\infty} a_n x^n$ 只在点 $x=0$ 处收敛，故收敛半径 $R=0$. 证毕.

利用根式判别法可类似地证明下面的定理.

定理 14.3 设幂级数 $\sum\limits_{n=0}^{\infty} a_n x^n$ 的收敛半径为 R，如果 $a_n \neq 0$，且 $\lim\limits_{n \to \infty}\sqrt[n]{|a_n|}=\rho$，则

(1) 当 $0<\rho<+\infty$ 时，$R=\dfrac{1}{\rho}$；

(2) 当 $\rho=0$ 时，$R=+\infty$；

(3) 当 $\rho=+\infty$ 时，$R=0$.

在定理 14.3 中，若极限 $\lim\limits_{n \to \infty}\sqrt[n]{|a_n|}=\rho$ 不存在，则可以考虑利用上极限.

定理 14.4 （柯西-阿达马（Hadamard）定理）设幂级数 $\sum\limits_{n=0}^{\infty} a_n x^n$ 的收敛半径为 R，

如果 $a_n \neq 0$，且 $\varlimsup\limits_{n \to \infty} \sqrt[n]{|a_n|} = \rho$，则

(1) 当 $0 < \rho < +\infty$ 时，$R = \dfrac{1}{\rho}$；

(2) 当 $\rho = 0$ 时，$R = +\infty$；

(3) 当 $\rho = +\infty$ 时，$R = 0$.

请读者给出该定理的证明.

例 14.4 求下列幂级数的收敛半径和收敛域：

(1) $\displaystyle\sum_{n=1}^{\infty} \frac{2^n x^n}{n}$；$\qquad\qquad$ (2) $\displaystyle\sum_{n=1}^{\infty} \frac{3^n + (-2)^n}{n} x^n$.

解 (1) 由于 $\lim\limits_{n \to \infty} \left| \dfrac{a_{n+1}}{a_n} \right| = \lim\limits_{n \to \infty} \dfrac{\frac{2^{n+1}}{n+1}}{\frac{2^n}{n}} = 2 \lim\limits_{n \to \infty} \dfrac{n}{n+1} = 2$，从而收敛半径 $R = \dfrac{1}{2}$. 所以幂级

数 $\displaystyle\sum_{n=1}^{\infty} \frac{2^n x^n}{n}$ 的收敛区间为 $\left(-\dfrac{1}{2}, \dfrac{1}{2} \right)$. 又当 $x = \dfrac{1}{2}$ 时，幂级数 $\displaystyle\sum_{n=1}^{\infty} \frac{2^n x^n}{n}$ 变为调和级数 $\displaystyle\sum_{n=1}^{\infty} \frac{1}{n}$，

发散. 当 $x = -\dfrac{1}{2}$ 时，幂级数为收敛的交错级数 $\displaystyle\sum_{n=1}^{\infty} \frac{(-1)^n}{n}$，收敛. 故幂级数 $\displaystyle\sum_{n=1}^{\infty} \frac{2^n x^n}{n}$ 的收敛

域为 $\left[-\dfrac{1}{2}, \dfrac{1}{2} \right)$.

(2) 方法 1：由于

$$\lim_{n \to \infty} \left| \frac{a_{n+1}}{a_n} \right| = \lim_{n \to \infty} \frac{3^{n+1} + (-2)^{n+1}}{n+1} / \left(\frac{3^n + (-2)^n}{n} \right) = \lim_{n \to \infty} \frac{n}{n+1} \cdot \frac{3 + \left(-\frac{2}{3} \right)^n (-2)}{1 + \left(-\frac{2}{3} \right)^n} = 3,$$

从而收敛半径 $R = \dfrac{1}{3}$，幂级数 $\displaystyle\sum_{n=1}^{\infty} \frac{3^n + (-2)^n}{n} x^n$ 的收敛区间为 $\left(-\dfrac{1}{3}, \dfrac{1}{3} \right)$. 当 $x = -\dfrac{1}{3}$ 时，

级数成为

$$\sum_{n=1}^{\infty} \frac{3^n + (-2)^n}{n} \cdot \left(-\frac{1}{3} \right)^n = \sum_{n=1}^{\infty} \frac{(-1)^n + \left(\frac{2}{3} \right)^n}{n}.$$

又级数 $\displaystyle\sum_{n=1}^{\infty} \frac{(-1)^n}{n}$ 和 $\displaystyle\sum_{n=1}^{\infty} \frac{\left(\frac{2}{3} \right)^n}{n}$ 都收敛，从而原级数在 $x = -\dfrac{1}{3}$ 处收敛. 当 $x = \dfrac{1}{3}$ 时，级数

成为

$$\sum_{n=1}^{\infty} \frac{3^n + (-2)^n}{n} \cdot \left(\frac{1}{3} \right)^n = \sum_{n=1}^{\infty} \frac{1 + \left(-\frac{2}{3} \right)^n}{n}.$$

级数 $\displaystyle\sum_{n=1}^{\infty} \frac{\left(-\frac{2}{3} \right)^n}{n}$ 收敛，但级数 $\displaystyle\sum_{n=1}^{\infty} \frac{1}{n}$ 发散，从而该级数在 $x = \dfrac{1}{3}$ 处发散. 故幂级数

$\sum\limits_{n=1}^{\infty}\dfrac{3^{n}+(-2)^{n}}{n}x^{n}$ 的收敛域为 $\left[-\dfrac{1}{3},\ \dfrac{1}{3}\right)$.

方法 2：根据定理 14.3

$$\lim_{n\to\infty}\sqrt[n]{\dfrac{3^{n}+(-2)^{n}}{n}}=\lim_{n\to\infty}\dfrac{3\sqrt[n]{1+\left(\dfrac{-2}{3}\right)^{n}}}{\sqrt[n]{n}}=3,$$

从而收敛半径 $R=\dfrac{1}{3}$. 后面类似方法 1 的处理，得幂级数 $\sum\limits_{n=1}^{\infty}\dfrac{3^{n}+(-2)^{n}}{n}x^{n}$ 的收敛域为

$\left[-\dfrac{1}{3},\ \dfrac{1}{3}\right)$.

例 14.5 求幂级数 $\sum\limits_{n=1}^{\infty}(-n)^{n}x^{n}$ 的收敛域.

解 由于 $\rho=\lim\limits_{n\to\infty}\sqrt[n]{|a_{n}|}=\lim\limits_{n\to\infty}n=+\infty$，则收敛半径 $R=0$，幂级数 $\sum\limits_{n=1}^{\infty}(-n)^{n}x^{n}$ 的收敛域为 $\{0\}$.

例 14.6 求幂级数 $\sum\limits_{n=1}^{\infty}(-1)^{n}\dfrac{2^{n}}{\sqrt{n}}\left(x-\dfrac{1}{2}\right)^{n}$ 的收敛域.

解 由于 $\rho=\lim\limits_{n\to\infty}\sqrt[n]{|a_{n}|}=\lim\limits_{n\to\infty}\sqrt[n]{\dfrac{2^{n}}{\sqrt{n}}}=2$，则收敛半径 $R=\dfrac{1}{2}$，从而当 $\left|x-\dfrac{1}{2}\right|<\dfrac{1}{2}$ 时，

幂级数一定收敛，即 $\sum\limits_{n=1}^{\infty}(-n)^{n}x^{n}$ 的收敛区间为 $(0,\ 1)$. 当 $x=0$ 时，幂级数变为 $\sum\limits_{n=1}^{\infty}\dfrac{1}{\sqrt{n}}$，

发散；当 $x=1$ 时，幂级数变为 $\sum\limits_{n=1}^{\infty}\dfrac{(-1)^{n}}{\sqrt{n}}$，收敛. 因此幂级数 $\sum\limits_{n=1}^{\infty}(-1)^{n}\dfrac{2^{n}}{\sqrt{n}}\left(x-\dfrac{1}{2}\right)^{n}$ 的

收敛域为 $(0,\ 1]$.

例 14.7 求幂级数 $\sum\limits_{n=1}^{\infty}\dfrac{x^{2n-1}}{2^{n}}$ 的收敛域.

解 由于系数 $a_{2n}=0$，幂级数 $\sum\limits_{n=1}^{\infty}\dfrac{x^{2n-1}}{2^{n}}$ 是缺少偶次幂项的缺项级数，不能直接应用定理 14.2 和定理 14.3. 由正项级数的比式判别法，有

$$\lim_{n\to\infty}\left|\dfrac{u_{n+1}(x)}{u_{n}(x)}\right|=\lim_{n\to\infty}\left|\dfrac{\dfrac{x^{2n+1}}{2^{n+1}}}{\dfrac{x^{2n-1}}{2^{n}}}\right|=\dfrac{1}{2}|x|^{2}.$$

于是当 $\dfrac{1}{2}x^{2}<1$ 时，幂级数 $\sum\limits_{n=1}^{\infty}\dfrac{x^{2n-1}}{2^{n}}$ 收敛；当 $\dfrac{1}{2}x^{2}>1$ 时，幂级数 $\sum\limits_{n=1}^{\infty}\dfrac{x^{2n-1}}{2^{n}}$ 发散. 从而等价

于当 $|x|<\sqrt{2}$ 时，幂级数 $\sum\limits_{n=1}^{\infty}\dfrac{x^{2n-1}}{2^{n}}$ 收敛；当 $|x|>\sqrt{2}$ 时，幂级数 $\sum\limits_{n=1}^{\infty}\dfrac{x^{2n-1}}{2^{n}}$ 发散. 又当 $x=\sqrt{2}$

时，幂级数变为 $\sum\limits_{n=1}^{\infty}\dfrac{1}{\sqrt{2}}$，发散；当 $x=-\sqrt{2}$ 时，幂级数变为 $\sum\limits_{n=1}^{\infty}\dfrac{-1}{\sqrt{2}}$，发散. 因此幂级数

$\sum\limits_{n=1}^{\infty} \dfrac{x^{2n-1}}{2^n}$ 的收敛半径为 $R=\sqrt{2}$，收敛域为 $(-\sqrt{2}, \sqrt{2})$.

（二）幂级数的一致收敛性

定理 14.5 若幂级数 $\sum\limits_{n=0}^{\infty} a_n x^n$ 的收敛半径为 $R>0$，则

（1）$\sum\limits_{n=0}^{\infty} a_n x^n$ 在 $(-R, R)$ 内内闭一致收敛；

（2）若 $\sum\limits_{n=0}^{\infty} a_n x^n$ 在 $x=R$ 或 $(x=-R)$ 处收敛，则 $\sum\limits_{n=0}^{\infty} a_n x^n$ 在 $[0, R]$（或 $[-R, 0]$）上一致收敛.

证明 （1）任给闭区间 $[a, b] \subset (-R, R)$，只要证明幂级数 $\sum\limits_{n=0}^{\infty} a_n x^n$ 在 $[a, b]$ 上一致收敛即可. 令 $r=\max\{|a|, |b|\}$，则 $0 \leqslant r < R$，对一切的 $x \in [a, b]$ 都有 $|a_n x^n| \leqslant |a_n| r^n$，又 $\sum\limits_{n=0}^{\infty} |a_n| r^n$ 收敛，由魏尔斯特拉斯判别法得幂级数 $\sum\limits_{n=0}^{\infty} a_n x^n$ 在任给的闭区间 $[a, b]$ 上一致收敛. 故 $\sum\limits_{n=0}^{\infty} a_n x^n$ 在 $(-R, R)$ 上内闭一致收敛.

（2）因为 $\sum\limits_{n=0}^{\infty} a_n x^n$ 在 $x=R$ 处收敛，则 $\sum\limits_{n=0}^{\infty} a_n R^n$ 收敛，显然在 $[0, R]$ 上收敛. 又

$$\sum_{n=0}^{\infty} a_n x^n = \sum_{n=0}^{\infty} a_n R^n \left(\frac{x}{R}\right)^n,$$

对每个 $x \in [0, R]$，$\left(\dfrac{x}{R}\right)^n$ 关于 n 单调递减；对一切 $x \in [0, R]$ 和正整数 n，$\left|\left(\dfrac{x}{R}\right)^n\right| \leqslant 1$，于是函数列 $\left\{\left(\dfrac{x}{R}\right)^n\right\}$ 在 $[0, R]$ 上一致有界. 根据函数项级数一致收敛的阿贝尔判别法知，级数 $\sum\limits_{n=0}^{\infty} a_n R^n \left(\dfrac{x}{R}\right)^n$ 在 $[0, R]$ 上一致收敛，即 $\sum\limits_{n=0}^{\infty} a_n x^n$ 在 $[0, R]$ 上一致收敛. 证毕.

（三）幂级数的和函数的性质

定理 14.6 若幂级数 $\sum\limits_{n=0}^{\infty} a_n x^n$ 的收敛半径为 R，则

（1）其和函数 $s(x)$ 在收敛区间 $(-R, R)$ 内连续；

（2）若 $\sum\limits_{n=0}^{\infty} a_n R^n$ 收敛，则和函数 $s(x)$ 在 $x=R$ 处左连续，即

$$\lim_{x \to R-0} \sum_{n=0}^{\infty} a_n x^n = \sum_{n=0}^{\infty} a_n R^n;$$

（3）若 $\sum\limits_{n=0}^{\infty} a_n (-R)^n$ 收敛，则和函数 $s(x)$ 在 $x=-R$ 处右连续，即

$$\lim_{x \to -R+0} \sum_{n=0}^{\infty} a_n x^n = \sum_{n=0}^{\infty} a_n (-R)^n.$$

证明 （1）由定理 14.5 知，幂级数 $\sum\limits_{n=0}^{\infty} a_n x^n$ 在 $(-R, R)$ 内内闭一致收敛，又各项 $a_n x^n$ 都在 $(-R, R)$ 内连续，从而和函数 $s(x)$ 在收敛区间 $(-R, R)$ 内连续．

（2）若 $\sum\limits_{n=0}^{\infty} a_n x^n$ 在 $x=R$ 处收敛，则 $\sum\limits_{n=0}^{\infty} a_n x^n$ 在 $[0, R]$ 上一致收敛，又各项 $a_n x^n$ 都在 $[0, R]$ 上连续，故和函数 $s(x)$ 在 $[0, R]$ 上连续，从而和函数 $s(x)$ 在 $x=R$ 处左连续．

（3）类似于（2）可得到证明，从略．证毕．

设幂级数 $\sum\limits_{n=0}^{\infty} a_n x^n$ 的收敛半径为 R，在收敛区间 $(-R, R)$ 内将幂级数 $\sum\limits_{n=0}^{\infty} a_n x^n$ 各项求导后得到新的幂级数

$$\sum_{n=1}^{\infty} n a_n x^{n-1} = a_1 + 2a_2 x + 3a_3 x^2 + \cdots;$$

将幂级数 $\sum\limits_{n=0}^{\infty} a_n x^n$ 的各项从 0 到 $x (x \in (-R, R))$ 积分后得到新的幂级数

$$\sum_{n=0}^{\infty} \frac{a_n x^{n+1}}{n+1} = a_0 x + \frac{a_1 x^2}{2} + \frac{a_2 x^3}{3} + \cdots.$$

利用收敛半径的计算公式，易得下面的定理．

定理 14.7 幂级数 $\sum\limits_{n=0}^{\infty} a_n x^n$，$\sum\limits_{n=1}^{\infty} n a_n x^{n-1}$ 和 $\sum\limits_{n=0}^{\infty} \frac{a_n}{n+1} x^{n+1}$ 具有相同的收敛半径，从而具有相同的收敛区间．

虽然幂级数 $\sum\limits_{n=0}^{\infty} a_n x^n$，$\sum\limits_{n=1}^{\infty} n a_n x^{n-1}$ 和 $\sum\limits_{n=0}^{\infty} \frac{a_n}{n+1} x^{n+1}$ 具有相同的收敛区间，但它们在左（右）端点处的收敛性可能不一样，因此三个幂级数的收敛域可能不同．

定理 14.8（逐项可微定理） 设幂级数 $\sum\limits_{n=0}^{\infty} a_n x^n$ 的收敛半径为 R，则其和函数 $s(x)$ 在收敛区间 $(-R, R)$ 内可微，且 $s'(x) = \sum\limits_{n=1}^{\infty} n a_n x^{n-1}$，即 $\left(\sum\limits_{n=0}^{\infty} a_n x^n\right)' = \sum\limits_{n=0}^{\infty} (a_n x^n)' = \sum\limits_{n=1}^{\infty} n a_n x^{n-1}$．

证明 由定理 14.7 得，幂级数 $\sum\limits_{n=0}^{\infty} a_n x^n$ 和 $\sum\limits_{n=1}^{\infty} n a_n x^{n-1}$ 的收敛半径都为 R，幂级数 $\sum\limits_{n=0}^{\infty} a_n x^n$ 在 $(-R, R)$ 内收敛，各项 $a_n x^n$ 在 $(-R, R)$ 内可微．幂级数 $\sum\limits_{n=1}^{\infty} n a_n x^{n-1}$ 在 $(-R, R)$ 内内闭一致收敛，由推论 13.5 知 $s(x)$ 在 $(-R, R)$ 内具有连续的导函数，且

$$s'(x) = \Big(\sum_{n=0}^{\infty} a_n x^n\Big)' = \sum_{n=0}^{\infty} (a_n x^n)' = \sum_{n=1}^{\infty} n a_n x^{n-1}.$$

证毕.

定理 14.9（逐项积分定理） 设幂级数 $\sum\limits_{n=0}^{\infty} a_n x^n$ 的收敛半径为 R 且其和函数为 $s(x)$，则任给的 $x \in (-R, R)$，$s(t)$ 在 $[0, x]$ 上可积，且 $\int_0^x s(t)\,dt = \sum\limits_{n=0}^{\infty} \dfrac{a_n}{n+1} x^{n+1}$，即

$$\int_0^x s(t)\,dt = \int_0^x \Big(\sum_{n=0}^{\infty} a_n t^n\Big)\,dt = \sum_{n=0}^{\infty} \int_0^x a_n t^n \,dt = \sum_{n=0}^{\infty} \frac{a_n}{n+1} x^{n+1}.$$

证明 由于幂级数 $\sum\limits_{n=0}^{\infty} a_n x^n$ 在 $(-R, R)$ 内内闭一致收敛，则和函数 $s(x)$ 在收敛区间 $(-R, R)$ 内连续，从而对任给的 $x \in (-R, R)$，$s(t)$ 在 $[0, x]$ 上可积. 注意到 $\sum\limits_{n=0}^{\infty} a_n t^n$ 在 $[0, x]$ 上一致收敛，各项 $a_n t^n$ 在 $[0, x]$ 上可积，根据定理 13.14，则 $\sum\limits_{n=0}^{\infty} a_n t^n$ 可在 $[0, x]$ 上逐项积分，于是

$$\int_0^x \Big(\sum_{n=0}^{\infty} a_n t^n\Big)\,dt = \sum_{n=0}^{\infty} \int_0^x a_n t^n\,dt = \sum_{n=0}^{\infty} \frac{a_n}{n+1} x^{n+1}.$$

证毕.

根据幂级数的逐项可微定理可知，幂级数 $\sum\limits_{n=0}^{\infty} a_n x^n$ 在收敛区间 $(-R, R)$ 内可逐项可微任意次，则所得的幂级数的收敛半径仍为 R，收敛区间为 $(-R, R)$.

推论 14.1 设幂级数 $\sum\limits_{n=0}^{\infty} a_n x^n$ 的收敛半径 $R > 0$ 且其和函数为 $s(x)$，则

$$a_0 = s(0), \qquad a_n = \frac{s^{(n)}(0)}{n!} \ (n = 1, 2, 3, \cdots).$$

证明 对任给的 $x \in (-R, R)$，$\sum\limits_{n=0}^{\infty} a_n x^n = s(x)$. 由于幂级数 $\sum\limits_{n=0}^{\infty} a_n x^n$ 在 $(-R, R)$ 内内闭一致收敛于 $s(x)$，则逐项 k 次求导，得

$$s^{(k)}(x) = \Big(\sum_{n=0}^{\infty} a_n x^n\Big)^{(k)} = \sum_{n=k}^{\infty} n(n-1)\cdots(n-k+1) a_n x^{n-k}, \ x \in (-R, R).$$

从而 $s^{(k)}(0) = k! a_k$，因此 $a_k = \dfrac{s^{(k)}(0)}{k!} (k = 0, 1, 2, 3, \cdots)$. 证毕.

推论 14.2 设幂级数 $\sum\limits_{n=0}^{\infty} a_n x^n$ 的收敛半径为 R 且其和函数为 $s(x)$. （1）若 $s(x)$ 为奇函数，则 $a_{2k} = 0$，$k = 0, 1, 2, 3, \cdots$. （2）若 $s(x)$ 为偶函数，则 $a_{2k+1} = 0$，$k = 0, 1, 2, 3, \cdots$.

证明 （1）若 $s(x)$ 为奇函数，则对任意的 $x \in (-R, R)$，有 $s(x) = -s(-x)$，从而有 $s^{(2k)}(x) = -s^{(2k)}(-x)$. 于是 $s^{(2k)}(0) = 0$. 由推论 14.1 知 $a_{2k} = 0$，$k = 0, 1, 2, 3, \cdots$.

（2）若 $s(x)$ 为偶函数，类似可证得 $s^{(2k+1)}(0) = 0$，从而 $a_{2k+1} = 0$，$k = 0, 1, 2, 3, \cdots$. 得证.

（四）幂级数的运算

定义 14.2 如果在 $x = 0$ 的某个邻域内幂级数 $\sum\limits_{n=0}^{\infty} a_n x^n$ 和 $\sum\limits_{n=0}^{\infty} b_n x^n$ 具有相同的和函数，则称这两个幂级数在这个邻域内相等.

定理 14.10 若幂级数 $\sum\limits_{n=0}^{\infty} a_n x^n = \sum\limits_{n=0}^{\infty} b_n x^n$，则 $a_n = b_n$，$n = 0, 1, 2, 3, \cdots$.

证明 设 $\sum\limits_{n=0}^{\infty} a_n x^n = \sum\limits_{n=0}^{\infty} b_n x^n$，则它们具有相同的和函数 $s(x)$，由推论 14.1 得

$$a_n = \frac{s^{(n)}(0)}{n!}, \quad b_n = \frac{s^{(n)}(0)}{n!}.$$

从而，则 $a_n = b_n$，$n = 0, 1, 2, 3, \cdots$. 证毕.

由于幂级数在其收敛域上内闭一致收敛，且绝对收敛，因此在公共的收敛域内两个幂级数相乘时，乘积中各项的顺序可重排，不影响和的大小.

定理 14.11 设幂级数 $\sum\limits_{n=0}^{\infty} a_n x^n$ 和 $\sum\limits_{n=0}^{\infty} b_n x^n$ 的收敛半径分别为 R_1 和 R_2，收敛域分别为 D_1 和 D_2，λ 为任意实数，令 $R = \min\{R_1, R_2\}$，则

（1）$\lambda \sum\limits_{n=0}^{\infty} a_n x^n = \sum\limits_{n=0}^{\infty} \lambda a_n x^n$，$x \in D_1$；

（2）$\sum\limits_{n=0}^{\infty} a_n x^n \pm \sum\limits_{n=0}^{\infty} b_n x^n = \sum\limits_{n=0}^{\infty} c_n x^n$，$x \in D_1 \bigcap D_2$，其中 $c_n = a_n \pm b_n$；

（3）$\left(\sum\limits_{n=0}^{\infty} a_n x^n \right) \cdot \left(\sum\limits_{n=0}^{\infty} b_n x^n \right) = \sum\limits_{n=0}^{\infty} c_n x^n$，$x \in (-R, R)$，其中 $c_n = a_0 b_n + a_1 b_{n-1} + \cdots + a_n b_0$.

例 14.8 求幂级数 $\sum\limits_{n=1}^{\infty} \frac{x^n}{n}$ 的和函数并求 $\sum\limits_{n=1}^{\infty} \frac{(-1)^n}{n}$ 的和.

解 幂级数 $\sum\limits_{n=1}^{\infty} \frac{x^n}{n}$ 的收敛半径 $R = 1$，收敛域为 $[-1, 1)$. 对任给的 $x \in [-1, 1)$，设 $s(x) = \sum\limits_{n=1}^{\infty} \frac{x^n}{n}$. 显然，$s(0) = 0$，且 $s(x)$ 在 $[-1, 1)$ 上连续. 又

$$s'(x) = \left(\sum_{n=1}^{\infty} \frac{x^n}{n} \right)' = \sum_{n=1}^{\infty} \left(\frac{x^n}{n} \right)' = \sum_{n=1}^{\infty} x^{n-1} = \frac{1}{1-x}, \quad x \in (-1, 1).$$

两边积分，得

$$s(x) = s(x) - s(0) = \int_0^x s'(t)dt = \int_0^x \frac{1}{1-t}dt = -\ln(1-x), \quad x \in [-1, 1).$$

$$s(-1) = \sum_{n=1}^{\infty} \frac{(-1)^n}{n} = -\sum_{n=1}^{\infty} \frac{(-1)^{n-1}}{n} = \lim_{x \to -1+0} [-\ln(1-x)] = -\ln 2.$$

故 $\sum_{n=1}^{\infty} \frac{(-1)^{n-1}}{n} = \ln 2$.

例 14.9 求幂级数 $\sum_{n=0}^{\infty} \frac{x^{2n+1}}{2n+1}$ 的和函数.

解 幂级数 $\sum_{n=0}^{\infty} \frac{x^{2n+1}}{2n+1}$ 的收敛半径 $R=1$，收敛域为 $(-1, 1)$，设 $s(x) = \sum_{n=0}^{\infty} \frac{x^{2n+1}}{2n+1}$.
显然，$s(0) = 0$，且 $s(x)$ 在 $(-1, 1)$ 上连续.

$$s'(x) = \sum_{n=0}^{\infty} x^{2n} = \frac{1}{1-x^2}, x \in (-1, 1).$$

两边同时积分，得

$$s(x) = s(x) - s(0) = \int_0^x s'(t)dt = \int_0^x \frac{1}{1-t^2}dt = \frac{1}{2}\ln\frac{1+x}{1-x}, x \in (-1, 1).$$

 **习题 14.1**

1. 求下列幂级数的收敛半径与收敛域.

(1) $\sum_{n=1}^{\infty} \frac{1}{n+1}(x-1)^n$;

(2) $\sum_{n=1}^{\infty} \frac{\ln(n+1)}{n+1}(x-1)^n$;

(3) $\sum_{n=0}^{\infty} \frac{(x-1)^n}{\sqrt{n+1}}$;

(4) $\sum_{n=1}^{\infty} \frac{1}{3^n+(-2)^n} \cdot \frac{x^n}{n}$;

(5) $\sum_{n=1}^{\infty} \frac{x^n}{3^n \cdot n}$;

(6) $\sum_{n=1}^{\infty} \frac{2n-1}{2^n} x^{2n-2}$;

(7) $\sum_{n=1}^{\infty} \frac{(2x-1)^n}{n}$;

(8) $\sum_{n=1}^{\infty} (-1)^n \frac{1}{4^n n} x^{2n-3}$.

2. 求广义幂级数 $\sum_{n=0}^{\infty} \frac{x^{4n}}{1+x^{8n}}$ 的收敛域.

3. 已知幂级数 $\sum_{n=0}^{\infty} a_n (x+2)^n$ 在点 $x=0$ 处收敛，在点 $x=-4$ 处发散，求幂级数 $\sum_{n=0}^{\infty} a_n (x-3)^n$ 的收敛域.

4. 应用逐项求导或逐项积分方法求下列幂级数的和函数（应同时指出它们的定义域）.

(1) $\displaystyle\sum_{n=1}^{\infty}\frac{1}{n+1}x^n$；

(2) $x+2x^2+3x^3+4x^4+\cdots$.

5. 运用幂级数运算性质求解下列各题：

(1) $\displaystyle\lim_{n\to\infty}\left(\frac{1}{a}+\frac{2}{a^2}+\cdots+\frac{n}{a^n}\right)$，$a>1$；

(2) $1-\dfrac{1}{4}+\dfrac{1}{7}-\dfrac{1}{10}+\cdots+\dfrac{(-1)^{n-1}}{1+3(n-1)}+\cdots$；

(3) $\displaystyle\sum_{n=1}^{\infty}\sum_{k=1}^{n}\frac{k}{2^{k-1}}$.

6. 求下列幂级数的收敛半径及其和函数.

(1) $\displaystyle\sum_{n=1}^{\infty}\frac{x^n}{n(n+1)}$；

(2) $\displaystyle\sum_{n=1}^{\infty}\frac{(-1)^{n-1}}{n}(x-4)^n$；

(3) $\displaystyle\sum_{n=1}^{\infty}\frac{2n+1}{2^{n+1}}x^{2n}$，并求 $\displaystyle\sum_{n=1}^{\infty}\frac{2n-1}{2^n}$ 的和；

(4) $\displaystyle\sum_{n=1}^{\infty}n(n+2)x^n$.

7. 求下列幂级数的收敛域.

(1) $\displaystyle\sum_{n=1}^{\infty}\left(\frac{a^n}{n}+\frac{b^n}{n^2}\right)x^n\ (a>0,b>0)$；

(2) $\displaystyle\sum_{n=1}^{\infty}\frac{x^n}{a^{\sqrt{n}}}\ (a>0)$.

8. 求下列幂级数的收敛域.

(1) $\displaystyle\sum_{n=1}^{\infty}\frac{3^n+(-2)^n}{n}(x+1)^n$；

(2) $\displaystyle\sum_{n=1}^{\infty}\frac{[3+(-1)^n]^n}{n}x^n$；

(3) $\displaystyle\sum_{n=2}^{\infty}\frac{\left(1+2\cos\dfrac{n\pi}{4}\right)^n}{\ln n}x^n$.

9. 设幂级数 $\displaystyle\sum_{n=1}^{\infty}a_nx^n$ 的收敛半径为 R_1，$\displaystyle\sum_{n=1}^{\infty}b_nx^n$ 的收敛半径为 R_2，讨论下列幂级数的收敛半径.

(1) $\displaystyle\sum_{n=1}^{\infty}a_nx^{2n}$；　　　　(2) $\displaystyle\sum_{n=1}^{\infty}(a_n+b_n)x^n$；　　　　(3) $\displaystyle\sum_{n=1}^{\infty}a_nb_nx^n$.

§14.2　函数的幂级数展开

（一）泰勒级数

在例 14.9 中，当 $x\in(-1,1)$ 时幂级数 $\displaystyle\sum_{n=0}^{\infty}\frac{x^{2n+1}}{2n+1}$ 的和函数等于 $\dfrac{1}{2}\ln\dfrac{1+x}{1-x}$，也就说

明函数 $\frac{1}{2}\ln\frac{1+x}{1-x}$ 能用一个幂级数表示. 幂级数不仅形式简单，而且具有很多特殊的性质，这对研究函数性态、计算函数值有重要意义. 本节将研究函数的幂级数展开式.

定义 14.3 如果在点 x_0 的某邻域内函数 $f(x)=\sum_{n=0}^{\infty}a_n(x-x_0)^n$，则称 $f(x)$ 在点 x_0 处可展开成幂级数.

由推论 14.1 和定理 14.10 可得下面的定理.

定理 14.12 若在点 x_0 的某邻域 $U(x_0；\delta)$ 内函数 $f(x)$ 可展开成 $x-x_0$ 的幂级数，即

$$f(x)=\sum_{n=0}^{\infty}a_n(x-x_0)^n,\ x\in U(x_0；\delta)，$$

则在点 x_0 的某邻域 $U(x_0；\delta)$ 内 $f(x)$ 具有任意阶导数，且 $a_n=\dfrac{f^{(n)}(x_0)}{n!}$，$n=1，2，\cdots$. 进一步，幂级数展开式是唯一的.

定义 14.4 如果在点 x_0 的某邻域内 $f(x)$ 具有任意阶导数，则称

$$f(x_0)+f'(x_0)(x-x_0)+\frac{f''(x_0)}{2!}(x-x_0)^2+\cdots+\frac{f^{(n)}(x_0)}{n!}(x-x_0)^n+\cdots$$

为函数 $f(x)$ 在点 $x=x_0$ 处的**泰勒级数**或**泰勒展开式**.

特别地，若 $x_0=0$，则级数

$$f(0)+f'(0)x+\frac{f''(0)}{2!}x^2+\cdots+\frac{f^{(n)}(0)}{n!}x^n+\cdots$$

称为函数 $f(x)$ 的**麦克劳林级数**.

若在点 x_0 的某邻域内函数 $f(x)$ 存在直到 $n+1$ 阶的连续导数，则根据泰勒中值定理，函数 $f(x)$ 在点 x_0 处有以下泰勒公式

$$f(x)=f(x_0)+f'(x_0)(x-x_0)+\frac{f''(x_0)}{2!}(x-x_0)^2+\cdots$$
$$+\frac{f^{(n)}(x_0)}{n!}(x-x_0)^n+R_n(x)，$$

其中 $R_n(x)=\dfrac{f^{(n+1)}(\xi)}{(n+1)!}(x-x_0)^{n+1}$，$\xi$ 介于 x_0 与 x 之间，$R_n(x)$ 称为**拉格朗日型余项**.

若在点 x_0 的某邻域内函数 $f(x)$ 存在直到 $n+1$ 阶的连续导数，则泰勒公式的余项可写成**积分型余项**

$$R_n(x)=\frac{1}{n!}\int_{x_0}^{x}f^{(n+1)}(t)(x-t)^n\mathrm{d}t，$$

$R_n(x)$ 也可写成**柯西型余项**

$$R_n(x)=\frac{1}{n!}f^{(n+1)}(x_0+\theta(x-x_0))(1-\theta)^n(x-x_0)^{n+1}，\text{其中}\ 0\leqslant\theta\leqslant1.$$

若在 $x=0$ 的某邻域内函数 $f(x)$ 存在直到 $n+1$ 阶的连续导数，则麦克劳林公式的拉格朗日型余项、积分型余项及柯西型余项分别为

$$R_n(x)=\frac{f^{(n+1)}(\xi)}{(n+1)!}x^{n+1},\quad \xi\text{ 介于 }0\text{ 与 }x\text{ 之间},$$

$$R_n(x)=\frac{1}{n!}\int_0^x f^{(n+1)}(t)\ (x-t)^n \mathrm{d}t,$$

$$R_n(x)=\frac{1}{n!}f^{(n+1)}(\theta x)(1-\theta)^n x^{n+1},\quad \text{其中 }0\leqslant\theta\leqslant1.$$

能否将一个函数 $f(x)$ 展开成幂级数是幂级数研究中的关键问题. $f(x)$ 能在点 x_0 的某邻域内展开成幂级数，表明其泰勒级数收敛于 $f(x)$，从而要求泰勒公式中的余项 $R_n(x)$ 趋于 0. 于是得到下面的定理.

定理 14.13　如果在点 x_0 的某邻域 $U(x_0;\delta)$ 内 $f(x)$ 具有任意阶导数，则 $f(x)$ 在邻域 $U(x_0;\delta)$ 内可以展开成泰勒级数的充分必要条件是对任给的 $x\in U(x_0;\delta)$，泰勒公式中的余项 $R_n(x)$ 满足 $\lim\limits_{n\to\infty}R_n(x)=0$.

（二）初等函数的幂级数展开式

下面我们研究常用函数的泰勒级数.

例 14.10　将 $f(x)=\mathrm{e}^x$ 展开成 x 的幂级数.

解　因为 $f^{(n)}(x)=\mathrm{e}^x$，所以 $f^{(n)}(0)=1(n=0,1,2,\cdots)$. 对任给的 $x\in(-\infty,+\infty)$，注意到 $f(x)$ 的麦克劳林公式的拉格朗日型余项 $R_n(x)=\frac{f^{(n+1)}(\xi)}{(n+1)!}x^{n+1}$，其中 ξ 介于 0 与 x 之间，从而

$$|R_n(x)|=\left|\frac{\mathrm{e}^\xi}{(n+1)!}x^{n+1}\right|\leqslant\frac{\mathrm{e}^{|x|}}{(n+1)!}|x^{n+1}|.$$

又 $\lim\limits_{n\to\infty}\frac{\mathrm{e}^{|x|}}{(n+1)!}|x^{n+1}|=0$，所以 $\lim\limits_{n\to\infty}R_n(x)=0$. 故

$$f(x)=\mathrm{e}^x=\sum_{n=0}^\infty\frac{x^n}{n!}=1+x+\frac{x^2}{2!}+\frac{x^3}{3!}+\cdots+\frac{x^n}{n!}+\cdots,x\in(-\infty,+\infty).$$

例 14.11　将函数 $f(x)=\sin x$ 展开成 x 的幂级数

解　任给 $x\in(-\infty,+\infty)$，$f^{(n)}(x)=\sin^{(n)}x=\sin(x+n\frac{\pi}{2})$，$n=0,1,2,\cdots$. 于是

$$f^{(2k)}(0)=0,\ f^{(2k+1)}(0)=(-1)^k,\ k=0,1,2,\cdots,$$

且 $f(x)$ 的拉格朗日型余项

$$R_n(x)=\frac{f^{(n+1)}(\xi)}{(n+1)!}x^{n+1}=\frac{\sin\left(\xi+\frac{(n+1)\pi}{2}\right)}{(n+1)!}x^{n+1}.$$

又

$$|R_n(x)| = \left| \frac{\sin\left(\xi + \frac{(n+1)\pi}{2}\right)}{(n+1)!} x^{n+1} \right| \leqslant \frac{|x^{n+1}|}{(n+1)!},$$

且 $\lim\limits_{n\to\infty} \frac{|x^{n+1}|}{(n+1)!} = 0$. 故 $\lim\limits_{n\to\infty} R_n(x) = 0$. 由定理 14.13 得

$$\sin x = \sum_{n=1}^{\infty} (-1)^{n+1} \frac{x^{2n-1}}{(2n-1)!} = x - \frac{x^3}{3!} + \frac{x^5}{5!} + \cdots + (-1)^{n+1} \frac{x^{2n-1}}{(2n-1)!} + \cdots,$$
$$x \in (-\infty, +\infty).$$

类似地可得

$$\cos x = \sum_{n=0}^{\infty} (-1)^n \frac{x^{2n}}{(2n)!} = 1 - \frac{x^2}{2!} + \frac{x^4}{4!} + \cdots + (-1)^n \frac{x^{2n}}{(2n)!} + \cdots, \quad x \in (-\infty, +\infty),$$

$\cos x$ 的泰勒展开式也可利用 $\sin x$ 的泰勒展开式与定理 14.8 通过逐项求导得到.

例 14.12 将函数 $f(x) = (1+x)^\alpha$ 展开成 x 的幂级数，其中 α 为任意实数且 $\alpha \notin \mathbf{N}$.

解 由于 $f^{(n)}(x) = \alpha(\alpha-1)(\alpha-2)\cdots(\alpha-n+1)(1+x)^{\alpha-n}$, $n = 0, 1, 2, \cdots$，于是

$$f^{(n)}(0) = \alpha(\alpha-1)(\alpha-2)\cdots(\alpha-n+1), \quad n = 0, 1, 2, \cdots.$$

因此函数 $f(x) = (1+x)^\alpha$ 的麦克劳林级数为

$$1 + \alpha x + \frac{\alpha(\alpha-1)}{2!} x^2 + \cdots + \frac{\alpha(\alpha-1)\cdots(\alpha-n+1)}{n!} x^n + \cdots.$$

利用比式判别法，$\lim\limits_{n\to\infty} \left| \frac{a_{n+1}}{a_n} \right| = \lim\limits_{n\to\infty} \left| \frac{\alpha-n}{n+1} \right| = 1$，则 $f(x) = (1+x)^\alpha$ 的麦克劳林级数的收敛半径 $R = 1$. 当 $x \in (-1, 1)$ 时，考察 $f(x) = (1+x)^\alpha$ 的柯西型余项

$$R_n(x) = \frac{\alpha(\alpha-1)(\alpha-2)\cdots(\alpha-n)(1+\theta x)^{\alpha-n-1}}{n!} (1-\theta)^n x^{n+1}$$

$$= \frac{\alpha(\alpha-1)(\alpha-2)\cdots(\alpha-n)}{n!} x^{n+1} \left(\frac{1-\theta}{1+\theta x} \right)^n (1+\theta x)^{\alpha-1},$$

其中 $0 \leqslant \theta \leqslant 1$.

注意到幂级数 $\sum\limits_{n=0}^{\infty} \frac{\alpha(\alpha-1)(\alpha-2)\cdots(\alpha-n)}{n!} x^{n+1}$ 的收敛半径也是 $R = 1$，于是当 $x \in (-1, 1)$ 时，幂级数 $\sum\limits_{n=0}^{\infty} \frac{\alpha(\alpha-1)(\alpha-2)\cdots(\alpha-n)}{n!} x^{n+1}$ 收敛. 根据级数收敛的必要条件，有 $\lim\limits_{n\to\infty} \frac{\alpha(\alpha-1)\cdots(\alpha-n)}{n!} x^{n+1} = 0$.

又当 $x > -1$ 时，$1 + \theta x \geqslant 1 - \theta \geqslant 0$，于是 $0 \leqslant \frac{1-\theta}{1+\theta x} \leqslant 1$，从而 $\left(\frac{1-\theta}{1+\theta x} \right)^n \leqslant 1$. 注意到 $0 \leqslant \theta \leqslant 1$，当 $\alpha > 1$ 时 $(1+\theta x)^{\alpha-1} \leqslant (1+|x|)^{\alpha-1}$，当 $\alpha < 1$ 时 $(1+\theta x)^{\alpha-1} \leqslant (1-|x|)^{\alpha-1}$. 于是对任意的 α，$(1+\theta x)^{\alpha-1} \leqslant (1+|x|)^{\alpha-1} + (1-|x|)^{\alpha-1}$，从而

$$\lim_{n\to\infty}R_n(x)=\lim_{n\to\infty}\frac{\alpha(\alpha-1)(\alpha-2)\cdots(\alpha-n)}{n!}x^{n+1}\left(\frac{1-\theta}{1+\theta x}\right)^n(1+\theta x)^{\alpha-1}=0.$$

因此

$$(1+x)^\alpha=1+\alpha x+\frac{\alpha(\alpha-1)}{2!}x^2+\cdots+\frac{\alpha(\alpha-1)\cdots(\alpha-n+1)}{n!}x^n+\cdots,\ x\in(-1,\ 1).$$

注意，幂级数 $1+\sum\limits_{n=1}^\infty\frac{\alpha(\alpha-1)\cdots(\alpha-n+1)}{n!}x^n$ 的收敛半径 $R=1$，收敛区间为 $(-1,$

$1)$，但其收敛域与 α 的取值有关. 例如，当 $\alpha=-1,\ \pm\frac12$ 时，分别有

$$\frac{1}{1+x}=1-x+x^2-x^3+\cdots+(-1)^nx^n+\cdots,\ x\in(-1,\ 1);$$

$$\sqrt{1+x}=1+\frac12x-\frac{1}{2\times4}x^2+\frac{1\times3}{2\times4\times6}x^3+\cdots$$
$$+(-1)^{n-1}\frac{(2n-3)!!}{(2n)!!}x^n+\cdots,\ x\in[-1,\ 1];$$

$$\frac{1}{\sqrt{1+x}}=1-\frac12x+\frac{1\times3}{2\times4}x^2-\frac{1\times3\times5}{2\times4\times6}x^3+\cdots$$
$$+(-1)^n\frac{(2n-1)!!}{(2n)!!}x^n+\cdots,\ x\in(-1,\ 1).$$

除了基于泰勒公式直接求函数的幂级数展开式外，根据函数展开式的唯一性，我们也可以利用常见函数已知的展开式，通过变量代换、四则运算、恒等变形、逐项求导、逐项积分等方法来求函数的幂级数展开式.

例 14.13　由例 14.8 知 $\ln\frac{1}{1-x}=\sum\limits_{n=1}^\infty\frac{x^n}{n}$，从而有

$$\ln\frac{1}{1+x}=\sum_{n=1}^\infty\frac{(-1)^nx^n}{n},\ x\in(-1,\ 1];$$
$$\ln(1+x)=\sum_{n=1}^\infty\frac{(-1)^{n-1}x^n}{n},\ x\in(-1,\ 1];$$
$$\ln(1-x)=-\sum_{n=1}^\infty\frac{x^n}{n},\ x\in[-1,\ 1).$$

例 14.14　已知 $\frac{1}{1+x}=1-x+x^2-x^3+\cdots+(-1)^nx^n+\cdots,\ x\in(-1,\ 1)$，则

$$\frac{1}{1+x^2}=1-x^2+x^4+\cdots+(-1)^nx^{2n}+\cdots,\ x\in(-1,\ 1),$$

进而有

$$\arctan x=\int_0^x\frac{\mathrm{d}x}{1+x^2}=x-\frac13x^3+\frac15x^5-\cdots+(-1)^n\frac{x^{2n+1}}{2n+1}+\cdots,x\in[-1,1].$$

例 14.15　将函数 $f(x)=\ln(1+x+x^2+x^3+x^4)$ 展开成 x 的幂级数.

解　由于 $f(x)=\ln(1+x+x^2+x^3+x^4)=\ln\dfrac{1-x^5}{1-x}=\ln(1-x^5)-\ln(1-x)$，由例 14.13 可得

$$f(x)=\ln(1-x^5)-\ln(1-x)=-\sum_{n=1}^{\infty}\frac{x^{5n}}{n}+\sum_{n=1}^{\infty}\frac{x^n}{n},\ x\in[-1,\ 1).$$

例 14.16　求函数 $f(x)=\sin x$ 在 $x=\dfrac{\pi}{4}$ 处的泰勒级数.

解　因为

$$
\begin{aligned}
f(x) &=\sin x=\sin\left(x-\frac{\pi}{4}+\frac{\pi}{4}\right)=\cos\frac{\pi}{4}\sin\left(x-\frac{\pi}{4}\right)+\sin\frac{\pi}{4}\cos\left(x-\frac{\pi}{4}\right)\\
&=\frac{\sqrt{2}}{2}\left[\sin\left(x-\frac{\pi}{4}\right)+\cos\left(x-\frac{\pi}{4}\right)\right]\\
&=\frac{\sqrt{2}}{2}\left[\sum_{n=1}^{\infty}(-1)^{n+1}\frac{\left(x-\frac{\pi}{4}\right)^{2n-1}}{(2n-1)!}+\sum_{n=0}^{\infty}(-1)^n\frac{\left(x-\frac{\pi}{4}\right)^{2n}}{(2n)!}\right],\ x\in(-\infty,\ +\infty).
\end{aligned}
$$

例 14.17　求函数 $f(x)=2^x$ 的麦克劳林级数.

解　由于 $2^x=\mathrm{e}^{\ln 2^x}=\mathrm{e}^{x\ln 2}$，从而

$$2^x=\sum_{n=0}^{\infty}\frac{(x\ln 2)^n}{n!}=\sum_{n=0}^{\infty}\frac{(\ln 2)^n}{n!}x^n,\quad x\in(-\infty,\ +\infty).$$

若函数 $f(x)$ 能在某个区间上展开成泰勒级数，那么由于幂级数的部分和都是多项式，这就说明存在一个多项式函数列在收敛区间上一致收敛于 $f(x)$，即收敛区间上的函数 $f(x)$ 可用多项式函数一致逼近. 多项式函数列一致收敛的极限函数在收敛域上连续. 那么在闭区间的连续函数是否可用多项式函数列来一致逼近呢？我们有下面的定理.

定理 14.14（魏尔斯特拉斯逼近定理）　设 $f(x)$ 是 $[a,\ b]$ 上的连续函数，则对任给的 $\varepsilon>0$，必存在多项式

$$p_n(x)=a_0+a_1x+a_2x^2+\cdots+a_nx^n$$

使得对一切 $x\in[a,\ b]$，都有 $|f(x)-p_n(x)|<\varepsilon$.

 **习题 14.2**

1. 利用已知函数的幂级数展开式，求下列函数在点 $x=0$ 处的幂级数展开式，并确定它收敛于该函数的区间.

(1) $\dfrac{1}{2+x^2}$；

(2) $\dfrac{x}{2-x-x^2}$；

(3) $\dfrac{\mathrm{e}^x-\mathrm{e}^{-x}}{2}$；

(4) e^{-x^2}；

(5) $\cos^2 x$；

(6) $\sin^3 x$；

(7) $\dfrac{x}{\sqrt{1-2x}}$;

(8) $\dfrac{1}{(1-x^2)\sqrt{1-x^2}}$;

(9) $e^x\cos x$;

(10) $\dfrac{1}{1+x+x^2}$.

2. 求下列函数的泰勒展开式.

(1) 将函数 $f(x)=\arctan\dfrac{2x}{2-x^2}$ 展开成麦克劳林级数;

(2) 求 $f(x)=\dfrac{1}{4-x}$ 在点 $x_0=2$ 处的幂级数展开式;

(3) 将 $f(x)=\cos x$ 展开成 $x+\dfrac{\pi}{3}$ 的幂级数.

3. 将函数 $y=\ln(1-x-2x^2)$ 展开成 x 的幂级数,并指出其收敛域.

4. 将幂级数 $\displaystyle\sum_{n=1}^{\infty}\dfrac{(-1)^{n-1}}{(2n-1)!2^{2n-2}}x^{2n-1}$ 的和函数展开为 $x-1$ 的幂级数.

5. 将 $\dfrac{\mathrm{d}}{\mathrm{d}x}\left(\dfrac{e^x-1}{x}\right)$ 展开为 x 的幂级数,并推出 $1=\displaystyle\sum_{n=1}^{\infty}\dfrac{n}{(n+1)!}$.

6. 求函数 $\displaystyle\int_0^x\dfrac{\sin t}{t}\mathrm{d}t$ 的幂级数展开式,并推出其收敛半径.

7. 设函数 $f(x)$ 及其各阶导数均在开区间$(0,2)$ 中非负,求证:

(1) 对任何 $0<x<y<2$,$\displaystyle\lim_{n\to\infty}\dfrac{f^{(n)}(x)}{n!}(y-x)^n=0$;

(2) $f(x)$ 在$(0,2)$ 中任一点处均可展开为幂级数.

本章小结

本章主要介绍了幂级数的敛散性及函数的幂级数展开. 要求读者掌握阿贝尔定理、幂级数的和函数及收敛性、收敛半径、收敛区间、收敛域等基本定理和概念,深刻理解幂级数的一致收敛性、内闭一致收敛性及幂级数的和函数的分析性质:连续性、逐项可微性和逐项可积性. 熟悉函数展开成泰勒级数的条件,灵活运用常用函数的泰勒展开式.

总练习题十四

1. 求下列幂级数的和函数.

(1) $1+x+\dfrac{x^2}{2}+\dfrac{x^3}{1\times3}+\dfrac{x^4}{2\times4}+\dfrac{x^5}{1\times3\times5}+\dfrac{x^6}{2\times4\times6}+\cdots$;

(2) $\displaystyle\sum_{n=0}^{\infty}\dfrac{n^2+1}{2^n n!}x^n$;

(3) $\displaystyle\sum_{n=0}^{\infty}\dfrac{(2n)!!}{(2n+1)!!}x^{2n+1}$.

2. 求 $\lim\limits_{n\to\infty}\sum\limits_{k=1}^{n}\dfrac{k+2}{k!+(k+1)!+(k+2)!}$.

3. 求下列级数的和：$\dfrac{x}{1-x^2}+\dfrac{x^2}{1-x^4}+\dfrac{x^4}{1-x^8}+\cdots$.

　　(1) $|x|<1$；　　　　　　　　　　　　(2) $|x|>1$.

4. 讨论下列级数在 $[0,1]$ 区间上的一致收敛性.

　　(1) $\sum\limits_{n=1}^{\infty}x^n(\ln x)^2$；　　　　　　　(2) $\sum\limits_{n=1}^{\infty}x^n\ln x$.

5. 设 $f(x)=\sum\limits_{n=0}^{\infty}a_nx^n$ 当 $|x|<r$ 时收敛，证明：当 $\sum\limits_{n=0}^{\infty}\dfrac{a_n}{n+1}r^{n+1}$ 收敛时

$$\int_0^r f(x)\mathrm{d}x=\sum_{n=0}^{\infty}\dfrac{a_n}{n+1}r^{n+1},$$

不论 $\sum\limits_{n=0}^{\infty}a_nx^n$ 在 $x=r$ 是否收敛. 并由此证明 $\displaystyle\int_0^1\dfrac{\ln(1-t)}{t}\mathrm{d}t=-\sum_{n=0}^{\infty}\dfrac{1}{n^2}$.

6. 验证积分 $\displaystyle\int_0^1\ln\dfrac{1+x}{1-x}\cdot\dfrac{\mathrm{d}x}{x}$ 存在且等于 $2\sum\limits_{n=1}^{\infty}\dfrac{1}{(2n-1)^2}$.

7. 设 $f(x)=\begin{cases}\mathrm{e}^{-\frac{1}{x^2}}, & x\neq 0\\ 0, & x=0\end{cases}$，证明下列结论：

　　(1) $f(x)$ 在 $(-\infty,+\infty)$ 上具有任意阶导数；

　　(2) $f(x)$ 在点 $x=0$ 附近不能展开成幂级数.

8. 计算 $\sqrt[5]{240}$ 的近似值，要求误差不超过 0.000 1.

9. 利用 $\sin x\approx x-\dfrac{1}{3}x^3$ 求 $\sin 9°$ 的近似值，并估计误差.

第十五章

傅里叶级数

本章要点

1. 三角级数，正交三角函数系，傅里叶系数，傅里叶级数，贝塞尔不等式，黎曼–勒贝格引理，收敛定理，函数的傅里叶级数展开；

2. 正弦级数，余弦级数，非周期函数的傅里叶级数，函数的奇延拓和偶延拓.

导入案例

傅里叶（Fourier）级数在热学、光学、电磁学、医学、空气动力学、仿生学、生物学等领域都有非常广泛的应用. 经典的调和分析以傅里叶级数为基础，因此也称为傅里叶分析. 随着函数空间的理论、算子理论、偏微分方程及非线性分析的发展，经典的调和分析发展成为抽象调和分析. 傅里叶级数的历史可追溯到 17 世纪**伽利略**（Galileo）、**梅森**（Mersenne）、**沃利斯**（Wallis）等人对弦振动及声学的研究，他们提出了声波的量化理论. **泰勒和约翰·伯努利**运用不同的方式得到了弦振动的频率、振动弦的形状以及"单摆条件". **达朗贝尔**利用"单摆条件"以及牛顿第二定律得到了弦振动的偏微分方程，**欧拉、丹尼尔·伯努利**（Daniel Bernoulli）、**拉格朗日**都加入弦振动研究的行列，他们就一个任意函数能否用三角级数的和来表示这个关键问题进行了激烈的争论. **傅里叶**在热传导问题的研究中为了求解偏微分方程而创建了傅里叶级数. 傅里叶级数的理论表明任何一个在闭区间上的分段光滑连续函数都可以用三角级数的和来表示，从而圆满地解决了弦振动的争论问题. 但**傅里叶**的研究工作并不是严密的，他没有解决三角级数收敛性的问题. **狄利克雷**讨论了傅里叶级数的收敛性，给出了函数 $f(x)$ 的傅里叶级数收敛于 $f(x)$ 本身的充分条件. 基于**狄利克雷**的研究成果，**黎曼**建立了函数 $f(x)$ 的傅里叶级数收敛于 $f(x)$ 本身的充分必要条件，傅里叶级数理论从此就基本建立起来. 傅里叶级数理论对纯粹数学也产生了广泛而深远的影响，引领数学分析走向严格化.

§15.1　傅里叶级数

（一）三角级数

由大学物理我们知道形如 $A\sin(\omega x+\varphi)$ 的谐波是最简单的波，其中 A 是振幅，ω 是角频率，φ 是初相位，周期 $T=\dfrac{2\pi}{\omega}$. 复杂的波则经常可以表示为一系列谐波的叠加. 如果 $f(x)$ 是一个周期 $T=\dfrac{2\pi}{\omega}$ 的波，即 $\omega=1$，则

$$f(x)=A_0+\sum_{n=1}^{\infty}A_n\sin(n\omega x+\varphi_n)=A_0+\sum_{n=1}^{\infty}(A_n\sin\varphi_n\cos nx+A_n\cos\varphi_n\sin nx).$$

若令 $\dfrac{a_0}{2}=A_0$，$a_n=A_n\sin\varphi_n$，$b_n=A_n\cos\varphi_n$，则

$$f(x)=\frac{a_0}{2}+\sum_{n=1}^{\infty}(a_n\cos nx+b_n\sin nx).\tag{15.1}$$

形如 $\dfrac{a_0}{2}+\sum\limits_{n=1}^{\infty}(a_n\cos nx+b_n\sin nx)$ 的级数，称为**三角级数**. 三角级数实际上可看成三角函数系 $\{1,\ \cos x,\ \sin x,\ \cos 2x,\ \sin 2x,\ \cdots,\ \cos nx,\ \sin nx,\ \cdots\}$ 的无穷线性组合. 三角函数系 $\{1,\ \cos x,\ \sin x,\ \cos 2x,\ \sin 2x,\ \cdots,\ \cos nx,\ \sin nx,\ \cdots\}$，称为**基本三角函数系**.

定义 15.1　设函数 $f(x)$ 和 $g(x)$ 都在区间 $[a,b]$ 上可积，定义 $f(x)$ 和 $g(x)$ 在区间 $[a,b]$ 上的内积 $\langle f,g\rangle=\displaystyle\int_a^b f(x)g(x)\mathrm{d}x$. 称 $\|f\|=\sqrt{\langle f,f\rangle}=\left(\displaystyle\int_a^b f^2(x)\mathrm{d}x\right)^{\frac{1}{2}}$ 为 $f(x)$ 在区间 $[a,b]$ 上的范数.

定义 15.2　若 $\langle f,g\rangle=\displaystyle\int_a^b f(x)g(x)\mathrm{d}x=0$，则称函数 $f(x)$ 和 $g(x)$ 在区间 $[a,b]$ 上正交. 若函数系中的函数在 $[a,b]$ 上两两正交，则称这个函数系为**正交函数系**.

定理 15.1　基本三角函数系 $\{1,\ \cos x,\ \sin x,\ \cos 2x,\ \sin 2x,\ \cdots,\ \cos nx,\ \sin nx,\ \cdots\}$ 是 $[-\pi,\pi]$ 上的正交函数系.

证明　因为

$$\int_{-\pi}^{\pi}\cos nx\,\mathrm{d}x=0,\quad \int_{-\pi}^{\pi}\sin nx\,\mathrm{d}x=0, n=1,2,3,\cdots,$$

$$\int_{-\pi}^{\pi}\sin mx\sin nx\,\mathrm{d}x=\begin{cases}0,& m\neq n\\ \pi,& m=n\end{cases},\quad \int_{-\pi}^{\pi}\cos mx\cos nx\,\mathrm{d}x=\begin{cases}0,& m\neq n\\ \pi,& m=n\end{cases},$$

$$\int_{-\pi}^{\pi}1^2\mathrm{d}x=2\pi,\int_{-\pi}^{\pi}\sin mx\cos nx\,\mathrm{d}x=0,其中\ m,n=1,2,\cdots.$$

因此基本三角函数系是 $[-\pi,\pi]$ 上的正交函数系. 证毕.

定理 15.2　若级数 $\dfrac{a_0}{2}+\sum\limits_{n=1}^{\infty}(|a_n|+|b_n|)$ 收敛，则三角级数

$$\frac{a_0}{2}+\sum_{n=1}^{\infty}(a_n\cos nx+b_n\sin nx)$$

在 $(-\infty,+\infty)$ 上绝对收敛且一致收敛，其和函数 $s(x)$ 是周期为 2π 的周期函数.

证明　对任给的 $x\in(-\infty,+\infty)$，由于 $|a_n\cos nx+b_n\sin nx|\leqslant|a_n|+|b_n|$，根据数项级数的比较判别法和函数项级数优级数判别法知，$\dfrac{a_0}{2}+\sum\limits_{n=1}^{\infty}(a_n\cos nx+b_n\sin nx)$ 在 $(-\infty,+\infty)$ 上绝对收敛且一致收敛. 注意到在三角级数中 $\cos nx$，$\sin nx$ 都是以 2π 为周期的周期函数，从而和函数 $s(x)$ 为以 2π 为周期的周期函数. 证毕.

（二）傅里叶级数

定理 15.3　若三角级数 $\dfrac{a_0}{2}+\sum\limits_{n=1}^{\infty}(a_n\cos nx+b_n\sin nx)$ 在 $[-\pi,\pi]$ 上一致收敛于和函数 $f(x)$，则

$$a_n=\frac{1}{\pi}\int_{-\pi}^{\pi}f(x)\cos nx\,\mathrm{d}x,\quad n=0,1,2,3,\cdots,$$

$$b_n=\frac{1}{\pi}\int_{-\pi}^{\pi}f(x)\sin nx\,\mathrm{d}x,\quad n=1,2,3,\cdots.$$

证明　三角级数 $\dfrac{a_0}{2}+\sum\limits_{n=1}^{\infty}(a_n\cos nx+b_n\sin nx)$ 在 $[-\pi,\pi]$ 上一致收敛，则可在 $[-\pi,\pi]$ 上逐项积分得

$$\int_{-\pi}^{\pi}f(x)\mathrm{d}x=\int_{-\pi}^{\pi}\frac{a_0}{2}\mathrm{d}x+\int_{-\pi}^{\pi}\Big[\sum_{k=1}^{\infty}(a_k\cos kx+b_k\sin kx)\Big]\mathrm{d}x$$

$$=\int_{-\pi}^{\pi}\frac{a_0}{2}\mathrm{d}x+\sum_{k=1}^{\infty}\Big(a_k\int_{-\pi}^{\pi}\cos kx\,\mathrm{d}x+b_k\int_{-\pi}^{\pi}\sin kx\,\mathrm{d}x\Big).$$

利用基本三角函数系的正交性得

$$\int_{-\pi}^{\pi}f(x)\mathrm{d}x=\int_{-\pi}^{\pi}\frac{a_0}{2}\mathrm{d}x=a_0\pi.$$

因此，$a_0=\dfrac{1}{\pi}\displaystyle\int_{-\pi}^{\pi}f(x)\mathrm{d}x$.

由于 $\dfrac{a_0}{2}+\sum\limits_{k=1}^{\infty}(a_k\cos kx+b_k\sin kx)$ 在 $[-\pi,\pi]$ 上一致收敛于 $f(x)$，则级数

$$\frac{a_0}{2}\cos nx+\sum_{k=1}^{\infty}(a_k\cos kx\cos nx+b_k\sin kx\cos nx)$$

在 $[-\pi,\pi]$ 上一致收敛于 $f(x)\cos nx$. 在 $[-\pi,\pi]$ 上逐项积分得

$$\int_{-\pi}^{\pi} f(x) \cos nx \, \mathrm{d}x = \frac{a_0}{2} \int_{-\pi}^{\pi} \cos nx \, \mathrm{d}x + \sum_{k=1}^{\infty} \left[a_k \int_{-\pi}^{\pi} \cos kx \cos nx \, \mathrm{d}x + b_k \int_{-\pi}^{\pi} \sin kx \cos nx \, \mathrm{d}x \right]$$

$$= a_n \int_{-\pi}^{\pi} \cos^2 nx \, \mathrm{d}x = a_n \pi.$$

从而 $a_n = \dfrac{1}{\pi} \displaystyle\int_{-\pi}^{\pi} f(x) \cos nx \, \mathrm{d}x$，$n = 1,\ 2,\ 3,\ \cdots$.

同理，由

$$\frac{a_0}{2} \sin nx + \sum_{k=1}^{\infty} (a_k \cos kx \sin nx + b_k \sin kx \sin nx)$$

在 $[-\pi,\ \pi]$ 上一致收敛于 $f(x) \sin nx$，类似可得 $b_n = \dfrac{1}{\pi} \displaystyle\int_{-\pi}^{\pi} f(x) \sin nx \, \mathrm{d}x$，$n = 1,\ 2,$ $3,\ \cdots$. 证毕.

进一步，若三角级数 $\dfrac{a_0}{2} + \displaystyle\sum_{n=1}^{\infty} (a_n \cos nx + b_n \sin nx)$ 在 $(-\infty,\ +\infty)$ 上一致收敛于函数 $f(x)$，定理 15.3 的结论仍然成立.

定义 15.3 设 $f(x)$ 在 $[-\pi,\ \pi]$ 上可积且以 2π 为周期，记

$$a_n = \frac{1}{\pi} \int_{-\pi}^{\pi} f(x) \cos nx \, \mathrm{d}x, \quad n = 0,1,2,3,\cdots, \qquad (15.2)$$

$$b_n = \frac{1}{\pi} \int_{-\pi}^{\pi} f(x) \sin nx \, \mathrm{d}x, \quad n = 1,2,3,\cdots, \qquad (15.3)$$

则 a_n 和 b_n 称为函数 $f(x)$ 的**傅里叶系数**.

因为 $f(x)$ 是以 2π 为周期的周期函数，根据可积周期函数的积分特点，我们也可以写

$$a_n = \frac{1}{\pi} \int_0^{2\pi} f(x) \cos nx \, \mathrm{d}x, \quad n = 0,1,2,3,\cdots,$$

$$b_n = \frac{1}{\pi} \int_0^{2\pi} f(x) \sin nx \, \mathrm{d}x, \quad n = 1,2,3,\cdots.$$

以 a_n 和 b_n 为傅里叶系数构造的三角级数

$$\frac{a_0}{2} + \sum_{n=1}^{\infty} (a_n \cos nx + b_n \sin nx) \qquad (15.4)$$

称为函数 $f(x)$ 的**傅里叶级数**，记为

$$f(x) \sim \frac{a_0}{2} + \sum_{n=1}^{\infty} (a_n \cos nx + b_n \sin nx). \qquad (15.5)$$

在定义 15.3 中，函数 $f(x)$ 的傅里叶级数 $\dfrac{a_0}{2} + \displaystyle\sum_{n=1}^{\infty} (a_n \cos nx + b_n \sin nx)$ 是否收敛? 如果函数 $f(x)$ 的傅里叶级数式 (15.4) 收敛，那么傅里叶级数式 (15.4) 是否收敛于 $f(x)$? 这都有待进一步研究.

如果傅里叶级数式(15.4) 收敛于 $f(x)$，则式(15.5) 中的 "～" 变成 "="，即

$$f(x) = \frac{a_0}{2} + \sum_{n=1}^{\infty} (a_n \cos nx + b_n \sin nx). \tag{15.6}$$

例 15.1 设 $f(x)$ 是以 2π 为周期的函数，且

$$f(x) = \begin{cases} -1, & -\pi \leqslant x < 0 \\ 1, & 0 \leqslant x < \pi \end{cases},$$

求 $f(x)$ 的傅里叶级数.

解 先计算 $f(x)$ 的傅里叶系数，

$$\begin{aligned}
a_n &= \frac{1}{\pi} \int_{-\pi}^{\pi} f(x) \cos nx \, \mathrm{d}x \\
&= \frac{1}{\pi} \int_{-\pi}^{0} (-1) \cos nx \, \mathrm{d}x + \frac{1}{\pi} \int_{0}^{\pi} 1 \cdot \cos nx \, \mathrm{d}x = 0, \\
b_n &= \frac{1}{\pi} \int_{-\pi}^{\pi} f(x) \sin nx \, \mathrm{d}x \\
&= \frac{1}{\pi} \int_{-\pi}^{0} (-1) \sin nx \, \mathrm{d}x + \frac{1}{\pi} \int_{0}^{\pi} 1 \cdot \sin nx \, \mathrm{d}x \\
&= \frac{1}{\pi} \left[\frac{\cos nx}{n} \right]_{-\pi}^{0} + \frac{1}{\pi} \left[\frac{-\cos nx}{n} \right]_{0}^{\pi} \\
&= \frac{1}{n\pi} [1 - \cos n\pi - \cos n\pi + 1] \\
&= \frac{2}{n\pi} [1 - (-1)^n] \\
&= \begin{cases} \dfrac{4}{n\pi}, & n = 1, 3, 5, \cdots \\ 0, & n = 2, 4, 6, \cdots \end{cases}.
\end{aligned}$$

从而得 $f(x)$ 的傅里叶级数为

$$\begin{aligned}
f(x) &\sim \frac{4}{\pi} \sum_{k=1}^{\infty} \frac{1}{2k-1} \sin(2k-1)x \\
&= \frac{4}{\pi} \left[\sin x + \frac{1}{3} \sin 3x + \cdots + \frac{1}{2k-1} \sin(2k-1)x + \cdots \right].
\end{aligned}$$

(三) 收敛定理

定理 15.4 (贝塞尔 (Bessel) 不等式) 若 $f(x)$ 在 $[-\pi, \pi]$ 上可积，a_n 和 b_n 为其傅里叶系数，则

$$\frac{a_0^2}{2} + \sum_{n=1}^{\infty} (a_n^2 + b_n^2) \leqslant \frac{1}{\pi} \int_{-\pi}^{\pi} f^2(x) \, \mathrm{d}x. \tag{15.7}$$

证明 设 $s_m(x) = \dfrac{a_0}{2} + \displaystyle\sum_{n=1}^{m} (a_n \cos nx + b_n \sin nx)$，则

$$\int_{-\pi}^{\pi}\left[f(x)-s_m(x)\right]^2\mathrm{d}x=\int_{-\pi}^{\pi}f^2(x)\mathrm{d}x-2\int_{-\pi}^{\pi}f(x)s_m(x)\mathrm{d}x+\int_{-\pi}^{\pi}s_m^2(x)\mathrm{d}x\geqslant 0.$$

$$(15.8)$$

分别计算式（15.8）中等号最右边的两个积分，并注意到基本三角函数系的正交性有

$$\int_{-\pi}^{\pi}f(x)s_m(x)\mathrm{d}x=\frac{a_0}{2}\int_{-\pi}^{\pi}f(x)\mathrm{d}x+\sum_{n=1}^{m}\left(a_n\int_{-\pi}^{\pi}f(x)\cos nx\mathrm{d}x+b_n\int_{-\pi}^{\pi}f(x)\sin nx\mathrm{d}x\right)$$

$$=\frac{\pi}{2}a_0^2+\pi\sum_{n=1}^{m}(a_n^2+b_n^2),\qquad(15.9)$$

$$\int_{-\pi}^{\pi}s_m^2(x)\mathrm{d}x=\int_{-\pi}^{\pi}\left[\frac{a_0}{2}+\sum_{n=1}^{m}(a_n\cos nx+b_n\sin nx)\right]^2\mathrm{d}x$$

$$=\int_{-\pi}^{\pi}\left[\left(\frac{a_0}{2}\right)^2+\left[\sum_{n=1}^{m}(a_n\cos nx+b_n\sin nx)\right]^2\right]\mathrm{d}x$$

$$+\int_{-\pi}^{\pi}\left[2\cdot\frac{a_0}{2}\sum_{n=1}^{m}(a_n\cos nx+b_n\sin nx)\right]\mathrm{d}x$$

$$=\int_{-\pi}^{\pi}\left[\left(\frac{a_0}{2}\right)^2+\sum_{n=1}^{m}(a_n\cos nx+b_n\sin nx)^2\right]\mathrm{d}x$$

$$=\int_{-\pi}^{\pi}\left[\left(\frac{a_0}{2}\right)^2+\sum_{n=1}^{m}(a_n^2\cos^2 nx+b_n^2\sin^2 nx+2a_nb_n\cos nx\sin nx)\right]\mathrm{d}x$$

$$=\int_{-\pi}^{\pi}\left[\left(\frac{a_0}{2}\right)^2+\sum_{n=1}^{m}\left(a_n^2\frac{1+\cos 2nx}{2}+b_n^2\frac{1-\cos 2nx}{2}\right)\right]\mathrm{d}x$$

$$=\frac{\pi a_0^2}{2}+\pi\sum_{n=1}^{m}(a_n^2+b_n^2),\qquad(15.10)$$

将式(15.9)与式(15.10)代入式(15.8)，移项之后得

$$\int_{-\pi}^{\pi}f^2(x)\mathrm{d}x\geqslant\frac{\pi a_0^2}{2}+\pi\sum_{n=1}^{m}(a_n^2+b_n^2).$$

两边除以 π，再令 $m\to\infty$，则

$$\frac{a_0^2}{2}+\sum_{n=1}^{\infty}(a_n^2+b_n^2)\leqslant\frac{1}{\pi}\int_{-\pi}^{\pi}f^2(x)\mathrm{d}x.$$

证毕.

我们称不等式（15.7）为贝塞尔不等式.

若 $f(x)$ 在 $[-\pi,\pi]$ 上可积，则 $\frac{1}{\pi}\int_{-\pi}^{\pi}f^2(x)\mathrm{d}x$ 为有限值. 由贝塞尔不等式，级数

$$\frac{a_0^2}{2}+\sum_{n=1}^{\infty}(a_n^2+b_n^2)$$

收敛. 由级数收敛的必要条件，则有下面的结论.

推论 15.1 若 $f(x)$ 为可积函数，则 $\lim\limits_{n\to\infty}a_n=0,\ \lim\limits_{n\to\infty}b_n=0$，即

$$\lim_{n\to\infty}\int_{-\pi}^{\pi} f(x)\cos nx\,\mathrm{d}x = 0, \quad \lim_{n\to\infty}\int_{-\pi}^{\pi} f(x)\sin nx\,\mathrm{d}x = 0.$$

推论 15.1 可以推广到更一般的情形，就是下面的黎曼-勒贝格引理.

定理 15.5 （**黎曼-勒贝格（Lebesgue）引理**）若 $f(x)$ 在 $[a,b]$ 上可积和绝对可积（有界或无界），则

$$\lim_{p\to+\infty}\int_a^b f(x)\sin px\,\mathrm{d}x = 0, \quad \lim_{p\to+\infty}\int_a^b f(x)\cos px\,\mathrm{d}x = 0.$$

证明 （1）若 $f(x)$ 在 $[a,b]$ 上有界可积，根据可积的充要条件，则对任给的 $\varepsilon>0$，存在 $[a,b]$ 的一个分割 T：$a=x_0<x_1<\cdots<x_n=b$，$\Delta x_i=x_i-x_{i-1}$，$M_i=\sup\limits_{x\in[x_{i-1},x_i]} f(x)$，$m_i=\inf\limits_{x\in[x_{i-1},x_i]} f(x)$，振幅 $\omega_i=M_i-m_i$，使得 $\sum\limits_{i=1}^n \omega_i\Delta x_i < \dfrac{\varepsilon}{2}$．又

$$\int_a^b f(x)\sin px\,\mathrm{d}x = \sum_{i=1}^n \int_{x_{i-1}}^{x_i} f(x)\sin px\,\mathrm{d}x$$

$$= \sum_{i=1}^n \int_{x_{i-1}}^{x_i}(f(x)-m_i)\sin px\,\mathrm{d}x + \sum_{i=1}^n m_i\int_{x_{i-1}}^{x_i}\sin px\,\mathrm{d}x,$$

从而

$$\left|\int_a^b f(x)\sin px\,\mathrm{d}x\right| \leqslant \sum_{i=1}^n \int_{x_{i-1}}^{x_i}|f(x)-m_i|\,|\sin px|\,\mathrm{d}x + \sum_{i=1}^n |m_i|\left|\int_{x_{i-1}}^{x_i}\sin px\,\mathrm{d}x\right|$$

$$\leqslant \sum_{i=1}^n \int_{x_{i-1}}^{x_i}|f(x)-m_i|\,\mathrm{d}x + \frac{1}{p}\sum_{i=1}^n |m_i|\,|-\cos px_i+\cos px_{i-1}|$$

$$\leqslant \sum_{i=1}^n \int_{x_{i-1}}^{x_i}\omega_i\,\mathrm{d}x + \frac{2}{p}\sum_{i=1}^n |m_i|$$

$$\leqslant \sum_{i=1}^n \omega_i\Delta x_i + \frac{2}{p}\sum_{i=1}^n |m_i|.$$

对于分割 T，则 $\sum\limits_{i=1}^n |m_i|$ 已确定，对上述的 $\varepsilon>0$，一定存在 $P_0>0$，当 $p>P_0$ 时，

$$\frac{2}{p}\sum_{i=1}^n |m_i| < \frac{\varepsilon}{2}.$$

因此，当 $p>P_0$ 时，注意到 $\sum\limits_{i=1}^n \omega_i\Delta x_i < \dfrac{\varepsilon}{2}$，则有

$$\left|\int_a^b f(x)\sin px\,\mathrm{d}x\right| < \varepsilon,$$

即

$$\lim_{p\to+\infty}\int_a^b f(x)\sin px\,\mathrm{d}x = 0.$$

（2）若 $f(x)$ 在 $[a,b]$ 上无界且绝对可积，不失一般性，设 $f(x)$ 在 $[a,b]$ 上只

有一个奇点 a. 由于 $|f(x)|$ 在 $[a,b]$ 上可积，故对任给的 $\varepsilon>0$，存在 $\delta>0$，使得

$$\int_a^{a+\delta} |f(x)|\,\mathrm{d}x < \frac{\varepsilon}{2}.$$

于是

$$\left|\int_a^b f(x)\sin px\,\mathrm{d}x\right| = \left|\int_{a+\delta}^b f(x)\sin px\,\mathrm{d}x + \int_a^{a+\delta} f(x)\sin px\,\mathrm{d}x\right|$$

$$\leqslant \left|\int_{a+\delta}^b f(x)\sin px\,\mathrm{d}x\right| + \left|\int_a^{a+\delta} f(x)\sin px\,\mathrm{d}x\right|$$

$$\leqslant \left|\int_{a+\delta}^b f(x)\sin px\,\mathrm{d}x\right| + \frac{\varepsilon}{2}. \tag{15.11}$$

注意到 $f(x)$ 在 $[a+\delta,b]$ 上有界可积，由（1）知，存在 $P_0>0$，当 $p>P_0$ 时，

$$\left|\int_{a+\delta}^b f(x)\sin px\,\mathrm{d}x\right| < \frac{\varepsilon}{2}. \tag{15.12}$$

由式(15.11) 与式(15.12) 得

$$\left|\int_a^b f(x)\sin px\,\mathrm{d}x\right| < \varepsilon,$$

即

$$\lim_{p\to+\infty}\int_a^b f(x)\sin px\,\mathrm{d}x = 0.$$

同理可证，$\lim\limits_{p\to+\infty}\int_a^b f(x)\cos px\,\mathrm{d}x = 0$. 证毕.

由黎曼-勒贝格引理或推论 15.1 易得如下推论.

推论 15.2 若 $f(x)$ 为可积函数，则

$$\lim_{n\to\infty}\int_0^\pi f(x)\sin\left(n+\frac{1}{2}\right)x\,\mathrm{d}x = 0, \quad \lim_{n\to\infty}\int_{-\pi}^0 f(x)\sin\left(n+\frac{1}{2}\right)x\,\mathrm{d}x = 0.$$

下面我们给出 $f(x)$ 的傅里叶级数的部分和函数的表示形式：设 $f(x)$ 是以 2π 为周期的可积函数且

$$f(x) \sim \frac{a_0}{2} + \sum_{n=1}^\infty (a_n\cos nx + b_n\sin nx),$$

其中，$a_n = \dfrac{1}{\pi}\displaystyle\int_{-\pi}^\pi f(x)\cos nx\,\mathrm{d}x, \quad n=0,1,2,3,\cdots,$

$\qquad b_n = \dfrac{1}{\pi}\displaystyle\int_{-\pi}^\pi f(x)\sin nx\,\mathrm{d}x, \quad n=1,2,3,\cdots.$

考虑傅里叶级数的部分和

$$s_n(x) = \frac{a_0}{2} + \sum_{k=1}^n (a_k\cos kx + b_k\sin kx), \tag{15.13}$$

将傅里叶系数 a_n 和 b_n 代入式(15.13)得

$$s_n(x) = \frac{1}{2\pi}\int_{-\pi}^{\pi} f(u)\mathrm{d}u + \frac{1}{\pi}\sum_{k=1}^{n}\left\{\left[\int_{-\pi}^{\pi} f(u)\cos ku\,\mathrm{d}u\right]\cos kx + \left[\int_{-\pi}^{\pi} f(u)\sin ku\,\mathrm{d}u\right]\sin kx\right\}$$

$$= \frac{1}{\pi}\int_{-\pi}^{\pi} f(u)\left[\frac{1}{2} + \sum_{k=1}^{n}(\cos ku\cos kx + \sin ku\sin kx)\right]\mathrm{d}u$$

$$= \frac{1}{\pi}\int_{-\pi}^{\pi} f(u)\left[\frac{1}{2} + \sum_{k=1}^{n}\cos k(u-x)\right]\mathrm{d}u,$$

在上式中令 $t=u-x$，并注意到 $f(x)$ 和余弦函数都以 2π 为周期，则有

$$s_n(x) = \frac{1}{\pi}\int_{-\pi-x}^{\pi-x} f(t+x)\left[\frac{1}{2} + \sum_{k=1}^{n}\cos kt\right]\mathrm{d}t$$

$$= \frac{1}{\pi}\int_{-\pi}^{\pi} f(x+t)\left[\frac{1}{2} + \sum_{k=1}^{n}\cos kt\right]\mathrm{d}t.$$

又 $\dfrac{1}{2} + \sum\limits_{k=1}^{n}\cos kt = \dfrac{\sin\left(n+\dfrac{1}{2}\right)t}{2\sin\dfrac{t}{2}}$，于是

$$s_n(x) = \frac{1}{\pi}\int_{-\pi}^{\pi} f(x+t)\,\frac{\sin\left(n+\dfrac{1}{2}\right)t}{2\sin\dfrac{t}{2}}\mathrm{d}t. \tag{15.14}$$

定义 15.4 若在数集 D 上 $f(x) = \dfrac{a_0}{2} + \sum\limits_{n=1}^{\infty}(a_n\cos nx + b_n\sin nx)$ 总成立，则称函数 $f(x)$ 在 D 上可展开成傅里叶级数.

定义 15.5 函数 $f(x)$ 的导函数 $f'(x)$ 在区间 $[a, b]$ 上连续，则称 $f(x)$ 在 $[a, b]$ 上**光滑**.

定义 15.6 若函数 $f(x)$ 在 $[a, b]$ 上至多只有有限个第一类间断点，$f(x)$ 的导函数 $f'(x)$ 除了在这有限个点外都存在且连续，同时 $f'(x)$ 在这有限个点的左、右极限都存在，则称 $f(x)$ 在 $[a, b]$ 上**按段光滑**.

若 $f(x)$ 在 $[a, b]$ 上按段光滑，则 $f(x)$ 在 $[a, b]$ 上可积. 针对 $[a, b]$ 上至多有限个使得 $f(x)$ 的导数不存在的点，重新补充 $f'(x)$ 的定义，则新的 $f'(x)$ 在 $[a, b]$ 上可积. 注意到函数 $f(x)$ 在 $[a, b]$ 上至多只有有限个第一类间断点，从而对任给的 $x\in[a, b]$，$f(x)$ 在点 x 处的左、右极限 $f(x\pm 0)$ 都存在，且

$$\lim_{\Delta x\to 0^+}\frac{f(x+\Delta x)-f(x+0)}{\Delta x} = f'(x+0),$$

$$\lim_{\Delta x\to 0^-}\frac{f(x-\Delta x)-f(x-0)}{-\Delta x} = f'(x-0).$$

$f'(x-0)$ 与 $f'(x+0)$ 也分别称为 $f(x)$ 在点 x 处的**伪左导数**、**伪右导数**. 如果 $f(x)$ 在点 x 处连续，则它们就是通常的左导数、右导数.

定理 15.6（收敛定理） 若函数 $f(x)$ 是以 2π 为周期的周期函数，在 $[-\pi，\pi]$ 上按段光滑，则 $f(x)$ 的傅里叶级数收敛且收敛于 $\dfrac{f(x+0)+f(x-0)}{2}$，即

$$\frac{a_0}{2}+\sum_{n=1}^{\infty}(a_n\cos nx+b_n\sin nx)=\frac{f(x+0)+f(x-0)}{2}.$$

证明 设 $f(x)$ 的傅里叶级数的部分和为 $s_n(x)=\dfrac{a_0}{2}+\sum_{k=1}^{n}(a_k\cos kx+b_k\sin kx)$，为此，我们只要证明

$$\lim_{n\to\infty}s_n(x)=\frac{f(x+0)+f(x-0)}{2}.$$

注意到 $\dfrac{1}{2}+\sum_{k=1}^{n}\cos kt=\dfrac{\sin\left(n+\dfrac{1}{2}\right)t}{2\sin\dfrac{t}{2}}$，从而

$$\frac{1}{\pi}\int_{-\pi}^{\pi}\frac{\sin\left(n+\frac{1}{2}\right)t}{2\sin\frac{t}{2}}\mathrm{d}t=\frac{1}{\pi}\int_{-\pi}^{\pi}\left(\frac{1}{2}+\sum_{k=1}^{n}\cos kt\right)\mathrm{d}t=1,$$

于是

$$\frac{f(x+0)}{2}=\frac{f(x+0)}{2}\frac{1}{\pi}\int_{-\pi}^{\pi}\frac{\sin\left(n+\frac{1}{2}\right)t}{2\sin\frac{t}{2}}\mathrm{d}t=\frac{1}{\pi}\int_{0}^{\pi}f(x+0)\frac{\sin\left(n+\frac{1}{2}\right)t}{2\sin\frac{t}{2}}\mathrm{d}t,$$

$$\frac{f(x-0)}{2}=\frac{f(x-0)}{2}\frac{1}{\pi}\int_{-\pi}^{\pi}\frac{\sin\left(n+\frac{1}{2}\right)t}{2\sin\frac{t}{2}}\mathrm{d}t=\frac{1}{\pi}\int_{0}^{\pi}f(x-0)\frac{\sin\left(n+\frac{1}{2}\right)t}{2\sin\frac{t}{2}}\mathrm{d}t.$$

由式(15.14) 知

$$s_n(x)=\frac{1}{\pi}\int_{-\pi}^{\pi}f(x+t)\frac{\sin\left(n+\frac{1}{2}\right)t}{2\sin\frac{t}{2}}\mathrm{d}t$$

$$=\frac{1}{\pi}\int_{0}^{\pi}f(x+t)\frac{\sin\left(n+\frac{1}{2}\right)t}{2\sin\frac{t}{2}}\mathrm{d}t+\frac{1}{\pi}\int_{-\pi}^{0}f(x+t)\frac{\sin\left(n+\frac{1}{2}\right)t}{2\sin\frac{t}{2}}\mathrm{d}t$$

$$=\frac{1}{\pi}\int_{0}^{\pi}f(x+t)\frac{\sin\left(n+\frac{1}{2}\right)t}{2\sin\frac{t}{2}}\mathrm{d}t+\frac{1}{\pi}\int_{0}^{\pi}f(x-t)\frac{\sin\left(n+\frac{1}{2}\right)t}{2\sin\frac{t}{2}}\mathrm{d}t.$$

于是

$$s_n(x) - \frac{f(x+0) + f(x-0)}{2}$$

$$= \frac{1}{\pi}\int_{-\pi}^{\pi} f(x+t)\,\frac{\sin\left(n+\frac{1}{2}\right)t}{2\sin\frac{t}{2}}\mathrm{d}t$$

$$- \frac{f(x+0) + f(x-0)}{2}\,\frac{1}{\pi}\int_{-\pi}^{\pi}\frac{\sin\left(n+\frac{1}{2}\right)x}{2\sin\frac{x}{2}}\mathrm{d}x$$

$$= \frac{1}{\pi}\int_{0}^{\pi} f(x+t)\,\frac{\sin\left(n+\frac{1}{2}\right)t}{2\sin\frac{t}{2}}\mathrm{d}t + \frac{1}{\pi}\int_{0}^{\pi} f(x-t)\,\frac{\sin\left(n+\frac{1}{2}\right)t}{2\sin\frac{t}{2}}\mathrm{d}t$$

$$- \frac{1}{\pi}\int_{0}^{\pi} f(x+0)\,\frac{\sin\left(n+\frac{1}{2}\right)t}{2\sin\frac{t}{2}}\mathrm{d}t - \frac{1}{\pi}\int_{0}^{\pi} f(x-0)\,\frac{\sin\left(n+\frac{1}{2}\right)t}{2\sin\frac{t}{2}}\mathrm{d}t$$

$$= \frac{1}{\pi}\int_{0}^{\pi}[f(x+t) - f(x+0)]\,\frac{\sin\left(n+\frac{1}{2}\right)t}{2\sin\frac{t}{2}}\mathrm{d}t$$

$$+ \frac{1}{\pi}\int_{0}^{\pi}[f(x-t) - f(x-0)]\,\frac{\sin\left(n+\frac{1}{2}\right)t}{2\sin\frac{t}{2}}\mathrm{d}t$$

$$= \frac{1}{\pi}\int_{0}^{\pi}\frac{f(x+t) - f(x+0)}{2\sin\frac{t}{2}}\sin\left(n+\frac{1}{2}\right)t\,\mathrm{d}t$$

$$+ \frac{1}{\pi}\int_{0}^{\pi}\frac{f(x-t) - f(x-0)}{2\sin\frac{t}{2}}\sin\left(n+\frac{1}{2}\right)t\,\mathrm{d}t$$

$$\overset{\Delta}{=} \frac{1}{\pi}\int_{0}^{\pi}\varphi(t)\sin\left(n+\frac{1}{2}\right)t\,\mathrm{d}t + \frac{1}{\pi}\int_{0}^{\pi}\psi(t)\sin\left(n+\frac{1}{2}\right)t\,\mathrm{d}t,$$

其中 $\varphi(t) = \dfrac{f(x+t) - f(x+0)}{2\sin\frac{t}{2}}$，$\psi(t) = \dfrac{f(x-t) - f(x-0)}{2\sin\frac{t}{2}}$，于是

$$\lim_{t\to 0^+}\varphi(t) = \lim_{t\to 0^+}\frac{f(x+t) - f(x+0)}{t}\,\frac{\frac{t}{2}}{\sin\frac{t}{2}} = f'(x+0),$$

$$\lim_{t\to 0^+}\psi(t) = \lim_{t\to 0^+}\frac{f(x-t) - f(x-0)}{t}\,\frac{\frac{t}{2}}{\sin\frac{t}{2}} = -f'(x-0).$$

令 $\varphi(0)=f'(0+0)$，则 $\varphi(t)$ 在 $t=0$ 右连续. 由于 $f(x)$ 在 $[-\pi,\pi]$ 按段光滑，$\varphi(t)$ 在 $[0,\pi]$ 上至多只有有限个第一类间断点，$\varphi(t)$ 在 $[0,\pi]$ 上可积，从而由黎曼-勒贝格引理或推论 15.2 得

$$\lim_{n\to\infty}\frac{1}{\pi}\int_0^\pi \varphi(t)\sin\left(n+\frac{1}{2}\right)t\mathrm{d}t=0.$$

同理可证

$$\lim_{n\to\infty}\frac{1}{\pi}\int_0^\pi \psi(t)\sin\left(n+\frac{1}{2}\right)t\mathrm{d}t=0.$$

于是

$$\lim_{n\to\infty}\left[s_n(x)-\frac{f(x+0)+f(x-0)}{2}\right]=0,$$

因此 $f(x)$ 的傅里叶级数收敛于 $\dfrac{f(x+0)+f(x-0)}{2}$. 证毕.

在收敛定理中，若 f 在点 x 处连续，则有 $f(x-0)=f(x+0)=f(x)$，易得如下推论.

推论 15.3 若以 2π 为周期的连续函数 $f(x)$ 在 $[-\pi,\pi]$ 上按段光滑，则 $f(x)$ 的傅里叶级数在 $(-\infty,+\infty)$ 上收敛于 $f(x)$.

定义 15.7 设函数 $f(x)$ 定义在区间 $[a,b]$ 上，若 $[a,b]$ 可分为有限个子区间，并且 $f(x)$ 在每个子区间上是单调的，则称函数 $f(x)$ 在 $[a,b]$ 上**分段单调**.

一个函数对应的傅里叶级数的收敛性问题还可以证明下面的定理，我们只列出结论，不给出证明.

定理 15.7 若以 2π 为周期的周期函数 $f(x)$ 在 $[-\pi,\pi]$ 上分段单调，则 $f(x)$ 的傅里叶级数收敛于 $\dfrac{f(x+0)+f(x-0)}{2}$，即

$$\frac{a_0}{2}+\sum_{n=1}^\infty (a_n\cos nx+b_n\sin nx)=\frac{f(x+0)+f(x-0)}{2}.$$

如果函数 $f(x)$ 可写成若干个单调函数的代数和，则结论同样成立.

（四）函数的傅里叶级数展开

在具体研究函数的傅里叶级数展开时，如果周期函数 $f(x)$ 只在长度为 2π 的区间上给定解析表达式，利用周期性，则可确定 $f(x)$ 在整个实轴上的值. $f(x)$ 的解析区间常取 $[-\pi,\pi)$，$(-\pi,\pi]$，$(0,2\pi]$，$[0,2\pi)$. 如果 $f(x)$ 在 $[-\pi,\pi]$ 上的解析表达式给定，若 $f(-\pi)=f(\pi)$，则利用 $f(x+2\pi)=f(x)$ 来延拓；若 $f(-\pi)\neq f(\pi)$，则可从 $[-\pi,\pi)$ 或 $(-\pi,\pi]$ 出发进行延拓. $f(x)$ 的傅里叶级数实际上指的是 $f(x)$ 作周期延拓后的函数的傅里叶级数. 即使函数 $f(x)$ 在长度为 2π 的区间上连续，作周期延拓后的函数也不一定连续.

例 15.2 设 $f(x)$ 是以 2π 为周期的函数，且 $f(x)=|x|$，$x\in[-\pi,\pi]$，将 $f(x)$ 展开成傅里叶级数.

　　解　由于连续函数 $f(x)$ 在 $[-\pi,\pi]$ 上按段光滑，如图 15-1 所示，根据推论 15.3，则 $f(x)$ 的傅里叶级数在 $(-\infty,+\infty)$ 上收敛于 $f(x)$. 下面计算 $f(x)$ 的傅里叶系数.

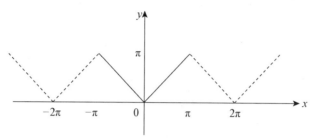

图 15-1　$f(x)$ 的图像

$$a_0 = \frac{1}{\pi}\int_{-\pi}^{\pi}f(x)\mathrm{d}x = \frac{1}{\pi}\int_{-\pi}^{0}(-x)\mathrm{d}x + \frac{1}{\pi}\int_{0}^{\pi}x\mathrm{d}x = \pi,$$

$$a_n = \frac{1}{\pi}\int_{-\pi}^{\pi}f(x)\cos nx\,\mathrm{d}x$$

$$= \frac{1}{\pi}\int_{-\pi}^{0}(-x)\cos nx\,\mathrm{d}x + \frac{1}{\pi}\int_{0}^{\pi}x\cos nx\,\mathrm{d}x$$

$$= \frac{2}{n^2\pi}(\cos n\pi - 1)$$

$$= \frac{2}{n^2\pi}\big[(-1)^n - 1\big]$$

$$= \begin{cases} -\dfrac{4}{(2k-1)^2\pi}, & n = 2k-1, k = 1,2,\cdots \\ 0, & n = 2k, k = 1,2,\cdots \end{cases}$$

$$b_n = \frac{1}{\pi}\int_{-\pi}^{\pi}f(x)\sin nx\,\mathrm{d}x = \frac{1}{\pi}\int_{-\pi}^{\pi}|x|\sin nx\,\mathrm{d}x = 0.$$

从而

$$f(x) \sim \frac{\pi}{2} - \frac{4}{\pi}\sum_{n=1}^{\infty}\frac{1}{(2n-1)^2}\cos(2n-1)x,\quad x \in (-\infty,+\infty).$$

由于 $f(x)$ 在 $(-\infty,+\infty)$ 上连续，由收敛定理，得

$$f(x) = \frac{\pi}{2} - \frac{4}{\pi}\sum_{n=1}^{\infty}\frac{1}{(2n-1)^2}\cos(2n-1)x,\quad x \in (-\infty,+\infty).$$

特别地，当 $x \in [-\pi,\pi]$ 时，有

$$|x| = f(x) = \frac{\pi}{2} - \frac{4}{\pi}\sum_{n=1}^{\infty}\frac{1}{(2n-1)^2}\cos(2n-1)x.$$

　　注意到 $f(0)=0$，则由上面的结果有 $\dfrac{\pi}{2} - \dfrac{4}{\pi}\sum\limits_{n=1}^{\infty}\dfrac{1}{(2n-1)^2}=0$. 从而

$$\frac{\pi^2}{8}=1+\frac{1}{3^2}+\frac{1}{5^2}+\cdots.$$

现令 $\sigma=1+\frac{1}{2^2}+\frac{1}{3^2}+\frac{1}{4^2}+\cdots$，$\sigma_1=1+\frac{1}{3^2}+\frac{1}{5^2}+\cdots$，$\sigma_2=\frac{1}{2^2}+\frac{1}{4^2}+\frac{1}{6^2}+\cdots$，因为 $\sigma_2=\frac{\sigma}{4}=\frac{\sigma_1+\sigma_2}{4}$，则可求解得

$$\sigma_2=\frac{\sigma_1}{3}=\frac{\pi^2}{24}，\qquad \sigma=\sigma_1+\sigma_2=\frac{\pi^2}{6}.$$

例 15.3 假设 $f(x)=x$，$x\in[-\pi,\pi)$，将 $f(x)$ 展开成傅里叶级数.

解 将 $f(x)$ 作 2π 周期延拓后，其间断点为 $x=(2k+1)\pi(k=0,\pm1,\pm2,\cdots)$. 由于函数 $f(x)$ 在 $[-\pi,\pi]$ 上按段光滑，满足收敛定理 15.6 的条件，则 $f(x)$ 的傅里叶级数收敛于 $\frac{f(x+0)+f(x-0)}{2}$. 又

$$a_0=\frac{1}{\pi}\int_{-\pi}^{\pi}f(x)\mathrm{d}x=\frac{1}{\pi}\int_{-\pi}^{\pi}x\mathrm{d}x=0,$$

$$a_n=\frac{1}{\pi}\int_{-\pi}^{\pi}f(x)\cos nx\,\mathrm{d}x=\frac{1}{\pi}\int_{-\pi}^{\pi}x\cos nx\,\mathrm{d}x=0,$$

$$b_n=\frac{1}{\pi}\int_{-\pi}^{\pi}f(x)\sin nx\,\mathrm{d}x=\frac{1}{\pi}\int_{-\pi}^{\pi}x\sin nx\,\mathrm{d}x$$

$$=\frac{2}{\pi}\int_{0}^{\pi}x\sin nx\,\mathrm{d}x$$

$$=\frac{2}{\pi}\left[-\frac{x\cos nx}{n}+\frac{\sin nx}{n^2}\right]_0^{\pi}$$

$$=-\frac{2}{n}\cos n\pi=\frac{2}{n}(-1)^{n+1},$$

故 $f(x)$ 的傅里叶级数为

$$f(x)\sim 2\sum_{n=1}^{\infty}\frac{(-1)^{n+1}}{n}\sin nx.$$

当 $x=\pm\pi$ 时，由于 $\frac{f(\pm\pi+0)+f(\pm\pi-0)}{2}=0$，则 $f(x)$ 的傅里叶级数收敛于 0. 当 $x\in(-\pi,\pi)$ 时，$f(x)$ 连续，于是

$$x=2\sum_{n=1}^{\infty}\frac{(-1)^{n+1}}{n}\sin nx,\quad x\in(-\pi,\pi).$$

特别要注意函数 x 和 $f(x)$ 的区别.

由收敛定理，则有

$$f(x)=2\sum_{n=1}^{\infty}\frac{(-1)^{n+1}}{n}\sin nx,\ x\neq(2k-1)\pi,\ k\in\mathbf{Z}.$$

$f(x)$ 的傅里叶级数的和函数如图 15-2 所示.

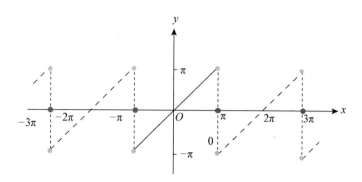

图 15 - 2　$f(x)$ 的傅里叶级数的和函数

例 15.4　把 $f(x)$ 展开成傅里叶级数，其中

$$f(x)=\begin{cases} x, & -\pi\leqslant x<0 \\ 10, & x=0 \\ 2x, & 0<x\leqslant\pi \end{cases},$$

解　由于函数 $f(x)$ 在 $[-\pi,\pi]$ 上按段光滑，满足收敛定理 15.6 的条件.

$$a_0=\frac{1}{\pi}\int_{-\pi}^{\pi}f(x)\mathrm{d}x=\frac{1}{\pi}\int_{-\pi}^{0}x\mathrm{d}x+\frac{1}{\pi}\int_{0}^{\pi}2x\mathrm{d}x=\frac{\pi}{2},$$

$$a_n=\frac{1}{\pi}\int_{-\pi}^{\pi}f(x)\cos nx\,\mathrm{d}x$$

$$=\frac{1}{\pi}\int_{-\pi}^{0}x\cos nx\,\mathrm{d}x+\frac{1}{\pi}\int_{0}^{\pi}2x\cos nx\,\mathrm{d}x$$

$$=\frac{1}{\pi}\int_{0}^{\pi}x\cos nx\,\mathrm{d}x=\frac{1}{n^2\pi}\big[(-1)^n-1\big]$$

$$=\begin{cases} 0, & n=2k \\ \dfrac{-2}{(2k-1)^2\pi}, & n=2k-1 \end{cases},$$

$$b_n=\frac{1}{\pi}\int_{-\pi}^{\pi}f(x)\sin nx\,\mathrm{d}x$$

$$=\frac{1}{\pi}\int_{-\pi}^{0}x\sin nx\,\mathrm{d}x+\frac{1}{\pi}\int_{0}^{\pi}2x\sin nx\,\mathrm{d}x$$

$$=\frac{3}{\pi}\int_{0}^{\pi}x\sin nx\,\mathrm{d}x=\frac{3\,(-1)^{n+1}}{n}.$$

则 $f(x)$ 的傅里叶级数为

$$f(x)\sim\frac{\pi}{4}-\sum_{n=1}^{\infty}\frac{2}{(2n-1)^2\pi}\cos(2n-1)x+3\sum_{n=1}^{\infty}\frac{(-1)^{n+1}}{n}\sin nx.$$

特别地，有

$$f(x)=\frac{\pi}{4}-\sum_{n=1}^{\infty}\frac{2}{(2n-1)^2\pi}\cos(2n-1)x+3\sum_{n=1}^{\infty}\frac{(-1)^{n+1}}{n}\sin nx,\ 0<|x|<\pi.$$

当 $x=0$ 时，$f(x)$ 的傅里叶级数收敛于 0；当 $x=\pm\pi$ 时，$f(x)$ 的傅里叶级数收敛于 $\dfrac{\pi}{2}$.

习题 15.1

1. 设 $f(x)$ 是周期为 2π 为周期函数，它在 $(-\pi,\pi]$ 的表达式为

$$f(x)=\begin{cases}-1, & -\pi<x\leqslant0 \\ 1+x^2, & 0<x\leqslant\pi\end{cases}.$$

试写出 $f(x)$ 的傅里叶级数展开式在区间 $(-\pi,\pi]$ 上的和函数 $s(x)$ 的表达式.

2. 设 $f(x)$ 是周期为 2π 的周期函数，它在 $[-\pi,\pi)$ 上的表达式如下，将 $f(x)$ 展开成傅里叶级数.

(1) $f(x)=\cos\dfrac{x}{2}$，$-\pi<x\leqslant\pi$；

(2) $f(x)=\begin{cases}\pi-x, & 0<x\leqslant\pi \\ 0, & x=0 \\ \pi+x, & -\pi\leqslant x<0\end{cases}$，并计算 $1+\dfrac{1}{3^2}+\dfrac{1}{5^2}+\cdots$；

(3) $f(x)=\begin{cases}x, & -\pi\leqslant x<0 \\ 0, & 0\leqslant x<\pi\end{cases}$；

(4) $f(x)=\arcsin(\cos x)$.

3. 把函数

$$f(x)=\begin{cases}-\dfrac{\pi}{4}, & -\pi<x<0 \\ \dfrac{\pi}{4}, & 0\leqslant x<\pi\end{cases}$$

展开成傅里叶级数，并由它推出如下结果：

(1) $\dfrac{\pi}{4}=1-\dfrac{1}{3}+\dfrac{1}{5}-\dfrac{1}{7}+\cdots$；

(2) $\dfrac{\pi}{3}=1+\dfrac{1}{5}-\dfrac{1}{7}-\dfrac{1}{11}+\dfrac{1}{13}+\dfrac{1}{17}+\cdots$；

(3) $\dfrac{\sqrt{3}\pi}{6}=1-\dfrac{1}{5}+\dfrac{1}{7}-\dfrac{1}{11}+\dfrac{1}{13}-\dfrac{1}{17}+\cdots$.

4. 把 $f(x)=\operatorname{sgn}x\,(-\pi<x<\pi)$ 展开成傅里叶级数，并求 $\displaystyle\sum_{n=1}^{\infty}\dfrac{(-1)^{n-1}}{2n-1}$.

5. 把 $f(x)=\pi^2-x^2$，$x\in(-\pi,\pi)$ 展开成傅里叶级数.

§15.2 其他类型的傅里叶级数的展开式

（一）以 $2l$ 为周期的函数的傅里叶级数

已知基本三角函数系 $\{1, \cos x, \sin x, \cos 2x, \sin 2x, \cdots, \cos nx, \sin nx, \cdots\}$ 是 $[-\pi, \pi]$ 上的正交函数系. 容易证明，当 $l > 0$ 时，

$$\left\{1, \cos\frac{\pi x}{l}, \sin\frac{\pi x}{l}, \cos\frac{2\pi x}{l}, \sin\frac{2\pi x}{l}, \cdots, \cos\frac{n\pi x}{l}, \sin\frac{n\pi x}{l}, \cdots\right\}$$

为 $[-l, l]$ 上的正交函数系. 类似于周期为 2π 的函数的傅里叶级数的研究，可得到周期为 $2l$ 的函数 $f(x)$ 相应的傅里叶系数及傅里叶级数. 当然也可利用定积分的换元法，由周期为 2π 的函数的傅里叶系数及傅里叶级数得到周期为 $2l$ 的函数 $f(x)$ 的傅里叶系数及傅里叶级数.

设周期函数 $f(x)$ 的周期为 $2l$ 且在 $[-l, l]$ 上可积，令 $x = \dfrac{l}{\pi}t$，记

$$F(t) = f\left(\frac{l}{\pi}t\right) = f(x),$$

则周期为 2π 的函数 $F(t)$ 在 $[-\pi, \pi]$ 上可积. $F(t)$ 的傅里叶级数为

$$F(t) \sim \frac{a_0}{2} + \sum_{n=1}^{\infty}(a_n\cos nt + b_n\sin nt), \tag{15.15}$$

其中

$$a_n = \frac{1}{\pi}\int_{-\pi}^{\pi}F(t)\cos nt\,\mathrm{d}t, \quad n = 0, 1, 2, \cdots,$$

$$b_n = \frac{1}{\pi}\int_{-\pi}^{\pi}F(t)\sin nt\,\mathrm{d}t, \quad n = 1, 2, \cdots.$$

注意到 $x = \dfrac{l}{\pi}t$，则 $t = \dfrac{\pi}{l}x$，代入式(15.15) 得

$$f(x) \sim \frac{a_0}{2} + \sum_{n=1}^{\infty}\left(a_n\cos\frac{n\pi x}{l} + b_n\sin\frac{n\pi x}{l}\right), \tag{15.16}$$

且

$$a_n = \frac{1}{\pi}\int_{-\pi}^{\pi}F(t)\cos nt\,\mathrm{d}t = \frac{1}{\pi}\int_{-\pi}^{\pi}f\left(\frac{l}{\pi}t\right)\cos nt\,\mathrm{d}t$$

$$= \frac{1}{l}\int_{-l}^{l}f(x)\cos\frac{n\pi x}{l}\,\mathrm{d}x, \quad n = 0, 1, 2, \cdots,$$

$$b_n = \frac{1}{\pi}\int_{-\pi}^{\pi}F(t)\sin nt\,\mathrm{d}t = \frac{1}{\pi}\int_{-\pi}^{\pi}f\left(\frac{l}{\pi}t\right)\sin nt\,\mathrm{d}t$$

$$= \frac{1}{l}\int_{-l}^{l}f(x)\sin\frac{n\pi x}{l}\mathrm{d}x, \quad n=1,2,\cdots.$$

从而我们可得到如下的收敛定理.

定理 15.8 若以 $2l$ 为周期的周期函数 $f(x)$ 在 $[-l, l]$ 上按段光滑，则 $f(x)$ 的傅里叶级数收敛，且

$$\frac{f(x+0)+f(x-0)}{2}=\frac{a_0}{2}+\sum_{n=1}^{\infty}\left(a_n\cos\frac{n\pi x}{l}+b_n\sin\frac{n\pi x}{l}\right),$$

其中

$$a_n = \frac{1}{l}\int_{-l}^{l}f(x)\cos\frac{n\pi x}{l}\mathrm{d}x, \quad n=0,1,2,\cdots,$$

$$b_n = \frac{1}{l}\int_{-l}^{l}f(x)\sin\frac{n\pi x}{l}\mathrm{d}x, \quad n=1,2,\cdots.$$

由于 $f(x)$ 是以 $2l$ 为周期的周期函数，故其傅里叶系数也可通过下面的公式计算：

$$a_n = \frac{1}{l}\int_{0}^{2l}f(x)\cos\frac{n\pi x}{l}\mathrm{d}x, \quad n=0,1,2,\cdots,$$

$$b_n = \frac{1}{l}\int_{0}^{2l}f(x)\sin\frac{n\pi x}{l}\mathrm{d}x, \quad n=1,2,\cdots.$$

例 15.5 设 $f(x)$ 是周期为 4 的周期函数，它在 $[-2, 2]$ 上的表达式为

$$f(x)=\begin{cases}0, & -2\leqslant x<0, \\ k, & 0\leqslant x<2\end{cases},$$

其中 $k\neq 0$，将 $f(x)$ 展开成傅里叶级数.

解 由于 $l=2$，以 $2l$ 为周期的周期函数 $f(x)$ 在 $[-2, 2]$ 上按段光滑，满足定理 15.8 的条件，故 $f(x)$ 的傅里叶系数为

$$a_0 = \frac{1}{l}\int_{-l}^{l}f(x)\mathrm{d}x = \frac{1}{2}\int_{-2}^{0}0\mathrm{d}x+\frac{1}{2}\int_{0}^{2}k\mathrm{d}x = k,$$

$$a_n = \frac{1}{l}\int_{-l}^{l}f(x)\cos\frac{n\pi x}{l}\mathrm{d}x = \frac{1}{2}\int_{0}^{2}k\cos\frac{n\pi x}{2}\mathrm{d}x = 0,$$

$$b_n = \frac{1}{l}\int_{-l}^{l}f(x)\sin\frac{n\pi x}{l}\mathrm{d}x = \frac{1}{2}\int_{0}^{2}k\sin\frac{n\pi x}{2}\mathrm{d}x$$

$$= \frac{k}{n\pi}(1-\cos n\pi) = \begin{cases}\dfrac{2k}{n\pi}, & \text{当 } n \text{ 为奇数时} \\ 0, & \text{当 } n \text{ 为偶数时}\end{cases}.$$

所以 $f(x)$ 的傅里叶级数为

$$f(x) \sim \frac{k}{2}+\sum_{n=1}^{\infty}\frac{2k}{(2n-1)\pi}\sin\frac{(2n-1)\pi x}{2}.$$

点 $x=2n(n=0,\pm 1,\pm 2,\cdots)$ 为 $f(x)$ 的第一类间断点，其傅里叶级数在点 $x=2n$ $(n=0,\pm 1,\pm 2,\cdots)$ 处收敛于 $\frac{k}{2}$，$f(x)$ 在其他点均连续，从而 $f(x)$ 的傅里叶级数的

展开式为

$$f(x) = \frac{k}{2} + \sum_{n=1}^{\infty} \frac{2k}{(2n-1)\pi} \sin \frac{(2n-1)\pi x}{2},$$

$$(-\infty < x < +\infty,\ x \neq 0,\ \pm 2,\ \pm 4,\ \cdots).$$

（二）奇、偶函数的傅里叶级数

周期函数展开成傅里叶级数时，其傅里叶级数中可能既含有余弦项又含有正弦项.

定理 15.9　若以 $2l$ 为周期的奇函数 $f(x)$ 在 $[-l, l]$ 上可积，则 $f(x)$ 的傅里叶系数为

$$a_n = 0, \quad n = 0, 1, 2, \cdots,$$

$$b_n = \frac{2}{l} \int_0^l f(x) \sin \frac{n\pi x}{l} \mathrm{d}x, \ n = 1, 2, \cdots,$$

且

$$f(x) \sim \sum_{n=1}^{\infty} b_n \sin \frac{n\pi x}{l}.$$

证明　由于 $f(x)$ 为奇函数，即 $f(-x) = -f(x)$，从而 $f(x)\cos \frac{n\pi x}{l}$ 也为奇函数. 于是

$$a_n = \frac{1}{l} \int_{-l}^{l} f(x) \cos \frac{n\pi x}{l} \mathrm{d}x = 0,\ n = 0, 1, 2, \cdots;$$

而 $f(x)\sin \frac{n\pi x}{l}$ 是偶函数，故

$$b_n = \frac{1}{l} \int_{-l}^{l} f(x) \sin \frac{n\pi x}{l} \mathrm{d}x = \frac{2}{l} \int_0^l f(x) \sin \frac{n\pi x}{l} \mathrm{d}x,\ n = 1, 2, \cdots.$$

且 $f(x) \sim \sum_{n=1}^{\infty} b_n \sin \frac{n\pi x}{l}$. 证毕.

由于奇函数 $f(x)$ 的傅里叶级数中只含有正弦项，因此级数 $\frac{a_0}{2} + \sum_{n=1}^{\infty} b_n \sin \frac{n\pi x}{l}$ 称为 $f(x)$ 的**正弦级数**.

类似地可得如下定理.

定理 15.10　若以 $2l$ 为周期的偶函数 $f(x)$ 在 $[-l, l]$ 上可积，则 $f(x)$ 的傅里叶系数为

$$a_n = \frac{2}{l} \int_0^l f(x) \cos \frac{n\pi x}{l} \mathrm{d}x, \quad n = 0, 1, 2, \cdots,$$

$$b_n = 0,\ n = 1, 2, \cdots,$$

且

$$f(x) \sim \frac{a_0}{2} + \sum_{n=1}^{\infty} a_n \cos \frac{n\pi x}{l}.$$

由于偶函数 $f(x)$ 的傅里叶级数中只含有余弦项，因此级数 $\frac{a_0}{2} + \sum_{n=1}^{\infty} a_n \cos \frac{n\pi x}{l}$ 也称为 $f(x)$ 的**余弦级数**.

例 15.6 将 $f(x) = |\sin x|$ 展开成傅里叶级数.

解 $f(x)$ 是以 2π 周期的偶函数，且在 $[-\pi, \pi]$ 上按段光滑，满足收敛定理 15.6 的条件. 由定理 15.10 知

$$b_n = 0, \ n = 1, 2, \cdots,$$

$$a_0 = \frac{2}{\pi} \int_0^{\pi} f(x) \mathrm{d}x = \frac{2}{\pi} \int_0^{\pi} |\sin x| \, \mathrm{d}x = \frac{2}{\pi} \int_0^{\pi} \sin x \mathrm{d}x = \frac{4}{\pi},$$

$$a_1 = \frac{2}{\pi} \int_0^{\pi} |\sin x| \cos x \mathrm{d}x = \frac{1}{\pi} \int_0^{\pi} \sin 2x \mathrm{d}x = 0,$$

$$a_n = \frac{2}{\pi} \int_0^{\pi} f(x) \cos nx \, \mathrm{d}x$$

$$= \frac{2}{\pi} \int_0^{\pi} \sin x \cos nx \, \mathrm{d}x$$

$$= \frac{1}{\pi} \int_0^{\pi} \left[\sin(n+1)x - \sin(n-1)x \right] \mathrm{d}x$$

$$= \frac{1}{\pi} \left[\frac{1 - \cos(n+1)\pi}{n+1} - \frac{1 - \cos(n-1)\pi}{n-1} \right]$$

$$= \begin{cases} -\dfrac{4}{(n^2-1)\pi}, & n = 2k, \ k = 1, 2, \cdots, \\ 0, & n = 2k-1, \ k = 1, 2, \cdots. \end{cases}$$

从而

$$f(x) \sim \frac{2}{\pi} - \frac{4}{\pi} \sum_{n=1}^{\infty} \frac{1}{(n^2-1)} \cos 2nx.$$

由于 $f(x)$ 在 $(-\infty, +\infty)$ 上连续，因此

$$f(x) = \frac{2}{\pi} - \frac{4}{\pi} \sum_{n=1}^{\infty} \frac{1}{(n^2-1)} \cos 2nx, \quad x \in (-\infty, +\infty).$$

（三）非周期函数的傅里叶级数

在实际应用中，有时要将 $[0, l]$ 上的函数展开成傅里叶级数，为此则先要将 $[0, l]$ 上的函数延拓到 $[-l, l]$ 上. 延拓方式有多种，最常见的是奇延拓和偶延拓.

若将 $[0, l]$ 上的函数 $f(x)$ 进行奇延拓，如图 15-3 所示，即令

$$F(x) = \begin{cases} f(x), & 0 < x \leqslant l \\ 0, & x = 0 \\ -f(-x), & -l < x < 0 \end{cases},$$

奇延拓后的函数 $F(x)$ 的傅里叶级数为正弦级数，则称将函数 $f(x)$ 在 $[0, l]$ 上**正弦展开**. 因此有

$$a_n = 0, \quad n = 0, 1, 2, \cdots,$$

$$b_n = \frac{2}{l} \int_0^l f(x) \sin \frac{n\pi x}{l} \mathrm{d}x, \ n = 1, 2, \cdots,$$

从而

$$f(x) \sim \sum_{n=1}^{\infty} b_n \sin \frac{n\pi x}{l}, \quad 0 \leqslant x \leqslant l.$$

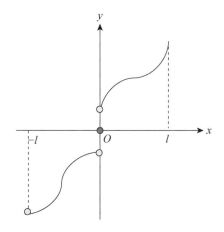

图 15 - 3　$f(x)$ 的奇延拓

若将 $[0, l]$ 上的函数 $f(x)$ 进行偶延拓，如图 $15 - 4$ 所示，即令

$$F(x) = \begin{cases} f(x), & 0 \leqslant x \leqslant l \\ f(-x), & -l < x < 0 \end{cases},$$

偶延拓后的函数 $F(x)$ 的傅里叶级数为余弦级数，则称将函数 $f(x)$ 在 $[0, l]$ 上**余弦展开**.

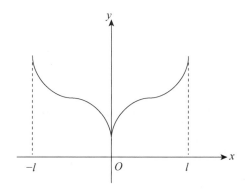

图 15 - 4　$f(x)$ 的偶延拓

因此

$$a_n = \frac{2}{l} \int_0^{2l} f(x) \cos \frac{n\pi x}{l} dx, \quad n = 0, 1, 2, \cdots,$$

$$b_n = 0, \ n = 1, 2, \cdots,$$

$$f(x) \sim \frac{a_0}{2} + \sum_{n=1}^{\infty} a_n \cos \frac{n\pi x}{l}, \quad 0 \leqslant x \leqslant l.$$

对 $f(x)$ 作不同的延拓，可以得到不同的傅里叶展开式，因此，$[0, l]$ 上函数 $f(x)$ 的傅里叶展开式有无限多种，但限制在 $(0, l)$ 上是相等的. 当具体求 $f(x)$ 在 $[0, l]$ 上的傅里叶展开时，并不要求一定写出延拓后的函数表达式.

例 15.7　将 $f(x) = x$ 在 $(0, \pi]$ 上展开成傅里叶级数.

解　先将 $f(x) = x$ 进行延拓，如令

$$F(x) = \begin{cases} f(x), & 0 \leqslant x \leqslant \pi \\ 2, & -\pi < x < 0 \end{cases},$$

则 $F(x)$ 在 $[-\pi, \pi]$ 上按段光滑，满足收敛定理 15.6 的条件，且

$$a_0 = \frac{1}{\pi} \int_{-\pi}^{\pi} F(x) dx = \frac{1}{\pi} \int_{-\pi}^{0} 2 dx + \frac{1}{\pi} \int_0^{\pi} x dx = 2 + \frac{\pi}{2},$$

$$a_n = \frac{1}{\pi} \int_{-\pi}^{\pi} F(x) \cos nx \, dx$$

$$= \frac{1}{\pi} \int_{-\pi}^{0} 2 \cos nx \, dx + \frac{1}{\pi} \int_0^{\pi} x \cos nx \, dx$$

$$= \frac{1}{\pi} \int_0^{\pi} x \cos nx \, dx = \frac{1}{\pi} (\cos n\pi - 1)$$

$$= \frac{1}{n^2 \pi} [(-1)^n - 1]$$

$$= \begin{cases} 0, & n = 2k \\ \dfrac{-2}{(2k-1)^2 \pi}, & n = 2k - 1 \end{cases},$$

$$b_n = \frac{1}{\pi} \int_{-\pi}^{\pi} F(x) \sin nx \, dx$$

$$= \frac{1}{\pi} \int_{-\pi}^{0} 2 \sin nx \, dx + \frac{1}{\pi} \int_0^{\pi} x \sin nx \, dx$$

$$= -\frac{2 + (\pi - 2)(-1)^n}{n\pi}.$$

注意 $f(\pi-0) = \pi$，$f(\pi+0) = 2$，$f(0-0) = 2$，$f(0+0) = 0$. 则

$$1 + \frac{\pi}{4} - \frac{1}{\pi} \sum_{n=1}^{\infty} \left[\frac{2}{(2n-1)^2} \cos(2n-1)x - \frac{2 + (-1)^n(\pi - 2)}{n} \sin nx \right]$$

$$= \begin{cases} f(x), & x \in (0, \pi) \\ 1, & x = 0 \\ 1 + \dfrac{\pi}{2}, & x = \pi \end{cases}.$$

例 15.8　将 $f(x)=x^2$ 在 $(0, \pi)$ 上展开成（1）正弦级数；（2）余弦级数.

解　（1）为了将 $f(x)=x^2$ 展开成正弦级数，先将 $f(x)=x^2$ 进行奇延拓，则

$$a_n=0, \quad n=0, 1, 2, \cdots,$$

$$b_n = \frac{2}{\pi}\int_0^\pi f(x)\sin nx\,\mathrm{d}x = \frac{2}{\pi}\int_0^\pi x^2\sin nx\,\mathrm{d}x = -\frac{2}{n\pi}\int_0^\pi x^2\,\mathrm{d}\cos nx$$

$$= -\frac{2}{n\pi}\left[x^2\cos nx\Big|_0^\pi - \int_0^\pi 2x\cos nx\,\mathrm{d}x\right] = -\frac{2}{n\pi}\left[\pi^2(-1)^n - \frac{2}{n}\int_0^\pi x\,\mathrm{d}\sin nx\right]$$

$$= \frac{2}{n\pi}\pi^2(-1)^{n+1} + \frac{4}{n^2\pi}\int_0^\pi x\,\mathrm{d}\sin nx$$

$$= \frac{2\pi}{n}(-1)^{n+1} + \frac{4}{n^2\pi}\left[x\sin nx\Big|_0^\pi - \int_0^\pi \sin nx\,\mathrm{d}x\right]$$

$$= \frac{2\pi}{n}(-1)^{n+1} - \frac{4}{n^2\pi}\int_0^\pi \sin nx\,\mathrm{d}x$$

$$= \frac{2\pi}{n}(-1)^{n+1} + \frac{4}{n^3\pi}\cos nx\Big|_0^\pi = \frac{2\pi}{n}(-1)^{n+1} + \frac{4}{n^3\pi}[(-1)^n-1].$$

于是

$$f(x) \sim \sum_{n=1}^\infty \frac{2\pi}{n}(-1)^{n+1}\sin nx - \sum_{n=1}^\infty \frac{8}{(2n-1)^3\pi}\sin(2n-1)x.$$

由于 $f(x)=x^2$ 在 $(0, \pi)$ 上连续，根据收敛定理，故

$$f(x)=x^2 = \sum_{n=1}^\infty \frac{2\pi}{n}(-1)^{n+1}\sin nx - \sum_{n=1}^\infty \frac{8}{(2n-1)^3\pi}\sin(2n-1)x, \ x\in(0, \pi).$$

当 $x=0, \pi$ 时，$f(x)$ 的傅里叶级数收敛于 0.

（2）为了将 $f(x)=x^2$ 展开成余弦级数，先将 $f(x)=x^2$ 进行偶延拓，则

$$a_0 = \frac{2}{\pi}\int_0^\pi x^2\,\mathrm{d}x = \frac{2}{3}\pi^2,$$

$$a_n = \frac{2}{\pi}\int_0^\pi f(x)\cos nx\,\mathrm{d}x = \frac{2}{\pi}\int_0^\pi x^2\cos nx\,\mathrm{d}x = \frac{4}{n^2}(-1)^n.$$

于是

$$f(x)\sim \frac{1}{3}\pi^2 + \sum_{n=1}^\infty \frac{4}{n^2}(-1)^n\cos nx.$$

由于 $f(x)=x^2$ 在 $(0, \pi)$ 上连续，根据收敛定理，故

$$f(x)=\frac{1}{3}\pi^2 + \sum_{n=1}^\infty \frac{4}{n^2}(-1)^n\cos nx, \quad x\in(0, \pi).$$

当 $x=0$ 时，$f(x)$ 的傅里叶级数收敛于 0；当 $x=\pi$ 时，$f(x)$ 的傅里叶级数收敛于 π^2.

 习题 15.2

1. 设 $f(x)$ 是周期为 4 的周期函数，它在 $[0, 4]$ 上的表达式为

$$f(x)=\begin{cases}1-x, & 0\leqslant x\leqslant 2\\ x-3, & 2<x\leqslant 4\end{cases}.$$

求 $f(x)$ 的傅里叶级数.

2. 将函数 $f(x)=2+|x|(-1\leqslant x\leqslant 1)$ 展开成以 2 为周期的傅里叶级数，并由此求级数 $\displaystyle\sum_{n=1}^{\infty}\frac{1}{(2n+1)^2}$ 的和.

3. 求下列函数的傅里叶展开式.

(1) $f(x)=|\sin x|$；

(2) $f(x)=x-[x]$；

(3) $f(x)=e^{ax}$，$x\in(-h, h)$；

(4) $f(x)=x$，$x\in(a, a+2l)$；

(5) $f(x)=\sec x$，$-\dfrac{\pi}{4}<x<\dfrac{\pi}{4}$.

4. 把函数 $f(x)=x^2$ 展开成傅里叶级数.

(1) 在区间 $[-\pi, \pi]$ 上按余弦展开；

(2) 在区间 $(0, \pi)$ 上按正弦展开；

(3) 在区间 $(0, 2\pi)$ 上展开.

利用这些展开式求下列级数的和：$\displaystyle\sum_{n=1}^{\infty}\frac{1}{n^2}$，$\displaystyle\sum_{n=1}^{\infty}\frac{(-1)^{n+1}}{n^2}$ 和 $\displaystyle\sum_{n=1}^{\infty}\frac{1}{(2n-1)^2}$.

5. 设周期函数 $f(x)$ 的周期为 2π，证明：

(1) 如果 $f(x-\pi)=-f(x)$，则 $f(x)$ 的傅里叶系数 $a_0=0$，$a_{2k}=0$，$b_{2k}=0$，$k=1, 2, \cdots$；

(2) 如果 $f(x-\pi)=f(x)$，则 $f(x)$ 的傅里叶系数 $a_{2k+1}=0$，$b_{2k+1}=0$，$k=0, 1, 2, \cdots$.

6. 将函数 $f(x)=x+1(0\leqslant x\leqslant\pi)$ 分别展开成正弦级数和余弦级数.

7. 将函数 $M(x)=\begin{cases}\dfrac{px}{2}, & 0\leqslant x<\dfrac{l}{2}\\ \dfrac{p(l-x)}{2}, & \dfrac{l}{2}\leqslant x\leqslant l\end{cases}$ 展开成正弦级数.

8. 将 $f(x)=1-x^2(0\leqslant x\leqslant\pi)$ 展开成余弦级数，并求 $\displaystyle\sum_{n=1}^{\infty}\frac{(-1)^{n-1}}{n^2}$ 的和.

9. 将函数 $f(x)=\begin{cases}1 & 0\leqslant x<\dfrac{\pi}{2}\\ 0, & \dfrac{\pi}{2}\leqslant x<\pi\end{cases}$ 展开成余弦级数.

10. 一个具有周期为 2π 的函数 $y=f(x)$，若函数的图形：(1) 以点 $(0, 0)$，$\left(\pm\dfrac{\pi}{2}, 0\right)$ 为对称中心，(2) 以坐标原点为中心以及 $x=\pm\dfrac{\pi}{2}$ 为对称轴，则其傅里叶系数 a_n，$b_n(n=1, 2, \cdots)$ 具有什么特征？

本章小结

1. 本章要求掌握三角函数系的正交性、傅里叶系数、傅里叶级数等基本概念，熟悉贝塞尔不等式和黎曼-勒贝格引理，灵活应用傅里叶级数的收敛定理，正确进行函数的傅里叶级数展开.

2. 掌握奇、偶函数的傅里叶级数的特点；针对非周期函数，进行函数的奇延拓和偶延拓，学会分别展开成正弦级数和余弦级数. 本章的重点是函数的傅里叶级数展开，难点是傅里叶级数的收敛定理.

总练习题十五

1. 求 $f(x)=x-1$ $(0\leqslant x\leqslant 2)$ 的周期为 4 的余弦级数的系数 a_3.

2. 将函数 $f(x)=\dfrac{\pi-x}{2}$ $(0\leqslant x\leqslant\pi)$ 展开成正弦级数，并求 $\sum\limits_{n=0}^{\infty}\dfrac{(-1)^n}{2n+1}$ 的和.

3. 已知 f 是以 2π 为周期的可积函数，它的傅里叶系数为 a_n，$b_n(n\geqslant 0)$，求函数

$$f_h(x)=\frac{1}{2h}\int_{x-h}^{x+h}f(\xi)\mathrm{d}\xi \quad (h\neq 0)$$

的傅里叶系数 A_n，$B_n(n\geqslant 0)$.

4. 试把给定在区间 $\left(0,\dfrac{\pi}{2}\right)$ 内的可积函数 $f(x)$ 延拓到区间 $(-\pi,\pi)$，使得它的傅里叶级数展开式具有如下形式：

$$f(x)=\sum_{n=1}^{\infty}a_n\cos(2n-1)x \quad (-\pi<x<\pi).$$

5. 试把给定在区间 $\left(0,\dfrac{\pi}{2}\right)$ 内的可积函数 $f(x)$ 延拓到区间 $(-\pi,\pi)$，使得它的傅里叶级数展开式具有如下形式：

$$f(x)=\sum_{n=1}^{\infty}a_n\sin(2n-1)x \quad (-\pi<x<\pi).$$

6. 已知周期为 2π 的可积函数 $f(x)$ 的傅里叶系数为 a_n，$b_n(n=0,1,2,\cdots)$，计算有"平移"的函数 $f(x+h)$ 的傅里叶系数 $\overline{a}_n$，$\overline{b}_n(n=0,1,2,\cdots)$.

7. 设 $f(x)$ 是周期为 2π 的连续函数，它的傅里叶系数为 a_n，$b_n(n=0,1,2,\cdots)$，求卷积函数

$$F(x)=\frac{1}{\pi}\int_{-\pi}^{\pi}f(t)f(x+t)\mathrm{d}t$$

的傅里叶系数 A_n，$B_n(n=0,1,2,\cdots)$.

第十六章

多元函数的极限与连续

本章要点

1. 平面点集，完备性定理，二元函数与 n 元函数；
2. 二元函数的二重极限与累次极限；
3. 二元函数连续性的概念，有界闭域上连续函数的性质.

导入案例

人们常常说的函数 $y=f(x)$，是因变量与一个自变量之间的关系，即因变量的值只依赖于一个自变量，称为一元函数. 在许多实际问题中往往需要研究因变量与几个自变量之间的关系，即因变量的值依赖于多个自变量. 例如，我们生活的三维空间的每一个点处的温度就依赖于点的位置和时间的变化. 再如，在火箭升空的过程中，火箭离地球表面的高度依赖于更多变量：火箭向上的推力、地球的引力，另外由于火箭的燃料不断减少，火箭的质量也在不断变化，这些因素都会对火箭升空产生影响. 又如，某种商品的市场需求量不仅仅与其市场价格有关，而且与消费者的收入以及这种商品的其他代用品的价格等因素有关，即决定该商品需求量的因素不止一个而是多个. 要全面研究这类问题，就需要引入多元函数的概念.

§16.1　平面点集

（一）平面点集的定义

由于二元函数的定义域是坐标平面上的点集，因此在讨论二元函数之前，有必要先了解平面点集的一些基本概念. 在平面上确立了直角坐标系之后，所有有序实数对 (x, y) 与平面上所有点之间建立起了一一对应. 坐标平面上满足某种条件 P 的点的集合，称为**平面点集**，记作 $E=\{(x, y) \mid (x, y)$ 满足条件 $P\}$. 例如：

(i) 全平面：$\mathbf{R}^2=\{(x, y) \mid -\infty<x<+\infty, -\infty<y<+\infty\}$.

(ii) 圆：$C=\{(x, y) \mid x^2+y^2<r^2\}$（见图 16-1 (a)）.

(iii) 矩形：$S=\{(x, y) \mid a\leqslant x\leqslant b, c\leqslant y\leqslant d\}$，也常记为：$S=[a, b]\times[c, d]$（见

图 16 - 1 (b)).

　　(iv) 点 $A(x_0, y_0)$ 的 δ **圆邻域**：$\{(x, y) \mid (x-x_0)^2+(y-y_0)^2<\delta^2\}$（见图 16 - 2(a)）；

　　点 $A(x_0, y_0)$ 的 δ **方邻域**：$\{(x, y) \mid |x-x_0|<\delta, |y-y_0|<\delta\}$（见图 16 - 2(b)）.

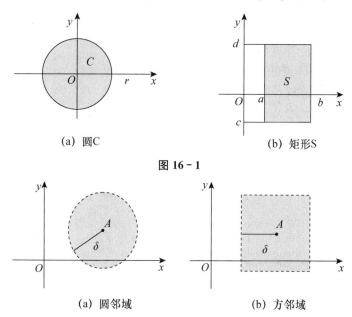

(a) 圆C　　　　　　　　(b) 矩形S

图 16 - 1

(a) 圆邻域　　　　　　　(b) 方邻域

图 16 - 2

　　由于点 A 的任意圆邻域可以包含在点 A 的某一方邻域之内，反之亦然，因此通常用"点 A 的 δ 邻域"或"点 A 的邻域"泛指这两种形状的邻域，并用记号 $U(A; \delta)$ 或 $U(A)$ 来表示.

　　点 $A(x_0, y_0)$ 的**空心邻域**是指：

$$\{(x,y) \mid 0<(x-x_0)^2+(y-y_0)^2<\delta^2\}$$

或

$$\{(x,y) \mid |x-x_0|<\delta, |y-y_0|<\delta, (x,y)\neq(x_0,y_0)\},$$

并用记号 $U^0(A; \delta)$ 或 $U^0(A)$ 来表示.

　　注意：不要把上面的空心方邻域错写成：$\{(x, y) \mid 0<|x-x_0|<\delta, 0<|y-y_0|<\delta\}$.

（二）点和平面点集之间的关系

　　任意一个平面点 $A \in \mathbf{R}^2$ 与任意一个平面点集 $E \subset \mathbf{R}^2$ 必有以下三种关系之一：

　　定义 16.1　（1）**内点**：若 $\exists \delta>0$，使 $U(A; \delta) \subset E$，则称点 A 是 E 的**内点**；由 E 的全体内点所构成的集合称为 E 的**内部**，记作 int E 或 E^0.

　　（2）**外点**：若 $\exists \delta>0$，使 $U(A; \delta) \cap E=\varnothing$，则称点 A 是 E 的**外点**；由 E 的全体外点所构成的集合称为 E 的**外部**.

　　（3）**边界点**：若 $\forall \delta>0$，恒有 $U(A; \delta) \cap E\neq\varnothing$，且 $U(A; \delta) \cap E^c \neq \varnothing$（其中 $E^c = \mathbf{R}^2 \setminus E$ 是 E 的**余集**），则称点 A 是 E 的**边界点**；由 E 的全体边界点所构成的集合称为 E 的**边界**，记作 ∂E.

注　E 的内点必定属于 E；E 的外点必定不属于 E；E 的边界点可能属于 E，也可能不属于 E. 注意：只有当 $\partial E \subset E$ 时，E 的外部与余集 E^c 才是两个相同的集合.

例 16.1　设平面点集（见图 16-3）

$$D = \{(x,y) \mid 1 \leqslant x^2 + y^2 < 4\},$$

则满足 $1 < x^2 + y^2 < 4$ 的一切点都是 D 的内点；满足 $x^2 + y^2 = 1$ 的一切点是 D 的边界点，它们都属于 D；而满足 $x^2 + y^2 = 4$ 的一切点也是 D 的边界点，但它们都不属于 D.

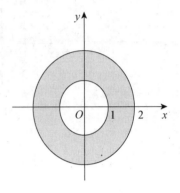

点 A 与点集 E 的上述关系是按"内—外"来区分的. 此外，还可按"疏—密"来区分，即在点 A 的近旁是否密集着 E 中无穷多个点而构成另一类关系.

定义 16.2　(1) **聚点**：若在点 A 的任何空心邻域 $U^\circ(A)$ 内都含有 E 中的点，即 $\forall \delta > 0$，$U^\circ(A; \delta) \bigcap E \neq \varnothing$，则称点 A 是点集 E 的**聚点**.

图 16-3

(2) **孤立点**：若点 $A \in E$ 但不是 E 的聚点，即存在 $\delta > 0$，使得 $U^\circ(A; \delta) \bigcap E = \varnothing$，则称点 A 是 E 的**孤立点**.

显然，聚点本身可能属于 E，也可能不属于 E. 易知，若 x 是点集 E 的聚点，则在点 x 的任何邻域 $U(x; \delta)$ $(\delta > 0)$ 内都含有 E 中的无穷多个点.

点集 E 的全体聚点所构成的集合称为 E 的**导集**，记作 E^d（或 E'）；$E \bigcup E^d$ 又称为 E 的**闭包**，记为 $\bar{E}$，即 $\bar{E} = E \bigcup E^d$. 例如，对于例 16.1 中的点集 D，它的导集与闭包同为

$$D^d = \{(x,y) \mid 1 \leqslant x^2 + y^2 \leqslant 4\} = \bar{D}.$$

其中满足 $x^2 + y^2 = 4$ 的那些聚点不属于 D，而其余聚点都属于 D.

孤立点必为边界点；内点和不是孤立点的边界点必为聚点；若点既非聚点，又非孤立点，则必为外点.

例 16.2　设点集 $E = \{(p, q) \mid p, q$ 为任意整数$\}$. 显然，E 中所有点 (p, q) 全为 E 的孤立点；并有 $E^d = \varnothing$，$\mathrm{int}\,E = \varnothing$，$\partial E = E$.

根据点集所属的点所具有的特殊性质，可来定义一些重要的点集.

定义 16.3　(1) 若 E 所属的每一点都是 E 的内点（即 $E = \mathrm{int}\,E$），则称 E 为**开集**.

(2) 若 E 的所有聚点都属于 E（即 $\bar{E} = E$），则称 E 为**闭集**. 若 E 没有聚点（即 $E^d = \varnothing$），这时也称 E 为闭集.

(3) 若非空开集 E 具有连通性，即 E 中任意两点之间都可用一条完全含于 E 的有限折线相连接，则称 E 为**开域**. 简单地说，开域就是非空连通开集.

(4) 开域连同其边界所成的集合称为**闭域**.

(5) 开域、闭域、开域连同其一部分边界点所成的集合，统称为**区域**.

不难证明：闭域必为闭集；而闭集不一定为闭域.

例如，平面点集

$$G = \{(x,y) \mid xy > 0\}, \tag{16.1}$$

它是第Ⅰ、Ⅲ两象限之并集. 虽然它是开集，但因不具有连通性，所以它既不是开域，也不是区域.

定义 16.4 对于平面点集 E，若 $\exists r>0$，使得 $E\subset U(O;r)$，其中 O 是坐标原点（也可以是其他固定点），则称 E 为**有界点集**. 否则称为**无界点集**.

E 为有界点集的另一等价说法是：存在矩形区域 $[a,b]\times[c,d]\supset E$.

此外，点集的有界性还可以用点集的直径来反映，我们称

$$d(E)=\sup_{P_1,P_2\in E}\rho(P_1,P_2)$$

为平面点集 E 的**直径**，其中 $\rho(P_1,P_2)$ 是 $P_1(x_1,y_1)$ 与 $P_2(x_2,y_2)$ 之间的距离，即

$$\rho(P_1,P_2)=\sqrt{(x_1-x_2)^2+(y_1-y_2)^2}.$$

于是，当且仅当 $d(E)$ 为有限值时，E 为有界点集.

根据距离的定义，不难证明如下三角形不等式，即对平面上任意三点 P_1,P_2,P_3，都有

$$\rho(P_1,P_2)\leqslant\rho(P_1,P_3)+\rho(P_2,P_3).$$

例 16.3 证明：对任何 $S\subset \mathbf{R}^2$，∂S 恒为闭集.

证明 如图 16-4 所示，设 x_0 为 ∂S 的任一聚点，欲证 $x_0\in\partial S$（即 x_0 也是 S 的边界点）.

为此，$\forall\varepsilon>0$，由聚点的定义，存在 $y\in \overset{\circ}{U}(x_0;\varepsilon)\bigcap\partial S$. 再由 y 为边界点，$\forall U(y;\delta)\subset U(x_0;\varepsilon)$，在 $U(y;\delta)$ 内既有 S 的点，又有非 S 的点. 由此推知在 $U(x_0;\varepsilon)$ 内既有 S 的点，又有非 S 的点. 所以，由 ε 的任意性，x_0 为 S 的边界点，即 $x_0\in\partial S$，也就证得 ∂S 为闭集. 证毕.

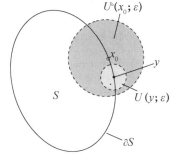

图 16-4

例 16.4 以下两种说法在一般情形下为什么是错的?

(i) 既然说开域是"非空连通开集"，那么闭域就是"非空连通闭集"；

(ii) 要判别一个点集 D 是否为闭域，只需看其去除边界后所得的是否为一开域，即"若 $D\backslash\partial D$ 为开域，则 D 必为闭域".

解 (i) 例如取 $S=\{(x,y)\mid xy\geqslant0\}$，这是一个非空连通闭集. 但因它是前面式 (16.1) 所示的集合 G 与其边界（二坐标轴）的并集（即 $S=G\cup\partial G$），而 G 不是开域，故 S 不是闭域（不符合闭域的定义）.

(ii) 如图 16-5 所示，(a) 中的点集为 D；(b) 中的点集为 $E=D\backslash\partial D$；(c) 中的点集为 $F=E\cup\partial E$. 易见 E 为一开域，由定义知 $F=E\cup\partial E$ 为闭域；注意到 $D\backslash\partial D=E$ 是开域，然而 $D\neq E\cup\partial E=F$，显然不符合它为闭域的定义. 由此又可得到：$\partial(D\backslash\partial D)$，$\partial D$ 不一定相同.

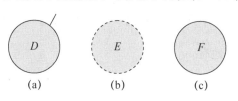

(a)   (b)   (c)

图 16-5

习题 16.1

1. 判断下列平面点集，哪些是开集、闭集、有界集或区域. 并分别指出它们的聚点与边界点.

(1) $[a, b) \times [c, d)$；
(2) $\{(x, y) \mid xy \neq 0\}$；

(3) $\{(x, y) \mid xy = 0\}$；
(4) $\{(x, y) \mid y > x^2\}$；

(5) $\{(x, y) \mid x < 2, y < 2, x + y > 2\}$；
(6) $\{(x, y) \mid xy \geq 0\}$；

(7) $\{(x, y) \mid y = \sin \dfrac{1}{x}, x > 0\}$；

(8) $\{(x, y) \mid x^2 + y^2 = 1$，或 $y = 0, 0 \leq x \leq 1\}$；

(9) $\{(x, y) \mid x^2 + y^2 \leq 1$，或 $y = 0, 1 \leq x \leq 2\}$；

(10) $\{(x, y) \mid x, y$ 均为整数$\}$.

2. 证明：闭域必是闭集，举例证明反之不真.

3. 证明：开集与闭集具有对偶性——若 E 为开集，则 E^c 为闭集；若 E 为闭集，则 E^c 为开集.

4. 求下列 $\mathbf{R}^2$ 中子集的内部、边界与闭包：

(1) $S = \{(x, y) \mid x > 0, y \neq 0\}$；

(2) $S = \{(x, y) \mid 0 < x^2 + y^2 \leq 1\}$；

(3) $S = \{(x, y) \mid 0 < x \leq 1, \sin \dfrac{1}{x}\}$；

5. 设 $E, F \subset \mathbf{R}^2$. 若 E 为开集，F 为闭集，证明：$E \setminus F$ 为开集，$F \setminus E$ 为闭集.

§16.2　$\mathbf{R}^2$ 上的完备性定理

反映实数系完备性的几个等价定理构成了一元函数极限理论的基础. 现在把这些定理推广到 $\mathbf{R}^2$，它们同样是二元函数极限理论的基础.

定义 16.5　设 $\{P_n\} \subset \mathbf{R}^2$ 为一平面点列，$P_0 \in \mathbf{R}^2$ 为一固定点. 若 $\forall \varepsilon > 0$，$\exists N > 0$，使得当 $n > N$ 时，$P_n \in U(P_0; \varepsilon)$，则称点列 $\{P_n\}$ **收敛**于点 P_0，记作 $\lim\limits_{n \to \infty} P_n = P_0$ 或 $P_n \to P_0 \ (n \to \infty)$.

当 P_n 与 P_0 分别表示为 $P_n(x_n, y_n)$ 与 $P_0(x_0, y_0)$ 时，显然有

$$\lim_{n \to \infty} P_n = P_0 \Leftrightarrow \lim_{n \to \infty} x_n = x_0 \text{ 且} \lim_{n \to \infty} y_n = y_0.$$

若记 $\rho_n = \rho(P_n, P_0)$，同样地有

$$\lim_{n \to \infty} P_n = P_0 \Leftrightarrow \lim_{n \to \infty} \rho_n = 0.$$

由于点列极限的这两种等价形式都是数列极限，因此立即得到下述关于平面点列的收敛原理.

定理 16.1（柯西准则）　$\{P_n\}\subset\mathbf{R}^2$ 收敛的充分必要条件是：$\forall\varepsilon>0$，$\exists N>0$，使得当 $n>N$ 时，对一切的正整数 p，都有

$$\rho(P_n,P_{n+p})<\varepsilon. \tag{16.2}$$

证明　**必要性**　设 $\lim\limits_{n\to\infty}P_n=P_0$，则由定义 16.5，$\forall\varepsilon>0$，$\exists N>0$，当 $n>N$ 时，恒有

$$\rho(P_n,P_0)<\frac{\varepsilon}{2},\rho(P_{n+p},P_0)<\frac{\varepsilon}{2}.$$

应用三角形不等式，立刻得到

$$\rho(P_n,P_{n+p})\leqslant\rho(P_n,P_0)+\rho(P_0,P_{n+p})<\varepsilon.$$

充分性　当式（16.2）成立时，同时有

$$|x_{n+p}-x_n|\leqslant\rho(P_n,P_{n+p})<\varepsilon,\ |y_{n+p}-y_n|\leqslant\rho(P_n,P_{n+p})<\varepsilon.$$

这说明 $\{x_n\}$ 和 $\{y_n\}$ 都满足关于数列的柯西准则，所以它们都收敛. 从而由点列收敛概念，推知 $\{P_n\}$ 收敛. 证毕.

下述闭域套定理是闭区间套定理在 $\mathbf{R}^2$ 上的推广.

定理 16.2（闭域套定理）　设 $\{D_n\}\subset\mathbf{R}^2$ 是一列闭域，它满足：

(i) $D_n\supset D_{n+1}$，$n=1$，2，$\cdots$，

(ii) $d_n=d(D_n)$，$\lim\limits_{n\to\infty}d_n=0$，

则存在唯一的点 $P_0\in D_n$，$n=1$，2，$\cdots$.

证明　如图 16-6 所示，任取点列

$$P_n\in D_n,n=1,2,\cdots.$$

由于 $D_n\supset D_{n+p}$，因此 P_n，$P_{n+p}\in D_n$，从而有

$$\rho(P_n,P_{n+p})\leqslant d_n\to0,n\to\infty.$$

由柯西准则知道存在 $P_0\in\mathbf{R}^2$，使得 $\lim\limits_{n\to\infty}P_n=P_0$.

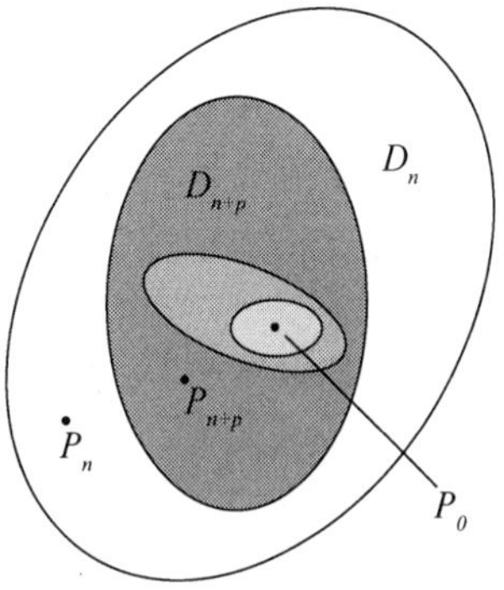

任意取定 n，对任何正整数 p，有 $P_{n+p}\in D_{n+p}\subset D_n$. 由于 D_n 是闭域，故必定是闭集，因此 D_n 的聚点必定属于 D_n，则得

$$P_0=\lim\limits_{p\to\infty}P_{n+p}\in D_n,n=1,2,\cdots.$$

最后证明 P_0 的唯一性. 若还有 $P_0'\in D_n$，$n=1$，2，$\cdots$，则由

$$\rho(P_0,P_0')\leqslant\rho(P_n,P_0)+\rho(P_0',P_n)<2d_n\to0,n\to\infty,$$

得到 $\rho(P_0,P_0')=0$，即 $P_0=P_0'$. 证毕.

图 16-6

我们称满足定理 16.2 中的条件（i）和（ii）的闭域列 $\{D_n\} \subset \mathbf{R}^2$ 为**闭域套**.

推论 16.1 设 $\{D_n\}$ 为闭域套，$P_0 \in D_n$，$n = 1, 2, \cdots$，则 $\forall \varepsilon > 0$，$\exists N > 0$，当 $n > N$ 时，有 $D_n \subset U(P_0; \varepsilon)$.

注 把 $\{D_n\}$ 改为闭集套时，上面的命题同样成立.

定理 16.3（聚点定理） 若 $E \subset \mathbf{R}^2$ 为有界无限点集，则 E 在 $\mathbf{R}^2$ 中至少有一个聚点.

证 现用闭域套定理来证明. 由于 E 有界，因此存在一个闭正方形 $D_1 \supset E$. 如图 16-7 所示，把 D_1 分成四个相同的小正方形，则在其中至少有一小闭正方形含有 E 中无限多个点，把它记为 D_2. 再对 D_2 利用上述方法分成四个更小的正方形，其中又至少有一个小闭正方形含有 E 的无限多个点. 如此下去，得到一个闭正方形序列：

$$D_1 \supset D_2 \supset D_3 \supset \cdots.$$

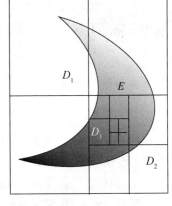

很显然，$\{D_n\}$ 的边长随着 $n \to \infty$ 而趋于零. 于是由闭域套定理，存在一点 $M_0 \in D_n$，$n = 1, 2, \cdots$.

最后，由区域套定理的推论，$\forall \varepsilon > 0$，当 n 充分大时，$D_n \subset U(M_0; \varepsilon)$. 又由 D_n 的取法，知道 $U(M_0; \varepsilon)$ 中含有 E 的无限多个点，这就证得了 M_0 是 E 的聚点. 证毕.

推论 16.2 设 $\{P_n\} \subset \mathbf{R}^2$ 为任意有界无限点列，则必存在收敛子列 $\{P_{n_k}\}$.

（证明可仿照 $\mathbf{R}$ 中的相应命题去进行.）

图 16-7

定理 16.4（有限覆盖定理） 设 $D \subset \mathbf{R}^2$ 为一有界闭域，$\{\Delta_\alpha\}$ 为一族开域，它覆盖了 D，即 $D \subset \bigcup\limits_\alpha \Delta_\alpha$，则在 $\{\Delta_\alpha\}$ 中必存在有限个开域 Δ_1，Δ_2，$\cdots$，Δ_n，它们同样覆盖了 D，即

$$D \subset \bigcup_{i=1}^{n} \Delta_i.$$

本定理的证明与 $\mathbf{R}$ 中的有限覆盖定理相仿，在此从略.

注 将本定理中的 D 改设为有界闭集，而将 $\{\Delta_\alpha\}$ 改设为一族开集，此时定理结论依然成立.

习题 16.2

1. 试把闭区域套定理推广为闭集套定理，并证明之.

2. 证明：若 $\mathbf{R}^2$ 中的点列 $\{P_n\}$ 收敛，则其极限是唯一的.

3. 设 $\mathbf{R}^2$ 中的点列 $\{P_n\}$ 和 $\{Q_n\}$ 收敛，证明：对于任何实数 α，β，

$$\lim_{n \to \infty}(\alpha P_n + \beta Q_n) = \alpha \lim_{n \to \infty} P_n + \beta \lim_{n \to \infty} Q_n.$$

4. 证明 P 是点集 $S \subset \mathbf{R}^2$ 的聚点的充分必要条件是：存在 S 中的点列 $\{P_n\}$，满足 $P_n \neq P$ $(n = 1, 2, \cdots)$，且 $\lim\limits_{n \to \infty} P_n = P$.

5. 证明 $\mathbf{R}^2$ 上的有限覆盖定理.

6. 举例说明：满足 $\lim\limits_{n\to\infty}|P_{n+1}-P_n|=0$ 的点列 $\{P_n\}$ 不一定收敛.

7. 求下列点集的全部聚点：

(1) $S=\left\{(-1)^k\dfrac{k}{k+1}\,\Big|\,k=1,\ 2,\ \cdots\right\}$;

(2) $S=\left\{\left(\cos\dfrac{2k\pi}{5},\ \sin\dfrac{2k\pi}{5}\right)\,\Big|\,k=1,\ 2,\ \cdots\right\}$;

(3) $S=\{(x,\ y)\mid(x^2+y^2)(y^2-x^2+1)\leqslant0\}$.

8. 设 U 是 $\mathbf{R}^2$ 上的开集，U 的每个点是否都是它的聚点？对于 $\mathbf{R}^2$ 中的闭集又如何呢？

§16.3　二元函数与 n 元函数

函数（或映射）是两个集合之间的一种确定的对应关系. $\mathbf{R}$ 到 $\mathbf{R}$ 的映射是一元函数，$\mathbf{R}^2$ 到 $\mathbf{R}$ 的映射则是二元函数.

（一）二元函数

定义 16.6　设平面点集 $D\subset\mathbf{R}^2$，若按照某对应法则 f，D 中每一点 $P(x,\ y)$ 都有唯一确定的实数 z 与之对应，则称 f 为定义在 D 上的**二元函数**（或称 f 为 D 到 $\mathbf{R}$ 的一个映射），记作

$$f:D\to\mathbf{R},P\mapsto z;$$

也记作

$$z=f(x,y),(x,y)\in D;$$

或点函数形式

$$z=f(P),P\in D.$$

与一元函数类似，称 D 为 f 的**定义域**；而称 $z=f(P)$ 或 $z=f(x,\ y)$ 为 f 在点 P 的**函数值**；全体函数值的集合称为 f 的**值域**，记作 $f(P)\subset\mathbf{R}$. 通常把 P 的坐标 x 与 y 称为 f 的**自变量**，而把 z 称为因变量.

当把 $(x,\ y)\in D$ 和它所对应的 $z=f(x,\ y)$ 一起组成三维数组 $(x,\ y,\ z)$ 时，三维点集

$$S=\{(x,y,z)\mid z=f(x,y),(x,y)\in D\}\subset\mathbf{R}^3$$

称为二元函数 f 的**图像**. 通常该图像是一空间曲面，f 的定义域 D 是该曲面在 xOy 平面上的投影.

例 16.5　函数 $z=2x+5y$ 的图像是 $\mathbf{R}^3$ 中的一个平面，其定义域是 $\mathbf{R}^2$，值域是 $\mathbf{R}$.

例 16.6　$z=\sqrt{1-(x^2+y^2)}$ 的定义域是 xOy 平面上的单位圆域，值域为区间 $[0,\ 1]$，它的图像是以原点为中心的单位球面的上半部分（见图 16-8）.

例 16.7 $z=xy$ 是定义在 $\mathbf{R}^2$ 上的函数，它的图像是过原点的双曲抛物面，也称为马鞍面（见图 16-9）．

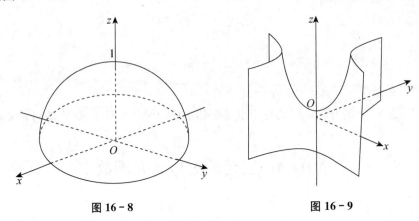

图 16-8   图 16-9

若二元函数 f 的值域 $f(D)$ 是**有界数集**，则称函数 f 是 D 上的**有界函数**．否则，若 $f(D)$ 是无界数集，则称函数 f 是 D 上的**无界函数**．

与一元函数类似，设 $D\subset\mathbf{R}^2$，则有

$$f \text{ 在 } D \text{ 上无界} \Leftrightarrow \exists \{P_k\}\subset D, \text{ 使} \lim_{k\to\infty}f(P_k)=\infty.$$

（二）n 元函数

所有 n 个有序实数组 $(x_1, x_2, \cdots, x_n)$ 的全体称为 **n 维向量空间**，简称 **n 维空间**，记作 $\mathbf{R}^n$．其中每个有序实数组 $(x_1, x_2, \cdots, x_n)$ 称为 $\mathbf{R}^n$ 中的一个点；n 个实数 x_1，x_2，$\cdots$，x_n 是这个点的坐标．

定义 16.7 设 E 为 $\mathbf{R}^n$ 中的点集，若有某个对应法则 f，使 E 中每一点 $P(x_1, x_2, \cdots, x_n)$ 都有唯一的一个实数 y 与之对应，则称 f 为定义在 E 上的 **n 元函数**，记作 $f: E\to\mathbf{R}$，也常写成

$$y=f(x_1,x_2,\cdots,x_n),(x_1,x_2,\cdots,x_n)\in E, \text{或 } y=f(P),P\in E.$$

其中 y 称为函数 f 在点 $x=(x_1, x_2, \cdots, x_n)$ 处的**函数值**，E 称为函数 f 的**定义域**，数集 $\{f(x): x\in E\}\subset\mathbf{R}$ 称为函数 f 的**值域**．对于后一种被称为"点函数"的写法，它可使多元函数与一元函数在形式上尽量保持一致，以便仿照一元函数的办法来处理多元函数中的许多问题；同时，还可把二元函数的很多论断推广到 $n(n\geqslant 3)$ 元函数．

 习题 16.3

1. 求下列各函数的定义域，并说明是何种点集．

(1) $f(x, y)=\dfrac{x^2+y^2}{x^2-y^2}$；

(2) $f(x, y)=\dfrac{1}{2x^2+3y^2}$；

(3) $f(x, y)=\sqrt{xy}$；

(4) $f(x, y)=\sqrt{1-x^2}+\sqrt{y^2-1}$；

(5) $f(x, y)=\ln x+\ln y$

(6) $f(x, y)=\sqrt{\sin(x^2+y^3)}$；

(7) $f(x, y) = \ln(y - x)$；　　　　(8) $f(x, y) = e^{-(x^2+y^2)}$.

2. 确定下列函数的自然定义域.

(1) $u = \ln(y - x) + \dfrac{x}{\sqrt{1 - x^2 - y^2}}$；

(2) $u = \dfrac{1}{\sqrt{x}} + \dfrac{1}{\sqrt{y}} + \dfrac{1}{\sqrt{z}}$；

(3) $u = \sqrt{R^2 - x^2 - y^2 - z^2} + \sqrt{x^2 + y^2 + z^2 - r^2}$ $(R > r)$；

(4) $u = \arcsin \dfrac{z}{x^2 + y^2}$.

3. 设 $f\left(\dfrac{y}{x}\right) = \dfrac{x^3}{(x^2 + y^2)^{3/2}}$ $(x > 0)$，求 $f(x)$.

4. 若函数

$$z(x, y) = \sqrt{y} + f(\sqrt{x} - 1),$$

且当 $y = 4$ 时 $z = x + 1$，求 $f(x)$ 和 $z(x, y)$.

§16.4　二元函数的极限

（一）二重极限

与一元函数的极限类似，二元函数的极限同样是二元函数微积分的基础. 但因自变量个数的增多导致多元函数的极限有重极限与累次极限两种形式，而累次极限是一元函数情形下所不会出现的.

定义 16.8　设 $f(P)$ 为定义在 $D \subset \mathbf{R}^2$ 上的二元函数，P_0 为 D 的一个聚点，A 是一实数. 若 $\forall \varepsilon > 0$，$\exists \delta > 0$，使得当 $P \in U^\circ(P_0; \delta) \bigcap D$ 时，都有

$$|f(P) - A| < \varepsilon,$$

则称 f 在 D 上当 $P \to P_0$ 时以 A 为极限，记作

$$\lim_{\substack{P \to P_0 \\ P \in D}} f(P) = A.$$

在对 $P \in D$ 不致产生误解时，也可简单地写作

$$\lim_{P \to P_0} f(P) = A.$$

当 P，P_0 分别用坐标 (x, y)，(x_0, y_0) 表示时，上式也常写作

$$\lim_{(x,y) \to (x_0,y_0)} f(x,y) = A.$$

注　上述定义中二元函数的极限 $\lim\limits_{(x,y)\to(x_0,y_0)}f(x,y)$ 也称为函数 $f(x,y)$ 在点 (x_0,y_0) 的**二重极限**，也可记为 $\lim\limits_{\substack{x\to x_0\\y\to y_0}}f(x,y)$.

例 16.8　证明： $\lim\limits_{(x,y)\to(0,0)}\dfrac{\sin(x^3+y^3)}{x^2+y^2}=0$.

证明　因为 $|\sin(x^3+y^3)|\leqslant|x^3+y^3|$，$\forall(x,y)\in\mathbf{R}^2$，并且

$$|x^3+y^3|=|x+y|\,|x^2+y^2-xy|\leqslant\frac{3}{2}|x+y|(x^2+y^2),$$

因此，对于 $\forall(x,y)\neq(0,0)$，有 $\left|\dfrac{x^3+y^3}{x^2+y^2}\right|\leqslant\dfrac{3}{2}(|x|+|y|)$. 故

$$\left|\frac{\sin(x^3+y^3)}{x^2+y^2}\right|\leqslant\left|\frac{x^3+y^3}{x^2+y^2}\right|\leqslant\frac{3}{2}(|x|+|y|).$$

于是，$\forall\varepsilon>0$，取 $\delta=\dfrac{\varepsilon}{3}$，则当 $|x|<\delta,|y|<\delta,(x,y)\neq(0,0)$ 时，有

$$\left|\frac{\sin(x^3+y^3)}{x^2+y^2}-0\right|\leqslant\frac{3}{2}(|x|+|y|)<\varepsilon.$$

所以

$$\lim_{(x,y)\to(0,0)}\frac{\sin(x^3+y^3)}{x^2+y^2}=0.$$

证毕.

例 16.9　设 $f(x,y)=\begin{cases}xy\dfrac{x^2-y^2}{x^2+y^2}, & (x,y)\neq(0,0)\\0, & (x,y)\neq(0,0)\end{cases}$，证明 $\lim\limits_{(x,y)\to(0,0)}f(x,y)=0$.

证　**方法 1**　$\forall\varepsilon>0$，由

$$\left|xy\frac{x^2-y^2}{x^2+y^2}-0\right|\leqslant\frac{x^2+y^2}{2}\left|\frac{x^2-y^2}{x^2+y^2}\right|=\frac{1}{2}|x^2-y^2|\leqslant\frac{1}{2}(x^2+y^2),$$

可知，$\exists\delta=\sqrt{2\varepsilon}$，当 $0<\sqrt{x^2+y^2}<\delta$ 时，有

$$\left|xy\frac{x^2-y^2}{x^2+y^2}-0\right|<\varepsilon,$$

因此

$$\lim_{(x,y)\to(0,0)}f(x,y)=0.$$

注意. 不要把上面的估计式错写成：

$$\left|xy\frac{x^2-y^2}{x^2+y^2}-0\right|\leqslant\left|xy\frac{x^2-y^2}{2xy}\right|\leqslant\frac{1}{2}(x^2+y^2),$$

因为 $(x,y)\to(0,0)$ 的过程只要求 $(x,y)\neq(0,0)$ 即 $x^2+y^2\neq0$，而不保证 $xy\neq0$.

方法 2　作极坐标变换 $x=r\cos\varphi,y=r\sin\varphi$. 这时 $(x,y)\to(0,0)$ 等价于 $r\to0$（对任何 φ）. 由

$$|f(x,y)-0|=\left|xy\frac{x^2-y^2}{x^2+y^2}\right|=\frac{1}{4}r^2|\sin4\varphi|\leqslant\frac{1}{4}r^2,$$

则 $\forall \varepsilon > 0$，只需 $r = \sqrt{x^2 + y^2} < \delta = 2\sqrt{\varepsilon}$，对任何 φ 都有

$$|f(x,y) - 0| \leqslant \frac{1}{4} r^2 < \varepsilon,$$

即 $\lim\limits_{(x,y) \to (0,0)} f(x, y) = 0$. 证毕.

定理 16.5 $\lim\limits_{\substack{P \to P_0 \\ P \in D}} f(P) = A$ 的充分必要条件是：对于 D 的任一子集 E，只要 P_0 是 E 的聚点，就有 $\lim\limits_{\substack{P \to P_0 \\ P \in E}} f(P) = A$.

注 上述定理说明了在极限 $\lim\limits_{P \to P_0} f(P)$ 中 $P \to P_0$ 的方式是任意的.

推论 16.3 若存在 $E_1 \subset D$，P_0 是 E_1 的聚点，使 $\lim\limits_{\substack{P \to P_0 \\ P \in E_1}} f(P)$ 不存在，则 $\lim\limits_{\substack{P \to P_0 \\ P \in D}} f(P)$ 也不存在.

推论 16.4 若存在 E_1，$E_2 \subset D$，P_0 是它们的聚点，$\lim\limits_{\substack{P \to P_0 \\ P \in E_1}} f(P) = A_1$，$\lim\limits_{\substack{P \to P_0 \\ P \in E_2}} f(P) = A_2$ 都存在，但 $A_1 \neq A_2$，则 $\lim\limits_{\substack{P \to P_0 \\ P \in D}} f(P)$ 不存在.

注 推论 16.3 和推论 16.4 说明了若存在某种 $P \to P_0$ 的方式，使 $\lim\limits_{P \to P_0} f(P)$ 不存在，或者存在两种不同的 $P \to P_0$ 的方式，使 $\lim\limits_{P \to P_0} f(P)$ 都存在但不相等，则极限 $\lim\limits_{P \to P_0} f(P)$ 一定不存在.

下面的推论相当于一元函数极限的海涅归结原则（而且证明方法也类似）.

推论 16.5 极限 $\lim\limits_{\substack{P \to P_0 \\ P \in D}} f(P)$ 存在的充分必要条件是：D 中任一满足条件 $P_n \neq P_0$ 并且 $\lim\limits_{n \to \infty} P_n = P_0$ 的点列 $\{P_n\}$ 所对应的函数列 $\{f(P_n)\}$ 都收敛.

例 16.10 讨论 $f(x, y) = \dfrac{xy}{x^2 + y^2}$ 当 $(x, y) \to (0, 0)$ 时是否存在极限.

解 当动点 (x, y) 沿着直线 $y = mx$ 趋于定点 $(0, 0)$ 时，由于

$$f(x, y) = f(x, mx) = \frac{m}{1 + m^2},$$

因此有

$$\lim\limits_{\substack{(x,y) \to (0,0) \\ y = mx}} f(x, y) = \lim\limits_{x \to 0} f(x, mx) = \frac{m}{1 + m^2}.$$

这说明动点沿不同斜率 m 的直线趋于原点时，对应的极限值不相同，因而所讨论的极限不存在.

例 16.11 设

$$f(x, y) = \begin{cases} 1, & 0 < y < x^2, \ -\infty < x < +\infty \\ 0, & \text{其他} \end{cases}.$$

讨论 $f(x, y)$ 当 $(x, y) \to (0, 0)$ 时是否存在极限.

解 如图 16-11 所示，当 (x, y) 沿任何直线趋于原点时，相应的 $f(x, y)$ 都趋于 0，但当 (x, y) 沿抛物线 $y = kx^2 (0 < k < 1)$ 趋于原点时，$f(x, y)$ 趋于 1. 所以极限 $\lim\limits_{(x,y) \to (0,0)} f(x, y)$ 不存在.

下面再给出当 $P(x, y) \to P_0(x_0, y_0)$ 时，$f(x, y) \to +\infty$（非正常极限）的定义.

定义 16.9 设 D 为二元函数 f 的定义域，$P_0(x_0, y_0)$ 是 D 的一个聚点. 若 $\forall M > 0$，$\exists \delta > 0$，使得 $\forall P(x, y) \in U°(P_0; \delta) \bigcap D$，都有 $f(x, y) > M$，则称 f 在 D 上当 $P(x, y) \to P_0(x_0, y_0)$ 时，有**非正常极限 $+\infty$**，记作

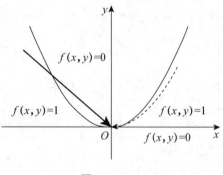

图 16-11

$$\lim_{(x,y) \to (x_0, y_0)} f(x,y) = +\infty, \ \text{或} \ \lim_{P \to P_0} f(P) = +\infty.$$

仿此可类似地定义：$\lim\limits_{P \to P_0} f(P) = -\infty$ 与 $\lim\limits_{P \to P_0} f(P) = \infty$.

例 16.12 设 $f(x, y) = \dfrac{1}{x^2 + 3y^2}$. 证明 $\lim\limits_{(x,y) \to (0,0)} f(x, y) = +\infty$.

证明 因 $x^2 + 3y^2 < 4(x^2 + y^2)$，则对 $\forall M > 0$，只需取 $\delta = \dfrac{1}{2\sqrt{M}}$，当 $0 < \sqrt{x^2 + y^2} < \dfrac{1}{2\sqrt{M}}$ 时，就有

$$x^2 + 3y^2 < \frac{1}{M}, \ \text{即} \ \frac{1}{x^2 + 3y^2} > M.$$

故 $\lim\limits_{(x,y) \to (0,0)} f(x, y) = +\infty$. 证毕.

类似于一元函数，二元函数极限的计算方法可得到相应的一些运算法则和计算方法，如四则运算、恒等变形、无穷小量与有界变量的乘积仍为无穷小、变量替换化为一元函数的极限，等等. 我们这里举几个例子加以说明.

例 16.13 求 $\lim\limits_{(x,y) \to (0,0)} \dfrac{2 - \sqrt{xy+4}}{xy}$.

解
$$\lim_{(x,y) \to (0,0)} \frac{2 - \sqrt{xy+4}}{xy} = \lim_{(x,y) \to (0,0)} \frac{(2 - \sqrt{xy+4})(2 + \sqrt{xy+4})}{xy(2 + \sqrt{xy+4})}$$
$$= -\lim_{(x,y) \to (0,0)} \frac{1}{2 + \sqrt{xy+4}} = -\frac{1}{4}.$$

例 16.14 求 $\lim\limits_{(x,y) \to (0,0)} (\sqrt[3]{x} + y) \sin \dfrac{1}{x} \cos \dfrac{1}{y}$.

解 由于 $\lim\limits_{(x,y) \to (0,0)} (\sqrt[3]{x} + y) = \lim\limits_{(x,y) \to (0,0)} \sqrt[3]{x} + \lim\limits_{(x,y) \to (0,0)} y = 0$ 是无穷小量，而

$$\left| \sin \frac{1}{x} \cos \frac{1}{y} \right| \leqslant 1$$

是有界变量，故 $\lim\limits_{(x,y)\to(0,0)}(\sqrt[3]{x}+y)\sin\dfrac{1}{x}\cos\dfrac{1}{y}=0$.

例 16.15 求 $\lim\limits_{(x,y)\to(0,0)}\dfrac{1-\cos\sqrt{x^2+y^2}}{\tan(x^2+y^2)}$.

解 令 $\sqrt{x^2+y^2}=t$，则当 $(x,y)\to(0,0)$ 时，$t\to0$. 于是

$$\lim_{(x,y)\to(0,0)}\frac{1-\cos\sqrt{x^2+y^2}}{\tan(x^2+y^2)}=\lim_{t\to0}\frac{1-\cos t}{\tan t^2}=\lim_{t\to0}\frac{\sin t}{2t\sec^2 t^2}$$

$$=\frac{1}{2}\lim_{t\to0}\frac{\sin t}{t}\cos^2 t^2=\frac{1}{2}.$$

（二）累次极限

在上面讨论的极限 $\lim\limits_{(x,y)\to(x_0,y_0)}f(x,y)$ 中，自变量 (x,y) 是以任何方式趋于 (x_0,y_0) 时 f 的极限，称为二重极限. 下面要考察 x 与 y 依一定的先后顺序，相继趋于 x_0 与 y_0 时 f 的极限，这种极限称为累次极限.

定义 16.10 设 $f(x,y)$ 定义在平面点集 D 上，D 在 x 轴、y 轴上的投影分别为 X、Y，即 $X=\{x\mid(x,y)\in D\}$，$Y=\{y\mid(x,y)\in D\}$，x_0，y_0 分别是 X、Y 的聚点. 若对每一个 $y\in Y(y\neq y_0)$，极限 $\lim\limits_{x\to x_0}f(x,y)$ 存在，它一般与 y 有关，记 $\varphi(y)=\lim\limits_{x\to x_0}f(x,y)$，如果进一步还存在极限 $L=\lim\limits_{y\to y_0}\varphi(y)$，则称 L 为 $f(x,y)$ 在点 (x_0,y_0) **先 x 后 y 的累次极限**（也称先 x 后 y 的二次极限），记作

$$L=\lim_{y\to y_0}\lim_{x\to x_0}f(x,y).$$

类似地，可以定义 f 在点 (x_0,y_0) **先 y 后 x 的累次极限**（或先 y 后 x 的二次极限），

$$K=\lim_{x\to x_0}\lim_{y\to y_0}f(x,y).$$

累次极限与二重极限是两个不同的概念，两者之间没有蕴含关系. 下面的三个例子可以说明这一点.

1. 两个累次极限可能相等也可能不相等

例 16.16 设 $f(x,y)=\dfrac{x^2+y^2+y-x}{x+y}$，有

$$\lim_{x\to0}\lim_{y\to0}\frac{x^2+y^2+y-x}{x+y}=\lim_{x\to0}\frac{x^2-x}{x}=\lim_{x\to0}(x-1)=-1,$$

$$\lim_{y\to0}\lim_{x\to0}\frac{x^2+y^2+y-x}{x+y}=\lim_{y\to0}\frac{y^2+y}{y}=\lim_{y\to0}(y+1)=1.$$

2. 两个累次极限即使存在且相等，也不能确定二重极限存在.

例 16.17 设 $f(x,y)=\dfrac{xy}{x^2+y^2}$，有

$$\lim_{y\to0}\lim_{x\to0}\frac{xy}{x^2+y^2}=0;\lim_{x\to0}\lim_{y\to0}\frac{xy}{x^2+y^2}=0.$$

但由例 16.10 知二重极限 $\lim\limits_{(x,y)\to(0,0)}\dfrac{xy}{x^2+y^2}$ 不存在.

3. 二重极限存在，不能保证累次极限存在

例 16.18 设 $f(x,y)=\begin{cases}(x+y)\sin\dfrac{1}{y}\sin\dfrac{1}{x},\ xy\neq 0\\0,\ xy=0\end{cases}$.

由于 $\forall(x,y)\in\mathbf{R}^2$, $|f(x,y)|\leqslant|x|+|y|\to 0$, $(x,y)\to(0,0)$, 知 $\lim\limits_{(x,y)\to(0,0)}f(x,y)=$
0. 但 $\lim\limits_{x\to 0}\sin\dfrac{1}{x}$ 与 $\lim\limits_{y\to 0}\sin\dfrac{1}{y}$ 不存在，故两个累次极限均不存在.

下述定理告诉我们：二重极限与累次极限在一定条件下也是有联系的.

定理 16.6 若 $f(x,y)$ 的二重极限 $\lim\limits_{(x,y)\to(x_0,y_0)}f(x,y)$ 与累次极限 $\lim\limits_{x\to x_0}\lim\limits_{y\to y_0}f(x,y)$
（或 $\lim\limits_{y\to y_0}\lim\limits_{x\to x_0}f(x,y)$）都存在，则两者必定相等.

证明 设 $\lim\limits_{(x,y)\to(x_0,y_0)}f(x,y)=A$，则 $\forall\varepsilon>0$, $\exists\delta>0$, 使得当 $P(x,y)\in U^{\circ}(P_0;\delta)$
时，有

$$|f(x,y)-A|<\varepsilon. \tag{16.3}$$

另由累次极限 $\lim\limits_{x\to x_0}\lim\limits_{y\to y_0}f(x,y)$ 存在知，对任一满足不等式

$$0<|x-x_0|<\delta \tag{16.4}$$

的 x，存在极限

$$\lim\limits_{y\to y_0}f(x,y)=\varphi(x). \tag{16.5}$$

回到不等式（16.3），令其中 $y\to y_0$，由式（16.5）可得

$$|\varphi(x)-A|<\varepsilon. \tag{16.6}$$

故由式（16.4），式（16.6）可得 $\lim\limits_{x\to x_0}\varphi(x)=A$，即 $\lim\limits_{x\to x_0}\lim\limits_{y\to y_0}f(x,y)=\lim\limits_{(x,y)\to(x_0,y_0)}f(x,y)=$
A.

另一情形同理可证. 证毕.

由这个定理立即导出如下两个推论.

推论 16.6 若二重极限 $\lim\limits_{(x,y)\to(x_0,y_0)}f(x,y)=A$ 以及两个累次极限 $\lim\limits_{x\to x_0}\lim\limits_{y\to y_0}f(x,y)$ 与
$\lim\limits_{y\to y_0}\lim\limits_{x\to x_0}f(x,y)$ 都存在，则三者必定相等.

推论 16.7 若累次极限 $\lim\limits_{x\to x_0}\lim\limits_{y\to y_0}f(x,y)$, $\lim\limits_{y\to y_0}\lim\limits_{x\to x_0}f(x,y)$ 都存在但不相等，则二重极
限 $\lim\limits_{(x,y)\to(x_0,y_0)}f(x,y)$ 必定不存在.

注 1. 定理 16.6 保证了当二重极限与一个累次极限都存在时，它们必相等. 但对另
一个累次极限的存在性却得不出什么结论.

2. 推论 16.6 给出了累次极限次序可交换的一个充分条件.

3. 推论 16.7 可被用来否定二重极限的存在性（如例 16）.

习题 16.4

1. 验证 $\lim\limits_{(x,y)\to(2,1)}(x^2+xy+y^2)=7$.

2. 讨论下列函数当 (x,y) 趋于 $(0,0)$ 时的极限是否存在：

(1) $f(x,y)=\dfrac{x-y}{x+y}$;　　　　(2) $f(x,y)=\dfrac{xy}{x^2+y^2}$;

(3) $f(x,y)=\begin{cases}1,&0<y<x^2\\0&\text{其他}\end{cases}$;　(4) $f(x,y)=\dfrac{x^3y^3}{x^4+y^8}$.

3. 证明二元函数的极限唯一性、局部有界性、局部保序性和夹逼准则.

4. 对多元函数证明极限的四则运算法则：假设当 P 趋于 P_0 时函数 $f(P)$ 和 $g(P)$ 的极限存在，则

(1) $\lim\limits_{P\to P_0}(f(P)\pm g(P))=\lim\limits_{P\to P_0}f(P)\pm\lim\limits_{P\to P_0}g(P)$;

(2) $\lim\limits_{P\to P_0}f(P)g(P)=\lim\limits_{P\to P_0}f(P)\lim\limits_{P\to P_0}g(P)$;

(3) $\lim\limits_{P\to P_0}f(P)/g(P)=\lim\limits_{P\to P_0}f(P)/\lim\limits_{P\to P_0}g(P)$, $\lim\limits_{P\to P_0}g(P)\neq0$.

5. 求下列各极限.

(1) $\lim\limits_{(x,y)\to(0,1)}\dfrac{1-xy}{x^2+y^2}$;　　(2) $\lim\limits_{(x,y)\to(0,0)}\dfrac{1+x^2+y^2}{x^2+y^2}$;

(3) $\lim\limits_{(x,y)\to(0,0)}\dfrac{\sqrt{1+xy}-1}{xy}$;　(4) $\lim\limits_{(x,y)\to(0,0)}\dfrac{x^2+y^2}{\sqrt{1+x^2+y^2}-1}$;

(5) $\lim\limits_{(x,y)\to(0,0)}\dfrac{\ln(x^2+e^{y^2})}{x^2+y^2}$;　(6) $\lim\limits_{(x,y)\to(0,0)}\dfrac{\sin(x^3+y^3)}{x^2+y^2}$;

(7) $\lim\limits_{(x,y)\to(0,0)}\dfrac{1-\cos(x^2+y^2)}{(x^2+y^2)x^2y^2}$;　(8) $\lim\limits_{\substack{x\to+\infty\\y\to+\infty}}(x^2+y^2)e^{-(x+y)}$.

6. 讨论下列函数在点 $(0,0)$ 的二重极限与累次极限.

(1) $f(x,y)=\dfrac{y^2}{x^2+y^2}$;　　(2) $f(x,y)=(x+y)\sin\dfrac{1}{x}\sin\dfrac{1}{y}$;

(3) $f(x,y)=\dfrac{x^2y^2}{x^2y^2+(x-y)^2}$;　(4) $f(x,y)=\dfrac{x^3y^3}{x^2+y}$;

(5) $f(x,y)=y\sin\dfrac{1}{x}$;　　(6) $f(x,y)=\dfrac{x^2+y^2}{x^3+y^3}$;

(7) $f(x,y)=\dfrac{e^x+e^y}{\sin xy}$.

7. 试作一函数 $f(x,y)$, 使得当 $x\to+\infty$, $y\to+\infty$ 时,
(1) 两个累次极限存在而二重极限不存在;
(2) 两个累次极限不存在而二重极限存在;
(3) 二重极限与累次极限都不存在;
(4) 二重极限与一个累次极限存在, 另一个累次极限不存在.

8. 试求下列极限.

（1） $\lim\limits_{(x,y)\to(+\infty,+\infty)}\dfrac{x^2+y^2}{x^4+y^4}$；

（2） $\lim\limits_{(x,y)\to(+\infty,+\infty)}(x^2+y^2)\mathrm{e}^{-(x+y)}$；

（3） $\lim\limits_{(x,y)\to(+\infty,+\infty)}\left(1+\dfrac{1}{xy}\right)^{x\sin y}$；

（4） $\lim\limits_{(x,y)\to(+\infty,0)}\left(1+\dfrac{1}{x}\right)^{\frac{x^2}{x+y}}$；

（5） $\lim\limits_{\substack{x\to0\\y\to0}}\dfrac{\sin(x^3+y^3)}{x^2+y^2}$；

（6） $\lim\limits_{\substack{x\to0\\y\to1}}\dfrac{1-xy}{x^2+y^2}$.

§16.5　二元函数的连续性

（一）二元函数连续的定义

无论是一元微积分还是多元微积分，其中所讨论的函数，最重要的一类就是连续函数．二元函数连续性的定义比一元函数更一般化；而它们的局部性质与在有界闭域上的整体性质完全相同．

定义 16.11　设二元函数 f 在点集 $D\subset\mathbf{R}^2$ 上有定义，$P_0\in D$．若 $\forall\varepsilon>0$，$\exists\delta>0$，只要 $P\in U(P_0;\delta)\bigcap D$，就有

$$|f(P)-f(P_0)|<\varepsilon,$$

则称 f 关于集合 D **在点 P_0 处连续**，或简称 f 在点 P_0 处连续．

若 f 在 D 上每个点都关于集合 D 连续，则称 f 为 **D 上的连续函数**，记作 $f\in C(D)$．

由上述定义可知：若 P_0 是 D 的孤立点，则 P_0 必定是 f 的连续点．若 P_0 是 D 的聚点，则 f 关于集合 D 在点 P_0 处连续等价于

$$\lim\limits_{\substack{P\to P_0\\P\in D}}f(P)=f(P_0).$$

如果 P_0 是 D 的聚点，而上式不成立，则称 P_0 是 f 的**不连续点（或称间断点）**．特别地，当极限 $\lim\limits_{\substack{P\to P_0\\P\in D}}f(P)$ 存在，但不等于 $f(P_0)$ 时，称 P_0 是 f 的**可去间断点**．

例 16.19　讨论函数 $f(x,y)=\begin{cases}y\sin\dfrac{1}{x},&xy\neq0\\0,&xy=0\end{cases}$ 的连续性．

解　显然当 $(x_0,y_0)\in\mathbf{R}^2$ 且 $x_0y_0\neq0$ 时，$f(x,y)$ 在点 (x_0,y_0) 处连续．由于对于 $\forall x\neq0$，$\left|y\sin\dfrac{1}{x}\right|\leqslant|y|$，又有 $f(x,0)=0$，于是对于 $\forall x_0\in\mathbf{R}$，有 $\lim\limits_{(x,y)\to(x_0,0)}f(x,y)=0=f(x_0,0)$．这说明 $f(x,y)$ 在 x 轴上连续．当 $y_0\neq0$ 时，由于

$$\lim\limits_{(x,y_0)\to(0,y_0)}f(x,y_0)=\lim\limits_{(x,y_0)\to(0,y_0)}y_0\sin\dfrac{1}{x}$$

不存在，所以 $\lim\limits_{(x,y)\to(0,y_0)}f(x,y)$ 也不存在，因此 $f(x,y)$ 在 $\mathbf{R}^2$ 中的间断点集是正负 y 轴

构成的集合，即$\{(x,y):x=0,y\neq0\}$.

（二）二元函数连续的增量形式

设$P_0(x_0,y_0)$，$P(x,y)\in D$，令$\Delta x=x-x_0$，$\Delta y=y-y_0$，称

$$\Delta z=\Delta f(x_0,y_0)=f(x,y)-f(x_0,y_0)=f(x_0+\Delta x,y_0+\Delta y)-f(x_0,y_0)$$

为函数f在点P_0的**全增量**. 与一元函数一样，可用增量形式来描述二元函数的连续性，即当$\lim\limits_{\substack{(\Delta x,\Delta y)\to(0,0)\\(x,y)\in D}}\Delta z=0$时，$f$在点$P_0$处连续.

如果在全增量中取$\Delta y=0$或$\Delta x=0$，则得到相应的增量

$$\Delta_x f(x_0,y_0)=f(x_0+\Delta x,y_0)-f(x_0,y_0),$$
$$\Delta_y f(x_0,y_0)=f(x_0,y_0+\Delta y)-f(x_0,y_0),$$

分别称为函数f在点P_0关于x（或y）的**偏增量**.

一般说来，函数的全增量并不等于相应的两个偏增量之和.

若一个偏增量的极限为零，如$\lim\limits_{\Delta x\to0}\Delta_x f(x_0,y_0)=0$，则表示当固定$y=y_0$时，$f(x,y_0)$作为$x$的函数，在点$x_0$处连续，也称函数$f$在点$P_0(x_0,y_0)$处**关于自变量$x$连续**. 同理，若$\lim\limits_{\Delta y\to0}\Delta_y f(x_0,y_0)=0$，则表示当固定$x=x_0$时，$f(x_0,y)$作为$y$的函数，在点$y_0$处连续，也称函数$f$在点$P_0(x_0,y_0)$处**关于自变量$y$连续**.

容易证明：当f在其定义域的内点$P_0(x_0,y_0)$处连续时，f在点$P_0(x_0,y_0)$处分别关于自变量x和y都连续. 但是反过来，由二元函数对每个单变量都连续，一般不能得到该函数对双变量的连续性（除非另外增加条件）.

例如，二元函数

$$f(x,y)=\begin{cases}1,&xy\neq0\\0,&xy=0\end{cases}$$

在原点处显然不连续. 但由于$f(0,y)=f(x,0)=0$，因此它在原点处对x和对y分别都连续.

例 16.20　设在区域$D\subset\mathbf{R}^2$上$f(x,y)$关于x连续，关于y满足**李普希茨**（Lipschitz）条件，即$\exists$正常数$L>0$，使得对任何(x,y_1)，$(x,y_2)\in D$，恒有

$$|f(x,y_1)-f(x,y_2)|\leqslant L|y_1-y_2|,$$

证明函数$f(x,y)$在D内连续.

证明　$\forall(x_0,y_0)\in D$. 因为$f(x,y_0)$在点x_0处连续，故任给$\forall\varepsilon>0$，$\exists\delta_1>0$，当$|x-x_0|<\delta_1$时，有

$$|f(x,y_0)-f(x_0,y_0)|<\varepsilon/2.$$

又取$\delta_2=\varepsilon/(2L)$，则当$|y-y_0|<\delta_2$时，有

$$|f(x,y)-f(x,y_0)|\leqslant L|y-y_0|<\varepsilon/2.$$

令 $\delta=\min\{\delta_1,\delta_2\}$，则当 $|x-x_0|<\delta$，$|y-y_0|<\delta$，且 $(x,y)\in D$ 时，有

$$|f(x,y)-f(x_0,y_0)|\leqslant|f(x,y)-f(x,y_0)|+|f(x,y_0)-f(x_0,y_0)|$$

$$<\frac{\varepsilon}{2}+\frac{\varepsilon}{2}=\varepsilon,$$

即 f 在点 (x_0,y_0) 处连续. 由 (x_0,y_0) 的任意性知，函数 $f(x,y)$ 在 D 内连续. 证毕.

（三）二元连续函数的局部性质

二元连续函数与一元函数有完全类似的局部性质. 我们只给出复合函数连续性的证明，其余的留给读者自证.

定理 16.7（局部保号性） 若函数 $f(x,y)$ 在点 $P_0(x_0,y_0)$ 处连续，且 $f(P_0)>0$，则存在 P_0 的一个邻域 $U(P_0)$，使对任意的 $P\in U(P_0)$，有 $f(P)>0$.

定理 16.8（四则运算） 若二元函数 $f(x,y)$ 与 $g(x,y)$ 都在点 $P_0(x_0,y_0)$ 处连续，则 $f(x,y)\pm g(x,y)$，$f(x,y)g(x,y)$，$\dfrac{f(x,y)}{g(x,y)}$ $(g(x_0,y_0)\neq0)$ 也在点 $P_0(x_0,y_0)$ 处连续.

定理 16.9（复合函数的连续性） 设函数 $u=\varphi(x,y)$ 和 $v=\psi(x,y)$ 在点 $P_0(x_0,y_0)$ 的某邻域内有定义，且在点 P_0 处连续；$f(u,v)$ 在 $Q_0(u_0,v_0)$ 的某邻域内有定义，且在点 Q_0 处连续，其中 $u_0=\varphi(x_0,y_0)$，$v_0=\psi(x_0,y_0)$. 则复合函数 $g(x,y)=f(\varphi(x,y),\psi(x,y))$ 在点 P_0 处连续.

证明 由 f 在点 Q_0 处连续可知：$\forall\varepsilon>0$，$\exists\eta>0$，使得当 $|u-u_0|<\eta$，$|v-v_0|<\eta$ 时，有

$$|f(u,v)-f(u_0,v_0)|<\varepsilon.$$

又由 φ，ψ 在点 P_0 处连续可知：对上述 $\eta>0$，$\exists\delta>0$，使得当 $|x-x_0|<\delta$，$|y-y_0|<\delta$ 时，有

$$|u-u_0|=|\varphi(x,y)-\varphi(x_0,y_0)|<\eta,$$
$$|v-v_0|=|\psi(x,y)-\psi(x_0,y_0)|<\eta.$$

综合起来，得到当 $|x-x_0|<\delta$，$|y-y_0|<\delta$ 时，有

$$|g(x,y)-g(x_0,y_0)|=|f(u,v)-f(u_0,v_0)|<\varepsilon.$$

所以 $g(x,y)=f(\varphi(x,y),\psi(x,y))$ 在点 P_0 处连续. 证毕.

二元初等函数是指以 x，y 为自变量的基本初等函数以及常数经有限次四则运算和有限次复合运算所得到的用一个式子表示的二元函数.

定理 16.10（二元初等函数的连续性） 一切二元初等函数在有定义的区域内都是连续的.

 习题 16.5

1. 讨论下列函数的连续性.

(1) $f(x,y)=\tan(x^2+y^2)$； 　　(2) $f(x,y)=[x+y]$，$[\ ]$ 为最大取整正数.

(3) $f(x,y)=\begin{cases}\sin\dfrac{xy}{y}, & y\neq0\\ 0, & y=0\end{cases}$;　　　　(4) $f(x,y)=\begin{cases}\dfrac{\sin xy}{\sqrt{x^2+y^2}}, & x^2+y^2\neq0\\ 0, & x^2+y^2=0\end{cases}$;

(5) $f(x,y)=\begin{cases}y, & x\text{ 为有理数}\\ 0, & x\text{ 为无理数}\end{cases}$;

(6) $f(x,y)=\begin{cases}y^2\ln(x^2+y^2), & x^2+y^2\neq0\\ 0, & x^2+y^2=0\end{cases}$;

(7) $f(x,y)=\dfrac{1}{\sin x\sin y}$;　　　　(8) $f(x,y)=e^{-\frac{x}{y}}$.

2. 验证函数 $f(x,y)=\begin{cases}\dfrac{2}{x^2}\left(y-\dfrac{1}{2}x^2\right), & x>0\text{ 且 }\dfrac{1}{2}x^2<y\leqslant x^2\\ \dfrac{1}{x^2}(2x^2-y), & x>0\text{ 且 }x^2<y<2x^2\\ 0, & \text{其他}\end{cases}$ 在原点不连续，而在其

他点连续.

3. 讨论函数 $f(x,y)=\begin{cases}\dfrac{x^2y}{x^2+y^2}, & x^2+y^2\neq0\\ 0, & \dfrac{x^2y}{x^2+y^2}=0\end{cases}$ 的连续范围.

4. 讨论函数 $f(x,y)=\begin{cases}\dfrac{x^a}{x^2+y^2}, & (x,y)\neq(0,0)\\ 0, & (x,y)=(0,0)\end{cases}$ $(a>0)$ 在原点的连续性.

5. 设 $f(t)$ 在区间 (a,b) 上具有连续导数，$D=(a,b)\times(a,b)$. 定义 D 上的函数

$F(x,y)=\begin{cases}\dfrac{f(x)-f(y)}{x-y}, & x\neq y\\ f'(x), & x=y\end{cases}$.

证明：对于任何 $c\in(a,b)$ 成立

$$\lim_{(x,y)\to(c,c)}F(x,y)=f'(x).$$

§16.6　有界闭区域上连续函数的性质

本节讨论有界闭域 $\overline{D}\subset\mathbf{R}^2$ 上二元连续函数的整体性质. 这可以看作闭区间上一元连续函数性质的推广.

定理 16.11（有界性定理）　若二元函数 f 在有界闭域 $\overline{D}\subset\mathbf{R}^2$ 上连续，则 f 在 $\overline{D}$ 上有界，即存在正常数 $M>0$，使得对任意的 $P\in\overline{D}$，有 $|f(P)|\leqslant M$.

证明　（反证法）倘若不然，则 $\forall n\in N$，存在 $P_n\in\overline{D}$，使得

$$|f(P_n)|>n, n=1,2,\cdots. \tag{16.7}$$

于是得到一个有界点列 $\{P_n\}\subset\overline{D}$，且能使 $\{P_n\}$ 中有无穷多个不同的点. 由聚点定理的推论，$\{P_n\}$ 存在收敛子列 $\{P_{n_k}\}$，设 $\lim\limits_{k\to\infty}P_{n_k}=P_0$. 因 $\overline{D}$ 是闭域，从而 $P_0\in\overline{D}$.

又因 f 在 $\overline{D}$ 上连续，当然在点 P_0 处也连续，于是有

$$\lim_{k\to\infty}f(P_{n_k})=f(P_0).$$

这与不等式 (16.7) 矛盾，所以 f 是 $\overline{D}$ 上的有界函数. 证毕.

定理 16.12（最大最小值定理）　若二元函数 f 在有界闭域 $\overline{D}\subset\mathbf{R}^2$ 上连续，则 f 在 $\overline{D}$ 上一定取到最大值和最小值.

证明　由定理 16.11 知，f 在 $\overline{D}$ 上有界，由确界原理知 f 在 $\overline{D}$ 上存在确界. 为此设 $m=\inf f(\overline{D})$，$M=\sup f(\overline{D})$. 可证必有一点 $Q\in\overline{D}$，使 $f(Q)=M$（同理可证存在 $Q'\in\overline{D}$，使 $f(Q')=m$）. 如若不然，则对任意 $P\in D$ 都有 $M-f(P)>0$. 考察 $\overline{D}$ 上的正值连续函数

$$F(P)=\frac{1}{M-f(P)},$$

由前面的证明可知，F 在 $\overline{D}$ 上有界. 又因 f 不能在 $\overline{D}$ 上达到上确界 M，所以存在收敛点列 $\{P_n\}\subset\overline{D}$ 使得 $\lim\limits_{n\to\infty}f(P_n)=M$. 于是 $\lim\limits_{n\to\infty}F(P_n)=+\infty$，这与 F 在 $\overline{D}$ 上有界的结论相矛盾，从而证得 f 在 $\overline{D}$ 上能取到最大值. 类似可证得 f 在 $\overline{D}$ 上能取到最小值. 证毕.

定理 16.13（介值定理）　设函数 f 在有界闭域 $\overline{D}\subset\mathbf{R}^2$ 上连续，若 P_1，P_2 为 D 中任意两点，且 $f(P_1)<f(P_2)$，则对任何满足不等式

$$f(P_1)<\mu<f(P_2) \tag{16.8}$$

的实数 μ，必存在点 $P_0\in D$，使得 $f(P_0)=\mu$.

证明　作辅助函数

$$F(P)=f(P)-\mu,\quad P\in D.$$

易见 F 仍在 $\overline{D}$ 上连续，且由式 (16.8) 可知

$$F(P_1)<0,F(P_2)>0.$$

下面证明必存在 $P_0\in D$，使 $F(P_0)=0$. 由于 D 为区域，我们可以用都在 D 中的有限段折线连接 P_1 和 P_2（见图 16-12）.

若有某一个连接点所对应的函数值为 0，则定理得证. 否则从一端开始逐段检查，必定存在某直线段，使得 F 在它两端的函数值异号. 不失一般性，设连接 $P_1(x_1，y_1)$，$P_2(x_2，y_2)$ 的直线段含于 D，其方程为

$$\begin{cases} x=x_1+t(x_2-x_1) \\ y=y_1+t(y_2-y_1) \end{cases},\quad 0\leqslant t\leqslant 1.$$

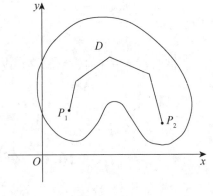

图 16-12

在此直线段上，F 变为关于 t 的复合函数：

$$G(t) = F(x_1 + t(x_2 - x_1), y_1 + t(y_2 - y_1)), 0 \leqslant t \leqslant 1.$$

由于 G 为 $[0, 1]$ 上的一元连续函数，且

$$F(P_1) = G(0) < 0 < G(1) = F(P_2),$$

因此由一元函数的零点存在定理，在 $(0, 1)$ 内存在一点 t_0，使得 $G(t_0) = 0$. 记

$$x_0 = x_1 + t_0(x_2 - x_1), y_0 = y_1 + t_0(y_2 - y_1),$$

则有 $P_0(x_0, y_0) \in D$，使得 $F(P_0) = G(t_0) = 0$，即 $f(P_0) = \mu$. 证毕.

定理 16.14（一致连续性定理） 若函数 f 在有界闭域 $\overline{D} \subset \mathbf{R}^2$ 上连续，则 f 在 $\overline{D}$ 上一致连续. 也就是说，$\forall \varepsilon > 0$，存在只依赖于 ε 的 δ，使得对一切满足 $\rho(P, Q) < \delta$ 的点 P，$Q \in \overline{D}$（$\rho(P, Q)$ 表示 P，Q 两点间的距离），必有 $|f(P) - f(Q)| < \varepsilon$.

证明 （反证法）用聚点定理来证明. 倘若 f 在 $\overline{D}$ 上连续而不一致连续，则存在某 $\varepsilon_0 > 0$，对于任意小的 $\delta > 0$. 例如 $\delta = 1/n$，$n = 1, 2, \cdots$，总存在 P_n，$Q_n \in \overline{D}$，虽然 $\rho(P_n, Q_n) < 1/n$，但是 $|f(P_n) - f(Q_n)| \geqslant \varepsilon_0$.

由于 $\overline{D}$ 为有界闭域，因此存在收敛子列 $\{P_{n_k}\} \subset \{P_n\}$，设 $\lim_{k \to \infty} P_{n_k} = P_0 \in \overline{D}$. 再在 $\{Q_n\}$ 中取出与 $\{P_{n_k}\}$ 下标相同的子列 $\{Q_{n_k}\}$，则因 $0 \leqslant \rho(P_{n_k}, Q_{n_k}) < 1/n_k \to 0$，$k \to \infty$，故有

$$\lim_{k \to \infty} Q_{n_k} = \lim_{k \to \infty} P_{n_k} = P_0.$$

最后由 f 在点 P_0 连续，得

$$\lim_{k \to \infty} |f(P_{n_k}) - f(Q_{n_k})| = |f(P_0) - f(P_0)| = 0.$$

这与 $|f(P_{n_k}) - f(Q_{n_k})| \geqslant \varepsilon_0 > 0$ 相矛盾，所以 f 在 $\overline{D}$ 上一致连续. 证毕.

注 1. 定理 16.11 与定理 16.12 中的有界闭域 $\overline{D}$ 可以改为有界闭集. 但是介值定理中所考察的点集 $\overline{D}$ 只能假设是一区域，这是为了保证它具有连通性，而一般的开集或闭集是不一定具有连通性的.

2. 由定理 16.13 可知，若 f 为区域 $\overline{D}$ 上的连续函数，则 $f(\overline{D})$ 必定是一个区间（有限或无限）.

例 16.21 设 $f(x, y)$ 在 $[a, b] \times [c, d]$ 上连续，又有函数序列 $\{\varphi_k(x)\}$ 在 $[a, b]$ 上一致收敛，且 $c \leqslant \varphi_k(x) \leqslant d$，$x \in [a, b]$，$k = 1, 2, \cdots$. 试证 $\{F_k(x)\} = \{f(x, \varphi_k(x))\}$ 在 $[a, b]$ 上一致收敛.

证明 由定理 16.14 可知，$f(x, y)$ 在 $[a, b] \times [c, d]$ 上一致连续. 于是，$\forall \varepsilon > 0$，$\exists \delta > 0$，当 $x \in [a, b]$，y'，$y'' \in [c, d]$ 且 $|y' - y''| < \delta$ 时，总有

$$|f(x, y') - f(x, y'')| < \varepsilon.$$

又 $\{\varphi_k\}$ 在 $[a, b]$ 上一致收敛，故存在 $K > 0$，当 m，$n > K$ 时，对一切 $x \in [a, b]$，有

$$|\varphi_n(x) - \varphi_m(x)| < \delta,$$

所以有

$$|F_n(x)-F_m(x)|=|f(x,\varphi_n(x))-f(x,\varphi_m(x))|<\varepsilon.$$

由柯西准则知 $\{F_k(x)\}$ 在 $[a,b]$ 上一致收敛. 证毕.

 **习题 16.6**

1. 设 $f(x,y)$ 定义于闭矩形域 $S=[a,b]\times[c,d]$，若 f 对 y 在 $[c,d]$ 上处处连续，对 x 在 $[a,b]$ 上（且关于 y）为一致连续，证明 f 在 S 上处处连续.

2. 证明：若 $D\subset\mathbf{R}^2$ 是有界闭域，f 为 D 上连续函数，且 f 不是常数函数，则 $f(D)$ 不仅有界而且是闭区间.

3. 若一元函数 $\varphi(x)$ 在 $[a,b]$ 上连续，令 $f(x,y)=\varphi(x)$，$(x,y)\in D=[a,b]\times(-\infty,+\infty)$，试讨论 f 在 D 上是否连续？是否一致连续？

4. 设 $(x,y)=\dfrac{1}{1-xy}$，$(x,y)\in D=[0,1)\times[0,1)$，证明 f 在 D 上不一致连续.

5. 设函数 $f(x,y)$ 在 $\mathbf{R}^2$ 上分别对自变量 x 和 y 是连续的，并且每当固定 x 时，对 y 是单调的. 证明 $f(x,y)$ 是 $\mathbf{R}^2$ 上的连续函数.

本章小结

本章主要介绍了平面点集的一些基本概念，平面点集的闭域套定理、聚点定理、有限覆盖定理等完备性定理. 要求掌握有关命题证明的思想方法；掌握平面点列收敛的 $\varepsilon-N$ 定义及柯西收敛原理；深刻理解二元函数的概念及几何意义，并能推广到多元函数；会确定一般二元函数的定义域及连续范围；深刻理解二元函数极限的 $\varepsilon-\delta$ 定义，会依定义证明不太复杂的二重极限；掌握反映二元函数极限与平面点列极限之间关系的归结原则，会通过取特殊路径证明二重极限的不存在性；理解二重极限与累次极限之间的关系，并熟练掌握二重极限的运算法则与计算方法. 本章的重点是平面点集的有关概念与二元函数的连续性；难点是二元函数极限的讨论.

总练习题十六

1. 设 $D\subset\mathbf{R}^n$，$f:D\to\mathbf{R}^m$ 为连续映射. 如果 D 中的点列 $\{P_n\}$ 满足 $\lim\limits_{n\to\infty}P_n=a$，且 $a\in D$，证明：

$$\lim\limits_{n\to\infty}f(P_n)=f(a).$$

2. 设 f 是 $\mathbf{R}^n$ 上的连续函数，c 为实数．设

$$A_c=\{x\in\mathbf{R}^n\,|\,f(x)<c\},B_c=\{x\in\mathbf{R}^n\,|\,f(x)\leqslant c\}.$$

证明 A_c 为 $\mathbf{R}^n$ 上的开集，B_c 为 $\mathbf{R}^n$ 上的闭集．

3. 设 A 为 $\mathbf{R}^n$ 上的非空子集，定义 $\mathbf{R}^n$ 上的函数 f 为

$$f(P)=\inf\{\,|P-Q|\,|\,Q\in A\}.$$

它称为点 P 到 A 的距离．证明：

(1) 当且仅当 $P\in\overline{A}$ 时，$f(P)=0$；

(2) 对于任意 P'，$P''\in\mathbf{R}^n$，不等式

$$|f(P')-f(P'')|\leqslant|P'-P''|$$

成立，从而 f 在 $\mathbf{R}^n$ 上一致连续；

(3) 若 A 是紧集，则对于任意 $c>0$，点集 $\{P\in\mathbf{R}^n\,|\,f(P')\leqslant c\}$ 是紧集．

4. 设二元函数 f 在 $\mathbf{R}^2$ 上连续，证明：

(1) 若 $\lim\limits_{x^2+y^2\to+\infty}f(x,y)=+\infty$，则 f 在 $\mathbf{R}^2$ 上的最小值必定存在；

(2) 若 $\lim\limits_{x^2+y^2\to+\infty}f(x,y)=0$，则 f 在 $\mathbf{R}^2$ 上的最大值与最小值至少存在一个．

5. 设 f 是 $\mathbf{R}^n$ 上的连续函数，满足

(1) 对于任意 $x\in\mathbf{R}^n$，当 $x\neq0$ 时 $f(x)>0$；

(2) 对于任意 $x\in\mathbf{R}^n$ 与 $c>0$，$f(cx)=cf(x)$．

证明：存在 $a>0$，$b>0$，使得对于任意 $x\in\mathbf{R}^n$，有

$$a|x|\leqslant f(x)\leqslant b|x|.$$

6. 设 f：$\mathbf{R}^n\to\mathbf{R}^m$ 为连续映射．证明对于 $\mathbf{R}^n$ 中的任意子集 A，

$$f(\overline{A})\subset\overline{f(A)}.$$

举例说明 $f(\overline{A})$ 能够是 $\overline{f(A)}$ 的真子集．

7. 设 f 是有界开区域 $D\subset\mathbf{R}^2$ 上的一致连续函数．证明：

(1) 可以将 f 连续延拓到 D 的边界上，即存在定义在 $\overline{D}$ 上的连续函数 $\tilde{f}$，使得 $\tilde{f}|_D=f$；

(2) f 在 D 上有界．

8. 如果函数 $f(x,y)$ 满足：对于任意的实数 t 和 $(x,y)\in D$，有

$$f(tx,ty)=t^kf(x,y),$$

则称 $f(x,y)$ 是 D 上的 k 次齐次函数．

设 $f(x,y)$ 是定义在 D：$|x|\leqslant1,|y|\leqslant1$ 上的有界 $k(\geqslant1)$ 次齐次连续函数，问极限

$$\lim\limits_{\substack{x\to0\\y\to0}}\{f(x,y)+(x-1)\mathrm{e}^y\}$$

是否存在？若存在，试求其值.

9. 设 $f(x, y)$ 是定义在开集 $\Omega \subset \mathbf{R}^2$ 上的二元函数，$(x_0, y_0) \in \Omega$，且

(1) 对每个 $(x, y) \in \Omega$ 的 x，$\lim\limits_{y \to y_0} f(x, y) = g(x)$ 存在；

(2) 关于 $(x, y) \in \Omega$ 的 y，一致有 $\lim\limits_{x \to x_0} f(x, y) = h(y)$.

试证明

$$\lim_{x \to x_0} \lim_{y \to y_0} f(x, y) = \lim_{y \to y_0} \lim_{x \to x_0} f(x, y).$$

10. 设 $u = \psi(x, y)$ 与 $v = \varphi(x, y)$ 在 xOy 平面中的点集 E 上一致连续；φ 与 ψ 把点集 E 映射为 uOv 平面中的点集 D，$f(u, v)$ 在 D 上一致连续，证明：复合函数 $f(\varphi(x, y), \psi(x, y))$ 在 E 上一致连续.

第十七章

多元函数微分学

本章要点

1. 偏导数的概念，偏导数的几何意义，偏导数存在与连续的关系，函数的全微分、可微与连续的关系，可微与偏导数存在的关系，可微性的条件，微分的几何意义及其应用；

2. 复合函数的求导法则，一阶微分形式的不变性，方向导数与梯度；

3. 高阶偏导数，高阶偏导数与求导顺序的无关性；

4. 多元函数的微分中值定理，泰勒公式，多元函数的极值问题，含极值的必要条件与充分条件，极值的计算举例.

导入案例

法国科学家**克拉珀龙**（Clapeyron）于 1834 年提出理想气体状态方程 $pV=RT$. 将它改写成

$$V(p,T)=\frac{RT}{p} \quad (R \text{ 是普适气体常量}).$$

在等压过程中，方程中的 p 为常数，因此可将 $V(p, T)$ 看成一元函数 $\widetilde{V}(T)$. 于是，气体体积 V 关于温度 T 的变化率就是 $\widetilde{V}(T)$ 对 T 的导数

$$\frac{\mathrm{d}\widetilde{V}(T)}{\mathrm{d}T}=\frac{R}{p}>0.$$

这说明此时体积 V 随温度 T 的变化而单调增加：温度上升，体积增大；温度下降，体积减小.

而在等温过程中，方程中的 T 为常数，因此可将 $V(p, T)$ 看成一元函数 $\hat{V}(p)$. 于是，气体体积 V 关于温度 p 的变化率就是 $\hat{V}(p)$ 对 p 的导数

$$\frac{\mathrm{d}\hat{V}(p)}{\mathrm{d}p}=-\frac{RT}{p^2}<0.$$

这说明此时体积随压强的变化而单调减少：压强上升，体积收缩；压强下降，体积膨胀.
这种将一个变量视为常数而对另一个变量求导，以求得函数关于某个因素的变化的做法，就是对多元函数求偏导数. 但在实际问题中，自变量可以随意变化. 对于气体状态方程，等压或等温过程一般是不可能独立存在的. 真正需要考虑的是，若自变量 p 和 T 分别产生

了增量 Δp 和 ΔT 后，如何估计体积的改变量. 这就是对多元函数求微分. 多元函数微分学在物理、工程、经济学、管理学等领域的应用很广泛.

§17.1 偏导数

与一元函数一样，可微性是多元函数微分学中最基本的概念. 而将多元函数的其他变量固定，只对其中一个变量求导数就是多元函数偏导数的概念.

（一）偏导数的定义

定义 17.1 设函数 $z=f(x,y)$ 在点 (x_0,y_0) 的某一邻域内有定义，当 y 固定在 y_0 而 x 在点 x_0 处有增量 Δx 时，相应地函数有增量

$$\Delta_x f = f(x_0+\Delta x, y_0) - f(x_0, y_0), \tag{17.1}$$

称 $\Delta_x f$ 为函数 f 在点 (x_0,y_0) 处**关于 x 的偏增量**. 如果 $\lim\limits_{\Delta x\to 0}\dfrac{f(x_0+\Delta x,\ y_0)-f(x_0,\ y_0)}{\Delta x}$ 存在，则称此极限值为函数 $z=f(x,y)$ 在点 (x_0,y_0) 处**对 x 的偏导数**，记为

$$\left.\frac{\partial z}{\partial x}\right|_{(x_0,y_0)},\left.\frac{\partial f}{\partial x}\right|_{(x_0,y_0)},z_x|_{(x_0,y_0)} \text{ 或 } f_x(x_0,y_0),$$

即

$$\left.\frac{\partial f}{\partial x}\right|_{(x_0,y_0)}=\lim_{\Delta x\to 0}\frac{f(x_0+\Delta x,y_0)-f(x_0,y_0)}{\Delta x}.$$

同理，可定义函数 $z=f(x,y)$ 在点 (x_0,y_0) 处**对 y 的偏导数**为

$$\lim_{\Delta y\to 0}\frac{f(x_0,y_0+\Delta y)-f(x_0,y_0)}{\Delta y},$$

记为 $\left.\dfrac{\partial z}{\partial y}\right|_{(x_0,y_0)}$, $\left.\dfrac{\partial f}{\partial y}\right|_{(x_0,y_0)}$, $z_y|_{(x_0,y_0)}$ 或 $f_y(x_0,y_0)$.

如果函数 $z=f(x,y)$ 在区域 D 内任一点 (x,y) 处对 x 的偏导数都存在，那么这个偏导数就是 x,y 的函数，称为函数 $z=f(x,y)$ **对自变量 x 的偏导函数**，简称为关于 x 的偏导数，记为

$$\frac{\partial z}{\partial x},\frac{\partial f}{\partial x},z_x \text{ 或 } f_x(x,y).$$

同理，可定义函数 $z=f(x,y)$ 对自变量 y 的偏导函数，记作 $\dfrac{\partial z}{\partial y}$, $\dfrac{\partial f}{\partial y}$, z_y 或 $f_y(x,y)$.

偏导数的概念可以推广到二元以上的函数. 例如，三元函数 $u=f(x,y,z)$ 在点 (x,y,z) 处，

$$f_x(x,y,z)=\lim_{\Delta x\to 0}\frac{f(x+\Delta x,y,z)-f(x,y,z)}{\Delta x},$$

$$f_y(x,y,z)=\lim_{\Delta y\to 0}\frac{f(x,y+\Delta y,z)-f(x,y,z)}{\Delta y},$$

$$f_z(x,y,z)=\lim_{\Delta z\to 0}\frac{f(x,y,z+\Delta z)-f(x,y,z)}{\Delta z}.$$

由偏导数的定义可知,偏导数本质上是一元函数的导数问题. 即在求 $\frac{\partial f}{\partial x}$ 时,只要把 x 之外的其他自变量暂时看成常量,对 x 求导数即可. 求 $\frac{\partial f}{\partial y}$ 时,只要把 y 之外的其他自变量暂时看成常量,对 y 求导数即可. 其他情况类似.

例 17.1 设 $f(x,y)=xy+x^2+y^3$,求 $\frac{\partial f}{\partial x}$,$\frac{\partial f}{\partial y}$,并求 $f_x(0,1)$ 和 $f_y(0,2)$.

解 求 $\frac{\partial f}{\partial x}$ 时,把 y 看成常数,对 x 求导数得 $\frac{\partial f}{\partial x}=y+2x$,于是 $f_x(0,1)=1$. 求 $\frac{\partial f}{\partial y}$ 时,把 x 看成常数,对 y 求导数得 $\frac{\partial f}{\partial y}=x+3y^2$,于是 $f_y(0,2)=12$.

例 17.2 设 $z=x^y(x>0,x\neq 1)$,求证 $\frac{x}{y}\frac{\partial z}{\partial x}+\frac{1}{\ln x}\frac{\partial z}{\partial y}=2z$.

证明 因为 $\frac{\partial z}{\partial x}=yx^{y-1}$,$\frac{\partial z}{\partial y}=x^y\ln x$,所以

$$\frac{x}{y}\frac{\partial z}{\partial x}+\frac{1}{\ln x}\frac{\partial z}{\partial y}=\frac{x}{y}yx^{y-1}+\frac{1}{\ln x}x^y\ln x=x^y+x^y=2z.$$

因此结论成立.

例 17.3 设 $z=\arcsin\frac{x}{\sqrt{x^2+y^2}}$,求 $\frac{\partial z}{\partial x}$,$\frac{\partial z}{\partial y}$.

解 $\frac{\partial z}{\partial x}=\frac{1}{\sqrt{1-\frac{x^2}{x^2+y^2}}}\cdot\left(\frac{x}{\sqrt{x^2+y^2}}\right)'_x=\frac{\sqrt{x^2+y^2}}{|y|}\cdot\frac{y^2}{\sqrt{(x^2+y^2)^3}}=\frac{|y|}{x^2+y^2}$;

$\frac{\partial z}{\partial y}=\frac{1}{\sqrt{1-\frac{x^2}{x^2+y^2}}}\cdot\left(\frac{x}{\sqrt{x^2+y^2}}\right)'_y=\frac{\sqrt{x^2+y^2}}{|y|}\cdot\frac{-xy}{\sqrt{(x^2+y^2)^3}}=-\frac{x}{x^2+y^2}\operatorname{sgn}\frac{1}{y}$ $(y\neq 0)$.

例 17.4 设 $f(x,y)=\begin{cases}xy\sin\dfrac{1}{\sqrt{x^2+y^2}},&(x,y)\neq(0,0)\\0,&(x,y)=(0,0)\end{cases}$,求 f 的偏导数.

解 当 $(x,y)\neq(0,0)$ 时,

$$f_x(x,y)=\frac{\partial}{\partial x}\left(xy\sin\frac{1}{\sqrt{x^2+y^2}}\right)=y\left[\sin\frac{1}{\sqrt{x^2+y^2}}-\frac{x^2}{\sqrt{(x^2+y^2)^3}}\cos\frac{1}{\sqrt{x^2+y^2}}\right],$$

$$f_y(x,y)=\frac{\partial}{\partial y}\left(xy\sin\frac{1}{\sqrt{x^2+y^2}}\right)=x\left[\sin\frac{1}{\sqrt{x^2+y^2}}-\frac{y^2}{\sqrt{(x^2+y^2)^3}}\cos\frac{1}{\sqrt{x^2+y^2}}\right],$$

当 $(x,y)=(0,0)$ 时,

$$f_x(0,0)=\lim_{x\to 0}\frac{f(x,0)-f(0,0)}{x}=\lim_{x\to 0}\frac{0-0}{x}=0,$$

$$f_y(0,0)=\lim_{y\to 0}\frac{f(0,y)-f(0,0)}{y}=\lim_{y\to 0}\frac{0-0}{y}=0.$$

因此，$f_x(x,y)=\begin{cases}y\left[\sin\dfrac{1}{\sqrt{x^2+y^2}}-\dfrac{x^2}{\sqrt{(x^2+y^2)^3}}\cos\dfrac{1}{\sqrt{x^2+y^2}}\right], & (x,y)\neq(0,0)\\ 0, & (x,y)=(0,0)\end{cases}$；

$$f_y(x,y)=\begin{cases}x\left[\sin\dfrac{1}{\sqrt{x^2+y^2}}-\dfrac{y^2}{\sqrt{(x^2+y^2)^3}}\cos\dfrac{1}{\sqrt{x^2+y^2}}\right], & (x,y)\neq(0,0)\\ 0, & (x,y)=(0,0)\end{cases}.$$

例 17.5 已知理想气体的状态方程 $pV=RT$（R 为常数），求证：$\dfrac{\partial p}{\partial V}\cdot\dfrac{\partial V}{\partial T}\cdot\dfrac{\partial T}{\partial p}=-1$.

证明 由状态方程 $pV=RT$ 知 $p=\dfrac{RT}{V}$，于是 $\dfrac{\partial p}{\partial V}=-\dfrac{RT}{V^2}$；同理可得 $V=\dfrac{RT}{p}$，$T=\dfrac{pV}{R}$，于是 $\dfrac{\partial V}{\partial T}=\dfrac{R}{p}$，$\dfrac{\partial T}{\partial p}=\dfrac{V}{R}$；因此 $\dfrac{\partial p}{\partial V}\cdot\dfrac{\partial V}{\partial T}\cdot\dfrac{\partial T}{\partial p}=-\dfrac{RT}{Vp}=-1$. 故结论成立.

有关偏导数的两点说明：

1. 一元函数的导数 $\dfrac{dy}{dx}$ 可看成是因变量的微分 dy 除以自变量的微分 dx，但偏导数 $\dfrac{\partial u}{\partial x}$ 是一个整体记号，不能拆分；

2. 与一元函数类似，多元分段函数在分段点处的偏导数要用偏导数的定义求.

（二）偏导数的几何意义

在 $z=f(x,y)$ 中固定 $y=y_0$，$z=f(x,y_0)$ 是变量 x 的函数. 从几何上看，它是曲面 $z=f(x,y)$ 与平面 $y=y_0$ 的交线 C_x，见图 17-1，

$$C_x:\begin{cases}z=f(x,y),\\ y=y_0\end{cases},$$

交线 C_x 的方程可以写成如下参数形式

$$C_x:\begin{cases}x=x\\ y=y_0\\ z=f(x,y)\end{cases},$$

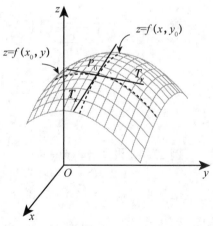

图 17-1

其中 x 为参数. 于是曲线 C_x 在点 $P_0(x_0,y_0,z_0)$（$z_0=f(x_0,y_0)$）处的切向量是 $\vec{T}_x=(1,0,f_x(x_0,y_0))$.

同理，可以得出曲面 $z=f(x,y)$ 与平面 $x=x_0$ 的交线 C_y 在点 $P_0(x_0,y_0,z_0)$ 处的切向量 $\vec{T}_y=(0,1,f_y(x_0,y_0))$.

因此偏导数的几何意义是：偏导数 $f_x(x_0,y_0)$ 就是曲面 $z=f(x,y)$ 被平面 $y=y_0$ 所截得的曲线在点 P_0 处的切线 P_0T_x 对 x 轴的斜率. 偏导数 $f_y(x_0,y_0)$ 就是曲面 $z=$

$f(x，y)$ 被平面 $x=x_0$ 所截得的曲线在点 P_0 处的切线 P_0T_y 对 y 轴的斜率.

（三）偏导数存在与连续的关系

在一元函数中，函数在某点可导可以得出函数在该点连续. 多元函数中函数在某点处偏导数存在是否可以得出函数在该点处连续呢? 首先我们考察一个例子.

例 17.6 设函数

$$f(x,y)=\begin{cases}\dfrac{xy}{x^2+y^2}， & x^2+y^2\neq 0，\\ 0， & x^2+y^2=0\end{cases}，$$

则

$$f_x(0,0)=\lim_{\Delta x\to 0}\frac{\frac{\Delta x\cdot 0}{(\Delta x)^2+0}-0}{\Delta x}=0，f_y(0,0)=\lim_{\Delta y\to 0}\frac{\frac{\Delta y\cdot 0}{(\Delta y)^2+0}-0}{\Delta y}=0，$$

即在点（0，0）处，函数 f 的偏导数都存在. 但函数在该点处二重极限不存在，从而函数在该点不连续. 由此可见，由函数在一点的偏导数存在不能得出函数在该点连续.

例 17.7 设 $f(x，y)=|x|$，显然函数 f 在点（0，0）处连续，但 f_x 在点（0，0）处不存在. 因此，若函数在一点连续，则函数在该点的偏导数不一定存在.

综合例 17.6 和例 17.7 可以得到：**多元函数在一点处偏导数存在与函数在该点处连续没有必然的关系.**

 **习题 17.1**

1. 求下列函数的偏导数：

(1) $z=x^5-6x^4y^2+y^6$;

(2) $z=x^2\ln(x^2+y^2)$;

(3) $z=xy+\dfrac{x}{y}$;

(4) $z=\sin(xy)+\cos^2(xy)$;

(5) $z=e^x(\cos y+x\sin y)$;

(6) $z=\tan\left(\dfrac{x^2}{y}\right)$;

(7) $z=\sin\dfrac{x}{y}\cdot\cos\dfrac{y}{x}$;

(8) $z=(1+xy)^y$;

(9) $z=\ln(x+\ln y)$;

(10) $z=\arctan\dfrac{x+y}{1-xy}$;

(11) $u=e^{x(x^2+y^2+z^2)}$;

(12) $u=x^{\frac{y}{z}}$;

(13) $u=\dfrac{1}{\sqrt{x^2+y^2+z^2}}$;

(14) $u=x^{y^z}$;

(15) $u=\sum\limits_{i=1}^{n}a_ix_i,a_i$ 为常数;

(16) $u=\sum\limits_{i,j=1}^{n}a_{ij}x_iy_i,a_{ij}=a_{ji}$ 为常数.

2. 设 $f(x, y)=x+y-\sqrt{x^2+y^2}$，求 $f_x(3, 4)$ 及 $f_y(3, 4)$.

3. 设 $z=\mathrm{e}^{\frac{x}{y^2}}$，验证 $2x\dfrac{\partial z}{\partial x}+y\dfrac{\partial z}{\partial y}=0$.

4. 曲线 $\begin{cases} z=\dfrac{x^2+y^2}{4} \\ y=4 \end{cases}$ 在点 $(2, 4, 5)$ 处的切线与 x 轴的正向所夹的角度是多少？

5. 设 $f(x, y)=\begin{cases} y\sin\dfrac{1}{x^2+y^2}, & x^2+y^2\neq0 \\ 0, & x^2+y^2=0 \end{cases}$，

讨论函数 f 在原点的偏导数.

§17.2   全微分

（一）全微分的定义

偏导数讨论的是自变量沿某个给定方向变化时，函数的变化率. 但在实际问题中，自变量可以随意变化. 如对于气体状态方程 $V(p, T)=\dfrac{RT}{p}$，等压或等温过程一般是不可能独立存在的. 真正需要考虑的是，当自变量 p 和 T 分别产生了增量 Δp 和 ΔT 时，如何估计体积的改变量 $\Delta V=V(p+\Delta p, T+\Delta T)-V(p, T)$. 为此，我们引入全微分的概念.

定义 17.2 设函数 $z=f(x, y)$ 在点 $P_0(x_0, y_0)$ 的某邻域内有定义，$P_0'(x_0+\Delta x, y_0+\Delta y)$ 为该邻域内的任意一点，则称这两点的函数值之差 $f(x_0+\Delta x, y_0+\Delta y)-f(x_0, y_0)$ 为函数在点 $P_0(x_0, y_0)$ 对应于自变量的增量 Δx，Δy 的**全增量**，记为 Δz，即

$$\Delta z=f(x_0+\Delta x, y_0+\Delta y)-f(x_0, y_0). \tag{17.2}$$

如果函数 $z=f(x, y)$ 在点 $P_0(x_0, y_0)$ 的全增量式（17.2）可以表示为

$$\Delta z=A\Delta x+B\Delta y+o(\rho), \tag{17.3}$$

其中 A，B 不依赖于 Δx，Δy 而仅与 x_0，y_0 有关，$\rho=\sqrt{(\Delta x)^2+(\Delta y)^2}$，则称函数 $z=f(x, y)$ 在点 $P_0(x_0, y_0)$ **可微分**（简称**可微**），且 $A\Delta x+B\Delta y$ 称为函数 $z=f(x, y)$ 在点 $P_0(x_0, y_0)$ 的**全微分**，记为 $\mathrm{d}z$ 或 $\mathrm{d}f$，即

$$\mathrm{d}z\Big|_{P_0}=A\Delta x+B\Delta y.$$

若函数在某区域 D 内各点处处可微，则称函数在 D 内**可微分**. 此时，$\forall (x, y)\in D$，有

$$\mathrm{d}z=A(x,y)\Delta x+B(x,y)\Delta y. \tag{17.4}$$

由全微分的定义可知，当 $|\Delta x|$，$|\Delta y|$ 充分小时，全微分 $\mathrm{d}z$ 可作为全增量的近似值，于是有近似公式：

$$f(x,y) \approx f(x_0,y_0) + A(x-x_0) + B(y-y_0).\tag{17.5}$$

（二）可微与连续、偏导数存在的关系

定理 17.1（可微与连续的关系）　如果函数 $z=f(x,y)$ 在点 (x,y) 处可微，则函数在该点处连续.

证明　因为 $\Delta z = A\Delta x + B\Delta y + o(\rho)$，故 $\lim\limits_{\rho \to 0}\Delta z = 0$，于是

$$\lim_{\substack{\Delta x \to 0 \\ \Delta y \to 0}} f(x+\Delta x, y+\Delta y) = \lim_{\rho \to 0}\left[f(x,y)+\Delta z\right] = f(x,y),$$

故函数 $z=f(x,y)$ 在点 (x,y) 处连续. 证毕.

定理 17.2（全微分与偏导数的关系）　如果函数 $z=f(x,y)$ 在点 (x,y) 处可微分，则该函数在点 (x,y) 处的偏导数 $\dfrac{\partial z}{\partial x}$，$\dfrac{\partial z}{\partial y}$ 必存在，且函数 $z=f(x,y)$ 在点 (x,y) 处的全微分为

$$dz = \frac{\partial z}{\partial x}\Delta x + \frac{\partial z}{\partial y}\Delta y.\tag{17.6}$$

证明　如果函数 $z=f(x,y)$ 在点 $P(x,y)$ 处可微分，任取 $P'(x+\Delta x, y+\Delta y)$，则

$$\Delta z = A\Delta x + B\Delta y + o(\rho).\tag{17.7}$$

特别地，当 $\Delta y = 0$ 时，上式仍成立，此时 $\rho = |\Delta x|$，而

$$f(x+\Delta x, y) - f(x,y) = A \cdot \Delta x + o(|\Delta x|).$$

于是

$$\lim_{\Delta x \to 0}\frac{f(x+\Delta x, y)-f(x,y)}{\Delta x} = A = \frac{\partial z}{\partial x}.$$

同理可得

$$B = \frac{\partial z}{\partial y}.$$

故

$$dz = \frac{\partial z}{\partial x}\Delta x + \frac{\partial z}{\partial y}\Delta y.$$

证毕.

若取 $z=x$，则 $\dfrac{\partial z}{\partial x}=1$，$\dfrac{\partial z}{\partial y}=0$. 于是有

$$dz = dx = \Delta x.$$

同理有 $dy = \Delta y$. 因此，式（17.6）也可以写成

$$dz = \frac{\partial z}{\partial x}dx + \frac{\partial z}{\partial y}dy.\tag{17.8}$$

推论 17.1　设 f_x，f_y 在点 (x,y) 处存在，则函数 $z=f(x,y)$ 在点 (x,y) 处可微分的充分必要条件是

$$\lim_{\substack{\Delta x \to 0 \\ \Delta y \to 0}}\frac{f(x+\Delta x, y+\Delta y)-f(x,y)-f_x(x,y)\Delta x - f_y(x,y)\Delta y}{\sqrt{(\Delta x)^2+(\Delta y)^2}} = 0.$$

例 17.8 证明

$$f(x,y)=\begin{cases} \dfrac{xy}{\sqrt{x^2+y^2}}, & x^2+y^2\neq 0 \\ 0, & x^2+y^2=0 \end{cases}$$

在原点处不可微.

证明 按偏导数的定义先求出

$$f_x(0,0)=\lim_{\Delta x\to 0}\frac{f(\Delta x,0)-f(0,0)}{\Delta x}=\lim_{\Delta x\to 0}\frac{0-0}{\Delta x}=0;$$

同理可得

$$f_y(0,0)=0.$$

若 f 在原点处可微，则

$$f(0+\Delta x,0+\Delta y)-f(0,0)-[f_x(0,0)\Delta x+f_y(0,0)\Delta y]$$
$$=\frac{\Delta x\Delta y}{\sqrt{(\Delta x)^2+(\Delta y)^2}}$$

应是 $\rho=\sqrt{(\Delta x)^2+(\Delta y)^2}$ 的高阶无穷小量. 然而极限 $\lim\limits_{\rho\to 0}\dfrac{\Delta x\Delta y}{(\Delta x)^2+(\Delta y)^2}$ 不存在（第十六章例 16.10）. 故由推论 17.1 知，$f(x,\ y)$ 在原点处不可微. 证毕.

注 在一元函数中，一元函数可微与可导是等价的. 但对多元函数而言，各偏导数存在并不能保证全微分存在，如例 17.8.

下面我们考虑当函数的所有偏导数都存在时，还需要添加哪些条件，才能保证函数可微.

定理 17.3（可微的充分条件） 若函数 $z=f(x,\ y)$ 在点 $P_0(x_0,\ y_0)$ 的某邻域内存在偏导数 f_x,f_y，且 f_x,f_y 在点 $P_0(x_0,\ y_0)$ 处连续，则 f 在点 $P_0(x_0,\ y_0)$ 处可微.

证明 第一步：把全增量 Δz 写为

$$\begin{aligned}\Delta z &=f(x_0+\Delta x,y_0+\Delta y)-f(x_0,y_0)\\ &=[f(x_0+\Delta x,y_0+\Delta y)-f(x_0,y_0+\Delta y)]+[f(x_0,y_0+\Delta y)-f(x_0,y_0)].\end{aligned}$$
$$(17.9)$$

第一个方括号里的是函数 $f(x,\ y_0+\Delta y)$ 关于 x 的偏增量；第二个方括号里的是函数 $f(x_0,\ y)$ 关于 y 的偏增量.

第二步：对式（17.9）中的两个方括号分别应用一元函数的拉格朗日中值定理，则 $\exists\theta_1,\theta_2\in(0,\ 1)$，使得

$$\Delta z=f_x(x_0+\theta_1\Delta x,y_0+\Delta y)\Delta x+f_y(x_0,y_0+\theta_2\Delta y)\Delta y. \qquad (17.10)$$

第三步：由于 f_x,f_y 在点 $(x_0,\ y_0)$ 处连续，因此有

$$f_x(x_0+\theta_1\Delta x,y_0+\Delta y)=f_x(x_0,y_0)+\alpha, \qquad (17.11)$$

$$f_y(x_0,y_0+\theta_2\Delta y)=f_y(x_0,y_0)+\beta, \qquad (17.12)$$

其中当 $(\Delta x,\ \Delta y)\to(0,\ 0)$ 时，$\alpha\to 0$，$\beta\to 0$.

第四步：将式 (17.11)，式 (17.12) 代入式 (17.10)，得

$$\Delta z = f_x(x_0, y_0)\Delta x + f_y(x_0, y_0)\Delta y + \alpha\Delta x + \beta\Delta y.$$

又

$$\left|\frac{\alpha\Delta x+\beta\Delta y}{\rho}\right| = \left|\alpha\frac{\Delta x}{\rho}+\beta\frac{\Delta y}{\rho}\right| \leqslant |\alpha|+|\beta| \to 0, \quad \rho\to 0,$$

由可微定义式 (17.3)，便知 f 在点 (x_0, y_0) 处可微. 证毕.

注 1. 偏导数连续并不是可微的必要条件，例如

$$f(x,y)=\begin{cases} (x^2+y^2)\sin\dfrac{1}{\sqrt{x^2+y^2}}, & x^2+y^2\neq 0 \\ 0, & x^2+y^2=0 \end{cases}$$

它在原点 $(0, 0)$ 处可微，但 f_x，f_y 却在该点不连续（请自行验证）. 所以定理 17.3 是可微的充分性定理.

若 $f(x, y)$ 的偏导数 f_x，f_y 在点 (x_0, y_0) 处都连续，则称 f 在点 (x_0, y_0) 处**连续可微**.

2. 定理 17.3 的条件可以减弱，即有下面的结论成立：

若函数 $z=f(x, y)$ 在点 $P_0(x_0, y_0)$ 的某邻域内存在偏导数 f_x，f_y，且 f_x 或 f_y 在点 $P_0(x_0, y_0)$ 处连续，则 f 在点 $P_0(x_0, y_0)$ 处可微.

证明留给读者.

在定理 17.3 的证明过程中出现的式 (17.10) 实际上是二元函数的一个中值公式，可将它改写成如下定理：

定理 17.4 若函数 $f(x, y)$ 在点 $P_0(x_0, y_0)$ 的某邻域内存在偏导数 f_x 与 f_y，且 (x, y) 属于该邻域，则存在 $\xi=x_0+\theta_1(x-x_0)$ 和 $\eta=y_0+\theta_2(y-y_0)$，$0<\theta_1, \theta_2<1$，使得

$$f(x,y)-f(x_0,y_0)=f_x(\xi,y_0)(x-x_0)+f_y(x_0,\eta)(y-y_0).$$

通常我们将式 (17.8)，即二元函数的全微分等于它的两个偏微分之和，称为二元函数的微分符合**叠加原理**.

叠加原理也适用于二元以上函数的情形. 例如，如果三元函数 $u=f(x, y, z)$ 可微分，那么它的全微分就等于它的三个偏微分之和，即

$$du=\frac{\partial u}{\partial x}dx+\frac{\partial u}{\partial y}dy+\frac{\partial u}{\partial z}dz.$$

例 17.9 求函数 $z=\sqrt{x^2-2y}$ 的全微分.

解 因为 $\dfrac{\partial z}{\partial x}=\dfrac{x}{\sqrt{x^2-2y}}$，$\dfrac{\partial z}{\partial y}=-\dfrac{1}{\sqrt{x^2-2y}}$，所以 $dz=\dfrac{\partial z}{\partial x}dx+\dfrac{\partial z}{\partial y}dy=\dfrac{xdx-dy}{\sqrt{x^2-2y}}$.

例 17.10 求函数 $f(x, y, z)=e^{x+z}\sin(x+y)$ 的全微分.

解 $\dfrac{\partial f}{\partial x}=e^{x+z}[\sin(x+y)+\cos(x+y)]$，$\dfrac{\partial f}{\partial y}=e^{x+z}\cos(x+y)$，$\dfrac{\partial f}{\partial z}=e^{x+z}\sin(x+y)$. 所以

$$df=e^{x+z}[\sin(x+y)+\cos(x+y)]dx+e^{x+z}\cos(x+y)dy+e^{x+z}\sin(x+y)dz.$$

例 17.11 计算函数 $z=\mathrm{e}^{xy}$ 在点（2，1）处的全微分.

解 因为 $\dfrac{\partial z}{\partial x}=(\mathrm{e}^{xy})'_x=y\mathrm{e}^{xy}$，$\dfrac{\partial z}{\partial y}=(\mathrm{e}^{xy})'_y=x\mathrm{e}^{xy}$ 均连续. 因此，函数 z 可微分，且

$$\mathrm{d}z=\frac{\partial z}{\partial x}\mathrm{d}x+\frac{\partial z}{\partial y}\mathrm{d}y=y\mathrm{e}^{xy}\mathrm{d}x+x\mathrm{e}^{xy}\mathrm{d}y.$$

在点（2，1）处的全微分 $\mathrm{d}z=\mathrm{e}^2\mathrm{d}x+2\mathrm{e}^2\mathrm{d}y$.

例 17.12 求函数 $z=y\cos(x-2y)$ 当 $x=\dfrac{\pi}{4}$，$y=\pi$，$\Delta x=\dfrac{\pi}{4}$，$\Delta y=\pi$ 时的全微分.

解
$$\frac{\partial z}{\partial x}=(y\cos(x-2y))'_x=-y\sin(x-2y),$$

$$\frac{\partial z}{\partial y}=(y\cos(x-2y))'_y=\cos(x-2y)+2y\sin(x-2y),$$

$$\mathrm{d}z\Big|_{(\frac{\pi}{4},\pi)}=\frac{\partial z}{\partial x}\Big|_{(\frac{\pi}{4},\pi)}\mathrm{d}x+\frac{\partial z}{\partial y}\Big|_{(\frac{\pi}{4},\pi)}\mathrm{d}y$$

$$=\frac{\sqrt{2}}{8}\pi(4-7\pi).$$

（三）全微分的几何意义

一元函数 $y=f(x)$ 可微，在几何上反映为曲线存在不平行于 y 轴的切线. 对于二元函数而言，可微性则反映为曲面与其切平面之间的类似关系. 为此需要先给出切平面的定义，这可以从切线定义中获得启发.

在 §5.1 节中，我们曾把平面曲线 S 在其上某一点的切线 PT 定义为过点 P 的割线 PQ 当 Q 沿曲线 S 趋近 P 时的极限位置（如果存在的话）. 这时 PQ 与 PT 的夹角也将随 $Q{\to}P$ 而趋于零（见图 17-2）.

用 h 和 d 分别表示点 Q 到直线 PT 的距离和点 Q 到点 P 的距离，由于

$$\sin\varphi=\frac{h}{d},$$

因此当 Q 沿 S 趋近 P 时 $\varphi{\to}0$，即 $\dfrac{h}{d}{\to}0$. 仿照这个想法，我们引入曲面 S 在点 P 的切平面的定义（见图 17-3）.

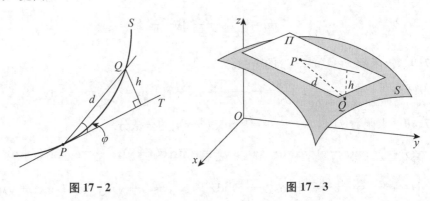

图 17-2　　　　　　　　　　图 17-3

定义 17.3　设曲面 S 上一点 P，Π 为通过点 P 的一个平面，S 上的动点 Q 到定点 P 和平面 Π 的距离分别记为 d 和 h．当 Q 在 S 上以任意方式趋近于 P 时，恒有 $\dfrac{h}{d}\to 0$，则称 Π 为曲面 S 在点 P 的**切平面**，称 P 为**切点**．

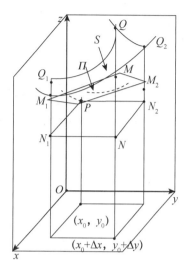

图 17-4

二元函数全微分的几何意义：如图 17-4 所示，当自变量 (x,y) 由 (x_0,y_0) 变为 $(x_0+\Delta x,y_0+\Delta y)$ 时，函数 $z=f(x,y)$ 的全增量 Δz 是 z 轴方向上的一段 NQ；而在点 (x_0,y_0) 处的全微分

$$dz=f_x(x_0,y_0)\Delta x+f_y(x_0,y_0)\Delta y$$

则是切平面 PM_1MM_2 上相应的那一段增量 NM．于是 Δz 与 dz 之差是 MQ，它随 $\rho\to 0$ 而趋于零，而且是较 ρ 高阶的无穷小量．

 习题 17.2

1. 求下列函数在给定点处的全微分.

　　(1) $f(x,y)=3x^2y-xy^2$ 在点 $(1,2)$；

　　(2) $f(x,y)=\ln(1+x^2+y^2)$ 在点 $(2,4)$；

　　(3) $f(x,y)=\dfrac{\sin x}{y^2}$ 在点 $(0,1)$ 和 $\left(\dfrac{\pi}{4},2\right)$．

2. 求下列函数的全微分.

　　(1) $z=y^x$；　　　　　　(2) $z=xy\mathrm{e}^{xy}$；　　　　(3) $z=\dfrac{x+y}{x-y}$．

　　(4) $z=\dfrac{y}{\sqrt{x^2+y^2}}$；　(5) $u=\sqrt{x^2+y^2+z^2}$；　(6) $u=\ln(x^2+y^2+z^2)$．

3. 考察函数 $f(x,y)=\begin{cases} xy\sin\dfrac{1}{x^2+y^2}, & x^2+y^2\neq 0 \\ 0, & x^2+y^2=0 \end{cases}$ 在点 $(0,0)$ 处的可微性.

4. 考察函数 $f(x,y)=\begin{cases} (x^2+y^2)\sin\dfrac{1}{\sqrt{x^2+y^2}}, & x^2+y^2\neq 0 \\ 0 & x^2+y^2=0 \end{cases}$ 在点 $(0,0)$ 处的可微性.

5. 证明 $f(x,y)=\sqrt{|xy|}$ 在点 $(0,0)$ 处连续，且在点 $(0,0)$ 处的偏导数都存在，但在点 $(0,0)$ 处不可微.

§17.3　复合函数的求导法则

对于一元函数 $y=f(u)$，如果 u 是中间变量，并且 $u=\varphi(x)$，若函数 $u=\varphi(x)$ 在点 x

处可导，函数 $y=f(u)$ 在相应的 $u=\varphi(x)$ 处可导，那么有链式法则：

$$\frac{\mathrm{d}f}{\mathrm{d}x}=\frac{\mathrm{d}f}{\mathrm{d}u}\cdot\frac{\mathrm{d}u}{\mathrm{d}x}.$$

对于多元复合函数，在求偏导数时也有相应的链式法则.

（一）复合函数的偏导数

定理 17.5　如果函数 $u=\varphi(t)$ 及 $v=\psi(t)$ 都在点 t 处可导，函数 $z=f(u,v)$ 在对应点 (u,v) 处具有连续偏导数，则复合函数 $z=f[\varphi(t),\psi(t)]$ 在对应点 t 处可导，且

$$\frac{\mathrm{d}z}{\mathrm{d}t}=\frac{\partial z}{\partial u}\frac{\mathrm{d}u}{\mathrm{d}t}+\frac{\partial z}{\partial v}\frac{\mathrm{d}v}{\mathrm{d}t}.$$

证明　设 t 获得增量 Δt，由假设可得 $\Delta u=\varphi(t+\Delta t)-\varphi(t)$，$\Delta v=\psi(t+\Delta t)-\psi(t)$；又由于函数 $z=f(u,v)$ 在点 (u,v) 处有连续偏导数，所以 $\Delta z=\frac{\partial z}{\partial u}\Delta u+\frac{\partial z}{\partial v}\Delta v+\varepsilon_1\Delta u+\varepsilon_2\Delta v$，其中，当 $\Delta u\to0$，$\Delta v\to0$ 时，$\varepsilon_1\to0$，$\varepsilon_2\to0$，于是

$$\frac{\Delta z}{\Delta t}=\frac{\partial z}{\partial u}\cdot\frac{\Delta u}{\Delta t}+\frac{\partial z}{\partial v}\cdot\frac{\Delta v}{\Delta t}+\varepsilon_1\frac{\Delta u}{\Delta t}+\varepsilon_2\frac{\Delta v}{\Delta t}.$$

由于 $u=\varphi(t)$ 及 $v=\psi(t)$ 都在点 t 处可导，于是有

$$\lim_{\Delta t\to0}\frac{\Delta u}{\Delta t}=\frac{\mathrm{d}u}{\mathrm{d}t},\lim_{\Delta t\to0}\frac{\Delta v}{\Delta t}=\frac{\mathrm{d}v}{\mathrm{d}t}.$$

又当 $\Delta t\to0$ 时，$\Delta u\to0$，$\Delta v\to0$，于是

$$\varepsilon_1\frac{\Delta u}{\Delta t}+\varepsilon_2\frac{\Delta v}{\Delta t}\to0.$$

故

$$\frac{\mathrm{d}z}{\mathrm{d}t}=\lim_{\Delta t\to0}\frac{\Delta z}{\Delta t}=\frac{\partial z}{\partial u}\cdot\frac{\mathrm{d}u}{\mathrm{d}t}+\frac{\partial z}{\partial v}\cdot\frac{\mathrm{d}v}{\mathrm{d}t}.$$

证毕.

定理 17.5 的结论可推广到中间变量多于两个的情况. 如 $z=f(u,v,w)$ 关于 u,v,w 有连续偏导数，而 $u=u(t)$，$v=v(t)$，$w=w(t)$ 关于 t 可导，则有复合函数的求导公式：

$$\frac{\mathrm{d}z}{\mathrm{d}t}=\frac{\partial z}{\partial u}\frac{\mathrm{d}u}{\mathrm{d}t}+\frac{\partial z}{\partial v}\frac{\mathrm{d}v}{\mathrm{d}t}+\frac{\partial z}{\partial w}\frac{\mathrm{d}w}{\mathrm{d}t}.$$

以上公式中的导数 $\dfrac{\mathrm{d}z}{\mathrm{d}t}$ 称为**全导数**.

定理 17.5 还可推广到中间变量是多元函数的情况.

设 $z=f(u,v)$ 是定义在 $D_f\subset\mathbf{R}^2$ 上的二元函数，而 $u=u(x,y)$，$v=v(x,y)$ 是定义在 $D\subset\mathbf{R}^2$ 上的两个二元函数. 若

$$\{(u,v)\,|\,u=u(x,y),v=v(x,y),(x,y)\in D\}\subset D_f,$$

则可以构造**复合函数**

$$z=f(u(x,y),v(x,y)),(x,y)\in D,$$

其中 f 称为**外函数**，$u(x,\ y)$，$v(x,\ y)$ 称为**内函数**；u，v 称为复合函数的**中间变量**，x，y 称为复合函数的**自变量**.

上述复合函数有如下求偏导数的法则.

定理 17.6（链式法则）　设 $u(x,\ y)$，$v(x,\ y)$ 在点 $(x_0,\ y_0)$ 处关于每个变量的偏导数存在. 记 $u_0=u(x_0,\ y_0)$，$v_0=(x_0,\ y_0)$，若 f 在点 $(u_0,\ v_0)$ 处可微，则复合函数 $z=f(u(x,\ y),v(x,\ y))$ 在点 $(x_0,\ y_0)$ 处的偏导数存在，且

$$\left.\frac{\partial z}{\partial x}\right|_{(x_0,y_0)}=\left.\frac{\partial z}{\partial u}\right|_{(u_0,v_0)}\left.\frac{\partial u}{\partial x}\right|_{(x_0,y_0)}+\left.\frac{\partial z}{\partial v}\right|_{(u_0,v_0)}\left.\frac{\partial v}{\partial x}\right|_{(x_0,y_0)},$$

$$\left.\frac{\partial z}{\partial y}\right|_{(x_0,y_0)}=\left.\frac{\partial z}{\partial u}\right|_{(u_0,v_0)}\left.\frac{\partial u}{\partial y}\right|_{(x_0,y_0)}+\left.\frac{\partial z}{\partial v}\right|_{(u_0,v_0)}\left.\frac{\partial v}{\partial y}\right|_{(x_0,y_0)}.$$

证明　只证明第一式. 由于 f 在点 $(u_0,\ v_0)$ 处可微，因此

$$f(u_0+\Delta u,v_0+\Delta v)-f(u_0,v_0)$$

$$=\left.\frac{\partial f}{\partial u}\right|_{(u_0,v_0)}\Delta u+\left.\frac{\partial f}{\partial v}\right|_{(u_0,v_0)}\Delta v+\alpha(\Delta u,\Delta v)\sqrt{(\Delta u)^2+(\Delta v)^2},$$

其中 $\alpha(\Delta u,\ \Delta v)$ 满足 $\lim\limits_{(\Delta u,\Delta v)\to 0}\alpha(\Delta u,\ \Delta v)=0$. 定义 $\alpha(0,\ 0)=0$，那么上式当 $(\Delta u,\ \Delta v)=(0,\ 0)$ 时也成立. 设

$$\Delta_x u=u(x_0+\Delta x,y_0)-u(x_0,y_0),\qquad \Delta_x v=v(x_0+\Delta x,y_0)-v(x_0,y_0),$$

由于 $u=u(x,\ y)$，$v=v(x,\ y)$ 在点 $(x_0,\ y_0)$ 处关于 x 的偏导数存在，所以有

$$\lim\limits_{\Delta x\to 0}\frac{\Delta_x u}{\Delta x}=\left.\frac{\partial u}{\partial x}\right|_{(x_0,y_0)},\qquad \lim\limits_{\Delta x\to 0}\frac{\Delta_x v}{\Delta x}=\left.\frac{\partial v}{\partial x}\right|_{(x_0,y_0)},$$

并且有 $\lim\limits_{\Delta x\to 0}\sqrt{(\Delta u)^2+(\Delta v)^2}=0$. 于是当 $\Delta x\to 0$ 时，

$$\frac{\alpha(\Delta u,\Delta v)\sqrt{(\Delta u)^2+(\Delta v)^2}}{\Delta x}=\alpha(\Delta u,\Delta v)\cdot\frac{|\Delta x|}{\Delta x}\cdot\sqrt{\left(\frac{\Delta u}{\Delta x}\right)^2+\left(\frac{\Delta v}{\Delta x}\right)^2}$$

也趋于 0，所以

$$\left.\frac{\partial z}{\partial x}\right|_{(x_0,y_0)}=\lim\limits_{\Delta x\to 0}\frac{f(u(x_0+\Delta x,y_0),v(x_0+\Delta x,y_0))-f(u(x_0,y_0),v(x_0,y_0))}{\Delta x}$$

$$=\lim\limits_{\Delta x\to 0}\frac{f(u_0+\Delta_x u,v_0+\Delta_x v)-f(u_0,v_0)}{\Delta x}$$

$$=\lim\limits_{\Delta x\to 0}\left[\left.\frac{\partial f}{\partial u}\right|_{(u_0,v_0)}\frac{\Delta_x u}{\Delta x}+\left.\frac{\partial f}{\partial v}\right|_{(u_0,v_0)}\frac{\Delta_x v}{\Delta x}\right]+\lim\limits_{\Delta x\to 0}\frac{\alpha(\Delta_x u,\Delta_x v)\sqrt{(\Delta_x u)^2+(\Delta_x v)^2}}{\Delta x}$$

$$=\left.\frac{\partial f}{\partial u}\right|_{(u_0,v_0)}\left.\frac{\partial u}{\partial x}\right|_{(x_0,y_0)}+\left.\frac{\partial f}{\partial v}\right|_{(u_0,v_0)}\left.\frac{\partial v}{\partial x}\right|_{(x_0,y_0)}.$$

证毕.

注意，定理中的条件"f 可微"不能减弱为"f 可偏导".

例 17.13 设

$$z=f(x,y)=\begin{cases} \dfrac{2xy^3}{x^2+y^4}, & x^2+y^2\neq0 \\ 0, & x^2+y^2=0 \end{cases}.$$

由于 $|f(x,y)|=\left|\dfrac{2xy^2}{x^2+y^4}y\right|\leqslant\left|\dfrac{x^2+y^4}{x^2+y^4}y\right|=|y|$，所以 $f(x,y)$ 在点 $(0,0)$ 处连续. 又按定义计算可得 $f_x(0,0)=f_y(0,0)=0$. 但因为

$$f(0+\Delta x,0+\Delta y)-f(0,0)-[f_x(0,0)\Delta x+f_y(0,0)\Delta y]=f(\Delta x,\Delta y),$$

$$\lim_{\substack{\Delta y\to0^+ \\ \Delta x=(\Delta y)^2}}\frac{f(\Delta x,\Delta y)}{\sqrt{(\Delta x)^2+(\Delta y)^2}}=\lim_{\substack{\Delta y\to0^+ \\ \Delta x=(\Delta y)^2}}\frac{\dfrac{2\Delta x(\Delta y)^3}{(\Delta x)^2+(\Delta y)^4}}{\sqrt{(\Delta x)^2+(\Delta y)^2}}=\lim_{\Delta y\to0^+}\frac{\dfrac{2(\Delta y)^5}{(\Delta y)^4+(\Delta y)^4}}{\Delta y\sqrt{1+(\Delta y)^2}}=\lim_{\Delta y\to0^+}\frac{1}{\sqrt{1+(\Delta y)^2}}=1\neq0,$$

由推论 17.1 知 $f(x,y)$ 在点 $(0,0)$ 处不可微.

现在设 x,y 分别是自变量 t 的函数 $\begin{cases} x=t^2 \\ y=t \end{cases}$，则得到复合函数 $z=f(t^2,t)=\begin{cases} t, & t\neq0 \\ 0, & t=0 \end{cases}.$

因此在点 $t=0$ 处的导数为 $\dfrac{\mathrm{d}z}{\mathrm{d}t}\big|_{t=0}=1$. 但若套用链式法则，就会导出

$$\frac{\mathrm{d}z}{\mathrm{d}t}\Big|_{t=0}=[f_x(t^2,t)\cdot2t+f_y(t^2,t)\cdot1]\big|_{t=0}$$

$$=[f_x(0,0)\cdot2\cdot0+f_y(0,0)\cdot1]=0$$

的错误结果. 这个例子说明在使用复合函数求导公式时，必须注意外函数 f 可微这一重要条件.

一般地，若 $f(u_1,\cdots,u_m)$ 在点 $(u_1,\cdots,u_m)$ 处可微，$u_k=g_k(x_1,\cdots,x_n)(k=1,2,\cdots,m)$ 在点 $(x_1,\cdots,x_n)$ 处具有关于 $x_i(i=1,2,\cdots,n)$ 的偏导数，则复合函数

$$f(g_1(x_1,\cdots,x_n),g_2(x_1,\cdots,x_n),\cdots,g_m(x_1,\cdots,x_n))$$

关于自变量 $x_i(i=1,2,\cdots,n)$ 的偏导数是

$$\frac{\partial f}{\partial x_i}=\sum_{k=1}^m\frac{\partial f}{\partial u_k}\frac{\partial u_k}{\partial x_i}(i=1,2,\cdots,n).$$

多元复合函数的求导一般比较复杂，必须要区分哪些是中间变量，哪些是自变量，这样才能正确使用链式法则求出正确的结果. 为了便于记忆，可以按照各变量间的复合关系，画出如图 17-5 所示的树形图. 首先从因变量 z 向中间变量 x,y 画两个分枝，然后分别从中间变量 x,y 向自变量 s,t 画分枝，并在每个分

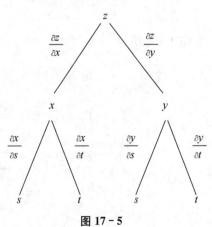

图 17-5

枝上写上对应的偏导数. 求 $\frac{\partial z}{\partial s}$ 时，只要把从 z 到 s 的每条路径上的各个偏导数相乘，然后将这些乘积相加，即得

$$\frac{\partial z}{\partial s}=\frac{\partial z}{\partial x}\frac{\partial x}{\partial s}+\frac{\partial z}{\partial y}\frac{\partial y}{\partial s}.$$

类似地，考察从 z 到 t 的路径，得

$$\frac{\partial z}{\partial t}=\frac{\partial z}{\partial x}\frac{\partial x}{\partial t}+\frac{\partial z}{\partial y}\frac{\partial y}{\partial t}.$$

求复合函数的偏导数的链式法则可以简单用"**分段用乘，分叉用加，单路全导，叉路偏导**"来概括.

（二）复合函数的全微分

设函数 $z=f(u,v)$ 具有连续偏导数，则 u，v 不论是自变量还是中间变量，总有

$$\mathrm{d}z=\frac{\partial z}{\partial u}\mathrm{d}u+\frac{\partial z}{\partial v}\mathrm{d}v$$

成立，该式称为多元函数的**一阶全微分形式不变性**.

事实上，如果 u，v 是自变量，结论显然；如果 u，v 是中间变量：

$$u=\phi(x,y),\quad v=\psi(x,y),$$

则根据全微分与偏导数的关系及复合函数的链式法则，有

$$\begin{aligned}
\mathrm{d}z &=\frac{\partial z}{\partial x}\mathrm{d}x+\frac{\partial z}{\partial y}\mathrm{d}y\\
&=\left(\frac{\partial z}{\partial u}\frac{\partial u}{\partial x}+\frac{\partial z}{\partial v}\frac{\partial v}{\partial x}\right)\mathrm{d}x+\left(\frac{\partial z}{\partial u}\frac{\partial u}{\partial y}+\frac{\partial z}{\partial v}\frac{\partial v}{\partial y}\right)\mathrm{d}y\\
&=\frac{\partial z}{\partial u}\left(\frac{\partial u}{\partial x}\mathrm{d}x+\frac{\partial u}{\partial y}\mathrm{d}y\right)+\frac{\partial z}{\partial v}\left(\frac{\partial v}{\partial x}\mathrm{d}x+\frac{\partial v}{\partial y}\mathrm{d}y\right)\\
&=\frac{\partial z}{\partial u}\mathrm{d}u+\frac{\partial z}{\partial v}\mathrm{d}v.
\end{aligned}$$

需要注意的是，当 u，v 是自变量时，$\mathrm{d}u$ 与 $\mathrm{d}v$ 是相互独立的；但当 u，v 是中间变量时，$\mathrm{d}u$ 与 $\mathrm{d}v$ 就不是相互独立的了.

例 17.14　设 $z=\mathrm{e}^u\sin v$，而 $u=xy$，$v=x+y$，求全微分 $\mathrm{d}z$.

解　利用一阶全微分形式不变性知

$$\begin{aligned}
\mathrm{d}z &=\frac{\partial z}{\partial u}\mathrm{d}u+\frac{\partial z}{\partial v}\mathrm{d}v\\
&=(\mathrm{e}^u\sin v)\mathrm{d}(xy)+(\mathrm{e}^u\cos v)\mathrm{d}(x+y)\\
&=(\mathrm{e}^u\sin v)(y\mathrm{d}x+x\mathrm{d}y)+(\mathrm{e}^u\cos v)(\mathrm{d}x+\mathrm{d}y)\\
&=\mathrm{e}^u(y\sin v+\cos v)\mathrm{d}x+\mathrm{e}^u(x\sin v+\cos v)\mathrm{d}y\\
&=\mathrm{e}^{xy}[y\sin(x+y)+\cos(x+y)]\mathrm{d}x++\mathrm{e}^{xy}[x\sin(x+y)+\cos(x+y)]\mathrm{d}y.
\end{aligned}$$

习题 17.3

1. 设 $z=u^2+v^2$，而 $u=x+y$，$v=x-y$，求 $\dfrac{\partial z}{\partial x}$，$\dfrac{\partial z}{\partial y}$.

2. 设 $z=u^2\ln v$，而 $u=\dfrac{x}{y}$，$v=3x-2y$，求 $\dfrac{\partial z}{\partial x}$，$\dfrac{\partial z}{\partial y}$.

3. 设 $z=\mathrm{e}^{x-2y}$，而 $x=\sin t$，$y=t^3$，求 $\dfrac{\mathrm{d}z}{\mathrm{d}t}$.

4. 设 $z=\arcsin(x-y)$，而 $x=3t$，$y=4t^3$，求 $\dfrac{\mathrm{d}z}{\mathrm{d}t}$.

5. 设 $z=\arcsin(xy)$，而 $y=\mathrm{e}^x$，求 $\dfrac{\mathrm{d}z}{\mathrm{d}x}$.

6. 设 $u=\dfrac{\mathrm{e}^{ax}(y-z)}{a^2+1}$，而 $y=a\sin x$，$z=\cos x$（a 为常数），求 $\dfrac{\mathrm{d}u}{\mathrm{d}x}$.

7. 设 $z=\arctan\dfrac{x}{y}$，而 $x=u+v$，$y=u-v$，证明

$$\frac{\partial z}{\partial u}+\frac{\partial z}{\partial v}=\frac{u-v}{u^2+v^2}.$$

§17.4　复合函数求偏导举例

这一节我们通过例子进一步对复合函数的求导法则加以熟悉.

例 17.15　设 $z=uv+\sin t$，而 $u=\mathrm{e}^t$，$v=\cos t$，求全导数 $\dfrac{\mathrm{d}z}{\mathrm{d}t}$.

解
$$\begin{aligned}
\frac{\mathrm{d}z}{\mathrm{d}t}&=\frac{\partial z}{\partial u}\cdot\frac{\mathrm{d}u}{\mathrm{d}t}+\frac{\partial z}{\partial v}\cdot\frac{\partial v}{\partial t}+\frac{\partial z}{\partial t}\\
&=v\cdot\mathrm{e}^t-u\cdot\sin t+\cos t\\
&=\mathrm{e}^t\cos t-\mathrm{e}^t\sin t+\cos t\\
&=\mathrm{e}^t(\cos t-\sin t)+\cos t.
\end{aligned}$$

注　在上面第一个等式中，左边的 $\dfrac{\mathrm{d}z}{\mathrm{d}t}$ 是作为一元函数的复合函数对 t 求导. 右边最后一项 $\dfrac{\partial z}{\partial t}$ 是外函数（作为 u，v，t 的三元函数）对 t 求偏导数. 二者所用符号有所区别.

例 17.16　设 $z=\dfrac{x^2}{y}$，而 $x=u-2v$，$y=2u+v$，计算 $\dfrac{\partial z}{\partial u}$，$\dfrac{\partial z}{\partial v}$.

解
$$\begin{aligned}
\frac{\partial z}{\partial u}&=\frac{\partial z}{\partial x}\frac{\partial x}{\partial u}+\frac{\partial z}{\partial y}\frac{\partial y}{\partial u}=\frac{2x}{y}\cdot 1+\left(-\frac{x^2}{y^2}\right)\cdot 2\\
&=\frac{2(u-2v)}{2u+v}-\frac{2(u-2v)^2}{(2u+v)^2}
\end{aligned}$$

$$= \frac{2(u-2v)(u+3v)}{(2u+v)^2}.$$

$$\frac{\partial z}{\partial v} = \frac{\partial z}{\partial x}\frac{\partial x}{\partial v} + \frac{\partial z}{\partial y}\frac{\partial y}{\partial v} = \frac{2x}{y} \cdot (-2) + \left(-\frac{x^2}{y^2}\right) \cdot 1$$

$$= -\frac{4(u-2v)}{2u+v} - \frac{(u-2v)^2}{(2u+v)^2} = \frac{(2v-u)(9u+2v)}{(2u+v)^2}.$$

例 17.17 设 $z = f(u, x, y) = e^{x^2+y^2+u^2}$，而 $u = x^2 \sin y$. 求 $\dfrac{\partial z}{\partial x}$，$\dfrac{\partial z}{\partial y}$.

解
$$\frac{\partial z}{\partial x} = \frac{\partial f}{\partial u} \cdot \frac{\partial u}{\partial x} + \frac{\partial f}{\partial x}$$

$$= 2u e^{x^2+y^2+u^2} \cdot 2x \sin y + 2x e^{x^2+y^2+u^2}$$

$$= 2x(1 + 2x^2 \sin^2 y) e^{x^2+y^2+u^2}.$$

$$\frac{\partial z}{\partial y} = \frac{\partial f}{\partial u} \cdot \frac{\partial u}{\partial y} + \frac{\partial f}{\partial y}.$$

$$= 2u e^{x^2+y^2+u^2} \cdot x^2 \cos y + 2y e^{x^2+y^2+u^2}$$

$$= (2y + x^4 \sin 2y) e^{x^2+y^2+u^2}.$$

例 17.18 设 $z = (2x+y)^{x+2y}$，计算 $\dfrac{\partial z}{\partial x}$，$\dfrac{\partial z}{\partial y}$.

解 设 $u = 2x+y$，$v = x+2y$，则 $z = u^v$. 于是

$$\frac{\partial z}{\partial x} = \frac{\partial z}{\partial u}\frac{\partial u}{\partial x} + \frac{\partial z}{\partial v}\frac{\partial v}{\partial x} = v u^{v-1} \cdot 2 + u^v \ln u \cdot 1$$

$$= 2(x+2y)(2x+y)^{x+2y-1} + (2x+y)^{x+2y}\ln(2x+y)$$

$$= (2x+y)^{x+2y}\left(\frac{2(x+2y)}{2x+y} + \ln(2x+y)\right).$$

$$\frac{\partial z}{\partial y} = \frac{\partial z}{\partial u}\frac{\partial u}{\partial y} + \frac{\partial z}{\partial v}\frac{\partial v}{\partial y} = v u^{v-1} \cdot 1 + u^v \ln u \cdot 2$$

$$= (x+2y)(2x+y)^{x+2y-1} + 2(2x+y)^{x+2y}\ln(2x+y)$$

$$= (2x+y)^{x+2y}\left(\frac{x+2y}{2x+y} + 2\ln(2x+y)\right).$$

 **习题 17.4**

1. 求下列复合函数的偏导数或导数：

(1) 设 $z = \arctan(xy)$，$y = e^x$，求 $\dfrac{dz}{dx}$；

(2) 设 $z = \ln(u^2 + v^2)$，$u = e^{x+y^2}$，$v = x^2 + y$，求 $\dfrac{\partial z}{\partial x}$，$\dfrac{\partial z}{\partial y}$；

(3) 设 $z = x^2 + xy + y^2$，$x = t^2$，$y = t$，求 $\dfrac{dz}{dt}$；

(4) 设 $z = x^2 \ln y$，$x = \dfrac{u}{v}$，$y = 3u - 2v$，求 $\dfrac{\partial z}{\partial u}$，$\dfrac{\partial z}{\partial v}$；

(5) 设 $u=f(x+y, xy)$，求 $\dfrac{\partial u}{\partial x}$，$\dfrac{\partial u}{\partial y}$；

(6) 设 $u=f\left(\dfrac{x}{y}, \dfrac{y}{z}\right)$，求 $\dfrac{\partial u}{\partial x}$，$\dfrac{\partial u}{\partial y}$，$\dfrac{\partial u}{\partial z}$.

2. 求下列函数的一阶偏导数（其中 f 具有一阶连续偏导数）：

(1) $u=f(x^2-y^2, \mathrm{e}^{xy})$；　　　　　　(2) $u=f\left(\dfrac{x}{y}, \dfrac{y}{z}\right)$；

(3) $u=f(x, xy, xyz)$.

3. 设 $z=xy+xF(u)$，$u=\dfrac{y}{x}$，$F(u)$ 为可导函数，证明：

$$x\frac{\partial z}{\partial x}+y\frac{\partial z}{\partial y}=z+xy.$$

4 设 $z=\dfrac{y}{f(x^2+y^2)}$，其中 $f(u)$ 为可导函数，证明

$$\frac{1}{x}\frac{\partial z}{\partial x}+\frac{1}{y}\frac{\partial z}{\partial y}=\frac{z}{y^2}.$$

5. 设 $f(u, v)$ 具有连续偏导数，且 $f(1, 1)=1$，$f_x(1, 1)=2$，$f_y(1, 1)=3$. 如果 $\varphi(x)=f(x, f(x, x))$，求 $\varphi'(1)$.

6. 设 $z=\dfrac{y}{f(x^2-y^2)}$，其中 $f(t)$ 具有连续导数，且 $f(t)\neq0$，求 $\dfrac{1}{x}\dfrac{\partial z}{\partial x}+\dfrac{1}{y}\dfrac{\partial z}{\partial y}$.

7. 试 φ 和 φ 具有二阶连续导数，证明：

(1) $u=y\varphi(x^2-y^2)$ 满足 $y\dfrac{\partial u}{\partial x}+x\dfrac{\partial u}{\partial y}=\dfrac{x}{y}u$；

(2) $u=\varphi(x-at)+\varphi(x+at)$ 满足波动方程 $\dfrac{\partial^2 u}{\partial t^2}+a^2\dfrac{\partial^2 u}{\partial x^2}$.

§17.5　方向导数与梯度

多元函数的偏导数实质上是函数沿着坐标轴方向上的变化率. 如果我们任意给定一个方向，如何考虑函数沿着这个给定方向上的变化率呢？这就是本节所要讨论的方向导数.

（一）方向导数

$\mathbf{R}^2$ 中的单位向量 $\vec{v}$ 总可以表示为 $\vec{v}=(\cos\alpha, \sin\alpha)$，这里 α 为 $\vec{v}$ 与 x 轴正向的夹角，因此 $\vec{v}$ 代表了一个方向，$\cos\alpha$，$\sin\alpha(=\cos\beta)$ 就是 $\vec{v}$ 的方向余弦（其中 β 为 $\vec{v}$ 与 y 轴正向的夹角）. 设 $P_0(x_0, y_0)\in\mathbf{R}^2$，则以 P_0 为起点、方向为 $\vec{v}$ 的射线（见图 17-6）的参数方程为 $\vec{x}=\overrightarrow{OP_0}+t\vec{v}=(x_0+t\cos\alpha, y_0+t\sin\alpha)$，$t\geq0$.

定义 17.4 设 $D \subset \mathbf{R}^2$ 为开集，$z = f(x, y)$，$(x, y) \in D$ 是定义在 D 上的二元函数，$(x_0, y_0) \in D$ 为一定点，$\vec{v} = (\cos\alpha, \sin\alpha)$ 为一个方向. 如果极限

$$\lim_{t \to 0^+} \frac{f(x_0 + t\cos\alpha, y_0 + t\sin\alpha) - f(x_0, y_0)}{t}$$

存在，则称此极限值为函数 f 在点 (x_0, y_0) 沿方向 $\vec{v}$ 的**方向导数**，记为 $\dfrac{\partial f}{\partial \vec{v}}(x_0, y_0)$.

由于 x 轴和 y 轴的正向单位方向分别为 $\vec{e}_1 = (1, 0)$ 和 $\vec{e}_2 = (0, 1)$，由定义 17.4 立即得到，函数 $f(x, y)$ 在点 (x_0, y_0) 处关于 x（或 y）可偏导的充分必要条件为 $f(x, y)$ 沿方向 $\vec{e}_1$ 和 $-\vec{e}_1$（或方向 $\vec{e}_2$ 和 $-\vec{e}_2$）的方向导数都存在且为相反数，并且这时

$$\frac{\partial f}{\partial x}(x_0, y_0) = \frac{\partial f}{\partial \vec{e}_1}(x_0, y_0), \quad \text{或} \frac{\partial f}{\partial y}(x_0, y_0) = \frac{\partial f}{\partial \vec{e}_2}(x_0, y_0).$$

例 17.19 设 $f(x, y) = \begin{cases} \sin\dfrac{xy}{x-y}, & x-y \neq 0 \\ 0, & x-y = 0 \end{cases}$，求 f 在原点沿方向 $\vec{l} = (\cos\theta, \sin\theta)$ 的方向导数.

解 由定义得

$$\frac{\partial f}{\partial \vec{l}} = \lim_{t \to 0^+} \frac{f(0 + t\cos\theta, 0 + t\sin\theta) - f(0, 0)}{t}$$

$$= \lim_{t \to 0^+} \frac{\sin\left(\dfrac{t^2 \sin\theta\cos\theta}{t\cos\theta - t\sin\theta}\right)}{t}$$

$$= \frac{\sin\theta\cos\theta}{\cos\theta - \sin\theta}.$$

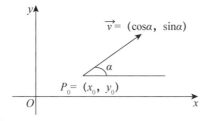

图 17-6

定理 17.7 设 $D \subset \mathbf{R}^2$ 为开集，$(x_0, y_0) \in D$ 为一定点. 如果函数

$$z = f(x, y), \quad (x, y) \in D$$

在点 (x_0, y_0) 处可微，那么对于任一方向 $\vec{v} = (\cos\alpha, \sin\alpha)$，$f$ 在点 (x_0, y_0) 处沿方向 $\vec{v}$ 的方向导数存在，且

$$\frac{\partial f}{\partial \vec{v}}(x_0, y_0) = \frac{\partial f}{\partial x}(x_0, y_0)\cos\alpha + \frac{\partial f}{\partial y}(x_0, y_0)\sin\alpha.$$

证明　由定义和全微分公式，得

$$\frac{\partial f}{\partial \vec{v}}(x_0,y_0)=\lim_{t\to 0^+}\frac{f(x_0+t\cos\alpha,y_0+t\sin\alpha)-f(x_0,y_0)}{t}$$

$$=\lim_{t\to 0^+}\frac{\frac{\partial f}{\partial x}(x_0,y_0)t\cos\alpha+\frac{\partial f}{\partial y}(x_0,y_0)t\sin\alpha+o(t)}{t}$$

$$=\frac{\partial f}{\partial x}(x_0,y_0)\cos\alpha+\frac{\partial f}{\partial y}(x_0,y_0)\sin\alpha.$$

证毕.

对于三元函数，可以完全类似地定义方向导数，且有结论：若三元函数 $f(x,y,z)$ 在点 $P_0(x_0,y_0,z_0)$ 处可微，则 f 在点 P_0 处沿任何方向 $\vec{v}$ 的方向导数存在，且

$$\frac{\partial f}{\partial \vec{v}}=\frac{\partial f}{\partial x}\cos\alpha+\frac{\partial f}{\partial y}\cos\beta+\frac{\partial f}{\partial z}\cos\gamma,$$

其中 $\cos\alpha,\cos\beta,\cos\gamma$ 为 $\vec{v}$ 的方向余弦.

注　在定理 17.7 中，若去掉"$z=f(x,y)$ 在点 (x_0,y_0) 处可微"的条件，则公式

$$\frac{\partial f}{\partial \vec{v}}(x_0,y_0)=\frac{\partial f}{\partial x}(x_0,y_0)\cos\alpha+\frac{\partial f}{\partial y}(x_0,y_0)\sin\alpha$$

不一定成立.

例 17.20　求 $u=x^2+y^2+z^2+xyz$ 在点 $M(1,1,1)$ 处沿方向 $\vec{v}=(1,-1,1)$ 的方向导数.

解　$u_x=2x+yz$，$u_y=2y+xz$，$u_z=2z+xy$. 在点 $M(1,1,1)$ 处 $u_x=u_y=u_z=3$. 方向 $\vec{v}=(1,-1,1)$ 的方向余弦为 $\left\{\frac{1}{\sqrt{3}},-\frac{1}{\sqrt{3}},\frac{1}{\sqrt{3}}\right\}$. 故所求方向导数为

$$\frac{\partial u}{\partial \vec{v}}=3\times\frac{1}{\sqrt{3}}+3\times\frac{-1}{\sqrt{3}}+3\times\frac{1}{\sqrt{3}}=\sqrt{3}.$$

（二）梯度

我们在研究一个物理量 $u(x,y,z)$ 在某一区域的分布时，常常需要考察该区域中有相同物理量的点，也就是满足 $u(x,y,z)=C$（其中 C 是常数）的点. 这个方程在几何上表示一个曲面，我们称它为等量面. 当 C 取不同数值时，所得到的等量面也不同，如气象学中的等温面和等压面、电学中的等位面，等等. 同样地，对于含两个自变量的物理量则有等量线 $u(x,y)=C$.

定义 17.5　设 $D\subset\mathbf{R}^2$ 为开集，$(x_0,y_0)\in D$ 为一定点. 如果函数 $z=f(x,y)$ 在点 (x_0,y_0) 处存在对每个自变量的偏导数，则称向量 $(f_x(x_0,y_0),f_y(x_0,y_0))$ 为 f 在点 (x_0,y_0) 处的**梯度**，记为 $\mathrm{grad}f(x_0,y_0)$，即

$$\mathrm{grad}f(x_0,y_0)=f_x(x_0,y_0)\vec{i}+f_y(x_0,y_0)\vec{j}.$$

向量 grad$f$ 的**长度**（或**模**）为

$$\| \mathrm{grad} f \| = \sqrt{f_x^2(x_0,y_0) + f_y^2(x_0,y_0)}.$$

如果 f 在点 (x_0,y_0) 处可微，$\| \vec{v} \| = 1$（即 $\vec{v}$ 是单位向量），则 f 在点 (x_0,y_0) 处沿方向 $\vec{v}$ 的方向导数可以表示为：

$$\frac{\partial f}{\partial \vec{v}}(x_0,y_0) = \mathrm{grad} f(x_0,y_0) \cdot \vec{v} = \| \mathrm{grad} f(x_0,y_0) \| \cos(\mathrm{grad} f, \vec{v}), \qquad (17.13)$$

其中 $(\mathrm{grad} f, \vec{v})$ 表示 $\mathrm{grad} f$ 与 $\vec{v}$ 的夹角.

由式（17.13）可得：函数 f 在其任何一可微点的方向导数的最大值 $\| \mathrm{grad} f \|$ 在梯度方向达到. 这就是说，沿着梯度方向函数值增加最快. 同样地，f 的方向导数的最小值（$-\| \mathrm{grad} f \|$）在梯度的反方向达到，或者说，沿着梯度相反方向函数值减少最快.

梯度具有下列基本性质：

(1) 若 $f \equiv c(c$ 为常数)，则 $\mathrm{grad} f = 0$；

(2) 若 α，β 为常数，则 $\mathrm{grad}(\alpha f + \beta g) = \alpha \mathrm{grad} f + \beta \mathrm{grad} g$；

(3) $\mathrm{grad}(fg) = f \mathrm{grad} g + g \mathrm{grad} f$；

(4) $\mathrm{grad}\left(\dfrac{f}{g}\right) = \dfrac{g \mathrm{grad} f - f \mathrm{grad} g}{g^2}$ $(g \neq 0)$.

同样地，可以定义一般 n 元函数的梯度：设 $D \subset \mathbf{R}^n$ 为开集，$x^0 = (x_1^0, x_2^0, \cdots, x_n^0) \in D$ 为一定点. 如果函数 $u = f(x_1, x_2, \cdots, x_n)$ 在点 x^0 处对每个自变量的偏导数存在，则我们称向量 $(f_{x_1}(x_1^0, x_2^0, \cdots, x_n^0), f_{x_2}(x_1^0, x_2^0, \cdots, x_n^0), \cdots, f_{x_n}(x_1^0, x_2^0, \cdots, x_n^0))$ 为 f 在点 x^0 处的**梯度**，记为 $\mathrm{grad} f(x_1^0, x_2^0, \cdots, x_n^0)$（或 $\mathrm{grad} f(x^0)$）.

上面叙述的关于梯度的基本性质与公式对一般 n 元函数也成立.

例 17.21　设 $f(x,y) = \dfrac{x^2}{a^2} + \dfrac{y^2}{b^2}$，$a > b > 0$ 定义在上半平面 $\{(x,y) \in \mathbf{R}^2 \mid y \geqslant 0\}$ 上，指出函数值增加最快的方向.

解　由于在梯度不为零向量处，梯度方向就是函数值增加最快的方向，所以在 $(x,y) \neq (0,0)$ 的点，函数 f 的梯度

$$\mathrm{grad} f(x,y) = \frac{2\vec{x}}{a^2}\vec{i} + \frac{2\vec{y}}{b^2}\vec{j}$$

就是函数值增加最快的方向.

例 17.22　求函数 $u = x^2 + 2y^2 + 3z^2 + 3x - 2y$ 在点 $(1,1,2)$ 处的梯度，并问在哪些点处梯度为零向量？

解　由梯度计算公式得

$$\mathrm{grad} u(x,y,z) = \frac{\partial u}{\partial x}\vec{i} + \frac{\partial u}{\partial y}\vec{j} + \frac{\partial u}{\partial z}\vec{k} = (2x+3)\vec{i} + (4y-2)\vec{j} + 6z\vec{k},$$

故 $\mathrm{grad}\, u(1,1,2) = 5\vec{i} + 2\vec{j} + 12\vec{k}$. 在 $P_0\left(-\dfrac{3}{2}, \dfrac{1}{2}, 0\right)$ 处梯度为零向量.

👦 **习题 17.5**

1. 求函数 $u=xy^2+z^3-xyz$ 在点 $(1，1，2)$ 处沿方向 L（其方向角分别为 $60°$，$45°$，$60°$）的方向导数.

2. 求函数 $u=xyz$ 在点 $A(5，1，2)$ 处沿到点 $B(9，4，14)$ 的方向 AB 上的方向导数.

3. 求函数 $z=xe^{2y}$ 在点 $P(1，0)$ 处沿从点 $P(1，0)$ 到点 $Q(2，-1)$ 方向的方向导数.

4. 设 $z=x^2-xy+y^2$，求它在点 $(1，1)$ 处沿方向 $\vec{v}=(\cos a，\sin a)$ 的方向导数，并指出：

　　(1) 沿哪个方向的方向导数最大?

　　(2) 沿哪个方向的方向导数最小?

　　(3) 沿哪个方向的方向导数为零?

5. 如果可微函数 $f(x，y)$ 在点 $(1，2)$ 处沿从点 $(1，2)$ 到点 $(2，2)$ 方向的方向导数为 2，沿从点 $(1，2)$ 到点 $(1，1)$ 方向的方向导数为 -2，求：

　　(1) 这个函数在点 $(1，2)$ 处的梯度；

　　(2) 函数 $f(x，y)$ 在点 $(1，2)$ 处沿从点 $(1，2)$ 到点 $(4，6)$ 方向的方向导数.

6. 求下列函数的梯度：

　　(1) $z=x^2+y^2\sin(xy)$；　　　　(2) $z=1-\left(\dfrac{x^2}{a^2}+\dfrac{y^2}{b^2}\right)$；

　　(3) $u=x^2+2y^2+3z^2+3xy+4yz+6x-2y-5z$，在点 $(1，1，1)$ 处.

7. 求函数 $u=x^2+2y^2+3z^2+xy-4x+2y-4z$ 在点 $A(0，0，0)$ 及点 $B\left(5，-3，\dfrac{2}{3}\right)$ 处的梯度以及它们的模.

8. 对于函数 $f(x，y)=xy$ 在第 Ⅰ 象限（包括边界）的每一点，指出函数值增加最快的方向.

9. 验证函数

$$f(x,y)=\sqrt[3]{xy}$$

在原点 $(0，0)$ 处连续且可偏导，但除方向 $\vec{e_i}$ 和 $-\vec{e_i}(i=1，2)$ 外，其中 $\vec{e_1}=(1，0)$，$\vec{e_2}=(0，1)$，在原点处沿其他方向的方向导数都不存在.

§17.6　高阶偏导数

设 $z=f(x，y)$ 在区域 $D\subset\mathbf{R}^2$ 上具有偏导数

$$\frac{\partial z}{\partial x}=f_x(x，y)，\frac{\partial z}{\partial y}=f_y(x，y).$$

那么在 D 上，$f_x(x, y)$ 和 $f_y(x, y)$ 都是 x, y 的二元函数. 如果这两个偏导函数的偏导数也存在，则称它们是 $f(x, y)$ 的**二阶偏导数**.

按照对自变量的求导次序的不同，$z=f(x, y)$ 的二阶偏导数有下列四种：

$$\frac{\partial^2 z}{\partial x^2}=\frac{\partial}{\partial x}\left(\frac{\partial z}{\partial x}\right)=\frac{\partial}{\partial x}(f_x(x,y))=f_{xx}(x,y),$$

$$\frac{\partial^2 z}{\partial x \partial y}=\frac{\partial}{\partial x}\left(\frac{\partial z}{\partial y}\right)=\frac{\partial}{\partial x}(f_y(x,y))=f_{yx}(x,y),$$

$$\frac{\partial^2 z}{\partial y \partial x}=\frac{\partial}{\partial y}\left(\frac{\partial z}{\partial x}\right)=\frac{\partial}{\partial y}(f_x(x,y))=f_{xy}(x,y),$$

$$\frac{\partial^2 z}{\partial y^2}=\frac{\partial}{\partial y}\left(\frac{\partial z}{\partial y}\right)=\frac{\partial}{\partial y}(f_y(x,y))=f_{yy}(x,y),$$

其中第二个和第三个二阶偏导数既含有对 x 的偏导数，也含有对 y 的偏导数，我们称之为**二阶混合偏导数**. 类似地，可得到三阶、四阶以至更高阶偏导数，记号也类似，如

$$\frac{\partial^3 z}{\partial x^3}, \frac{\partial^3 z}{\partial x^2 \partial y}, \frac{\partial^3 z}{\partial x \partial y^2}, \frac{\partial^3 z}{\partial y^3}, \cdots, \frac{\partial^n z}{\partial x^{m_1} \partial y^{m_2}}(m_1+m_2=n),$$

等等. 二阶及二阶以上的偏导数统称为**高阶偏导数**.

同样地，可对 n 元函数 $u=f(x_1, x_2, \cdots, x_n)$ 定义高阶偏导数.

例 17.23　设 $z=\arctan \dfrac{x+y}{1-xy}$，求 $\dfrac{\partial^2 z}{\partial x^2}, \dfrac{\partial^2 z}{\partial x \partial y}, \dfrac{\partial^2 z}{\partial y \partial x}, \dfrac{\partial^2 z}{\partial y^2}.$

解

$$\frac{\partial z}{\partial x}=\frac{1}{1+\left(\dfrac{x+y}{1-xy}\right)^2} \cdot \frac{(1-xy)-(x+y)(-y)}{(1-xy)^2}=\frac{1+y^2}{(1-xy)^2+(x+y)^2}$$

$$=\frac{1+y^2}{(1+x^2)(1+y^2)}=\frac{1}{1+x^2},$$

因此

$$\frac{\partial^2 z}{\partial x^2}=\frac{-2x}{(1+x^2)^2}, \frac{\partial^2 z}{\partial y \partial x}=\frac{\partial}{\partial y}\left(\frac{\partial z}{\partial x}\right)=\frac{\partial}{\partial y}\left(\frac{1}{1+x^2}\right)=0,$$

同理 $\dfrac{\partial z}{\partial y}=\dfrac{1}{1+y^2}$，因此

$$\frac{\partial^2 z}{\partial x \partial y}=0, \frac{\partial^2 z}{\partial y^2}=\frac{-2y}{(1+y^2)^2}.$$

注意，本例中两个混合偏导数是相等的.

例 17.24　设 $f(x, y)=\begin{cases} xy\dfrac{x^2-y^2}{x^2+y^2}, & x^2+y^2 \neq 0 \\ 0, & x^2+y^2=0 \end{cases}$，求 $\dfrac{\partial^2 z}{\partial x \partial y}(0, 0)$ 与 $\dfrac{\partial^2 z}{\partial y \partial x}(0, 0).$

解　$f(x, y)$ 的一阶偏导数为

$$f_x(x,y)=\begin{cases} y\dfrac{x^4+4x^2y^2-y^4}{(x^2+y^2)^2}, & x^2+y^2\neq 0 \\ 0, & x^2+y^2=0 \end{cases},$$

$$f_y(x,y)=\begin{cases} x\dfrac{x^4-4x^2y^2-y^4}{(x^2+y^2)^2}, & x^2+y^2\neq 0 \\ 0, & x^2+y^2=0 \end{cases}.$$

于是

$$\frac{\partial^2 z}{\partial y\partial x}(0,0)=f_{xy}(0,0)=\lim_{\Delta y\to 0}\frac{f_x(0,0+\Delta y)-f_x(0,0)}{\Delta y}=\lim_{\Delta y\to 0}\frac{-\dfrac{(\Delta y)^5}{(\Delta y)^4}-0}{\Delta y}=-1,$$

$$\frac{\partial^2 z}{\partial x\partial y}(0,0)=f_{yx}(0,0)=\lim_{\Delta x\to 0}\frac{f_y(0+\Delta x,0)-f_y(0,0)}{\Delta x}=\lim_{\Delta x\to 0}\frac{\dfrac{(\Delta x)^5}{(\Delta x)^4}-0}{\Delta x}=1.$$

注意，本例中 $f(x,y)$ 在点（0，0）处的两个混合偏导数不相等.

在例 17.23 中两个二阶混合偏导数相等，而在例 17.24 中两个二阶混合偏导数不相等，因此我们可以得出结论：高阶混合偏导数与求偏导的顺序是有关的. 那么在什么条件下高阶混合偏导数都相等，即高阶混合偏导数在什么条件下与求导顺序无关呢？下面以二元函数为例进行讨论.

定理 17.8　如果函数 $z=f(x,y)$ 的两个混合偏导数 f_{xy} 和 f_{yx} 在点（x_0，y_0）处连续，那么 $f_{xy}(x_0,y_0)=f_{yx}(x_0,y_0)$.

证明　考虑差商

$$I=\frac{[f(x_0+\Delta x,y_0+\Delta y)-f(x_0+\Delta x,y_0)]-[f(x_0,y_0+\Delta y)-f(x_0,y_0)]}{\Delta x\Delta y}.$$

设

$$\varphi(x)=f(x,y_0+\Delta y)-f(x,y_0),$$
$$\psi(y)=f(x_0+\Delta x,y)-f(x_0,y).$$

因为 f 关于 x，y 的偏导数都存在，所以 φ，ψ 都是可导的. 由微分中值定理可得

$$I=\frac{[f(x_0+\Delta x,y_0+\Delta y)-f(x_0+\Delta x,y_0)]-[f(x_0,y_0+\Delta y)-f(x_0,y_0)]}{\Delta x\Delta y}$$

$$=\frac{\varphi(x_0+\Delta x)-\varphi(x_0)}{\Delta x\Delta y}=\frac{\varphi'(x_0+\alpha_1\Delta x)\Delta x}{\Delta x\Delta y}$$

$$=\frac{f_x(x_0+\alpha_1\Delta x,y_0+\Delta y)-f_x(x_0+\alpha_1\Delta x,y_0)}{\Delta y}$$

$$=f_{xy}(x_0+\alpha_1\Delta x,y_0+\alpha_2\Delta y),0<\alpha_1,\alpha_2<1.$$

另外，将 I 重新组合可以得到

$$I = \frac{[f(x_0+\Delta x, y_0+\Delta y) - f(x_0, y_0+\Delta y)] - [f(x_0+\Delta x, y_0) - f(x_0, y_0)]}{\Delta x \Delta y}$$

$$= \frac{\psi(y_0+\Delta y) - \psi(y_0)}{\Delta x \Delta y} = \frac{\psi'(y_0+\alpha_3 \Delta y)\Delta y}{\Delta x \Delta y}$$

$$= \frac{f_y(x_0+\Delta x, y_0+\alpha_3\Delta y) - f_y(x_0, y_0+\alpha_3\Delta y)}{\Delta x}$$

$$= f_{yx}(x_0+\alpha_4\Delta x, y_0+\alpha_3\Delta y), \quad 0 < \alpha_3, \alpha_4 < 1.$$

因此

$$f_{xy}(x_0+\alpha_1\Delta x, y_0+\alpha_2\Delta y) = f_{yx}(x_0+\alpha_4\Delta x, y_0+\alpha_3\Delta y).$$

利用两个混合偏导数 f_{xy} 和 f_{yx} 在点 (x_0, y_0) 处连续的条件，得到

$$f_{xy}(x_0, y_0) = \lim_{(\Delta x, \Delta y) \to (0,0)} f_{xy}(x_0+\alpha_1\Delta x, y_0+\alpha_2\Delta y)$$

$$= \lim_{(\Delta x, \Delta y) \to (0,0)} f_{yx}(x_0+\alpha_4\Delta x, y_0+\alpha_3\Delta y) = f_{yx}(x_0, y_0).$$

证毕.

对于 n 元函数的高阶混合偏导数也有类似的结论：若 n 元函数的高阶混合偏导数连续，则与求导顺序无关.

在科学和工程技术的实际应用中，往往认为所出现的偏导数是连续的，所以不介意求偏导的次序. 例如，$\dfrac{\partial^4 f}{\partial x^2 \partial y^2}$ 就概括了六种不同次序的四阶混合偏导数

$$f_{xxyy}, f_{xyxy}, f_{yxxy}, f_{xyyx}, f_{yxyx}, f_{yyxx}.$$

例 17.25　设 $z = (x^2+y^2)\mathrm{e}^{x+y}$，计算 $\dfrac{\partial^{p+q} z}{\partial x^p \partial y^q}$（$p, q$ 为正整数）.

解　由于

$$\frac{\partial^k}{\partial x^k}(\mathrm{e}^{x+y}) = \frac{\partial^k}{\partial y^k}(\mathrm{e}^{x+y}) = \mathrm{e}^{x+y}, \quad k = 1, 2, \cdots,$$

因此，关于 y 用莱布尼茨公式，得

$$\frac{\partial^q z}{\partial y^q} = (x^2+y^2)\mathrm{e}^{x+y} + \mathrm{C}_q^1(2y)\mathrm{e}^{x+y} + \mathrm{C}_q^2 \cdot 2 \cdot \mathrm{e}^{x+y}$$

$$= [x^2+y^2+2qy+q(q-1)]\mathrm{e}^{x+y}.$$

关于 x 再用一次莱布尼茨公式，就得到

$$\frac{\partial^{p+q} z}{\partial x^p \partial y^q} = [x^2+y^2+2qy+q(q-1)]\mathrm{e}^{x+y} + \mathrm{C}_p^1(2x)\mathrm{e}^{x+y} + \mathrm{C}_p^2 \cdot 2 \cdot \mathrm{e}^{x+y}$$

$$= [x^2+y^2+2(px+qy)+p(p-1)+q(q-1)]\mathrm{e}^{x+y}.$$

 **习题 17.6**

1. 计算下列函数的高阶导数：

   (1) $z=\arctan\dfrac{y}{x}$，求 $\dfrac{\partial^2 z}{\partial x^2}$，$\dfrac{\partial^2 z}{\partial x\,\partial y}$，$\dfrac{\partial^2 z}{\partial y^2}$；

   (2) $z=x\sin(x+y)+y\cos(x+y)$，求 $\dfrac{\partial^2 z}{\partial x^2}$，$\dfrac{\partial^2 z}{\partial x\,\partial y}$，$\dfrac{\partial^2 z}{\partial y^2}$；

   (3) $z=x\mathrm{e}^{xy}$，求 $\dfrac{\partial^3 z}{\partial x^2\,\partial y}$，$\dfrac{\partial^3 z}{\partial x\,\partial y^2}$；

   (4) $u=\ln(ax+by+cz)$，求 $\dfrac{\partial^4 u}{\partial x^4}$，$\dfrac{\partial^4 z}{\partial x^2\,\partial y^2}$；

   (5) $z=(x-a)^p(y-b)^q$，求 $\dfrac{\partial^{p+q} z}{\partial x^p\,\partial y^q}$；

   (6) $u=xyz\mathrm{e}^{x+y+z}$，求 $\dfrac{\partial^{p+q+r} u}{\partial x^p\,\partial y^q\,\partial z^r}$.

2. 设 $f(x,y)$ 具有连续偏导数，且 $f(x,x^2)=1$，$f_x(x,x^2)=x$，求 $f_y(x,x^2)$.

3. 设 $z=f(x^2+y^2)$，其中 f 具有二阶导数，求 $\dfrac{\partial^2 z}{\partial x^2}$，$\dfrac{\partial^2 z}{\partial x\,\partial y}$，$\dfrac{\partial^2 z}{\partial y^2}$.

4. 设 $z=f(x,y)$ 具有二阶连续偏导数，写出 $\dfrac{\partial^2 z}{\partial x^2}+\dfrac{\partial^2 z}{\partial y^2}$ 在坐标变换 $\begin{cases}u=x^2-y^2\\v=2xy\end{cases}$ 下的表达式.

5. 设 $f(x,y)=\displaystyle\int_0^{xy}\mathrm{e}^{-t^2}\,\mathrm{d}t$，求 $\dfrac{x}{y}\dfrac{\partial^2 f}{\partial x^2}-2\dfrac{\partial^2 f}{\partial x\,\partial y}+\dfrac{y}{x}\dfrac{\partial^2 f}{\partial y^2}$.

6. 设 $z=f\left(xy,\dfrac{x}{y}\right)+g\left(\dfrac{x}{y}\right)$，其中 f 具有二阶连续偏导数，g 具有二阶连续导数，求 $\dfrac{\partial^2 z}{\partial x\,\partial y}$.

§17.7 多元函数微分中值定理

在一元函数中，微分中值定理是一个重要内容，有很多重要应用. 一元函数的微分中值定理分为两部分：其一是以一阶导数形式呈现的微分中值定理，即罗尔定理、拉格朗日中值定理和柯西中值定理，而在诸多微分中值定理中拉格朗日中值定理是核心，其他中值定理都可以看作是拉格朗日中值定理的特殊情形；其二是以高阶导数形式呈现的泰勒公式. 当然拉格朗日中值定理是泰勒公式的特殊情形. 本节要将一元函数的拉格朗日中值定理和泰勒公式推广到多元函数的情形，得到多元函数的微分中值定理.

（一）拉格朗日中值定理的推广

在推广拉格朗日中值定理之前，我们要引入凸区域的概念，为多元函数的中值定理作准备.

　　定义 17.6　设 $D \subset \mathbf{R}^n$ 是区域. 若连接 D 中任意两点的线段都完全属于 D，即对于任意两点 P_0，$P_1 \in D$ 和一切 $\lambda \in [0, 1]$，恒有

$$P_0 + \lambda(P_1 - P_0) \in D,$$

则称 D 为**凸区域**.

　　例如 $\mathbf{R}^2$ 上的开圆盘

$$D = \{(x, y) \in \mathbf{R}^2 \mid (x-a)^2 + (y-b)^2 < r^2\}$$

就是凸区域，环域

$$D = \{(x, y) \in \mathbf{R}^2 \mid r^2 < (x-a)^2 + (y-b)^2 < R^2\}, \quad r < R$$

不是凸区域. 又如图 17-7 中，左图是凸区域，右图不是凸区域.

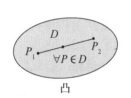
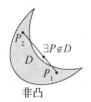

凸　　　　　　　　非凸

图 17-7

　　定理 17.9（二元函数微分中值定理）　设二元函数 $f(x, y)$ 在凸区域 $D \subset \mathbf{R}^2$ 上可微，则对于 D 内任意两点 (x_0, y_0) 和 $(x_0 + \Delta x, y_0 + \Delta y)$，至少存在一个 θ $(0 < \theta < 1)$，使得

$$f(x_0 + \Delta x, y_0 + \Delta y) - f(x_0, y_0)$$
$$= f_x(x_0 + \theta \Delta x, y_0 + \theta \Delta y) \Delta x + f_y(x_0 + \theta \Delta x, y_0 + \theta \Delta y) \Delta y.$$

　　证明　因为 D 是凸区域，(x_0, y_0)，$(x_0 + \Delta x, y_0 + \Delta y) \in D$，所以

$$(x_0 + t \Delta x, y_0 + t \Delta y) \in D, \qquad t \in [0, 1].$$

作辅助函数

$$\varphi(t) = f(x_0 + t \Delta x, y_0 + t \Delta y),$$

这是定义在 $[0, 1]$ 上的一元函数，由已知条件，$\varphi(t)$ 在 $[0, 1]$ 上连续，在 $(0, 1)$ 内可导，且

$$\varphi'(t) = f_x(x_0 + t \Delta x, y_0 + t \Delta y) \Delta x + f_y(x_0 + t \Delta x, y_0 + t \Delta y) \Delta y.$$

由一元函数的拉格朗日中值定理可知，存在 θ $(0 < \theta < 1)$，使得

$$\varphi(1) - \varphi(0) = \varphi'(\theta).$$

注意，$\varphi(1) = f(x_0 + \Delta x, y_0 + \Delta y)$，$\varphi(0) = f(x_0, y_0)$，并将 $\varphi'(t)$ 的表达式代入上式，即得到定理的结论. 证毕.

推论 17.2 如果函数 $f(x, y)$ 在区域 $D \subset \mathbf{R}^2$ 上的所有一阶偏导数恒为零，那么 $f(x, y)$ 在 D 上必是常值函数.

证明 首先证明对于 D 内任意一点 (x', y')，均存在邻域 $U((x', y'); r')$，使得 $f(x, y)$ 在该邻域内为常值.

任取 $(x', y') \in D$，则存在 $r' > 0$，使得点 (x', y') 的邻域 $U((x', y'); r') \subset D$. 邻域 $U((x', y'); r')$ 当然是凸区域，由定理 17.9 知，对任意的 $(x, y) \in U((x', y'); r')$，存在 $\theta(0 < \theta < 1)$，使得

$$f(x, y) - f(x', y') = f_x(x' + \theta \Delta x, y' + \theta \Delta y) \Delta x + f_y(x' + \theta \Delta x, y' + \theta \Delta y) \Delta y = 0,$$

其中 $\Delta x = x - x'$，$\Delta y = y - y'$. 因此

$$f(x, y) = f(x', y'), \qquad (x, y) \in u((x', y'); r'),$$

即 $f(x, y)$ 在 $u((x', y'); r')$ 上是常值函数.

下证 $f(x, y)$ 在 D 上是常值函数.

设 (x_0, y_0) 为区域 D 上一定点，(x, y) 为区域 D 上任意一点，由区域的定义，存在连续映射 $\gamma: [0, 1] \to D$，满足 $\gamma([0, 1]) \subset D$，$\gamma(0) = (x_0, y_0)$，$\gamma(1) = (x, y)$，即 γ 是区域 D 中以 (x_0, y_0) 为起点，以 (x, y) 为终点的道路（折线段）. 于是函数 $f(\gamma(t))$ 在 $[0, 1]$ 连续，且满足

$$f(\gamma(0)) = f(x_0, y_0), f(\gamma(1)) = f(x, y).$$

记

$$t_0 = \sup\{s \in [0, 1] \mid f(\gamma(t)) = f(\gamma(0)) = f(x_0, y_0), t \in [0, s]\},$$

则 $t_0 > 0$，且由 $f(\gamma(t))$ 的连续性，有 $f(\gamma(t_0)) = f(x_0, y_0)$.

由于 $\gamma(t_0) \in D$，根据上面的证明，存在 $\gamma(t_0)$ 的邻域 $U(\gamma(t_0); r_0)$，使得 $U(\gamma(t_0); r_0) \subset D$，且对于一切 $(x, y) \in U(\gamma(t_0); r_0)$，

$$f(x, y) = f(\gamma(t_0)) = f(x_0, y_0).$$

如果 $t_0 < 1$，则由 $\gamma(t)$ 的连续性可知，存在充分小的 $\Delta t > 0$，有 $t_0 + \Delta t < 1$ 及 $\gamma(t_0 + \Delta t) \in U(\gamma(t_0); r_0)$，从而 $f(\gamma(t_0 + \Delta t)) = f(\gamma(t_0)) = f(x_0, y_0)$，这与 t_0 是上确界的定义矛盾，于是必有 $t_0 = 1$. 所以

$$f(x, y) = f(\gamma(1)) = f(\gamma(0)) = f(x_0, y_0),$$

即 $f(x, y)$ 在 D 上是常值函数. 证毕.

对于一般的 n 元函数亦有中值定理.

定理 17.10（n 元函数微分中值定理） 设 n 元函数 $f(x_1, x_2, \cdots, x_n)$ 在凸区域 $D \subset \mathbf{R}^n$ 上连续，且在 D 上可微，则对于 D 内任意两点 $(x_1^0, x_2^0, \cdots, x_n^0)$，$(x_1^0 + \Delta x_1, x_2^0 + \Delta x_2, \cdots, x_n^0 + \Delta x_n)$，至少存在一个 $\theta(0 < \theta < 1)$，使得

$$f(x_1^0 + \Delta x_1, x_2^0 + \Delta x_2, \cdots, x_n^0 + \Delta x_n) - f(x_1^0, x_2^0, \cdots, x_n^0)$$

$$= \sum_{i=1}^{n} f_{x_i}(x_1^0 + \theta \Delta x_1, x_2^0 + \theta \Delta x_2, \cdots, x_n^0 + \theta \Delta x_n) \Delta x_i.$$

例 17.26　对 $f(x, y) = \dfrac{1}{\sqrt{x^2 - 2xy + 1}}$，应用微分中值定理证明：存在某个 $\theta(0 < \theta < 1)$，使得

$$1 - \sqrt{2} = \sqrt{2}(1 - 3\theta)(1 - 2\theta + 3\theta^2)^{-3/2}.$$

分析　将上式改写成

$$\frac{1 - \sqrt{2}}{\sqrt{2}} = (1 - 3\theta)(1 - 2\theta + 3\theta^2)^{-3/2}.$$

左边恰好是

$$f(1, 0) - f(0, 1) = \frac{1}{\sqrt{2}} - 1.$$

故应在两点 $P_1(1, 0)$，$P_2(1, 0)$ 之间应用微分中值定理.

证明　首先，当 $x^2 + y^2 \leqslant 1$ 时，有 $x^2 - 2xy + 1 > 0$，因此 f 连续，且

$$f_x = -\frac{x - y}{(x^2 - 2xy + 1)^{3/2}}, \quad f_y = \frac{x}{(x^2 - 2xy + 1)^{3/2}}.$$

易知 f_x，f_y 在凸闭域 $D = \{(x, y) \mid x^2 + y^2 \leqslant 1\}$ 上连续，$P_1(1, 0)$，$P_2(1, 0) \in D$. 由定理 17.9 知，存在 $\theta(0 < \theta < 1)$ 使得

$$\frac{1}{\sqrt{2}} - 1 = f(1, 0) - f(0, 1) = f_x(0 + \theta, 1 - \theta) \cdot 1 + f_y(0 + \theta, 1 - \theta) \cdot (-1)$$

$$= -\frac{\theta - (1 - \theta)}{[\theta^2 - 2\theta(1 - \theta) + 1]^{3/2}} \cdot 1 + \frac{\theta}{[\theta^2 - 2\theta(1 - \theta) + 1]^{3/2}} \cdot (-1)$$

$$= (1 - 3\theta)(1 - 2\theta + 3\theta^2)^{-3/2}.$$

（二）泰勒公式

利用一元函数的泰勒公式，我们可用 n 次多项式来近似表达函数 $f(x)$，且当 $x \to x_0$ 时，误差是比 $(x - x_0)^n$ 更高阶的无穷小. 对多元函数来说，无论是为了理论还是实际计算的目的，都有必要考虑用多个变量的多项式来近似表达一个给定的多元函数，并能具体地估算出误差的大小. 为了解决这个问题，就把一元函数的泰勒公式推广到多元函数的情形. 这里以二元函数为例，叙述如下.

定理 17.11（泰勒公式）　设 $f(x, y)$ 在点 (x_0, y_0) 的邻域 $U = U((x_0, y_0); r)$ 内具有 $k + 1$ 阶连续偏导数，那么对于 U 内每一点 $(x_0 + \Delta x, y_0 + \Delta y)$，

$$f(x_0 + \Delta x, y_0 + \Delta y)$$

$$= f(x_0, y_0) + \left(\Delta x \frac{\partial}{\partial x} + \Delta y \frac{\partial}{\partial y}\right) f(x_0, y_0) + \frac{1}{2!}\left(\Delta x \frac{\partial}{\partial x} + \Delta y \frac{\partial}{\partial y}\right)^2 f(x_0, y_0) + \cdots$$

$$+ \frac{1}{k!}\left(\Delta x \frac{\partial}{\partial x} + \Delta y \frac{\partial}{\partial y}\right)^k f(x_0, y_0) + R_k,$$

$$(17.14)$$

其中 $R_k = \dfrac{1}{(k+1)!}\left(\Delta x\dfrac{\partial}{\partial x}+\Delta y\dfrac{\partial}{\partial y}\right)^{k+1}f(x_0+\theta\Delta x,\ y_0+\theta\Delta y)$ $(0<\theta<1)$，称 R_k 为**拉格朗日余项**.

这里，$\left(\Delta x\dfrac{\partial}{\partial x}+\Delta y\dfrac{\partial}{\partial y}\right)^p f(x_0,y_0)=\displaystyle\sum_{i=0}^{p}C_p^i\dfrac{\partial^p}{\partial x^{p-i}\partial y^i}f(x_0,y_0)(\Delta x)^{p-i}(\Delta y)^i$ $(p\geqslant 1)$.

证明　对于给定点 $(x_0+\Delta x,\ y_0+\Delta y)\in U$，构造辅助函数

$$\phi(t)=f(x_0+t\Delta x,y_0+t\Delta y).$$

则由定理条件，一元函数 $\phi(t)$ 在 $|t|\leqslant 1$ 上具有 $k+1$ 阶连续导数，因此在 $t=0$ 处有泰勒公式

$$\phi(t)=\phi(0)+\phi'(0)t+\frac{1}{2!}\phi''(0)t^2+\cdots+\frac{1}{k!}\phi^{(k)}(0)t^k+\frac{1}{(k+1)!}\phi^{(k+1)}(\theta t)t^{k+1},0<\theta<1.$$

特别地，当 $t=1$ 时，有

$$\phi(1)=\phi(0)+\phi'(0)+\frac{1}{2!}\phi''(0)+\cdots+\frac{1}{k!}\phi^{(k)}(0)+\frac{1}{(k+1)!}\phi^{(k+1)}(\theta),0<\theta<1.$$

应用复合函数求导的链式法则易算出

$$\phi'(t)=\left(\Delta x\frac{\partial}{\partial x}+\Delta y\frac{\partial}{\partial y}\right)f(x_0+t\Delta x,y_0+t\Delta y),$$

$$\phi''(t)=\left(\Delta x\frac{\partial}{\partial x}+\Delta y\frac{\partial}{\partial y}\right)^2 f(x_0+t\Delta x,y_0+t\Delta y),$$

$$\cdots\cdots$$

$$\phi^{(k)}(t)=\left(\Delta x\frac{\partial}{\partial x}+\Delta y\frac{\partial}{\partial y}\right)^k f(x_0+t\Delta x,y_0+t\Delta y),$$

代入上面 $\phi(1)$ 的表示式即得定理结论. 证毕.

式（17.14）称为二元函数 $f(x,\ y)$ 在点 $(x_0,\ y_0)$ 处的 **k 阶泰勒公式**.

当 $k=0$ 时，就得到在 U 上的二元函数微分中值公式：

$$f(x_0+\Delta x,y_0+\Delta y)-f(x_0,y_0)$$
$$=f_x(x_0+\theta\Delta x,y_0+\theta\Delta y)\Delta x+f_y(x_0+\theta\Delta x,\theta\Delta y)\Delta y,\quad 0<\theta<1.$$

推论 17.3　设 $f(x,\ y)$ 在点 $(x_0,\ y_0)$ 的某个邻域上具有 $k+1$ 阶连续偏导数，那么在点 $(x_0,\ y_0)$ 附近

$$f(x_0+\Delta x,y_0+\Delta y)$$
$$=f(x_0,y_0)+\left(\Delta x\frac{\partial}{\partial x}+\Delta y\frac{\partial}{\partial y}\right)f(x_0,y_0)+\frac{1}{2!}\left(\Delta x\frac{\partial}{\partial x}+\Delta y\frac{\partial}{\partial y}\right)^2 f(x_0,y_0)+\cdots$$
$$+\frac{1}{k!}\left(\Delta x\frac{\partial}{\partial x}+\Delta y\frac{\partial}{\partial y}\right)^k f(x_0,y_0)+o\big((\sqrt{(\Delta x)^2+(\Delta y)^2})^k\big),$$

其中的余项 $o((\sqrt{(\Delta x)^2 + (\Delta y)^2})^k)$ 称为**皮亚诺型余项**.

例 17.27 利用计算机求 $\dfrac{\partial f}{\partial x}$ 在点 (x, y) 的值时，通常选取一个很小的步长 h，然后用中心差商

$$\frac{f\left(x+\dfrac{h}{2}, y\right) - f\left(x-\dfrac{h}{2}, y\right)}{h}$$

近似代替 $\dfrac{\partial}{\partial x} f(x, y)$. 对 $\dfrac{\partial^2}{\partial x^2} f(x, y)$ 作同样处理，即有

$$
\begin{aligned}
\frac{\partial^2}{\partial x^2} f(x, y) &\approx \frac{1}{h}\left[\frac{\partial}{\partial x} f\left(x+\frac{h}{2}, y\right) - \frac{\partial}{\partial x} f\left(x-\frac{h}{2}, y\right)\right] \\
&\approx \frac{\dfrac{f(x+h, y) - f(x, y)}{h} - \dfrac{f(x, y) - f(x-h, y)}{h}}{h} \\
&= \frac{f(x+h, y) - 2f(x, y) + f(x-h, y)}{h^2}.
\end{aligned}
$$

在 y 方向也采用这个方法，并记

$$\Delta_h f(x, y) = \frac{f(x+h, y) + f(x, y+h) + f(x-h, y) + f(x, y-h) - 4f(x, y)}{h^2}$$

就可以通过计算 $\Delta_h f(x, y)$ 来求得 $\left(\dfrac{\partial^2}{\partial x^2} + \dfrac{\partial^2}{\partial y^2}\right) f(x, y)$ 的近似值.

可以类似得到一般 n 元函数的泰勒公式.

定理 17.12 设 n 元函数 $f(x_1, x_2, \cdots, x_n)$ 在点 $(x_1^0, x_2^0, \cdots, x_n^0)$ 附近具有 $k+1$ 阶连续偏导数，那么在该点附近有如下泰勒公式：

$$
\begin{aligned}
&f(x_1^0 + \Delta x_1, x_2^0 + \Delta x_2, \cdots, x_n^0 + \Delta x_n) \\
&= f(x_1^0, x_2^0, \cdots, x_n^0) + \left(\sum_{i=1}^{n} \Delta x_i \frac{\partial}{\partial x_i}\right) f(x_1^0, x_2^0, \cdots, x_n^0) + \frac{1}{2!}\left(\sum_{i=1}^{n} \Delta x_i \frac{\partial}{\partial x_i}\right)^2 f(x_1^0, x_2^0, \cdots, x_n^0) \\
&\quad + \cdots + \frac{1}{k!}\left(\sum_{i=1}^{n} \Delta x_i \frac{\partial}{\partial x_i}\right)^k f(x_1^0, x_2^0, \cdots, x_n^0) + R_k,
\end{aligned}
$$

其中

$$R_k = \frac{1}{(k+1)!}\left(\sum_{i=1}^{n} \Delta x_i \frac{\partial}{\partial x_i}\right)^{k+1} f(x_1^0 + \theta \Delta x_1, x_2^0 + \theta \Delta x_2, \cdots, x_n^0 + \theta \Delta x_n), \quad 0 < \theta < 1$$

为拉格朗日余项.

例 17.28 求 $f(x, y) = x^y$ 在点 $(1, 4)$ 的泰勒公式（到二次项为止），并用它计算 $1.08^{3.96}$.

解 由于 $x_0 = 1$，$y_0 = 4$，$n = 4$，因此有

$$f(1,4)=1,$$
$$f_x(x,y)=yx^{y-1}, f_x(1,4)=4,$$
$$f_y(x,y)=x^y\ln x, f_y(1,4)=0,$$
$$f_{xx}(x,y)=y(y-1)x^{y-2}, f_{xx}(1,4)=12,$$
$$f_{xy}(x,y)=x^{y-1}+yx^{y-1}\ln x, f_{xy}(1,4)=1,$$
$$f_{yy}(x,y)=x^y(\ln x)^2, f_{yy}(1,4)=0.$$

将它们代入泰勒公式，即有

$$f(x,y)=x^y=1+4(x-1)+6(x-1)^2+(x-1)(y-4)+o(\rho^2).$$

若略去余项，并令 $x=1.08$，$y=3.96$，则有

$$1.08^{3.96}\approx 1+4\times 0.08+6\times 0.08^2-0.08\times 0.04=1.355\,2.$$

 **习题 17.7**

1. 对 $F(x, y)=\sin x\cos y$，利用中值定理，证明对某 $\theta\in(0,1)$，有

$$\frac{3}{4}=\frac{\pi}{3}\cos\frac{\pi\theta}{3}\cos\frac{\pi\theta}{6}-\frac{\pi}{6}\sin\frac{\pi\theta}{3}\sin\frac{\pi\theta}{6}.$$

2. 设二元函数 $f(x, y)$ 在区域 $D=\{(x, y)\mid x+y\leqslant 1\}$ 上可微，且对 $\forall(x, y)\in D$，有

$$\left|\frac{\partial f}{\partial x}\right|\leqslant 1,\left|\frac{\partial f}{\partial y}\right|\leqslant 1.$$

证明：对任意 $(x_1, y_1)\in D$，$(x_2, y_2)\in D$ 成立.

$$|f(x_2,y_2)-f(x_1,y_1)|\leqslant|x_2-x_1|+|y_2-y_1|.$$

3. 写出函数 $f(x, y)=3x^3+y^3-2x^2y-2xy^2-6x-8y+9$ 在点 $(1, 2)$ 的泰勒展开式.

4. 求下列函数在指定点处的泰勒公式：

   (1) $f(x, y)=\sin(x^2+y^2)$ 在点 $(0, 0)$（到二阶为止）；

   (2) $f(x, y)=\frac{x}{y}$ 在点 $(1, 1)$（到三阶为止）；

   (3) $f(x, y)=\ln(1+x+y)$ 在点 $(0, 0)$（到三阶为止）；

   (4) $f(x, y)=2x^2-xy-y^2-6x-3y+5$ 在点 $(1, -2)$.

5. 求函数 $f(x, y)=\sin x\ln(1+y)$ 在点 $(0, 0)$ 的泰勒展开式（展开到三阶导数为止）.

6. 求函数 $f(x, y)=e^{x+y}$ 在点 $(0, 0)$ 的 n 阶泰勒展开式，并写出余项.

7. 设 $f(x, y)=\frac{\cos y}{x}$，$x>0$.

   (1) 求 $f(x, y)$ 在点 $(1, 0)$ 的泰勒展开式（展开到二阶导数），并计算余项 R_2；

（2）求 $f(x,y)$ 在点（1，0）的 k 阶泰勒展开式，并证明在点（1，0）的某个邻域内，余项 R_k 满足当 $k\rightarrow\infty$ 时，$R_k\rightarrow0$.

8. 利用泰勒公式近似计算 $8.96^{2.03}$（展开到二阶导数）.

§17.8 多元函数的极值

（一）极值的定义

定义 17.7 设函数 $f(P)$ 在点 P_0 的某邻域 $U(P_0)$ 内有定义，若对于 $U(P_0)$ 内异于 P_0 的点 P 有不等式 $f(P)\leqslant f(P_0)$，则称函数 $f(P)$ 在点 P_0 处取**极大值**，极大值为 $f(P_0)$，且称 P_0 为 $f(P)$ 的**极大值点**；若对于 $U(P_0)$ 内异于 P_0 的点 P 有不等式 $f(P)\geqslant f(P_0)$，则称函数 $f(P)$ 在点 P_0 处取**极小值**，极小值为 $f(P_0)$，且称 P_0 为 $f(P)$ 的**极小值点**. 极大值与极小值统称为**函数的极值**，极大值点与极小值点统称为**极值点**.

注意，这里讨论的极值点只限于定义域的内点.

（二）取得极值的条件

下面来考察函数取极值的条件. 首先给出函数在一个点取极值的必要条件，然后给出函数取极值的充分条件.

定理 17.13（极值的必要条件） 设 P_0 为函数 f 的极值点，且 f 在点 P_0 的所有一阶偏导数都存在，则 f 在点 P_0 的各个一阶偏导数都为零. 若记 $P_0=(x_1^0,x_2^0,\cdots,x_n^0)$，则

$$f_{x_1}(P_0)=f_{x_2}(P_0)=\cdots=f_{x_n}(P_0)=0.$$

证明 只证明 $f_{x_1}(P_0)=0$，其他类似. 考虑一元函数

$$\varphi(x_1)=f(x_1,x_2^0,\cdots,x_n^0),$$

则 x_1^0 是 $\varphi(x_1)$ 的极值点. 由于 f 在点 x_0 处可偏导，因此 $\varphi(x_1)$ 在点 x_1^0 处可导，由费马定理，即得到

$$\varphi'(x_1^0)=f_{x_1}(x_1^0,x_2^0,\cdots,x_n^0)=0.$$

证毕.

使函数 f 的各个一阶偏导数同时为零的点称为 f 的**驻点**（或**稳定点**）.

注 定理 17.13 说明，存在偏导数的函数的极值点一定是驻点. 但反过来的结论不成立，即驻点不一定是极值点. 如马鞍面方程 $f(x,y)=xy$ 满足 $f_x(0,0)=f_y(0,0)=0$，但在点（0，0）的任何邻域里，总同时存在使 $f(x,y)$ 为正和为负的点，而 $f(0,0)=0$，因此点（0，0）不是 f 的极值点.

其次，偏导数不存在的点也可能是极值点. 如柱面方程 $f(x,y)=|x|$，整个 y 轴上的任一点（0，y）都是 f 的极小值点. 但在 y 轴上的任一点（0，y）处，f 关于 x 的偏导数都不存在（见图 17-8）.

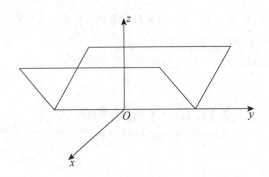

图 17 - 8

综上所述，若 f 在点 P_0 处取得极值，则 P_0 一定是 f 的驻点或 f 在点 P_0 的偏导数不存在.

那么，要对 f 加上什么条件才能保证驻点是极值点呢？我们先对二元函数进行讨论.

设 $z=f(x, y)$ 在点 (x_0, y_0) 附近具有二阶连续偏导数，且 (x_0, y_0) 为 f 的驻点，即 $f_x(x_0, y_0)=f_y(x_0, y_0)=0$，那么由泰勒公式得到

$$f(x_0+\Delta x, y_0+\Delta y)-f(x_0, y_0)=\frac{1}{2}\{f_{xx}(\widetilde{P})(\Delta x)^2+2f_{xy}(\widetilde{P})\Delta x\Delta y+f_{yy}(\widetilde{P})(\Delta y)^2\},$$

其中 $\widetilde{P}=(x_0+\theta\Delta x, y_0+\theta\Delta y)$，$0<\theta<1$. 由于 f 的二阶偏导数在点 (x_0, y_0) 处连续，因此

$$f_{xx}(\widetilde{P})=f_{xx}(x_0,y_0)+\alpha, \quad f_{xy}(\widetilde{P})=f_{xy}(x_0,y_0)+\beta, \quad f_{yy}(\widetilde{P})=f_{yy}(x_0,y_0)+\gamma,$$

其中 α，β，γ 为当 $\rho=\sqrt{(\Delta x)^2+(\Delta y)^2}\to0$ 时的无穷小量. 于是

$$f(x_0+\Delta x, y_0+\Delta y)-f(x_0,y_0)$$

$$=\frac{1}{2}\{f_{xx}(x_0,y_0)(\Delta x)^2+2f_{xy}(x_0,y_0)\Delta x\Delta y+f_{yy}(x_0,y_0)(\Delta y)^2+\alpha(\Delta x)^2+2\beta\Delta x\Delta y+\gamma(\Delta y)^2\}$$

$$=\frac{1}{2}\rho^2\{f_{xx}(x_0,y_0)\xi^2+2f_{xy}(x_0,y_0)\xi\eta+f_{yy}(x_0,y_0)\eta^2+o(1)\} \quad (\rho\to0),$$

其中 $\xi=\dfrac{\Delta x}{\rho}$，$\eta=\dfrac{\Delta y}{\rho}$.

由于 $\xi^2+\eta^2=1$，因此，判断 $f(x_0, y_0)$ 是否为极值的问题就转化为判断二次型

$$g(\xi,\eta)=f_{xx}(x_0,y_0)\xi^2+2f_{xy}(x_0,y_0)\xi\eta+f_{yy}(x_0,y_0)\eta^2$$

在单位圆周

$$S=\{(\xi,\eta)\in\mathbf{R}^2\,|\,\xi^2+\eta^2=1\}$$

上是否保号的问题.

若二次型 $g(\xi, \eta)$ 是正定的，那么 $g(\xi, \eta)$ 在 S 上的最小值一定满足

$$\min_{(\xi,\eta)\in S}\{g(\xi,\eta)\}=m>0.$$

因此当 $\rho \neq 0$ 且 ρ 充分小时，

$$f(x_0 + \Delta x, y_0 + \Delta y) - f(x_0, y_0)$$

$$= \frac{1}{2} \rho^2 \{ f_{xx}(x_0, y_0) \xi^2 + 2 f_{xy}(x_0, y_0) \xi \eta + f_{yy}(x_0, y_0) \eta^2 + o(1) \}$$

$$\geqslant \frac{1}{2} \rho^2 \{ m + o(1) \} > 0,$$

即 $f(x_0, y_0)$ 为极小值.

类似地，若二次型 $g(\xi, \eta)$ 为负定的，那么 $f(x_0, y_0)$ 为极大值. 若二次型 $g(\xi, \eta)$ 是不定的，则 $f(x_0, y_0)$ 既不是极大值，也不是极小值（读者请自行证明）.

综合以上讨论，结合代数学的知识，就得到如下定理.

定理 17.14（极值的充分条件） 设 (x_0, y_0) 为 f 的驻点，f 在点 (x_0, y_0) 附近具有二阶连续偏导数. 记

$$A = f_{xx}(x_0, y_0), \quad B = f_{xy}(x_0, y_0), \quad C = f_{yy}(x_0, y_0),$$

并记

$$H = \begin{vmatrix} A & B \\ B & C \end{vmatrix} = AC - B^2.$$

则

(1) 当 $H > 0$ 且 $A > 0$ 时，$f(x_0, y_0)$ 为极小值；

(2) 当 $H > 0$ 且 $A < 0$ 时，$f(x_0, y_0)$ 为极大值；

(3) 当 $H < 0$ 时，$f(x_0, y_0)$ 不是极值.

注 当 $H = 0$ 时，不难举例说明，$f(x_0, y_0)$ 可能是极值，也可能不是极值.

对于一般的多元函数，可得出完全类似的结论.

定理 17.15 设 n 元函数 $f(P)$ 在 $P_0(x_1^0, x_2^0, \cdots, x_n^0)$ 附近具有二阶连续偏导数，且 P_0 为 $f(P)$ 的驻点. 那么当二次型

$$g(\xi) = \sum_{i,j=1}^{n} f_{x_i x_j}(P_0) \xi_i \xi_j$$

正定时，$f(P_0)$ 为极小值；当 $g(\xi)$ 负定时，$f(P_0)$ 为极大值；当 $g(\xi)$ 不定时，$f(P_0)$ 不是极值.

记 $a_{ij} = f_{x_i x_j}(P_0)$，并记

$$A_k = \begin{pmatrix} a_{11} & a_{12} & \cdots & a_{1k} \\ a_{21} & a_{22} & \cdots & a_{2k} \\ \vdots & \vdots & & \vdots \\ a_{k1} & a_{k2} & \cdots & a_{kk} \end{pmatrix},$$

称 A_k 为 f 的 k 阶**黑塞（Hesse）**矩阵. 由代数学知识即可得到如下推论.

推论 17.4 若 $\det A_k > 0 (k = 1, 2, \cdots, n)$，则二次型 $g(\xi)$ 是正定的，此时 $f(P_0)$

为极小值；若 $(-1)^k \det A_k > 0 (k=1, 2, \cdots, n)$，则二次型 $g(\xi)$ 是负定的，此时 $f(P_0)$ 为极大值.

最值问题是求函数在其定义域内某个区域上的最大值和最小值. 最值点可能在区域内部（此时必是极值点），也可能在区域的边界上. 因此，求函数的最值时，要求出它在区域内部的所有极值以及在区域边界上的最值，再加以比较，从中找出 f 在整个区域上的最值.

（三）极值计算举例

例 17.29 求函数 $f(x, y)=xy(a-x-y)$ $(a\neq 0)$ 的极值.

解 先找驻点，即解方程组

$$\begin{cases} \dfrac{\partial f}{\partial x}=y(a-x-y)-xy=0 \\ \dfrac{\partial f}{\partial y}=x(a-x-y)-xy=0 \end{cases}.$$

易解出驻点为 $(0, 0)$，$(a, 0)$，$(0, a)$ 和 $\left(\dfrac{a}{3}, \dfrac{a}{3}\right)$. 再求二阶偏导数，

$$\dfrac{\partial^2 f}{\partial x^2}=-2y, \dfrac{\partial^2 f}{\partial x \partial y}=a-2x-2y, \dfrac{\partial^2 f}{\partial y^2}=-2x,$$

得到计算结果列表如下：

	A	B	C	H
$(0, 0)$	0	a	0	$-a^2$
$(a, 0)$	0	$-a$	$-2a$	$-a^2$
$(0, a)$	$-2a$	$-a$	0	$-a^2$
$\left(\dfrac{a}{3}, \dfrac{a}{3}\right)$	$-\dfrac{2}{3}a$	$-\dfrac{a}{3}$	$-\dfrac{2}{3}a$	$\dfrac{1}{3}a^2$

从表中可以看出，$(0, 0)$，$(a, 0)$ 和 $(0, a)$ 都不是 f 的极值点. 而在点 $\left(\dfrac{a}{3}, \dfrac{a}{3}\right)$ 处，当 $a>0$ 时，$f\left(\dfrac{a}{3}, \dfrac{a}{3}\right)=\dfrac{a^3}{27}$ 为极大值；当 $a<0$ 时，$f\left(\dfrac{a}{3}, \dfrac{a}{3}\right)=\dfrac{a^3}{27}$ 为极小值.

例 17.30 讨论 $f(x, y)=x^2-2xy^2+y^4-y^5$ 的极值.

解 解方程组

$$\begin{cases} \dfrac{\partial f}{\partial x}=2x-2y^2=0 \\ \dfrac{\partial f}{\partial y}=-4xy+4y^3-5y^4=0 \end{cases}.$$

求得驻点 $(0, 0)$. 再计算二阶偏导数，

$$\frac{\partial^2 f}{\partial x^2}=2, \frac{\partial^2 f}{\partial x \partial y}=-4y, \frac{\partial^2 f}{\partial y^2}=-4x+12y^2-20y^3.$$

在点 （0，0） 处有 $AC-B^2=0$，这时候无法用定理判定.

注意到 $f(0,0)=0$，以及 $f(x,y)=(x-y^2)^2-y^5$，那么，在曲线 $x=y^2$，$y>0$ 上 $f(x,y)<0$；在曲线 $x=y^2$，$y<0$ 上 $f(x,y)>0$. 因此 $f(0,0)=0$ 不是极值 （见图 17-9）.

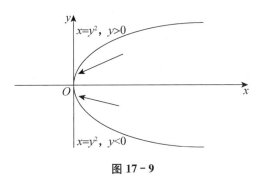

图 17-9

例 17.31 设 $f(x_1, x_2, \cdots, x_n)=e^{-x_1^2-x_2^2-\cdots-x_n^2}$，讨论 f 的极值.

解 显然

$$f_{x_i}(x_1,x_2,\cdots,x_n)=-2x_i e^{-x_1^2-x_2^2-\cdots-x_n^2}, i=1,2,\cdots,n.$$

令 $f_{x_1}=f_{x_2}=\cdots=f_{x_n}=0$，解得驻点为 （0，0，$\cdots$，0）. 再计算二阶偏导数得到

$$f_{x_i x_i}(x_1,x_2,\cdots,x_n)=-2(1-2x_i^2) e^{-x_1^2-x_2^2-\cdots-x_n^2}, i=1,2,\cdots,n,$$

及

$$f_{x_i x_j}(x_1,x_2,\cdots,x_n)=4x_i x_j e^{-x_1^2-x_2^2-\cdots-x_n^2}, i,j=1,2,\cdots,n,i\neq j.$$

那么

$$f_{x_i x_i}(0,0,\cdots,0)=-2, i=1,2,\cdots,n,$$
$$f_{x_i x_j}(0,0,\cdots,0)=0, i,j=1,2,\cdots,n,i\neq j.$$

因此 f 的黑塞矩阵为

$$A_k=\begin{pmatrix} -2 & 0 & \cdots & 0 \\ 0 & -2 & \cdots & 0 \\ \vdots & \vdots & & \vdots \\ 0 & 0 & \cdots & -2 \end{pmatrix}=-2I_k,$$

其中 I_k 为 k 阶单位矩阵. 于是 $(-1)^k \det A_k=2^k>0$ （$k=1$，2，$\cdots$，n），因此 A_n 是负定的. 由推论 17.4 知，$f(0,0,\cdots,0)=1$ 为极大值.

例 17.32 在以 $O(0,0)$，$A(1,0)$ 和 $B(0,1)$ 为顶点的三角形所围成的闭区域上找点，使它们到三个顶点的距离的平方和分别为最大和最小，并求出最大值和最小值.

解 如图 17-10 所示，设 $\triangle OAB$ 上的一点为 $P(x,y)$，那么它到 O，A，B 三点的距离的平方和为

$$z = x^2 + y^2 + (x-1)^2 + y^2 + x^2 + (y-1)^2$$
$$= 3x^2 + 3y^2 - 2x - 2y + 2$$

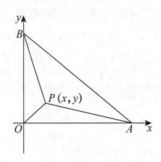

图 17 - 10

我们先求函数 z 在 $\triangle OAB$ 内部的驻点. 解方程组

$$\begin{cases} \dfrac{\partial z}{\partial x} = 6x - 2 = 0, \\[2mm] \dfrac{\partial z}{\partial y} = 6y - 2 = 0 \end{cases}$$

得到驻点 $\left(\dfrac{1}{3}, \dfrac{1}{3} \right)$. 由于 $\dfrac{\partial^2 z}{\partial x^2} = 6$，$\dfrac{\partial^2 z}{\partial x \partial y} = 0$，$\dfrac{\partial^2 z}{\partial y^2} = 6$，因此 $H = AC - B^2 = 36 > 0$，$A = 6 > 0$，于是 $z|_{(\frac{1}{3}, \frac{1}{3})} = \dfrac{4}{3}$ 是极小值.

再讨论函数 z 在区域边界上的最大值与最小值.

在 OA 边上，$y = 0$，因此 $z = 3x^2 - 2x + 2$，$0 \leqslant x \leqslant 1$. 这个函数在区间 $[0, 1]$ 的端点 $x = 1$（即点 A）处达到最大值 3，在 $x = \dfrac{1}{3}$ 处达到最小值 $\dfrac{5}{3}$. 在 OB 边上，$x = 0$，因此 $z = 3y^2 - 2y + 2$，$0 \leqslant y \leqslant 1$. 这个函数在区间 $[0, 1]$ 的端点 $y = 1$（即点 B）处达到最大值 3，在 $y = \dfrac{1}{3}$ 处达到最小值 $\dfrac{5}{3}$. 在 AB 边上，$x + y = 1$，故有 $z = 6x^2 - 6x + 3$，$0 \leqslant x \leqslant 1$. 这个函数在区间 $[0, 1]$ 的端点 $x = 1$ 和 $x = 0$（即点 A 和点 B）处达到最大值 3，在 $x = \dfrac{1}{2}$ 处达到最小值 $\dfrac{3}{2}$.

综上所述，A、B 两点到 $\triangle ABC$ 的三个顶点的距离平方和最大，最大值为 3；点 $\left(\dfrac{1}{3}, \dfrac{1}{3} \right)$ 到三个顶点的距离平方和最小，最小值为 $\dfrac{4}{3}$.

注 事实上，点 $\left(\dfrac{1}{3}, \dfrac{1}{3} \right)$ 就是这个三角形的三条中线的交点，即重心. 读者可以证明更一般的结论：三角形的重心到它的三个顶点的距离平方和最小.

计算函数在区域边界上的最值有时较为复杂，我们将在第十八章继续讨论. 在实际问题中，往往可以根据问题的性质，判定函数的最值就在区域内部. 此时，若偏导数在区域内处处存在，只要比较函数在驻点的值就能得到最值. 特别地，如果函数在区域内只有一个驻点，就可以断定它就是函数的最值点.

例 17.33 有一宽为 24 厘米的长方形铁板，把它两边折起来，做成一个横截面为等腰梯形的水槽. 问采用怎样的折法，才能使梯形的截面积最大？

解 设折起来的边长为 x 厘米，折角为 α（如图 17-11 所示），那么梯形的横截面的面积为

$$A(x,\alpha)=\frac{1}{2}\big[(24-2x)+(24-2x)+2x\cos\alpha\big]x\sin\alpha$$

$$=24x\sin\alpha-2x^2\sin\alpha+x^2\sin\alpha\cos\alpha.$$

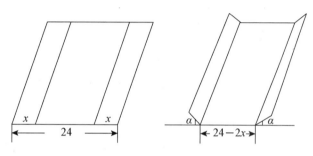

图 17-11

依题意，其定义域为 $D=\{(x,\alpha)\mid 0\leqslant x\leqslant 12,\ 0\leqslant\alpha\leqslant\pi\}$. 由于

$$\frac{\partial A}{\partial x}=24\sin\alpha-4x\sin\alpha+2x\sin\alpha\cos\alpha=2\sin\alpha(12-2x+x\cos\alpha),$$

$$\frac{\partial A}{\partial \alpha}=24x\cos\alpha-2x^2\cos\alpha+x^2(\cos^2\alpha-\sin^2\alpha)$$

$$=24x\cos\alpha-2x^2\cos\alpha+x^2(2\cos^2\alpha-1).$$

令 $\dfrac{\partial A}{\partial x}=0$，$\dfrac{\partial A}{\partial \alpha}=0$，得到方程组

$$\begin{cases}2\sin\alpha(12-2x+x\cos\alpha)=0\\ x[24\cos\alpha-2x\cos\alpha+x(2\cos^2\alpha-1)]=0\end{cases}.$$

我们求 $A(x,\alpha)$ 在区域 D 内部的驻点. 这时 $x\neq0$，$\alpha\neq0$，π，上面的方程组就化为

$$\begin{cases}12-2x+x\cos\alpha=0\\ 24\cos\alpha-2x\cos\alpha+x(2\cos^2\alpha-1)=0\end{cases}.$$

解此方程组得到 $x=8$，$\alpha=\dfrac{\pi}{3}$，即 $A(x,\alpha)$ 在 D 内的驻点为 $\left(8,\dfrac{\pi}{3}\right)$.

由实际背景，截面面积的最大值一定存在，且不在边界达到. 现在面积函数 $A(x,\alpha)$ 在 D 内只有一个驻点 $\left(8,\dfrac{\pi}{3}\right)$，因此它必为最大值点. 于是得到截面面积的最大值为

$$A\left(8,\frac{\pi}{3}\right)=48\sqrt{3}(\text{厘米}^2).$$

（四）最小二乘法简介

问题的一般提法是：已知一组大致满足线性关系的实验数据

x	x_1	x_2	x_3	$\cdots$	x_n
y	y_1	y_2	y_3	$\cdots$	y_n

要确定直线 $y=ax+b$，使得所有观测值 y_i 与函数值 ax_i+b 之差的平方和

$$Q = \sum_{i=1}^{n}(y_i - ax_i - b)^2$$

最小. 这种方法叫作**最小二乘法**.

将 $y=ax+b$ 视为变量 y 与 x 之间的近似函数关系，称为这组数据在最小二乘意义下的**拟合曲线**（实践中常称为**经验公式**）. 确定常数 a，b 的方法就是二元函数求极值的方法. 显然 Q 是 a，b 的函数，令

$$\frac{\partial Q}{\partial a} = -2\sum_{i=1}^{n}(y_i - ax_i - b)x_i = 2a\sum_{i=1}^{n}x_i^2 - 2\sum_{i=1}^{n}x_iy_i + 2b\sum_{i=1}^{n}x_i = 0,$$

$$\frac{\partial Q}{\partial b} = -2\sum_{i=1}^{n}(y_i - ax_i - b) = 2a\sum_{i=1}^{n}x_i - 2\sum_{i=1}^{n}y_i + 2nb = 0,$$

就得到线性方程组

$$\begin{pmatrix} \sum\limits_{i=1}^{n}x_i^2 & \sum\limits_{i=1}^{n}x_i \\ \sum\limits_{i=1}^{n}x_i & n \end{pmatrix} \begin{pmatrix} a \\ b \end{pmatrix} = \begin{pmatrix} \sum\limits_{i=1}^{n}x_iy_i \\ \sum\limits_{i=1}^{n}y_i \end{pmatrix}.$$

解这个方程组，得到

$$a = \frac{n\sum\limits_{i=1}^{n}x_iy_i - \sum\limits_{i=1}^{n}x_i\sum\limits_{i=1}^{n}y_i}{n\sum\limits_{i=1}^{n}x_i^2 - \left(\sum\limits_{i=1}^{n}x_i\right)^2}, \quad b = \frac{\sum\limits_{i=1}^{n}x_i^2\sum\limits_{i=1}^{n}y_i - \sum\limits_{i=1}^{n}x_i\sum\limits_{i=1}^{n}x_iy_i}{n\sum\limits_{i=1}^{n}x_i^2 - \left(\sum\limits_{i=1}^{n}x_i\right)^2}.$$

由问题的实际情况，可知 Q 在点 (a, b) 处取最小值.

最小二乘法广泛应用于实际生活与科学研究，物理学、化学、生物学、医学、经济学、商业统计等方面都要用到它来确定经验公式. 数理统计中的回归分析方法就要用到这个工具. 熟悉计算机的读者会发现，许多计算机软件也是用这种方法来拟合曲线的.

 习题 17.8

1. 讨论下列函数的极值：

(1) $f(x,y)=x^4+2y^4-2x^2-12y^2+6$；

(2) $f(x,y)=x^4+y^4-x^2-2xy-y^2$；

(3) $f(x,y,z)=x^2+y^2-z^2$；

(4) $f(x,y)=(y-x^2)(y-x^4)$；

(5) $f(x,y)=xy+\dfrac{a^3}{x}+\dfrac{b^3}{y}$，其中常数 $a>0$，$b>0$；

(6) $f(x,y,z)=x+\dfrac{y}{x}+\dfrac{z}{y}+\dfrac{2}{z}(x,y,z>0)$.

2. 设 $f(x,y,z)=x^2+3y^2+2z^2-2xy+2xz$，证明函数 f 的最小值为 0.

3. 证明函数 $f(x,y)=(1+e^y)\cos x-ye^y$ 有无穷多个极大值点，但无极小值点.

4. 求函数 $f(x,y)=\sin x+\sin y-\sin(x+y)$ 在闭区域

$$D=\{(x,y)\mid x\geqslant 0,y\geqslant 0,x+y\leqslant 2\pi\}$$

上的最大值与最小值.

5. 在 $[0,1]$ 上用怎样的直线 $\xi=ax+b$ 来代替曲线 $y=x^2$，才能使它成为在平方误差的积分

$$J(a,b)=\int_0^1(y-\xi)^2\mathrm{d}x$$

为极小意义下的最佳近似.

6. 在半径为 R 的圆上，求内接三角形的面积最大者.

7. 要做一圆柱形帐幕，并给它加一个圆锥形的顶. 问：在体积为定值时，圆柱的半径 R、高 H 及圆锥的高 h 满足什么关系时，所用的布料最省？

本章小结

本章主要内容有：

1. 给出了偏导数的定义；偏导数的几何意义；得到函数的偏导数存在与函数连续没有必然的关系.

2. 引进了多元函数全微分的概念，得到了可微与连续及偏导数存在三者之间的关系，即偏导数连续一定可微，可微一定可导（即偏导数存在），可微一定连续，但反过来都不成立. 同时给出了全微分的叠加原理：$\mathrm{d}u=\dfrac{\partial u}{\partial x}\mathrm{d}x+\dfrac{\partial u}{\partial y}\mathrm{d}y+\dfrac{\partial u}{\partial z}\mathrm{d}z$.

3. 证明了复合函数的求导法则——链式法则；得到了函数一阶全微分形式不变性.

4. 引进了方向导数与梯度，梯度的方向是函数的方向导数取得最大值的方向，其最大值为梯度的模.

5. 介绍了多元函数的高阶偏导数；证明了当多元函数的高阶混合偏导数连续时，高阶混合偏导数与求导顺序无关.

6. 给出了多元函数的微分中值定理和泰勒公式；研究了多元函数极值问题，给出了

多元函数取得极值的必要条件和充分条件；举例说明了如何计算多元函数的极值.

本章的重点是全微分概念的理解、多元复合函数求导的链式法则的正确应用以及多元函数极值的判别方法.

总练习题十七

1. 设 $f(x, y, z)=x^2y+y^2z+z^2x$，证明 $f_x+f_y+f_z=(x+y+z)^2$.

2. 设 $f(1,1)=1, f_x(1,1)=a, f_g(1,1)=b, g(x)=f(x,f(x,f(x,y)))$，求 $g'(1)$.

3. 求函数 $f(x, y)=\begin{cases} 0, & x^2+y^2=0 \\ \dfrac{x^3-y^3}{x^2+y^2}, & x^2+y^2\neq0 \end{cases}$ 在原点的偏导数 $f_x(0, 0)$，$f_y(0, 0)$，并

考察 $f(x, y)$ 在点（0，0）处的可微性.

4. 设二元函数

$$f(x,y)=\begin{cases} (a\sqrt{|x|}+x^2+y^2+b)\dfrac{\sin xy^2}{x^2+y^4}, & x^2+y^2\neq0 \\ 0, & x^2+y^2=0 \end{cases}$$

在点（0，0）处可微，求常数 a, b 的值.

5. 如果函数 $f(x, y)$ 满足：对于任意的实数 t 及 x，y，

$$f(tx,ty)=t^nf(x,y),$$

那么 f 称为 n 次齐次函数.

（1）证明：n 次齐次函数 f 满足方程

$$x\frac{\partial f}{\partial x}+y\frac{\partial f}{\partial y}=nf;$$

（2）利用上述性质，对于 $z=\sqrt{\sqrt{x^2+y^2}}$，求出，$x\dfrac{\partial z}{\partial x}+y\dfrac{\partial z}{\partial y}$.

6. 证明 $z=x^n\varphi\left(\dfrac{y}{x}\right)+x^{-n}\varphi\left(\dfrac{y}{x}\right)$ 满足下面的方程：

$$x^2\frac{\partial^2 z}{\partial x^2}+2xy\frac{\partial^2 z}{\partial x\partial y}+y^2\frac{\partial^2 z}{\partial y^2}+x\frac{\partial z}{\partial x}+y\frac{\partial z}{\partial y}=n^2z,$$

其中 φ，ϕ 都二阶连续可微.

7. 设 $z=f(x, y)$ 在有界闭区域 D 内有二阶连续偏导数，且

$$\frac{\partial^2 z}{\partial x^2}+\frac{\partial^2 z}{\partial y^2}=0, \quad \frac{\partial^2 z}{\partial x\partial y}\neq0,$$

证明 $z=f(x, y)$ 的最大值、最小值只能在区域的边界上取得.

8. 设 $f(x, y)$ 为 $\mathbf{R}^2$ 上的可微函数，且有 $\lim\limits_{r\to+\infty}(xf_x+yf_y)=a>0, r=\sqrt{x^2+y^2}$.

证明：$f(x, y)$ 在 $\mathbf{R}^2$ 上有最小值.

9. 设 $f(x, y)$ 在 $x, y \geqslant 0$ 上连续，在 $x, y > 0$ 内可微，存在唯一点 (x_0, y_0)，使得 $x_0, y_0 > 0$，$f'_x(x_0, y_0) = f'_y(x_0, y_0) = 0$. 设 $f(x_0, y_0) > 0$，$f(x, 0) = f(0, y) = 0$ $(x, y \geqslant 0)$，$\lim\limits_{x^2 + y^2 \to \infty} f(x, y) = 0$，证明 $f(x_0, y_0)$ 是 $f(x, y)$ 在 $x, y \geqslant 0$ 上的最大值.

10. 设处处有 $f''(x) > 0$. 证明：曲线 $y = f(x)$ 位于任一切线上方，且与切线有唯一公共点.

第十八章

隐函数定理及其应用

▎▎ **本章要点**

1. 由一个方程确定的隐函数概念，隐函数存在定理、可微性定理及隐函数的求导公式；

2. 由方程组确定隐函数和隐函数组的概念，隐函数与隐函数组的存在定理，隐函数与隐函数组导数和偏导数的计算公式，反函数组与坐标变换；

3. 偏导数的几何应用，包括空间曲线的切线与法平面，空间曲面的切平面与法线；

4. 条件极值，利用拉格朗日乘数法求函数的条件极值.

▎▎ **导入案例**

在第十六章和第十七章的学习中我们讨论的多元函数一般是 $z=f(x, y)$ 的形式，如 $z=xy$ 和 $z=\sqrt{x^2+y^2}$ 等. 这类函数将因变量 z 表示成了自变量 $x，y$ 的形式，这种表达形式通常称为显函数.

但在理论与实际问题中更多遇到的是函数关系无法用显函数形式来表达的情况.

如天体物理学中反映行星运动的开普勒方程：

$$f(x,y)=y-x-\varepsilon \sin y=0, \quad 0<\varepsilon<1,$$

其中 x 代表时间，y 代表行星与太阳的连线扫过的扇形的弧度，ε 是行星运动的椭圆轨道的离心率. 从天体力学上考虑，y 必定是 x 的函数，但要将函数关系用显式表达出来却无能为力，我们就将这种由方程确定的函数称为隐函数.

如在空间解析几何中，空间曲面的一般方程是 $F(x, y, z)=0$，这种形式的方程不一定能够表示成显函数的形式，那么如何求出该曲面在某点的切平面与法线呢？又如空间曲线的一般方程是两个曲面的交线，即

$$C: \begin{cases} F(x,y,z)=0 \\ G(x,y,z)=0 \end{cases},$$

如何求出曲线 C 在某点的切线与法平面呢？本章就来解决这类问题，我们将研究方程或方程组何时一定存在隐函数，在不解方程的前提下如何求得隐函数的导数或偏导数.

§18.1 由一个方程确定的隐函数

（一）一元隐函数的概念

将自变量和因变量混合在一起的方程 $f(x, y)=0$，在一定条件下也表示 y 与 x 之间的函数关系，通称隐函数.

定义 18.1 设 $I \subset \mathbf{R}$，$J \subset \mathbf{R}$，并设二元函数 $F(x, y)=0$ 的定义域包含了 $I \times J$. 如果对每一个 $x \in I$，恰好存在唯一的 $y \in J$，使得 $F(x, y)=0$，则称方程 $F(x, y)=0$ 确定了一个从 I 到 J 的**隐函数**.

如果把此隐函数记为 $y=f(x)$，$x \in I$，$y \in J$，则有恒等式 $F(x, f(x)) \equiv 0$，$x \in I$.

（二）一元隐函数存在定理

首先我们考察一个简单的例子.

例 18.1 单位圆方程为 $x^2+y^2=1$，当 $y \geqslant 0$ 时，方程 $x^2+y^2=1$ 能确定隐函数

$$y=\sqrt{1-x^2};$$

当 $y<0$ 时，方程 $x^2+y^2=1$ 能确定隐函数 $y=-\sqrt{1-x^2}$.

现在我们思考在没有办法解出方程（即将隐函数显化）时如何知道方程能确定一个函数（隐函数）呢？解决这个问题我们有下面的定理.

定理 18.1（一元隐函数存在定理） 若二元函数 $F(x, y)$ 满足条件：

(1) $F(x_0, y_0)=0$，

(2) 在闭矩形 $D=\{(x, y) \mid |x-x_0| \leqslant a, |y-y_0| \leqslant b\}$ 上，$F(x, y)$ 连续，关于 y 具有连续偏导数，

(3) $F_y(x_0, y_0) \neq 0$，

则有如下结论成立：

（ⅰ）在点 (x_0, y_0) 附近可以从函数方程

$$F(x, y)=0 \tag{18.1}$$

中唯一确定隐函数

$$y=f(x), \quad x \in U(x_0; \rho),$$

它满足 $F(x, f(x))=0$，以及 $y_0=f(x_0)$；

（ⅱ）隐函数 $y=f(x)$ 在 $U(x_0; \rho)$ 上连续.

证明 不失一般性，设 $F_y(x_0, y_0)>0$. 首先证明隐函数的存在性.

由 $F_y(x_0, y_0)>0$ 与 $F_y(x, y)$ 的连续性及极限的保号性知，存在 $0<\alpha \leqslant a$，$0<\beta \leqslant b$，使得在闭矩形 $D^*=\{(x, y) \mid |x-x_0| \leqslant \alpha, |y-y_0| \leqslant \beta\}$ 上 $F_y(x, y)>0$. 于是，对

固定的 x_0，一元函数 $F(x_0，y)$ 在 $[y_0-\beta，y_0+\beta]$ 上是严格单调增加的. 又由于 $F(x_0，y_0)=0$，从而

$$F(x_0,y_0-\beta)<0，\quad F(x_0,y_0+\beta)>0.$$

由于 $F(x，y)$ 在 D^* 上连续，所以存在 $\rho>0$，使得在线段

$$x_0-\rho<x<x_0+\rho,y=y_0+\beta$$

上 $F(x，y)>0$；而在线段

$$x_0-\rho<x<x_0+\rho,y=y_0-\beta$$

上 $F(x，y)<0$. 见图 18-1.

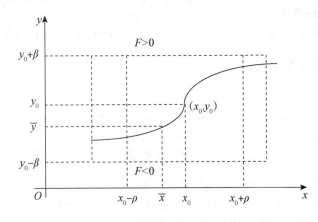

图 18-1

因此，对于 $(x_0-\rho，x_0+\rho)$ 内的任一点 $\bar{x}$，将 $F(\bar{x}，y)$ 看成 y 的函数，它在 $[y_0-\beta，y_0+\beta]$ 上是连续的，而由刚才的讨论可知

$$F(\bar{x},y_0-\beta)<0，\quad F(\bar{x},y_0+\beta)>0.$$

根据零点存在定理，必有 $\bar{y}\in(y_0-\beta，y_0+\beta)$ 使得 $F(\bar{x}，\bar{y})=0$. 又因为在 D^* 上 $F_y>0$，因此这样的 $\bar{y}$ 是唯一的.

将 $\bar{y}$ 与 $\bar{x}$ 的对应关系记为 $\bar{y}=f(\bar{x})$，就得到定义在 $(x_0-\rho，x_0+\rho)$ 上的函数 $y=f(x)$，它满足 $F(x，f(x))\equiv0$，而且显然 $y_0=f(x_0)$.

其次，证明隐函数 $y=f(x)$ 在 $(x_0-\rho，x_0+\rho)$ 上的连续性.

设 $\bar{x}$ 为 $(x_0-\rho，x_0+\rho)$ 上的任一点. 对于任意给定的 $\varepsilon>0$（ε 充分小），由于 $F(\bar{x}，\bar{y})=0$，由前面的讨论可知

$$F(\bar{x},\bar{y}-\varepsilon)<0，\quad F(\bar{x},\bar{y}+\varepsilon)>0.$$

而由于 $F(x，y)$ 在 D^* 上的连续性，一定存在 $\delta>0$，使得当 $x\in U(\bar{x}；\delta)$ 时，有

$$F(x,\bar{y}-\varepsilon)<0，\quad F(x,\bar{y}+\varepsilon)>0.$$

通过类似于前面的讨论即得到，当 $x\in U(\bar{x}；\delta)$ 时，相应的隐函数值必满足 $f(x)\in(\bar{y}-\varepsilon，$

$\bar{y}+\varepsilon$），即$|f(x)-f(\bar{x})|<\varepsilon$. 这就说明 $y=f(x)$ 在 $(x_0-\rho,\ x_0+\rho)$ 上连续. 证毕.

注 1. 定理 18.1 只是保证了在一定的条件下，函数方程 $F(x,\ y)=0$ 在局部（不一定是整体）确定了 y 关于 x 的函数关系 $y=f(x)$，这并不意味着这种关系能用显式具体表示出来. 例如，开普勒方程

$$y-x-\varepsilon\sin y=0,\quad 0<\varepsilon<1,$$

如果取 $F(x,\ y)=y-x-\varepsilon\sin y$，那么 $F_y(x,\ y)=1-\varepsilon\cos y>0$，所以 y 对 x 的依赖关系，即隐函数 $y=f(x)$ 是肯定存在的. 但遗憾的是，它不能用显式表示.

2. 定理 18.1 的条件（1）至（3）仅是充分条件，如：$F(x,\ y)=x^3-y^3=0$，$F_y(0,\ 0)=0$，在点$(0，0)$虽不满足条件（3），但还是能确定唯一的隐函数 $y=x$. 又如双扭线方程

$$F(x,y)=(x^2+y^2)^2-x^2+y^2=0$$

在点$(0，0)$ 也不满足条件(3)，在该点无论多么小的邻域内，都不能确定唯一的隐函数.

3. 在方程 $F(x,\ y)=0$ 中，x 与 y 的地位是相同的，当将条件（2）、（3）改为 $F(x)$ 在闭矩形 D 上连续、关于 x 具有连续偏导数且 $F_x(x_0,\ y_0)\neq0$ 时，将存在局部的连续隐函数 $x=g(y)$.

（三）一元隐函数的可微性

定理 18.2（隐函数可微性定理）　设函数 $F(x,\ y)$ 满足定理 18.1 中的条件（1）至（3），在 D 内还存在连续的偏导数 $F_x(x,\ y)$. 则由方程（18.1）所确定的隐函数 $y=f(x)$ 在其定义域 $(x_0-\rho,\ x_0+\rho)$ 内有连续的导函数，且

$$f'(x)=-\frac{F_x(x,y)}{F_y(x,y)},(x,y)\in I\times J. \tag{18.2}$$

证明　设 x，$x+\Delta x\in I$，则 $y=f(x)$，$y+\Delta y=f(x+\Delta x)\in J$. 由条件易知 F 可微，并有

$$F(x,y)=0,\quad F(x+\Delta x,y+\Delta y)=0.$$

使用微分中值定理，$\exists\theta$ $(0<\theta<1)$，使得

$$0=F(x+\Delta x,y+\Delta y)-F(x,y)$$
$$=F_x(x+\theta\Delta x,y+\theta\Delta y)\Delta x+F_y(x+\theta\Delta x,y+\theta\Delta y)\Delta y,$$

则

$$\frac{\Delta y}{\Delta x}=-\frac{F_x(x+\theta\Delta x,\ x+\theta\Delta y)}{F_y(x+\theta\Delta x,\ x+\theta\Delta y)}.$$

因为 f，F_x，F_y 都是连续函数，故当 $\Delta x\to0$ 时 $\Delta y\to0$，并有

$$f'(x)=\lim_{\Delta x\to0}\frac{\Delta y}{\Delta x}=-\lim_{\Delta x\to0}\frac{F_x(x+\theta\Delta x,y+\theta\Delta y)}{F_y(x+\theta\Delta x,y+\theta\Delta y)}=-\frac{F_x(x,y)}{F_y(x,y)},\quad(x,y)\in I\times J.$$

由定理假设 $F(x,\ y)$ 的偏导数连续且 $F_y(x_0,\ y_0)\neq0$，可得 $f'(x)$ 也是连续函数. 证毕.

注 1. 当 $f(x,\ y)$ 存在二阶连续偏导数时，所得隐函数也二阶可导. 应用两次复合

求导法，得

$$F_x(x,y)+F_y(x,y)y'=0,$$
$$F_{xx}+F_{xy}y'+(F_{yx}+F_{yy}y')y'+F_yy''=0.$$

将式（18.2）代入上式，整理后得

$$y''=-\frac{1}{F_y}(F_{xx}+2F_{xy}y'+F_{yy}y'^2)=\frac{2F_xF_yF_{xy}-F_y^2F_{xx}-F_x^2F_{yy}}{F_y^3}. \tag{18.3}$$

2. 利用式（18.2）和式（18.3），我们可以给出求一元隐函数极值的步骤：

（1）求使 $y'=0$ 的点（驻点）$A(\tilde{x},\ \tilde{y})$，即求 $\begin{cases} F=0 \\ F_x=0 \end{cases}$ 的解.

（2）在点 A 处因 $F_x=0$，从而由式（18.3）可得

$$y''\Big|_A=-\frac{F_{xx}}{F_y}\Big|_A. \tag{18.4}$$

（3）由极值判别法及式（18.4）知，当 $y''\mid_A<0$（或 >0）时，隐函数 $y=f(x)$ 在点 $\tilde{x}$ 处取得极大值（或极小值）$\tilde{y}$.

例 18.2　求由方程 $xy-\mathrm{e}^x+\mathrm{e}^y=0$ 确定的隐函数 $y=f(x)$ 关于 x 的导数 y'.

解　把 y 看成 x 的函数，方程两边同时对 x 求导，得

$$y+xy'-\mathrm{e}^x+\mathrm{e}^yy'=0.$$

所以 $y'=\dfrac{\mathrm{e}^x-y}{\mathrm{e}^y+x}$.

例 18.3　用隐函数方法证明一元函数的反函数的存在性及其导数公式.

解　设 $y=f(x)$ 在点 x_0 的某邻域内有连续的导函数 $f'(x)$，且 $f(x_0)=y_0$. 现在考察方程

$$F(x,y)=y-f(x)=0, \tag{18.5}$$

由于 $F(x_0,\ y_0)=0$，$F_y=1$，$F_x(x_0,\ y_0)=-f'(x_0)$，因此只要 $f'(x_0)\neq0$ 就能满足定理 18.1 的所有条件，由方程（18.5）便能确定连续可微的隐函数 $x=g(y)$，$y\in U(y_0)$. 因函数 $x=g(y)$ 满足 $F(g(y),\ y)=y-f(g(y))\equiv0$，故 $x=g(y)$ 就是 $y=f(x)$ 的反函数. 应用隐函数求导公式，可得

$$g'(y)=\frac{\mathrm{d}x}{\mathrm{d}y}=-\frac{F_y}{F_x}=-\frac{1}{-f'(x)}=\frac{1}{f'(x)}.$$

（四）多元隐函数

由方程

$$F(x,y,z)=0 \tag{18.6}$$

确定隐函数 $z=f(x,\ y)$ 的相关定理简述如下：

定理 18.3 设在以点 $P_0(x_0, y_0, z_0)$ 为内点的某区域 $D \subset \mathbf{R}^2$ 上，F 的所有一阶偏导数都连续，并满足

$$F(x_0, y_0, z_0) = 0, \quad F_z(x_0, y_0, z_0) \neq 0.$$

则存在某邻域 $U(P_0) \subset D$，在其内存在唯一的连续可微的隐函数 $z = f(x, y)$，且有

$$f_x = \frac{\partial z}{\partial x} = -\frac{F_x}{F_z}, \quad f_y = \frac{\partial z}{\partial y} = -\frac{F_y}{F_z}. \tag{18.7}$$

更一般地，可以写出由方程 $F(x_1, x_2, \cdots, x_n, y) = 0$ 确定隐函数 $y = f(x_1, x_2, \cdots, x_n)$ 的相关定理及与式（18.7）类似的偏导数公式.

例 18.4 设方程 $x^2 + y^2 + z^2 = 4z$ 确定 z 为 x，y 的函数，求 $\frac{\partial^2 z}{\partial x^2}$ 和 $\frac{\partial^2 z}{\partial x \partial y}$.

解 在方程 $x^2 + y^2 + z^2 = 4z$ 两边对 x 求偏导，得

$$2x + 2z \frac{\partial z}{\partial x} = 4 \frac{\partial z}{\partial x}, \tag{18.8}$$

于是

$$\frac{\partial z}{\partial x} = \frac{x}{2-z}.$$

在式（18.8）两边再对 x 求偏导，得

$$2 + 2\left(\frac{\partial z}{\partial x}\right)^2 + 2z \frac{\partial^2 z}{\partial x^2} = 4 \frac{\partial^2 z}{\partial x^2},$$

于是

$$\frac{\partial^2 z}{\partial x^2} = \frac{1 + \left(\frac{\partial z}{\partial x}\right)^2}{2-z} = \frac{(2-z)^2 + x^2}{(2-z)^3}.$$

在方程 $x^2 + y^2 + z^2 = 4z$ 两边对 y 求偏导，得

$$2y + 2z \frac{\partial z}{\partial y} = 4 \frac{\partial z}{\partial y}, \tag{18.9}$$

于是

$$\frac{\partial z}{\partial y} = \frac{y}{2-z}.$$

在式（18.9）两边对 x 求偏导，得

$$2 \frac{\partial z}{\partial x} \frac{\partial z}{\partial y} + 2z \frac{\partial^2 z}{\partial x \partial y} = 4 \frac{\partial^2 z}{\partial x \partial y},$$

于是

$$\frac{\partial^2 z}{\partial x \partial y} = \frac{\frac{\partial z}{\partial x}\frac{\partial z}{\partial y}}{2-z} = \frac{xy}{(2-z)^3}.$$

例 18.5 设方程 $F(xz，yz)=0$ 确定 z 为 x，y 的函数，其中 F 具有二阶连续偏导数，求 $\dfrac{\partial^2 z}{\partial x^2}$.

解 以 F_1，F_2 分别表示 F 关于第一个变量和第二个变量的偏导数，则当 $\dfrac{\partial F}{\partial z}=xF_1+yF_2\neq 0$ 时可以应用隐函数存在定理，在方程 $F(xz，yz)=0$ 两边对 x 求偏导，得

$$\left(z+x\frac{\partial z}{\partial x}\right)F_1+y\frac{\partial z}{\partial x}F_2=0, \tag{18.10}$$

于是

$$\frac{\partial z}{\partial x}=-\frac{zF_1}{xF_1+yF_2}.$$

在式（18.10）两边再对 x 求偏导，得

$$\left(2\frac{\partial z}{\partial x}+x\frac{\partial^2 z}{\partial x^2}\right)F_1+\left(z+x\frac{\partial z}{\partial x}\right)^2F_{11}+2\left(z+x\frac{\partial z}{\partial x}\right)y\frac{\partial z}{\partial x}F_{12}$$
$$+y\frac{\partial^2 z}{\partial x^2}F_2+\left(y\frac{\partial z}{\partial x}\right)^2F_{22}=0.$$

于是

$$\frac{\partial^2 z}{\partial x^2}=-\frac{2\frac{\partial z}{\partial x}F_1+\left(z+x\frac{\partial z}{\partial x}\right)^2F_{11}+2\left(z+x\frac{\partial z}{\partial x}\right)y\frac{\partial z}{\partial x}F_{12}+\left(y\frac{\partial z}{\partial x}\right)^2F_{22}}{xF_1+yF_2}$$

将 $\dfrac{\partial z}{\partial x}=-\dfrac{zF_1}{xF_1+yF_2}$ 代入上式，就得到

$$\frac{\partial^2 z}{\partial x^2}=\frac{2zF_1^2}{(xF_1+yF_2)^2}-\frac{y^2z^2(F_2^2F_{11}-2F_1F_2F_{12}+F_1^2F_{22})}{(xF_1+yF_2)^3}.$$

例 18.6 设 $z=z(x，y)$ 是由方程 $F(x-z，y-z)=0$ 所确定的隐函数，其中 F 具有连续的二阶偏导数，证明 $z_{xx}+2z_{xy}+z_{yy}=0$.

证明 易知 $F_x=F_1$，$F_y=F_2$，$F_z=-(F_1+F_2)$，这里，F_1 表示多元函数 F 关于第一个变量的偏导数，F_2 表示多元函数 F 关于第二个变量的偏导数. 于是有

$$z_x=\frac{F_1}{F_1+F_2}，z_y=\frac{F_2}{F_1+F_2}.$$

由此得到 $z_x + z_y = 1$，再分别对 x 与 y 求偏导数，得 $z_{xx} + z_{yx} = 0$，$z_{xy} + z_{yy} = 0$．故将这两式相加便得所需结果．证毕.

 习题 18.1

1. 求下列方程所确定的隐函数的导数或偏导数：

(1) $\sin y + e^x - xy^2 = 0$，求 $\dfrac{dy}{dx}$；

(2) $x^y = y^x$，求 $\dfrac{dy}{dx}$；

(3) $\ln \sqrt{x^2 + y^2} = \arctan \dfrac{y}{x}$，求 $\dfrac{dy}{dx}$；

(4) $\arctan \dfrac{x+y}{a} - \dfrac{y}{a} = 0$，求 $\dfrac{dy}{dx}$ 和 $\dfrac{d^2 y}{dx^2}$；

(5) $\dfrac{x}{2} = \ln \dfrac{z}{y}$，求 $\dfrac{\partial z}{\partial x}$ 和 $\dfrac{\partial z}{\partial y}$；

(6) $e^z - xyz = 0$，求 $\dfrac{\partial z}{\partial x}$，$\dfrac{\partial z}{\partial y}$，$\dfrac{\partial^2 z}{\partial x^2}$ 和 $\dfrac{\partial^2 z}{\partial x \partial y}$；

(7) $z^3 - 3xyz = a^3$，求 $\dfrac{\partial z}{\partial x}$，$\dfrac{\partial z}{\partial y}$，$\dfrac{\partial^2 z}{\partial x^2}$ 和 $\dfrac{\partial^2 z}{\partial x \partial y}$；

(8) $f(x+y, y+z, z+x) = 0$，求 $\dfrac{\partial z}{\partial x}$ 和 $\dfrac{\partial z}{\partial y}$；

(9) $z = f(xz, z-y)$，求 $\dfrac{\partial z}{\partial x}$，$\dfrac{\partial z}{\partial y}$ 和 $\dfrac{\partial^2 z}{\partial x^2}$；

(10) $f(x, x+y, x+y+z) = 0$，求 $\dfrac{\partial z}{\partial x}$，$\dfrac{\partial z}{\partial y}$，$\dfrac{\partial^2 z}{\partial x^2}$ 和 $\dfrac{\partial^2 z}{\partial x \partial y}$.

2. 设 $y = \tan(x+y)$ 确定 y 为 x 的隐函数，验证

$$\frac{d^3 y}{dx^3} = -\frac{2(3y^4 + 8y^2 + 5)}{y^8}.$$

3. 设 φ 是可微函数，证明由 $\varphi(cx - az, cy - bz) = 0$ 所确定的隐函数 $z = f(x, y)$ 满足方程

$$a \frac{\partial z}{\partial x} + b \frac{\partial z}{\partial y} = c.$$

4. 设方程 $\varphi(x + zy^{-1}, y + zx^{-1}) = 0$ 确定隐函数 $z = f(x, y)$，证明它满足方程

$$x \frac{\partial z}{\partial x} + y \frac{\partial z}{\partial y} = z - xy.$$

5. 证明：方程 $x^2 + y = \sin(xy)$ 在原点的某邻域内唯一确定隐函数 $y = f(x)$，但在原点的任意小的邻域内都不能确定隐函数 $x = g(y)$.

§18.2   由方程组确定的隐函数

由线性代数的知识可知，当 $\begin{vmatrix} a_1 & b_1 \\ a_2 & b_2 \end{vmatrix} \neq 0$ 时，线性方程组

$$\begin{cases} a_1 u + b_1 v + c_1 x + d_1 y = 0 \\ a_2 u + b_2 v + c_2 x + d_2 y = 0 \end{cases}$$

中可以唯一解出

$$u = -\frac{(c_1 b_2 - b_1 c_2)x + (d_1 b_2 - b_1 d_2)y}{a_1 b_2 - b_1 a_2},$$

$$v = -\frac{(a_1 c_2 - c_1 a_2)x + (a_1 d_2 - d_1 a_2)y}{a_1 b_2 - b_1 a_2}.$$

也就是说，这时可以确定 u，v 为 x，y 的函数，或者说 (u, v) 是 (x, y) 的函数.

对于一般的函数方程组

$$\begin{cases} F(x, y, u, v) = 0, \\ G(x, y, u, v) = 0 \end{cases} \tag{18.11}$$

在一定的条件下，也可以在某个局部确定 u，v 为 x，y 的函数.

定理 18.4（隐函数组存在定理）   设 $F(x, y, u, v)$ 与 $G(x, y, u, v)$ 满足下列条件：

（1）在以点 $P_0(x_0, y_0, u_0, v_0)$ 为内点的某区域 $V \subset \mathbf{R}^4$ 上连续，

（2）$F(P_0) = G(P_0) = 0$（初始条件），

（3）在 V 内存在连续的一阶偏导数，

（4）$J\big|_{P_0} = \dfrac{\partial(F, G)}{\partial(u, v)}\bigg|_{P_0} \neq 0$，这里，$J = \dfrac{\partial(F, G)}{\partial(u, v)} = \begin{vmatrix} F_u & F_v \\ G_u & G_v \end{vmatrix}$ 称为函数 F，G 关于

变量 u，v 的**函数行列式**（或**雅可比行列式**），

则有如下结论成立：

（ⅰ）存在邻域 $U(P_0) = U(Q_0) \times U(W_0) \subset V$，其中 $Q_0 = (x_0, y_0)$，$W_0 = (u_0, v_0)$，使得在 $U(P_0)$ 上由方程组(18.11)唯一确定了定义在 $U(Q_0)$ 上的两个二元隐函数.

$$\begin{cases} u = u(x, y) \\ v = v(x, y) \end{cases}, \quad (x, y) \in U(Q_0), (u, v) \in U(W_0);$$

且满足 $u_0 = u(x_0, y_0)$，$v_0 = v(x_0, y_0)$ 以及 $\begin{cases} F(x, y, u(x, y), v(x, y)) \equiv 0 \\ G(x, y, u(x, y), v(x, y)) \equiv 0 \end{cases}$，$(x, y) \in U(Q_0)$；

（ⅱ）$u(x, y)$，$v(x, y)$ 在 $U(Q_0)$ 上连续；

（ⅲ）$u(x, y)$，$v(x, y)$ 在 $U(Q_0)$ 上存在连续的一阶偏导数，且有

$$\begin{cases}\dfrac{\partial u}{\partial x}=-\dfrac{1}{J}\dfrac{\partial(F,G)}{\partial(x,v)}\\[2mm]\dfrac{\partial u}{\partial y}=-\dfrac{1}{J}\dfrac{\partial(F,G)}{\partial(y,v)}\end{cases},\qquad\begin{cases}\dfrac{\partial v}{\partial x}=-\dfrac{1}{J}\dfrac{\partial(F,G)}{\partial(u,x)}\\[2mm]\dfrac{\partial v}{\partial y}=-\dfrac{1}{J}\dfrac{\partial(F,G)}{\partial(u,y)}\end{cases}.$$

定理 18.4 的详细证明从略，下面只作一粗略的解释：不妨设 $F_u\neq0$（否则 $F_v\neq0$）.

①由方程组（18.11）的第一个方程 $F(x,y,u,v)=0$ 确定隐函数 $u=\varphi(x,y,v)$，且有

$$\varphi_x=-F_x/F_u,\quad\varphi_y=-F_y/F_u,\quad\varphi_v=-F_v/F_u.$$

②将 $u=\varphi(x,y,v)$ 代入方程组（18.11）的第二个方程，得

$$H(x,y,v)=G(x,y,\varphi(x,y,v),v)=0. \tag{18.12}$$

于是 $\dfrac{\partial H}{\partial v}=G_u\varphi_v+G_v=\dfrac{F_uG_v-F_vG_u}{F_u}\neq0.$

因此由方程（18.12）确定隐函数 $v=v(x,y)$. 于是

$$u=\varphi(x,y,v(x,y))=u(x,y).$$

这样就得到了一组隐函数 $u=u(x,y)$，$v=v(x,y)$.

通过详细计算，又可得出如下一些结果：

$$H_x=G_x+G_u\varphi_x,\quad H_y=G_y+G_u\varphi_y.$$
$$\frac{\partial u}{\partial x}=\varphi_x+\varphi_vv_x=-\frac{F_x}{F_u}-\frac{F_v}{F_u}\left(-\frac{H_x}{H_v}\right)=-\frac{F_x}{F_u}+\frac{F_v}{F_u}\cdot\frac{G_x+G_u\varphi_x}{G_u\varphi_v+G_v}$$
$$=\cdots=-\frac{1}{J}\frac{\partial(F,G)}{\partial(x,v)},$$
$$\frac{\partial u}{\partial y}=\varphi_y+\varphi_vv_y=\cdots=-\frac{1}{J}\frac{\partial(F,G)}{\partial(y,v)}.$$

同理有

$$\frac{\partial v}{\partial x}=-\frac{1}{J}\frac{\partial(F,G)}{\partial(u,x)},\quad\frac{\partial v}{\partial y}=-\frac{1}{J}\frac{\partial(F,G)}{\partial(u,y)}.$$

例 18.7　设 $\begin{cases}y=y(x)\\z=z(x)\end{cases}$ 是由方程组 $\begin{cases}z=xf(x+y)\\F(x,y,z)=0\end{cases}$ 所确定的隐函数组，其中 f 和 F 分别具有连续的导数和偏导数，求 $\dfrac{\mathrm{d}z}{\mathrm{d}x}$.

解　分别对方程 $z=xf(x+y)$ 和 $F(x,y,z)=0$ 的两边关于 x 求偏导数，得

$$\begin{cases}\dfrac{\mathrm{d}z}{\mathrm{d}x}=f(x+y)+x\left(1+\dfrac{\mathrm{d}y}{\mathrm{d}x}\right)f'(x+y)\\[3mm]\dfrac{\partial F}{\partial x}+\dfrac{\partial F}{\partial y}\dfrac{\mathrm{d}y}{\mathrm{d}x}+\dfrac{\partial F}{\partial z}\dfrac{\mathrm{d}z}{\mathrm{d}x}=0\end{cases},$$

整理后得到

$$\begin{cases} -xf'(x+y)\dfrac{\mathrm{d}y}{\mathrm{d}x}+\dfrac{\mathrm{d}z}{\mathrm{d}x}=f(x+y)+xf'(x+y) \\ \dfrac{\partial F}{\partial y}\dfrac{\mathrm{d}y}{\mathrm{d}x}+\dfrac{\partial F}{\partial z}\dfrac{\mathrm{d}z}{\mathrm{d}x}=-\dfrac{\partial F}{\partial x} \end{cases},$$

解此方程组即得

$$\frac{\mathrm{d}z}{\mathrm{d}x}=\frac{[f(x+y)+xf'(x+y)]\dfrac{\partial F}{\partial y}-xf'(x+y)\dfrac{\partial F}{\partial x}}{xf'(x+y)\dfrac{\partial F}{\partial z}+\dfrac{\partial F}{\partial y}}.$$

定理 18.4 可以推广到 m 个函数方程的情形，读者可以自行写出完全类似的定理.

例 18.8 设函数方程组

$$\begin{cases} u+v+w+x+y=a \\ u^2+v^2+w^2+x^2+y^2=b^2 \\ u^3+v^3+w^3+x^3+y^3=c^3 \end{cases}$$

确定 u,v,w 为 x,y 的隐函数. 求 $\dfrac{\partial u}{\partial x},\dfrac{\partial v}{\partial x},\dfrac{\partial w}{\partial x}$.

解 将方程组化为

$$\begin{cases} F(x,y,u,v,w)=u+v+w+x+y-a=0 \\ G(x,y,u,v,w)=u^2+v^2+w^2+x^2+y^2-b^2=0, \\ H(x,y,u,v,w)=u^3+v^3+w^3+x^3+y^3-c^3=0 \end{cases}$$

那么在

$$\frac{\partial(F,G,H)}{\partial(u,v,w)}=\begin{vmatrix} 1 & 1 & 1 \\ 2u & 2v & 2w \\ 3u^2 & 3v^2 & 3w^2 \end{vmatrix}=6(v-u)(w-v)(w-u)\neq0$$

的条件下，可以确定 (u,v,w) 为 (x,y) 的函数. 此时，对以上三个方程关于 x 求偏导，得到

$$\begin{cases} \dfrac{\partial u}{\partial x}+\dfrac{\partial v}{\partial x}+\dfrac{\partial w}{\partial x}+1=0 \\ 2u\dfrac{\partial u}{\partial x}+2v\dfrac{\partial v}{\partial x}+2w\dfrac{\partial w}{\partial x}+2x=0 \\ 3u^2\dfrac{\partial u}{\partial x}+3v^2\dfrac{\partial v}{\partial x}+3w^2\dfrac{\partial w}{\partial x}+3x^2=0 \end{cases}.$$

解此方程组就得到

$$\frac{\partial u}{\partial x}=-\frac{(v-x)(w-x)}{(v-u)(w-u)},\quad \frac{\partial v}{\partial x}=-\frac{(u-x)(w-x)}{(u-v)(w-v)},\quad \frac{\partial w}{\partial x}=-\frac{(u-x)(v-x)}{(u-w)(v-w)}.$$

例 18.9 设函数 $z=z(x,y)$ 具有二阶连续偏导数，并满足方程

$$\frac{\partial^2 z}{\partial x^2}+2\frac{\partial^2 z}{\partial x\partial y}+\frac{\partial^2 z}{\partial y^2}=0.$$

对自变量作变换 $\begin{cases}u=x+y,\\ v=x-y,\end{cases}$ 对因变量也作变换 $w=xy-z$，导出 w 关于 u，v 的偏导数所满足的方程.

解　从自变量的变换中可以解出 $x=\dfrac{u+v}{2}$，$y=\dfrac{u-v}{2}$，因此 $w=xy-z$ 也是 u，v 的函数. $z=xy-w$，利用复合函数求导的链式规则，对此等式两边关于 x 和 y 分别求偏导，得到

$$\frac{\partial z}{\partial x}=y-\left(\frac{\partial w}{\partial u}\frac{\partial u}{\partial x}+\frac{\partial w}{\partial v}\frac{\partial v}{\partial x}\right)=y-\frac{\partial w}{\partial u}-\frac{\partial w}{\partial v},$$

$$\frac{\partial z}{\partial y}=x-\left(\frac{\partial w}{\partial u}\frac{\partial u}{\partial y}+\frac{\partial w}{\partial v}\frac{\partial v}{\partial y}\right)=x-\frac{\partial w}{\partial u}+\frac{\partial w}{\partial v}.$$

进一步还可得到

$$\frac{\partial^2 z}{\partial x^2}=-\left(\frac{\partial^2 w}{\partial u^2}+\frac{\partial^2 w}{\partial v\partial u}\right)-\left(\frac{\partial^2 w}{\partial u\partial v}+\frac{\partial^2 w}{\partial v^2}\right)=-\frac{\partial^2 w}{\partial u^2}-2\frac{\partial^2 w}{\partial u\partial v}-\frac{\partial^2 w}{\partial v^2},$$

$$\frac{\partial^2 z}{\partial x\partial y}=1-\left(\frac{\partial^2 w}{\partial u^2}+\frac{\partial^2 w}{\partial v\partial u}\right)+\left(\frac{\partial^2 w}{\partial u\partial v}+\frac{\partial^2 w}{\partial v^2}\right)=1-\frac{\partial^2 w}{\partial u^2}+\frac{\partial^2 w}{\partial v^2},$$

$$\frac{\partial^2 z}{\partial y^2}=-\left(\frac{\partial^2 w}{\partial u^2}-\frac{\partial^2 w}{\partial v\partial u}\right)+\left(\frac{\partial^2 w}{\partial u\partial v}-\frac{\partial^2 w}{\partial v^2}\right)=-\frac{\partial^2 w}{\partial u^2}+2\frac{\partial^2 w}{\partial u\partial v}-\frac{\partial^2 w}{\partial v^2}.$$

将这些表达式代入方程 $\dfrac{\partial^2 z}{\partial x^2}+2\dfrac{\partial^2 z}{\partial x\partial y}+\dfrac{\partial^2 z}{\partial y^2}=0$，就得到

$$\frac{\partial^2 w}{\partial u^2}=\frac{1}{2}.$$

实际上，还可以将这个方程解出来. 对等式 $\dfrac{\partial^2 w}{\partial u^2}=\dfrac{1}{2}$ 两边求积分，得到

$$\frac{\partial w}{\partial u}=\frac{1}{2}u+\varphi(v),$$

再求一次积分，就得到

$$w=\frac{1}{4}u^2+\varphi(v)u+\psi(v),$$

其中 φ 与 ψ 是任意的二阶连续可微函数. 根据所用的变量代换，就知道方程 $\dfrac{\partial^2 z}{\partial x^2}+2\dfrac{\partial^2 z}{\partial x\partial y}+\dfrac{\partial^2 z}{\partial y^2}=0$ 的解的一般形式为

$$z=xy-\frac{1}{4}(x+y)^2-(x+y)\varphi(x-y)-\psi(x-y).$$

这个例子说明，通过适当的变量代换，可以将微分方程化简乃至解出，这是微分方程在数学和物理中常用的方法.

习题 18.2

1. 证明：若将定理 18.4 中的条件（4）改为 $\dfrac{\partial(F,\ G)}{\partial(y,\ v)}\bigg|_{P_0}\neq 0$，则方程组（18.11）能确定的隐函数组是 $y=y(u,\ x)$，$v=v(u,\ x)$.

2. 试讨论方程组

$$\begin{cases} x^2+y^2=\dfrac{z^2}{2} \\ x+y+z=2 \end{cases}$$

在点 $(1,\ -1,\ 2)$ 的附近能否确定形如 $x=f(z)$，$y=g(z)$ 的隐函数组.

3. 求下列方程组所确定的隐函数组的导数或偏导数：

(1) 设 $\begin{cases} z-x^2-y^2=0 \\ x^2+2y^2+3z^2=4a^2 \end{cases}$，求 $\dfrac{\mathrm{d}y}{\mathrm{d}x}$，$\dfrac{\mathrm{d}z}{\mathrm{d}x}$，$\dfrac{\mathrm{d}^2 y}{\mathrm{d}x^2}$ 和 $\dfrac{\mathrm{d}^2 z}{\mathrm{d}x^2}$；

(2) 设 $\begin{cases} xu+yv=0 \\ yu+xv=1 \end{cases}$，求 $\dfrac{\partial u}{\partial x}$，$\dfrac{\partial u}{\partial x}$，$\dfrac{\partial^2 u}{\partial x^2}$ 和 $\dfrac{\partial^2 u}{\partial x\partial y}$；

(3) 设 $\begin{cases} u=f(ux,\ v+y) \\ v=g(u-x,\ v^2 y) \end{cases}$，求 $\dfrac{\partial u}{\partial x}$，$\dfrac{\partial v}{\partial x}$；

(4) 设 $\begin{cases} x=u+v \\ y=u-v \\ z=u^2 v^2 \end{cases}$，求 $\dfrac{\partial z}{\partial x}$，$\dfrac{\partial z}{\partial y}$；

(5) 设 $\begin{cases} x=\mathrm{e}^u\cos v \\ y=\mathrm{e}^u\sin v \\ z=u^2+v^2 \end{cases}$，求 $\dfrac{\partial z}{\partial x}$，$\dfrac{\partial z}{\partial y}$.

4. 求微分：

(1) $x+2y+z-2\sqrt{xyz}=0$，求 $\mathrm{d}z$；

(2) $\begin{cases} x+y=u+v \\ \dfrac{x}{y}=\dfrac{\sin u}{\sin v} \end{cases}$，求 $\mathrm{d}u$ 和 $\mathrm{d}v$.

5. 设 $\begin{cases} x=x(y) \\ z=z(y) \end{cases}$ 是由方程组 $\begin{cases} F(y-x,\ y-z)=0 \\ G(xy,\ \dfrac{z}{y})=0 \end{cases}$ 所确定的隐函数组，其中 F 和 G 关于每个变量具有连续偏导数，求 $\dfrac{\mathrm{d}x}{\mathrm{d}y}$ 和 $\dfrac{\mathrm{d}z}{\mathrm{d}y}$.

§18.3　反函数组与坐标变换

设有一函数组

$$u = u(x, y), \quad v = v(x, y), \quad (x, y) \in B(\subset \mathbf{R}^2). \tag{18.13}$$

对每个 $(x, y) \in B$，由方程组（18.13）有唯一确定的 $(u, v) \in \mathbf{R}^2$ 与之对应，它确定了一个映射（或变换）：

$$T : B \to \mathbf{R}^2, \quad (x, y) \mapsto (u, v).$$

并记 B 的像集为 $B' = T(B)$.

现在的问题是：函数组（18.13）满足何种条件时，T 存在逆变换 T^{-1}？即存在一个函数组

$$x = x(u, v), y = y(u, v), (u, v) \in B', \tag{18.14}$$

满足

$$u \equiv u(x(u, v), y(u, v)), v \equiv v(x(u, v), y(u, v)).$$

这样的函数组（18.14）称为函数组（18.13）的**反函数组**. 它的存在性问题可化为隐函数组的相应问题来处理. 为此，首先把方程组（18.13）改写为

$$\begin{cases} F(x, y, u, v) = u - u(x, y) = 0, \\ G(x, y, u, v) = v - v(x, y) = 0 \end{cases} \tag{18.15}$$

然后将定理 18.4 应用于方程组（18.15），即得下述定理.

定理 18.5（反函数组存在与可微性定理）　设函数组（18.13）中函数 u，v 在某区域 $D \subset \mathbf{R}^2$ 上具有连续的一阶偏导数，$P_0(x_0, y_0)$ 是 D 的某个内点，且

$$u_0 = u(x_0, y_0), v_0 = v(x_0, y_0), \frac{\partial(u, v)}{\partial(x, y)} \bigg|_{P_0} = \begin{vmatrix} u_x & u_y \\ v_x & v_y \end{vmatrix}_{P_0} \neq 0.$$

则在点 $P_0'(u_0, v_0)$ 的某邻域 $U(P_0')$ 内，存在唯一的一组反函数式（18.14），使得

$$x_0 = x(u_0, v_0), y_0 = y(u_0, v_0), (x(u, v), y(u, v)) \in U(P_0),$$

且 $u \equiv u(x(u, v), y(u, v))$，$v \equiv v(x(u, v), y(u, v))$.

此外，反函数组式（18.14）在 $U(P_0')$ 内存在连续的一阶偏导数，且

$$\frac{\partial x}{\partial u} = \frac{v_y}{J_{xy}}, \quad \frac{\partial x}{\partial v} = -\frac{u_y}{J_{xy}}, \quad \frac{\partial y}{\partial u} = -\frac{v_x}{J_{xy}}, \quad \frac{\partial y}{\partial v} = \frac{u_x}{J_{xy}},$$

这里，$J_{xy} = \frac{\partial(u, v)}{\partial(x, y)}$. 进一步看到：

$$\frac{\partial(x, y)}{\partial(u, v)} = \frac{1}{J_{xy}^2} \begin{vmatrix} v_y & -u_y \\ -v_x & u_x \end{vmatrix} = \frac{u_x v_y - u_y v_x}{J_{xy}^2} = \frac{1}{J_{xy}} = \frac{1}{\frac{\partial(u, v)}{\partial(x, y)}}.$$

这说明：互为反函数组的式（18.13）与式（18.14），它们的雅可比行列式互为倒数. 这和以前熟知的反函数求导公式类似. 于是可把一元函数的导数与函数组（18.13）的雅可比行列式看作是对应的.

例 18.10 平面上点的直角坐标 $(x,\ y)$ 与极坐标 $(r,\ \theta)$ 之间的坐标变换为 T：$x=r\cos\theta$，$y=r\sin\theta$. 试讨论它的逆变换.

解 由于 $\dfrac{\partial(x,\ y)}{\partial(r,\ \theta)}=\begin{vmatrix} \cos\theta & -r\sin\theta \\ \sin\theta & r\cos\theta \end{vmatrix}=r$，因此除原点 $(r=0)$ 外，在其余一切点处，T

存在逆变换 T^{-1}：$\begin{cases} r=\sqrt{x^2+y^2} \\ \theta=\begin{cases} \arctan\dfrac{y}{x}, & x>0. \\[2mm] \pi+\arctan\dfrac{y}{x}, & x<0 \end{cases} \end{cases}$

对于函数组 $x=x(u,\ v,\ w)$，$y=y(u,\ v,\ w)$，$z=z(u,\ v,\ w)$，在满足类似于定理 18.5 的条件下所得到的反函数组为 $u=u(x,\ y,\ z)$，$v=v(x,\ y,\ z)$，$w=w(x,\ y,\ z)$. 这是三维空间中直角坐标与曲面坐标之间的坐标变换.

例 18.11 空间直角坐标 $(x,\ y,\ z)$ 与球坐标 $(\rho,\ \varphi,\ \theta)$ 之间的坐标变换为（见图 18-2）

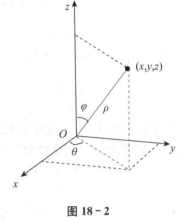

$$T: \begin{cases} x=\rho\sin\varphi\cos\theta \\ y=\rho\sin\varphi\sin\theta. \\ z=\rho\cos\varphi \end{cases}$$

由于

$$\frac{\partial(x,y,z)}{\partial(\rho,\varphi,\theta)}=\begin{vmatrix} \sin\varphi\cos\theta & \rho\cos\varphi\cos\theta & -\rho\sin\varphi\sin\theta \\ \sin\varphi\sin\theta & \rho\cos\varphi\sin\theta & \rho\sin\varphi\cos\theta \\ \cos\varphi & -\rho\sin\varphi & 0 \end{vmatrix}$$
$$=\rho^2\sin\varphi.$$

图 18-2

因此当 $\rho^2\sin\varphi\neq0$（即除去 Oz 轴上的一切点）时，T 存在逆变换 T^{-1}：

$$\rho=\sqrt{x^2+y^2+z^2},\varphi=\arccos\frac{z}{\rho},\theta=\arctan\frac{y}{x}.$$

例 18.12 设有一微分方程（弦振动方程）：

$$a^2\frac{\partial^2\varphi}{\partial x^2}=\frac{\partial^2\varphi}{\partial t^2}(a>0), \tag{18.16}$$

其中 $\varphi(x,\ t)$ 具有二阶连续偏导数. 试问此方程在坐标变换 T：$u=x+at$，$v=x-at$ 之下，将变成何种形式？

解 据题意，需要将方程（18.16）变换成以 u，v 为自变量的形式. 首先有

$$u_x=v_x=1,u_t=-v_t=a,\frac{\partial(u,v)}{\partial(x,t)}=-2a\neq0,$$

故 T 的逆变换存在. 又

$$du=u_x dx+u_t dt=dx+adt,dv=dx-adt.$$

依据一阶微分形式不变性，得到

$$\mathrm{d}\varphi=\varphi_u\mathrm{d}u+\varphi_v\mathrm{d}v=(\varphi_u+\varphi_v)\mathrm{d}x+a(\varphi_u-\varphi_v)\mathrm{d}t,$$

并由此推知

$$\varphi_x=\varphi_u+\varphi_v, \quad \varphi_t=a(\varphi_u-\varphi_v).$$

继续求以 u,v 为自变量的 φ_{xx} 与 φ_{tt} 的表达式：

$$\varphi_{xx}=\frac{\partial}{\partial u}(\varphi_u+\varphi_v)u_x+\frac{\partial}{\partial v}(\varphi_u+\varphi_v)v_x=\varphi_{uu}+\varphi_{vu}+\varphi_{uv}+\varphi_{vv}=\varphi_{uu}+2\varphi_{uv}+\varphi_{vv},$$

$$\varphi_{tt}=a\frac{\partial}{\partial u}(\varphi_u-\varphi_v)u_t+a\frac{\partial}{\partial v}(\varphi_u-\varphi_v)v_t=a^2(\varphi_{uu}-\varphi_{vu})-a^2(\varphi_{uv}-\varphi_{vv})$$

$$=a^2(\varphi_{uu}-2\varphi_{uv}+\varphi_{vv}).$$

代入题设的方程得到以 u,v 为自变量的微分方程为

$$a^2\varphi_{xx}-\varphi_{tt}=4a^2\varphi_{uv}=0, 即 \frac{\partial^2\varphi}{\partial u\partial v}=0.$$

 习题 18.3

1. 求下列函数组所确定的反函数组的偏导数：

(1) $\begin{cases} x=\mathrm{e}^u+u\sin v \\ y=\mathrm{e}^u-u\cos v \end{cases}$，求 u_x，u_y，v_x，v_y；

(2) $\begin{cases} x=u+v \\ y=u^2+v^2 \\ z=u^3+v^3 \end{cases}$，求 z_x.

2. 设 $f(x,y)$ 具有二阶连续偏导数，在极坐标 $\begin{cases} x=r\cos\theta \\ y=r\sin\theta \end{cases}$ 变换下，求 $\dfrac{\partial^2 f}{\partial x^2}+\dfrac{\partial^2 f}{\partial y^2}$ 关于极坐标的表达式.

3. 设二元函数 f 具有二阶连续偏导数，证明：通过适当的线性变换 $\begin{cases} u=x+\lambda y \\ v=x+y\mu \end{cases}$，可以将方程

$$A\frac{\partial^2 f}{\partial x^2}+2B\frac{\partial^2 f}{\partial x\partial y}+C\frac{\partial^2 f}{\partial y^2}=0(AC-B^2<0)$$

化简为

$$\frac{\partial^2 f}{\partial u\partial v}=0.$$

并说明此时 λ，μ 为一元二次方程 $A+2Bt+Ct^2=0$ 的两个相异实根.

4. 通过自变量变换 $\begin{cases} x=\mathrm{e}^{\xi} \\ y=\mathrm{e}^{\eta} \end{cases}$，变换方程

$$ax^2\,\frac{\partial^2 z}{\partial x^2}+2bxy\,\frac{\partial^2 z}{\partial x\partial y}+cy^2\,\frac{\partial^2 z}{\partial y^2}=0,$$

其中 a，b，c 为常数.

5. 通过自变量变换 $\begin{cases}u=x-2\sqrt{y}\\ v=x+2\sqrt{y}\end{cases}$，变换方程 $\dfrac{\partial^2 z}{\partial x^2}-y\,\dfrac{\partial^2 z}{\partial y^2}=\dfrac{1}{2}\,\dfrac{\partial z}{\partial y}$，$y>0$.

6. 导出新的因变量关于新的自变量的偏导数所满足的方程：

(1) 用 $\begin{cases}u=x^2+y^2\\ v=\dfrac{1}{x}+\dfrac{1}{y}\end{cases}$ 及 $w=\ln z-(x+y)$ 变换方程 $y\,\dfrac{\partial z}{\partial x}-x\,\dfrac{\partial z}{\partial y}=(y-x)z$；

(2) 用 $\begin{cases}u=x\\ v=x+y\end{cases}$ 及 $w=x+y+z$ 变换方程 $\dfrac{\partial^2 z}{\partial x^2}-2\,\dfrac{\partial^2 z}{\partial x\partial y}+\left(1+\dfrac{y}{x}\right)\dfrac{\partial^2 z}{\partial y^2}=0$；

(3) 用 $\begin{cases}u=x+y\\ v=\dfrac{y}{x}\end{cases}$ 及 $w=\dfrac{z}{x}$ 变换方程 $\dfrac{\partial^2 z}{\partial x^2}-2\,\dfrac{\partial^2 z}{\partial x\partial y}+\dfrac{\partial^2 z}{\partial y^2}=0$.

7. 设 $y=f(x,t)$ 而 t 是由方程 $F(x,y,t)=0$ 所确定的 x，y 的隐函数，其中 f 和 F 都具有连续偏导数. 证明：

$$\frac{\mathrm{d}y}{\mathrm{d}x}=\frac{\dfrac{\partial f}{\partial x}\dfrac{\partial F}{\partial t}-\dfrac{\partial f}{\partial t}\dfrac{\partial F}{\partial x}}{\dfrac{\partial f}{\partial t}\dfrac{\partial F}{\partial y}+\dfrac{\partial F}{\partial t}}.$$

§18.4 偏导数的几何应用

（一）平面曲线的切线与法线

在一元函数中我们引进了平面曲线 $y=f(x)$ 在点 $(x_0,f(x_0))$ 处的切线，它是曲线过点 $(x_0,f(x_0))$ 的割线的极限位置且切线斜率为 $f'(x_0)$. 若平面曲线方程为 $F(x,y)=0$，且 $F(x,y)$ 在点 $P_0(x_0,y_0)$ 的某邻域内有连续偏导数，$(F_x(x_0,y_0),F_y(x_0,y_0))\neq 0$，则由隐函数定理知，$F(x,y)=0$ 可以确定隐函数 $y=f(x)$ 或 $x=g(y)$，且有

$$f'(x)=-\frac{F_x}{F_y},\text{或 } g'(y)=-\frac{F_y}{F_x}.$$

于是曲线 $F(x,y)=0$ 在点 (x_0,y_0) 处的切线方程为

$$F_x(x_0,y_0)(x-x_0)+F_y(x_0,y_0)(y-y_0)=0.$$

法线方程为

$$F_y(x_0,y_0)(x-x_0)-F_x(x_0,y_0)(y-y_0)=0.$$

例 18.13　求笛卡儿叶形线 $2(x^3+y^3)-9xy=0$ 在点 $P_0(2,1)$ 处的切线方程与法线方程.

解　设 $f(x,y)=2(x^3+y^3)-9xy$，由于 $F_x=6x^2-9y$，$F_y=6y^2-9x$ 连续，并且 $(F_x(P_0),F_y(P_0))=(15,-12)\neq(0,0)$，于是在点 $P_0(2,1)$ 处的切线方程与法线方程分别为

$$15(x-2)-12(y-1)=0,\text{即 }5x-4y-6=0,$$
$$12(x-2)+15(y-1)=0,\text{即 }4x+5y-13=0.$$

例 18.14　设一般二次曲线为 $L:Ax^2+2Bxy+Cy^2+2Dx+2Ey+F=0$，$P_0(x_0,y_0)\in L$. 证明 L 在点 P_0 处的切线方程为

$$Ax_0x+B(y_0x+x_0y)+Cy_0y+D(x+x_0)+E(y+y_0)+F=0.$$

证明　设 $G(x,y)=Ax^2+2Bxy+Cy^2+2Dx+2Ey+F$，则有

$$\begin{cases}G_x(P_0)=2Ax_0+2By_0+2D,\\ G_y(P_0)=2Bx_0+2Cy_0+2E\end{cases}$$

由此得到所求切线为

$$(Ax_0+By_0+D)(x-x_0)+(Bx_0+Cy_0+E)(y-y_0)=0,$$

利用 (x_0,y_0) 满足曲线 L 的方程，即

$$F=-(Ax_0^2+2Bx_0y_0+Cy_0^2+2Dx_0+2Ey_0),$$

整理后便得到

$$Ax_0x+B(y_0x+x_0y)+Cy_0y+D(x+x_0)+E(y+y_0)+F=0.$$

证毕.

（二）空间曲线的切线与法平面

由空间解析几何知，空间曲线 Γ 的参数方程为 $x=x(t)$，$y=y(t)$，$z=z(t)$，$t\in[a,b]$，Γ 的向量形式方程为 $\vec{r}=\vec{r}(t)=(x(t),y(t),z(t))$. $\vec{r}(t)$ 的导数定义为

$$\begin{aligned}\vec{r}'(t)&=\lim_{\Delta t\to 0}\frac{\vec{r}(t+\Delta t)-\vec{r}(t)}{\Delta t}\\ &=\lim_{\Delta t\to 0}\left(\frac{x(t+\Delta t)-x(t)}{\Delta t}\vec{i}+\frac{y(t+\Delta t)-y(t)}{\Delta t}\vec{j}+\frac{z(t+\Delta t)-z(t)}{\Delta t}\vec{k}\right)\\ &=(x'(t),y'(t),z'(t)).\end{aligned}$$

定义 18.2　若 $\vec{r}(t)=(x'(t),y'(t),z'(t))$ 在 $[a,b]$ 上连续，并且 $\vec{r}(t)\neq\vec{0}$，$t\in[a,b]$，则称空间曲线 Γ：

$$\vec{r}=\vec{r}(t)=(x(t),y(t),z(t)),\quad t\in[a,b]$$

为**光滑曲线**.

完全类似于平面曲线的切线定义，我们也将空间曲线在点 P_0 的切线定义为过点 P_0 的割线的极限位置. 下面讨论切线方程.

记 $x_0 = x(t_0)$，$y_0 = y(t_0)$，$z_0 = z(t_0)$. 取 Γ 上另一点 $P_1(x(t)$，$y(t)$，$z(t))$，则过 P_0 和 P_1 的割线方程为

$$\frac{x-x_0}{x(t)-x(t_0)} = \frac{y-y_0}{y(t)-y(t_0)} = \frac{z-z_0}{z(t)-z(t_0)}.$$

将其改写为

$$\frac{x-x_0}{\dfrac{x(t)-x(t_0)}{t-t_0}} = \frac{y-y_0}{\dfrac{y(t)-y(t_0)}{t-t_0}} = \frac{z-z_0}{\dfrac{z(t)-z(t_0)}{t-t_0}},$$

令 $t \to t_0$，就得到曲线 Γ 在点 P_0 处的**切线方程**为

$$\frac{x-x_0}{x'(t_0)} = \frac{y-y_0}{y'(t_0)} = \frac{z-z_0}{z'(t_0)}.$$

向量 $\vec{r}'(t_0) = (x'(t_0)$，$y'(t_0)$，$z'(t_0))$ 就是曲线 Γ 在点 P_0 处的切线的一个方向向量，也称为 Γ 在点 P_0 处的**切向量**. 可以看出，光滑曲线的切线位置随切点在曲线上的位置变动而连续变动.

过点 P_0 且与切线垂直的平面称为曲线 Γ 在点 P_0 处的**法平面**. 显然，该法平面的一个法向量就是 Γ 在点 P_0 处的切向量，因此曲线 Γ 在点 P_0 处的**法平面方程**可写成

$$x'(t_0)(x-x_0) + y'(t_0)(y-y_0) + z'(t_0)(z-z_0) = 0,$$

或写成等价的向量形式 $\vec{r}'(t_0) \cdot (\vec{r}-\vec{r}_0) = 0$.

如果曲线的方程为

$$y = f(x), \quad z = g(x),$$

把它看成以 x 为参数的参数方程

$$\begin{cases} x = x \\ y = f(x), \\ z = g(x) \end{cases}$$

则得到它在点 $P_0(x_0$，$f(x_0)$，$g(x_0))$ 处的**切线方程**为

$$\frac{x-x_0}{1} = \frac{y-f(x_0)}{f'(x_0)} = \frac{z-g(x_0)}{g'(x_0)};$$

法平面方程为

$$(x-x_0) + f'(x_0)(y-f(x_0)) + g'(x_0)(z-g(x_0)) = 0.$$

如果曲线 Γ 的方程为一般方程

$$\begin{cases} F(x,y,z) = 0 \\ G(x,y,z) = 0 \end{cases},$$

$P_0(x_0,y_0,z_0)$ 为 Γ 上一点，且雅可比矩阵

$$J=\begin{pmatrix} F_x & F_y & F_z \\ G_x & G_y & G_z \end{pmatrix}$$

在点 P_0 处是满秩的，即 $\mathrm{rank}J=2$. 下面求曲线 Γ 在点 P_0 处的切线与法平面方程.

由于矩阵 J 在 P_0 点满秩，不失一般性，假设在点 P_0 处

$$\frac{\partial(F,G)}{\partial(y,z)}=\begin{vmatrix} F_y & F_z \\ G_y & G_z \end{vmatrix}\neq 0.$$

由隐函数组存在定理，在点 P_0 附近唯一确定了满足 $y_0=f(x_0)$，$z_0=g(x_0)$ 的隐函数组

$$y=f(x),\quad z=g(x),\quad x\in U(x_0;\varepsilon).$$

且有

$$\frac{\mathrm{d}y}{\mathrm{d}x}=f'(x_0)=\left.\frac{\partial(F,G)}{\partial(z,x)}\right|_{P_0}\bigg/\left.\frac{\partial(F,G)}{\partial(y,z)}\right|_{P_0},$$

$$\frac{\mathrm{d}z}{\mathrm{d}x}=g'(x_0)=\left.\frac{\partial(F,G)}{\partial(x,y)}\right|_{P_0}\bigg/\left.\frac{\partial(F,G)}{\partial(y,z)}\right|_{P_0}.$$

于是，曲线 Γ 在点 P_0 处的切线方程为

$$\frac{x-x_0}{\left.\dfrac{\partial(F,G)}{\partial(y,z)}\right|_{P_0}}=\frac{y-y_0}{\left.\dfrac{\partial(F,G)}{\partial(z,x)}\right|_{P_0}}=\frac{z-z_0}{\left.\dfrac{\partial(F,G)}{\partial(x,y)}\right|_{P_0}};$$

法平面方程为

$$\left.\frac{\partial(F,G)}{\partial(y,z)}\right|_{P_0}(x-x_0)+\left.\frac{\partial(F,G)}{\partial(z,x)}\right|_{P_0}(y-y_0)+\left.\frac{\partial(F,G)}{\partial(x,y)}\right|_{P_0}(z-z_0)=0.$$

由空间解析几何可知，由一点及两个线性无关（即非平行）的向量确定一张过该点的平面（称为这两个向量张成的平面），平面上的任一向量都可以表示为这两个向量的线性组合.

定理 18.6　曲线 $\begin{cases} F(x,y,z)=0 \\ G(x,y,z)=0 \end{cases}$ 在点 P_0 处的法平面就是由梯度向量 $\mathrm{grad}F(P_0)$ 和 $\mathrm{grad}G(P_0)$ 张成的过 P_0 的平面.

证明　记该曲线为 Γ. 由于矩阵 $J=\begin{pmatrix} F_x & F_y & F_z \\ G_x & G_y & G_z \end{pmatrix}$ 在点 P_0 处满秩，因此

$$\mathrm{grad}F(P_0)=(F_x(P_0),F_y(P_0),F_z(P_0))$$

与

$$\mathrm{grad}G(P_0)=(G_x(P_0),G_y(P_0),G_z(P_0))$$

线性无关，因此它们可以张成一个过点 P_0 的平面 π.

要证明平面 π 就是曲线 Γ 在点 P_0 的法平面，只需证明 Γ 在点 P_0 的切向量与 π 垂直，

即与 $\mathrm{grad}F(P_0)$ 和 $\mathrm{grad}G(P_0)$ 均垂直即可.

因为曲线 Γ 在点 P_0 的切向量为

$$\vec{\tau}=\left(\frac{\partial(F,G)}{\partial(y,z)},\frac{\partial(F,G)}{\partial(z,x)},\frac{\partial(F,G)}{\partial(x,y)}\right)\bigg|_{P_0},$$

于是

$$\vec{\tau}\cdot\mathrm{grad}f(P_0)=F_x(P_0)\frac{\partial(F,G)}{\partial(y,z)}\bigg|_{P_0}+F_y(P_0)\frac{\partial(F,G)}{\partial(z,x)}\bigg|_{P_0}+F_z(P_0)\frac{\partial(F,G)}{\partial(x,y)}\bigg|_{P_0}$$

$$=\begin{vmatrix} F_x(P_0) & F_y(P_0) & F_z(P_0) \\ F_x(P_0) & F_y(P_0) & F_z(P_0) \\ G_x(P_0) & G_y(P_0) & G_z(P_0) \end{vmatrix}=0.$$

同理 $\vec{\tau}\cdot\mathrm{grad}G(P_0)=0$. 因此平面 π 就是曲线 Γ 在点 P_0 处的法平面. 证毕.

例 18.15 一质点一方面按逆时针方向以等角速度 ω 绕 z 轴旋转, 另一方面又沿 z 轴正向以匀速 c 上升（见图 18-3）, 已知时刻 $t=0$ 时质点在点 $(a,0,0)$ $(a>0)$ 处, 求:

(1) 该质点的运动轨迹 Γ;

(2) 该质点在时刻 t 的速度;

(3) 当 $\omega=1$ 时, 曲线 Γ 在 $t=\dfrac{\pi}{2}$ 所对应点处的切线方程与法平面方程.

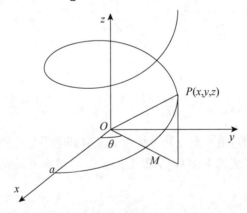

图 18-3

解 (1) 设在时刻 t, 质点在 $P(x,y,z)$ 处, θ 为 OM 与 x 轴正向的夹角. 质点按逆时针方向以等角速度 ω 绕 z 轴旋转, 而且 $t=0$ 时质点在 $(a,0,0)$ 处. 于是 $\theta=\omega t$, $x=a\cos\omega t$, $y=a\sin\omega t$. 又因为质点以匀速 c 上升, 于是 $z=ct$. 因此质点运动的轨迹方程为 $x=a\cos\omega t$, $y=a\sin\omega t$, $z=ct$, 这样的曲线称为**螺旋线**.

(2) 将质点的轨迹方程用向量形式写出来就是

$$\vec{r}(t)=(a\cos\omega t,a\sin\omega t,ct),$$

那么质点的运动速度就为

$$\vec{r}'(t)=(-a\omega\sin\omega t,a\omega\cos\omega t,c).$$

（3）当 $\omega=1$ 时，曲线 Γ 的方程即为 $x=a\cos t$，$y=a\sin t$，$z=ct$，当 $t=\dfrac{\pi}{2}$ 时，对应于曲线上的点为 $M_0\left(0,\ a,\ \dfrac{c\pi}{2}\right)$. 由于 $\vec{r}'(t)=(-a\sin t,\ a\cos t,\ c)$，从而 $\vec{r}'\left(\dfrac{\pi}{2}\right)=(-a,\ 0,\ c)$. 因此曲线 Γ 在点 M_0 处的切线方程为

$$\frac{x-0}{-a}=\frac{y-a}{0}=\frac{z-\dfrac{c\pi}{2}}{c},$$

曲线 Γ 在点 M_0 处的法平面方程为

$$-ax+cz-\frac{c^2\pi}{2}=0.$$

例 18.16 求曲线 Γ：$\begin{cases} x^2+y^2+z^2-2y=4 \\ x+y+z=0 \end{cases}$ 在点 $(1,\ 1,\ -2)$ 处的切线方程和法平面方程.

解 方法一 直接利用公式求解. 曲线 Γ 的方程为

$$\begin{cases} F(x,y,z)=x^2+y^2+z^2-2y-4=0 \\ G(x,y,z)=x+y+z=0 \end{cases},$$

所以

$$\frac{\partial(F,G)}{\partial(y,z)}=\begin{vmatrix} 2y-2 & 2z \\ 1 & 1 \end{vmatrix}=2(y-z-1), \quad \frac{\partial(F,G)}{\partial(z,x)}=\begin{vmatrix} 2z & 2x \\ 1 & 1 \end{vmatrix}=2(z-x),$$

$$\frac{\partial(F,G)}{\partial(x,y)}=\begin{vmatrix} 2x & 2y-2 \\ 1 & 1 \end{vmatrix}=2(x-y+1).$$

因此

$$\left.\frac{\partial(F,G)}{\partial(y,z)}\right|_{(1,1,-2)}=4, \quad \left.\frac{\partial(F,G)}{\partial(z,x)}\right|_{(1,1,-2)}=-6, \quad \left.\frac{\partial(F,G)}{\partial(x,y)}\right|_{(1,1,-2)}=2.$$

于是所求的切线方程为

$$\frac{x-1}{4}=\frac{y-1}{-6}=\frac{z+2}{2}, \text{即}\frac{x-1}{2}=\frac{y-1}{-3}=\frac{z+2}{1};$$

法平面方程为

$$4(x-1)-6(y-1)+2(z+2)=0, \text{即} \ 2x-3y+z+3=0.$$

方法二 在所给的两个曲面方程两边对 x 求导，得

$$\begin{cases} 2x+2y\dfrac{\mathrm{d}y}{\mathrm{d}x}+2z\dfrac{\mathrm{d}z}{\mathrm{d}x}-2\dfrac{\mathrm{d}y}{\mathrm{d}x}=0 \\[2mm] 1+\dfrac{\mathrm{d}y}{\mathrm{d}x}+\dfrac{\mathrm{d}z}{\mathrm{d}x}=0 \end{cases},$$

解这个方程组，得到

$$\frac{\mathrm{d}y}{\mathrm{d}x}=\frac{z-x}{y-z-1},\quad \frac{\mathrm{d}z}{\mathrm{d}x}=\frac{1-y+x}{y-z-1}.$$

于是 $\left.\dfrac{\mathrm{d}y}{\mathrm{d}x}\right|_{(1,1,-2)}=-\dfrac{3}{2}$，$\left.\dfrac{\mathrm{d}z}{\mathrm{d}x}\right|_{(1,1,-2)}=\dfrac{1}{2}$.

曲线 $\varGamma$ 在点 $(1,1,-2)$ 处的切向量为 $\left(1,-\dfrac{3}{2},\dfrac{1}{2}\right)$. 因此所求的切线方程为

$$\frac{x-1}{1}=\frac{y-1}{-\frac{3}{2}}=\frac{z+2}{\frac{1}{2}},\quad 即\frac{x-1}{2}=\frac{y-1}{-3}=\frac{z+2}{1};$$

法平面方程为

$$(x-1)-\frac{3}{2}(y-1)+\frac{1}{2}(z+2)=0,即 2x-3y+z+3=0.$$

（三）曲面的切平面与法线

曲面 S 的方程一般表示为

$$F(x,y,z)=0,(x,y,z)\in D.$$

考虑 F 在 D 上具有连续偏导数，且雅可比矩阵 (F_x,F_y,F_z) 在曲面上恒为满秩，即 $F_x^2+F_y^2+F_z^2\neq0$ 的情况.

设 $P_0(x_0,y_0,z_0)$ 为 S 上一点. 考察曲面 S 上过点 P_0 的任意一条光滑曲线 $\varGamma$：

$$x=x(t),y=y(t),z=z(t),$$

并设 $x_0=x(t_0)$，$y_0=y(t_0)$，$z_0=z(t_0)$. 由于曲线 $\varGamma$ 在 S 上，因此

$$F(x(t),y(t),z(t))\equiv0.$$

对 t 求导，在 $t=t_0$ 处有

$$F_x(P_0)x'(t_0)+F_y(P_0)y'(t_0)+F_z(P_0)z'(t_0)=0.$$

这说明，曲面 S 上过 P_0 的任意一条光滑曲线 $\varGamma$ 在点 P_0 处的切线都与固定向量

$$\vec{n}=(F_x(P_0),F_y(P_0),F_z(P_0))$$

垂直，因此这些切线都在一张平面 π 上（见图 18-4）. 平面 π 称为曲面 S 在点 P_0 处的**切平面**，它的法向量 $\vec{n}$ 称为 S 在点 P_0 处的**法向量**. 这样，S 在点 P_0 处的切平面方程可以表示为

$$F_x(P_0)(x-x_0)+F_y(P_0)(y-y_0)+F_z(P_0)(z-z_0)=0.$$

过点 P_0 且与切平面垂直的直线称为曲面 S 在点 P_0 处的**法线**，它的方程为

$$\frac{x-x_0}{F_x(P_0)}=\frac{y-y_0}{F_y(P_0)}=\frac{z-z_0}{F_z(P_0)}.$$

注　在§17.2中曾经利用极限的形式给出过曲面上过某点的切平面的定义，可以证明，这里所给出的切平面方程与前面所定义的切平面是一致的.

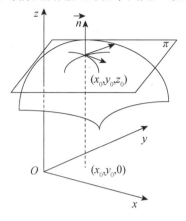

图 18 - 4

若曲面 S 的方程表示为：$z=f(x,y)$，即 $F(x,y,z)=f(x,y)-z=0$，且 $f(x,y)$ 在点 (x_0,y_0) 处可微，则曲面 S 在点 $P_0(x_0,y_0,z_0)$ 处（其中 $z_0=f(x_0,y_0)$）的切平面方程即为

$$\frac{\partial}{\partial x}f(x_0,y_0)(x-x_0)+\frac{\partial}{\partial y}f(x_0,y_0)(y-y_0)-(z-z_0)=0.$$

相应地，曲面 S 在点 $P_0(x_0,y_0,z_0)$ 处的法线方程为

$$\frac{x-x_0}{\dfrac{\partial}{\partial x}f(x_0,y_0)}=\frac{y-y_0}{\dfrac{\partial}{\partial y}f(x_0,y_0)}=\frac{z-z_0}{-1}.$$

曲面方程也可表示成参数形式：$x=x(u,v)$，$y=y(u,v)$，$z=z(u,v)$，$(u,v)\in D$. 它也可以表示为向量形式

$$\vec{r}(u,v)=x(u,v)\vec{i}+y(u,v)\vec{j}+z(u,v)\vec{k}, \quad (x,y)\in D.$$

以下假设雅可比矩阵 $J=\begin{pmatrix} x_u & x_v \\ y_u & y_v \\ z_u & z_v \end{pmatrix}$ 在 D 上恒为满秩.

设 $P_0(x_0,y_0,z_0)(x_0=x(u_0,v_0),y_0=y(u_0,v_0),z_0=z(u_0,v_0))$ 为 S 上一点. 由于矩阵 J 是满秩的，不失一般性，假设 $\dfrac{\partial(x,y)}{\partial(u,v)}\Big|_{(u_0,v_0)}\neq 0$. 那么由隐函数组存在定理（或逆映射定理），可以由 $x=x(u,v)$，$y=y(u,v)$ 在 (x_0,y_0) 的某个邻域上唯一确定逆映射 $u=u(x,y)$，$v=v(x,y)$ $(u_0=u(x_0,y_0)$，$v_0=v(x_0,y_0))$，代入 $z=z(u,v)$，就得到曲面 S 在点 P_0 附近的显式表示

$$z=z(u(x,y),v(x,y))=f(x,y),$$

且

$$\frac{\partial u}{\partial x}=\frac{\partial y}{\partial v}\bigg/\frac{\partial(x,y)}{\partial(u,v)},\quad \frac{\partial v}{\partial x}=-\frac{\partial y}{\partial u}\bigg/\frac{\partial(x,y)}{\partial(u,v)},$$

$$\frac{\partial u}{\partial y}=\frac{\partial x}{\partial v}\bigg/\frac{\partial(x,y)}{\partial(u,v)},\quad \frac{\partial v}{\partial y}=\frac{\partial x}{\partial u}\bigg/\frac{\partial(x,y)}{\partial(u,v)}.$$

由此得到

$$\frac{\partial f}{\partial x}=\frac{\partial z}{\partial u}\frac{\partial u}{\partial x}+\frac{\partial z}{\partial v}\frac{\partial v}{\partial x}=-\frac{\partial(y,z)}{\partial(u,v)}\bigg/\frac{\partial(x,y)}{\partial(u,v)},$$

$$\frac{\partial f}{\partial y}=\frac{\partial z}{\partial u}\frac{\partial u}{\partial y}+\frac{\partial z}{\partial v}\frac{\partial v}{\partial y}=-\frac{\partial(z,x)}{\partial(u,v)}\bigg/\frac{\partial(x,y)}{\partial(u,v)},$$

于是 S 在点 P_0 处的切平面方程为

$$\frac{\partial(y,z)}{\partial(u,v)}\bigg|_{(u_0,v_0)}(x-x_0)+\frac{\partial(z,x)}{\partial(u,v)}\bigg|_{(u_0,v_0)}(y-y_0)+\frac{\partial(x,y)}{\partial(u,v)}\bigg|_{(u_0,v_0)}(z-z_0)=0;$$

法线方程为

$$\frac{x-x_0}{\dfrac{\partial(y,z)}{\partial(u,v)}\bigg|_{(u_0,v_0)}}=\frac{y-y_0}{\dfrac{\partial(z,x)}{\partial(u,v)}\bigg|_{(u_0,v_0)}}=\frac{z-z_0}{\dfrac{\partial(x,y)}{\partial(u,v)}\bigg|_{(u_0,v_0)}}.$$

例 18.17　求曲面 $e^z-z+xy=3$ 在点（2，1，0）处的切平面与法线方程.

解　曲面方程即为 $F(x,y,z)=e^z-z+xy-3=0$. 由于

$$F_x=y,\quad F_y=x,\quad F_z=e^z-1,$$

因此曲面在点（2，1，0）处的法向量为

$$\vec{n}=(F_x(2,1,0),F_y(2,1,0),F_z(2,1,0))=(1,2,0),$$

于是曲面在点（2，1，0）处的切平面方程为

$$1\cdot(x-2)+2\cdot(y-1)+0\cdot(z-0)=0,即\ x+2y-4=0;$$

法线方程为

$$\begin{cases}\dfrac{x-2}{1}=\dfrac{y-1}{2}\\[2mm] z=0\end{cases}.$$

现在引入**夹角**的概念. 两条曲线在交点处的**夹角**，是指这两条曲线在交点处的切向量之间的夹角. 两张曲面在交线上一点的**夹角**，是指这两张曲面在该点的法向量之间的夹角. 如果两张曲面在交线上每一点处都正交，即夹角为直角，就称这**两张曲面正交**.

例 18.18　证明：对任意常数 ρ，φ，球面 $x^2+y^2+z^2=\rho^2$ 与锥面 $x^2+y^2=z^2\tan^2\varphi$ 是相互正交的.

证　球面在两曲面的任一交点 (x,y,z) 处的法向量为 $\vec{n}_1=(x,y,z)$；锥面在 (x,y,z) 处的法向量为 $\vec{n}_2=(x,y,-\tan^2\varphi\cdot z)$. 于是，在两曲面的任一交点 (x,y,z) 处满足，

$$\vec{n}_1 \cdot \vec{n}_2 = x^2 + y^2 - \tan^2\varphi \cdot z^2 = 0.$$

因此两球面是正交的．证毕．

 习题 18.4

1. 求平面曲线 $x^{2/3} + y^{2/3} = a^{2/3}$（$a > 0$）上任何一点处的切线方程，并证明这些切线被坐标轴所截取的线段等长．

2. 求下列曲线在指定点处的切线方程与法平面方程：

(1) $\begin{cases} y = x^2 \\ z = \dfrac{x}{1+x} \end{cases}$ 在点 $\left(1,\ 1,\ \dfrac{1}{2}\right)$；

(2) $\begin{cases} x = t - \sin t \\ y = 1 - \cos t \\ z = 4\sin\dfrac{t}{2} \end{cases}$ 在 $t = \dfrac{\pi}{2}$ 的点；

(3) $\begin{cases} x + y + z = 0 \\ x^2 + y^2 + z^2 = 6 \end{cases}$ 在点 $(1,\ -2,\ 1)$；

(4) $\begin{cases} x^2 + y^2 = R^2 \\ x^2 + z^2 = R^2 \end{cases}$ 在点 $\left(\dfrac{R}{\sqrt{2}},\ \dfrac{R}{\sqrt{2}},\ \dfrac{R}{\sqrt{2}}\right)$．

3. 在曲线 $x = t$，$y = t^2$，$z = t^3$ 上求一点，使曲线在这一点的切线与平面 $x + 2y + z = 10$ 平行．

4. 求曲线 $x = \sin^2 t$，$y = \sin t \cos t$，$z = \cos^2 t$ 在 $t = \dfrac{\pi}{2}$ 所对应的点处的切线的方向余弦．

5. 求下列曲面在指定点处的切平面方程与法线方程：

(1) $z = 2x^4 + 3y^3$，在点 $(2,\ 1,\ 3,\ 5)$；

(2) $e^{\frac{x}{z}} + e^{\frac{y}{z}} = 4$，在点 $(\ln 2,\ \ln 2,\ 1)$；

(3) $x = u + v$，$y = u^2 + v^2$，$z = u^3 + v^3$，在 $u = 0$，$v = 1$ 所对应的点．

6. 在马鞍面 $z = xy$ 上求一点，使得这一点的法线与平面 $x + 3y + z + 9 = 0$ 垂直，并写出此法线的方程．

7. 求椭球面 $x^2 + 2y^2 + 3z^2 = 498$ 的平行于平面 $x + 3y + 5z = 7$ 的切平面．

8. 求圆柱面 $x^2 + y^2 = a^2$ 与马鞍面 $bz = xy$ 的交角．

9. 已知曲面 $x^2 - y^2 - 3z = 0$，求经过点 $A\ (0,\ 0,\ -1)$ 且与直线 $\dfrac{x}{2} = \dfrac{y}{1} = \dfrac{z}{2}$ 平行的切平面的方程．

10. 设椭球面 $2x^2 + 3y^2 + z^2 = 6$ 上点 $P(1,\ 1,\ 1)$ 处指向外侧的法向量为 $\vec{n}$，求函数 $u = \dfrac{\sqrt{6x^2 + 8y^2}}{z}$ 在点 P 处沿方向 $\vec{n}$ 的方向导数．

§18.5 条件极值

在讨论多元函数的极值或最值问题时，经常需要对函数的自变量附加一定的条件. 例如，求原点到直线

$$\begin{cases} x+y+z=1 \\ x+2y+3z=6 \end{cases}$$

的距离，就是求原点到点 (x,y,z) 的距离，而 (x,y,z) 限制在平面 $x+y+z=1$ 和 $x+2y+3z=6$ 上变动，即计算函数 $f(x,y,z)=\sqrt{x^2+y^2+z^2}$ 在限制条件 $x+y+z=1$ 和 $x+2y+3z=6$ 下的最小值. 这就是所谓的**条件极值**问题.

以三元函数为例，条件极值问题的提法是：求目标函数 $f(x,y,z)$ 在约束条件

$$\begin{cases} G(x,y,z)=0 \\ H(x,y,z)=0 \end{cases} \tag{18.16}$$

下的极值.

假定 f,F,G 具有连续偏导数，且雅可比矩阵

$$J=\begin{bmatrix} G_x & G_y & G_z \\ H_x & H_y & H_z \end{bmatrix}$$

在满足约束条件的点处是满秩的，即 $\mathrm{rank}J=2$.

先考虑条件极值点所满足的必要条件. 上述约束条件可看成是空间曲线的方程. 设曲线上一点 (x_0,y_0,z_0) 为条件极值点，由于在该点处 $\mathrm{rank}J=2$，不妨假设在点 (x_0,y_0,z_0) 处 $\dfrac{\partial(G,H)}{\partial(y,z)}\neq0$，则由隐函数组存在定理，在点 (x_0,y_0,z_0) 附近由限制条件方程组可以唯一确定

$$y=y(x),z=z(x)\ (y_0=y(x_0),z_0=z(x_0)). \tag{18.17}$$

它是曲线方程（18.16）的参数形式. 将它们代入目标函数，原问题就转化为一元函数

$$\Phi(x)=f(x,y(x),z(x))$$

的无条件极值问题，x_0 是函数 $\Phi(x)$ 的极值点，因此 $\Phi'(x_0)=0$，即

$$f_x(x_0,y_0,z_0)+f_y(x_0,y_0,z_0)\frac{\mathrm{d}y}{\mathrm{d}x}+f_z(x_0,y_0,z_0)\frac{\mathrm{d}z}{\mathrm{d}x}=0.$$

这说明向量

$$\mathrm{grad}f(x_0,y_0,z_0)=f_x(x_0,y_0,z_0)\vec{i}+f_y(x_0,y_0,z_0)\vec{j}+f_z(x_0,y_0,z_0)\vec{k}$$

与向量 $\vec{\tau}=\left(1,\dfrac{\mathrm{d}y}{\mathrm{d}x},\dfrac{\mathrm{d}z}{\mathrm{d}x}\right)$ 正交，即与曲线方程（18.17）在点 (x_0,y_0,z_0) 处的切向量正

交，因此 $\mathrm{grad}f(x_0，y_0，z_0)$ 可看作是曲线在点 $(x_0，y_0，z_0)$ 处的法平面上的向量. 由定理 18.6，这个法平面是由 $\mathrm{grad}G(x_0，y_0，z_0)$ 与 $\mathrm{grad}H(x_0，y_0，z_0)$ 张成的，因此 $\mathrm{grad}f(x_0，y_0，z_0)$ 可以由 $\mathrm{grad}G(x_0，y_0，z_0)$ 和 $\mathrm{grad}H(x_0，y_0，z_0)$ 线性表出，或者说，存在常数 $\lambda_0，\mu_0$，使得

$$\mathrm{grad}f(x_0,y_0,z_0)=\lambda_0\mathrm{grad}G(x_0,y_0,z_0)+\mu_0\mathrm{grad}H(x_0,y_0,z_0),$$

这就是点 $(x_0，y_0，z_0)$ 为条件极值点所满足的必要条件. 将这个方程按分量写出就是

$$\begin{cases} f_x(x_0,y_0,z_0)-\lambda_0 G_x(x_0,y_0,z_0)-\mu_0 H_x(x_0,y_0,z_0)=0 \\ f_y(x_0,y_0,z_0)-\lambda_0 G_y(x_0,y_0,z_0)-\mu_0 H_y(x_0,y_0,z_0)=0. \\ f_z(x_0,y_0,z_0)-\lambda_0 G_z(x_0,y_0,z_0)-\mu_0 H_z(x_0,y_0,z_0)=0 \end{cases}$$

如果构造拉格朗日函数

$$L(x,y,z,\lambda,\mu)=f(x,y,z)-\lambda G(x,y,z)-\mu H(x,y,z),$$

其中 $\lambda，\mu$ 是常数，则条件极值点就在方程组

$$\begin{cases} L_x=f_x-\lambda G_x-\mu H_x=0 \\ L_y=f_y-\lambda G_y-\mu H_y=0 \\ L_z=f_z-\lambda G_z-\mu H_z=0 \\ G=0 \\ H=0 \end{cases}$$

的所有解 $(x_0，y_0，z_0，\lambda_0，\mu_0)$ 所对应的点 $(x_0，y_0，z_0)$ 中. 用这种方法来求可能的条件极值点的方法，称为**拉格朗日乘数法**，构造的函数 $L(x，y，z，\lambda，\mu)$ 称为**拉格朗日函数**，$\lambda，\mu$ 称为**拉格朗日乘数**.

作为一个例子，现在用拉格朗日乘数法来解决本节开始提出的问题，即求函数

$$f(x,y,z)=x^2+y^2+z^2$$

在约束条件

$$\begin{cases} x+y+z=1 \\ x+2y+3z=6 \end{cases}$$

下的最小值（最小值的平方根就是距离）. 为此，作拉格朗日函数

$$L(x,y,z,\lambda,\mu)=x^2+y^2+z^2-\lambda(x+y+z-1)-\mu(x+2y+3z-6).$$

令

$$\begin{cases} L_x=2x-\lambda-\mu=0 \\ L_y=2y-\lambda-2\mu=0 \\ L_z=2z-\lambda-3\mu=0 \\ x+y+z-1=0 \\ x+2y+3z-6=0 \end{cases}$$

把方程组中的第一、二和三式相加，再利用第四式得

$$3\lambda + 6\mu = 2.$$

把第一、二式的两倍和第三式的三倍相加，再利用第五式得

$$6\lambda + 14\mu = 12.$$

从以上两个方程解得 $\lambda = -\dfrac{22}{3}$，$\mu = 4$.

由此可得唯一的可能极值点 $x = -\dfrac{5}{3}$，$y = \dfrac{1}{3}$，$z = \dfrac{7}{3}$.

由于点到直线的距离的最小值必定存在，因此这个唯一的可能极值点 $\left(-\dfrac{5}{3}, \dfrac{1}{3}, \dfrac{7}{3}\right)$ 必是最小值点，也就是说，原点到直线 $\begin{cases} x+y+z=1 \\ x+2y+3z=6 \end{cases}$ 的距离为

$$\sqrt{f\left(-\frac{5}{3}, \frac{1}{3}, \frac{7}{3}\right)} = \sqrt{\frac{25}{3}} = \frac{5}{\sqrt{3}}.$$

一般地，考虑目标函数 $f(x_1, x_2, \cdots, x_n)$ 在 m 个约束条件

$$g_i(x_1, x_2, \cdots, x_n) = 0 \quad (i=1,2,\cdots,m; m<n) \tag{18.18}$$

下的极值，这里 f，g_i $(i=1, 2, \cdots, m)$ 具有连续偏导数，且雅可比矩阵

$$J = \begin{vmatrix} \dfrac{\partial g_1}{\partial x_1} & \dfrac{\partial g_1}{\partial x_2} & \cdots & \dfrac{\partial g_1}{\partial x_n} \\ \dfrac{\partial g_2}{\partial x_1} & \dfrac{\partial g_2}{\partial x_2} & \cdots & \dfrac{\partial g_2}{\partial x_n} \\ \vdots & \vdots & & \vdots \\ \dfrac{\partial g_m}{\partial x_1} & \dfrac{\partial g_m}{\partial x_2} & \cdots & \dfrac{\partial g_m}{\partial x_n} \end{vmatrix}$$

在满足约束条件的点处是满秩的，即 $\mathrm{rank} J = m$. 那么我们有下述类似的结论：

定理 18.7（条件极值的必要条件） 若点 $x_0 = (x_1^0, x_2^0, \cdots, x_n^0)$ 为函数 $f(x)$ 满足约束条件式（18.18）的条件极值点，则必存在 m 个常数 λ_1，λ_2，$\cdots$，λ_m，使得在点 x_0 处

$$\mathrm{grad} f = \lambda_1 \mathrm{grad} g_1 + \lambda_2 \mathrm{grad} g_2 + \cdots + \lambda_m \mathrm{grad} g_m.$$

于是可以将拉格朗日乘数法推广到一般情形. 构造拉格朗日函数

$$L(x_1, x_2, \cdots, x_n, \lambda_1, \lambda_2, \cdots, \lambda_m) = f(x_1, x_2, \cdots, x_n) - \sum_{i=1}^{m} \lambda_i g_i(x_1, x_2, \cdots, x_n),$$

那么条件极值点就在方程组

$$\begin{cases} \dfrac{\partial L}{\partial x_k} = \dfrac{\partial f}{\partial x_k} - \sum_{i=1}^{m} \lambda_i \dfrac{\partial g_i}{\partial x_k} = 0 \\ g_i = 0 \end{cases} \quad (k=1,2,\cdots,n; i=1,2,\cdots,m) \tag{18.19}$$

的所有解 $(x_1, x_2, \cdots, x_n, \lambda_1, \lambda_2, \cdots, \lambda_m)$ 所对应的点 $(x_1, x_2, \cdots, x_n)$ 中.

判断如上所得的点是否为极值点有如下充分条件, 我们不加证明地给出如下定理.

定理 18.8　设点 $x_0 = (x_1^0, x_2^0, \cdots, x_n^0)$ 及 m 个常数 $\lambda_1, \lambda_2, \cdots, \lambda_m$ 满足方程组 (18.19), 则当方阵

$$\left(\frac{\partial^2}{\partial x_k \partial x_l} L(x_0, \lambda_1, \lambda_2, \cdots, \lambda_m) \right)_{n \times n}$$

为正定 (负定) 矩阵时, x_0 为满足约束条件的条件极小 (大) 值点, $f(x_0)$ 为满足约束条件的条件极小 (大) 值.

注　当定理中的方阵为不定时, 并不能说明 $f(x_0)$ 不是极值. 例如, 在求函数

$$f(x, y, z) = x^2 + y^2 - z^2$$

在约束条件 $z = 0$ 下的极值时, 构造拉格朗日函数 $L(x, y, z) = x^2 + y^2 - z^2 - \lambda z$, 并解方程组

$$\begin{cases} L_x = 2x = 0 \\ L_y = 2y = 0 \\ L_z = -2z - \lambda = 0 \\ z = 0 \end{cases}$$

得 $x = y = z = \lambda = 0$. 而在点 $(0, 0, 0, 0)$ 处, 方阵

$$\begin{pmatrix} L_{xx} & L_{xy} & L_{xz} \\ L_{yx} & L_{yy} & L_{yz} \\ L_{zx} & L_{zy} & L_{zz} \end{pmatrix} = \begin{pmatrix} 2 & 0 & 0 \\ 0 & 2 & 0 \\ 0 & 0 & -2 \end{pmatrix}$$

是不定的. 但在约束条件 $z = 0$ 下, $f(x, y, z) = x^2 + y^2 \geqslant f(0, 0, 0) = 0$, 即 $f(0, 0, 0)$ 是条件极小值.

在实际问题中往往遇到的是求最值问题, 这时可以根据问题本身的性质判定最值的存在性. 这样的话, 只要把用拉格朗日乘数法所解得的点的函数值加以比较, 最大的 (最小的) 就是所考虑问题的最大值 (最小值).

例 18.19　要制造一个容积为 a 立方米的无盖长方形水箱, 问这个水箱的长、宽、高为多少米时, 用料最省?

解　设水箱的长为 x、宽为 y、高为 z (单位: 米), 那么问题就变成在水箱容积

$$xyz = a$$

的约束条件下, 求水箱的表面积

$$S(x, y, z) = xy + 2xz + 2yz$$

的最小值.

作拉格朗日函数 $L(x, y, z, \lambda) = xy + 2xz + 2yz - \lambda(xyz - a)$,

从方程组

$$\begin{cases} L_x = y + 2z - \lambda yz = 0 \\ L_y = x + 2z - \lambda xz = 0 \\ L_z = 2x + 2y - \lambda xy = 0 \\ xyz - a = 0 \end{cases}$$

得到唯一解

$$x = \sqrt[3]{2a}, \quad y = \sqrt[3]{2a}, \quad z = \frac{\sqrt[3]{2a}}{2}.$$

由于问题的最小值必定存在，因此它就是最小值点，也就是说，当水箱的底为边长是 $\sqrt[3]{2a}$ 米的正方形、高为 $\sqrt[3]{2a}/2$ 米时，用料最省.

例 18.20   求平面 $x + y + z = 0$ 与椭球面 $x^2 + y^2 + 4z^2 = 1$ 相交而成的椭圆的面积.

解   椭圆的面积为 πab，其中 a、b 分别为椭圆的两个半轴长. 因为椭圆的中心在原点，所以 a，b 分别是椭圆上的点到原点的最大距离与最小距离. 于是，可以将问题表述为求

$$f(x, y, z) = x^2 + y^2 + z^2$$

在约束条件

$$\begin{cases} x + y + z = 0 \\ x^2 + y^2 + 4z^2 = 1 \end{cases}$$

下的最大值与最小值.

作拉格朗日函数

$$L(x, y, z, \lambda, \mu) = x^2 + y^2 + z^2 - \lambda(x + y + z) - \mu(x^2 + y^2 + 4z^2 - 1),$$

得到相应的方程组

$$\begin{cases} L_x = 2(1 - \mu)x - \lambda = 0 \\ L_y = 2(1 - \mu)y - \lambda = 0 \\ L_z = 2(1 - 4\mu)z - \lambda = 0 \\ x + y + z = 0 \\ x^2 + y^2 + 4z^2 - 1 = 0 \end{cases}$$

将以上方程组中的第一式乘以 $1 - 4\mu$，第二式乘以 $1 - 4\mu$，第三式乘以 $1 - \mu$ 后相加，得到

$$3\lambda(1 - 3\mu) = 0,$$

因此 $\lambda = 0$ 或 $1 - 3\mu = 0$.

分两种情况讨论：

(1) 当 $\lambda = 0$ 时，将以上方程组中的前三个式子相加得 $6\mu z = 0$. 但此时 $\mu \neq 0$（否则从 $\lambda = 0$，$\mu = 0$ 得到 $x = y = z = 0$，这不是椭圆上的点），因此 $z = 0$. 代入方程组 $x + y + z = 0$，

$x^2 + y^2 + 4z^2 - 1 = 0$ 就得到 (x, y, z) 的两组解

$$\left(\frac{1}{\sqrt{2}}, -\frac{1}{\sqrt{2}}, 0\right) 与 \left(-\frac{1}{\sqrt{2}}, \frac{1}{\sqrt{2}}, 0\right),$$

f 在这两个点的值都是 1.

（2）当 $1 - 3\mu = 0$ 时，从方程组中的前三个式子得到

$$x = \frac{3}{4}\lambda, \quad y = \frac{3}{4}\lambda, \quad z = -\frac{3}{2}\lambda.$$

代入 $L = x^2 + y^2 + 4z^2 - 1 = 0$ 中，得到 $\lambda = \pm\frac{2\sqrt{2}}{9}$. 它对应 (x, y, z) 的两组解为

$$\left(\frac{\sqrt{2}}{6}, \frac{\sqrt{2}}{6}, -\frac{\sqrt{2}}{3}\right) 和 \left(-\frac{\sqrt{2}}{6}, -\frac{\sqrt{2}}{6}, \frac{\sqrt{2}}{3}\right),$$

f 在这两个点的值都是 $\frac{1}{3}$.

由于椭圆的长轴与短轴必存在，因此 f 在椭圆 $\begin{cases} x + y + z = 0 \\ x^2 + y^2 + 4z^2 = 1 \end{cases}$ 上的最大值与最小值必存在，于是立即得到该椭圆的长半轴为 1，短半轴为 $\frac{1}{\sqrt{3}}$，面积为 $\frac{\pi}{\sqrt{3}}$.

例 18.21　求函数 $u = xyz$ 在附加条件 $\frac{1}{x} + \frac{1}{y} + \frac{1}{z} = \frac{1}{a}$ $(x > 0, y > 0, z > 0, a > 0)$ 下的极值.

解　作拉格朗日函数

$$f(x, y, z) = xyz + \lambda\left(\frac{1}{x} + \frac{1}{y} + \frac{1}{z} - \frac{1}{a}\right).$$

令

$$\begin{cases} f_x = yz - \dfrac{\lambda}{x^2} = 0 \\[2mm] f_y = xz - \dfrac{\lambda}{y^2} = 0 \\[2mm] f_z = xy - \dfrac{\lambda}{z^2} = 0 \end{cases}$$

注意到以上三个方程的第一项都是三个变量 x, y, z 中某两个变量的乘积，将各方程两端同乘以相应缺少的那个变量，使各方程左端的第一项都成为 xyz，然后将所得的三个方程左、右两端相加，得

$$3xyz - \lambda\left(\frac{1}{x} + \frac{1}{y} + \frac{1}{z}\right) = 0.$$

于是不难得到 $xyz = \dfrac{\lambda}{3a}$.

这样可得 $x=y=z=3a$. 于是得到点 $(3a,3a,3a)$ 是函数 $u=xyz$ 在附加条件下唯一的极值点. 因此，目标函数 $u=xyz$ 在附加条件下在点 $(3a,3a,3a)$ 处取得极小值 $27a^3$.

例 18.22 一个最优价格模型：

一家电视机厂在对某种型号的电视机的销售价格作决策时面对如下数据：

（1）根据市场调查，当地对该种电视机的年需求量为 100 万台；

（2）去年该厂共售出 10 万台，每台售价为 4 000 元；

（3）仅生产 1 台电视机的成本为 4 000 元，但在批量生产后，生产 1 万台时成本降低为每台 3 000 元.

根据市场预测，销售量与销售价格之间有下面的关系：

$$x=Me^{-\alpha v}, M>0, \alpha>0,$$

式中，M 为市场的最大需求量，α 是价格系数（这个公式也反映出，售价越高，销售量越少）. 同时，生产部门对每台电视机的成本有如下测算：

$$c=c_0-k\ln x, c_0, k, x>0,$$

式中，c_0 是只生产 1 台电视机时的成本，k 是规模系数（这也反映出，产量越大（即销售量越大），成本越低）.

问：在生产方式不变的情况下，今年的最优销售价格是多少？

解 设这种电视机的总销售量为 x，每台生产成本为 c，销售价格为 v，那么厂家的利润为 $u(c,v,x)=(v-c)x$. 于是，问题化为求利润函数

$$u(c,v,x)=(v-c)x$$

在约束条件

$$\begin{cases} x=Me^{-\alpha v} \\ c=c_0-k\ln x \end{cases}$$

下的极值问题.

作拉格朗日函数

$$L(c,v,x,\lambda,\mu)=(v-c)x-\lambda(x-Me^{-\alpha v})-\mu(c-c_0+k\ln x),$$

就得到最优化条件

$$\begin{cases} L_c=-x-\mu=0 \\ L_v=x-\lambda M\alpha e^{-\alpha v}=0 \\ L_x=v-c-\lambda-\mu\dfrac{k}{x}=0 \\ x-Me^{-\alpha v}=0 \\ c-c_0+k\ln x=0 \end{cases}$$

由方程组中第二式和第四式得到 $\lambda\alpha=1$，即 $\lambda=\dfrac{1}{\alpha}$.

将第四式代入第五式得到

$$c = c_0 - k(\ln M - \alpha v).$$

再由第一式知 $\mu = -x$.

将所得的这三个式子代入方程组中第三式，得到

$$v - (c_0 - k(\ln M - \alpha v)) - \frac{1}{\alpha} + k = 0,$$

由此解得最优价格为

$$v^* = \frac{c_0 - k \ln M + \dfrac{1}{\alpha} - k}{1 - \alpha k}.$$

只要确定了规模系数 k 与价格系数 α，问题就迎刃而解了.

现在利用这个模型解决本段开始提出的问题. 此时 $M = 1\,000\,000$，$c_0 = 4\,000$.

由于去年该场共售出 10 万台，每台售价为 4 000 元，因此得到

$$\alpha = \frac{\ln M - \ln x}{v} = \frac{\ln 1\,000\,000 - \ln 100\,000}{4\,000} = 0.000\,58;$$

又由于生产 1 万台时成本就降低为每台 3 000 元，因此得到

$$k = \frac{c_0 - c}{\ln x} = \frac{4\,000 - 3\,000}{\ln 10\,000} = 108.57.$$

将这些数据代入 v^* 的表达式，就得到今年的最优价格应为

$$v^* = \frac{4\,000 - 108.57 \ln 1\,000\,000 + \dfrac{1}{0.000\,58} - 108.57}{1 - 0.000\,58 \times 108.57} \approx 4\,392(元/台).$$

 **习题 18.5**

1. 应用拉格朗日乘数法，求下列函数的条件极值：
   (1) $f(x, y) = xy$，约束条件为 $x + y = 1$；
   (2) $f(x, y, z) = x - 2y + 2z$，约束条件为 $x^2 + y^2 + z^2 = 1$；
   (3) $f(x, y, z) = \dfrac{x^2}{a^2} + \dfrac{y^2}{b^2} + \dfrac{z^2}{c^2}$，约束条件为 $\begin{cases} x^2 + y^2 + z^2 = 1 \\ Ax + By + Cz = 0 \end{cases}$，其中 $a > b > c > 0$，$A^2 + B^2 + C^2 = 1$.

2. 在周长为 $2p$ 的一切三角形中，找出面积最大的三角形.

3. 要做一个容积为 1 立方米的有盖铝圆桶，什么尺寸才能使用料最省？

4. 抛物面 $z = x^2 + y^2$ 被平面 $x + y + z = 1$ 截成一椭圆，求原点到这个椭圆的最长距离与最短距离.

5. 求椭圆 $x^2+3y^2=12$ 的内接等腰三角形，其底边平行于椭圆的长轴且使面积最大.

6. 求空间一点 (a,b,c) 到平面 $Ax+By+C_n+D=0$ 的距离.

7. 求平面 $Ax+By+Cz=0$ 与柱面 $\dfrac{x^2}{a^2}+\dfrac{y^2}{b^2}=1$ 相交所成的椭圆的面积（A，B，C 都不为零；a，b 为正数）.

8. 设生产某种产品必须投入两种要素，x_1 和 x_2 分别为两要素的投入量，Q 为产出量. 若生产函数为 $Q=2x_1^\alpha x_2^\beta$，其中 α，β 为正的常数，且 $\alpha+\beta=1$. 假定两种要素的价格分别为 p_1 和 p_2，试问：当产出量为 12 时，两种要素各投入多少可以使得投入的总费用最少？

本章小结

本章主要介绍了由一个方程确定的隐函数的存在性定理和可微性定理，以及由若干个方程联立的方程组所确定的隐函数组的存在性定理和可微性定理. 在隐函数存在性定理的条件中，$F_y(x,y)\neq0$ 或 $J=\dfrac{\partial(F,G)}{\partial(u,v)}\neq0$ 往往是从方程或方程组中确定出隐函数 $y=f(x)$ 或隐函数组 $u=u(x,y)$，$v=v(x,y)$ 的关键. 至于隐函数的求导或求偏导数公式不必死记硬背，只要记住方法，正确利用复合函数的链式法则就可得到. 利用坐标变换公式变换偏微分方程是数理方程中求解偏微分方程的一种常用方法，它实质上就是隐函数求偏导数的一个应用.

本章中我们还介绍了偏导数的两个应用：一个是几何应用，针对空间曲线的各种不同方程形式，建立了切线方程与法平面方程（关键是找到切向量形式），针对空间曲面的不同方程形式，给出了切平面方程和法线方程（关键是找出法向量形式）；另一个应用是求在某些约束条件之下函数的极值问题，我们称之为条件极值问题，其主要方法是构造拉格朗日函数，利用拉格朗日乘数法进行求解.

本章的重点是隐函数的导数或偏导数的计算方法，利用变量替换变换微分关系式以及拉格朗日乘数法的正确应用.

总练习题十八

1. 设 $z=z(x,y)$ 是由 $x+y+z=\mathrm{e}^z$ 所确定的隐函数，试求 z_x，z_{xx}，z_y，z_{xy}.

2. 设 $u=xf(x-y,xy^2)$，其中 f 具有连续的三阶偏导数，求 $\dfrac{\partial u}{\partial x}$，$\dfrac{\partial^2 u}{\partial x\partial y}$.

3. 求方程组 $\begin{cases}u^3+xv=y\\v^3+yu=x\end{cases}$ 所确定的隐函数的偏导数 $\dfrac{\partial u}{\partial x}$，$\dfrac{\partial v}{\partial x}$.

4. 设 $f(x,y)$ 存在二阶连续导数，且 $f''_{xx}f''_{yy}-(f''_{xy})^2\neq0$. 证明变换

$$\begin{cases} u = f'_x(x,y) \\ v = f'_y(x,y) \\ w = -z + x f'_x(x,y) + y f'_y(x,y) \end{cases}$$

存在唯一的逆变换

$$\begin{cases} x = g'_u(u,v) \\ y = g'_v(u,v) \\ z = -w + u g'_u(u,v) + v g'_v(u,v) \end{cases}$$

5. 证明曲面 $\sqrt{x} + \sqrt{y} + \sqrt{z} = \sqrt{a}$ $(a>0)$ 上任一点的切平面在各坐标轴上的截距之和等于 a.

6. 证明：曲线

$$\begin{cases} x = a e^t \cos t \\ y = a e^t \sin t \\ z = a e^t \end{cases}$$

与锥面 $x^2 + y^2 = z^2$ 的各母线的夹角相同.

7. 证明曲面 $f(ax-bz, ay-cz)=0$ 上的切平面都与某一定直线平行，其中函数 f 连续可微，且常数 a，b，c 不同时为零.

8. 证明曲面 $z = x f\left(\dfrac{y}{x}\right)$ $(x \neq 0)$ 在任一点处的切平面都通过原点，其中函数 f 连续可微.

9. 证明曲面 $F\left(\dfrac{z}{y}, \dfrac{x}{z}, \dfrac{y}{x}\right)=0$ 的所有切平面都过某一定点，其中函数 F 具有连续偏导数.

10. 设 $F(x,\ y,\ z)$ 具有连续偏导数，且 $F_x^2 + F_y^2 + F_z^2 \neq 0$. 进一步，设 k 为正整数，$F(x,\ y,\ z)$ 为 k 次齐次函数，即对于任意的实数 t 和 $(x,\ y,\ z)$，有

$$F(tx, ty, tz) = t^k F(x, y, z).$$

证明：曲面 $F(x,\ y,\ z)=0$ 上所有点的切平面相交于一定点.

11. 求 $z = \dfrac{1}{2}(x^4 + y^4)$ 在条件 $x+y=a$ 下的最小值. 其中 $x \geqslant 0$，$y \geqslant 0$，a 为常数，并证明不等式

$$\frac{x^4 + y^4}{2} \geqslant \left(\frac{x+y}{2}\right)^4.$$

12. 当 $x>0$，$y>0$，$z>0$ 时，求函数

$$f(x,y,z) = \ln x + 2\ln y + 3\ln z$$

在球面 $x^2 + y^2 + z^2 = 6R^2$ 上的最大值. 并由此证明：当 a，b，c 为正实数时，有不等式

$$ab^2c^3 \leqslant 108\left(\frac{a+b+c}{6}\right)^6.$$

13. （1）求函数 $f(x, y, z)=x^a y^b z^c (x>0, y>0, z>0)$ 在约束条件 $x^k+y^k+z^k=1$ 下的极大值，其中 k, a, b, c 均为正常数；

（2）利用（1）的结果证明：对于任何正数 u, v, w，有不等式

$$\left(\frac{u}{a}\right)^a \left(\frac{v}{b}\right)^b \left(\frac{w}{c}\right)^c \leqslant \left(\frac{u+v+w}{a+b+c}\right)^{a+b+c}.$$

14. 求 a, b 之值，使得椭圆 $\dfrac{x^2}{a^2}+\dfrac{y^2}{b^2}=1$ 包含圆 $(x-1)^2+y^2=1$，且面积最小.

15. 设 $\triangle ABC$ 的三个顶点分别在三条光滑曲线 $f(x, y)=0$，$g(x, y)=0$ 及 $h(x, y)=0$ 上．证明：若 $\triangle ABC$ 的面积取极大值，则各曲线分别在三个顶点处的法线必通过 $\triangle ABC$ 的垂心.

16. 设 $a_1, a_2, \cdots, a_n$ 为 n 个已知正数，求 n 元函数

$$f(x_1, x_2, \cdots, x_n) = \sum_{k=1}^{n} a_k x_k$$

在约束条件

$$\sum_{k=1}^{n} x_k^2 \leqslant 1$$

下的最大值与最小值.

17. 求二次型 $\displaystyle\sum_{i,j=1}^{n} a_{ij}x_i x_j \ (a_{ij}=a_{ji})$ 在 n 维单位球面

$$\left\{ (x_1, x_2, \cdots, x_n) \in \mathbf{R}^n \ \middle| \ \sum_{k=1}^{n} x_k^2 = 1 \right\}$$

上的最大值与最小值.

第十九章

含参变量积分

本章要点

1. 含参变量常义积分的性质：连续性、积分顺序可交换性、可导性；

2. 含参变量广义积分一致收敛性的定义、等价条件和充分条件，一致收敛含参变量广义积分的性质：连续性、积分顺序的可交换性、可导性以及求导运算与积分运算的交换性；

3. 欧拉积分及其性质.

导入案例

18 世纪，数学家们在研究椭圆和双曲线的可求长问题时产生了含参变量积分，即在用参数方程 $x=a\cos t$，$y=b\sin t$ 计算椭圆 $\dfrac{x^2}{a^2}+\dfrac{y^2}{b^2}=1(b>a>0)$ 的周长 L 时得到积分

$$\frac{L}{4}=\int_0^{\frac{\pi}{2}}\sqrt{a^2\sin^2 t+b^2\cos^2 t}\,dt=b\int_0^{\frac{\pi}{2}}\sqrt{\left(\frac{a}{b}\right)^2\sin^2 t+1-\sin^2 t}\,dt$$

$$=b\int_0^{\frac{\pi}{2}}\sqrt{1-\left(1-\left(\frac{a}{b}\right)^2\right)\sin^2 t}\,dt\xrightarrow{k=\sqrt{1-\left(\frac{a}{b}\right)^2}}b\int_0^{\frac{\pi}{2}}\sqrt{1-k^2\sin^2 t}\,dt,$$

这里积分 $\int_0^{\frac{\pi}{2}}\sqrt{1-k^2\sin^2 t}\,dt$ 就是含参变量积分，称为第二类完全椭圆积分，其中 k 是参数. 因为这个积分的被积函数 $\sqrt{1-k^2\sin^2 t}$ 的原函数不能用初等函数表示，所以计算这个积分只能采用数值计算的方法. 因此需要对这种积分的性质进行研究，这样就产生了椭圆函数. 椭圆函数是 19 世纪函数论方面的两个最高成果之一.

对椭圆积分做出突出贡献的数学家有**约翰·伯努利、拉格朗日和欧拉**等，其中包含**欧拉**的椭圆积分的加法定理和兰登变换. 但是这些研究比较零散. 18 世纪后半叶和 19 世纪初，数学家**勒让德**（Legendre）总结前辈的工作，引入了许多新的推断，组织了许多常规的数学论题，编著了著名的著作《椭圆函数论》，对椭圆函数有了全面的论述，出现了人们熟知的三种椭圆积分的标准形式；后来挪威天才数学家**阿贝尔**对椭圆函数的研究有了一个很大的飞跃，他引入了椭圆函数的反演，得出了椭圆函数的基本性质，找到了与三角函数中的 π 有相似性质的常数 k，证明了椭圆函数的周期性，提出了阿贝尔积分；与**阿贝尔**

几乎同时，**雅可比（Jacobi）**独立地也用反演对椭圆函数进行了研究，他通过反演发现了多个变量的阿贝尔函数，这又成为 19 世纪数学的一个重要课题. 雅可比建立的椭圆函数理论极大地扩充了数学特别是椭圆函数理论的研究领域.

  本章只对含参变量的常义积分和含参变量的广义积分的基本分析性质进行讨论，即对于含参变量常义积分来说是根据被积函数的连续性、可积性、可导性去推断含参变量常义积分的连续性、积分次序的可交换性、可导性以及积分与求导运算的可交换性；对于含参变量广义积分来说，要引入一致收敛性的概念，并在一致收敛的前提下，根据被积函数的连续性、可积性、可导性去推断含参变量广义积分的连续性、积分次序的可交换性、可导性以及积分与求导运算的可交换性.

§19.1 含参变量的常义积分

  定义 19.1 设函数 $f(x, y)$ 在 $[a, b] \times I$ 上连续，则对区间 I 上任意一点 y，积分值 $\int_a^b f(x, y) \mathrm{d}x$ 存在且唯一，这样就给出了一个定义在 I 上的函数，记为 $F(y)$，称之为**含参变量 y 的常义积分**（或简称为**含参变量积分**），即 $F(y) = \int_a^b f(x, y) \mathrm{d}x$.

  下面由被积函数 $f(x, y)$ 的性质推导出 $F(y)$ 的性质.

（一）连续性

  定理 19.1（连续性） 设函数 $f(x, y)$ 在 $[a, b] \times [c, d]$ 上连续，则 $F(y) = \int_a^b f(x, y) \mathrm{d}x$ 在区间 $[c, d]$ 上连续，即 $\forall y_0 \in [c, d]$，有

$$\lim_{y \to y_0} \int_a^b f(x, y) \mathrm{d}x = \int_a^b \lim_{y \to y_0} f(x, y) \mathrm{d}x = \int_a^b f(x, y_0) \mathrm{d}x.$$

  证明 设 $y \in [c, d]$，取 $|\Delta y|$ 足够小，使得 $y + \Delta y \in [c, d]$. 因为

$$F(y + \Delta y) - F(y) = \int_a^b f(x, y + \Delta y) \mathrm{d}x - \int_a^b f(x, y) \mathrm{d}x$$
$$= \int_a^b [f(x, y + \Delta y) - f(x, y)] \mathrm{d}x,$$

且 $f(x, y)$ 在 $[a, b] \times [c, d]$ 上连续，所以 $f(x, y)$ 在 $[a, b] \times [c, d]$ 上一致连续. 于是 $\forall \varepsilon > 0$，存在 $\delta > 0$（只与 ε 有关），当 $|\Delta x| < \delta$ 且 $|\Delta y| < \delta$ 时，有

$$|f(x, y + \Delta y) - f(x, y)| < \frac{\varepsilon}{b - a}.$$

从而有

$$|F(y + \Delta y) - F(y)| \leqslant \varepsilon.$$

因此 $F(y)$ 在点 y 处连续，故 $F(y)$ 在 $[c, d]$ 上连续. 证毕.

由定理 19.1 可以马上得到下面的推论.

推论 19.1　设 I 是区间, 函数 $F(x, y)$ 在 $[a, b] \times I$ 上连续, 则 $f(y)$ 在区间 I 上连续.

例 19.1　求极限 $\lim\limits_{y \to 0+} \int_0^1 \dfrac{\mathrm{d}x}{1 + (1 + xy)^{1/y}}$.

解　令 $f(x, y) = \begin{cases} \dfrac{1}{1 + (1 + xy)^{1/y}}, & 0 \leqslant x \leqslant 1, \ 0 < y \leqslant 1 \\ \dfrac{1}{1 + \mathrm{e}^x}, & 0 \leqslant x \leqslant 1, \ y = 0 \end{cases}$, 则 $f(x, y)$ 在 $[0, 1] \times$

$[0, 1]$ 连续. 由定理 19.1 知 $\lim\limits_{y \to 0^+} \int_0^1 \dfrac{\mathrm{d}x}{1 + (1 + xy)^{1/y}} = \int_0^1 \lim\limits_{y \to 0^+} \dfrac{1}{1 + (1 + xy)^{1/y}} \mathrm{d}x = $

$\int_0^1 \dfrac{1}{1 + \mathrm{e}^x} \mathrm{d}x = \ln \dfrac{2\mathrm{e}}{1 + \mathrm{e}}$.

推论 19.2　设一元函数 $a(y)$, $b(y)$ 在 $[c, d]$ 上连续, 二元函数 $f(x, y)$ 在区域 $D = \{(x, y) \mid x \in [a(y), b(y)], y \in [c, d]\}$ 上连续, 则 $F(y) = \int_{a(y)}^{b(y)} f(x, y) \mathrm{d}x$ 在区间 $[c, d]$ 上连续.

证明　令 $x = a(y) + u(b(y) - a(y))$, 则 $\mathrm{d}x = (b(y) - a(y)) \mathrm{d}u$, 于是

$$F(y) = \int_0^1 f(a(y) + u(b(y) - a(y)), y)(b(y) - a(y)) \mathrm{d}u,$$

这时被积函数 $f(a(y) + u(b(y) - a(y)), y)(b(y) - a(y))$ 在 $(u, y) \in [0, 1] \times [c, d]$ 上连续. 由定理 19.1 知 $F(y)$ 在区间 $[c, d]$ 上连续. 证毕.

例 19.2　求极限 $\lim\limits_{y \to 0} \int_y^{1+y} \dfrac{1}{1 + x^2 + y^2} \mathrm{d}x$.

解　由推论 19.2 知原式 $= \int_0^1 \dfrac{\mathrm{d}x}{1 + x^2} = \dfrac{\pi}{4}$.

(二) 可导性

定理 19.2 (可导性)　设函数 $f(x, y)$, $f_y'(x, y)$ 都在 $[a, b] \times [c, d]$ 上连续, 则含参变量积分 $F(y) = \int_a^b f(x, y) \mathrm{d}x$ 在区间 $[c, d]$ 可导, 且有

$$\frac{\mathrm{d}}{\mathrm{d}y} \int_a^b f(x, y) \mathrm{d}x = \int_a^b f_y'(x, y) \mathrm{d}x.$$

证明　设 $y \in [c, d]$, 取 $|\Delta y|$ 足够小, 使得 $y + \Delta y \in [c, d]$. 因为

$$
\begin{aligned}
F(y + \Delta y) - F(y) &= \int_a^b f(x, y + \Delta y) \mathrm{d}x - \int_a^b f(x, y) \mathrm{d}x \\
&= \int_a^b [f(x, y + \Delta y) - f(x, y)] \mathrm{d}x \\
&= \int_a^b f_y'(x, y + \theta \Delta y) \Delta y \mathrm{d}x = \Delta y \int_a^b f_y'(x, y + \theta \Delta y) \mathrm{d}x,
\end{aligned}
$$

其中 $0 < \theta < 1$，由导数定义和定理 19.1 得

$$F'(y) = \lim_{\Delta y \to 0} \frac{F(y + \Delta y) - F(y)}{\Delta y} = \lim_{\Delta y \to 0} \int_a^b f'_y(x, y + \theta \Delta y) \mathrm{d}x = \int_a^b f'_y(x, y) \mathrm{d}x.$$

证毕.

推论 19.3 设 I 是区间，函数 $f(x, y)$，$f'_y(x, y)$ 在 $[a, b] \times I$ 上连续，则 $F(y) = \int_a^b f(x, y) \mathrm{d}x$ 在区间 I 可导，且有

$$\frac{\mathrm{d}}{\mathrm{d}y} \int_a^b f(x, y) \mathrm{d}x = \int_a^b f'_y(x, y) \mathrm{d}x.$$

推论 19.4 设函数 $f(x, y)$，$f'_y(x, y)$ 在 $[a, b] \times [c, d]$ 上连续，函数 $\varphi(y)$，$\psi(y)$ 是定义在 $[c, d]$ 上且 $\varphi([c, d])$，$\psi([c, d]) \subset [a, b]$ 的可导函数，则 $F(y) = \int_{\varphi(y)}^{\psi(y)} f(x, y) \mathrm{d}x$ 在区间 $[c, d]$ 上可导，且有

$$F'(y) = \int_{\varphi(y)}^{\psi(y)} f'_y(x, y) \mathrm{d}x + f(\psi(y), y) \psi'(y) - f(\varphi(y), y) \varphi'(y).$$

证明 令 $H(y, u, v) = \int_u^v f(x, y) \mathrm{d}x, u = \varphi(y), v = \psi(y)$，则 $H(y, u, v)$ 是三元可微函数，且 $F(y) = H(y, \varphi(y), \psi(y))$. 因此

$$F'(y) = H'_y(y, \varphi(y), \psi(y)) + H'_u(y, \varphi(y), \psi(y)) \varphi'(y) + H'_v(y, \varphi(y), \psi(y)) \psi'(y)$$
$$= \int_{\varphi(y)}^{\psi(y)} f'_y(x, y) \mathrm{d}x + f(\psi(y), y) \psi'(y) - f(\varphi(y), y) \varphi'(y).$$

例 19.3 设 $F(x) = \int_{\sin x}^{\cos x} \mathrm{e}^{t^2 + xt} \mathrm{d}t$，求 $F'(0)$.

解 $F'(x) = \int_{\sin x}^{\cos x} t \mathrm{e}^{t^2 + xt} \mathrm{d}t + \mathrm{e}^{\cos^2 x + x\cos x}(-\sin x) - \mathrm{e}^{\sin^2 x + x\sin x} \cos x$，故

$$F'(0) = -1 + \int_0^1 t \mathrm{e}^{t^2} \mathrm{d}t = \frac{1}{2}(\mathrm{e} - 3).$$

例 19.4 设 m，n 是正整数，试求积分 $F(x) = \int_0^x y^n (x - y)^m \mathrm{d}y$.

解 因为 $F'(x) = \int_0^x m y^n (x - y)^{m-1} \mathrm{d}y,$

$$F''(x) = \int_0^x m(m-1) y^n (x - y)^{m-2} \mathrm{d}y,$$

$$\cdots\cdots$$

$$F^{(m)}(x) = m! \int_0^x y^n \mathrm{d}y = \frac{m!}{n+1} x^{n+1}.$$

所以

$$F^{(m-1)}(x) = F^{(m-1)}(x) - F^{(m-1)}(0) = \int_0^x F^{(m)}(t)\mathrm{d}t = \frac{m!}{(n+1)(n+1+1)}x^{n+1+1},$$

$$F^{(m-2)}(x) = \int_0^x F^{(m-1)}(t)\mathrm{d}t = \frac{m!}{(n+1)(n+1+1)(n+1+2)}x^{n+1+2},$$

……

$$F(x) = \frac{m!}{(n+1)(n+1+1)\cdots(n+1+m)}x^{n+1+m} = \frac{m!n!}{(n+m+1)!}x^{n+m+1}.$$

(三) 积分顺序的可交换性

首先，注意到 $f(x, y)$ 在 $[a, b]\times[c, d]$ 上连续的条件下，$F(y) = \int_a^b f(x,y)\mathrm{d}x$，$G(x) = \int_c^d f(x,y)\mathrm{d}y$ 都为连续函数，从而都可积. 于是有

$$\int_c^d \left(\int_a^b f(x,y)\mathrm{d}x\right)\mathrm{d}y, \int_a^b \left(\int_c^d f(x,y)\mathrm{d}y\right)\mathrm{d}x$$

都存在，我们称之为**二次积分**或**累次积分**，且分别记为

$$\int_c^d \mathrm{d}y \int_a^b f(x,y)\mathrm{d}x, \int_a^b \mathrm{d}x \int_c^d f(x,y)\mathrm{d}y.$$

我们有下面的交换积分顺序定理.

定理 19.3（交换积分顺序定理）　设函数 $f(x, y)$ 在 $[a, b]\times[c, d]$ 上连续，则

$$F(y) = \int_a^b f(x,y)\mathrm{d}x, \quad G(x) = \int_c^d f(x,y)\mathrm{d}y$$

分别在区间 $[c, d]$，$[a, b]$ 上可积，且

$$\int_c^d \mathrm{d}y \int_a^b f(x,y)\mathrm{d}x = \int_a^b \mathrm{d}x \int_c^d f(x,y)\mathrm{d}y.$$

证明　记 $F_1(u) = \int_c^d \mathrm{d}y \int_a^u f(x,y)\mathrm{d}x, F_2(u) = \int_a^u \mathrm{d}x \int_c^d f(x,y)\mathrm{d}y, u\in[a,b]$，则 $F_1(a)=0$，$F_2(a)=0$. 因为 $f(x, y)$ 在 $[a, b]\times[c, d]$ 上连续，所以，一方面有 $\int_a^u f(x,y)\mathrm{d}x$ 当 $u\in[a, b]$ 时可导，于是 $F_1(u)$，$u\in[a, b]$ 可导，且

$$F_1'(u) = \int_c^d \frac{\partial}{\partial u}\left(\int_a^u f(x,y)\mathrm{d}x\right)\mathrm{d}y = \int_c^d f(u,y)\mathrm{d}y.$$

另一方面，$\int_c^d f(x,y)\mathrm{d}y$ 在 $[a, b]$ 上连续，于是 $F_2(u)$，$u\in[a, b]$ 可导，且

$$F_2'(u) = \int_c^d f(u,y)\mathrm{d}y.$$

因此 $F_1'(u)=F_2'(u)$. 则 $F_1(u)=F_2(u)+C$，$\forall u\in[a, b]$. 而由 $F_1(a)=F_2(a)=0$，有 $C=0$. 故 $F_1(u)=F_2(u)$，$\forall u\in[a,b]$. 特别地，$F_1(b)=F_2(b)$，即结论成立. 证毕.

例 19.5 设 $b>a>0$，计算积分 $\int_0^1 \dfrac{x^b-x^a}{\ln x}\mathrm{d}x$．

解 令 $f(x)=\begin{cases}\dfrac{x^b-x^a}{\ln x}, & x\neq 0 \\ 0, & x=0\end{cases}$，则 $f(x)$ 在 $[0, 1]$ 上连续，故所求积分存在．又

$\int_a^b x^y \mathrm{d}y = \dfrac{x^b-x^a}{\ln x}$，且 x^y 在 $[0, 1]\times[a, b]$ 上连续，由定理 19.3 知

$$\int_0^1 \frac{x^b-x^a}{\ln x}\mathrm{d}x = \int_0^1 \mathrm{d}x \int_a^b x^y \mathrm{d}y = \int_a^b \mathrm{d}y \int_0^1 x^y \mathrm{d}x = \int_a^b \frac{1}{y+1}\mathrm{d}y = \ln\frac{1+b}{1+a}.$$

 **习题 19.1**

1. 求下列极限：

(1) $\lim\limits_{y\to 0}\int_{-1}^1 \sqrt{x^2+y^2}\,\mathrm{d}x$；   (2) $\lim\limits_{y\to 0}\int_0^2 x^2\cos(xy)\mathrm{d}x$；

(3) $\lim\limits_{y\to 0}\int_y^{1+y} \dfrac{\mathrm{d}x}{1+x^2+y^2}$．

2. 设函数 $f(x, y)$ 在 $[a, b]\times[c, d]$ 上连续，$\int_a^b |\varphi(x)|\mathrm{d}x<+\infty$，令

$$F(y) = \int_a^b \varphi(x,y)f(x,y)\mathrm{d}x,$$

证明：$F(y)$ 在 $[c, d]$ 上连续．

3. 设 $F(y)=\int_0^y \sin(xy)\mathrm{d}x$，求 $F'(y)$．

4. 设 $f(x)$ 在 $x=0$ 的某邻域内连续，证明：当 $|x|$ 足够小时，函数

$$F(x) = \frac{1}{(n-1)!}\int_0^x (x-t)^{n-1}f(t)\mathrm{d}t$$

的各阶导数存在且 $F^{(n)}(x)=f(x)$，其中 n 为正整数．

5. 求积分 $\int_0^1 \dfrac{\ln(1+x)}{1+x^2}\mathrm{d}x$．

6. 设 $I(y)=\int_0^1 \ln\sqrt{x^2+y^2}\,\mathrm{d}x, y\in[-1,1]$，求 $I'_+(0)$ 和 $I'_-(0)$．

7. 已知当 $0<r<1$ 时，$\dfrac{1}{2\pi}\int_0^{2\pi} \dfrac{1-r^2}{1-2r\cos\theta+r^2}\mathrm{d}\theta = 1$，计算：

$$I(r) = \int_0^{2\pi} \ln(1-2r\cos\theta+r^2)\mathrm{d}\theta,$$

其中 $r>0$．

8. 计算 $I(\theta)=\int_0^\pi \ln(1+\theta\cos x)\mathrm{d}x, |\theta|<1$．

9. 设 $f(x)$ 是定义在 $[0, 1]$ 上的连续正函数，记 $F(y) = \int_0^1 \frac{yf(x)}{x^2 + y^2} \mathrm{d}x$．研究函数 $F(y)$ 的连续性．

10. 试求 $I(a) = \int_0^{\pi/2} \ln \frac{1 + a\cos x}{1 - a\cos x} \cdot \frac{\mathrm{d}x}{\cos x}$．

11. 求积分 $\int_0^1 \frac{\arctan x}{x\sqrt{1 - x^2}} \mathrm{d}x$．

12. 设 $b > a > 0$，计算下列积分：

(1) $\int_0^1 \sin\left(\ln \frac{1}{x}\right) \cdot \frac{x^b - x^a}{\ln x} \mathrm{d}x$；　　　　(2) $\int_0^1 \cos\left(\ln \frac{1}{x}\right) \cdot \frac{x^b - x^a}{\ln x} \mathrm{d}x$．

13. 分别求二次积分

$$I = \int_0^1 \mathrm{d}x \int_0^1 \frac{x^2 - y^2}{(x^2 + y^2)^2} \mathrm{d}y, \quad J = \int_0^1 \mathrm{d}y \int_0^1 \frac{x^2 - y^2}{(x^2 + y^2)^2} \mathrm{d}x,$$

并指出为什么直接计算和应用定理 19.3 计算所得结果不同．

§19.2　含参变量的广义积分

定义 19.2　设函数 $f(x, y)$ 在 $[a, +\infty) \times I$ 上有定义，若对区间 I 上任意一点 y，无穷积分 $\int_a^{+\infty} f(x, y)\mathrm{d}x$ 收敛，则积分值可以看成是定义在区间 I 上的函数，记为 $F(y)$，称之为**含参变量 y 的无穷限广义积分**，简称为**含参变量 y 的无穷积分**，即 $F(y) = \int_a^{+\infty} f(x, y)\mathrm{d}x$，$y \in I$．

定义 19.2′　设函数 $f(x, y)$ 在 $(a, b] \times I$ 上有定义，若对区间 I 上任意一点 y，以 a 为瑕点的广义积分 $\int_a^b f(x, y)\mathrm{d}x$ 收敛，其积分值就确定了点 y 对应的函数值，记为 $F(y)$，称 $F(y) = \int_a^b f(x, y)\mathrm{d}x$ 为**含参变量 y 的无界函数广义积分**，简称为**含参变量 y 的瑕积分**．

含参变量的无穷积分和含参变量的瑕积分统称为**含参变量的广义积分**．

本节的目的是要由被积函数 $f(x, y)$ 的连续性、可微性推导出 $F(y)$ 的相应性质．但由于这里是广义积分，所以要得到 $F(y)$ 的相应性质，只有广义积分的收敛性是不够的，因此要引入新的且比收敛性更强的概念，这就是一致收敛．

本书中，我们主要针对含参变量的无穷积分进行讨论，而对含参变量的瑕积分可以按照含参变量的无穷积分的办法类似讨论．

（一）一致收敛性概念

定义 19.3　若对任意给定的 $\varepsilon > 0$，总存在与 y 无关的 $A_0 > a$，使得当 $A > A_0$ 时，对所有 $y \in I$，有

$$\left| \int_a^A f(x,y)\mathrm{d}x - F(y) \right| < \varepsilon \quad \text{或} \quad \left| \int_A^{+\infty} f(x,y)\mathrm{d}x \right| < \varepsilon,$$

则称含参变量的广义积分 $\int_a^{+\infty} f(x,y)\mathrm{d}x$ **在 I 上一致收敛于 $F(y)$**，或简称 $\int_a^{+\infty} f(x,y)\mathrm{d}x$ **关于 $y \in I$ 一致收敛**.

等价地，若存在某正数 $\varepsilon_0 > 0$，满足对任意实数 $A > a$，存在 $A' > A$ 及某个 $y_0 \in I$ 使得

$$\left| \int_a^{A'} f(x,y_0)\mathrm{d}x - F(y_0) \right| \geqslant \varepsilon_0 \quad \text{或} \quad \left| \int_{A'}^{+\infty} f(x,y_0)\mathrm{d}x \right| \geqslant \varepsilon_0,$$

则称含参变量的广义积分 $\int_a^{+\infty} f(x,y)\mathrm{d}x$ **在 I 上不一致收敛于 $F(y)$**，或简称 $\int_a^{+\infty} f(x,y)\mathrm{d}x$ **关于 $y \in I$ 不一致收敛**.

由定义可得如下结论.

定理 19.4 下列结论是等价的：

(1) $\int_a^{+\infty} f(x,y)\mathrm{d}x$ 关于 $y \in I$ 不一致收敛；

(2) 存在 $y_A \in I$ 使得 $\lim\limits_{A \to +\infty} \int_A^{+\infty} f(x,y_A)\mathrm{d}x \neq 0$；

(3) $\lim\limits_{A \to +\infty} \sup\limits_{y \in I} \int_A^{+\infty} f(x,y)\mathrm{d}x \neq 0$.

例 19.6 设 $\delta > 0$，证明：$\int_0^{+\infty} \mathrm{e}^{-xy}\mathrm{d}x$ 关于 $y \in [\delta, +\infty)$ 一致收敛，但关于 $y \in (0, +\infty)$ 不一致收敛.

证明 因为对任意 $A > 0$，$y \in [\delta, +\infty)$，

$$0 \leqslant \int_A^{+\infty} \mathrm{e}^{-xy}\mathrm{d}x = \int_{Ay}^{+\infty} \frac{\mathrm{e}^{-u}}{y}\mathrm{d}u = \frac{\mathrm{e}^{-Ay}}{y} \leqslant \frac{\mathrm{e}^{-A\delta}}{\delta}.$$

又 $\lim\limits_{A \to +\infty} \dfrac{\mathrm{e}^{-A\delta}}{\delta} = 0$，所以对任意给定的 $\varepsilon > 0$，存在 $A_0 > 0$，当 $A > A_0$ 时，有 $0 < \dfrac{\mathrm{e}^{-A\delta}}{\delta} < \varepsilon$，从而 $0 \leqslant \int_A^{+\infty} \mathrm{e}^{-xy}\mathrm{d}x \leqslant \dfrac{\mathrm{e}^{-A\delta}}{\delta} < \varepsilon$，因此 $\int_0^{+\infty} \mathrm{e}^{-xy}\mathrm{d}x$ 关于 $y \in [\delta, +\infty)$ 一致收敛.

因为当 $y \in (0, +\infty)$ 时，对任意 $A > 0$，

$$\int_A^{+\infty} \mathrm{e}^{-xy}\mathrm{d}x = \int_{Ay}^{+\infty} \frac{\mathrm{e}^{-u}}{y}\mathrm{d}u = \frac{\mathrm{e}^{-Ay}}{y},$$

又 $\lim\limits_{y \to 0^+} \dfrac{\mathrm{e}^{-Ay}}{y} = +\infty$，从而必存在某 $y_A \in (0, +\infty)$，使得 $\int_A^{+\infty} \mathrm{e}^{-xy_A}\mathrm{d}x > 1$，由定理 19.4 知，$\int_0^{+\infty} \mathrm{e}^{-xy}\mathrm{d}x$ 关于 $y \in (0, +\infty)$ 不一致收敛. 证毕.

下面给出含参变量无界函数的广义积分的一致收敛性的概念.

定义 19.3′ 设函数 $f(x,y)$ 在 $(a,b) \times I$ 上有定义，$x = a$ 为 $f(x,y)$ 的瑕点. 若对任意给定的 $\varepsilon > 0$，存在与 y 无关的 $\delta > 0$，当 $0 < \eta < \delta$ 时，对所有 $y \in I$，有

$$\left|\int_{a+\eta}^{b}f(x,y)\mathrm{d}x-F(y)\right|<\varepsilon \quad 或 \quad \left|\int_{a}^{a+\eta}f(x,y)\mathrm{d}x\right|<\varepsilon,$$

则称含参变量的瑕积分 $\int_{a}^{b}f(x,y)\mathrm{d}x$ **在 I 上一致收敛于 $F(y)$**，或简称 $\int_{a}^{b}f(x,y)\mathrm{d}x$ 关于 $y\in I$ 一致收敛.

（二）一致收敛性的判别法

1. 柯西准则

定理 19.5　含参变量的广义积分 $\int_{a}^{+\infty}f(x,y)\mathrm{d}x$ 在 I 上一致收敛的充分必要条件为：对任意给定的 $\varepsilon>0$，存在与 y 无关的 $A_0>a$，当 $A,A'>A_0$ 时，对所有的 $y\in I$，有

$$\left|\int_{A}^{A'}f(x,y)\mathrm{d}x\right|<\varepsilon.$$

等价地，含参变量的广义积分 $\int_{a}^{+\infty}f(x,y)\mathrm{d}x$ 在 I 上不一致收敛的充分必要条件为：存在某个 $\varepsilon_0>0$，对任意 $A_0>a$，总有 $A_1,A_2>A_0$ 和 $y_0\in I$，使得

$$\left|\int_{A_1}^{A_2}f(x,y_0)\mathrm{d}x\right|\geqslant\varepsilon_0.$$

定理 19.5′　以 a 为瑕点的含参变量的广义积分 $\int_{a}^{b}f(x,y)\mathrm{d}x$ 在 I 上一致收敛的充分必要条件为：对任意给定的 $\varepsilon>0$，存在与 y 无关的 $\delta>0$，当 $0<\eta,\eta'<\delta$ 时，对所有 $y\in I$，有

$$\left|\int_{a+\eta}^{a+\eta'}f(x,y)\mathrm{d}x\right|<\varepsilon.$$

等价地，以 a 为瑕点的含参变量的广义积分 $\int_{a}^{b}f(x,y)\mathrm{d}x$ 在 I 上不一致收敛的充分必要条件为：存在某个 $\varepsilon_0>0$，对任意的 $\delta>0$，总有 $0<\eta_1,\eta_2<\delta$ 和 $y_0\in I$，使得

$$\left|\int_{a+\eta_1}^{a+\eta_2}f(x,y)\mathrm{d}x\right|\geqslant\varepsilon_0.$$

2. 含参变量的广义积分的一致收敛性与函数项级数的一致收敛性之间的关系

定理 19.6　含参变量的广义积分 $\int_{a}^{+\infty}f(x,y)\mathrm{d}x$ 在 $y\in I$ 上一致收敛的充分必要条件为：对任意趋于 $+\infty$ 的递增数列 $\{A_n\}$，$A_1=a$，函数项级数 $\sum_{n=1}^{\infty}u_n(y)$ 在 $y\in I$ 上一致收敛，其中 $u_n(y)=\int_{A_n}^{A_{n+1}}f(x,y)\mathrm{d}x$.

证明　必要性：因为 $\int_{a}^{+\infty}f(x,y)\mathrm{d}x$ 在 $y\in I$ 上一致收敛，则对任意给定的 $\varepsilon>0$，存在与 y 无关的 $A_0>a$，当 $A,A'>A_0$ 时，对所有的 $y\in I$，有

$$\left|\int_{A}^{A'}f(x,y)\mathrm{d}x\right|<\varepsilon.$$

又 $\{A_n\} \to +\infty$，所以对上述 $A_0 > a$，存在正整数 N，当 $n > N$ 时，对所有的正整数 p，有 $A_{n+p+1} > A_{n+1} > A_0$，这样对所有 $y \in I$，有

$$\left| \sum_{i=n+1}^{n+p} u_i(y) \right| = |u_{n+1}(y) + u_{n+2}(y) + \cdots + u_{n+p}(y)|$$

$$= \left| \int_{A_{n+1}}^{A_{n+2}} f(x,y)\mathrm{d}x + \int_{A_{n+2}}^{A_{n+3}} f(x,y)\mathrm{d}x + \cdots + \int_{A_{n+p}}^{A_{n+p+1}} f(x,y)\mathrm{d}x \right|$$

$$= \left| \int_{A_{n+1}}^{A_{n+p+1}} f(x,y)\mathrm{d}x \right| < \varepsilon,$$

这说明函数项级数 $\sum_{n=1}^{\infty} u_n(y)$ 在 $y \in I$ 上一致收敛.

充分性：利用反证法. 反设 $\int_a^{+\infty} f(x,y)\mathrm{d}x$ 在 $y \in I$ 上不一致收敛，则存在某正数 $\varepsilon_0 > 0$，对任意的 $M > a$，总存在 A'，$A'' > M$ 及某个 $y_0 \in I$，使得

$$\left| \int_{A'}^{A''} f(x,y_0)\mathrm{d}x \right| \geqslant \varepsilon_0.$$

取 $M_1 = \max\{1, a\}$，则有 $A_2 > A_1 > M_1$ 及 $y_1 \in I$，使得

$$\left| \int_{A_1}^{A_2} f(x,y_1)\mathrm{d}x \right| \geqslant \varepsilon_0.$$

依此类推，取 $M_n = \max\{n, A_{2(n-1)}\}$，$n \geqslant 2$，则有 $A_{2n} > A_{2n-1} > M_n$ 及 $y_n \in I$，使得

$$\left| \int_{A_{2n-1}}^{A_{2n}} f(x,y_n)\mathrm{d}x \right| \geqslant \varepsilon_0.$$

这样构造了一个单调递增数列 $\{A_n\} \to +\infty (n \to \infty)$，但 $|u_{2n}(y_n)| = \left| \int_{A_{2n}}^{A_{2n+1}} f(x,y_n)\mathrm{d}x \right| \geqslant \varepsilon_0$，这与假设函数项级数 $\sum_{n=1}^{\infty} u_n(y)$ 在 $y \in I$ 上一致收敛矛盾. 故 $\int_a^{+\infty} f(x,y)\mathrm{d}x$ 在 $y \in I$ 上一致收敛. 证毕.

3. 魏尔斯特拉斯判别法

利用柯西收敛准则可以证明下面的结论：

定理 19.7（比较判别法） 设在 $[a, +\infty) \times I$ 上有 $|f(x,y)| \leqslant g(x,y)$，含参变量的广义积分 $\int_a^{+\infty} g(x,y)\mathrm{d}x$ 在 $y \in I$ 上一致收敛，则 $\int_a^{+\infty} f(x,y)\mathrm{d}x$ 在 $y \in I$ 上一致收敛.

推论 19.5（魏尔斯特拉斯判别法） 设在 $[a, +\infty) \times I$ 上有 $|f(x,y)| \leqslant g(x)$，广义积分 $\int_a^{+\infty} g(x)\mathrm{d}x$ 收敛，则 $\int_a^{+\infty} f(x,y)\mathrm{d}x$ 在 $y \in I$ 上一致收敛.

例 19.7 证明：(1) $\int_0^{+\infty} \dfrac{\mathrm{e}^{-ax}}{1+x^2}\mathrm{d}x$ 关于 $a \in [0, +\infty)$ 一致收敛.

(2) $\int_0^1 x^{p-1}\ln^2 x\mathrm{d}x$ 关于 $p \geqslant p_0 > 0$ 一致收敛，但是关于 $p > 0$ 不一致收敛.

证明 （1）因为当 $a \in [0, +\infty)$，$x \in [0, +\infty)$ 时，$0 < \dfrac{\mathrm{e}^{-ax}}{1+x^2} \leqslant \dfrac{1}{1+x^2}$，又

$\displaystyle\int_0^{+\infty} \dfrac{1}{1+x^2} \mathrm{d}x$ 收敛且与参变量 a 无关，根据魏尔斯特拉斯判别法得 $\displaystyle\int_0^{+\infty} \dfrac{\mathrm{e}^{-ax}}{1+x^2} \mathrm{d}x$ 关于

$a \in [0, +\infty)$ 一致收敛.

（2）$x=0$ 是瑕点. 当 $0 < x \leqslant 1$，$p \geqslant p_0 > 0$ 时，$0 < x^{p-1} \ln^2 x \leqslant x^{p_0-1} \ln^2 x$.

又不含参变量的积分

$$\int_0^1 x^{p_0-1} \ln^2 x \, \mathrm{d}x = \frac{1}{p_0} \int_0^1 (x^{p_0})' \ln^2 x \, \mathrm{d}x = \frac{1}{p_0} \left(x^{p_0} \ln^2 x \Big|_0^1 - 2 \int_0^1 x^{p_0-1} \ln x \, \mathrm{d}x \right)$$

$$= \frac{-2}{p_0^2} \int_0^1 (x^{p_0})' \ln x \, \mathrm{d}x = \frac{-2}{p_0^2} \left(x^{p_0} \ln x \Big|_0^1 - \int_0^1 x^{p_0-1} \mathrm{d}x \right) = \frac{2}{p_0^3}$$

收敛，由魏尔斯特拉斯判别法得 $\displaystyle\int_0^1 x^{p-1} \ln^2 x \, \mathrm{d}x$ 关于 $p \geqslant p_0 > 0$ 一致收敛. 当 $0 < p < 1$，

$0 < x \leqslant 1$ 时，$(x^{p-1} \ln^2 x)'_x = x^{p-2}((p-1) \ln^2 x + 2 \ln x) \leqslant 0$，于是 $x^{p-1} \ln^2 x$ 单调递减. 取 η:

$0 < \eta < \dfrac{1}{2}$，则

$$\int_{\frac{\eta}{2}}^{\eta} x^{p-1} \ln^2 x \, \mathrm{d}x \geqslant \int_{\frac{\eta}{2}}^{\eta} \eta^{p-1} \ln^2 \eta \, \mathrm{d}x = \frac{1}{2} \eta^p \ln^2 \eta,$$

又因为 $\lim\limits_{p \to 0^+} \eta^p = 1 > \dfrac{1}{2}$，由极限的保号性知：存在 $p_0 > 0$，当 $0 < p_0 < 1$ 时使得 $\eta^{p_0} > \dfrac{1}{2}$.
因此

$$\int_{\frac{\eta}{2}}^{\eta} x^{p_0-1} \ln^2 x \, \mathrm{d}x \geqslant \frac{1}{2} \eta^{p_0} \ln^2 \eta > \frac{1}{4} \ln^2 \frac{1}{2} = \frac{1}{4} \ln^2 2 > 0,$$

由柯西收敛准则知 $\displaystyle\int_0^1 x^{p-1} \ln^2 x \, \mathrm{d}x$ 关于 $p > 0$ 不一致收敛.

4. 阿贝尔判别法和狄利克雷判别法

阿贝尔判别法和狄利克雷判别法解决形如 $F(y) = \displaystyle\int_a^{+\infty} f(x,y) g(x,y) \mathrm{d}x$ 的含参变量的

广义积分的一致收敛性问题，其证明依据的是柯西收敛准则和积分第二中值定理.

定理 19.8（阿贝尔判别法） 设

（1）$\displaystyle\int_a^{+\infty} f(x,y) \mathrm{d}x$ 在 $y \in I$ 上一致收敛，

（2）对每一个 $y \in I$，函数 $g(x, y)$ 关于 x 单调，

（3）函数 $g(x, y)$ 在 $[a, +\infty) \times I$ 上一致有界，即存在正实数 $M > 0$，对所有 $x \in$
$[a, +\infty)$ 和所有 $y \in I$，都有 $|g(x, y)| \leqslant M$，

则 $F(y) = \displaystyle\int_a^{+\infty} f(x,y) g(x,y) \mathrm{d}x$ 在 $y \in I$ 上一致收敛.

定理 19.9（狄利克雷判别法） 设

（1）对所有 $A \geqslant a$，含参变量的常义积分 $\displaystyle\int_a^A f(x,y) \mathrm{d}x$ 在 $y \in I$ 上一致有界，即存在正

数 $M>0$，对所有 $A\geqslant a$ 和所有 $y\in I$，都有 $\left|\int_a^A f(x,y)\mathrm{d}x\right|\leqslant M$，

(2) 对每一个 $y\in I$，函数 $g(x,y)$ 关于 x 单调，

(3) 当 $x\to+\infty$ 时 $g(x,y)$ 关于 $y\in I$ 一致收敛于 0，即对任意 $\varepsilon>0$，存在与 y 无关的正数 $A_0>a$，当 $x>A_0$ 时，对任意 $y\in I$ 有 $|g(x,y)|<\varepsilon$，

则 $F(y)=\displaystyle\int_a^{+\infty}f(x,y)g(x,y)\mathrm{d}x$ 在 $y\in I$ 上一致收敛.

证明 我们只证阿贝尔判别法，狄利克雷判别法的证明完全类似.

因为 $\displaystyle\int_a^{+\infty}f(x,y)\mathrm{d}y$ 在 $y\in I$ 上一致收敛，由柯西收敛准则知，对任意 $\varepsilon>0$，存在与 y 无关的正数 $A_0>a$，当 $A_2>A_1>A_0$ 时，对所有 $y\in I$，都有

$$\left|\int_{A_1}^{A_2}f(x,y)\mathrm{d}x\right|\leqslant\frac{\varepsilon}{2M}.$$

于是当 $A_2>A_1>A_0$ 时，对所有 $y\in I$，由积分第二中值定理知，存在 $\xi\in(A_1,A_2)$，使得

$$\left|\int_{A_1}^{A_2}f(x,y)g(x,y)\mathrm{d}x\right|=\left|g(A_1,y)\int_{A_1}^{\xi}f(x,y)\mathrm{d}x+g(A_2,y)\int_{\xi}^{A_2}f(x,y)\mathrm{d}x\right|$$

$$\leqslant|g(A_1,y)|\left|\int_{A_1}^{\xi}f(x,y)\mathrm{d}x\right|+|g(A_2,y)|\left|\int_{\xi}^{A_2}f(x,y)\mathrm{d}x\right|<\varepsilon.$$

故由柯西收敛准则知 $F(y)=\displaystyle\int_a^{+\infty}f(x,y)g(x,y)\mathrm{d}x$ 在 $y\in I$ 上一致收敛. 证毕.

例 19.8 证明：

(1) $\displaystyle\int_0^{+\infty}\mathrm{e}^{-xy}\frac{\sin x}{x}\mathrm{d}x$ 在 $y\in[0,+\infty)$ 上一致收敛；

(2) $\displaystyle\int_0^{+\infty}\frac{\sin(xy)}{x}\mathrm{d}x$ 在 $y\in[\delta,+\infty)$，$\delta>0$ 上一致收敛，但在 $y\in(0,+\infty)$ 上不一致收敛.

证明 (1) 因为 $\displaystyle\int_0^{+\infty}\frac{\sin x}{x}\mathrm{d}x$ 是不含参变量 y 的广义积分且收敛，从而关于 $y\in[0,+\infty)$ 一致收敛. 又函数 e^{-xy} 关于 x 单调且

$$0<\mathrm{e}^{-xy}\leqslant1,\quad x,y\in[0,+\infty).$$

由阿贝尔判别法知 $\displaystyle\int_0^{+\infty}\mathrm{e}^{-xy}\frac{\sin x}{x}\mathrm{d}x$ 在 $y\in[0,+\infty)$ 上一致收敛.

(2) 首先证明 $\displaystyle\int_0^{+\infty}\frac{\sin(xy)}{x}\mathrm{d}x$ 在 $y\in[\delta,+\infty)$，$\delta>0$ 上一致收敛.

对所有 $y\in[\delta,+\infty)$，$A\geqslant0$，$\left|\displaystyle\int_0^A\sin(xy)\mathrm{d}x\right|=\left|\dfrac{1-\cos(Ay)}{y}\right|\leqslant\dfrac{2}{y}\leqslant\dfrac{2}{\delta}$，即 $\displaystyle\int_0^A\sin(xy)\mathrm{d}x$ 在 $y\in[\delta,+\infty)$ 上一致有界. 又 $\dfrac{1}{x}$ 与 y 无关且单调趋于 0，所以 $\dfrac{1}{x}$ 当 $x\to+\infty$ 时关于 $y\in[\delta,+\infty)$ 一致趋于 0. 由狄利克雷判别法得 $\displaystyle\int_0^{+\infty}\frac{\sin(xy)}{x}\mathrm{d}x$ 在 $y\in[\delta,+\infty)$，$\delta>0$ 上一致收敛.

其次证明 $\int_0^{+\infty} \dfrac{\sin(xy)}{x}\mathrm{d}x$ 在 $y \in (0, +\infty)$ 上不一致收敛.

对于任意正整数 n, 取 $y_n = \dfrac{1}{n}$, 则

$$\left| \int_{\frac{n\pi}{2}}^{n\pi} \frac{\sin(xy_n)}{x}\mathrm{d}x \right| = \int_{\frac{n\pi}{2}}^{n\pi} \frac{\sin\frac{x}{n}}{x}\mathrm{d}x \geqslant \int_{\frac{n\pi}{2}}^{n\pi} \frac{\sin\frac{x}{n}}{n\pi}\mathrm{d}x$$

$$= \frac{1}{\pi} \int_{\frac{n\pi}{2}}^{n\pi} \frac{\sin\frac{x}{n}}{n}\mathrm{d}x = \frac{1}{\pi} = \varepsilon_0 > 0 ,$$

由柯西收敛准则知 $\int_0^{+\infty} \dfrac{\sin(xy)}{x}\mathrm{d}x$ 在 $y \in (0, +\infty)$ 上不一致收敛. 证毕.

5. 狄尼 (Dini) 定理

定理 19.10 (狄尼定理)　设 $f(x, y)$ 在 $[a, +\infty) \times [c, d]$ 上连续且保持固定符号, 若含参变量的广义积分 $F(y) = \int_a^{+\infty} f(x,y)\mathrm{d}x$ 在 $[c, d]$ 上连续, 则 $F(y) = \int_a^{+\infty} f(x, y)\mathrm{d}x$ 在 $y \in [c, d]$ 上一致收敛.

证明　反证法. 不妨设 $f(x, y) \geqslant 0$. 反设 $F(y) = \int_a^{+\infty} f(x,y)\mathrm{d}x$ 在 $y \in [c, d]$ 上不一致收敛, 则存在某正数 $\varepsilon_0 > 0$, 对任何正整数 $n > a$, 总存在 $y_n \in [c, d]$, 使得

$$\int_n^{+\infty} f(x, y_n)\mathrm{d}x \geqslant \varepsilon_0 .$$

于是得到有界数列 $\{y_n\} \subset [c, d]$, 由致密性定理知 $\{y_n\}$ 有收敛子列, 不妨仍记为 $\{y_n\}$, 且记 $\lim\limits_{n \to \infty} y_n = y_0 \in [c, d]$.

一方面, 由假设, 广义积分 $\int_a^{+\infty} f(x, y_0)\mathrm{d}x$ 收敛, 所以存在 $A_0 > a$, 有

$$\int_{A_0}^{+\infty} f(x, y_0)\mathrm{d}x < \frac{\varepsilon_0}{2} .$$

因为 $f(x, y) \geqslant 0$, 所以当 $n > A_0$ 时,

$$\int_{A_0}^{+\infty} f(x, y_n)\mathrm{d}x \geqslant \int_n^{+\infty} f(x, y_n)\mathrm{d}x \geqslant \varepsilon_0 .$$

另一方面,

$$\int_{A_0}^{+\infty} f(x, y)\mathrm{d}x = \int_a^{+\infty} f(x, y)\mathrm{d}x - \int_a^{A_0} f(x, y)\mathrm{d}x ,$$

由假设, $F(y) = \int_a^{+\infty} f(x, y)\mathrm{d}x$ 在 $[c, d]$ 上连续, 所以

$$\lim_{y \to y_0} \int_a^{+\infty} f(x, y)\mathrm{d}x = \int_a^{+\infty} f(x, y_0)\mathrm{d}x ,$$

而 $\int_a^{A_0} f(x,y)\mathrm{d}x$ 是含参变量 y 的常义积分，且由假设有 $f(x,y)$ 在 $[a,A_0]\times[c,d]$ 上连续，于是 $\lim\limits_{y\to y_0}\int_a^{A_0} f(x,y)\mathrm{d}x=\int_a^{A_0} f(x,y_0)\mathrm{d}x$，因此

$$\lim_{n\to\infty}\int_{A_0}^{+\infty} f(x,y_n)\mathrm{d}x=\int_{A_0}^{+\infty} f(x,y_0)\mathrm{d}x<\frac{\varepsilon_0}{2},$$

这与 $\int_{A_0}^{+\infty} f(x,y_n)\mathrm{d}x\geqslant\varepsilon_0$ 矛盾. 故 $F(y)=\int_a^{+\infty} f(x,y)\mathrm{d}x$ 在 $y\in[c,d]$ 上一致收敛. 证毕.

（三）一致收敛的含参变量的广义积分的性质

本小节讨论含参变量的广义积分的连续性、可导性和交换积分顺序等性质，主要依据是定理 19.6 有关含参变量的广义积分与函数项级数的关系以及函数项级数的相关性质.

1. 连续性

定理 19.11（连续性） 设 $f(x,y)$ 在 $[a,+\infty)\times[c,d]$ 上连续，若含参变量的广义积分 $F(y)=\int_a^{+\infty} f(x,y)\mathrm{d}x$ 在 $y\in[c,d]$ 上一致收敛，则 $F(y)$ 在 $[c,d]$ 上连续，即对任意 $y_0\in[c,d]$，有

$$\lim_{y\to y_0}\int_a^{+\infty} f(x,y)\mathrm{d}x=\int_a^{+\infty} f(x,y_0)\mathrm{d}x=\int_a^{+\infty}\lim_{y\to y_0}f(x,y)\mathrm{d}x.$$

证明 由定理 19.6 知，对任意递增且趋于 $+\infty$ 的数列 $\{A_n\}$，$A_1=a$，函数项级数

$$F(y)=\sum_{n=1}^\infty\int_{A_n}^{A_{n+1}} f(x,y)\mathrm{d}x=\sum_{n=1}^\infty u_n(y)$$

在 $y\in[c,d]$ 上一致收敛. 又由假设 $f(x,y)$ 在 $[a,+\infty)\times[c,d]$ 上连续可知，对每个 n，$u_n(y)$ 在 $[c,d]$ 上连续. 根据函数项级数的连续性定理知 $F(y)$ 在 $[c,d]$ 上连续. 证毕.

注意，定理 19.10 并不是定理 19.11 的逆定理.

连续性是局部性质，对于定理 19.10 可以推广，为此引入内闭一致收敛的概念.

定义 19.4 若含参变量的广义积分 $F(y)=\int_a^{+\infty} f(x,y)\mathrm{d}x$ 在每一个闭区间 $[c,d]\subset I$ 上一致收敛，则称 $F(y)=\int_a^{+\infty} f(x,y)\mathrm{d}x$ 在 I 上**内闭一致收敛**.

容易证明下述结论成立.

推论 19.6 设 $f(x,y)$ 在 $[a,+\infty)\times I$ 上连续，若含参变量的广义积分

$$F(y)=\int_a^{+\infty} f(x,y)\mathrm{d}x$$

在 $y\in I$ 上内闭一致收敛，则 $F(y)$ 在区间 I 上连续.

定理 19.11′（连续性） 设 $f(x,y)$ 在 $[a,b)\times[c,d]$ 上连续，若以 $x=a$ 为奇点（或瑕点）的含参变量的广义积分 $F(y)=\int_a^b f(x,y)\mathrm{d}x$ 在 $y\in[c,d]$ 上一致收敛，则 $F(y)$

在 $[c, d]$ 上连续.

例 19.9 确定函数 $F(p) = \displaystyle\int_0^{+\infty} \frac{\ln(1+x^3)}{x^p} \mathrm{d}x$ 的连续范围.

解 因为 $x=0$ 可能是瑕点,所以将原积分表示为

$$F(p) = \int_0^1 \frac{\ln(1+x^3)}{x^p} \mathrm{d}x + \int_1^{+\infty} \frac{\ln(1+x^3)}{x^p} \mathrm{d}x = F_1(p) + F_2(p).$$

因为当 $x \to 0^+$ 时,$\dfrac{\ln(1+x^3)}{x^p} \sim \dfrac{1}{x^{p-3}}$,所以 $F_1(p)$ 的定义域为 $(-\infty, 4)$. 容易看出 $F_2(p)$ 的定义域为 $(1, +\infty)$,因此 $F(p)$ 的定义域为 $(1, 4)$.

下面证明 $F(p)$ 在定义域 $(1, 4)$ 上连续. 因为被积函数 $\dfrac{\ln(1+x^3)}{x^p}$ 在 $(0, +\infty) \times (1, 4)$ 上连续,所以只需证明 $F(p) = \displaystyle\int_0^{+\infty} \frac{\ln(1+x^3)}{x^p} \mathrm{d}x$ 在 $p \in (1, 4)$ 上内闭一致收敛. 为此任取闭区间 $[a, b] \subset (1, 4)$.

当 $x \in (0, 1]$,$p \in [a, b]$ 时,

$$\left| \frac{\ln(1+x^3)}{x^p} \right| = \frac{\ln(1+x^3)}{x^p} \leqslant \frac{\ln(1+x^3)}{x^b},$$

$\displaystyle\int_0^1 \frac{\ln(1+x^3)}{x^b} \mathrm{d}x$ 收敛且不含参变量,由魏尔斯特拉斯判别法知 $\displaystyle\int_0^1 \frac{\ln(1+x^3)}{x^p} \mathrm{d}x$ 在 $p \in [a, b]$ 上一致收敛.

同理,当 $x \in [1, +\infty)$,$p \in [a, b]$ 时,

$$\left| \frac{\ln(1+x^3)}{x^p} \right| = \frac{\ln(1+x^3)}{x^p} \leqslant \frac{\ln(1+x^3)}{x^a},$$

$\displaystyle\int_1^{+\infty} \frac{\ln(1+x^3)}{x^a} \mathrm{d}x$ 收敛且不含参变量,因此 $\displaystyle\int_1^{+\infty} \frac{\ln(1+x^3)}{x^p} \mathrm{d}x$ 在 $p \in [a, b]$ 上也一致收敛.

综上所述,$F(p) = \displaystyle\int_0^{+\infty} \frac{\ln(1+x^3)}{x^p} \mathrm{d}x$ 在 $p \in (1, 4)$ 上内闭一致收敛,故 $F(p)$ 在定义域 $(1, 4)$ 上连续.

2. 交换积分顺序定理

定理 19.12(交换积分顺序定理 1) 设 $f(x, y)$ 在 $[a, +\infty) \times [c, d]$ 上连续,若含参变量的广义积分 $F(y) = \displaystyle\int_a^{+\infty} f(x, y) \mathrm{d}x$ 在 $y \in [c, d]$ 上一致收敛,则

$$\int_c^d \mathrm{d}y \int_a^{+\infty} f(x, y) \mathrm{d}x = \int_a^{+\infty} \mathrm{d}x \int_c^d f(x, y) \mathrm{d}y.$$

证明 由定理 19.11 知 $F(y)$ 在 $[c, d]$ 上连续,因而可积. 又由定理 19.6 知对任意递增且趋于 $+\infty$ 的数列 $\{A_n\}$,$A_1 = a$,函数项级数

$$F(y) = \sum_{n=1}^\infty \int_{A_n}^{A_{n+1}} f(x, y) \mathrm{d}x = \sum_{n=1}^\infty u_n(y)$$

在 $y \in [c, d]$ 上一致收敛，由函数项级数及含参变量的常义积分的交换积分顺序定理知

$$\int_c^d \mathrm{d}y \int_a^{+\infty} f(x,y)\mathrm{d}x = \int_c^d F(y)\mathrm{d}y = \int_c^d \sum_{n=1}^{\infty} u_n(y)\mathrm{d}y = \sum_{n=1}^{\infty} \int_c^d \mathrm{d}y \int_{A_n}^{A_{n+1}} f(x,y)\mathrm{d}x$$

$$= \sum_{n=1}^{\infty} \int_{A_n}^{A_{n+1}} \mathrm{d}x \int_c^d f(x,y)\mathrm{d}y = \int_a^{+\infty} \mathrm{d}x \int_c^d f(x,y)\mathrm{d}y.$$

证毕.

在定理 19.12 中若将闭区间 $[c, d]$ 改为无穷区间 $[c, +\infty)$，定理中的条件就不足以保证积分顺序可以交换，但有下面的结论.

定理 19.12′（交换积分顺序定理 2） 设 $f(x,y)$ 在 $[a, +\infty) \times [c, +\infty)$ 上连续，若

(1) 含参变量的广义积分 $F(y) = \int_a^{+\infty} f(x,y)\mathrm{d}x$ 关于 y 在任何闭区间 $[c, d]$ 上一致收敛，

(2) 含参变量的广义积分 $G(x) = \int_c^{+\infty} f(x,y)\mathrm{d}y$ 关于 x 在任何闭区间 $[a, b]$ 上一致收敛，

(3) 积分 $\int_a^{+\infty} \mathrm{d}x \int_c^{+\infty} |f(x,y)|\mathrm{d}y$ 和 $\int_c^{+\infty} \mathrm{d}y \int_a^{+\infty} |f(x,y)|\mathrm{d}x$ 中有一个收敛，

则 $\int_c^{+\infty} \mathrm{d}y \int_a^{+\infty} f(x,y)\mathrm{d}x = \int_a^{+\infty} \mathrm{d}x \int_c^{+\infty} f(x,y)\mathrm{d}y$.

证明 不妨设 $\int_a^{+\infty} \mathrm{d}x \int_c^{+\infty} |f(x,y)|\mathrm{d}y$ 收敛，于是 $\int_a^{+\infty} \mathrm{d}x \int_c^{+\infty} f(x,y)\mathrm{d}y$ 收敛. 因此当 $d > c$，$A > a$ 时，由条件（1）和定理 19.12，有

$$I_d = \left| \int_a^{+\infty} \mathrm{d}x \int_c^d f(x,y)\mathrm{d}y - \int_a^{+\infty} \mathrm{d}x \int_c^{+\infty} f(x,y)\mathrm{d}y \right|$$

$$= \left| \int_a^{+\infty} \mathrm{d}x \int_c^d f(x,y)\mathrm{d}y - \int_a^{+\infty} \mathrm{d}x \int_c^d f(x,y)\mathrm{d}y - \int_a^{+\infty} \mathrm{d}x \int_d^{+\infty} f(x,y)\mathrm{d}y \right|$$

$$= \left| \int_a^{+\infty} \mathrm{d}x \int_d^{+\infty} f(x,y)\mathrm{d}y \right|$$

$$= \left| \int_a^A \mathrm{d}x \int_d^{+\infty} f(x,y)\mathrm{d}y + \int_A^{+\infty} \mathrm{d}x \int_d^{+\infty} f(x,y)\mathrm{d}y \right|$$

$$\leqslant \left| \int_a^A \mathrm{d}x \int_d^{+\infty} f(x,y)\mathrm{d}y \right| + \left| \int_A^{+\infty} \mathrm{d}x \int_d^{+\infty} f(x,y)\mathrm{d}y \right|$$

$$\leqslant \left| \int_a^A \mathrm{d}x \int_d^{+\infty} f(x,y)\mathrm{d}y \right| + \int_A^{+\infty} \mathrm{d}x \int_d^{+\infty} |f(x,y)|\mathrm{d}y.$$

由 $\int_a^{+\infty} \mathrm{d}x \int_d^{+\infty} |f(x,y)|\mathrm{d}y$ 收敛知：对任意 $\varepsilon > 0$，存在正数 $A_0 > a$，使得

$$\int_{A_0}^{+\infty} \mathrm{d}x \int_d^{+\infty} |f(x,y)|\mathrm{d}y < \frac{\varepsilon}{2}.$$

又由条件（2）知：存在与 x 无关的正数 $D > c$，使得当 $d > D$ 时，有

$$\left|\int_d^{+\infty} f(x,y)\mathrm{d}y\right| < \frac{\varepsilon}{2(A_0-a)}.$$

因此，$I_d < \dfrac{\varepsilon}{2} + \dfrac{\varepsilon}{2} = \varepsilon$，故 $\lim\limits_{d\to+\infty} I_d = 0$，即定理结论成立．证毕．

例 19.10　计算：$I = \displaystyle\int_0^{+\infty} \dfrac{\cos ax - \cos bx}{x^2}\mathrm{d}x, b > a > 0.$ $\left(\text{已知}\displaystyle\int_0^{+\infty} \dfrac{\sin u}{u}\mathrm{d}u = \dfrac{\pi}{2}.\right)$

解　因为 $\dfrac{\cos ax - \cos bx}{x} = \displaystyle\int_a^b \sin xy\,\mathrm{d}y$，所以 $I = \displaystyle\int_0^{+\infty}\mathrm{d}x\int_a^b \dfrac{\sin xy}{x}\mathrm{d}y$．又因为函数 $f(x,$

$y) = \begin{cases} \dfrac{\sin xy}{x}, & x \neq 0 \\ y, & x = 0 \end{cases}$ 在 $[0, +\infty) \times [a, b]$ 上连续，$\displaystyle\int_0^{+\infty} \dfrac{\sin xy}{x}\mathrm{d}x$ 关于 $y \in [a, b]$ 一致收

敛，故由定理 19.12 知

$$I = \int_0^{+\infty}\mathrm{d}x\int_a^b \frac{\sin xy}{x}\mathrm{d}y = \int_a^b\mathrm{d}y\int_0^{+\infty}\frac{\sin xy}{x}\mathrm{d}x = \int_a^b \frac{\pi}{2}\mathrm{d}y = \frac{\pi}{2}(b-a).$$

3. 可微性

定理 19.13（可微性）　设 $f(x,y)$ 和 $f_y'(x,y)$ 在 $[a,+\infty)\times[c,d]$ 上连续，若广义积分 $F(y) = \displaystyle\int_a^{+\infty} f(x,y)\mathrm{d}x$ 在 $y\in[c,d]$ 上收敛，且含参变量的广义积分 $\displaystyle\int_a^{+\infty} f_y'(x,y)\mathrm{d}x$ 在 $y\in[c,d]$ 上一致收敛，则 $F(y)$ 在 $[c,d]$ 上可微，且

$$F'(y) = \frac{\mathrm{d}}{\mathrm{d}y}\int_a^{+\infty} f(x,y)\mathrm{d}x = \int_a^{+\infty} f_y'(x,y)\mathrm{d}x.$$

证明　记 $G(y) = \displaystyle\int_a^{+\infty} f_y'(x,y)\mathrm{d}x$，由 $\displaystyle\int_a^{+\infty} f_y'(x,y)\mathrm{d}x$ 在 $y\in[c,d]$ 上一致收敛知：$G(y)$ 在 $[c,d]$ 上连续．于是由定理 19.12 知：对任意 $y\in[c,d]$，有

$$\int_c^y G(u)\mathrm{d}u = \int_c^y\mathrm{d}u\int_a^{+\infty} f_u'(x,u)\mathrm{d}x = \int_a^{+\infty}\mathrm{d}x\int_c^y f_u'(x,u)\mathrm{d}u$$

$$= \int_a^{+\infty}[f(x,y)-f(x,c)]\mathrm{d}x = F(y)-F(c),$$

又因为 $\displaystyle\int_c^y G(u)\mathrm{d}u$ 可导，所以 $F(y) = F(c) + \displaystyle\int_c^y G(u)\mathrm{d}u$ 可导，且 $F'(y) = G(y)$．证毕．

定理 19.13 也可以像定理 19.12 一样将广义积分转化成函数项级数进行证明，这里不再赘述，请读者自己证明．

由于微分也是局部的，所以有以下结论．

推论 19.7（可微性）　设 $f(x,y)$ 和 $f_y'(x,y)$ 在 $[a,+\infty)\times I$ 上连续，若广义积分 $F(y) = \displaystyle\int_a^{+\infty} f(x,y)\mathrm{d}x$ 在 $y\in I$ 上收敛，且含参变量的广义积分 $\displaystyle\int_a^{+\infty} f_y'(x,y)\mathrm{d}x$ 在 $y\in I$ 上内闭一致收敛，则 $F(y)$ 在区间 I 可微，且

$$F'(y) = \frac{\mathrm{d}}{\mathrm{d}y}\int_a^{+\infty} f(x,y)\mathrm{d}x = \int_a^{+\infty} f_y'(x,y)\mathrm{d}x.$$

例 19.11 计算 $F(b) = \int_0^{+\infty} \dfrac{\sin x}{x} \mathrm{e}^{-bx} \mathrm{d}x$，进而计算 $I = \int_0^{+\infty} \dfrac{\sin x}{x} \mathrm{d}x$.

解 令 $f(x,b) = \begin{cases} \dfrac{\sin x}{x} \mathrm{e}^{-bx}, & x \neq 0 \\ 1, & x = 0 \end{cases}$，则 $f(x, b)$，$f_b'(x, b) = -\mathrm{e}^{-bx} \sin x$ 在 $[a,$

$+\infty) \times [b_0, +\infty)$ 上连续 $(b_0 > 0)$，且 $\int_0^{+\infty} f_b'(x,b)\mathrm{d}x = -\int_0^{+\infty} \mathrm{e}^{-bx} \sin x \mathrm{d}x$ 在 $b \in [b_0,$

$+\infty)$ 上一致收敛. 于是由推论 19.7，得

$$F'(b) = -\int_0^{+\infty} \mathrm{e}^{-bx} \sin x \mathrm{d}x = -\frac{1}{1+b^2}.$$

因此 $F(b) = -\arctan b + C$. 又

$$|F(b)| = \left| \int_0^{+\infty} \frac{\sin x}{x} \mathrm{e}^{-bx} \mathrm{d}x \right| \leqslant \int_0^{+\infty} \mathrm{e}^{-bx} \mathrm{d}x = \frac{1}{b},$$

所以 $\lim\limits_{b \to +\infty} F(b) = 0$，故 $C = \dfrac{\pi}{2}$，即 $F(b) = -\arctan b + \dfrac{\pi}{2}$.

由例 19.8 知：$F(b) = \int_0^{+\infty} \dfrac{\sin x}{x} \mathrm{e}^{-bx} \mathrm{d}x$ 在 $b \geqslant 0$ 上一致收敛，所以 $I = \lim\limits_{b \to 0^+} F(b) = \dfrac{\pi}{2}$.

 **习题 19.2**

1. 证明下列结论：

(1) $I = \int_1^{+\infty} \dfrac{1}{x^\alpha} \mathrm{d}x$ 在 $\alpha \in [\alpha_0, +\infty), \alpha_0 > 1$ 上一致收敛；

(2) $I = \int_0^{+\infty} \mathrm{e}^{-2x} \cos(\alpha x) \mathrm{d}x$ 在 $\alpha \in (-\infty, +\infty)$ 上一致收敛；

(3) $I = \int_1^{+\infty} \dfrac{y^2 - x^2}{(x^2 + y^2)^2} \mathrm{d}x$ 在 $y \in (-\infty, +\infty)$ 上一致收敛；

(4) $I = \int_1^{+\infty} \cos(xy) \dfrac{\ln\left(1 + \dfrac{x^2}{y}\right)}{\sqrt{1 + x^4 y}} \mathrm{d}y$ 在 $x \in [0, +\infty)$ 上一致收敛.

2. 设 $b > a > 0$，证明下列结论：

(1) $\int_0^{+\infty} \dfrac{\sin(xy)}{x} \mathrm{d}x$ 在 $y \in [a, +\infty)$ 上一致收敛，但在 $y \in (0, +\infty)$ 上不一致收敛；

(2) $\int_0^{+\infty} \mathrm{e}^{-x^2 y} \mathrm{d}x$ 在 $y \in [a, b]$ 上一致收敛，但在 $y \in (0, b]$ 上不一致收敛；

(3) $\int_0^{+\infty} x \mathrm{e}^{-xy} \mathrm{d}y$ 在 $x \in [a, b]$ 上一致收敛，但在 $x \in (0, b]$ 上不一致收敛；

(4) $I(y) = \int_0^{+\infty} \sqrt{y} \mathrm{e}^{-x^2 y} \mathrm{d}x$ 在 $y \in (0, +\infty)$ 上不一致收敛；

(5) $I(y) = \int_0^1 \ln(xy) \mathrm{d}x$ 在 $y \in \left[\dfrac{1}{b}, b\right]$ 上一致收敛 $(b > 1)$.

3. 证明：若 $f(x, y)$ 在 $[a, +\infty) \times [c, d]$ 上连续，又 $\int_a^{+\infty} f(x,y)\mathrm{d}x$ 在 $y \in [c, d)$ 上收敛，但在 $y = d$ 处发散，则 $\int_a^{+\infty} f(x,y)\mathrm{d}x$ 在 $y \in [c, d)$ 上不一致收敛.

4. 证明下列结论：

(1) $I(y) = \int_0^{+\infty} \mathrm{e}^{-xy^2} \sin x \, \mathrm{d}x$ 在 $y \in (0,1)$ 上不一致收敛；

(2) $I(y) = \int_0^{+\infty} \dfrac{x\sin(xy)}{y(1+x^2)}\mathrm{d}x$ 在 $y \in (0, +\infty)$ 上不一致收敛.

5. 讨论下列各积分的一致收敛性并证明你的结论：

(1) $I(\alpha) = \int_1^{+\infty} \dfrac{\sin x}{x(1+\alpha x^2)}\mathrm{d}x$ 在 $\alpha \in [0, +\infty)$ 上；

(2) $I(\alpha) = \int_1^{+\infty} \dfrac{\sin 2x}{x+\alpha}\mathrm{e}^{-\alpha x}\mathrm{d}x$ 在 $\alpha \in (0, 1)$ 上；

(3) $I(\alpha) = \int_1^{+\infty} \sin x^\alpha \, \mathrm{d}x$ 在 $\alpha \in [\alpha_0, +\infty)$ 上，其中 $\alpha_0 > 1$；

(4) $I(\alpha) = \int_1^{+\infty} x \sin x^4 \cos \alpha x \, \mathrm{d}x$ 在 $\alpha \in [a, b]$ 上；

(5) $I(\alpha) = \int_0^1 \dfrac{\alpha^2 - x^2}{(\alpha^2 + x^2)^2}\mathrm{d}x$ 在 $\alpha \in (0,1)$ 上；

(6) $I(\alpha) = \int_0^2 \dfrac{x^\alpha}{\sqrt[3]{(x-1)(x-2)^2}}\mathrm{d}x$ 在 $\alpha \in \left(-\dfrac{1}{2}, \dfrac{1}{2}\right)$ 上.

6. 设 $f(x)$ 在 $(0, +\infty)$ 内连续，$a < b$，且广义积分 $\int_0^{+\infty} t^a f(t)\mathrm{d}t$ 和 $\int_0^{+\infty} t^b f(t)\mathrm{d}t$ 均收敛，证明：$\int_0^{+\infty} t^\lambda f(t)\mathrm{d}t$ 在 $\lambda \in [a, b]$ 上一致收敛.

7. 证明下列各函数的连续性：

(1) $I(\alpha) = \int_1^{+\infty} \dfrac{\cos x}{x^\alpha}\mathrm{d}x$ 在 $\alpha \in (0, +\infty)$ 上；

(2) $F(y) = \int_0^{+\infty} \mathrm{e}^{-(x-y)^2}\mathrm{d}x$ 在 $y \in (-\infty, +\infty)$ 上.

8. 计算下列各积分（$b > a > 0$）：

(1) $I = \int_0^{+\infty} \dfrac{\sin bx - \sin ax}{x}\mathrm{e}^{-px}\mathrm{d}x$, 其中 $0 < p$;　(2) $\varphi(r) = \int_0^{+\infty} \mathrm{e}^{-x^2}\cos rx \, \mathrm{d}x$;

(3) $I = \int_0^{+\infty} \dfrac{\mathrm{e}^{-ax^2} - \mathrm{e}^{-bx^2}}{x^2}\mathrm{d}x$;　　　　　　　　(4) $F(y) = \int_0^{+\infty} \mathrm{e}^{-x}\dfrac{1-\cos xy}{x^2}\mathrm{d}x$.

§19.3　欧拉积分

在概率论、数理方程中经常会遇到以下含参变量的积分

$$\mathrm{B}(p,q) = \int_0^1 x^{p-1}(1-x)^{q-1}\mathrm{d}x, \tag{19.1}$$

$$\Gamma(s) = \int_0^{+\infty} x^{s-1} \mathrm{e}^{-x} \mathrm{d}x. \tag{19.2}$$

这两个积分依次称为**第一类欧拉积分**和**第二类欧拉积分**，且 $\mathrm{B}(p,q)$ 称为 **Beta 函数**，$\Gamma(s)$ 称为 **Gamma 函数**，简称为 **B 函数**和 **Γ 函数**. 容易证明 $\mathrm{B}(p,q)$ 的定义域为 $(0,+\infty) \times (0,+\infty)$，$\Gamma(s)$ 的定义域为 $(0,+\infty)$. 本节将讨论 B 函数和 Γ 函数的连续性、Γ 函数的递推公式以及 B 函数和 Γ 函数的关系等.

（一）B 函数和 Γ 函数的连续性

1. Γ 函数的连续性

命题 19.1　Γ 函数在定义域 $(0,+\infty)$ 内连续.

证明　对任意 $[a,b] \subset (0,+\infty)$，因为

$$\Gamma(s) = \int_0^{+\infty} x^{s-1} \mathrm{e}^{-x} \mathrm{d}x = \int_0^1 x^{s-1} \mathrm{e}^{-x} \mathrm{d}x + \int_1^{+\infty} x^{s-1} \mathrm{e}^{-x} \mathrm{d}x = I(s) + J(s).$$

当 $0 < x \leqslant 1$，$0 < a \leqslant s \leqslant b$ 时，$0 < x^{s-1} \mathrm{e}^{-x} \leqslant x^{a-1} \mathrm{e}^{-x} \leqslant x^{a-1}$，又 $\int_0^1 x^{a-1} \mathrm{d}x$ 不含参变量 s 且收敛，所以 $I(s)$ 关于 $s \in [a,b]$ 一致收敛，于是 $I(s)$ 在 $s \in (0,+\infty)$ 上内闭一致收敛. 又当 $x \geqslant 1$，$0 < a \leqslant s \leqslant b$ 时，$0 < x^{s-1} \mathrm{e}^{-x} \leqslant x^{b-1} \mathrm{e}^{-x}$，而 $\int_1^{+\infty} x^{b-1} \mathrm{e}^{-x} \mathrm{d}x$ 不含参变量 s 且收敛，所以 $J(s)$ 在 $s \in [a,b]$ 上一致收敛，从而 $J(s)$ 在 $s \in (0,+\infty)$ 上内闭一致收敛. 综上所述，$I(s)$ 和 $J(s)$ 在 $s \in (0,+\infty)$ 上内闭一致收敛，由推论 19.6 知，$\Gamma(s)$ 在定义域 $(0,+\infty)$ 内连续. 证毕.

2. B 函数的连续性

命题 19.2　B 函数在定义域 $(0,+\infty) \times (0,+\infty)$ 上连续.

证明　对任意 $a > 0$，$b > 0$，当 $0 < x < 1$，$p \geqslant a$，$q \geqslant b$ 时，

$$0 < x^{p-1}(1-x)^{q-1} \leqslant x^{a-1}(1-x)^{b-1}.$$

又 $\int_0^1 x^{a-1}(1-x)^{b-1} \mathrm{d}x$ 收敛且不含参变量 p，q，所以 $\mathrm{B}(p,q)$ 在 $(p,q) \in [a,+\infty) \times [b,+\infty)$ 上一致收敛，于是 $\mathrm{B}(p,q)$ 在 $(p,q) \in (0,+\infty) \times (0,+\infty)$ 上内闭一致收敛，由推论 19.6 知，$\mathrm{B}(p,q)$ 在 $(0,+\infty) \times (0,+\infty)$ 上连续. 证毕.

（二）Γ 函数的可导性

命题 19.3　Γ 函数在定义域 $(0,+\infty)$ 内具有任意阶导数.

证明　考察积分 $\int_0^{+\infty} \dfrac{\partial (x^{s-1} \mathrm{e}^{-x})}{\partial s} \mathrm{d}x = \int_0^{+\infty} x^{s-1} \mathrm{e}^{-x} \ln x \mathrm{d}x$，按命题 19.1 相同的证明方法可得 $\int_0^{+\infty} x^{s-1} \mathrm{e}^{-x} \ln x \mathrm{d}x$ 在 $s \in (0,+\infty)$ 上内闭一致收敛，于是 $\Gamma(s)$ 在定义域 $(0,+\infty)$ 内可导且 $\Gamma'(s) = \int_0^{+\infty} x^{s-1} \mathrm{e}^{-x} \ln x \mathrm{d}x$. 进而可证明 $\Gamma(s)$ 在定义域 $(0,+\infty)$ 内具有任意阶导数且

$$\Gamma^{(n)}(s) = \int_0^{+\infty} x^{s-1} e^{-x} \ln^n x \, dx.$$

证毕.

（三）B 函数和 Γ 函数的关系

利用广义二重积分可以证明 B 函数和 Γ 函数有如下关系：

$$B(p,q) = \frac{\Gamma(p)\Gamma(q)}{\Gamma(p+q)}, p>0, q>0.$$

证明从略.

（四）B 函数的对称性

B 函数关于 p，q 是对称的，即 $B(p,q)=B(q,p)$.

事实上，在式（19.1）中令 $x=1-y$，则

$$B(p,q) = \int_0^1 y^{q-1}(1-y)^{p-1} dy = B(q,p).$$

（五）递推公式

1. Γ 函数的递推公式

对任意 $A>0$，由分部积分公式可得

$$\int_0^A x^s e^{-x} dx = -x^s e^{-x} \Big|_0^A + s\int_0^A x^{s-1} e^{-x} dx = -A^s e^{-A} + s\int_0^A x^{s-1} e^{-x} dx,$$

两边同时取极限 $A \to +\infty$，即得 Γ 函数的递推公式：$\Gamma(s+1)=s\Gamma(s)$.

设 n 是正整数，当 $n<s\leqslant n+1$ 时，

$$\Gamma(s+1)=s\Gamma(s)=s(s-1)\Gamma(s-1)=\cdots=s(s-1)\cdots(s-n)\Gamma(s-n);$$
$$\Gamma(n+1)=n(n-1)\cdots 2 \cdot 1 \cdot \Gamma(1)=n!.$$

2. B 函数的递推公式

B 函数具有下面的递推公式：

$$B(p,q) = \frac{q-1}{p+q-1}B(p,q-1), p>0, q>1; \tag{19.3}$$

$$B(p,q) = \frac{p-1}{p+q-1}B(p-1,q), p>1, q>0; \tag{19.4}$$

$$B(p,q) = \frac{(p-1)(q-1)}{(p+q-1)(p+q-2)}B(p-1,q-1), p>1, q>1. \tag{19.5}$$

证明　首先注意到由式（19.3）和式（19.4）可以得到式（19.5），又由 B 函数的对称性，只需要证明式（19.3）即可. 当 $p>0$，$q>1$ 时，

$$B(p,q) = \int_0^1 x^{p-1}(1-x)^{q-1}\mathrm{d}x = \frac{x^p(1-x)^{q-1}}{p}\Big|_0^1 + \frac{q-1}{p}\int_0^1 x^p(1-x)^{q-2}\mathrm{d}x$$

$$= \frac{q-1}{p}\int_0^1 \big[x^{p-1} - x^{p-1}(1-x)\big](1-x)^{q-2}\mathrm{d}x$$

$$= \frac{q-1}{p}\int_0^1 x^{p-1}(1-x)^{q-2}\mathrm{d}x - \frac{q-1}{p}\int_0^1 x^{p-1}(1-x)^{q-1}\mathrm{d}x$$

$$= \frac{q-1}{p}B(p,q-1) - \frac{q-1}{p}B(p,q),$$

移项并整理即得式（19.3）. 证毕.

（六）其他形式

在式（19.1）中令 $x = \cos^2\theta$，则 $x^{p-1} = \cos^{2p-2}\theta$，$(1-x)^{q-1} = \sin^{2q-2}\theta$，$\mathrm{d}x = -2\sin\theta\cos\theta\mathrm{d}\theta$，于是

$$B(p,q) = 2\int_0^{\frac{\pi}{2}} \cos^{2p-1}\theta\sin^{2q-1}\theta\mathrm{d}\theta. \tag{19.6}$$

在式（19.1）中令 $x = \dfrac{t}{1+t}$，则 $1-x = \dfrac{1}{1+t}$，$\mathrm{d}x = \dfrac{\mathrm{d}t}{(1+t)^2}$，于是

$$B(p,q) = \int_0^{+\infty} \frac{t^{p-1}}{(1+t)^{p+q}}\mathrm{d}t. \tag{19.7}$$

在式（19.2）中用 $x = t^2$ 换元得

$$\Gamma(s) = 2\int_0^{+\infty} t^{2s-1}\mathrm{e}^{-t^2}\mathrm{d}t. \tag{19.8}$$

（七）三个重要公式

下面给出 Γ 函数的三个重要公式：**勒让德（Legendre）公式**（19.9）、**余元公式**（19.10）和**斯特林（Stirling）公式**（19.11）供大家参考查阅，但不给予证明.

$$\Gamma(s)\Gamma\Big(s+\frac{1}{2}\Big) = \frac{\sqrt{\pi}}{2^{2s-1}}\Gamma(2s); \tag{19.9}$$

$$\Gamma(s)\Gamma(1-s) = \frac{\pi}{\sin\pi s}, 0 < s < 1; \tag{19.10}$$

$$\Gamma(s+1) = \sqrt{2\pi s}\Big(\frac{s}{\mathrm{e}}\Big)^s \mathrm{e}^{\frac{\theta}{12s}}, s > 0, 0 < \theta < 1. \tag{19.11}$$

当 $s = n$ 为正整数时，式（19.11）变为

$$n! = \sqrt{2\pi n}\Big(\frac{n}{\mathrm{e}}\Big)^n \mathrm{e}^{\frac{\theta}{12n}}, \quad 0 < \theta < 1. \tag{19.11$'$}$$

例 19.12 求积分 $I = \displaystyle\int_0^{+\infty} \mathrm{e}^{-x^2}\mathrm{d}x$.

解 在积分中用 $x^2 = t$ 换元得 $I = \dfrac{1}{2} \displaystyle\int_0^{+\infty} t^{-\frac{1}{2}} \mathrm{e}^{-t} \mathrm{d}t = \dfrac{1}{2} \Gamma\left(\dfrac{1}{2}\right)$，由 B 函数和 Γ 函数的关

系得 $\mathrm{B}\left(\dfrac{1}{2}, \dfrac{1}{2}\right) = \dfrac{\Gamma\left(\dfrac{1}{2}\right)\Gamma\left(\dfrac{1}{2}\right)}{\Gamma(1)} = \left(\Gamma\left(\dfrac{1}{2}\right)\right)^2$. 由式(19.6)知 $\mathrm{B}\left(\dfrac{1}{2}, \dfrac{1}{2}\right) = 2\displaystyle\int_0^{\frac{\pi}{2}} \mathrm{d}\theta = \pi$，于是

$\Gamma\left(\dfrac{1}{2}\right) = \sqrt{\pi}$，故 $I = \dfrac{\sqrt{\pi}}{2}$.

 **习题 19.3**

1. 计算 $\Gamma\left(\dfrac{5}{2}\right)$，$\Gamma\left(\dfrac{1}{2} + n\right)$，其中 n 为正整数.

2. 计算：$I = \displaystyle\int_0^{+\infty} x^{2n} \mathrm{e}^{-x^2} \mathrm{d}x$.

3. 计算：$I = \displaystyle\int_0^{\frac{\pi}{2}} \sin^6 x \cos^4 x \mathrm{d}x$.

4. 证明下列各式：

(1) $\Gamma(s) = \displaystyle\int_0^1 \left(\ln\dfrac{1}{x}\right)^{s-1} \mathrm{d}x, s > 0$ ；　(2) $\displaystyle\int_0^{+\infty} \dfrac{x^{s-1}}{1+x} \mathrm{d}x = \Gamma(s)\Gamma(1-s), 0 < s < 1$ ；

(3) $\displaystyle\int_0^{+\infty} \dfrac{\mathrm{d}x}{1+x^4} = \dfrac{\pi}{2\sqrt{2}}$ ；　　　　　(4) $\displaystyle\int_0^1 x^8 \sqrt{1-x^3} \mathrm{d}x = \dfrac{16}{315}$.

本章小结

首先，本章引进了含参变量的常义积分，当被积函数 $f(x,y)$ 在 $[a,b] \times I$ 上连续时，$F(y) = \displaystyle\int_a^b f(x,y) \mathrm{d}x$ 在区间 I 上连续，且当 $[c,d] \subset I$ 时有

$$\int_c^d \mathrm{d}y \int_a^b f(x,y) \mathrm{d}x = \int_a^b \mathrm{d}x \int_c^d f(x,y) \mathrm{d}y ;$$

当被积函数 $f(x, y)$，$f_y'(x, y)$ 在 $[a, b] \times I$ 上连续时，$F(y) = \displaystyle\int_a^b f(x,y) \mathrm{d}x$ 在区间 I 上可导，且有

$$\frac{\mathrm{d}}{\mathrm{d}y} \int_a^b f(x,y) \mathrm{d}x = \int_a^b f_y'(x,y) \mathrm{d}x .$$

然后，本章引进了含参变量的无穷限广义积分和无界函数广义积分及其收敛性的定义．但是这种收敛性不能保证含参变量的广义积分保持被积函数的连续性、可导性等分析性质，进而引进了含参变量的无穷限广义积分和含参变量的无界函数广义积分的一致收敛性的定义；给出了含参变量的广义积分一致收敛的判别方法：比较判别法、魏尔斯特拉斯判别法．值得注意的是，这两个判别法判别的是广义积分的绝对一致收敛（相当于被积函

数非负或不变号）；还给出了含参变量的广义积分的阿贝尔判别法和狄利克雷判别法，这两个判别法判别的是被积函数为两个函数乘积形式的含参变量的广义积分的一致收敛性；研究了一致收敛的两类含参变量的广义积分在被积函数连续的条件下是连续的，且可以交换积分顺序；但是在研究含参变量积分的可导性问题时，只有含参变量的广义积分本身一致收敛是不够的，需要被积函数对参变量求偏导之后对应的含参变量的广义积分一致收敛才能推出含参变量的广义积分的可导性以及求导运算与积分运算的可交换性.

最后，本章讨论了在概率论、数理方程中有着广泛应用的第一、二类欧拉积分，研究了 B 函数和 Γ 函数的连续性、递推公式、Γ 函数的可导性；给出了 B 函数和 Γ 函数的相互关系、不同形式，并列出了 Γ 函数的三个重要公式：勒让德公式、余元公式和斯特林公式.

总练习题十九

1. 设 $f(x)$ 在 $[a,A]$ 上连续. 证明：对任意 $x\in(a,A)$ 有

$$\lim_{h\to 0}\frac{1}{h}\int_a^x[f(t+h)-f(t)]\mathrm{d}t=f(x)-f(a).$$

2. 试求 $I(a)=\int_0^{\frac{\pi}{2}}\frac{\arctan(a\tan x)}{\tan x}\mathrm{d}x$.

3. 证明：$I(y)=\int_1^{+\infty}\mathrm{e}^{-\frac{1}{y^2}(x-\frac{1}{y})^2}\mathrm{d}x$ 关于 $y\in(0,1)$ 一致收敛.

4. 求证：$I(p)=\int_0^\pi\frac{\sin x}{x^p(\pi-x)^{2-p}}\mathrm{d}x$ 在 $p\in(0,2)$ 上连续.

5. 证明：$\int_0^{+\infty}\mathrm{e}^{-x^n}\mathrm{d}x=\frac{1}{n}\Gamma\left(\frac{1}{n}\right)$，$n$ 为正整数，并由此推出 $\lim_{n\to\infty}\int_0^{+\infty}\mathrm{e}^{-x^n}\mathrm{d}x=1$.

6. 试证明下列命题：

（1）设 $f(x)$ 在 $[0,+\infty)$ 上连续有界，则

$$\lim_{y\to 0^+}\frac{2}{\pi}\int_0^{+\infty}\frac{yf(x)}{x^2+y^2}\mathrm{d}x=f(0);\ \lim_{y\to 0^-}\frac{2}{\pi}\int_0^{+\infty}\frac{yf(x)}{x^2+y^2}\mathrm{d}x=-f(0).$$

（2）设 $f(x)$ 在 $(0,+\infty)$ 上非负且连续，又 $\int_0^{+\infty}f(x)\mathrm{d}x$ 收敛，则

$$\lim_{n\to\infty}\int_0^{+\infty}n\ln\left(1+\frac{f(x)}{n}\right)\mathrm{d}x=\int_0^{+\infty}f(x)\mathrm{d}x.$$

（3）设 $f(x)$ 在 $(0,+\infty)$ 上可积，则

$$\lim_{a\to 0^+}\int_0^{+\infty}\mathrm{e}^{-ax}f(x)\mathrm{d}x=\int_0^{+\infty}f(x)\mathrm{d}x.$$

（4）设 $f(x)$ 是 $[0,A]$ 上的单调有界函数，则

$$\lim_{\lambda\to+\infty}\int_0^A\frac{\sin\lambda x}{x}f(x)\mathrm{d}x=\frac{\pi}{2}f(0^+).$$

第二十章

重积分

本章要点

1. 平面区域的面积概念；

2. 二重积分的概念、意义及二重积分的计算：直角坐标系下化为二次积分、极坐标系下化为二次积分、二重积分的坐标变换以及二重积分计算的简化方法；

3. 三重积分的概念、意义及三重积分的计算：直角坐标系下化为先"单"后"重"和先"重"后"单"、柱面坐标系与球面坐标系下的三重积分化为三次积分、三重积分的变量替换以及三重积分计算的简化.

导入案例

人们求平面上曲边梯形的面积时，以及作变速直线运动的物体已知物体速度求路程时引进了一元函数的积分学，称为定积分. 从定积分的定义中我们可以得到如下启示：首先，要将一个整体量（曲边梯形的面积，路程）任意分割成若干个小量（小曲边梯形的面积，小时间段内物体所走的路程）；其次，在每一个小量中，用"直线"代替"曲线"，即用"小矩形"代替"小曲边梯形"，用"匀速"代替"变速"，进而得到每一个小量的近似值，这个近似值满足：小量分得越小，近似程度越高；再次，将所有小量的近似值作和，得到整体量的近似值；最后，将和式取极限，用极限值表示总量的精确值.

在引入了二元函数后，二元函数的图形在空间中表现为曲面，那么自然就要遇到求空间中若干曲面围成的空间区域的体积问题. 例如，空间中由圆柱面 $x^2 + y^2 = R^2$ 与平面 $z = 0$ 和 $z = m(x+R)$ 所围立体的体积（例 20.8，图 20-7）；在物理学中，求以 $f(x,y)$ 为面密度函数的非均匀分布在平面薄板上的质量（例 20.2）；又如物理学中，计算非均匀分布的带有质量的空间物体 Ω 对物体外带有质量的质点的引力（§20.3）等问题. 人们从定积分的引例和定义得到启发，将定积分的概念推广到空间，完全采用类似的办法引进多元函数的积分学（包括二重积分、三重积分、第一类曲线积分、第一类曲面积分），即：首先，将所讨论的整体量任意分割成若干个小量；其次，在每一个小量中采用合适的办法求出小量的近似值，如用"直线"代替"曲线"，用"平面"代替"曲面"，用"均匀分布"代替"非均匀分布"等；再次，将所有小量的近似值作和，得到整体量的近似值；最后，将和式取极限，用极限值表示总量的精确值. 完全类似于一元函数的定积分，我们将定义这个极限值为多元函数的定积分：二重积分、三重积分、第一类曲线积分和第一类曲面积分.

§20.1 二重积分

（一）平面区域的面积

设 D 是平面上的有界闭区域，$R=[a,b]\times[c,d]$ 是包含 D 的闭矩形. 在 $[a,b]$ 上插入 $n-1$ 个分点 $a=x_0<x_1<\cdots<x_{n-1}<x_n=b$，在 $[c,d]$ 上插入 $m-1$ 个分点 $c=y_0<y_1<\cdots<y_{m-1}<y_m=b$，过这些分点作平行于坐标轴的直线，将 R 分割成 $m\cdot n$ 个小矩形 $R_{i,j}=[x_{i-1},x_i]\times[y_{j-1},y_j]$，这称为 R 的一个**分割**（见图 20-1），记为 P. 这时，区域 D 中有三类小矩形：(1) $R_{i,j}\subset D$；(2) $R_{i,j}\bigcap D\neq\varnothing$ 且 $R_{i,j}\bigcap(\mathbf{R}^2-D)\neq\varnothing$；(3) $R_{i,j}\bigcap D=\varnothing$. 记第（1）类中小矩形的面积和为 $\underline{A}(P)$，记第（1）、（2）类中小矩形的面积和为 $\overline{A}(P)$. 显然 $\underline{A}(P)\leqslant\overline{A}(P)$.

利用与一元函数定积分的达布上、下和类似方法可以证明如下结论：当分划 P 加细时 $\overline{A}(P)$ 不增，$\underline{A}(P)$ 不减，且 $0\leqslant\underline{A}(P)\leqslant$ $\overline{A}(P)\leqslant(b-a)(d-c)$. 由确界原理知

图 20-1

$$\overline{A}=\inf_{P}\{\overline{A}(P)\}, \quad \underline{A}=\sup_{P}\{\underline{A}(P)\}$$

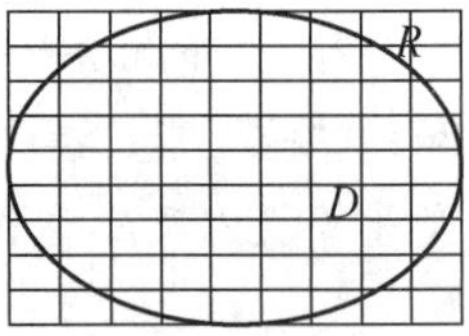

均存在且 $0\leqslant\underline{A}\leqslant\overline{A}$，通常称 $\overline{A}$ 为区域 D 的**外面积**，称 $\underline{A}$ 为区域 D 的**内面积**.

定义 20.1 如果平面区域 D 的外面积 $\overline{A}$ 等于区域 D 的内面积 $\underline{A}$，则称区域 D 是**可求面积的**，且称 $\overline{A}=\underline{A}$ 为**区域 D 的面积**，记为 A.

同样地，利用与一元函数定积分的达布上、下和类似方法可以证明如下结论：

（1）有界平面区域 D 可求面积的充分必要条件是：对任意给定的 $\varepsilon>0$，总存在分割 P 使得

$$0\leqslant\overline{A}(P)-\underline{A}(P)<\varepsilon.$$

（2）有界平面区域 D 可求面积的充分必要条件是：D 的边界 ∂D 的面积为零.

（3）若曲线 C 为定义在 $[a,b]$ 上的连续函数 $f(x)$ 的图像，则曲线 C 的面积为零.

（二）二重积分的定义及存在性

1. 两个实际模型

例 20.1 曲顶柱体的体积.

设 S：$z=f(x,y)\geqslant0$，$(x,y)\in D$ 是光滑曲面，从曲面 S 上每一点向 xOy 平面作垂线段，这些垂线段交 xOy 平面于平面区域 D，这些垂线段构成空间一个立体，这个立体称为以平面区域 D 为底、以曲面 S 为顶的**曲顶柱体**. 下面要以合理的方式计算这个曲顶柱体的体积 V.

解决的办法是定积分中求曲边梯形的面积的思路. 首先，将平面区域 D 任意分割成 n 个小区域，分别将这些小平面区域记为 $\Delta\sigma_1$，$\Delta\sigma_2$，…，$\Delta\sigma_n$，并且将小区域的面积仍然记为 $\Delta\sigma_i$，$i=1$，2，…，n. 以这些小区域为底，以曲面 S 上对应的小曲面为顶构成小曲顶柱体，记这些小曲顶柱体为 ΔV_i，且将这些小曲顶柱体的体积仍然记为 ΔV_i，$i=1$，2，…，n，显然 $V=\sum_{i=1}^{n}\Delta V_i$. 在每一个小的曲顶柱体 ΔV_i 中，我们设法找到充分接近 ΔV_i 的近似值. 为此，在 $\Delta\sigma_i$ 中任意取定一点 (ξ_i,η_i)，以 $\Delta\sigma_i$ 为底，以 $f(\xi_i,\eta_i)$ 为高作小的平顶柱体，则该小的平顶柱体的体积为 $f(\xi_i,\eta_i)\Delta\sigma_i$. 可以看到，当 $\Delta\sigma_i$ 的值越小时，$f(\xi_i,\eta_i)\Delta\sigma_i$ 越接近 ΔV_i. 为刻画 $\Delta\sigma_i$ 越来越小这个概念，我们引入 $\Delta\sigma_i$ 的直径，记为

$$d_i=\sup\{d(P,Q)\,|\,P,Q\in\Delta\sigma_i\},$$

其中 $d(P,Q)$ 表示 P，Q 之间的距离，$d=\max\{d_1,d_2,…,d_n\}$. 因此我们有理由定义曲顶柱体的体积 $V=\lim_{d\to 0}\sum_{i=1}^{n}f(\xi_i,\eta_i)\Delta\sigma_i$.

例 20.2　非均匀分布在平面薄板上的质量.

设 D 是一块平面薄板，在 D 上非均匀分布有质量，其面密度函数为 $f(x,y)$，现在要以合理的方式计算 D 上的质量.

将薄板 D 任意划分成 n 个小薄板 $\Delta\sigma_1$，$\Delta\sigma_2$，…，$\Delta\sigma_n$，分别将这些小薄板面积仍然记为 $\Delta\sigma_1$，$\Delta\sigma_2$，…，$\Delta\sigma_n$，这些小薄板上的质量分别记为 Δm_i，于是薄板 D 上的总质量 $m=\sum_{i=1}^{n}\Delta m_i$. 在每一块小薄板上以任意一点 (ξ_i,η_i) 的密度代替其他点的密度，而将非均匀分布看成均匀分布，得到小薄板上质量的近似值 $\Delta m_i\approx f(\xi_i,\eta_i)\Delta\sigma_i$，且可以看到 D 的划分越细，近似程度越高. 于是我们有理由定义薄板 D 上的总质量为 $m=\lim_{d\to 0}\sum_{i=1}^{n}f(\xi_i,\eta_i)\Delta\sigma_i$.

通过以上两个实际的模型可以看到它们具有的共同点是：通过分划将"大"量化成"小"量，对每个"小"量作合适的近似，然后求和取极限. 这就引出了二重积分的概念.

2. 二重积分的定义

定义 20.2　设 D 是可求面积的平面有界闭区域，函数 $f(x,y)$ 是定义在 D 上的有界函数. 将平面区域 D 任意分割成 n 个小区域，将这些小区域分别记为 $\Delta\sigma_1$，$\Delta\sigma_2$，…，$\Delta\sigma_n$，并且分别将小区域的面积仍然记为 $\Delta\sigma_i$，$i=1$，2，…，n，记 $d_i=\sup\{d(P,Q)\,|\,P,Q\in\Delta\sigma_i\}$，其中 $d(P,Q)$ 表示 P，Q 之间的距离，记 $d=\max\{d_1,d_2,…,d_n\}$（称为这个分割的**细度**），在 $\Delta\sigma_i$ 中任意取定一点 (ξ_i,η_i)，作和式 $\sum_{i=1}^{n}f(\xi_i,\eta_i)\Delta\sigma_i$（称为函数 $f(x,y)$ 在 D 上属于这个分割的积分和）. 若极限 $\lim_{d\to 0}\sum_{i=1}^{n}f(\xi_i,\eta_i)\Delta\sigma_i$ 存在，且与区域 D 的划分和点 (ξ_i,η_i) 的选取无关，则称 $f(x,y)$ 在区域 D 上可积，并称该极限值为 $f(x,y)$ 在区域 D 上的**二重积分**，记为 $\iint\limits_{D}f(x,y)\mathrm{d}\sigma$，于是

$$\iint\limits_{D} f(x,y)\mathrm{d}\sigma = \lim_{d\to0}\sum_{i=1}^{n}f(\xi_i,\eta_i)\Delta\sigma_i,$$

其中 $f(x,y)$ 称为**被积函数**，D 称为**积分区域**，$\mathrm{d}\sigma$ 称为**面积元**.

从例 20.1 可知：当 $f(x,y)\geqslant0$ 时，$\iint\limits_{D}f(x,y)\mathrm{d}\sigma$ 就等于以积分区域 D 为底，以曲面 S：$z=f(x,y)$ 为顶的曲顶柱体的体积 V. 特别地，当 $f(x,y)\equiv1$ 时，$\iint\limits_{D}\mathrm{d}\sigma=S_D$，$S_D$ 表示区域 D 的面积. 从例 20.2 可知：当 $f(x,y)\geqslant0$ 时，$\iint\limits_{D}f(x,y)\mathrm{d}\sigma$ 就等于密度函数为 $f(x,y)$ 且非均匀分布在平面薄板 D 上的质量.

与定积分类似，当 $f(x,y)$ 在平面区域 D 上可积时，$\lim\limits_{d\to0}\sum\limits_{i=1}^{n}f(\xi_i,\eta_i)\Delta\sigma_i$ 总存在极限. 为计算方便，通常可取 D 的特殊分割方法，如选取平行于坐标轴的直线网来分割 D，这时，每一个小区域均为矩形，于是 $\Delta\sigma_{ij}=\Delta x_i\Delta y_j$；在每个小区域 $\Delta\sigma_{ij}$ 上可取小矩形的任何一个顶点作为 (ξ_i,η_i)，而且这时的面积元为 $\mathrm{d}x\mathrm{d}y$，因此二重积分 $\iint\limits_{D}f(x,y)\mathrm{d}\sigma$ 也常常表示为 $\iint\limits_{D}f(x,y)\mathrm{d}x\mathrm{d}y$.

例 20.3 设 $D=[0,1]\times[0,1]$，用定义计算二重积分 $I=\iint\limits_{D}xy\mathrm{d}\sigma$.

解 将区间 $[0,1]$ n 等分，这样将 D 分割成 n^2 个小正方形，每个小正方形的面积为 $\Delta\sigma_{ij}=\Delta x_i\Delta y_j=\dfrac{1}{n^2}$，在 $\Delta\sigma_{ij}$ 上取 $(\xi_i,\eta_i)=\left(\dfrac{i}{n},\dfrac{j}{n}\right)$，$i,j=1,2,\cdots,n$，于是

$$\sum_{i=1}^{n}f(\xi_i,\eta_i)\Delta\sigma_i=\sum_{i,j=1}^{n}\frac{i}{n}\cdot\frac{j}{n}\cdot\frac{1}{n^2}=\frac{1}{n^4}\cdot\frac{n(n+1)}{2}\cdot\frac{n(n+1)}{2}=\frac{1}{4}\frac{(n+1)^2}{n^2},$$

因此 $I=\iint\limits_{D}xy\mathrm{d}x\mathrm{d}y=\lim\limits_{d\to0}\sum\limits_{i=1}^{n}f(\xi_i,\eta_i)\Delta\sigma_i=\lim\limits_{n\to\infty}\dfrac{1}{4}\dfrac{(n+1)^2}{n^2}=\dfrac{1}{4}$.

3. 二重积分的存在性

从定义 20.2 可以得到：

函数 $f(x,y)$ 在平面区域 D 上可积的充分必要条件是，存在一个固定的数 I 满足：对任意给定的 $\varepsilon>0$，存在 $\delta>0$，对区域 D 的任意分割 P，只要 $d(P)<\delta$，对任意的点 $(\xi_i,\eta_i)\in\Delta\sigma_i$，就有

$$\left|\sum_{i=1}^{n}f(\xi_i,\eta_i)\Delta\sigma_i-I\right|<\varepsilon. \tag{20.1}$$

与定积分类似，可以定义二重积分的达布上和及达布下和. 对区域 D 的任意分割 P，记 $M_i(P)=\sup\{f(x,y)\,|\,(x,y)\in\Delta\sigma_i\}$，$m_i(P)=\inf\{f(x,y)\,|\,(x,y)\in\Delta\sigma_i\}$，达布上、下和分别定义为

$$\overline{S}(P) = \sum_{i=1}^{n} M_i(P)\Delta\sigma_i, \quad \underline{S}(P) = \sum_{i=1}^{n} m_i(P)\Delta\sigma_i.$$

二重积分的达布上、下和具有与定积分完全类似的性质，且关于二重积分的存在性亦有如下结论，这里只列出相关结论，不给予证明.

定理 20.1　$f(x,y)$ 在区域 D 上可积的充分必要条件是$\lim\limits_{d\to 0}\overline{S}(P)=\lim\limits_{d\to 0}\underline{S}(P)$.

定理 20.2　$f(x,y)$ 在区域 D 上可积的充分必要条件是：对任意给定的 $\varepsilon > 0$，存在 $\delta > 0$，对区域 D 的任意分割 P，只要 $d(P) < \delta$，就有 $\overline{S}(P) - \underline{S}(P) < \varepsilon$.

定理 20.3　设 $f(x,y)$ 在有界闭区域 D 上连续，则 $f(x, y)$ 在 D 上可积.

定理 20.4　设 $f(x,y)$ 是有界闭区域 D 上的有界函数，若 $f(x,y)$ 的不连续点均在 D 内的有限条光滑曲线上，则 $f(x,y)$ 在 D 上可积.

（三）二重积分的性质

二重积分有许多与定积分完全类似的性质，我们不给出证明地列举如下：

(1)（**有界性**）若 $f(x, y)$ 在区域 D 上可积，则 $f(x, y)$ 在区域 D 上有界.

(2)（**线性性质**）若 $f(x, y)$，$g(x, y)$ 在区域 D 上可积，则对任意常数 k_1，k_2，$k_1 f(x, y) + k_2 g(x, y)$ 在区域 D 上可积，且

$$\iint\limits_{D} \left[k_1 f(x,y) + k_2 g(x,y)\right]\mathrm{d}\sigma = k_1 \iint\limits_{D} f(x,y)\mathrm{d}\sigma + k_2 \iint\limits_{D} g(x,y)\mathrm{d}\sigma.$$

(3)（**乘积可积性**）若 $f(x, y)$，$g(x, y)$ 在区域 D 上可积，则 $f(x, y)g(x, y)$ 在区域 D 上也可积.

(4)（**积分区域可加性**）若 $f(x, y)$ 分别在区域 D_1 和 D_2 上可积，且 $D_1 \bigcap D_2 \subset \partial D_1 \bigcup \partial D_2$，则 $f(x,y)$ 在区域 $D_1 \bigcup D_2$ 上可积，且

$$\iint\limits_{D_1 \bigcup D_2} f(x,y)\mathrm{d}\sigma = \iint\limits_{D_1} f(x,y)\mathrm{d}\sigma + \iint\limits_{D_2} f(x,y)\mathrm{d}\sigma.$$

(5)（**保序性**）若 $f(x, y)$，$g(x, y)$ 在区域 D 上可积且 $f(x, y) \leqslant g(x, y)$，则

$$\iint\limits_{D} f(x,y)\mathrm{d}\sigma \leqslant \iint\limits_{D} g(x,y)\mathrm{d}\sigma.$$

(6)（**绝对可积性**）若 $f(x, y)$ 在区域 D 上可积，则 $|f(x, y)|$ 在区域 D 上也可积，且

$$\left| \iint\limits_{D} f(x,y)\mathrm{d}\sigma \right| \leqslant \iint\limits_{D} |f(x,y)|\,\mathrm{d}\sigma.$$

(7)（**二重积分值估计**）若 $f(x, y)$ 在区域 D 上可积，且 $m \leqslant f(x, y) \leqslant M$，则

$$m \cdot S_D \leqslant \iint\limits_{D} f(x,y)\mathrm{d}\sigma \leqslant M \cdot S_D,$$

其中 S_D 为区域 D 的面积.

(8)（**积分中值定理**）若 $f(x, y)$ 在有界闭区域 D 上连续，$g(x, y)$ 在 D 上可积且

不变号，则存在 $(\xi,\eta)\in D$，使得

$$\iint\limits_{D}f(x,y)g(x,y)\mathrm{d}\sigma = f(\xi,\eta)\iint\limits_{D}g(x,y)\mathrm{d}\sigma.$$

特别地，若 $f(x,\ y)$ 在有界闭区域 D 上连续，则存在 $(\xi,\ \eta)\in D$，使得

$$\iint\limits_{D}f(x,y)\mathrm{d}\sigma = f(\xi,\eta)\cdot S_{D}.$$

积分中值定理的几何意义是：当 $f(x,\ y)\geqslant 0$ 时，以积分区域 D 为底、以曲面 S：$z= f(x,y)$ 为顶的曲顶柱体的体积等于以 D 为底、以 D 中某点的函数值 $f(\xi,\ \eta)$ 为高的平顶柱体的体积.

（四）二重积分的计算

二重积分的计算分为三部分：一是在直角坐标系下，将二重积分化为二次积分进行计算；二是在极坐标系下计算二重积分；三是对二重积分进行坐标变换（对应于定积分中的换元积分法），将复杂的积分区域化为简单的积分区域或将复杂的被积函数化为较简单的被积函数进行计算.

1. 直角坐标系下二重积分的计算

首先考察以闭矩形 $D=[a,\ b]\times[c,\ d]$ 为底、以曲面 S：$z=f(x,\ y)\geqslant 0$ 为顶的曲顶柱体的体积 V 的计算.

一方面，$V = \iint\limits_{D}f(x,y)\mathrm{d}x\mathrm{d}y$；另一方面，如图

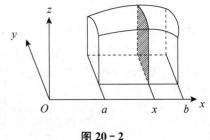

图 20-2

20-2所示，用 $x=$ 常数的一族平行平面截柱体，所得截面是一族曲边梯形，其面积为

$$A(x) = \int_{c}^{d}f(x,y)\mathrm{d}y,$$

于是

$$V = \int_{a}^{b}A(x)\mathrm{d}x = \int_{a}^{b}\Big(\int_{c}^{d}f(x,y)\mathrm{d}y\Big)\mathrm{d}x = \int_{a}^{b}\mathrm{d}x\int_{c}^{d}f(x,y)\mathrm{d}y.$$

因此

$$\iint\limits_{D}f(x,y)\mathrm{d}x\mathrm{d}y = \int_{a}^{b}\mathrm{d}x\int_{c}^{d}f(x,y)\mathrm{d}y.$$

这个几何方法告诉我们，二重积分可以通过二次积分来计算.

定理 20.5　设 $f(x,\ y)$ 在闭矩形 $D=[a,\ b]\times[c,\ d]$ 上可积. 若积分 $A(x) = \int_{c}^{d}f(x,y)\mathrm{d}y$ 对每个 $x\in[a,\ b]$ 存在，则 $A(x)$ 在 $[a,\ b]$ 上可积，且有

$$\iint\limits_{D}f(x,y)\mathrm{d}x\mathrm{d}y = \int_{a}^{b}A(x)\mathrm{d}x = \int_{a}^{b}\Big(\int_{c}^{d}f(x,y)\mathrm{d}y\Big)\mathrm{d}x = \int_{a}^{b}\mathrm{d}x\int_{c}^{d}f(x,y)\mathrm{d}y.$$

证明 将 $[a,b]$ 分割成 n 个小区间：$a=x_0<x_1<\cdots<x_n=b$，并记 $\Delta x_i = x_i - x_{i-1}$，$i=1,2,\cdots,n$. 将 $[c,d]$ 分割成 m 个小区间：$c=y_0<y_1<\cdots<y_m=d$，并记 $\Delta y_j = y_j - y_{j-1}$，$j=1,2,\cdots,m$. 按这些分点作两族直线 $x=x_i$ 与 $y=y_j$，$i=1,2,\cdots,n-1$，$j=1,2,\cdots,m-1$，这两族直线将矩形 D 分割成 $m\cdot n$ 个小矩形：

$$D_{i,j}=[x_{i-1},x_i]\times[y_{j-1},y_j], \quad i=1,2,\cdots,n, j=1,2,\cdots,m.$$

记 $M_{ij}=\sup\{f(x,y)\,|\,(x,y)\in D_{ij}\}$，$m_{ij}=\inf\{f(x,y)\,|\,(x,y)\in D_{ij}\}$，任取 $\xi_i\in[x_{i-1},x_i]$，于是有

$$\sum_{j=1}^m m_{ij}\Delta y_j \leqslant A(\xi_i)=\int_c^d f(\xi_i,y)\mathrm{d}y=\sum_{j=1}^m\int_{y_{j-1}}^{y_j}f(\xi_i,y)\mathrm{d}y$$

$$\leqslant \sum_{j=1}^m M_{ij}\Delta y_j, i=1,2,\cdots,n.$$

因此有

$$\sum_{i=1}^n\sum_{j=1}^m m_{ij}\Delta x_i\Delta y_j \leqslant \sum_{i=1}^n A(\xi_i)\Delta x_i \leqslant \sum_{i=1}^n\sum_{j=1}^m M_{ij}\Delta x_i\Delta y_j.$$

注意到上述不等式两端正是 $f(x,y)$ 在所作分割上的达布下和与达布上和，由于 $f(x,y)$ 在 D 上可积，故当所有 Δx_i，Δy_i 都趋于零时，上述不等式两端都趋于 $\iint_D f(x,y)\mathrm{d}x\mathrm{d}y$. 由极限的夹逼定理即得定理结论. 证毕.

完全类似地可以证明下面的定理.

定理 20.5$'$ 设 $f(x,y)$ 在闭矩形 $D=[a,b]\times[c,d]$ 上可积. 若积分 $B(y)=\int_a^b f(x,y)\mathrm{d}x$ 对每个 $y\in[c,d]$ 存在，则 $B(y)$ 在 $[c,d]$ 上可积，且有

$$\iint_D f(x,y)\mathrm{d}x\mathrm{d}y=\int_c^d B(y)\mathrm{d}y=\int_c^d\mathrm{d}y\int_a^b f(x,y)\mathrm{d}x.$$

特别地，当 $f(x,y)$ 在闭矩形 $D=[a,b]\times[c,d]$ 上连续时，则有

$$\iint_D f(x,y)\mathrm{d}x\mathrm{d}y=\int_a^b\mathrm{d}x\int_c^d f(x,y)\mathrm{d}y=\int_c^d\mathrm{d}y\int_a^b f(x,y)\mathrm{d}x.$$

例 20.4 求柱面 $x^2+z^2=R^2$ 与平面 $y=0$ 和 $y=h(h>0)$ 所围立体的体积.

解 如图 20-3 所示，根据对称性，所求立体的体积是它在第一卦限部分的体积的 4 倍，而第一卦限部分是以 xOy 平面上区域 $D=[0,R]\times[0,h]$ 为底、以曲面 $z=\sqrt{R^2-x^2}$ 为顶的曲顶柱体，因此

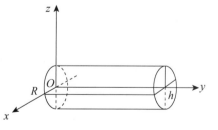

$$V=4\iint_D \sqrt{R^2-x^2}\,\mathrm{d}x\mathrm{d}y$$

$$=4\int_0^R\mathrm{d}x\int_0^h\sqrt{R^2-x^2}\,\mathrm{d}y=\pi R^2 h.$$

图 20-3

一般的积分区域通常可以分解为如下两类区域进行计算.

X 型区域：称平面点集 $D=\{(x,y)\mid \varphi_1(x)\leqslant y\leqslant\varphi_2(x),a\leqslant x\leqslant b\}$ 为 X 型区域（如图 20-4(a) 所示）.

Y 型区域：称平面点集 $D=\{(x,y)\mid \psi_1(y)\leqslant x\leqslant\psi_2(y),c\leqslant y\leqslant d\}$ 为 Y 型区域（如图 20-4(b) 所示）.

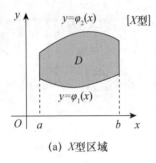
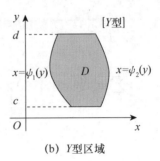

(a) X 型区域　　　　　　　(b) Y 型区域

图 20-4

X 型区域的特点是：垂直于 x 轴的直线 $x=x_0(a\leqslant x_0\leqslant b)$ 与区域 D 相交于一整条线段或一个点；Y 型区域的特点是：垂直于 y 轴的直线 $y=y_0(c\leqslant y_0\leqslant d)$ 与区域 D 相交于一整条线段或一个点.

定理 20.6 设 $f(x,y)$ 在 X 型区域 $D=\{(x,y)\mid \varphi_1(x)\leqslant y\leqslant\varphi_2(x),a\leqslant x\leqslant b\}$ 上连续，且 $\varphi_1(x),\varphi_2(x)$ 在 $[a,b]$ 上连续，则

$$\iint\limits_{D}f(x,y)\mathrm{d}x\mathrm{d}y=\int_a^b\mathrm{d}x\int_{\varphi_1(x)}^{\varphi_2(x)}f(x,y)\mathrm{d}y.$$

证明 由于 $\varphi_1(x),\varphi_2(x)$ 在 $[a,b]$ 上连续，所以存在矩形区域 $[a,b]\times[c,d]\supset D$. 令

$$F(x,y)=\begin{cases}f(x,y), & (x,y)\in D\\ 0, & (x,y)\in[a,b]\times[c,d]-D\end{cases}.$$

容易验证 $F(x,y)$ 在 $[a,b]\times[c,d]$ 上有界，并且最多只有两条不连续的曲线 $y=\varphi_1(x)$ 和 $y=\varphi_2(x)$，所以 $F(x,y)$ 在 $[a,b]\times[c,d]$ 上可积. 根据积分区域的可加性知

$$\iint\limits_{D}f(x,y)\mathrm{d}x\mathrm{d}y=\iint\limits_{[a,b]\times[c,d]}F(x,y)\mathrm{d}x\mathrm{d}y=\int_a^b\mathrm{d}x\int_c^d F(x,y)\mathrm{d}y$$

$$=\int_a^b\mathrm{d}x\int_c^{\varphi_1(x)}F(x,y)\mathrm{d}y+\int_a^b\mathrm{d}x\int_{\varphi_1(x)}^{\varphi_2(x)}F(x,y)\mathrm{d}y$$

$$+\int_a^b\mathrm{d}x\int_{\varphi_1(x)}^d F(x,y)\mathrm{d}y$$

$$=\int_a^b\mathrm{d}x\int_{\varphi_1(x)}^{\varphi_2(x)}f(x,y)\mathrm{d}y.$$

证毕.

完全类似地有如下定理.

定理 20.6′　设 $f(x,y)$ 在 Y 型区域 $D=\{(x,y)\,|\,\psi_1(y)\leqslant x\leqslant\psi_2(y),\ c\leqslant y\leqslant d\}$ 上连续，且 $\psi_1(y)$，$\psi_2(y)$ 在 $[c,d]$ 上连续，则

$$\iint\limits_D f(x,y)\mathrm{d}x\mathrm{d}y=\int_c^d\mathrm{d}y\int_{\psi_1(y)}^{\psi_2(y)}f(x,y)\mathrm{d}x.$$

例 20.5　计算 $\iint\limits_D(2-x-y)\mathrm{d}x\mathrm{d}y$，其中 D 是由直线 $y=x$ 和抛物线 $y=x^2$ 围成的区域.

解　方法 1　如图 $20-5$ 所示，D 可以表示为 $D=\{(x,y)\,|\,x^2\leqslant y\leqslant x,\ 0\leqslant x\leqslant1\}$，所以

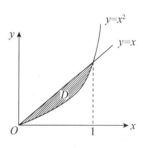

$$\iint\limits_D(2-x-y)\mathrm{d}x\mathrm{d}y=\int_0^1\mathrm{d}x\int_{x^2}^x(2-x-y)\mathrm{d}y$$
$$=\int_0^1\left(2x-\frac{7}{2}x^2+x^3+\frac{1}{2}x^4\right)\mathrm{d}x=\frac{11}{60}.$$

方法 2　D 可以表示为 $D=\{(x,y)\,|\,y\leqslant x\leqslant\sqrt{y},\ 0\leqslant y\leqslant1\}$，所以

图 $20-5$

$$\iint\limits_D(2-x-y)\mathrm{d}x\mathrm{d}y=\int_0^1\mathrm{d}y\int_y^{\sqrt{y}}(2-x-y)\mathrm{d}x=\frac{11}{60}.$$

例 20.6　计算 $\iint\limits_D xy\mathrm{d}x\mathrm{d}y$，其中 D 为直线 $y=x-2$ 和抛物线 $y^2=x$ 所围区域.

解　方法 1　如图 $20-6$ 所示，直线 $y=x-2$ 和抛物线 $y^2=x$ 的交点为 $(1,-1)$，$(4,2)$，若选取先积 y 后积 x，则要将区域 D 分为两个部分 D_1 和 D_2，其中

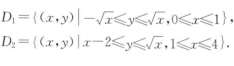

$$D_1=\{(x,y)\,|\,-\sqrt{x}\leqslant y\leqslant\sqrt{x},0\leqslant x\leqslant1\},$$
$$D_2=\{(x,y)\,|\,x-2\leqslant y\leqslant\sqrt{x},1\leqslant x\leqslant4\}.$$

因此

图 $20-6$

$$\iint\limits_D xy\mathrm{d}x\mathrm{d}y=\int_0^1\mathrm{d}x\int_{-\sqrt{x}}^{\sqrt{x}}xy\mathrm{d}y+\int_1^4\mathrm{d}x\int_{x-2}^{\sqrt{x}}xy\mathrm{d}y$$
$$=0+\frac{1}{2}\int_1^4 x[x-(x-2)^2]\mathrm{d}x=\frac{45}{8}.$$

方法 2　选取先积 x 后积 y，则 $D=\{(x,y)\,|\,y^2\leqslant x\leqslant y+2,\ -1\leqslant y\leqslant2\}$，因此

$$\iint\limits_D xy\mathrm{d}x\mathrm{d}y=\int_{-1}^2\mathrm{d}y\int_{y^2}^{y+2}xy\mathrm{d}x=\frac{1}{2}\int_{-1}^2 y[(y+2)^2-y^4]\mathrm{d}y=\frac{45}{8}.$$

例 20.7　计算 $\displaystyle\iint\limits_{D}\frac{\sin y}{y}\mathrm{d}x\mathrm{d}y$，其中 D 是 $y^2=x$ 和直线 $y=x$ 所围区域.

解　因为 $D=\{(x,\ y)\ |\ y^2\leqslant x\leqslant y,\ 0\leqslant y\leqslant 1\}$，所以

$$\iint\limits_{D}\frac{\sin y}{y}\mathrm{d}x\mathrm{d}y=\int_0^1\mathrm{d}y\int_{y^2}^{y}\frac{\sin y}{y}\mathrm{d}x=\int_0^1(1-y)\sin y\mathrm{d}y=1-\sin 1.$$

注意到 D 也可以表示为 $D=\{(x,\ y)\ |\ x\leqslant y\leqslant\sqrt{x},\ 0\leqslant x\leqslant 1\}$，于是

$$\iint\limits_{D}\frac{\sin y}{y}\mathrm{d}x\mathrm{d}y=\int_0^1\mathrm{d}x\int_x^{\sqrt{x}}\frac{\sin y}{y}\mathrm{d}y.$$

但由于 $\dfrac{\sin y}{y}$ 没有初等原函数，从而无法计算出积分值，因此不能选取这种积分顺序.

从例 20.5、例 20.6 和例 20.7 可以看出二重积分既要依据积分区域的形状又要依据被积函数的特征来选取合适的积分顺序. 如果将积分区域视为 X 型区域，则二重积分化为先 y 后 x 的二次积分；如果将积分区域视为 Y 型区域，则二重积分化为先 x 后 y 的二次积分.

例 20.8　求由圆柱面 $x^2+y^2=R^2$ 与平面 $z=0$ 和 $z=m(x+R)$ 所围立体的体积（如图 20-7 所示）.

解　立体为以 $D=\{(x,\ y)|x^2+y^2\leqslant R^2\}$ 为底、以 $z=m(x+R)$ 为顶的曲顶柱体的体积. 记 $D_1=\{(x,\ y)|$ $x^2+y^2\leqslant R^2,\ y\geqslant 0\}$，根据对称性有

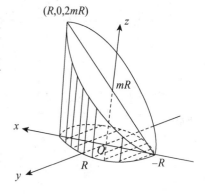

图 20-7

$$V=2\iint\limits_{D_1}m(x+R)\mathrm{d}x\mathrm{d}y$$

$$=2\int_0^R\mathrm{d}y\int_{-\sqrt{R^2-y^2}}^{\sqrt{R^2-y^2}}m(x+R)\mathrm{d}x=\pi mR^3.$$

2. 极坐标系下二重积分的计算

在研究用定义计算二重积分时我们曾经用平行于坐标轴的直线族对平面区域 D 作特殊的分割，得到面积元 $\mathrm{d}\sigma=\mathrm{d}x\mathrm{d}y$. 现在我们要对平面区域 D 作另外一种特殊分割. 假设积分区域为 $\boldsymbol{\theta}$ 型区域 $D(r,\ \theta)=\{(r,\theta)|r_1(\theta)\leqslant r\leqslant r_2(\theta),\ \alpha\leqslant\theta\leqslant\beta\}$（如图 20-8（a）所示），函数 $f(r\cos\theta,\ r\sin\theta)$ 在 D 上连续，我们用同心圆族 $r=$ 常数和射线族 $\theta=$ 常数来分割 D，将 D 分割成若干小区域. 在这种分割下，绝大多数小区域是圆心角相同、半径不同的两个扇形的差，这类小区域的面积为

$$\Delta\sigma=\frac{1}{2}\big[(r+\Delta r)^2\Delta\theta-r^2\Delta\theta\big]=\Big(r+\frac{1}{2}\Delta r\Big)\Delta r\Delta\theta\approx r\Delta r\Delta\theta.$$

当 $|\Delta r|$ 和 $|\Delta\theta|$ 很小时，有相应的和式

$$\sum_{i=1}^{n}f(\xi_i,\eta_i)\Delta\sigma_i\approx\sum_{i=1}^{n}f(r_i\cos\theta_i,r_i\sin\theta_i)r_i\Delta r_i\Delta\theta_i,$$

因此

$$\iint\limits_{D}f(x,y)\mathrm{d}x\mathrm{d}y=\iint\limits_{D(r,\theta)}f(r\cos\theta,r\sin\theta)r\mathrm{d}r\mathrm{d}\theta$$

$$=\int_{\alpha}^{\beta}\mathrm{d}\theta\int_{r_1(\theta)}^{r_2(\theta)}f(r\cos\theta,r\sin\theta)r\mathrm{d}r.$$

若积分区域为 **R 型区域** $D(r,\theta)=\{(r,\theta)\,|\,\theta_1(r)\leqslant\theta\leqslant\theta_2(r),\ a\leqslant r\leqslant b\}$（如图 20 - 8（b）所示），则

$$\iint\limits_{D}f(x,y)\mathrm{d}x\mathrm{d}y=\iint\limits_{D}f(r\cos\theta,r\sin\theta)r\mathrm{d}r\mathrm{d}\theta=\int_{a}^{b}r\mathrm{d}r\int_{\theta_1(r)}^{\theta_2(r)}f(r\cos\theta,r\sin\theta)\mathrm{d}\theta.$$

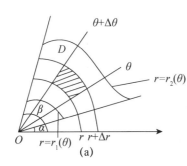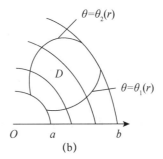

图 20 - 8

当极点 O 含在积分区域内部（如图 20 - 9（a）所示）时，

$$\iint\limits_{D}f(x,y)\mathrm{d}x\mathrm{d}y=\int_{0}^{2\pi}\mathrm{d}\theta\int_{0}^{r(\theta)}f(r\cos\theta,r\sin\theta)r\mathrm{d}r.$$

当积分区域的边界曲线经过极点 O（如图 20 - 9（b）所示）时，

$$\iint\limits_{D}f(x,y)\mathrm{d}x\mathrm{d}y=\int_{\alpha}^{\beta}\mathrm{d}\theta\int_{0}^{r(\theta)}f(r\cos\theta,r\sin\theta)r\mathrm{d}r.$$

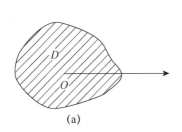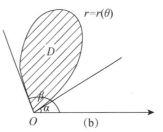

图 20 - 9

当被积函数 $f(x,y)$ 是 x,y 的齐次函数，或积分区域是圆域或圆域的一部分时，二重积分常采用极坐标进行计算.

例 20.9 计算 $\iint\limits_{D}\dfrac{\sqrt{x^2+y^2}}{\sqrt{4R^2-x^2-y^2}}\mathrm{d}x\mathrm{d}y$，其中 D 是曲线 $y=-R+\sqrt{R^2-x^2}$ 与直线 $y=-x$ 所围区域.

解　如图 20 - 10 所示，根据直角坐标与极坐标的关系：
$x=r\cos\theta$，$y=r\sin\theta$ 可得曲线 $y=-R+\sqrt{R^2-x^2}$ 的极坐标方

程是 $r=-2R\sin\theta$，直线 $y=-x$ 的极坐标方程是 $\theta=-\dfrac{\pi}{4}$，

于是 $D(r,\ \theta)=\{(r,\ \theta)\ |\ 0\leqslant r\leqslant-2R\sin\theta,\ -\dfrac{\pi}{4}\leqslant\theta\leqslant 0\}$.

因此，

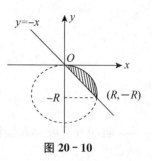

图 20 - 10

$$\iint\limits_{D}\frac{\sqrt{x^2+y^2}}{\sqrt{4R^2-x^2-y^2}}\mathrm{d}x\mathrm{d}y=\iint\limits_{D(r,\theta)}\frac{r^2}{\sqrt{4R^2-r^2}}\mathrm{d}r\mathrm{d}\theta=\int_{-\frac{\pi}{4}}^{0}\mathrm{d}\theta\int_{0}^{-2R\sin\theta}\frac{r^2}{\sqrt{4R^2-r^2}}\mathrm{d}r$$
$$=R^2\left(\frac{\pi^2}{16}-\frac{1}{2}\right).$$

例 20.10　求曲线 $(x^2+y^2)^2=2a^2(x^2-y^2)$，$x^2+y^2\geqslant a^2$ 所围平面图形的面积.

解　如图 20 - 11 所示，平面图形分布在直线
$y=x$ 和 $y=-x$ 所夹区域含 x 轴的部分，且图形关
于 x 轴和 y 轴均对称，所以只需要计算 x 轴正向与
直线 $y=x$ 所夹部分的面积. 采用极坐标：$x=$
$r\cos\theta$，$y=r\sin\theta$. 曲线 $(x^2+y^2)^2=2a^2(x^2-y^2)$ 的

极坐标方程为 $r=a\sqrt{2\cos2\theta}$，曲线 $x^2+y^2=a^2$ 的极

坐标方程为 $r=a$；两曲线交点处的极角为 $\theta=\dfrac{\pi}{6}$.

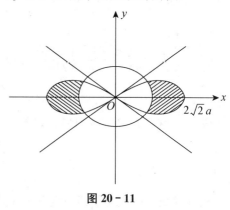

因此 $D=\left\{(r,\ \theta)\ \Big|\ a\leqslant r\leqslant a\sqrt{2\cos2\theta},0\leqslant\theta\leqslant\dfrac{\pi}{6}\right\}$，故

图 20 - 11

$$S=4\iint\limits_{D}\mathrm{d}x\mathrm{d}y=4\int_{0}^{\frac{\pi}{6}}\mathrm{d}\theta\int_{a}^{a\sqrt{2\cos2\theta}}r\mathrm{d}r=a^2\left(\sqrt{3}-\frac{\pi}{3}\right).$$

3. 变量替换

在二重积分的计算中常常会遇到积分区域非常复杂，用直角坐标和极坐标都很难计算
出二重积分值的情况，如积分区域 D 由直线 $x+y=1$，$x+y=2$ 和抛物线 $y=3x^2$，$y=$
$4x^2$ 围成，这时区域 D 既不是 X 型区域也不是 Y 型区域，更不是圆域或圆域的一部分.
因此，我们必须找新的方法来计算. 在定积分的计算中我们曾经有换元积分法. 定积分的
换元积分法可以推广到二重积分甚至是后面要介绍的三重积分，即重积分的变量替换，思
想是完全类似的.

引理 20.1　设变换 T：$u=u(x,\ y)$，$v=v(x,\ y)$ 将 xOy 平面上区域 D 一对一地映
射到 uOv 平面上区域 D^*. 又设在 D 上 $u=u(x,\ y)$，$v=v(x,\ y)$ 具有连续偏导数，且雅

可比行列式 $\det\dfrac{\partial(u,\ v)}{\partial(x,\ y)}\neq 0$，这里，$\det\dfrac{\partial(u,\ v)}{\partial(x,\ y)}=\begin{vmatrix}u_x&u_y\\v_x&v_y\end{vmatrix}$. 给定 D 上一个点 $P(x,$

$y)$，通过变换 T 得到 D^* 上的点 $P^*(u,\ v)$. 记 $\sigma\subset D$ 是 D 上含点 P 的一个小区域，σ 在

变换 T 下的像记为 σ^*. 则当 σ 无限收缩到点 P 时，σ^* 和 σ 的面积之比的极限为 $\left| \det \dfrac{\partial(u,\ v)}{\partial(x,\ y)} \right|$，即

$$\lim_{\sigma \to (x,y)} \frac{A(\sigma^*)}{A(\sigma)} = \left| \det \frac{\partial(u,v)}{\partial(x,y)} \right|.$$

证明 在区域 D 上取 σ 是以 P 为一个顶点、长和宽分别为 $\mathrm{d}x$ 和 $\mathrm{d}y$ 的矩形，该矩形的其余三个顶点依次是 $P_1(x+\mathrm{d}x,\ y)$，$P_2(x+\mathrm{d}x,\ y+\mathrm{d}y)$，$P_3(x,\ y+\mathrm{d}y)$，于是 σ^* 是一个曲边四边形，σ^* 的四个顶点依次记为 $P^*(u,\ v)$，$P_1^*(u_1,\ v_1)$，$P_2^*(u_2,\ v_2)$，$P_3^*(u_3,\ v_3)$，如图 20 - 12 所示.

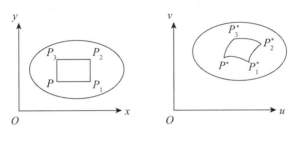

图 20 - 12

根据泰勒公式有

$$P^*: u=u(x,y), v=v(x,y),$$
$$P_1^*: u_1=u(x+\mathrm{d}x,\ y)=u(x,y)+u'_x(x,y)\mathrm{d}x+o(\mathrm{d}x),$$
$$\quad\ v_1=v(x+\mathrm{d}x,\ y)=v(x,y)+v'_x(x,y)\mathrm{d}x+o(\mathrm{d}x);$$
$$P_2^*: u_2=u(x+\mathrm{d}x,\ y+\mathrm{d}y)$$
$$\quad =u(x,y)+u'_x(x,y)\mathrm{d}x+u'_y(x,y)\mathrm{d}y+o(\sqrt{(\mathrm{d}x)^2+(\mathrm{d}y)^2}),$$
$$\quad\ v_2=v(x+\mathrm{d}x,\ y+\mathrm{d}y)$$
$$\quad =v(x,y)+v'_x(x,y)\mathrm{d}x+v'_y(x,y)\mathrm{d}y+o(\sqrt{(\mathrm{d}x)^2+(\mathrm{d}y)^2});$$
$$P_3^*: u_3=u(x,\ y+\mathrm{d}y)=u(x,y)+u'_y(x,y)\mathrm{d}y+o(\mathrm{d}y),$$
$$\quad\ v_3=v(x,\ y+\mathrm{d}y)=v(x,y)+v'_y(x,y)\mathrm{d}y+o(\mathrm{d}y).$$

下面要以合适的方式给出 σ^* 的面积. 我们以直边四边形 $P^* P_1^* P_2^* P_3^*$ 的面积来近似代替曲边四边形 $P^* P_1^* P_2^* P_3^*$ 即 σ^* 的面积. 由 $P^* P_1^* P_2^* P_3^*$ 的坐标表达式可以得到：

$$u_1-u \approx u_2-u_3, \quad v_1-v \approx v_2-v_3;$$
$$u_2-u_1 \approx u_3-u, \quad v_2-v_1 \approx v_3-v.$$

这表明直边四边形 $P^* P_1^* P_2^* P_3^*$ 近似地是一个平行四边形，根据顶点坐标计算得该平行四边形的面积为 $\left| \det \dfrac{\partial(u,\ v)}{\partial(x,\ y)} \right| \mathrm{d}x\mathrm{d}y$，进而得 $\lim\limits_{\sigma \to (x,y)} \dfrac{A(\sigma^*)}{A(\sigma)} = \left| \det \dfrac{\partial(u,\ v)}{\partial(\sigma)} \right|$. 证毕.

定理 20.7 设 $f(x,\ y)$ 在有界闭区域 D 上连续. 变换 T：$u=u(x,\ y)$，$v=v(x,\ y)$ 将 xOy 平面上区域 D 一对一地映射到 uOv 平面上区域 D^*. 又设在 D 上 $u=u(x,\ y)$，

$v=v(x, y)$ 具有连续偏导数，且 $\det \dfrac{\partial(u, v)}{\partial(x, y)} \neq 0$. 则

$$\iint\limits_{D} f(x,y)\mathrm{d}x\mathrm{d}y = \iint\limits_{D^*} f(x(u,v),y(u,v)) \left| \det \frac{\partial(x,y)}{\partial(u,v)} \right| \mathrm{d}u\mathrm{d}v.$$

证明 根据隐函数存在定理，变换 T 的逆变换存在且 $\dfrac{\partial(x, y)}{\partial(u, v)} = \left(\dfrac{\partial(u, v)}{\partial(x, y)} \right)^{-1}$. 于是 $\det \dfrac{\partial(x, y)}{\partial(u, v)} \neq 0$，且 $\det \dfrac{\partial(x, y)}{\partial(u, v)}$ 是有界闭区域 D^* 上的连续函数. 由于 $f(x, y)$ 在有界闭区域 D 上连续，从而可积，所以可将区域 D 分割成各边分别平行于坐标轴的小矩形，记为 $\Delta\sigma_i$，并将这些小矩形的面积仍然记为 $\Delta\sigma_i$，最大直径记为 d，则

$$\iint\limits_{D} f(x,y)\mathrm{d}x\mathrm{d}y = \lim_{d\to 0} \sum_{i=1}^{n} f(x_i,y_i)\Delta\sigma_i.$$

另外，对应于区域 D 的这个分割，通过变换 T 得到区域 D^* 的分割，小矩形 $\Delta\sigma_i$ 的对应小区域为 $\Delta\sigma_i^*$，它的面积也记为 $\Delta\sigma_i^*$，但 $\Delta\sigma_i^*$ 不一定是小矩形. 由引理 20.1 知 $\Delta\sigma_i = \left| \det \dfrac{\partial(x, y)}{\partial(u, v)} \right| \Delta\sigma_i^* + o(\Delta\sigma_i)$，于是

$$\sum_{i=1}^{n} f(x_i,y_i)\Delta\sigma_i \approx \sum_{i=1}^{n} f(x_i,y_i) \left| \det \frac{\partial(x,y)}{\partial(u,v)} \right| \Delta\sigma_i^*.$$

又 $u=u(x, y)$，$v=v(x, y)$ 在有界闭区域 D 上连续，从而一致连续，所以当 $d\to 0$ 时对应的小区域 $\Delta\sigma_i^*$ 的最大直径 d^* 也趋于零，因此

$$\iint\limits_{D} f(x,y)\mathrm{d}x\mathrm{d}y = \lim_{d\to 0} \sum_{i=1}^{n} f(x_i,y_i)\Delta\sigma_i$$

$$= \lim_{d^*\to 0} \sum_{i=1}^{n} f(x_i,y_i) \left| \det \frac{\partial(x,y)}{\partial(u,v)} \right| \Delta\sigma_i^*$$

$$= \iint\limits_{D^*} f(x(u,v),y(u,v)) \left| \det \frac{\partial(x,y)}{\partial(u,v)} \right| \mathrm{d}u\mathrm{d}v.$$

证毕.

注意，在定理 20.7 中我们要求 $\det \dfrac{\partial(u, v)}{\partial(x, y)} \neq 0$，事实上这个条件可以放宽到只需在 D 上去掉有限条逐段光滑曲线的部分成立.

由定理 20.7 可知：二重积分在极坐标下的计算事实上就是用 $x=r\cos\theta$，$y=r\sin\theta$ 作变量替换，这时的雅可比行列式就是

$$\det \frac{\partial(x,y)}{\partial(r,\theta)} = \begin{vmatrix} \cos\theta & -r\sin\theta \\ \sin\theta & r\cos\theta \end{vmatrix} = r,$$

这里 $\det \dfrac{\partial(u, v)}{\partial(x, y)} \neq 0$ 在 $D-\{(0, 0)\}$ 均成立，故有

$$\iint\limits_D f(x,y)\mathrm{d}x\mathrm{d}y = \iint\limits_{D(r,\theta)} f(r\cos\theta, r\sin\theta)r\mathrm{d}r\mathrm{d}\theta.$$

在具体计算二重积分时，选择变量替换公式的原则是：

(1) 使得变换后的被积函数容易积分；

(2) 使得变换后的积分区域简单，便于化为二次积分．

例 20.11 计算 $I = \iint\limits_D \dfrac{y\mathrm{d}x\mathrm{d}y}{\sqrt{1+(x+y)^2}}\mathrm{d}x\mathrm{d}y$，$D = \{(x,\ y)\,|\,x \geqslant 0,\ y \geqslant 0,\ x+y \leqslant 1\}$．

解 如图 20-13 所示．作变量替换：$u = x+y$，$v = x-y$，则

$$\det\frac{\partial(u,v)}{\partial(x,y)} = -2, \qquad D^* = \{(u,v)\,|\,0 \leqslant u \leqslant 1, -u \leqslant v \leqslant u\}.$$

因此，

$$I = \iint\limits_{D^*} \frac{u-v}{2\sqrt{1+u^2}}\left|\frac{1}{-2}\right|\mathrm{d}u\mathrm{d}v$$

$$= \frac{1}{4}\int_0^1 \mathrm{d}u \int_{-u}^u \frac{u-v}{\sqrt{1+u^2}}\mathrm{d}v = \frac{\sqrt{2}-1}{3}.$$

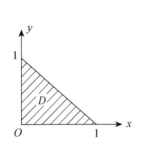 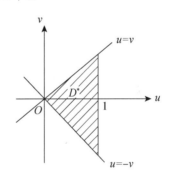

图 20-13

4. 二重积分的简化

利用变量替换可以得到如下定理．

定理 20.8 设 $f(x,\ y)$ 在有界闭区域 D 上连续．则

(1) 若区域 D 关于 x 轴对称，$f(x,\ y)$ 关于 y 是奇函数或偶函数，则

$$\iint\limits_D f(x,y)\mathrm{d}x\mathrm{d}y = \begin{cases} 0, & f(x,-y) = -f(x,y) \\ 2\iint\limits_{D_1} f(x,y)\mathrm{d}x\mathrm{d}y, & f(x,-y) = f(x,y) \end{cases},$$

其中 $D_1 = D\cap\{(x,\ y)\,|\,y \geqslant 0\}$．

(2) 若区域 D 关于 y 轴对称，$f(x,\ y)$ 关于 x 是奇函数或偶函数，则

$$\iint\limits_D f(x,y)\mathrm{d}x\mathrm{d}y = \begin{cases} 0, & f(-x,y) = -f(x,y) \\ 2\iint\limits_{D_1} f(x,y)\mathrm{d}x\mathrm{d}y, & f(-x,y) = f(x,y) \end{cases},$$

其中 $D_1 = D \cap \{(x, y) \mid x \geqslant 0\}$.

（3）若区域 D 关于 $y = x$ 轴对称，则

$$\iint_D f(x,y)\mathrm{d}x\mathrm{d}y = \iint_D f(y,x)\mathrm{d}x\mathrm{d}y.$$

证明过程留给读者完成.

例 20.12 设 f 是连续函数，计算

$$\iint_D x[1 + yf(x^2 + y^2)]\mathrm{d}\sigma,$$

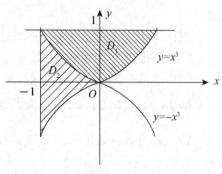

图 20 - 14

其中 D 是曲线 $y = x^3$，$y = 1$，$x = -1$ 围成的区域.

解   如图 20 - 14 所示，用曲线 $y = -x^3$ 将区域 D 分为 D_1 和 D_2，注意到 D_1 关于 y 轴对称，D_2 关于 x 轴对称，

$$\iint_D x[1 + yf(x^2 + y^2)]\mathrm{d}\sigma$$

$$= \iint_{D_1} [x + xyf(x^2 + y^2)]\mathrm{d}\sigma$$

$$+ \iint_{D_2} [x + xyf(x^2 + y^2)]\mathrm{d}\sigma$$

$$= \iint_{D_2} x\mathrm{d}\sigma = 2 \iint_{\substack{-1 \leqslant x \leqslant 0 \\ 0 \leqslant y \leqslant -x^3}} x\mathrm{d}x\mathrm{d}y = -\frac{2}{5}.$$

 习题 20.1

1. 求 $\displaystyle\lim_{n \to \infty} \sum_{j=1}^{2n} \sum_{i=1}^{n} \frac{2}{n^2} \frac{2i+j}{n}$.

2. 设 $D = [0, 1] \times [0, 1]$，

$$f(x,y) = \begin{cases} 1, & (x,y)\text{为有理点，即 }x, y\text{ 均为有理数} \\ 0, & (x,y)\text{为无理点} \end{cases},$$

证明：$f(x, y)$ 在 D 上不可积.

3. 设 $D = [0, \pi] \times [0, 1]$，$C: y = \sin x$，$0 \leqslant x \leqslant \pi$，$f(x, y)$ 在 D 上有界，在 $D - C$ 上连续. 证明：$f(x, y)$ 在 D 上可积.

4. 设 $f(x, y)$ 在有界闭区域 D 上连续、非负且不恒为零，证明：

$$\iint_D f(x,y)\mathrm{d}\sigma > 0.$$

5. 设 $f(x, y)$ 在有界闭区域 D 上连续，对任意子区域 $D' \subset D$ 有 $\displaystyle\iint_{D'} f(x,y)\mathrm{d}\sigma = 0$，

证明：在 D 上 $f(x, y) \equiv 0$.

6. 证明积分中值定理.

7. 比较下列二重积分值的大小：

(1) $\iint\limits_{D} (x+y)^2 \mathrm{d}\sigma$ 与 $\iint\limits_{D} (x+y)^3 \mathrm{d}\sigma$，其中 D 为 x 轴、y 轴与直线 $x+y=1$ 所围区域；

(2) $\iint\limits_{D} \ln(x+y) \mathrm{d}\sigma$ 与 $\iint\limits_{D} \ln^2(x+y) \mathrm{d}\sigma$，其中 $D=[3, 5] \times [0, 1]$.

8. 估计下列二重积分的值：

(1) $\iint\limits_{D} xy(x+y) \mathrm{d}\sigma$，$D=[0, 1] \times [0, 1]$；

(2) $\iint\limits_{D} \dfrac{1}{100 + \sin^2 x + \sin^2 y} \mathrm{d}\sigma$，$D=\{(x, y) \mid |x| + |y| \leqslant 10\}$.

9. 交换下列二次积分的积分次序（$a>0$）：

(1) $\displaystyle\int_1^{\mathrm{e}} \mathrm{d}x \int_0^{\ln x} f(x,y)\mathrm{d}y$；　　　　　　(2) $\displaystyle\int_0^{2\pi} \mathrm{d}x \int_0^{\sin x} f(x,y)\mathrm{d}y$；

(2) $\displaystyle\int_0^1 \mathrm{d}x \int_0^x f(x,y)\mathrm{d}y + \int_1^2 \mathrm{d}x \int_0^{2-x} f(x,y)\mathrm{d}y$；　　(4) $\displaystyle\int_0^{2a} \mathrm{d}x \int_{\sqrt{2ax-x^2}}^{\sqrt{2ax}} f(x,y)\mathrm{d}y$.

10. 计算下列二重积分：

(1) $\iint\limits_{D} (x+y)^2 \mathrm{d}\sigma$，其中 $D=[0, 1] \times [0, 1]$；

(2) $\iint\limits_{D} \dfrac{y\mathrm{e}^y}{1 - \sqrt{y}} \mathrm{d}x\mathrm{d}y$，其中 D 是 $y=x^2$ 和直线 $x=1$，$y=0$ 所围区域；

(3) $\iint\limits_{D} |y-x^2| \mathrm{d}x\mathrm{d}y$，$D=[-1, 1] \times [0, 1]$；

(4) $\iint\limits_{D} x^2 \mathrm{e}^{-y^2} \mathrm{d}x\mathrm{d}y$，其中 D 是 $(0, 0)$，$(1, 1)$，$(0, 1)$ 为顶点的三角形区域；

(5) $\iint\limits_{x^2+y^2 \leqslant R^2} \mathrm{e}^{-(x^2+y^2)} \mathrm{d}x\mathrm{d}y$；

(6) $\iint\limits_{\pi^2 \leqslant x^2+y^2 \leqslant 4\pi^2} \sin \sqrt{x^2+y^2} \mathrm{d}x\mathrm{d}y$；

(7) $\iint\limits_{x^2+y^2 \leqslant x+y} (x+y) \mathrm{d}x\mathrm{d}y$；

(8) $\iint\limits_{x^2+y^2 \leqslant 2ax} (x^2+y^2) \mathrm{d}x\mathrm{d}y$.

11. 计算 $I = \displaystyle\int_0^2 \mathrm{d}x \int_0^{\sqrt{2x-x^2}} \sqrt{2x-x^2-y^2} \mathrm{d}y$.

12. 求下列曲线所围平面区域的面积：

(1) $y^2 = ax$，$y^2 = bx$ $(0 < a < b)$，$y = mx$，$y = nx$ $(0 < m < n)$；

(2) $\left(\dfrac{x^2}{a^2} + \dfrac{y^2}{b^2}\right)^2 = \dfrac{xy}{c^2}$ $(a, b, c > 0)$.

13. 求下列曲面所围立体的体积：

    (1) 抛物柱面 $2y^2=x$，平面 $\dfrac{x}{4}+\dfrac{y}{2}+\dfrac{z}{2}=1$ 和 $z=0$；

    (2) 马鞍面 $z=xy$ 和平面 $z=x+y$，$x+y=1$，$x=0$，$y=0$；

    (3) 锥面 $z=\dfrac{h}{R}\sqrt{x^2+y^2}$，平面 $z=0$ 和圆柱面 $x^2+y^2=R^2$；

    (4) 抛物面 $x^2+y^2=az$ 和锥面 $z=2a-\sqrt{x^2+y^2}$ $(a>0)$.

14. 证明不等式：$\dfrac{61\pi}{165}\leqslant\displaystyle\iint\limits_{x^2+y^2\leqslant1}\sin\sqrt{(x^2+y^2)^3}\,\mathrm{d}x\mathrm{d}y\leqslant\dfrac{2\pi}{5}$.

15. 设平面区域 D 在 x 轴和 y 轴上的投影长度分别为 l_x 和 l_y，S_D 是区域 D 的面积，(α,β) 是 D 内任意一点，证明：

    (1) $\left|\displaystyle\iint\limits_D(x-\alpha)(x-\beta)\mathrm{d}x\mathrm{d}y\right|\leqslant l_x l_y S_D$；

    (2) $\left|\displaystyle\iint\limits_D(x-\alpha)(x-\beta)\mathrm{d}x\mathrm{d}y\right|\leqslant\dfrac{l_x^2 l_y^2}{4}$.

16. 将二重积分 $\displaystyle\iint\limits_D f(xy)\mathrm{d}\sigma$ 化为单积分，其中 D 是 $xy=1$，$xy=2$，$y=x$，$y=4x$ 所围区域.

§20.2　三重积分

（一）三重积分的概念

我们知道空间长方体 $[a_1,b_1]\times[a_2,b_2]\times[a_3,b_3]$ 的体积为$(b_1-a_1)(b_2-a_2)(b_3-a_3)$. 类似于§20.1的第一部分我们可以引进空间区域的体积概念，并称边界为零的空间区域为零边界区域，进一步可以证明光滑曲面片的体积为零；有界闭区域**可求体积**的充分必要条件是其边界的体积为零. 以下我们总是假定 Ω 是空间中可求体积的有界闭区域，其边界是一张或若干张无自交点的封闭曲面.

设在空间区域 Ω 上非均匀分布有质量，密度函数为 $f(x,y,z)$，为了合理求出 Ω 上的质量，我们将 Ω 任意分割成 n 个小区域，分别将这些小区域记为 Δv_1，Δv_2，$\cdots$，Δv_n，并且分别将小区域的体积仍然记为 Δv_i，$i=1,2,\cdots,n$. 在小区域 Δv_i 上任意取定一点 (ξ_i,η_i,ζ_i)，在 Δv_i 上以 $f(\xi_i,\eta_i,\zeta_i)$ 为均匀密度所得的质量 $f(\xi_i,\eta_i,\zeta_i)\Delta v_i$ 近似等于 Δv_i 上的真实质量，而且分割越细，近似程度越高. 记

$$d_i=\sup\{d(P,Q)\,|\,P,Q\in\Delta v_i\},$$

其中 $d(P,Q)$ 表示 P，Q 之间的距离，$d=\max\{d_1,d_2,\cdots,d_n\}$，因此我们有理由定义区域 Ω 上的质量为 $m=\lim\limits_{d\to0}\displaystyle\sum_{i=1}^n f(\xi_i,\eta_i,\zeta_i)\Delta v_i$，这就是三重积分的概念.

定义20.3 设 Ω 是空间可求体积的有界闭区域，函数 $f(x,y,z)$ 是定义在 Ω 上的

有界函数. 将区域 Ω 任意分割成 n 个小区域，将这些小区域分别记为 Δv_1，Δv_2，$\cdots$，Δv_n，并且这些小区域的体积仍然记为 Δv_i，$i=1$，2，$\cdots$，n. 在小区域 Δv_i 上任意取定一点 $(\xi_i$，η_i，$\zeta_i)$，记 $d_i=\sup\{d(P,Q)\mid P,Q\in\Delta v_i\}$，其中 $d(P,Q)$ 表示小区域 Δv_i 上任意两点 P，Q 之间的距离，并记 $d=\max\{d_1,d_2,\cdots,d_n\}$. 若 $\lim\limits_{d\to0}\sum\limits_{i=1}^n f(\xi_i,\eta_i,\zeta_i)\Delta v_i$ 存在，且与区域 Ω 的分割和点 $(\xi_i$，η_i，$\zeta_i)$ 的选取无关，则称 $f(x,y,z)$ 在**区域 Ω 上可积**，并称该极限值为 $f(x,y,z)$ 在**区域 Ω 上的三重积分**，记为 $\iiint\limits_{\Omega}f(x,y,z)\mathrm{d}v$，于是

$$\iiint\limits_{\Omega}f(x,y,z)\mathrm{d}v=\lim_{d\to0}\sum_{i=1}^n f(\xi_i,\eta_i,\zeta_i)\Delta v_i,$$

其中 $f(x,y,z)$ 称为**被积函数**，Ω 称为**积分区域**，$\mathrm{d}v$ 称为**体积元**.

当 $f(x,y,z)\equiv1$ 时，$\iiint\limits_{\Omega}\mathrm{d}v$ 在数值上等于区域 Ω 的体积.

当 $f(x,y,z)\geqslant0$ 时，$\iiint\limits_{\Omega}f(x,y,z)\mathrm{d}v$ 就等于以 $f(x,y,z)$ 为密度函数、非均匀分布在积分区域 Ω 上的质量.

与二重积分类似，当 $f(x,y,z)$ 在区域 Ω 上可积时，$\lim\limits_{d\to0}\sum\limits_{i=1}^n f(\xi_i,\eta_i,\zeta_i)\Delta v_i$ 总存在极限，可取 Ω 的特殊分割方法，如选取平行于坐标平面的平面网来分割 Ω，这时，每一个小区域均为长方体，且 $\Delta v_i=\Delta x_i\Delta y_i\Delta z_i$，因此体积元为 $\mathrm{d}v=\mathrm{d}x\mathrm{d}y\mathrm{d}z$，故三重积分可以记为 $\iiint\limits_{\Omega}f(x,y,z)\mathrm{d}x\mathrm{d}y\mathrm{d}z$，且有下面的结论：

（1）有界闭区域 Ω 上的连续函数是可积的；

（2）设 $f(x,y,z)$ 在有界闭区域 Ω 上有界，且 $f(x,y,z)$ 在区域 $\Omega-S$ 上连续，其中 S 是 Ω 中有限个零体积的曲面的并集，则 $f(x,y,z)$ 在区域 Ω 上可积.

三重积分具有与二重积分完全相同的性质，我们不再列出.

（二）三重积分的计算

三重积分的计算的总原则是降低积分重数，这里一般有两种方法：一是**投影法**，这时先进行单积分，然后进行**二重积分**，进而化为三次积分；二是**截面法**，这时先进行二重积分，然后进行单积分，进而化为三次积分.

1. 投影法（先单后重）

与二重积分类似，首先考虑积分区域 Ω 为特殊情形——长方体.

定理 20.9 设 $f(x,y,z)$ 在长方体 $\Omega=[a_1,b_1]\times[a_2,b_2]\times[a_3,b_3]$ 上可积，并对 $[a_1,b_1]\times[a_2,b_2]$ 上任意一点 (x,y)，含参变量的积分 $\int_{a_3}^{b_3}f(x,y,z)\mathrm{d}z$ 存在，则

$$\iiint\limits_{\Omega}f(x,y,z)\mathrm{d}x\mathrm{d}y\mathrm{d}z=\iint\limits_{[a_1,b_1]\times[a_2,b_2]}\mathrm{d}x\mathrm{d}y\int_{a_3}^{b_3}f(x,y,z)\mathrm{d}z. \tag{20.2}$$

定理 20.9 的证明完全类似于定理 20.5，这里不再赘述.

在式（20.2）中二重积分可以继续化为二次积分，从而有

$$\iiint\limits_{\Omega} f(x,y,z)\mathrm{d}x\mathrm{d}y\mathrm{d}z = \int_{a_1}^{b_1}\mathrm{d}x\int_{a_2}^{b_2}\mathrm{d}y\int_{a_3}^{b_3} f(x,y,z)\mathrm{d}z$$

$$= \int_{a_2}^{b_2}\mathrm{d}y\int_{a_1}^{b_1}\mathrm{d}x\int_{a_3}^{b_3} f(x,y,z)\mathrm{d}z.$$

这样，当积分区域是长方体时，三重积分就化为一个三次积分. 同样还可以有其他不同的积分次序，如

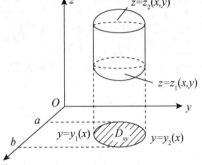

$$\iiint\limits_{\Omega} f(x,y,z)\mathrm{d}x\mathrm{d}y\mathrm{d}z = \int_{a_1}^{b_1}\mathrm{d}x\int_{a_3}^{b_3}\mathrm{d}z\int_{a_2}^{b_2} f(x,y,z)\mathrm{d}y$$

$$= \int_{a_3}^{b_3}\mathrm{d}z\int_{a_1}^{b_1}\mathrm{d}x\int_{a_2}^{b_2} f(x,y,z)\mathrm{d}y.$$

一般地，若积分区域 Ω 在 xOy 平面上的投影为 D_{xy}，且如图 20 - 15 所示，

$$\Omega = \{(x,y,z)\,|\,z_1(x,y) \leqslant z \leqslant z_2(x,y), (x,y)\in D_{xy}\},$$

则

图 20 - 15

$$\iiint\limits_{\Omega} f(x,y,z)\mathrm{d}x\mathrm{d}y\mathrm{d}z = \iint\limits_{D_{xy}}\mathrm{d}x\mathrm{d}y\int_{z_1(x,y)}^{z_2(x,y)} f(x,y,z)\mathrm{d}z.$$

进一步，若 D_{xy} 是 X 型区域

$D_{xy} = \{(x,\ y)\ |\,y_1(x) \leqslant y \leqslant y_2(x),\ a \leqslant x \leqslant b\}$，则

$$\iiint\limits_{\Omega} f(x,y,z)\mathrm{d}x\mathrm{d}y\mathrm{d}z = \iint\limits_{D_{xy}}\mathrm{d}x\mathrm{d}y\int_{z_1(x,y)}^{z_2(x,y)} f(x,y,z)\mathrm{d}z$$

$$= \int_{a}^{b}\mathrm{d}x\int_{y_1(x)}^{y_2(x)}\mathrm{d}y\int_{z_1(x,y)}^{z_2(x,y)} f(x,y,z)\mathrm{d}z.$$

若积分区域 Ω 在 zOx 平面上的投影为 D_{zx}，且如图 20 - 16 所示

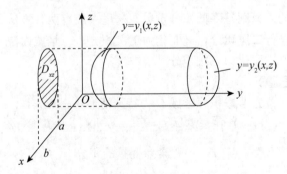

图 20 - 16

$$\Omega = \{(x,y,z) \mid y_1(x,z) \leqslant y \leqslant y_2(x,z), z_1(x) \leqslant z \leqslant z_2(x), a \leqslant x \leqslant b\},$$

这时 Ω 在 zOx 平面上的投影是 X 型区域 $D_{xz} = \{(x, z) \mid z_1(x) \leqslant z \leqslant z_2(x), \ a \leqslant x \leqslant b\}$，则

$$\iiint\limits_{\Omega} f(x,y,z)\mathrm{d}x\mathrm{d}y\mathrm{d}z = \iint\limits_{D_{xz}} \mathrm{d}x\mathrm{d}z \int_{y_1(x,z)}^{y_2(x,z)} f(x,y,z)\mathrm{d}y$$

$$= \int_a^b \mathrm{d}x \int_{z_1(x)}^{z_2(x)} \mathrm{d}z \int_{y_1(x,z)}^{y_2(x,z)} f(x,y,z)\mathrm{d}y.$$

完全类似地可以列出积分区域具有其他形状时三重积分化为三次积分的形式.

例 20.13　计算 $\iiint\limits_{\Omega} x\mathrm{d}x\mathrm{d}y\mathrm{d}z$，其中 Ω 由三个坐标平面及 $x+2y+z=1$ 围成.

解　**方法 1**　如图 20-17 所示，Ω 在 xOy 平面上的投影区域为

$$D_{xy} = \left\{ (x,y) \ \middle| \ 0 \leqslant y \leqslant \frac{1-x}{2}, 0 \leqslant x \leqslant 1 \right\},$$

$$\Omega = \{(x,y,z) \mid 0 \leqslant z \leqslant 1-x-2y, (x,y) \in D_{xy}\}.$$

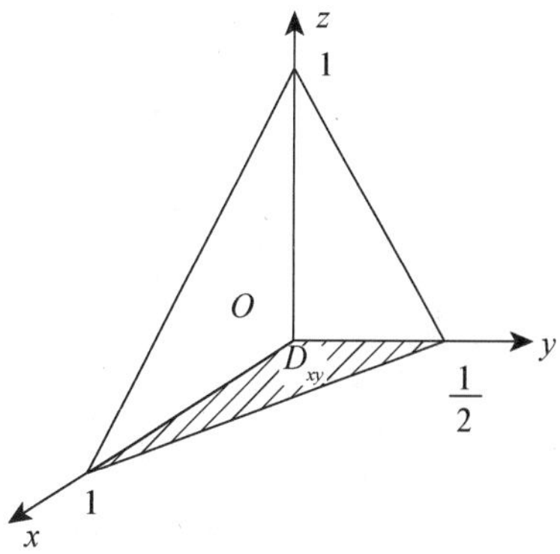

图 20-17

于是

$$\iiint\limits_{\Omega} x\mathrm{d}x\mathrm{d}y\mathrm{d}z = \iint\limits_{D_{xy}} \mathrm{d}x\mathrm{d}y \int_0^{1-x-2y} x\mathrm{d}z = \int_0^1 \mathrm{d}x \int_0^{\frac{1-x}{2}} \mathrm{d}y \int_0^{1-x-2y} x\mathrm{d}z$$

$$= \int_0^1 x\mathrm{d}x \int_0^{\frac{1-x}{2}} (1-x-2y)\mathrm{d}y$$

$$= \frac{1}{4} \int_0^1 (x - 2x^2 + x^3)\mathrm{d}x$$

$$= \frac{1}{48}.$$

方法 2　Ω 在 xOz 平面上的投影为

$$D_{xz} = \{(x,z) \mid 0 \leqslant z \leqslant 1-x, 0 \leqslant x \leqslant 1\},$$

$$\Omega = \left\{ (x,y,z) \ \middle| \ 0 \leqslant y \leqslant \frac{1}{2}(1-x-z), (x,z) \in D_{xz} \right\}.$$

于是

$$\iiint\limits_{\Omega} x\mathrm{d}x\mathrm{d}y\mathrm{d}z = \iint\limits_{D_{xz}} \mathrm{d}x\mathrm{d}z \int_0^{\frac{1}{2}(1-x-z)} x\mathrm{d}y = \int_0^1 \mathrm{d}x \int_0^{1-x} \mathrm{d}z \int_0^{\frac{1}{2}(1-x-z)} x\mathrm{d}y$$

$$= \int_0^1 x\mathrm{d}x \int_0^{1-x} \frac{1}{2}(1-x-z)\mathrm{d}z = \frac{1}{4} \int_0^1 x(1-x)^2 \mathrm{d}x$$

$$= \frac{1}{4} \int_0^1 [(1-x)^2 - (1-x)^3]\mathrm{d}x = \frac{1}{48}.$$

例 20.14 将三重积分 $\iiint\limits_{\Omega} f(x,y,z)\mathrm{d}x\mathrm{d}y\mathrm{d}z$ 化为三次积分，

其中积分区域 Ω 是第一卦限内由曲面 $z=x^2+y^2$ 和平面 $x=1$，$y=1$ 以及三个坐标平面围成的部分.

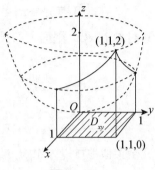

解 如图 $20-18$ 所示，Ω 在 xOy 平面上的投影为

$$D_{xy}=\{(x,y)\mid 0\leqslant y\leqslant 1,0\leqslant x\leqslant 1\},$$
$$\Omega=\{(x,y,z)\mid 0\leqslant z\leqslant x^2+y^2,(x,y)\in D_{xy}\}.$$

于是

图 $20-18$

$$\iiint\limits_{\Omega}f(x,y,z)\mathrm{d}x\mathrm{d}y\mathrm{d}z=\iint\limits_{D_{xy}}\mathrm{d}x\mathrm{d}y\int_0^{x^2+y^2}f(x,y,z)\mathrm{d}z$$
$$=\int_0^1\mathrm{d}x\int_0^1\mathrm{d}y\int_0^{x^2+y^2}f(x,y,z)\mathrm{d}z.$$

例 20.15 求由曲面 $z=x^2+y^2$，$z=2x^2+2y^2$，$y=x$，$y=x^2$ 所围立体的体积.

解 题设曲面所围立体可以表示为

$$\Omega=\{(x,y,z)\mid x^2+y^2\leqslant z\leqslant 2x^2+2y^2,x^2\leqslant y\leqslant x,0\leqslant x\leqslant 1\}.$$

于是，

$$V=\iiint\limits_{\Omega}\mathrm{d}v=\int_0^1\mathrm{d}x\int_{x^2}^x\mathrm{d}y\int_{x^2+y^2}^{2x^2+2y^2}\mathrm{d}z=\int_0^1\left(\frac{4}{3}x^3-x^4-\frac{1}{3}x^6\right)\mathrm{d}x=\frac{3}{35}.$$

2. 截面法（先重后单）

如图 $20-19$ 所示，若积分区域 Ω 介于两平行平面 $z=c$，$z=d(c<d)$ 之间，过点 $(0,0,z)$ $(c\leqslant z\leqslant d)$ 作垂直于 z 轴的平面截立体 Ω 得一平面区域 D_z，于是区域 Ω 可以表示为

$$\Omega=\{(x,y,z)\mid c\leqslant z\leqslant d,(x,y)\in D_z\}.$$

若对任意 $z\in(c,d)$，积分 $\iint\limits_{D_z}f(x,y,z)\mathrm{d}x\mathrm{d}y$ 存在，则

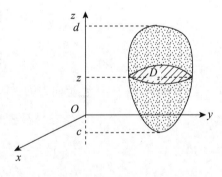

图 $20-19$

$$\iiint\limits_{\Omega}f(x,y,z)\mathrm{d}x\mathrm{d}y\mathrm{d}z=\int_c^d\mathrm{d}z\iint\limits_{D_z}f(x,y,z)\mathrm{d}x\mathrm{d}y.$$

例 20.16 计算三重积分 $\iiint\limits_{\Omega}z\mathrm{d}x\mathrm{d}y\mathrm{d}z$，其中 Ω 由三个坐标平面及平面 $x+y+z=1$ 围成.

解 如图 $20-20$ 所示，区域 Ω 介于 $z=0$，$z=1$ 之间，任取 $z\in[0,1]$，作垂直于 z 轴的平面截区域 Ω 所得截面为 $D_z=\{(x,y)\mid x+y\leqslant 1-z,x\geqslant 0,y\geqslant 0\}$，于是

$$\iiint\limits_{\Omega} z \mathrm{d}x\mathrm{d}y\mathrm{d}z = \int_0^1 z\mathrm{d}z \iint\limits_{D_z} \mathrm{d}x\mathrm{d}y$$

$$= \int_0^1 z \cdot \frac{1}{2}(1-z)^2 \mathrm{d}z = \frac{1}{24}.$$

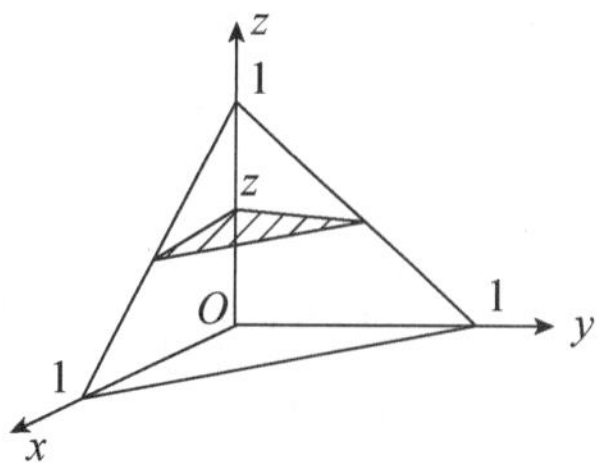

3. 三重积分的变量替换

与二重积分类似，三重积分也有变量替换.

设 $f(x, y, z)$ 在有界闭区域 Ω 上连续. 变换 T：$u = u(x, y, z)$，$v = v(x, y, z)$，$w = w(x, y, z)$ 将区域 Ω 上的点一对一地变换到 Ω^*，又设在 Ω 上 $u = u(x, y, z)$，$v = v(x, y, z)$，$w = w(x, y, z)$ 具有连续偏导数，且雅可比行列式 $\det \dfrac{\partial(u, v, w)}{\partial(x, y, z)} \neq 0$，这里，$\det \dfrac{\partial(u, v, w)}{\partial(x, y, z)} = \begin{vmatrix} u_x & u_y & u_z \\ v_x & v_y & v_z \\ w_x & w_y & w_z \end{vmatrix}$. 则

图 20-20

$$\iiint\limits_{\Omega} f(x,y,z)\mathrm{d}x\mathrm{d}y\mathrm{d}z$$

$$= \iiint\limits_{\Omega^*} f(x(u,v,w),y(u,v,w),z(u,v,w)) \left| \det \frac{\partial(x,y,z)}{\partial(u,v,w)} \right| \mathrm{d}u\mathrm{d}v\mathrm{d}w.$$

因为变换 T 是可逆的，因此给出变换 T 和给出逆变换 T^{-1} 是等价的，要注意的是，变量替换公式中的逆变换 T^{-1} 的雅可比行列式要取绝对值.

常用的变量替换有柱面坐标变换、球面坐标变换，下面分别予以介绍.

(1) 柱面坐标变换

柱面坐标变换为 T^{-1}：$x = r\cos\theta$，$y = r\sin\theta$，$z = z(r \geq 0, 0 \leq \theta \leq 2\pi)$，该变换的雅可比行列式为

$$\det \frac{\partial(x,y,z)}{\partial(r,\theta,z)} = \begin{vmatrix} \cos\theta & -r\sin\theta & 0 \\ \sin\theta & r\cos\theta & 0 \\ 0 & 0 & 1 \end{vmatrix} = r,$$

因此，三重积分的柱面坐标变换公式为

$$\iiint\limits_{\Omega} f(x,y,z)\mathrm{d}x\mathrm{d}y\mathrm{d}z = \iiint\limits_{\Omega^*} f(r\cos\theta,r\sin\theta,z) r\mathrm{d}r\mathrm{d}\theta\mathrm{d}z.$$

事实上，我们也可以用二重积分中极坐标变换的方法得出上述变量替换公式. 首先，我们来了解一下柱面坐标中三个坐标分别等于常数的曲面的形状. $r =$ 常数是以 z 轴为中心轴、以 r 为半径的圆柱面，$\theta =$ 常数是过 z 轴并以 z 轴为界的半平面，$z =$ 常数是垂直于 z 轴的平面. 以柱面坐标中的三个坐标分别等于常数的曲面分割空间区域 Ω 所得的小立体的体积为 $\Delta v \approx r\Delta r\Delta\theta\Delta z$，因此体积元为 $\mathrm{d}v = r\mathrm{d}r\mathrm{d}\theta\mathrm{d}z$.

利用柱面坐标计算三重积分时，第一步与投影法相同，找出积分区域 Ω 在 xOy 平面

上的投影区域 D_{xy}，这时得到

$$\iiint\limits_{\Omega} f(x,y,z)\mathrm{d}x\mathrm{d}y\mathrm{d}z = \iint\limits_{D_{xy}}\mathrm{d}x\mathrm{d}y\int_{z_1(x,y)}^{z_2(x,y)}f(x,y,z)\mathrm{d}z ;$$

第二步再将 D_{xy} 极坐标化.

例 20.17 一个由曲面 $z^2=x^2+y^2$ 与平面 $z=1$ 围成的漏斗盛满某种液体，漏斗内任意一点 $P(x,y,z)$ 处液体的密度为 $\dfrac{1}{1+x^2+y^2}$，求漏斗中液体的质量.

解 令 $\Omega=\{(x,y,z)\big|\sqrt{x^2+y^2}\leqslant z\leqslant 1, x^2+y^2\leqslant 1\}$，$\Omega$ 在 xOy 平面上的投影区域 D_{xy} 是一个圆域，因此用柱面坐标计算，故

$$m=\iiint\limits_{\Omega}\frac{1}{1+x^2+y^2}\mathrm{d}v=\int_0^{2\pi}\mathrm{d}\theta\int_0^1\frac{r}{1+r^2}\mathrm{d}r\int_r^1\mathrm{d}z=\pi\left(\ln 2-2+\frac{\pi}{2}\right).$$

(2) 球面坐标变换

球面坐标系是用 r,θ,φ 三个有序实数组来表示空间点 P，其中 r 是点 P 到原点 O 的距离，φ 是 Oz 轴正向顺时针旋转到与 $\overrightarrow{OP}$ 重合时旋转的角度，θ 是 Ox 轴正向逆时针旋转到与 $\overrightarrow{OP}$ 在 xOy 平面上的投影重合时旋转的角度，所以 $r\geqslant 0$，$0\leqslant\theta\leqslant 2\pi$，$0\leqslant\varphi\leqslant\pi$. 球面坐标 r,θ,φ 与直角坐标的关系是

$$T^{-1}:x=r\cos\theta\sin\varphi,y=r\sin\theta\sin\varphi,z=r\cos\varphi.$$

逆变换 T^{-1} 的雅可比行列式为

$$\begin{vmatrix} \sin\varphi\cos\theta & -r\sin\varphi\sin\theta & r\cos\varphi\cos\theta \\ \sin\varphi\sin\theta & r\sin\varphi\cos\theta & r\cos\varphi\sin\theta \\ \cos\varphi & 0 & -r\sin\varphi \end{vmatrix}=-r^2\sin\varphi.$$

因此，三重积分的球面坐标变换公式为

$$\iiint\limits_{\Omega} f(x,y,z)\mathrm{d}x\mathrm{d}y\mathrm{d}z$$

$$=\iiint\limits_{\Omega^*} f(r\cos\theta\sin\varphi,r\sin\theta\sin\varphi,r\cos\varphi)r^2\sin\varphi\mathrm{d}r\mathrm{d}\theta\mathrm{d}\varphi.$$

要指出的是，无论是柱面坐标变换还是球面坐标变换都不是一对一的，并且雅可比行列式还可能为零，但都不影响变量替换公式成立.

在球面坐标中，$r=$ 常数表示的是一族以原点 O 为球心、以 r 为半径的球面，$\theta=$ 常数是过 Oz 轴且以 Oz 轴为界的半平面族，$\varphi=$ 常数是以原点 O 为顶点、以 Oz 轴为中心轴的圆锥面族. 以这三族曲面族去分割空间区域所得到的小区域体积 $\Delta v\approx r^2\sin\varphi\Delta r\Delta\theta\Delta\varphi$，因此球面坐标下体积元 $\mathrm{d}v=r^2\sin\varphi\mathrm{d}r\mathrm{d}\theta\mathrm{d}\varphi$.

当被积函数含有 $x^2+y^2+z^2$，积分区域是球面围成的区域或由球面与锥面围成的区域等，并且在球面坐标变换下，区域用 r,θ,φ 表示比较简单时，利用球面坐标变换能化简三重积分的计算.

例 20.18 求球体 $x^2+y^2+z^2\leqslant 2a^2$ 含在锥面 $z=\sqrt{x^2+y^2}$ 内的部分 Ω 的体积(如图20-21所示).

解 因为 $V=\iiint\limits_{\Omega}\mathrm{d}v$，其中

$$\Omega=\left\{(x,y,z)\,\middle|\,\sqrt{x^2+y^2}\leqslant z\leqslant\sqrt{2a^2-x^2-y^2},x^2+y^2\leqslant a^2\right\}.$$

采用球面坐标计算，令 $x=r\cos\theta\sin\varphi$，$y=r\sin\theta\sin\varphi$，$z=r\cos\varphi$，则

$$\Omega^*=\left\{(r,\theta,\varphi)\,\middle|\,0\leqslant r\leqslant\sqrt{2}a,0\leqslant\varphi\leqslant\frac{\pi}{4},0\leqslant\theta\leqslant 2\pi\right\}.$$

因此，$V=\iiint\limits_{\Omega}\mathrm{d}v=\int_0^{2\pi}\mathrm{d}\theta\int_0^{\frac{\pi}{4}}\mathrm{d}\varphi\int_0^{\sqrt{2}a}r^2\sin\varphi\,\mathrm{d}r=\dfrac{4\pi}{3}(\sqrt{2}-1)a^3$.

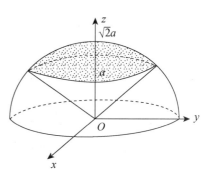

图 20-21

习题 20.2

1. 计算下列三重积分：

    (1) $\iiint\limits_{\Omega}xy^3z^3\mathrm{d}x\mathrm{d}y\mathrm{d}z$，$\Omega$ 为双曲抛物面 $z=xy$ 与平面 $y=x$，$x=1$，$z=0$ 围成的区域；

    (2) $\iiint\limits_{\Omega}\dfrac{xz}{x^2+y^2}\mathrm{d}x\mathrm{d}y\mathrm{d}z$，$\Omega$：$2y\geqslant x^2$，$y\leqslant x$，$0\leqslant z\leqslant 1$；

    (3) $\iiint\limits_{\Omega}z\mathrm{d}x\mathrm{d}y\mathrm{d}z$，$\Omega$ 为抛物面 $z=x^2+y^2$ 与平面 $z=h(h>0)$ 围成的区域；

    (4) $\iiint\limits_{\Omega}\dfrac{1}{y^2+z^2}\mathrm{d}x\mathrm{d}y\mathrm{d}z$，$\Omega$ 为一棱台，其六个顶点为 $A(0,0,1)$，$B(0,1,1)$，$C(1,1,1)$，$D(0,0,2)$，$E(0,2,2)$，$F(2,2,2)$.

2. 试改变下列积分顺序：

    (1) $\int_0^1\mathrm{d}x\int_0^{1-x}\mathrm{d}y\int_0^{x+y}f(x,y,z)\mathrm{d}z$；

    (2) $\int_1^2\mathrm{d}x\int_0^1\mathrm{d}y\int_{1-x-y}^0f(x,y,z)\mathrm{d}z$；

    (3) $\int_0^1\mathrm{d}x\int_0^1\mathrm{d}y\int_0^{x^2+y^2}f(x,y,z)\mathrm{d}z$；

    (4) $\int_0^1\mathrm{d}x\int_0^x\mathrm{d}y\int_0^{xy}f(x,y,z)\mathrm{d}z$.

3. 将三重积分 $\iiint\limits_{\Omega}f(x,y,z)\mathrm{d}x\mathrm{d}y\mathrm{d}z$ 化为三次积分，其中积分区域 Ω 如下：

    (1) 由曲面 $z=x^2+2y^2$ 和 $z=2-x^2$ 围成；

    (2) 由曲面 $z=xy$ 和平面 $x+y=1$，$z=0$ 围成；

    (3) 由平面 $x=0$，$y=1$，$x+2y=4$，$z=x$，$z=2$ 围成.

4. 选取适当的坐标变换计算下列三重积分：

(1) $\iiint\limits_{\Omega} z\sqrt{x^2+y^2}\,\mathrm{d}x\mathrm{d}y\mathrm{d}z$，$\Omega$ 为柱面 $y=\sqrt{2x-x^2}$ 及平面 $z=0$，$z=a\,(a>0)$，$y=0$ 围成的区域；

(2) $\iiint\limits_{\Omega} z^2\,\mathrm{d}x\mathrm{d}y\mathrm{d}z$，$\Omega$ 为两个球体 $x^2+y^2+z^2\leqslant R^2$，$x^2+y^2+z^2\leqslant 2Rz$ 的公共部分；

(3) $\iiint\limits_{\Omega} \sqrt{1-\dfrac{x^2}{a^2}-\dfrac{y^2}{b^2}-\dfrac{z^2}{c^2}}\,\mathrm{d}x\mathrm{d}y\mathrm{d}z$，$\Omega$ 为椭球体 $\dfrac{x^2}{a^2}+\dfrac{y^2}{b^2}+\dfrac{z^2}{c^2}\leqslant 1$；

(4) $\iiint\limits_{\Omega} z(x^2+y^2)\,\mathrm{d}x\mathrm{d}y\mathrm{d}z$，$\Omega$ 为 $z\leqslant\sqrt{4-x^2-y^2}$ 及 $\sqrt{3}z\geqslant\sqrt{x^2+y^2}$ 确定的区域.

5. 求下列空间区域的体积：

(1) 球面 $x^2+y^2+z^2=R^2$ 与圆柱面 $x^2+y^2=Rx\,(R>0)$ 的公共部分；

(2) $\left(\dfrac{x^2}{a^2}+\dfrac{y^2}{b^2}+\dfrac{z^2}{c^2}\right)^2=\dfrac{x^2}{a^2}+\dfrac{y^2}{b^2}$；

(3) $\left(\dfrac{x}{a}+\dfrac{y}{b}\right)^2+\dfrac{z^2}{c^2}=1\,(x,\ y,\ z>0,\ a,\ b,\ c>0)$；

(4) $z=x^2+y^2$，$z-2(x^2+y^2)$，$xy-a^2$，$xy-2a^2$，$x=2y$，$2x=y\,(x,\ y>0)$ 围成；

(5) $z=8-x^2-y^2$ 与 $z=2y$ 围成.

§20.3　重积分的物理应用

本节将介绍二重积分和三重积分在物理学中的应用. 给出平面薄片和空间立体的质心公式，平面薄片和空间立体对于坐标轴的转动惯量公式以及空间立体对质点的引力公式.

（一）二重积分的应用

1. 平面薄片的质心

根据力学知识我们知道平面上有 n 个点 $(x_1,\ y_1)$，$(x_2,\ y_2)$，$\cdots$，$(x_n,\ y_n)$，各点处有质量 m_1，m_2，$\cdots$，m_n，这几个点组成的质点系的质心坐标 $(\bar{x},\ \bar{y})$ 为

$$\bar{x}=\frac{\sum\limits_{i=1}^{n}m_ix_i}{\sum\limits_{i=1}^{n}m_i},\quad \bar{y}=\frac{\sum\limits_{i=1}^{n}m_ix_i}{\sum\limits_{i=1}^{n}m_i}.$$

现有一平面薄片，建立坐标系后薄片即为 xOy 平面上有界闭区域 D，在点 $(x,\ y)$ 处的密度函数为 $f(x,\ y)$，假设 $f(x,\ y)$ 在区域 D 上连续. 将区域 D 任意分割成 n 个小区域 $\Delta\sigma_i$，$i=1,\ 2,\ \cdots,\ n$，在每个小区域 $\Delta\sigma_i$ 上任取一点 $(\xi_i,\ \eta_i)$，当这些小区域的最大直径 d 充分小时，将每个小区域 $\Delta\sigma_i$ 看成是带有质量 $f(\xi_i,\ \eta_i)\Delta\sigma_i$ 的质点，则区域 D 的质心坐标 $(\bar{x},\ \bar{y})$ 满足

$$\bar{x} \approx \frac{\sum_{i=1}^{n} \xi_i f(\xi_i, \eta_i) \Delta\sigma_i}{\sum_{i=1}^{n} f(\xi_i, \eta_i) \Delta\sigma_i}, \quad \bar{y} \approx \frac{\sum_{i=1}^{n} \eta_i f(\xi_i, \eta_i) \Delta\sigma_i}{\sum_{i=1}^{n} f(\xi_i, \eta_i) \Delta\sigma_i}.$$

当 $d \to 0$ 时则有

$$\bar{x} = \frac{\iint\limits_{D} x f(x, y) d\sigma}{\iint\limits_{D} f(x, y) d\sigma}, \quad \bar{y} = \frac{\iint\limits_{D} y f(x, y) d\sigma}{\iint\limits_{D} f(x, y) d\sigma},$$

注意,这里的分母 $\iint\limits_{D} f(x, y) d\sigma$ 就是在 20.1 节我们知道
的该薄片的质量.

例 20.19 求位于两圆 $x^2 + y^2 = 2y$ 和 $x^2 + y^2 = 4y$
之间的均匀薄片的质心.

解 如图 20-22 所示,薄片对应的闭区域 D 关于 y
轴对称,且薄片上密度均匀,因此 $\bar{x} = 0$. 设均匀密度函
数为 $f(x, y) = C$(常数),则

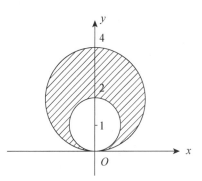

图 20-22

$$\bar{y} = \frac{\iint\limits_{D} y f(x, y) d\sigma}{\iint\limits_{D} f(x, y) d\sigma} = \frac{C\iint\limits_{D} y d\sigma}{C\iint\limits_{D} d\sigma} = \frac{\iint\limits_{D} r\sin\theta \cdot r dr d\theta}{4\pi - \pi}$$

$$= \frac{\int_{0}^{\pi} \sin\theta d\theta \int_{2\sin\theta}^{4\sin\theta} r^2 dr}{3\pi} = \frac{7\pi}{3\pi} = \frac{7}{3}.$$

2. 平面薄片的转动惯量

我们知道,在 xOy 平面上有 n 个点 $(x_1, y_1), (x_2, y_2), \cdots, (x_n, y_n)$,各点处有质
量 $m_1, m_2, \cdots, m_n$,这 n 个点组成的质点系关于 x 轴和 y 轴的转动惯量分别为

$$J_x = \sum_{i=1}^{n} m_i y_i^2, \quad J_y = \sum_{i=1}^{n} m_i x_i^2.$$

现有一平面薄片对应于 xOy 平面上的有界闭区域 D,在点 (x, y) 处的面密度函数为
$f(x, y)$,假设 $f(x, y)$ 在区域 D 上连续. 将区域 D 任意分割成 n 个小区域 $\Delta\sigma_i$,$i = 1$,
$2, \cdots, n$,在每个小区域 $\Delta\sigma_i$ 上任取一点 (ξ_i, η_i),当这些小区域的最大直径 d 充分小时,
将每个小区域 $\Delta\sigma_i$ 看成是带有质量 $f(\xi_i, \eta_i)\Delta\sigma_i$ 的质点,于是薄片 D 关于 x 轴和 y 轴的转
动惯量分别为

$$J_x \approx \sum_{i=1}^{n} \eta_i^2 f(\xi_i, \eta_i) \Delta\sigma_i, \quad J_y \approx \sum_{i=1}^{n} \xi_i^2 f(\xi_i, \eta_i) \Delta\sigma_i.$$

当 $d \to 0$ 时则有

$$J_x = \iint\limits_{D} y^2 f(x,y)\mathrm{d}\sigma, \quad J_y = \iint\limits_{D} x^2 f(x,y)\mathrm{d}\sigma.$$

更一般地，薄片 D 关于直线 l 的转动惯量为

$$J_l = \iint\limits_{D} r^2(x,y)f(x,y)\mathrm{d}\sigma,$$

其中 $r(x, y)$ 为 D 中点 (x, y) 到转动轴 l 的距离.

例 20.20　求均匀密度的平环面（介于两个同心圆之间部分）关于过圆心且垂直于平环面的直线的转动惯量.

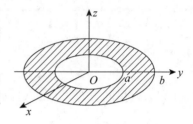

图 20 - 23

解　如图 20 - 23 所示，建立直角坐标系，$D = \{(x, y) \mid a^2 \leqslant x^2 + y^2 \leqslant b^2\}$，转动轴为 z 轴，则 D 中点 (x, y) 到 z 轴的距离为 $r(x, y) = x^2 + y^2$，因此

$$J_l = \iint\limits_{D}(x^2+y^2)C\mathrm{d}\sigma = C\int_0^{2\pi}\mathrm{d}\theta\int_a^b r^3\,\mathrm{d}r$$

$$= \frac{C\pi}{2}(b^4 - a^4) = \frac{m}{2}(b^2 + a^2),$$

其中 C 为均匀密度，m 则为 D 的质量.

（二）三重积分的应用

1. 空间立体的质心与转动惯量

设有空间物体建立直角坐标系后的表示为空间闭区域 Ω，该物体在 (x, y, z) 的体密度函数为 $f(x, y, z)$，假定 $f(x, y, z)$ 在区域 Ω 上连续. 与二重积分类似，可以求得物体 Ω 的质心坐标为

$$\bar{x} = \frac{\iiint\limits_{\Omega} x f(x,y,z)\mathrm{d}v}{\iiint\limits_{\Omega} f(x,y,z)\mathrm{d}v}, \bar{y} = \frac{\iiint\limits_{\Omega} y f(x,y,z)\mathrm{d}v}{\iiint\limits_{\Omega} f(x,y,z)\mathrm{d}v}, \bar{z} = \frac{\iiint\limits_{\Omega} z f(x,y,z)\mathrm{d}v}{\iiint\limits_{\Omega} f(x,y,z)\mathrm{d}v},$$

其中 $\iiint\limits_{\Omega} f(x,y,z)\mathrm{d}v$ 为 Ω 上的质量，则物体 Ω 关于 x，y 和 z 轴的转动惯量分别为

$$J_x = \iiint\limits_{\Omega}(y^2 + z^2)f(x,y,z)\mathrm{d}v,$$

$$J_y = \iiint\limits_{\Omega}(x^2 + z^2)f(x,y,z)\mathrm{d}v,$$

$$J_z = \iiint\limits_{\Omega}(x^2 + y^2)f(x,y,z)\mathrm{d}v;$$

物体 Ω 关于三个坐标平面：xOy 面，yOz 面，zOx 面的转动惯量分别为

$$J_{xy} = \iiint\limits_{\Omega} z^2 f(x,y,z)\mathrm{d}v,$$

$$J_{yz} = \iiint\limits_{\Omega} x^2 f(x,y,z)\mathrm{d}v,$$

$$J_{zx} = \iiint\limits_{\Omega} y^2 f(x,y,z)\mathrm{d}v;$$

物体 Ω 关于某平面 π 的转动惯量为

$$J_{\pi} = \iiint\limits_{\Omega} r^2(x,y,z) f(x,y,z)\mathrm{d}v,$$

其中 $r(x,y,z)$ 为 Ω 中点 (x,y,z) 到平面 π 的距离.

例 20.21 设有一均匀物体（密度为常数 ρ）占有的闭区域 Ω 由 $z=x^2+y^2$ 和平面 $z=0$，$|x|=a$，$|y|=a$ 围成.

（1）求物体的质心；

（2）求物体关于 z 轴的转动惯量.

解 （1）由于物体是均匀的且关于 yOz 面和 zOx 面均为对称的，所以 $\bar{x}=0$，$\bar{y}=0$，

$$\bar{z} = \frac{\iiint\limits_{\Omega} z\rho \mathrm{d}v}{\iiint\limits_{\Omega} \rho \mathrm{d}v} = \frac{4\int_0^a \mathrm{d}x \int_0^a \mathrm{d}y \int_0^{x^2+y^2} z\mathrm{d}z}{4\int_0^a \mathrm{d}x \int_0^a \mathrm{d}y \int_0^{x^2+y^2} \mathrm{d}z} = \frac{\int_0^a \mathrm{d}x \int_0^a (x^2+y^2)^2 \mathrm{d}y}{2\int_0^a \mathrm{d}x \int_0^a (x^2+y^2)\mathrm{d}y} = \frac{7a^2}{15};$$

（2）$J_z = \iiint\limits_{\Omega} (x^2+y^2)\rho \mathrm{d}v = 4\rho \int_0^a \mathrm{d}x \int_0^a (x^2+y^2)^2 \mathrm{d}y = \dfrac{112}{45}a^6 \rho.$

2. 引力

设有空间物体建立直角坐标系后的表示为空间闭区域 Ω，该物体在 (x,y,z) 的体密度函数为 $f(x,y,z)$，假定 $f(x,y,z)$ 在区域 Ω 上连续. $P_0(x_0,y_0,z_0)$ 是 Ω 外的一个质点，带有质量 m. 为了合理求出 Ω 对点 P_0 的引力，将区域 Ω 任意分割成 n 个小区域 Δv_i，$i=1,2,\cdots,n$，在每个小区域 $\Delta\sigma_i$ 上任取一点 (ξ_i,η_i,ζ_i)，当这些小区域的最大直径 d 充分小时，将每个小区域 Δv_i 看成是带有质量 $f(\xi_i,\eta_i,\zeta_i)\Delta v_i$ 的质点，根据两质点间的引力公式可得到小区域 Δv_i 对质点 P_0 的引力为

$$\overrightarrow{\Delta F_i} = (\Delta F_{ix}, \Delta F_{iy}, \Delta F_{iz})$$
$$\approx Gm\left(\frac{(\xi_i-x_0)f(\xi_i,\eta_i,\zeta_i)\Delta v_i}{r_i^3}, \frac{(\eta_i-y_0)f(\xi_i,\eta_i,\zeta_i)\Delta v_i}{r_i^3}, \frac{(\zeta_i-z_0)f(\xi_i,\eta_i,\zeta_i)\Delta v_i}{r_i^3}\right).$$

于是，

$$\overrightarrow{F} = \sum_{i=1}^{n} \overrightarrow{\Delta F_i} = \left(\sum_{i=1}^{n}\Delta F_{ix}, \sum_{i=1}^{n}\Delta F_{iy}, \sum_{i=1}^{n}\Delta F_{iz}\right)$$
$$= Gm\left(\iiint\limits_{\Omega} \frac{(x-x_0)f(x,y,z)}{r^3}\mathrm{d}v, \iiint\limits_{\Omega} \frac{(y-y_0)f(x,y,z)}{r^3}\mathrm{d}v, \iiint\limits_{\Omega} \frac{(z-z_0)f(x,y,z)}{r^3}\mathrm{d}v\right),$$

其中 $r=\sqrt{(x-x_0)^2+(y-y_0)^2+(z-z_0)^2}$，表示 Ω 上点 (x, y, z) 到点 P_0 的距离，G 为引力常数.

注意：如果考虑平面薄片对于薄片外一质点的引力，就将相应的积分换为二重积分即可.

例 20.22 设物体是半径为 R 的均匀球体 $\Omega=\{(x, y, z)\mid x^2+y^2+z^2\leqslant R^2\}$，求 Ω 对具有单位质量的质点 $P_0(0, 0, a)\ (a>R)$ 的引力.

解 由于球体的对称性且均匀分布质量，又点 P_0 位于 z 轴上，所以 $F_x=0$，$F_y=0$，

$$
\begin{aligned}
F_z &= G\rho_0 \iiint_{\Omega} \frac{z-a}{(x^2+y^2+(z-a)^2)^{\frac{3}{2}}}\mathrm{d}v\\
&= G\rho_0 \int_{-R}^{R}(z-a)\mathrm{d}z \iint_{x^2+y^2\leqslant R^2-z^2} \frac{\mathrm{d}x\mathrm{d}y}{(x^2+y^2+(z-a)^2)^{\frac{3}{2}}}\\
&= G\rho_0 \int_{-R}^{R}(z-a)\mathrm{d}z \int_{0}^{2\pi}\mathrm{d}\theta \int_{0}^{\sqrt{R^2-z^2}} \frac{r\mathrm{d}r}{(r^2+(z-a)^2)^{\frac{3}{2}}}\\
&= 2\pi G\rho_0 \int_{-R}^{R}(z-a)\left(\frac{1}{a-z}-\frac{1}{\sqrt{R^2-2az+a^2}}\right)\mathrm{d}z\\
&= 2\pi G\rho_0 \left[-2R+\frac{1}{a}\int_{-R}^{R}(z-a)\mathrm{d}\sqrt{R^2-2az+a^2}\right]\\
&= 2\pi G\rho_0 \left[-2R+2R-\frac{2R^3}{3a^2}\right]=-G\cdot\frac{4\pi R^3\rho_0}{3}\cdot\frac{1}{a^2}=-G\frac{m}{a^2},
\end{aligned}
$$

其中 $m=\dfrac{4\pi R^3\rho_0}{3}$ 为球体的质量，ρ_0 为球体的密度.

 习题 20.3

1. 求下列均匀平面薄片 D 的质心：

   (1) D 由 $y=\sqrt{2px}$，$x=a$，$y=0(p, a>0)$ 围成；

   (2) $D=\left\{(x, y)\ \middle|\ \dfrac{x^2}{a^2}+\dfrac{y^2}{b^2}\leqslant 1, y\geqslant 0\right\}$；

   (3) D 由 $r=a(1+\cos\theta)\ (0\leqslant\theta\leqslant\pi)$ 围成.

2. 设半径为 1 的半圆形薄片上各点处的面密度等于该点到圆心的距离，求此半圆的质心坐标及关于直径边的转动惯量.

3. 求均匀分布在由 $y=x^2$ 与 $y=1$ 围成的平面薄片上的质量关于直线 $y=-1$ 的转动惯量.

4. 求下列均匀密度物体 Ω 的重心：

   (1) $\Omega=\{(x, y, z)\mid 0\leqslant z\leqslant 1-x^2-y^2\}$；

   (2) Ω 是由三个坐标平面和平面 $x+2y-z=1$ 围成的四面体；

   (3) Ω 由 $z^2=x^2+y^2$，$z=1$ 围成.

5. 球体 $x^2+y^2+z^2\leqslant 2Rz$ 内各点处的密度大小等于该点到坐标原点的距离的平方，

求该球体的重心.

6. 求高为 h、半顶角为 $\dfrac{\pi}{4}$、密度为常数 ρ 的正圆锥体绕其对称轴旋转的转动惯量.

7. 已知均匀半球体的半径为 R，在该半球体的底圆的一侧拼接一个半径与球的半径相等且材料相同的均匀圆柱体，使圆柱体的底圆与半球底圆重合，为了使拼接后的整个立体重心恰好是球心，问圆柱的高应为多少?

8. 求下列引力（均匀密度记为 ρ_0）:

(1) 均匀薄片 $x^2 + y^2 \leqslant R^2$，$z = 0$ 对于单位质量点 $P_0(0,0,a)$ $(a > 0)$ 的引力;

(2) 均匀柱体 $x^2 + y^2 \leqslant R^2$，$0 \leqslant z \leqslant h$ 对于单位质量点 $P_0(0,0,a)$ $(a > h)$ 的引力.

§20.4　广义重积分

与黎曼积分一样，在二、三重积分的定义中需要假设积分区域是有界闭区域和被积函数在积分区域上有界这两个条件. 当这两个条件之一不满足时，通常意义下的重积分便不存在. 因此，我们有必要对重积分进行推广：一是将积分区域推广为无界区域；二是将有界函数的积分推广到无界函数的积分. 我们将这种推广后的积分称为广义重积分. 本节以二重积分为例讨论广义重积分.

(一) 无界区域上的广义二重积分

1. 定义

我们已经知道平面区域 D 称为**有界的**是指存在有限数 $M > 0$，使得对任意 $(x,y) \in D$，有 $\sqrt{x^2 + y^2} \leqslant M$. 若区域 D 不是有界的，则称 D 是**无界的**.

定义 20.4　设 D 是平面上的无界区域，D 的边界 ∂D 是由有限条光滑曲线组成的. 函数 $f(x,y)$ 在 D 上有定义. 在平面上任意取一条包含原点的光滑闭曲线 γ，记 γ 所围的有界区域 E_γ 与 D 的交集为 D_γ，如图 20-24 所示. 假设二重积分 $\displaystyle\iint_{D_\gamma} f(x,y)\mathrm{d}\sigma$ 均存在. 记 $d_\gamma = \min\{\sqrt{x^2 + y^2} \mid (x,y) \in \gamma\}$.

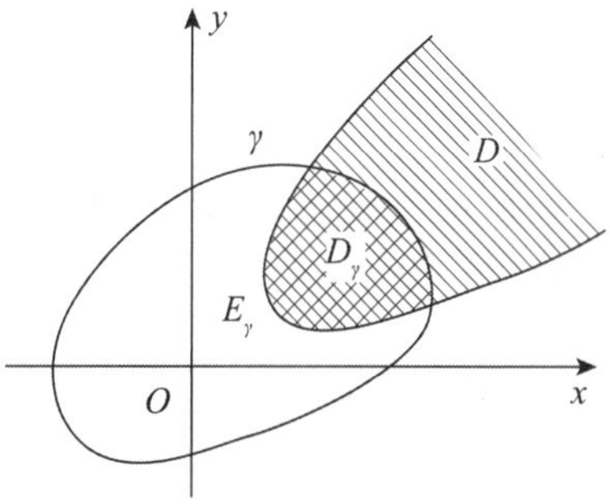

若极限 $\displaystyle\lim_{d_\gamma \to +\infty} \iint_{D_\gamma} f(x,y)\mathrm{d}\sigma$ 存在（为有限数），记为 I，而且该极限值 I 与曲线 γ 的形状无关，则称 I 为

图 20-24

$f(x,y)$ 在**无界区域 D 上的广义二重积分**，或简称**广义二重无穷积分**，记为 $\displaystyle\iint_D f(x,y)\mathrm{d}\sigma$，这时也称广义二重无穷积分 $\displaystyle\iint_D f(x,y)\mathrm{d}\sigma$ **收敛**；否则称广义二重无穷积分 $\displaystyle\iint_D f(x,y)\mathrm{d}\sigma$ **发散**.

于是

$$\iint\limits_{D} f(x,y)\mathrm{d}\sigma = \lim_{d_\gamma \to +\infty} \iint\limits_{D_\gamma} f(x,y)\mathrm{d}\sigma.$$

2. 收敛的充分必要条件

定理 20.10　设 $f(x,y)$ 在无界区域 D 上有定义且非负，$\gamma_1, \gamma_2, \cdots, \gamma_n, \cdots$ 是包含原点的光滑封闭曲线序列，记 γ_n 所围的有界区域 E_n 与 D 的交集为 D_n. 若

(1) $d_n = \inf\{\sqrt{x^2+y^2} \mid (x,y) \in \gamma_n\} \to +\infty,\ n \to \infty,$

(2) $I = \sup\left\{\iint\limits_{D_n} f(x,y)\mathrm{d}\sigma \mid n = 1,2,\cdots\right\} < +\infty,$

则广义二重无穷积分 $\iint\limits_{D} f(x,y)\mathrm{d}\sigma$ 收敛且收敛于 I.

证明　任意取一条包含原点的光滑闭曲线 γ，记 γ 所围的有界区域 E_γ 与 D 的交集为 D_γ. 因为 $\lim\limits_{n\to\infty} d_n = +\infty$，所以存在正整数 n，使得 $D_\gamma \subset D_n \subset D$. 由定理假设 $f(x,y)$ 在 D 上非负，则有

$$\iint\limits_{D_\gamma} f(x,y)\mathrm{d}\sigma \leqslant \iint\limits_{D_n} f(x,y)\mathrm{d}\sigma \leqslant I.$$

又由定理假设（2），对任意给定的 $\varepsilon > 0$，存在正整数 n_0，使得

$$\iint\limits_{D_{n_0}} f(x,y)\mathrm{d}\sigma \geqslant I - \varepsilon.$$

而我们可以选取足够大的 d_γ 使得 $D_\gamma \supset D_{n_0}$，于是就有

$$I - \varepsilon \leqslant \iint\limits_{D_{n_0}} f(x,y)\mathrm{d}\sigma \leqslant \iint\limits_{D_\gamma} f(x,y)\mathrm{d}\sigma \leqslant \iint\limits_{D_n} f(x,y)\mathrm{d}\sigma \leqslant I.$$

这就说明 $\iint\limits_{D} f(x,y)\mathrm{d}\sigma$ 收敛且 $\lim\limits_{d_\gamma \to +\infty} \iint\limits_{D_\gamma} f(x,y)\mathrm{d}\sigma = I$. 证毕.

从定理 20.10 可以得出：

(1) 设 $f(x,y)$ 是定义在无界区域 D 上的非负函数，若存在 D 的一列特殊的子区域 D_n，使得 $\lim\limits_{n\to\infty} \iint\limits_{D_n} f(x,y)\mathrm{d}\sigma$ 存在，则 $\iint\limits_{D} f(x,y)\mathrm{d}\sigma$ 收敛且等于 $\lim\limits_{n\to\infty} \iint\limits_{D_n} f(x,y)\mathrm{d}\sigma$.

(2) 设 $f(x,y)$ 是定义在无界区域 D 上的非负函数，则 $\iint\limits_{D} f(x,y)\mathrm{d}\sigma$ 收敛的充分必要条件是在 D 的任何有界子区域上可积且积分值所构成的集合有上界.

例 20.23　证明积分 $\iint\limits_{\mathbf{R}^2} \mathrm{e}^{-(x^2+y^2)}\mathrm{d}x\mathrm{d}y$ 收敛，并由此证明概率积分 $\dfrac{1}{\sqrt{\pi}} \displaystyle\int_{-\infty}^{+\infty} \mathrm{e}^{-x^2}\mathrm{d}x = 1$.

证明　因为 $\mathrm{e}^{-(x^2+y^2)} \geqslant 0$，任取 $R > 0$，令 $D_R = \{(x,y) \mid x^2+y^2 \leqslant R^2\}$，于是

$$\iint\limits_{D_R} \mathrm{e}^{-(x^2+y^2)}\mathrm{d}x\mathrm{d}y = \int_0^{2\pi} \mathrm{d}\theta \int_0^R \mathrm{e}^{-r^2} r\mathrm{d}r = \pi(1 - \mathrm{e}^{-R^2}) \to \pi, R \to +\infty.$$

由定理 20.10，得 $\iint\limits_{\mathbf{R}^2} \mathrm{e}^{-(x^2+y^2)}\mathrm{d}x\mathrm{d}y$ 收敛，且 $\iint\limits_{\mathbf{R}^2} \mathrm{e}^{-(x^2+y^2)}\mathrm{d}x\mathrm{d}y = \pi$.

另外，记 $D_a = \{(x,\ y)\ |\ |x| \leqslant a,\ |y| \leqslant a\}$，则

$$\iint\limits_{D_a} \mathrm{e}^{-(x^2+y^2)}\mathrm{d}x\mathrm{d}y = \int_{-a}^{a} \mathrm{e}^{-x^2}\mathrm{d}x \int_{-a}^{a} \mathrm{e}^{-y^2}\mathrm{d}y = \left(\int_{-a}^{a} \mathrm{e}^{-x^2}\mathrm{d}x\right)^2.$$

两边同时取极限得

$$\iint\limits_{\mathbf{R}^2} \mathrm{e}^{-(x^2+y^2)}\mathrm{d}x\mathrm{d}y = \lim_{a\to+\infty}\iint\limits_{D_a} \mathrm{e}^{-(x^2+y^2)}\mathrm{d}x\mathrm{d}y = \lim_{a\to+\infty}\left(\int_{-a}^{a} \mathrm{e}^{-x^2}\mathrm{d}x\right)^2 = \left(\int_{-\infty}^{+\infty} \mathrm{e}^{-x^2}\mathrm{d}x\right)^2,$$

因此 $\int_{-\infty}^{+\infty} \mathrm{e}^{-x^2}\mathrm{d}x = \sqrt{\pi}$，故结论成立. 证毕.

在一元函数的无穷限广义积分中，我们有以下结论：若 $|f(x)|$ 在 $[a,\ +\infty)$ 上可积，则 $f(x)$ 在 $[a,\ +\infty)$ 上可积；反之不一定成立. 而在广义重积分中我们有下面的定理.

定理 20.11 设 $f(x,\ y)$ 在无界区域 D 有定义，则 $\iint\limits_{D} f(x,y)\mathrm{d}\sigma$ 收敛的充分必要条件是 $\iint\limits_{D} |f(x,y)|\mathrm{d}\sigma$ 收敛（即在无界区域的广义重积分中绝对收敛和收敛是等价的）.

对于定理 20.11 的证明，有兴趣的读者可参阅菲赫金哥尔茨所著的《微积分学教程》的第 3 卷的第一分册.

3. 敛散性的判别（收敛的充分条件）

定理 20.12（比较判别法） 设 $f(x,\ y)$，$g(x,\ y)$ 在无界区域 D 上有定义，若存在常数 $c>0$，使得 $|f(x,\ y)| \leqslant cg(x,\ y)$，且 $\iint\limits_{D} g(x,y)\mathrm{d}\sigma$ 收敛，则 $\iint\limits_{D} f(x,y)\mathrm{d}\sigma$ 收敛.

由定理 20.10 后的说明（2）即可得出上述结论. 证明从略.

定理 20.13（柯西判别法） 设 $f(x,\ y)$ 在无界区域 D 上有定义，$f(x,\ y)$ 在 D 的任何有界子区域上可积，记 $r = \sqrt{x^2+y^2}$.

（1）若当 r 足够大时，$|f(x,\ y)| \leqslant \dfrac{c}{r^p}$，其中 $c>0$ 为常数，则当 $p>2$ 时 $\iint\limits_{D} f(x,y)\mathrm{d}\sigma$ 收敛；

（2）若 D 是含有原点的无限扇形区域且在 D 上满足 $|f(x,\ y)| \geqslant \dfrac{c}{r^p}$，则当 $p\leqslant 2$ 时 $\iint\limits_{D} f(x,y)\mathrm{d}\sigma$ 发散.

证明 （1）作 $F(x,\ y)=\begin{cases} f(x,\ y), & (x,\ y)\in D \\ 0, & (x,\ y)\notin D \end{cases}$，则 $F(x,\ y)$ 是定义在整个平面 $\mathbf{R}^2$ 上的函数，令 $x=r\cos\theta$，$y=r\sin\theta$，则

$$\iint\limits_{D}|f(x,y)|\,\mathrm{d}\sigma=\iint\limits_{\mathbf{R}^2}|F(x,y)|\,\mathrm{d}\sigma=\int_0^{2\pi}\mathrm{d}\theta\int_0^{+\infty}|F(r\cos\theta,r\sin\theta)|\,r\mathrm{d}r$$

$$=\int_0^{2\pi}\mathrm{d}\theta\int_0^{r_0}|F(r\cos\theta,r\sin\theta)|\,r\mathrm{d}r+\int_0^{2\pi}\mathrm{d}\theta\int_{r_0}^{+\infty}|F(r\cos\theta,r\sin\theta)|\,r\mathrm{d}r,$$

上式的第一个积分是有界区域上的常义积分，从而存在；在上式的第二个积分中，由定理假设，对充分大的 r 有

$$|F(r\cos\theta,r\sin\theta)r|\leqslant\frac{c}{r^{p-1}}.$$

于是

$$\int_0^{2\pi}\mathrm{d}\theta\int_{r_0}^{+\infty}|F(r\cos\theta,r\sin\theta)|\,r\mathrm{d}r$$

$$\leqslant\int_0^{2\pi}\mathrm{d}\theta\int_{r_0}^{+\infty}\frac{c}{r^{p-1}}\mathrm{d}r=2\pi\lim_{r\to\infty}\frac{c}{2-p}(r^{2-p}-r_0^{2-p})\xlongequal{p>2}\frac{2\pi c}{p-2}r_0^{2-p}$$

为有限数，因此 $\iint\limits_{D}|f(x,y)|\,\mathrm{d}\sigma$ 收敛，故 $\iint\limits_{D}f(x,y)\mathrm{d}\sigma$ 收敛. 同理可证明（2）成立. 证毕.

例 20.24 令 $D=\{(x,y)\mid-\infty<x<+\infty,\ 0\leqslant y\leqslant1\}$，设存在常数 $M>m>0$，使得 $\forall(x,y)\in D$，有 $m\leqslant|\varphi(x,y)|\leqslant M$，讨论 $\iint\limits_{D}\dfrac{\varphi(x,y)}{(1+x^2+y^2)^p}\mathrm{d}\sigma$ 的敛散性.

解 因为

$$\frac{m}{(1+x^2+y^2)^p}\leqslant\left|\frac{\varphi(x,y)}{(1+x^2+y^2)^p}\right|\leqslant\frac{M}{(1+x^2+y^2)^p}.$$

由定理 20.12 知 $\iint\limits_{D}\left|\dfrac{\varphi(x,y)}{(1+x^2+y^2)^p}\right|\mathrm{d}x\mathrm{d}y$ 与 $\iint\limits_{D}\dfrac{\mathrm{d}x\mathrm{d}y}{(1+x^2+y^2)^p}$ 有相同的敛散性. 又积分区域 D 关于 x 轴是对称的，所以 $\iint\limits_{D}\dfrac{\mathrm{d}x\mathrm{d}y}{(1+x^2+y^2)^p}=2\int_0^1\mathrm{d}y\int_0^{+\infty}\dfrac{\mathrm{d}x}{(1+x^2+y^2)^p}$. 因为当 $p\geqslant 0$，$0\leqslant y\leqslant1$ 时，

$$\frac{1}{(2+x^2)^p}\leqslant\frac{1}{(1+x^2+y^2)^p}\leqslant\frac{1}{(1+x^2)^p},$$

所以当且仅当 $p>\dfrac{1}{2}$ 时，广义二重积分 $\iint\limits_{D}\dfrac{\mathrm{d}x\mathrm{d}y}{(1+x^2+y^2)^p}$ 收敛. 故当且仅当 $p>\dfrac{1}{2}$ 时，$\iint\limits_{D}\dfrac{\varphi(x,y)}{(1+x^2+y^2)^p}\mathrm{d}\sigma$ 收敛.

（二）无界函数广义二重积分

设 D 是平面上有界闭区域，P 是 D 的一个聚点，$f(x,y)$ 在 $D-\{P\}$ 上有定义，但 $f(x,y)$ 在点 P 的任何空心邻域内无界，我们称 P 为 $f(x,y)$ 的**瑕点**或**奇点**. 记 Δ 是 D 中含点 P 的小区域，假设 $f(x,y)$ 在 $D-\Delta$ 上可积. 记

$$d = \sup\{\sqrt{(x_1 - x_2)^2 + (y_1 - y_2)^2} \mid (x_1, y_1), (x_2, y_2) \in \Delta\}.$$

若极限 $\lim\limits_{d \to 0} \iint\limits_{D - \Delta} f(x, y) \mathrm{d}\sigma$ 存在且为有限值，并且该极限值与 Δ 的取法无关，则称此极限值
为无界函数 $f(x, y)$ 在有界闭区域 D 上的**广义二重积分**，或者简称**二重瑕积分**，记为
$\iint\limits_{D} f(x, y) \mathrm{d}\sigma$，这时也称二重瑕积分 $\iint\limits_{D} f(x, y) \mathrm{d}\sigma$ 收敛；否则称二重瑕积分 $\iint\limits_{D} f(x, y) \mathrm{d}\sigma$ 发散.
于是

$$\iint\limits_{D} f(x, y) \mathrm{d}\sigma = \lim_{d \to 0} \iint\limits_{D - \Delta} f(x, y) \mathrm{d}\sigma.$$

无界函数的广义二重积分也有相应的判别法，下面仅给出柯西判别法且不给出证明.

定理 20.14（柯西判别法）　设 D 是平面上有界闭区域，$f(x, y)$ 在 $D - \{P\}$ 上有定义，$P(x_0, y_0)$ 是瑕点，则有以下两个结论成立：

(1) 若在 P 的附近有

$$|f(x, y)| \leqslant \frac{c}{r^p},$$

其中 $c > 0$ 为常数，$r = \sqrt{(x - x_0)^2 + (y - y_0)^2}$，则当 $p < 2$ 时，$\iint\limits_{D} f(x, y) \mathrm{d}\sigma$ 收敛；

(2) 若在 P 的附近有

$$|f(x, y)| \geqslant \frac{c}{r^p},$$

且 D 含有以点 P 为顶点的角形区域，则当 $p \geqslant 2$ 时，$\iint\limits_{D} f(x, y) \mathrm{d}\sigma$ 发散.

 习题 20.4

1. 讨论下列广义二重积分的敛散性，如果收敛，求出其值：

(1) $\iint\limits_{\substack{xy \geqslant 1 \\ x \geqslant 1}} \dfrac{\mathrm{d}x\mathrm{d}y}{x^p y^q}$；　(2) $\iint\limits_{x^2 + y^2 \leqslant 1} \dfrac{\mathrm{d}x\mathrm{d}y}{\sqrt{1 - x^2 - y^2}}$；　(3) $\iint\limits_{\mathbf{R}^2} \mathrm{e}^{-(x^2 + y^2)} \cos(x^2 + y^2) \mathrm{d}x\mathrm{d}y$.

2. 判断下列积分的敛散性：

(1) $\iint\limits_{\mathbf{R}^2} \dfrac{\mathrm{d}x\mathrm{d}y}{(1 + |x|^p)(1 + |y|^q)}$；

(2) $\iint\limits_{0 \leqslant x, y < +\infty} \sin(x^2 + y^2) \mathrm{d}x\mathrm{d}y$.

3. 判别下列积分的敛散性：

(1) $\iint\limits_{x^2 + y^2 \leqslant 1} \dfrac{\mathrm{d}x\mathrm{d}y}{(x^2 + y^2)^p}$；

(2) $\iint\limits_{x^2 + y^2 \leqslant 1} \dfrac{\mathrm{d}x\mathrm{d}y}{(1 - x^2 - y^2)^p}$.

本章小结

本章主要介绍了两类重要的重积分：二重积分和三重积分，它们是定积分的推广．类似于定积分考虑的是一元函数在区间上的积分，二重积分与三重积分考虑的分别是二元函数在平面区域上的积分和三元函数在空间区域上的积分，它们具有与定积分完全类似的性质．

本章的重点是掌握二重积分与三重积分的计算．我们分别简单总结如下：

1. 二重积分的计算方法．

（1）直角坐标系下化二重积分为二次积分，当积分区域为 X 型区域时，化为先 y 后 x 的二次积分；当积分区域为 Y 型区域时，化为先 x 后 y 的二次积分．

（2）极坐标系下二重积分的计算公式为

$$\iint\limits_{D} f(x,y)\mathrm{d}x\mathrm{d}y = \iint\limits_{D(r,\theta)} f(r\cos\theta, r\sin\theta) r\mathrm{d}r\mathrm{d}\theta.$$

当被积函数 $f(x,y)$ 是 x，y 的齐次函数，积分区域 D 是圆域或圆域的一部分时常常采用极坐标形式计算二重积分．

（3）一般的坐标变换下二重积分的计算公式：

$$\iint\limits_{D} f(x,y)\mathrm{d}x\mathrm{d}y \xlongequal[y=\psi(u,v)]{x=\varphi(u,v)} \iint\limits_{D_{uv}} f(\varphi(u,v),\psi(u,v)) \left| \frac{\partial(\varphi,\psi)}{\partial(u,v)} \right| \mathrm{d}u\mathrm{d}v.$$

这里的坐标变换公式常常依据积分区域的边界曲线方程或被积函数的表达形式而确定．

（4）二重积分的简化．

在计算二重积分时，我们常常还会考虑被积函数的奇偶性和积分区域的对称性．有下列结论：

（ⅰ）若积分区域 D 关于 x 轴对称，则

$$\iint\limits_{D} f(x,y)\mathrm{d}x\mathrm{d}y = \begin{cases} 0, & \text{若 } f(x,-y)=-f(x,y) \\ 2\iint\limits_{D_1} f(x,y)\mathrm{d}x\mathrm{d}y, & \text{若 } f(x,-y)=f(x,y) \end{cases},$$

其中 $D_1=D\bigcap\{(x,y)\,|\,y\geqslant 0\}$．

（ⅱ）若积分区域 D 关于 y 轴对称，则

$$\iint\limits_{D} f(x,y)\mathrm{d}x\mathrm{d}y = \begin{cases} 0, & \text{若 } f(-x,y)=-f(x,y) \\ 2\iint\limits_{D_1} f(x,y)\mathrm{d}x\mathrm{d}y, & \text{若 } f(-x,y)=f(x,y) \end{cases},$$

其中 $D_1=D\bigcap\{(x,y)\,|\,x\geqslant 0\}$．

（ⅲ）若积分区域 D 关于直线 $y=x$ 对称，则

$$\iint\limits_{D} f(x,y)\mathrm{d}x\mathrm{d}y = \iint\limits_{D} f(y,x)\mathrm{d}x\mathrm{d}y .$$

2. 三重积分的计算方法.

（1）空间直角坐标系下化三重积分为三次积分有两种方法. 第一种方法是先"单"后"重"，即先计算单积分后计算二重积分，这时要先将积分区域向坐标平面作投影，这个投影区域就是二重积分的积分区域，所以我们称这种方法为"投影法"；第二种方法是先"重"后"单"，即先计算二重积分，再计算单积分，这时二重积分的积分区域是将单积分对应的自变量看成常数所对应的平面截三重积分的积分区域所得的平面区域，我们称这种方法为"切片法"，当三重积分的被积函数只含有一个自变量时常常考虑用这种方法.

（2）坐标变换下三重积分的计算公式：

$$\iiint\limits_{\Omega} f(x,y,z)\mathrm{d}x\mathrm{d}y\mathrm{d}z = \iiint\limits_{\Omega^*} f(x(u,v,w),y(u,v,w),z(u,v,w)) \left| \det\frac{\partial(x,y,z)}{\partial(u,v,w)} \right| \mathrm{d}u\mathrm{d}v\mathrm{d}w.$$

特别地，三重积分的柱面坐标变换公式为

$$\iiint\limits_{\Omega} f(x,y,z)\mathrm{d}x\mathrm{d}y\mathrm{d}z = \iiint\limits_{\Omega^*} f(r\cos\theta,r\sin\theta,z) r\mathrm{d}r\mathrm{d}\theta\mathrm{d}z .$$

当积分区域是圆柱体或圆锥体的一部分，且被积函数形如 $f(x^2+y^2)$ 或 $f\left(\dfrac{y}{x}\right)$ 时可考虑柱面坐标变换.

三重积分的球面坐标变换公式为

$$\iiint\limits_{\Omega} f(x,y,z)\mathrm{d}x\mathrm{d}y\mathrm{d}z$$
$$= \iiint\limits_{\Omega^*} f(r\cos\theta\sin\varphi,r\sin\theta\sin\varphi,r\cos\varphi) r^2\sin\varphi\mathrm{d}r\mathrm{d}\theta\mathrm{d}\varphi .$$

当积分区域是球体或球顶锥体的一部分，且被积函数形如 $f(x^2+y^2+z^2)$ 时可考虑球面坐标变换.

本章中我们还介绍了二重积分和三重积分在物理学中的应用，包括平面薄片和空间立体的质心坐标、平面薄片和空间立体对于坐标轴的转动惯量以及空间立体对质点的引力等. 最后我们简单介绍了广义重积分的概念、计算方法和敛散性的判别方法.

总练习题二十

1. 选择题：

（1）设 D_k 是区域 $D=\{(x,y)\,|\,x^2+y^2\leqslant 1\}$ 在第 k 象限的部分，记 $I_k = \iint\limits_{D_k}(y-$

$x)\mathrm{d}x\mathrm{d}y$, $k=1$, 2, 3, 4, 则 （　　）.

    A. $I_1>0$ B. $I_2>0$ C. $I_3>0$ D. $I_4>0$

（2）下列积分不等式正确的是 （　　）.

    A. $\displaystyle\iint\limits_{|x|\leqslant1,|y|\leqslant1}(x-1)\mathrm{d}x\mathrm{d}y\geqslant0$ B. $\displaystyle\iint\limits_{x^2+y^2\leqslant1}(-x^2-y^2)\mathrm{d}x\mathrm{d}y\geqslant0$

    C. $\displaystyle\iint\limits_{|x|\leqslant1,|y|\leqslant1}(y-1)\mathrm{d}x\mathrm{d}y\geqslant0$ D. $\displaystyle\iint\limits_{|x|\leqslant1,|y|\leqslant1}(x+1)\mathrm{d}x\mathrm{d}y\geqslant0$

（3）设平面区域 $D_1=\{(x, y)\mid |x|+|y|\leqslant1\}$，$D_2=\{(x, y)\mid x^2+y^2\leqslant1\}$，$D_3=\{(x, y)\mid \sqrt{|x|}+\sqrt{|y|}\leqslant1\}$，且 $I_k=\displaystyle\iint\limits_{D_k}|xy|\mathrm{d}\sigma$，则 （　　）.

    A. $I_1<I_2<I_3$ B. $I_1<I_3<I_2$

    C. $I_3<I_1<I_2$ D. $I_3<I_2<I_1$

（4）设 $D=\{(x, y)\mid x^2+y^2\leqslant2x, x^2+y^2\leqslant2y\}$，函数 $f(x, y)$ 在 D 上连续，则 $\displaystyle\iint\limits_{D}f(x,y)\mathrm{d}x\mathrm{d}y=$（　　）.

    A. $\displaystyle\int_0^{\frac{\pi}{4}}\mathrm{d}\theta\int_0^{2\cos\theta}f(r\cos\theta,r\sin\theta)\cdot r\mathrm{d}r+\int_{\frac{\pi}{4}}^{\frac{\pi}{2}}\mathrm{d}\theta\int_0^{2\sin\theta}f(r\cos\theta,r\sin\theta)\cdot r\mathrm{d}r$

    B. $\displaystyle\int_0^{\frac{\pi}{4}}\mathrm{d}\theta\int_0^{2\sin\theta}f(r\cos\theta,r\sin\theta)\cdot r\mathrm{d}r+\int_{\frac{\pi}{4}}^{\frac{\pi}{2}}\mathrm{d}\theta\int_0^{2\cos\theta}f(r\cos\theta,r\sin\theta)\cdot r\mathrm{d}r$

    C. $\displaystyle2\int_0^1\mathrm{d}x\int_{1-\sqrt{1-x^2}}^{x}f(x,y)\mathrm{d}y$

    D. $\displaystyle2\int_0^1\mathrm{d}x\int_x^{\sqrt{2x-x^2}}f(x,y)\mathrm{d}y$.

2. 填空题：

  （1）设 $\Omega=\{(x, y, z)\mid x^2+y^2+z^2\leqslant1\}$，则 $\displaystyle\iiint\limits_{\Omega}(x+|y|+z^2)\mathrm{d}x\mathrm{d}y\mathrm{d}z=$ _____；

  （2）曲面 $z=1+x^2+y^2$ 在点 $M(1, -1, 3)$ 处的切平面与曲面 $z=x^2+y^2$ 所围区域的体积为 _____.

3. 证明不等式：$\dfrac{61\pi}{165}\leqslant\displaystyle\iint\limits_{x^2+y^2\leqslant1}\sin\sqrt{(x^2+y^2)^3}\mathrm{d}x\mathrm{d}y\leqslant\dfrac{2\pi}{5}$.

4. 计算下列重积分：

  （1）$\displaystyle\iint\limits_{D}|\sin(x-y)|\mathrm{d}\sigma$，其中 $D=\{(x,y)\mid 0\leqslant x\leqslant y\leqslant2\pi\}$；

  （2）$\displaystyle\iint\limits_{D}\dfrac{x^2-xy-y^2}{x^2+y^2}\mathrm{d}x\mathrm{d}y$，其中 D 是由直线 $y=1$，$y=x$，$y=-x$ 围成的有界区域；

  （3）$\displaystyle\iint\limits_{D}x^2\mathrm{d}x\mathrm{d}y$，区域 D 由直线 $x=3y$，$y=3x$，$x+y=8$ 围成；

  （4）$I=\displaystyle\iiint\limits_{\Omega}y\sqrt{1-x^2}\mathrm{d}x\mathrm{d}y\mathrm{d}z$，其中 Ω 由 $y=-\sqrt{1-x^2-z^2}$，$x^2+z^2=1$，$y=1$

围成.

5. 设 $f(u)$ 连续，证明：$\int_0^x \left[\int_0^v \left(\int_0^u f(t)\mathrm{d}t \right)\mathrm{d}u \right]\mathrm{d}v = \frac{1}{2} \int_0^x (x-t)^2 f(t)\mathrm{d}t$.

6. 设 $f(x)$ 在 $[1, 2]$ 上连续，D 是曲线 $xy=1$，$xy=2$，$y=x$，$y=4x$ 所围区域在第一象限的部分，证明：$\iint\limits_D f(xy)\mathrm{d}x\mathrm{d}y = \ln 2 \int_1^2 f(u)\mathrm{d}u$.

7. 设 $f(x)$ 在 $[0, +\infty)$ 上可微，且 $f(0)=0$，试求极限

$$\lim_{t \to 0^+} \frac{1}{\pi t^4} \iiint\limits_{x^2+y^2+z^2 \leqslant t^2} f(\sqrt{x^2+y^2+z^2})\mathrm{d}x\mathrm{d}y\mathrm{d}z.$$

8. 设 $f(x)$ 连续，利用二重积分证明：

$$\int_0^{\frac{\pi}{2}} \mathrm{d}\varphi \int_0^{\frac{\pi}{2}} f(1-\sin\theta\cos\varphi) \cdot \sin\theta\mathrm{d}\theta = \frac{\pi}{2} \int_0^1 f(x)\mathrm{d}x.$$

9. 记 $r=\sqrt{\alpha^2+\beta^2+\gamma^2}>0$，设 $f(x)$ 在 $[-r, r]$ 上连续，证明：

$$\iiint\limits_{x^2+y^2+z^2 \leqslant 1} f(\alpha x + \beta y + \gamma z)\mathrm{d}x\mathrm{d}y\mathrm{d}z = \pi \int_{-1}^1 (1-t^2)f(rt)\mathrm{d}t.$$

10. 设 D 是第一象限的由抛物线 $y=x^2$、圆 $x^2+y^2=1$ 及 x 轴围成的区域，证明：积分 $\iint\limits_D \frac{\mathrm{d}x\mathrm{d}y}{x^2+y^2}$ 收敛.

11. 设 $f(x, y)$ 在 $x^2+y^2 \leqslant 1$ 上有连续的二阶偏导数，存在常数 $M>0$ 使得 $f''^2_{xx} + 2f''^2_{xy} + f''^2_{yy} \leqslant M$. 若 $f(0, 0)=0$，$f'_x(0, 0)=f'_y(0, 0)=0$，证明：

$$\left| \iint\limits_{x^2+y^2 \leqslant 1} f(x,y)\mathrm{d}x\mathrm{d}y \right| \leqslant \frac{\pi\sqrt{M}}{4}.$$

12. 设某物体所在的空间区域为 Ω：$x^2+y^2+2z^2 \leqslant x+y+2z$，密度函数为 $x^2+y^2+z^2$，求 Ω 上的质量.

13. 求抛物面 $z=x^2+y^2+1$ 上任意一点 $P_0(x_0, y_0)$ 处的切平面与抛物面 $z=x^2+y^2$ 所围立体的体积.

第二十一章

曲线积分

1. 两类曲线积分：第一类曲线积分和第二类曲线积分的定义；
2. 两类曲线积分的计算方法：通过曲线参数化将两类曲线积分化为定积分；
3. 两类曲线积分的关系，以及平面上曲线积分与二重积分的关系——格林公式；
4. 平面上曲线积分与积分路径的无关性.

■■ 导入案例

在学习重积分时，我们通过总结一元函数中定积分定义的原理，并结合我们进一步学习的二元函数知识，在解决求曲顶柱体的体积和非均匀分布在平面薄板上或空间立体上的质量等具体问题时引进了二重积分和三重积分. 值得注意的是，不论是二重积分还是三重积分仍然保留了以下四个步骤：(1) 将所讨论的整体量任意分割成若干"小量"（即可以任意小的部分量）；(2) 在每一个"小量"中，在遵循以"直"代"曲"（即以直线代替曲面，以平面代替曲面）、以"不变"代替"变"（即以匀速代替变速）、以均匀分布代替非均匀分布的原则下求得各"小量"的近似值，这个近似值满足"小量"越小，近似程度越高的要求；(3) 将各个"小量"的近似值加起来，得到总量的近似值；(4) 取极限，选取一定办法让所有"小量"趋于零，我们用该极限值来表示总量的精确值.

本章我们仍以上述原理来解决下面的问题：

(1) 设有一曲线型细长构件 L，已知该构件在点 (x, y, z) 处的密度函数为 $f(x, y, z)$，怎样求出构件 L 上的质量呢？

21.1 节将引进第一类曲线积分来解决这个问题.

(2) 设有一变力 $\vec{F}(x, y, z) = (P(x, y, z), Q(x, y, z), R(x, y, z))$，将一物体沿着一曲线 L 从一个点移动到另一个点，怎样合理求出力 $\vec{F}(x, y, z)$ 所作的功呢？

§21.2 节将引进第二类曲线积分来解决这个问题.

在我们学习一元函数的定积分时，**牛顿-莱布尼茨**公式在计算定积分时起着至关重要的作用，它将定积分与不定积分联系起来，将被积函数 $f(x)$ 在闭区间 $[a, b]$ 上的累积转化为被积函数的原函数在闭区间 $[a, b]$ 的边界（即两个点 a, b）上函数值的差. 引进上述两种曲线积分后，我们将给出平面曲线积分的牛顿-莱布尼茨公式——**格林**（Green）公式.

§21.1　第一类曲线积分

（一）第一类曲线积分的概念

首先，我们来考虑一个实际例子. 现有一曲线型细长构件 L，已知该构件在点 (x, y, z) 处的密度函数为 $f(x, y, z)$，要以合理的方式求出构件 L 上的质量.

在 §20.1 节中我们用积分的方法曾经求过以 $f(x, y)$ 为面密度函数的平面薄板 D 上的质量为 $\iint\limits_{D} f(x,y)\mathrm{d}\sigma$，现在我们用类似的方法来解决上述问题.

如图 21-1 所示，将构件 L 任意分割成 n 个小段 L_i，$i=1, 2, \cdots, n$，在每个小段上任取一点 (ξ_i, η_i, ζ_i)，当每个小段的弧长 Δs_i 都足够小时，我们可以近似地将每个小段看成均匀密度，于是第 i 个小段 L_i 上的质量近似地为 $\Delta m_i \approx f(\xi_i, \eta_i, \zeta_i)\Delta s_i$，于是构件 L 上的质量 m 就近似地等于 $\sum\limits_{i=1}^{n} f(\xi_i, \eta_i, \zeta_i)\Delta s_i$，而且小段的弧长 Δs_i 越小，近似程度越高，因此我们有理由定义构件 L 上的总质量为 $\lim\limits_{d\to 0}\sum\limits_{i=1}^{n} f(\xi_i, \eta_i, \zeta_i)\Delta s_i$，其中 $d=\max\{\Delta s_i \mid i=1, 2, \cdots, n\}$，这就是第一类曲线积分的概念.

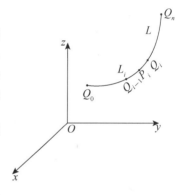

图 21-1

定义 21.1　设 L 为空间中（或平面上）可求长的曲线段，$f(x, y, z)$ 是定义在 L 上的函数. 将曲线段 L 任意分割成 n 个小曲线段 L_i，对应每个小段的弧长记为 Δs_i，$i=1, 2, \cdots, n$. 记 $d=\max\{\Delta s_i \mid i=1, 2, \cdots, n\}$（我们称 d 为**分割的细度**），在每个小段上任取一点 (ξ_i, η_i, ζ_i)，若极限 $\lim\limits_{d\to 0}\sum\limits_{i=1}^{n} f(\xi_i, \eta_i, \zeta_i)\Delta s_i$ 存在，且该极限值与 L 的分割和小段上点 (ξ_i, η_i, ζ_i) 的选取无关，则称该极限值为 $f(x, y, z)$ **在 L 上的第一类曲线积分**（也称为**在 L 上关于弧长的曲线积分**），记为

$$\int_L f(x,y,z)\mathrm{d}s,$$

其中 $f(x, y, z)$ 称为**被积函数**，L 称为**积分曲线**（或**积分路径**），$\mathrm{d}s$ 称为**弧长元**（即前面定义过的弧长微分），即

$$\int_L f(x,y,z)\mathrm{d}s = \lim_{d\to 0}\sum_{i=1}^{n} f(\xi_i,\eta_i,\zeta_i)\Delta s_i.$$

显然，从定义 21.1 可以看出：

(1) 以 $f(x, y, z)$ 为线密度函数的非均匀分布的构件 L 上的质量就是 $\int_L f(x,y,z)\mathrm{d}s$;

(2) 当 L 是平面曲线时，函数 $f(x, y)$ 在 L 上的第一类曲线积分为 $\int_L f(x,y)\mathrm{d}s$;

(3) 第一类曲线积分与积分曲线的方向没有关系.

由于第一类曲线积分的定义与定积分的定义类似，从而它具有与定积分完全类似的性质. 下面只列出结论，请读者自行证明.

性质 21.1（线性性质）　若 $f(x, y, z)$，$g(x, y, z)$ 在曲线 L 上的第一类曲线积分存在，则对任意常数 k_1，k_2，$k_1 f(x, y, z) + k_2 g(x, y, z)$ 在 L 上的第一类曲线积分也存在且有

$$\int_L [k_1 f(x,y,z) + k_2 g(x,y,z)]\mathrm{d}s = k_1 \int_L f(x,y,z)\mathrm{d}s + k_2 \int_L g(x,y,z)\mathrm{d}s.$$

性质 21.2（积分路径可加性）　设 $L = L_1 \cup L_2$，$L_1 \cup L_2$ 或为单点集或为空集. 若 $f(x, y, z)$ 在 L 上的第一类曲线积分存在，则 $f(x, y, z)$ 在 L_1 和 L_2 上的第一类曲线积分都存在；反之，若 $f(x, y, z)$ 在 L_1 和 L_2 上的第一类曲线积分都存在，则 $f(x, y, z)$ 在 L 上的第一类曲线积分也存在. 不管哪种情形，都有下面的等式成立：

$$\int_L f(x,y,z)\mathrm{d}s = \int_{L_1} f(x,y,z)\mathrm{d}s + \int_{L_2} f(x,y,z)\mathrm{d}s.$$

性质 21.3（保序性）　若 $f(x, y, z)$，$g(x, y, z)$ 在曲线 L 上的第一类曲线积分存在，且在曲线 L 上有 $f(x, y, z) \leqslant g(x, y, z)$，则

$$\int_L f(x,y,z)\mathrm{d}s \leqslant \int_L g(x,y,z)\mathrm{d}s.$$

推论 21.1　若 $f(x, y, z)$ 在曲线 L 上的第一类曲线积分存在，则 $|f(x, y, z)|$ 在曲线 L 上的第一类曲线积分也存在，且

$$\left| \int_L f(x,y,z)\mathrm{d}s \right| \leqslant \int_L |f(x,y,z)|\mathrm{d}s.$$

推论 21.2　若 $f(x, y, z)$ 在曲线 L 上的第一类曲线积分存在，则存在某个 $c \in [\inf_L f(x,y,z), \sup_L f(x,y,z)]$，使得 $\int_L f(x,y,z)\mathrm{d}s = c \cdot s$，其中 s 是 L 的弧长.

（二）第一类曲线积分的计算

定理 21.1　设 L：$x = x(t)$，$y = y(t)$，$z = z(t)$，$t \in [a, b]$ 是空间光滑曲线，即 $x'(t)$，$y'(t)$，$z'(t)$ 在 $[a, b]$ 上连续，函数 $f(x, y, z)$ 在 L 上连续，则

$$\int_L f(x,y,z)\mathrm{d}s = \int_a^b f(x(t),y(t),z(t))\sqrt{x'^2(t) + y'^2(t) + z'^2(t)}\,\mathrm{d}t.$$

证明　将区间 $[a, b]$ 任意分割成 n 个小区间：$a = t_0 < t_1 < \cdots < t_n = b$，对应曲线 L 被分割成 n 个小曲线段 L_i，L_i 的两个端点分别为 $P_{i-1}(t_{i-1})$ 和 $P_i(t_i)$，对应每个小段的弧长

记为 Δs_i，$i=1$，2，$\cdots$，n，则由弧长的计算公式有

$$\Delta s_i = \int_{t_{i-1}}^{t_i} \sqrt{x'^2(t)+y'^2(t)+z'^2(t)}\mathrm{d}t.$$

任取 $\xi_i \in [t_{i-1}, t_i]$，得到小曲线段 L_i 上一点 $(x(\xi_i), y(\xi_i), z(\xi_i))$，记

$$\sigma = \sum_{i=1}^{n} f(x(\xi_i), y(\xi_i), z(\xi_i))\Delta s_i,$$

$$I = \int_a^b f(x(t), y(t), z(t))\sqrt{x'^2(t)+y'^2(t)+z'^2(t)}\mathrm{d}t,$$

且记 L 的弧长为 s. 于是

$$\sigma - I = \sum_{i=1}^{n} f(x(\xi_i), y(\xi_i), z(\xi_i))\Delta s_i$$

$$- \int_a^b f(x(t), y(t), z(t))\sqrt{x'^2(t)+y'^2(t)+z'^2(t)}\mathrm{d}t$$

$$= \sum_{i=1}^{n} f(x(\xi_i), y(\xi_i), z(\xi_i))\Delta s_i$$

$$- \sum_{i=1}^{n} \int_{t_{i-1}}^{t_i} f(x(t), y(t), z(t))\sqrt{x'^2(t)+y'^2(t)+z'^2(t)}\mathrm{d}t$$

$$= \sum_{i=1}^{n} \int_{t_{i-1}}^{t_i} [f(x(\xi_i), y(\xi_i), z(\xi_i))$$

$$- f(x(t), y(t), z(t))]\sqrt{x'^2(t)+y'^2(t)+z'^2(t)}\mathrm{d}t.$$

因为 $f(x, y, z)$ 在 L 上连续，$x'(t)$，$y'(t)$，$z'(t)$ 在 $[a, b]$ 上连续，所以 $f(x(t), y(t), z(t))$ 在 $[a, b]$ 上连续，从而一致连续，因此对任意的 $\varepsilon>0$，当 $d=\max\{\Delta s_i | i=1, 2, \cdots, n\}$ 充分小时，$\omega_i(f)<\dfrac{\varepsilon}{s}$. 于是

$$|\sigma - I| \leqslant \sum_{i=1}^{n} \int_{t_{i-1}}^{t_i} |f(x(\xi_i), y(\xi_i), z(\xi_i))$$

$$- f(x(t), y(t), z(t))|\sqrt{x'^2(t)+y'^2(t)+z'^2(t)}\mathrm{d}t$$

$$\leqslant \frac{\varepsilon}{s} \sum_{i=1}^{n} \int_{t_{i-1}}^{t_i} \sqrt{x'^2(t)+y'^2(t)+z'^2(t)}\mathrm{d}t = \varepsilon,$$

故 $\displaystyle\int_L f(x,y,z)\mathrm{d}s = \lim_{d\to 0}\sigma = I$. 证毕.

推论 21.3　设 $L: x=x(t)$，$y=y(t)$，$t\in[a, b]$ 是平面光滑曲线，即 $x'(t)$，$y'(t)$ 在 $[a, b]$ 上连续，函数 $f(x, y)$ 在 L 上连续，则

$$\int_L f(x,y)\mathrm{d}s = \int_a^b f(x(t), y(t))\sqrt{x'^2(t)+y'^2(t)}\mathrm{d}t.$$

特别地，若平面曲线的方程为 $L: y=y(x)$，$x\in[a, b]$，则

$$\int_L f(x,y)\mathrm{d}s = \int_a^b f(x,y(x))\sqrt{1+y'^2(x)}\,\mathrm{d}x.$$

结论： 在熟记弧长公式 $s(t) = \int_a^t \sqrt{x'^2(t)+y'^2(t)+z'^2(t)}\,\mathrm{d}t$ 的前提下，第一类曲线积分的计算就只需将积分曲线合理参数化后直接代入即可.

例 21.1 计算：$\int_L \sqrt{x^2+y^2}\,\mathrm{d}s$，其中 $L: x^2+y^2 = ax(a>0)$.

解 方法 1 如图 21-2 所示，将积分曲线常规参数化：

$$x = \frac{a}{2}+\frac{a}{2}\cos\theta, y = \frac{a}{2}\sin\theta, -\pi \leqslant \theta \leqslant \pi.$$

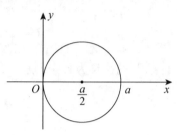

图 21-2

则

$$\begin{aligned}
\int_L \sqrt{x^2+y^2}\,\mathrm{d}s &= \int_{-\pi}^{\pi}\sqrt{\left(\frac{a}{2}\cos\theta+\frac{a}{2}\right)^2+\left(\frac{a}{2}\sin\theta\right)^2}\\
&\quad \cdot\sqrt{\left(-\frac{a}{2}\sin\theta\right)^2+\left(\frac{a}{2}\cos\theta\right)^2}\,\mathrm{d}\theta\\
&= \frac{a^2}{2}\int_{\pi}^{\pi}\cos\frac{\theta}{2}\,\mathrm{d}\theta = 2a^2.
\end{aligned}$$

方法 2 将积分曲线参数化：$x = a\cos^2\theta, y = a\cos\theta\sin\theta, -\frac{\pi}{2}\leqslant \theta \leqslant \frac{\pi}{2}$，则 $\sqrt{x^2+y^2} = a\cos\theta, \mathrm{d}s = a\mathrm{d}\theta$，因此

$$\int_L \sqrt{x^2+y^2}\,\mathrm{d}s = a^2 \int_{-\frac{\pi}{2}}^{\frac{\pi}{2}}\cos\theta\,\mathrm{d}\theta = 2a^2.$$

例 21.2 计算 $\int_L x^2\mathrm{d}s$，其中 L 是平面 $x+y+z=0$ 截球面 $x^2+y^2+z^2=R^2$ 所得曲线.

解 因为积分曲线 L 关于 x，y，z 轮换对称，所以 $\int_L x^2\mathrm{d}s = \int_L y^2\mathrm{d}s = \int_L z^2\mathrm{d}s$，因此

$$\int_L x^2\mathrm{d}s = \frac{1}{3}\int_L (x^2+y^2+z^2)\mathrm{d}s = \frac{R^2}{3}s_L = \frac{2\pi R^3}{3}.$$

习题 21.1

1. 计算下列第一类曲线积分：

   (1) $\int_L (x+y)\,\mathrm{d}s$，其中 L 是以 $O(0,0)$，$A(1,0)$，$B(0,1)$ 为顶点的三角形；

   (2) $\int_L |y|\,\mathrm{d}s$，其中 $L: x^2+y^2=1$；

   (3) $\int_L xyz\,\mathrm{d}s$，其中 $L: x=t$，$y=\dfrac{2\sqrt{2t^3}}{3}$，$z=\dfrac{t^2}{2}$，$0 \leqslant t \leqslant 1$；

   (4) $\int_L \sqrt{2y^2+z^2}\,\mathrm{d}s$，其中 $L: x^2+y^2+z^2=a^2$，$x=y$；

(5) $\displaystyle\int_L e^{\sqrt{x^2+y^2}}\,ds$，其中 L：$r=a$，$0\leqslant\theta\leqslant\dfrac{\pi}{4}$；

2. 设 L：$x=a$，$y=at$，$z=\dfrac{1}{2}at^2(0\leqslant t\leqslant 1,a>0)$，$L$ 上的线密度函数为 $\rho=\sqrt{\dfrac{2z}{a}}$，求 L 上的质量.

§21. 2　第二类曲线积分

本节从物理学中力所做的功的问题出发引入第二类曲线积分，给出第二类曲线积分的计算方法，并研究两类曲线积分之间的关系.

（一）第二类曲线积分的概念

首先，我们来考虑物理学中"力做功"的问题. 在中学物理学中我们的问题是考虑恒力 $\vec{F}$ 将一物体在一直线上从点 A 移动到点 B 所做的功是

$$\vec{F}\cdot\overrightarrow{AB}=F\cdot|AB|\cos\theta,$$

其中 θ 是力 $\vec{F}$ 与直线 $\overrightarrow{AB}$ 的夹角（如图 21 - 3 所示）. 现假设 L 是空间中一条可求长的连续曲线，起点为 A，终点为 B，一物体在变力

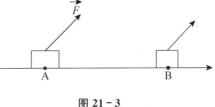

$$\vec{F}(x,y,z)=P(x,y,z)\vec{i}+Q(x,y,z)\vec{j}$$
$$+R(x,y,z)\vec{k}$$
$$=(P(x,y,z),Q(x,y,z),R(x,y,z))$$

的作用下沿着曲线 L 从 A 点移动到 B 点（我们称 $\vec{F}(x,$ $y,z)$ 为**向量值函数**），我们要以合理的方式计算变力 $\vec{F}$ 所做的功. 为此，我们还是充分利用极限的思想. 首先，如图 21-4 所示，将曲线 L 分割成 n 个小曲线段 $\overparen{M_{i-1}M_i}$ （$i=1$，2，$\cdots$，n）：

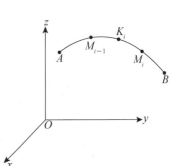

图 21 - 3

图 21 - 4

$$A=M_0(x_0,y_0,z_0),M_1(x_1,y_1,z_1),\cdots,M_n(x_n,y_n,z_n)=B.$$

在每一个小曲线段 $\overparen{M_{i-1}M_i}$ 上任取一点 $K_i(\xi_i,\ \eta_i,\ \zeta_i)$，在每一个小曲线段 $\overparen{M_{i-1}M_i}$ 上可将力看成恒力 $\vec{F}_i(\xi_i,\ \eta_i,\ \zeta_i)$，将物体沿直线段 $\overrightarrow{M_{i-1}M_i}$ 从 M_{i-1} 点移动到 M_i 点所做的功为

$$\Delta w_i \approx \vec{F}_i(\xi_i, \eta_i, \zeta_i) \cdot \overrightarrow{M_{i-1}M_i}$$
$$= (P(\xi_i,\eta_i,\zeta_i), Q(\xi_i,\eta_i,\zeta_i), R(\xi_i,\eta_i,\zeta_i)) \cdot (x_i - x_{i-1}, y_i - y_{i-1}, z_i - z_{i-1})$$
$$= P(\xi_i,\eta_i,\zeta_i)\Delta x_i + Q(\xi_i,\eta_i,\zeta_i)\Delta y_i + R(\xi_i,\eta_i,\zeta_i)\Delta z_i.$$

这里，$\Delta x_i = x_i - x_{i-1}$，$\Delta y_i = y_i - y_{i-1}$，$\Delta z_i = z_i - z_{i-1}$，而且当各小曲线段弧长越小时，近似程度越高. 记 d 是各个小曲线段弧长的最大值，则有

$$w = \sum_{i=1}^{n}\Delta w_i = \lim_{d\to 0}\sum_{i=1}^{n}(P(\xi_i,\eta_i,\zeta_i)\Delta x_i + Q(\xi_i,\eta_i,\zeta_i)\Delta y_i + R(\xi_i,\eta_i,\zeta_i)\Delta z_i).$$

这就是第二类曲线积分.

定义 21.2 设曲线 L 是空间定向可求长的连续曲线，起点为 A，终点为 B. 设

$$\vec{F}(x,y,z) = P(x,y,z)\vec{i} + Q(x,y,z)\vec{j} + R(x,y,z)\vec{k}$$
$$= (P(x,y,z), Q(x,y,z), R(x,y,z))$$

是定义在 L 上的向量值函数. 对 L 任意作分割，将 L 分割成 n 个小曲线段 $\overrightarrow{M_{i-1}M_i}$：

$$A = M_0(x_0,y_0,z_0), M_1(x_1,y_1,z_1), \cdots, M_n(x_n,y_n,z_n) = B.$$

记每个小曲线段 $\overrightarrow{M_{i-1}M_i}$ 的弧长为 Δs_i，$d = \max_{1\leqslant i\leqslant n}\Delta s_i$，并记 $\Delta x_i = x_i - x_{i-1}$，$\Delta y_i = y_i - y_{i-1}$，$\Delta z_i = z_i - z_{i-1}$（分别称为小曲线段 $\overrightarrow{M_{i-1}M_i}$ 在 x，y，z 坐标轴上的**投影**）. 在每一个小曲线段 $\overrightarrow{M_{i-1}M_i}$ 上任取一点 $K_i(\xi_i, \eta_i, \zeta_i)$，若极限

$$\lim_{d\to 0}\sum_{i=1}^{n}(P(\xi_i,\eta_i,\zeta_i)\Delta x_i + Q(\xi_i,\eta_i,\zeta_i)\Delta y_i + R(\xi_i,\eta_i,\zeta_i)\Delta z_i)$$

存在，且该极限值与 L 的分割以及 $\overrightarrow{M_{i-1}M_i}$ 上点 $K_i(\xi_i, \eta_i, \zeta_i)$ 的选取没有关系，则称该极限值为向量值函数 $\vec{F}(x,y,z) = (P(x,y,z), Q(x,y,z), R(x,y,z))$ 沿着有向曲线 L 的**第二类曲线积分**（也称为沿着有向曲线 L **关于坐标投影的曲线积分**），记为

$$\int_L P(x,y,z)\mathrm{d}x + Q(x,y,z)\mathrm{d}y + R(x,y,z)\mathrm{d}z,$$

或

$$\int_L P(x,y,z)\mathrm{d}x + \int_L Q(x,y,z)\mathrm{d}y + \int_L R(x,y,z)\mathrm{d}z,$$

或

$$\int_L (P(x,y,z), Q(x,y,z), R(x,y,z)) \cdot (\mathrm{d}x, \mathrm{d}y, \mathrm{d}z).$$

若 L 为封闭的有向曲线，则可以记为

$$\oint_L P(x,y,z)\mathrm{d}x + Q(x,y,z)\mathrm{d}y + R(x,y,z)\mathrm{d}z.$$

若曲线 L 是平面定向可求长的连续曲线，相应的向量值函数为

$$\vec{F}(x,y) = (P(x,y), Q(x,y)),$$

则可以定义平面上的第二类曲线积分

$$\int_L P(x,y)\mathrm{d}x + Q(x,y)\mathrm{d}y = \int_L (P(x,y),Q(x,y)) \cdot (\mathrm{d}x,\mathrm{d}y).$$

（二）第二类曲线积分的性质

性质 21.4（方向性）　设 $-L$ 是与 L 方向相反的相同曲线，则

$$\int_{-L} P(x,y,z)\mathrm{d}x + Q(x,y,z)\mathrm{d}y + R(x,y,z)\mathrm{d}z$$

$$= -\int_L P(x,y,z)\mathrm{d}x + Q(x,y,z)\mathrm{d}y + R(x,y,z)\mathrm{d}z.$$

性质 21.5（线性性质）　设 $\vec{F}_i(x,y,z) = (P_i(x,y,z), Q_i(x,y,z), R_i(x,y,z))$ $(i=1,2)$ 在有向曲线 L 上的第二类曲线积分存在，则对任意常数 k_i $(i=1,2)$，

$$k_1(P_1(x,y,z),Q_1(x,y,z),R_1(x,y,z)) + k_2(P_2(x,y,z),Q_2(x,y,z),R_2(x,y,z))$$

在有向曲线 L 上的第二类曲线积分存在，且

$$\int_L \big[k_1(P_1(x,y,z),Q_1(x,y,z),R_1(x,y,z))$$

$$+ k_2(P_2(x,y,z),Q_2(x,y,z),R_2(x,y,z)) \big] \cdot (\mathrm{d}x,\mathrm{d}y,\mathrm{d}z)$$

$$= k_1 \int_L (P_1(x,y,z),Q_1(x,y,z),R_1(x,y,z)) \cdot (\mathrm{d}x,\mathrm{d}y,\mathrm{d}z)$$

$$+ k_2 \int_L (P_2(x,y,z),Q_2(x,y,z),R_2(x,y,z)) \cdot (\mathrm{d}x,\mathrm{d}y,\mathrm{d}z).$$

性质 21.6（积分路径的可加性）　设定向分段光滑曲线 L 分成了两段 L_1，L_2，它们的取向与 L 相同，这时记 $L = L_1 + L_2$，则向量值函数 $\vec{F}$ 在 L 上的第二类曲线积分存在的充分必要条件是 $\vec{F}$ 在 L_1，L_2 上的第二类曲线积分都存在，且有

$$\int_L (P(x,y,z),Q(x,y,z),R(x,y,z)) \cdot (\mathrm{d}x,\mathrm{d}y,\mathrm{d}z)$$

$$= \int_{L_1} (P(x,y,z),Q(x,y,z),R(x,y,z)) \cdot (\mathrm{d}x,\mathrm{d}y,\mathrm{d}z)$$

$$+ \int_{L_2} (P(x,y,z),Q(x,y,z),R(x,y,z)) \cdot (\mathrm{d}x,\mathrm{d}y,\mathrm{d}z).$$

（三）第二类曲线积分的计算

仿定理 21.1 的方法，类似地可以证得如下定理.

定理 21.2　设有向光滑曲线 L 的方程为：$x=x(t)$，$y=y(t)$，$z=z(t)$，起点 A 对应的参数为 $t=a$，终点 B 对应的参数为 $t=b$，则向量值函数 $\vec{F}$ 沿积分曲线 L 从 A 到 B 的第二类曲线积分为

$$\int_L P(x,y,z)\mathrm{d}x + Q(x,y,z)\mathrm{d}y + R(x,y,z)\mathrm{d}z$$
$$= \int_a^b \big[P(x(t),y(t),z(t))x'(t) + Q(x(t),y(t),z(t))y'(t)$$
$$+ R(x(t),y(t),z(t))z'(t)\big]\mathrm{d}t.$$

特别地，若 L 的方程为：$y=y(x)$，$z=z(x)$，起点 A 对应的参数为 $x=a$，终点 B 对应的参数为 $x=b$，则

$$\int_L P(x,y,z)\mathrm{d}x + Q(x,y,z)\mathrm{d}y + R(x,y,z)\mathrm{d}z$$
$$= \int_a^b \big[P(x,y(x),z(x)) + Q(x,y(x),z(x))y'(x) + R(x,y(x),z(x))z'(x)\big]\mathrm{d}x.$$

若 L 是平面上的光滑曲线：$x=x(t)$，$y=y(t)$，起点 A 对应的参数为 $t=a$，终点 B 对应的参数为 $t=b$，于是向量值函数 $\vec{F}(x,y)=(P(x,y),Q(x,y))$ 沿积分曲线 L 从 A 到 B 的第二类曲线积分为

$$\int_L P(x,y)\mathrm{d}x + Q(x,y)\mathrm{d}y$$
$$= \int_a^b \big[P(x(t),y(t))x'(t) + Q(x(t),y(t))y'(t)\big]\mathrm{d}t.$$

对于封闭曲线 L 上的第二类曲线积分的计算，可以在曲线上任取一点作为起点，沿着 L 的方向再回到该点即可．通常我们规定：沿着封闭曲线 L 的逆时针方向为**曲线的正向**，记为 L^+（或 L），沿着封闭曲线 L 的顺时针方向为**曲线的反向**（或**负向**），记为 L^-（或 $-L$）．

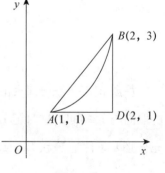

图 21-5

例 21.3 已知平面上三点 $A(1,1)$，$B(2,3)$，$D(2,1)$，计算 $\displaystyle\int_L xy\mathrm{d}x + (y-x)\mathrm{d}y$，其中 L 分别是 (1) 沿直线段从 A 到 B；(2) 沿抛物线 $y=2(x-1)^2+1$ 从 A 到 B；(3) 沿折线 $ADBA$（如图 21-5 所示）．

解 (1) 直线 AB 的直线方程为 $y=2x-1$，起点 $x=1$，终点 $x=2$，于是

$$\int_L xy\mathrm{d}x + (y-x)\mathrm{d}y = \int_1^2 [x(2x-1) + (2x-1-x)\cdot 2]\mathrm{d}x = \frac{25}{6};$$

(2) 因为 $y=2(x-1)^2+1$，起点 $x=1$，终点 $x=2$，于是

$$\int_L xy\mathrm{d}x + (y-x)\mathrm{d}y = \int_1^2 [x(2(x-1)^2+1) + (2(x-1)^2+1-x)\cdot 4(x-1)]\mathrm{d}x$$
$$= \int_1^2 (10x^3 - 32x^2 + 35x - 12)\mathrm{d}x = \frac{10}{3};$$

(3) $\overline{AD}$：$y=1$，x：$1\to 2$，$\displaystyle\int_{\overline{AD}} xy\mathrm{d}x + (y-x)\mathrm{d}y = \int_1^2 x\mathrm{d}x = \frac{3}{2}$；

$\overline{DB}: x=2, y: 1 \to 3, \int_{\overline{DB}} xy\mathrm{d}x + (y-x)\mathrm{d}y = \int_1^3 (y-2)\mathrm{d}y = 0$;

$\overline{BA}: y=2x-1, x: 2 \to 1$,

$\int_{\overline{BA}} xy\mathrm{d}x + (y-x)\mathrm{d}y = \int_2^1 [x(2x-1) + (2x-1-x) \cdot 2]\mathrm{d}x = -\dfrac{25}{6}$;

因此，$\int_L xy\mathrm{d}x + (y-x)\mathrm{d}y = \dfrac{3}{2} + 0 + \left(-\dfrac{25}{6}\right) = -\dfrac{8}{3}$.

例 21.4　计算 $\int_L 2xy\mathrm{d}x + x^2\mathrm{d}y$ ，其中 L 为

(1) 抛物线 $y=x^2$ 上从 $O(0,0)$ 到 $B(1,1)$ 的一段弧；

(2) 抛物线 $x=y^2$ 上从 $O(0,0)$ 到 $B(1,1)$ 的一段弧；

(3) 有向折线 OAB，这里 $O(0,0)$，$A(1,0)$，$B(1,1)$.

解　如图 21-6 所示.

化为对 x 的积分.

$$L: y=x^2, x: 0 \to 1.$$

$$\int_L 2xy\mathrm{d}x + x^2\mathrm{d}y = \int_0^1 (2x \cdot x^2 + x^2 \cdot 2x)\mathrm{d}x$$

$$= 4\int_0^1 x^3\mathrm{d}x = 1.$$

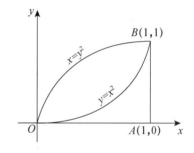

图 21-6

(2) 化为对 y 的积分.

$$L: x=y^2, y: 0 \to 1.$$

$$\int_L 2xy\mathrm{d}x + x^2\mathrm{d}y = \int_0^1 (2y^2 \cdot y \cdot 2y + y^4)\mathrm{d}y$$

$$= 5\int_0^1 y^4\mathrm{d}y = 1.$$

(3) $\int_L 2xy\mathrm{d}x + x^2\mathrm{d}y = \int_{\overline{OA}} 2xy\mathrm{d}x + x^2\mathrm{d}y + \int_{\overline{AB}} 2xy\mathrm{d}x + x^2\mathrm{d}y.$

在 $\overline{OA}$ 上，$y=0$，$x: 0 \to 1$.

$$\int_{\overline{OA}} 2xy\mathrm{d}x + x^2\mathrm{d}y = \int_0^1 (2x \cdot 0 + x^2 \cdot 0)\mathrm{d}x = 0;$$

在 $\overline{AB}$ 上，$x=1, y: 0 \to 1$.

$$\int_{\overline{AB}} 2xy\mathrm{d}x + x^2\mathrm{d}y = \int_0^1 (2y \cdot 0 + 1)\mathrm{d}y = 1.$$

故 $\int_L 2xy\mathrm{d}x + x^2\mathrm{d}y = 1.$

例 21.5　计算第二类曲线积分 $I = \int_L (y^2 - z^2)\mathrm{d}x +$

$(z^2 - x^2)\mathrm{d}y + (x^2 - y^2)\mathrm{d}z$，其中 L 是球面 $x^2 + y^2 + z^2 = 1$

在第一卦限部分的边界，从球面外部看为逆时针方向.

解　如图 21-7 所示，将曲线 L 在 xOy 平面、

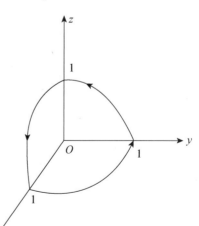

图 21-7

yOz 平面、zOx 平面上的部分依次记为 L_1、L_2 和 L_3，方向同 L，并将它们依次参数化，则

$$L_1 : x = \cos\alpha, y = \sin\alpha, z = 0, \quad \alpha : 0 \to \frac{\pi}{2},$$

$$L_2 : x = 0, y = \cos\beta, z = \sin\beta, \quad \beta : 0 \to \frac{\pi}{2},$$

$$L_3 : x = \cos\gamma, y = 0, z = \sin\gamma, \quad \gamma : \frac{\pi}{2} \to 0,$$

于是，

$$I_1 = \int_{L_1} (y^2 - z^2)\mathrm{d}x + (z^2 - x^2)\mathrm{d}y + (x^2 - y^2)\mathrm{d}z$$

$$= \int_0^{\frac{\pi}{2}} \big[\sin^2\alpha \cdot (-\sin\alpha) + (-\cos^2\alpha)\cos\alpha\big]\mathrm{d}\alpha = -\frac{4}{3}.$$

同理，$I_2 = \displaystyle\int_{L_2} (y^2 - z^2)\mathrm{d}x + (z^2 - x^2)\mathrm{d}y + (x^2 - y^2)\mathrm{d}z = -\frac{4}{3}$，

$$I_3 = \int_{L_3} (y^2 - z^2)\mathrm{d}x + (z^2 - x^2)\mathrm{d}y + (x^2 - y^2)\mathrm{d}z = \frac{4}{3},$$

因此，$I = \displaystyle\int_L (y^2 - z^2)\mathrm{d}x + (z^2 - x^2)\mathrm{d}y + (x^2 - y^2)\mathrm{d}z = I_1 + I_2 + I_3 = -4.$

（四）两类曲线积分的关系

虽然两类曲线积分的定义来自不同的物理模型且有着不同的性质，但是在一定的条件下它们有着紧密的联系.

设 L 是空间可求长的光滑曲线，方向是从点 A 到点 B. 对 L 上任意一点 M，L 上从点 A 到点 M 的弧长 s 随着点 M 的变化而变化，即 L 上的点与 s 是一一对应的，因此可以选取 s 作为 L 的参数，于是有向曲线 L 的方程可以设为

$$x = x(s), y = y(s), z = z(s), \quad s : 0 \to l,$$

其中 l 是 L 从点 A 到点 B 的弧长，且 $x(s)$，$y(s)$，$z(s)$ 在 $[0, l]$ 上具有连续导数. 这时曲线 L 上与 L 所指定方向一致的单位切向量的分量分别为

$$x'(s) = \lim_{\Delta s \to 0} \frac{\Delta x}{\Delta s} = \cos\angle(T, x),$$

$$y'(s) = \lim_{\Delta s \to 0} \frac{\Delta y}{\Delta s} = \cos\angle(T, y),$$

$$z'(s) = \lim_{\Delta s \to 0} \frac{\Delta z}{\Delta s} = \cos\angle(T, z),$$

其中 $\angle(T, x)$，$\angle(T, y)$，$\angle(T, z)$ 表示 L 所指定切向量的方向角. 设 $P(x, y, z)$，$Q(x, y, z)$，$R(x, y, z)$ 是定义在 L 上的连续函数，则根据第二类曲线积分的计算知

$$\int_L P(x,y,z)\mathrm{d}x + Q(x,y,z)\mathrm{d}y + R(x,y,z)\mathrm{d}z$$

$$= \int_0^l \big[P(x(s),y(s),z(s))x'(s) + Q(x(s),y(s),z(s))y'(s)$$

$$+ R(x(s),y(s),z(s))z'(s) \big]\mathrm{d}s$$

$$= \int_0^l (P(x(s),y(s),z(s)),Q(x(s),y(s),z(s)),R(x(s),y(s),z(s)))$$

$$\bullet (x'(s),y'(s),z'(s))\mathrm{d}s$$

$$= \int_L (P(x,y,z),Q(x,y,z),R(x,y,z))$$

$$\bullet (\cos\angle(T,x),\cos\angle(T,y),\cos\angle(T,z))\mathrm{d}s.$$

因此，空间中第一类曲线积分和第二类曲线积分的关系就是

$$\int_L P(x,y,z)\mathrm{d}x + Q(x,y,z)\mathrm{d}y + R(x,y,z)\mathrm{d}z$$

$$= \int_L (P(x,y,z),Q(x,y,z),R(x,y,z))$$

$$\bullet (\cos\angle(T,x),\cos\angle(T,y),\cos\angle(T,z))\mathrm{d}s,$$

其中 $\angle(T,x)$，$\angle(T,y)$，$\angle(T,z)$ 表示 L 所指定切向量的方向角，即 L 所指定切向量分别与三个坐标轴正向的夹角.

类似地，平面上第一类曲线积分和第二类曲线积分的关系是

$$\int_L P(x,y)\mathrm{d}x + Q(x,y)\mathrm{d}y$$

$$= \int_L (P(x,y),Q(x,y)) \bullet (\cos\angle(T,x),\cos\angle(T,y))\mathrm{d}s$$

$$= \int_L (P(x,y)\cos\angle(T,x) + Q(x,y)\cos\angle(T,y))\mathrm{d}s,$$

其中 $\angle(T,x)$，$\angle(T,y)$ 表示 L 所指定切向量分别与 x 轴正向和 y 轴正向的夹角. 若记 $\angle(T,x)=\alpha$，则 $\angle(T,y)=\dfrac{\pi}{2}-\alpha$，于是平面上两类曲线积分的关系可以表示为

$$\int_L P(x,y)\mathrm{d}x + Q(x,y)\mathrm{d}y = \int_L (P(x,y)\cos\alpha + Q(x,y)\sin\alpha)\mathrm{d}s.$$

 习题 21.2

1. 计算下列第二类曲线积分：

(1) $\displaystyle\int_L y^2\mathrm{d}x + x^2\mathrm{d}y$，$L$ 为：①圆周 $x^2+y^2=R^2$，$y\geqslant0$，逆时针方向；②从点 M $(R,0)$ 到点 $M(-R,0)$ 的直线段.

(2) $\displaystyle\int_L -y\mathrm{d}x + x\mathrm{d}y$，$L$ 为：①抛物线 $y=2x^2$ 从 O 到 B；②从 O 到 B 的直线段；

③封闭折线段 $OABO$，方向按字母顺序，其中 $O(0，0)$，$A(1，0)$，$B(1，2)$，$O(0，0)$.

(3) $\displaystyle\int_L x\mathrm{d}x+y\mathrm{d}y+z\mathrm{d}z$，$L$ 是从 $(1，1，1)$ 到 $(2，3，4)$ 的直线段.

(4) $\displaystyle\int_L xyz\mathrm{d}z$，$L$ 是球面 $x^2+y^2+z^2=1$ 与平面 $y=z$ 的交线，从 y 轴正向看是逆时针方向.

2. 设一质点受力的作用，力的方向指向原点，大小与质点到原点的距离成正比. 若质点由 $A(a，0)$ 沿椭圆 $\dfrac{x^2}{a^2}+\dfrac{y^2}{b^2}=1$ 在第一象限部分移动到 $B(0，b)$，求力所做的功.

3. 设 L 是平面上可求长的连续曲线，$P(x，y)$，$Q(x，y)$ 是定义在 L 上的连续函数，记 $M=\max\limits_{(x,y)\in L}\sqrt{P^2+Q^2}$，$l$ 是 L 的长度. 证明：

$$\left|\int_L P(x,y)\mathrm{d}x+Q(x,y)\mathrm{d}y\right|\leqslant lM;$$

进而估计积分 $I_R=\displaystyle\int_{x^2+y^2=R^2}\dfrac{y\mathrm{d}x-x\mathrm{d}y}{(x^2+xy+y^2)^2}$ 的值并证明 $\lim\limits_{R\to+\infty}I_R=0$.

4. 设 L 是平面上可求长的连续简单封闭曲线（不自交），L 的方向规定为逆时针方向，函数 $P(x，y)$，$Q(x，y)$ 在 L 上有定义，$\vec{n}$ 是曲线 L 的单位外法向量. 证明：

$$\oint_L P(x,y)\mathrm{d}x+Q(x,y)\mathrm{d}y=\oint_L(-P(x,y)\cos\angle(\vec{n},y)+Q(x,y)\cos\angle(\vec{n},x))\mathrm{d}s.$$

5. 设光滑闭曲线 L 在光滑曲面 S：$z=f(x，y)$ 上，曲线 L 在 xOy 平面上的投影曲线为 l. 又设函数 $P(x，y，z)$ 在曲线 L 上连续. 证明：

$$\oint_L P(x,y,z)\mathrm{d}x=\oint_l P(x,y,f(x,y))\mathrm{d}x.$$

§21.3　平面上曲线积分与积分路径的无关性

本节首先讨论平面上曲线积分与二重积分的关系，证明一个类似于一元函数的牛顿-莱布尼茨公式的公式——格林公式；其次，研究平面上曲线积分与积分路径的无关性.

(一) 格林公式

设 D 是平面上有界闭区域，D 的边界 ∂D 由一条或几条光滑曲线组成. 我们规定 ∂D 的**正向**服从**左手法则**，即：当我们沿着 ∂D 行走时，区域 D 总是位于我们的左手边，如图 $21-8$ 所示. 与上述规定相反的方向记为 $-\partial D$.

定理 21.3（格林公式）　设函数 $P(x，y)$，$Q(x，y)$ 在有界闭区域 D 上有连续偏导数，则有

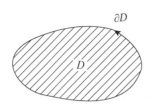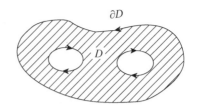

图 21-8

$$\oint_{\partial D} P \mathrm{d}x + Q \mathrm{d}y = \iint_D \left(\frac{\partial Q}{\partial x} - \frac{\partial P}{\partial y} \right) \mathrm{d}x \mathrm{d}y, \tag{21.1}$$

其中 D 的边界 ∂D 取正向.

式（21.1）称为**格林公式**.

我们先回忆一下一元函数积分学中的牛顿-莱布尼茨公式：若 $f(x)$ 在 $[a, b]$ 上连续，$F'(x) = f(x)$，则

$$\int_a^b f(x) \mathrm{d}x = \int_a^b F'(x) \mathrm{d}x = F(b) - F(a). \tag{21.2}$$

注意到 $[a, b]$ 的边界就是 a，b 两点，将式（21.1）表示成如下形式

$$\iint_D \left(\frac{\partial Q}{\partial x} - \frac{\partial P}{\partial y} \right) \mathrm{d}x \mathrm{d}y = \oint_{\partial D} P \mathrm{d}x + Q \mathrm{d}y,$$

于是式（21.1）与式（21.2）具有相同的意义，都表示区域上的积分与区域边界上的积分的关系，所以格林公式是牛顿-莱布尼茨公式在平面上的推广，当然牛顿-莱布尼茨公式（21.2）也可以看成是格林公式（21.1）在闭区间 $[a, b]$ 上的限制. 因此格林公式的证明就要充分利用牛顿-莱布尼茨公式.

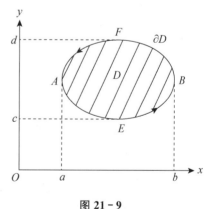

图 21-9

证明 根据区域 D 的不同形状分为三种情形进行证明.

（1）若区域 D 既是 X 型又是 Y 型区域，即平行于 y 轴的直线和平行于 x 轴的直线均与 ∂D 至多交于两个点（如图 21-9 所示），这时区域 D 可以表示为：

$$D = \{(x, y) \mid y_1(x) \leqslant y \leqslant y_2(x), a \leqslant x \leqslant b\}$$
$$= \{(x, y) \mid x_1(y) \leqslant x \leqslant x_2(y), c \leqslant y \leqslant d\},$$

根据二重积分的计算以及牛顿-莱布尼茨公式有：

$$\iint_D \frac{\partial Q}{\partial x} \mathrm{d}x \mathrm{d}y = \int_c^d \mathrm{d}y \int_{x_1(y)}^{x_2(y)} \frac{\partial Q}{\partial x} \mathrm{d}x$$

$$= \int_c^d Q(x_2(y), y)\mathrm{d}y - \int_c^d Q(x_1(y), y)\mathrm{d}y.$$

根据第二类曲线积分的计算有：

$$\oint_{\partial D} Q(x, y)\mathrm{d}y = \int_c^d Q(x_2(y), y)\mathrm{d}y - \int_c^d Q(x_1(y), y)\mathrm{d}y.$$

于是得到

$$\oint_{\partial D} Q(x, y)\mathrm{d}y = \iint_D \frac{\partial Q}{\partial x}\mathrm{d}x\mathrm{d}y.$$

同理可得：$\oint_{\partial D} P(x, y)\mathrm{d}x = -\iint_D \frac{\partial P}{\partial y}\mathrm{d}x\mathrm{d}y$，两式相加即得式

(21.1).

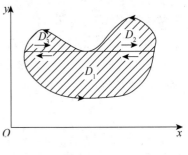

图 21 - 10

（2）若∂D由一条逐段光滑的闭曲线组成（如图 21-10 所示），则将区域 D 分成若干个既是 X 型又是 Y 型区域的小区域，在每个小区域上用（1）中得到的式（21.1），然后相加，注意到各小区域的公共边界上的第二类曲线积分因为方向相反刚好相互抵消，故依然得到式（21.1）.

（3）若∂D由有限条逐段光滑的闭曲线组成（如图 21-11 所示），这时添加直线段将 D 的内边界与外边界连接起来将区域转化成（2）中的情形，注意到这些添加的直线段作为两侧区域的边界方向是相反的，因此由（2）即得结论. 证毕.

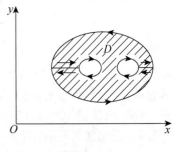

图 21 - 11

例 21.6 计算$\oint_L (x^4 - 5y)\mathrm{d}x + (5x - y^2\mathrm{e}^y)\mathrm{d}y$，其中 L 是直线 $y=0$，$x+y=2$ 和单位圆 $x = -\sqrt{4-y^2}$ 所围区域 D 的正向边界（如图 21-12 所示）.

解 由格林公式有

$$\oint_L (x^4 - 5y)\mathrm{d}x + (5x - y^2\mathrm{e}^y)\mathrm{d}y$$
$$= \iint_D (5+5)\mathrm{d}x\mathrm{d}y = 10S_D = 10(\pi + 2).$$

例 21.7 计算$\int_L (12xy + \mathrm{e}^y)\mathrm{d}x - (\cos y - x\mathrm{e}^y)\mathrm{d}y$，其中 L：从点 $A(-1, 1)$ 沿曲线 $y = x^2$ 到达原点，再沿直线 $y = 0$ 到达点 $B(2, 0)$.

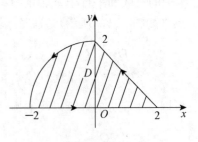

图 21 - 12

解　如图 21-13 所示，过点 $A(-1,1)$ 作平行于 x 轴的直线 L_1，过点 $B(2,0)$ 作 y 轴的平行线 L_2，使得 L 与两直线围成平面区域 D，且 $\partial D = L + L_1 + L_2$ 取正向．由格林公式知

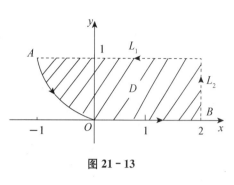

图 21-13

$$\int_{L+L_1+L_2} (12xy + e^y)\mathrm{d}x - (\cos y - xe^y)\mathrm{d}y$$

$$= \iint_D -12x\mathrm{d}x\mathrm{d}y = -12\int_0^1 \mathrm{d}y \int_{-\sqrt{y}}^2 x\mathrm{d}x = -21.$$

于是

$$\int_L (12xy + e^y)\mathrm{d}x - (\cos y - xe^y)\mathrm{d}y$$

$$= -21 - \int_{L_1} (12xy + e^y)\mathrm{d}x - (\cos y - xe^y)\mathrm{d}y$$

$$- \int_{L_2} (12xy + e^y)\mathrm{d}x - (\cos y - xe^y)\mathrm{d}y$$

$$= -21 - \int_2^{-1} (12x + e)\mathrm{d}x - \int_0^1 [-(\cos y - 2e^y)]\mathrm{d}y = \sin 1 + e - 1.$$

例 21.8　计算二重积分 $\iint_D y^2 \mathrm{d}x\mathrm{d}y$，其中 D 是 x 轴与旋轮线 $x = a(t - \sin t)$，$y = a(1 - \cos t)$，$0 \leqslant t \leqslant 2\pi$ 所围成的区域．

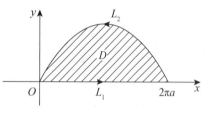

图 21-14

解　如图 21-14 所示，令 $\partial D = L_1 + L_2$，取正向，其中 L_1 表示 x 轴上的直线段，L_2 表示旋轮线一段，方向与 ∂D 相同．取 $P(x,y) = 0$，$Q(x,y) = xy^2$．由格林公式得

$$\iint_D y^2 \mathrm{d}x\mathrm{d}y = \oint_{\partial D} xy^2 \mathrm{d}y = \int_{L_1} xy^2 \mathrm{d}y + \int_{L_2} xy^2 \mathrm{d}y$$

$$= 0 + (-1)\int_0^{2\pi} a^4 (t - \sin t)(1 - \cos t)^2 (1 - \cos t)' \mathrm{d}t$$

$$= -a^4 \int_0^{2\pi} (t - \sin t)(1 - \cos t)^2 \sin t \mathrm{d}t = \frac{35}{12}\pi a^4.$$

注　从上面的例子我们看到，格林公式可以较好地简化积分的计算：第一，格林公式可以将沿封闭曲线的积分转化成二重积分来计算，如例 21.6；第二，格林公式可以将复杂非闭曲线上的积分通过添加辅助曲线转化成简单曲线上的积分和简单的二重积分来计算，如例 21.7；第三，格林公式也可将二重积分转化成曲线积分来计算，如例 21.8．

特别地，对于平面区域面积的计算，我们有公式：

$$S_D = \iint_D \mathrm{d}x\mathrm{d}y = \frac{1}{2}\oint_{\partial D} x\mathrm{d}y - y\mathrm{d}x.$$

（二）平面曲线积分与积分路径的无关性

由§21.2例21.3可以看出，计算第二类曲线积分时，对于同样的起点和终点，若所沿的积分路径不同，积分值就可以不同；但由例21.4可以看出，沿着不同的积分路径，只要起点和终点一致，积分值就是相同的，这说明这种曲线积分只与起点和终点有关，而与积分路径无关. 那么，在什么条件下曲线积分与积分路径无关呢？下面研究这个问题，但首先我们要介绍单连通区域与复连通区域的概念.

若对于平面区域 D 内的任意一条封闭曲线，均可以不经过 D 外的点连续收缩于 D 内的某点，则称该平面区域为**单连通区域**；否则称为**复连通区域**. 在图 21-15 中，D_1 与 D_2 是单连通区域，D_3 与 D_4 是复连通区域.

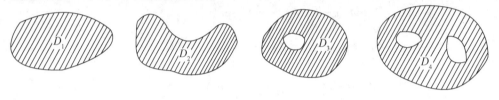

图 21-15

定理 21.4 设 D 是单连通区域，函数 $P(x, y)$，$Q(x, y)$ 在 D 内有连续偏导数，则以下四个条件等价：

（1）对 D 内任意逐段光滑的封闭曲线 C，$\oint_C P(x,y)\mathrm{d}x + Q(x,y)\mathrm{d}y = 0$；

（2）对 D 内任意逐段光滑的曲线 L，曲线积分 $\int_L P(x,y)\mathrm{d}x + Q(x,y)\mathrm{d}y$ 与积分路径无关，只与 L 的起点和终点有关；

（3）微分形式 $P(x, y)\mathrm{d}x + Q(x, y)\mathrm{d}y$ 是 D 内某函数 $u(x, y)$ 的全微分，即

$$\mathrm{d}u = P(x,y)\mathrm{d}x + Q(x,y)\mathrm{d}y；$$

（4）在 D 内 $\dfrac{\partial Q}{\partial x} = \dfrac{\partial P}{\partial y}$ 恒成立.

证明 （1）$\Rightarrow$（2）：如图 21-16 所示，任取 D 内两点 M，N，设 L，L_1 是从 M 到 N 的任意两条逐段光滑的曲线，则 $L+L_1^-$ 是 D 内的一条封闭曲线，则由（1）知

$$\int_{L+L_1^-} P(x,y)\mathrm{d}x + Q(x,y)\mathrm{d}y = 0.$$

因此，

$$\int_L P(x,y)\mathrm{d}x + Q(x,y)\mathrm{d}y = \int_{L_1} P(x,y)\mathrm{d}x + Q(x,y)\mathrm{d}y.$$

（2）$\Rightarrow$（3）：设 $M(x_0, y_0)$ 为 D 内一定点，$N(x, y)$ 为 D 内任意一点. 由（2）知曲线积分 $\int_{\overset{\frown}{MN}} P(x,y)\mathrm{d}x + Q(x,y)\mathrm{d}y$ 与积分路径无关，只与起点和终点有关，因此该积分值是 $N(x, y)$ 的函数. 记 $u(x,y) = \int_{\overset{\frown}{MN}} P(x,y)\mathrm{d}x + Q(x,y)\mathrm{d}y$，取 Δx 充分小，使得

$R(x+\Delta x,\ y)\in D$，如图 21-17 所示，则函数 $u(x,\ y)$ 关于 x 的部分增量为

$$u(x+\Delta x,y)-u(x,y)=\int_{\overset{\frown}{MR}}P(x,y)\mathrm{d}x+Q(x,y)\mathrm{d}y-\int_{\overset{\frown}{MN}}P(x,y)\mathrm{d}x+Q(x,y)\mathrm{d}y.$$

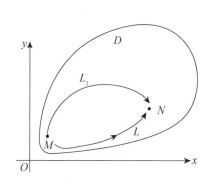

图 21-16　　　　　　　　　　图 21-17

根据积分路径的可加性知

$$\int_{\overset{\frown}{MR}}P(x,y)\mathrm{d}x+Q(x,y)\mathrm{d}y=\int_{\overset{\frown}{MN}}P(x,y)\mathrm{d}x+Q(x,y)\mathrm{d}y+\int_{\overline{NR}}P(x,y)\mathrm{d}x+Q(x,y)\mathrm{d}y.$$

又因为直线段 $\overline{NR}$ 平行于 x 轴，所以 $\mathrm{d}y=0$，从而由积分第一中值定理知

$$\Delta_x u=u(x+\Delta x,y)-u(x,y)=\int_{\overline{NR}}P(x,y)\mathrm{d}x+Q(x,y)\mathrm{d}y$$

$$=\int_x^{x+\Delta x}P(x,y)\mathrm{d}x=P(x+\theta\Delta x,y)\Delta x,$$

其中 $0<\theta<1$. 根据已知条件有 $P(x,\ y)$ 在 D 内连续，于是有

$$\frac{\partial u}{\partial x}=\lim_{\Delta x\to 0}\frac{\Delta_x u}{\Delta x}=\lim_{\Delta x\to 0}P(x+\theta\Delta x,y)=P(x,y).$$

同理可证 $\dfrac{\partial u}{\partial y}=Q(x,\ y)$. 因此 $\mathrm{d}u=P(x,\ y)\mathrm{d}x+Q(x,\ y)\mathrm{d}y$.

　　(3) $\Rightarrow$ (4)：因为存在函数 $u(x,\ y)$ 使得 $\mathrm{d}u=P(x,\ y)\mathrm{d}x+Q(x,\ y)\mathrm{d}y$，所以 $P(x,\ y)=\dfrac{\partial u}{\partial x}$，$Q(x,\ y)=\dfrac{\partial u}{\partial y}$，因此 $\dfrac{\partial P}{\partial y}=\dfrac{\partial^2 u}{\partial x\partial y}$，$\dfrac{\partial Q}{\partial x}=\dfrac{\partial^2 u}{\partial x\partial y}$，故 $\dfrac{\partial Q}{\partial x}=\dfrac{\partial P}{\partial y}$.

　　(4) $\Rightarrow$ (1)：对 D 内任意逐段光滑的封闭曲线 C，记 C 所围的区域为 D_1，由已知条件 $\dfrac{\partial Q}{\partial x}=\dfrac{\partial P}{\partial y}$ 和格林公式即得

$$\oint_C P(x,y)\mathrm{d}x+Q(x,y)\mathrm{d}y=\iint\limits_{D_1}\left(\frac{\partial Q}{\partial x}-\frac{\partial P}{\partial y}\right)\mathrm{d}x\mathrm{d}y=0.$$

证毕.

　　我们常常称定理 21.4 中的函数 $u(x,\ y)$ 为微分形式 $P(x,\ y)\mathrm{d}x+Q(x,\ y)\mathrm{d}y$ 的**原函数**，因为它与一元函数积分学中的原函数有相仿的性质：

$$\mathrm{d}u = P(x,y)\mathrm{d}x + Q(x,y)\mathrm{d}y,$$

且有下面的结论.

定理 21.5　设 D 是单连通区域，函数 $P(x,y)$，$Q(x,y)$ 在 D 内有连续偏导数，$N_1(x_1,y_1)$，$N_2(x_2,y_2)$ 是 D 内两定点. 若函数 $u(x,y)$ 是微分形式 $P(x,y)\mathrm{d}x + Q(x,y)\mathrm{d}y$ 的原函数，则有

$$\int_{\overset{\frown}{N_1N_2}} P(x,y)\mathrm{d}x + Q(x,y)\mathrm{d}y = u(x,y)\Big|_{N_1}^{N_2} = u(x_2,y_2) - u(x_1,y_1).$$

证明　沿用定理 21.4 证明中 "(2)⇒(3)" 的记号，则有

$$u(x_1,y_1) = \int_{\overset{\frown}{MN_1}} P(x,y)\mathrm{d}x + Q(x,y)\mathrm{d}y,$$

$$u(x_2,y_2) = \int_{\overset{\frown}{MN_1}+\overset{\frown}{N_1N_2}} P(x,y)\mathrm{d}x + Q(x,y)\mathrm{d}y.$$

其中 $\overset{\frown}{MN_1}$ 是任意一条连接 M，N_1 两点的曲线，$\overset{\frown}{N_1N_2}$ 是任意一条连接 N_1，N_2 两点的曲线，因此有

$$u(x_2,y_2) - u(x_1,y_1) = \int_{\overset{\frown}{N_1N_2}} P(x,y)\mathrm{d}x + Q(x,y)\mathrm{d}y,$$

结论得证.

原函数的求法：根据定理 21.4 的证明，有

$$u(x,y) = \int_{\overset{\frown}{MN}} P(x,y)\mathrm{d}x + Q(x,y)\mathrm{d}y.$$

因为积分与路径无关，一是选取折线段 $\overline{MM_1}+\overline{M_1N}$，如图 21-18（a）所示，因此

$$u(x,y) = \int_{x_0}^{x} P(x,y_0)\mathrm{d}x + \int_{y_0}^{y} Q(x,y)\mathrm{d}y + C;$$

二是选取折线段 $\overline{MM_2}+\overline{M_2N}$，如图 21-18（b）所示，因此

$$u(x,y) = \int_{y_0}^{y} Q(x_0,y)\mathrm{d}y + \int_{x_0}^{x} P(x,y)\mathrm{d}x + C,$$

其中 C 是任意常数.

例 21.9　应用曲线积分求微分形式

$$(2x\cos y - y^2\sin x)\mathrm{d}x + (2y\cos x - x^2\sin y)\mathrm{d}y$$

的原函数.

解　因为 $P(x,y) = 2x\cos y - y^2\sin x$，$Q(x,y) = 2y\cos x - x^2\sin y$ 在整个平面上有连续偏导数，且 $\dfrac{\partial Q}{\partial x} = \dfrac{\partial P}{\partial y} = -2y\sin x - 2x\sin y$，由定理 21.4 知，曲线积分

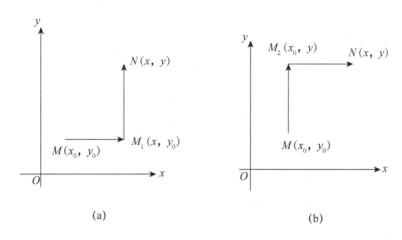

图 21 - 18

$$\int_L (2x\cos y - y^2 \sin x)\mathrm{d}x + (2y\cos x - x^2 \sin y)\mathrm{d}y$$

与积分路径无关，只与起点和终点有关. 取起点 $M(0, 0)$，则

$$u(x, y) = \int_0^x 2x\mathrm{d}x + \int_0^y (2y\cos x - x^2 \sin y)\mathrm{d}y + C = y^2\cos x + x^2\cos y + C$$

即为所求原函数.

例 21.10　求 $\oint_L \dfrac{x\mathrm{d}y - y\mathrm{d}x}{x^2 + y^2}$，其中 L 是不经过原点的逐段光滑的闭曲线，方向取正向.

解　因为 $P(x, y) = \dfrac{-y}{x^2 + y^2}$，$Q(x, y) = \dfrac{x}{x^2 + y^2}$，所以 $\dfrac{\partial Q}{\partial x} = \dfrac{\partial P}{\partial y} = \dfrac{y^2 - x^2}{(x^2 + y^2)^2}$. 若 L 所围的区域 D 中不含原点，如图 21 - 19（a）所示，这时 D 为单连通区域，由定理 21.4 可得

$$\oint_L \frac{x\mathrm{d}y - y\mathrm{d}x}{x^2 + y^2} = 0.$$

若原点在 L 所围的区域 D 中，如图 21 - 19（b）所示，这时 $P(x, y)$，$Q(x, y)$ 在区域 D 内有无界点 $O(0, 0)$，不能应用定理 21.4. 为此作 L_1：$x^2 + y^2 = \varepsilon^2$，其中 $\varepsilon > 0$ 足够小，使得 L_1 及 L_1 所围的区域全部含在 D 中，L_1 的方向取顺时针方向. 记由 L 与 L_1 所围的区域为 D_1，则由格林公式有

$$\oint_{L + L_1^-} \frac{x\mathrm{d}y - y\mathrm{d}x}{x^2 + y^2} = 0.$$

因此，

$$\oint_L \frac{x\mathrm{d}y - y\mathrm{d}x}{x^2 + y^2} = -\oint_{L_1^-} \frac{x\mathrm{d}y - y\mathrm{d}x}{x^2 + y^2} = \oint_{L_1} \frac{x\mathrm{d}y - y\mathrm{d}x}{x^2 + y^2}$$

$$= \frac{1}{\varepsilon^2} \oint_{L_1} x\mathrm{d}y - y\mathrm{d}x = \frac{1}{\varepsilon^2} \iint\limits_{x^2 + y^2 \leqslant \varepsilon^2} 2\mathrm{d}x\mathrm{d}y = 2\pi.$$

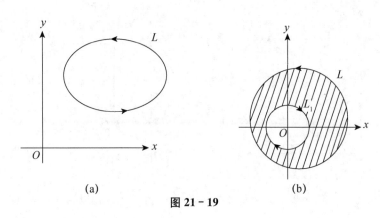

(a)   (b)

图 21 – 19

上式的第三个等号是因为曲线积分中点 (x, y) 必须在曲线 L_1 上变化，因而必须满足 L_1 的方程；第四个等号是因为这时的 $P(x, y) = -y$，$Q(x, y) = x$ 在 L_1 所围区域内具有连续偏导数，应用格林公式所得.

从例 21.10 可以看到，定理 21.4 中区域 D 的单连通性和 $P(x, y)$，$Q(x, y)$ 在区域 D 上具有连续偏导数的要求是必不可少的.

 习题 21.3

1. 利用格林公式计算下列曲线积分：

(1) $\oint_L -xy^2 \mathrm{d}x + x^2 y \mathrm{d}y$，其中 L：$x^2 + y^2 = 1$，正向；

(2) $\oint_{\partial D} (x+y)^2 \mathrm{d}x + (x^2 + y^2) \mathrm{d}y$，其中 ∂D 是以 $A(1, 1)$，$B(3, 2)$，$C(2, 5)$ 为顶点的三角形，正向；

(3) $\int_L (e^x \sin y - my) \mathrm{d}x + (e^x \cos y - m) \mathrm{d}y$，其中 L 是由点 $A(a, 0)$ 经过上半圆周 $x^2 + y^2 = ax(y \geqslant 0)$ 到达原点；

(4) $\oint_L (x^2 y \cos x + 2xy \sin x - y^2 e^x) \mathrm{d}x + (x^2 \sin x - 2y e^x) \mathrm{d}y$，其中 L 是从点 $A(a, 0)$ 沿星形线 $x^{\frac{2}{3}} + y^{\frac{2}{3}} = a^{\frac{2}{3}}$ $(a > 0)$ 在第一象限的部分到达点 $B(0, a)$.

2. 利用曲线积分计算下列二重积分或平面区域的面积：

(1) $\iint_D x^2 \mathrm{d}x \mathrm{d}y$，其中 D 是以 $A(1,1)$，$B(3,2)$，$C(2,3)$ 为顶点的三角形区域；

(2) 由抛物线 $(x+y)^2 = ax(a > 0)$ 与 x 轴围成的区域 D；

(3) 星形线 $x^{\frac{2}{3}} + y^{\frac{2}{3}} = a^{\frac{2}{3}} (a > 0)$ 所围成的区域.

3. 证明：若 L 是平面上封闭曲线，$\vec{v}$ 为任意方向向量，则 $\oint_L \cos \angle (\vec{v}, \vec{n}) \mathrm{d}s = 0$，其中 $\vec{n}$ 是 L 的外法线方向.

4. 求积分值 $I = \oint_L [x\cos\angle(\vec{n}, x) + y\cos\angle(\vec{n}, y)]\mathrm{d}s$，其中 L 是平面上包围有界区域的封闭曲线，$\vec{n}$ 是 L 的外法线方向.

5. 求下列微分形式的原函数：

(1) $(x + 2y)\mathrm{d}x + (2x + y)\mathrm{d}y$；

(2) $\mathrm{e}^x[\mathrm{e}^y(x - y + 2) + y]\mathrm{d}x + \mathrm{e}^x[\mathrm{e}^y(x - y) + 1]\mathrm{d}y$；

(3) $(2x\cos y + y^2\cos x)\mathrm{d}x + (2y\sin x - x^2\sin y)\mathrm{d}y$.

6. 验证下列积分与积分路径无关并求积分值：

(1) $\displaystyle\int_{(0,0)}^{(1,1)} (x - y)(\mathrm{d}x - \mathrm{d}y)$；

(2) $\displaystyle\int_{(0,0)}^{(1,2)} (x^4 + 4xy^3)\mathrm{d}x + (6x^2y^2 - 5y^4)\mathrm{d}y$；

(3) $\displaystyle\int_{(1,1)}^{(2,3)} (x + y)\mathrm{d}x + (x - y)\mathrm{d}y$；

(4) $\displaystyle\int_{(2,1)}^{(1,2)} \frac{y\mathrm{d}x - x\mathrm{d}y}{x^2}$，沿不与 y 轴相交的路径.

本章小结

本章中我们介绍了两类重要的曲线积分：第一类曲线积分（也称为关于弧长的曲线积分）和第二类曲线积分（也称为关于坐标投影的曲线积分）. 它们与前面介绍的定积分和重积分有着完全类似的性质. 但要注意这两类曲线积分是有很大区别的：一个与曲线的方向无关（第一类曲线积分），而另一个与曲线的方向有关（第二类曲线积分）. 两类积分的计算都是通过曲线方程的参数化将曲线积分化为定积分来进行. 然而两类曲线积分之间也存在着联系：

$$\int_L P(x,y,z)\mathrm{d}x + Q(x,y,z)\mathrm{d}y + R(x,y,z)\mathrm{d}z$$

$$= \int_L [P(x,y,z)\cos\alpha + Q(x,y,z)\cos\beta + R(x,y,z)\cos\gamma]\mathrm{d}s$$

$$= \int_L (P(x,y,z), Q(x,y,z), R(x,y,z)) \cdot (\cos\alpha, \cos\beta, \cos\gamma)\mathrm{d}s$$

$$= \int_L \vec{F} \cdot \vec{T}^0 \mathrm{d}s,$$

其中 $\vec{T}^0 = (\cos\alpha, \cos\beta, \cos\gamma)$ 是积分曲线所指定的方向对应的单位切向量.

本章中，我们还介绍了联系曲线积分与二重积分的一个重要公式——格林公式. 格林公式既可以用来计算复杂的曲线积分，也可以用来计算复杂的二重积分. 使用格林公式的前提有两个：一是积分曲线必须是封闭曲线，若不封闭，就必须添加简单易计算的曲线使之封闭；二是 $P(x, y)$，$Q(x, y)$ 在积分曲线及积分曲线所围的区域上有连续偏导数. 使用格林公式要注意的是，积分曲线的方向必须是正向，否则就要添上负号.

另外，我们也引入了平面曲线积分与积分路径的无关性问题，给出了在单连通区域上曲线积分与积分路径无关的几个等价命题.

本章的重点是要熟练掌握两类曲线积分的计算以及格林公式的正确运用.

总练习题二十一

1. 填空题：

   (1) 已知曲线 L 的方程为 $y=1-|x|$，$x\in[-1,1]$，起点是 $(-1,0)$，终点是 $(1,0)$，则曲线积分 $\int_L xy\mathrm{d}x+x^2\mathrm{d}y=$ _____；

   (2) 曲线积分 $\int_L (x^2+y^2+z^2-2x-2y-2z)\mathrm{d}s=$ _____，其中 L 是球面 $x^2+y^2+z^2=1$ 和平面 $x+y+z=0$ 的交线；

   (3) 设 $L:x^2+y^2=1$，取正向，则 $\int_L \left(x+\dfrac{\sin y}{1+y^2}\right)\mathrm{d}y-y\mathrm{d}x=$ _____；

   (4) 设 L 是位于上半平面以 $(0,0)$ 为起点、$(1,1)$ 为终点的有向光滑曲线，则 $\int_L xy\mathrm{d}x+\dfrac{1}{2}x^2\mathrm{d}y=$ _____；

   (5) L 是球面 $x^2+y^2+z^2=1$ 和平面 $x+y+z=0$ 的交线，则 $\int_L xy\mathrm{d}s=$ _____；

   (6) 设 L 是由 $A(1,0),B(0,1),C(-1,0)$ 三点从 A 到 B 再到 C 连成的折线，则积分 $\int_L \dfrac{\mathrm{d}x+\mathrm{d}y}{|x|+|y|}=$ _____；

   (7) 设 L 是从 $(0,0)$ 到 $(1,1)$ 的光滑曲线，则

   $$\int_L (x^2+2xy-y^2+1)\mathrm{d}x+(x^2-2xy-y^2)\mathrm{d}y=\underline{\qquad}.$$

2. 计算下列曲线积分：

   (1) $\int_L (xy+yz+zx)\mathrm{d}s,L:x+y+z=0,x^2+y^2+z^2=a^2$；

   (2) $\oint_L \dfrac{x}{x^2+9y^2}\mathrm{d}y-\left(\dfrac{y}{x^2+9y^2}-y\right)\mathrm{d}x,L:x^2+y^2=1$，取正向；

   (3) $I=\int_L 3x^2y\mathrm{d}x+(x^3+x-2y)\mathrm{d}y$，$L$ 是第一象限中从点 $(0,0)$ 沿圆周 $x^2+y^2=2x$ 到点 $(2,0)$，再沿圆周 $x^2+y^2=4$ 到点 $(0,2)$ 的曲线；

   (4) $I=\int_L \left[\dfrac{1}{y}+yf(xy)\right]\mathrm{d}x+\left[xf(xy)-\dfrac{x}{y^2}+\dfrac{5y}{(y^2+1)^2}\right]\mathrm{d}y$，$L$ 是从点 $(0,1)$ 到点 $(0,3)$ 的曲线 $x=\sqrt{4y-y^2-3}$，$f(x)$ 在 $[0,+\infty)$ 上连续可微；

   (5) $I=\oint_L \dfrac{a^2b^2(x-y)}{(b^2x^2+a^2y^2)(x^2+y^2)}\mathrm{d}x+\dfrac{a^2b^2(x+y)}{(b^2x^2+a^2y^2)(x^2+y^2)}\mathrm{d}y$，$L$ 是平面曲线 $\dfrac{x^2}{a^2}+\dfrac{y^2}{b^2}=1$，沿逆时针方向.

3. 设 L 是球面 $x^2+y^2+z^2=a^2$ 与圆柱面 $x^2+y^2=ax(a>0)$ 的交线,线密度函数为 $\rho=\dfrac{1}{\sqrt{a+x}}$,求 L 上的质量.

4. 已知曲线型构件 $L:\begin{cases} x^2+y^2+z^2=1 \\ x+y+z=0 \end{cases}$ 的线密度为 $\rho=(x+y)^2$,求 L 上的质量.

5. 一质点在力 $\vec{F}(x,y,z)=(y+z,z+x,x+y+g(x,y))$ 的作用下沿直线 $L=\overrightarrow{AB}$ 运动,其中 $A(1,0,0)$,$B(2,3,3)$. 已知 $\displaystyle\int_L g(x,y)\mathrm{d}z=-1$,求这个过程中 $\vec{F}$ 所做的功.

6. 设 D 是平面上有界闭区域,$u(x,y)$,$v(x,y)$ 在 D 上具有二阶连续偏导数,记 $\vec{n}$ 是 ∂D 的外法线向量,$\Delta u=\dfrac{\partial^2 u}{\partial x^2}+\dfrac{\partial^2 u}{\partial y^2}$. 证明:

(1) $\displaystyle\iint\limits_D \Delta u\,\mathrm{d}x\mathrm{d}y=\oint_{\partial D}\dfrac{\partial u}{\partial \vec{n}}\mathrm{d}s$;

(2) $\displaystyle\iint\limits_D v\Delta u\,\mathrm{d}x\mathrm{d}y=-\iint\left(\dfrac{\partial u}{\partial x}\dfrac{\partial v}{\partial x}+\dfrac{\partial u}{\partial y}\dfrac{\partial v}{\partial y}\right)\mathrm{d}x\mathrm{d}y+\oint_{\partial D}v\dfrac{\partial u}{\partial \vec{n}}\mathrm{d}s$;

(3) $\displaystyle\iint\limits_D (u\Delta v-v\Delta u)\mathrm{d}x\mathrm{d}y=-\oint_{\partial D}\left(v\dfrac{\partial u}{\partial \vec{n}}-u\dfrac{\partial u}{\partial \vec{n}}\right)\mathrm{d}s$.

7. 记 $r=\sqrt{x^2+y^2}$,试确定常数 λ,使曲线积分 $\displaystyle\int_{(x_0,y_0)}^{(x,y)}\dfrac{x}{y}r^\lambda\mathrm{d}x-\dfrac{x^2}{y^2}r^\lambda\mathrm{d}y$ 在 $y\neq 0$ 的区域内与积分路径无关,并求该积分值.

8. 设在上半平面 $D=\{(x,y)\mid y>0\}$ 内,函数 $f(x,y)$ 具有连续偏导数,且对任意 $t>0$ 都有 $f(tx,ty)=t^{-2}f(x,y)$.证明:对 D 内的任意分段光滑的有向简单闭曲线 L,都有 $\displaystyle\oint_L yf(x,y)\mathrm{d}x-xf(x,y)\mathrm{d}y=0$.

9. 求 $\displaystyle\int_C \dfrac{x\mathrm{d}y-y\mathrm{d}x}{4x^2+9y^2}$,其中 C 是圆周 $x^2+y^2=1$,正向.

10. 求 $\displaystyle\int_C \dfrac{(x-y)\mathrm{d}x+(x+y)\mathrm{d}y}{x^2+y^2}$,其中 C 是 $x^{\frac{2}{3}}+y^{\frac{2}{3}}=1$,正向.

11. 设 L 是平面上不通过原点的任意一条简单封闭曲线,且曲线积分 $\displaystyle\oint_L \dfrac{x\mathrm{d}x-ay\mathrm{d}y}{x^2+4y^2}=0$,则 $a=(\qquad)$.

　　A. -1　　　　B. -4　　　　C. 4　　　　D. 不存在这样的 a

12. 设函数 $u(x,y)$,$v(x,y)$ 在区域 $D:x^2+y^2\leqslant 1$ 上有一阶连续偏导数,又

$$\vec{f}(x,y)=(v(x,y),u(x,y)),\qquad \vec{g}(x,y)=\left(\dfrac{\partial u}{\partial x}-\dfrac{\partial u}{\partial y},\dfrac{\partial v}{\partial x}-\dfrac{\partial v}{\partial y}\right),$$

且在 D 的边界上 $u(x,y)\equiv 1$,$v(x,y)\equiv y$,求 $\displaystyle\iint\limits_D \vec{f}\cdot\vec{g}\,\mathrm{d}x\mathrm{d}y$.

13. 已知曲线型构件 $L:\begin{cases} z=x^2+y^2 \\ x+y+z=1 \end{cases}$ 的线密度函数为 $\rho=|x^2+x-y^2-y|$,求 L 上的质量.

第二十二章

曲面积分

▌【本章要点】

1. 曲面面积的概念，曲面面积的计算，第一类曲面积分的定义和计算；
2. 曲面侧的概念，第二类曲面积分的定义和计算，两类曲面积分的关系；
3. 高斯公式及其应用；
4. 斯托克斯公式及其应用；
5. 曲面积分在物理学中的应用；几种常见的场.

▌【导入案例】

众所周知，**牛顿**在研究物体的运动问题时创立了与物理概念直接联系的微积分学，在创立的早期，数学家们常常将无穷小量与常数零混淆使用，导致了许多当时无法解释的矛盾. 18 世纪后半叶，法国数学家柯西对微积分学给出了清晰严格的表示与证明方法，解决了许多无法解释的问题，摆脱了微积分学单纯地对几何、运动的直观理解和物理解释，但还是存在一些问题，比如，**柯西无法证明柯西收敛原理的充分性.** 19 世纪初，德国数学家**魏尔斯特拉斯**给出了微积分学中各种概念的精确描述，即我们现在在微积分学中使用的 ε—δ 语言，使得微积分学趋于完善. 随着微积分学在电磁学、天体力学、场论中的广泛应用，微积分学有了在平面上、空间中的各种推广，但无论是哪种推广，基本原理都是来自**牛顿与莱布尼茨**最初的思想.

本章要将定积分的思想以两种方式推广到空间曲面上，其一是通过求面密度函数为连续函数 $\rho(x, y, z)$、非均匀分布在空间给定的一光滑的曲面状物体 Σ 上的质量引入第一类曲面积分；其二是通过求稳定流动的不可压缩流体单位时间内流向曲面一侧的流量引入第二类曲面积分.

在我们学习一元函数定积分时，**牛顿-莱布尼茨公式**在计算定积分时起着至关重要的作用，我们称之为微积分基本定理，该公式反映了局部性质的微分（导数）和反映整体性质的积分（原函数）之间相互决定的关系. 对多元微积分而言，微积分基本定理由上一章我们介绍的**格林公式**（该公式建立了二元函数的二重积分与曲线积分之间的关系）以及本章要介绍的**高斯公式**（该公式建立了三元函数的三重积分与曲面积分之间的关系）和**斯托克斯（Stokes）公式**（该公式建立了三元函数的曲面积分与曲线积分之间的关系）联合组成. 上述四个公式后来被斯托克斯用外微分形式十分简洁地统一起来而被称为斯托克斯公式, 该公式是古典微积分向现代微积分发展的一个顶峰.

§22.1 第一类曲面积分

(一) 曲面面积的概念

设曲面 Σ 的方程为

$$x = x(u,v), y = y(u,v), z = z(u,v), (u,v) \in D.$$

用向量函数的形式表示就是

$$\Sigma: \vec{r} = (x(u,v), y(u,v), z(u,v)), (u,v) \in D,$$

其中 D 是 uOv 平面上具有逐段光滑边界的有界闭区域. 假设曲面 Σ 上的点与平面区域 D 上的点是一一对应的, 三个函数 x, y, z 均有连续偏导数, 相应的雅可比矩阵的秩为 2, 即

$$\text{rank} J = \text{rank} \frac{\partial(x,y,z)}{\partial(u,v)} = \text{rank} \begin{pmatrix} \frac{\partial x}{\partial u} & \frac{\partial x}{\partial v} \\ \frac{\partial y}{\partial u} & \frac{\partial y}{\partial v} \\ \frac{\partial z}{\partial u} & \frac{\partial z}{\partial v} \end{pmatrix} = 2. \tag{22.1}$$

对平面区域 D 上任意一点 (u_0, v_0), 得到曲面 Σ 上一点 $M(x_0, y_0, z_0)$, 于是 $\vec{r}(u, v_0) = (x(u, v_0), y(u, v_0), z(u, v_0))$ 和 $\vec{r}(u_0, v) = (x(u_0, v), y(u_0, v), z(u_0, v))$ 是曲面 Σ 上过点 $M(x_0, y_0, z_0)$ 的两条曲线, 这两条曲线在点 $M(x_0, y_0, z_0)$ 处的切向量分别为

$$\vec{r}_u'(u_0, v_0) = (x_u'(u_0, v_0), y_u'(u_0, v_0), z_u'(u_0, v_0)),$$
$$\vec{r}_v'(u_0, v_0) = (x_v'(u_0, v_0), y_v'(u_0, v_0), z_v'(u_0, v_0)).$$

由假设式 (22.1) 知这两个切向量是线性无关的, 于是它们在点 $M(x_0, y_0, z_0)$ 处可以张成一个平面, 这个平面就是 Σ 在点 $M(x_0, y_0, z_0)$ 处的**切平面**, 它的法向量就是

$$\vec{n} = \vec{r}_u'(u_0, v_0) \times \vec{r}_v'(u_0, v_0).$$

几何上称这样的曲面 Σ 为**光滑正则曲面**, 它在每一点处都有非零法向量, 即每一点都有切平面. 根据空间解析几何知识, 该切平面上以 $\vec{r}_u'(u_0, v_0)$, $\vec{r}_v'(u_0, v_0)$ 为相邻边的平行四边形的面积为 $|\vec{n}| = |\vec{r}_u'(u_0, v_0) \times \vec{r}_v'(u_0, v_0)|$.

下面我们要以合理方式计算曲面 Σ 的面积. 按照极限的思想就是首先将区域 D 任意分

割成 n 个小区域 $\Delta\sigma_i$，$i=1$，2，$\cdots$，n，相应地就将曲面 Σ 分割成了 n 个小曲面片 ΔS_i，每个小曲面片的面积仍记为 ΔS_i，$i=1$，2，$\cdots$，n，于是曲面 Σ 的面积 $S=\sum\limits_{i=1}^{n}\Delta S_i$. 在每个小区域 $\Delta\sigma_i$ 上任意取一点 $(\xi_i，\eta_i)$，得小曲面片 ΔS_i 上一点 M_i，在曲面过 M_i 点的切平面上取一小区域 ΔA_i（ΔA_i 的面积仍然记为 ΔA_i），使得 ΔA_i 与小曲面片 ΔS_i 在 uOv 平面上对应的区域均为 $\Delta\sigma_i$. 记 d 是所有 $\Delta\sigma_i$ 的最大直径，则当 $d\to0$ 时所有 ΔA_i 均充分接近 ΔS_i，因此我们称 $S=\lim\limits_{d\to0}\sum\limits_{i=1}^{n}\Delta A_i$ 为**曲面 Σ 的面积**.

（二）曲面面积的计算

定理 22.1 设曲面 Σ 的方程为

$$\Sigma:\vec{r}=(x(u,v),y(u,v),z(u,v)),(u,v)\in D,$$

其中 D 是 uOv 平面上具有逐段光滑边界的有界闭区域，且假设式（22.1）成立. 则曲面 Σ 的面积为

$$S=\iint\limits_{D}\sqrt{EG-F^2}\,\mathrm{d}u\mathrm{d}v,\tag{22.2}$$

其中

$$E=|\vec{r}_u'|^2=x_u'^2+y_u'^2+z_u'^2,$$
$$F=\vec{r}_u'\cdot\vec{r}_v'=x_u'x_v'+y_u'y_v'+z_u'z_v',$$
$$G=|\vec{r}_v'|^2=x_v'^2+y_v'^2+z_v'^2,$$

且称 E，F，G 为曲面 Σ 的**第一类基本量**或**高斯系数**，这时曲面的**面积元**为

$$\mathrm{d}S=\sqrt{EG-F^2}\,\mathrm{d}u\mathrm{d}v.$$

特别地，若曲面 Σ 的方程为 $z=f(x，y)$，$(x，y)\in D$，其中 D 是 xOy 平面上具有逐段光滑边界的有界闭区域，则

$$S=\iint\limits_{D}\sqrt{1+f_x'^2+f_y'^2}\,\mathrm{d}x\mathrm{d}y,\tag{22.3}$$

这时曲面的面积元为 $\mathrm{d}S=\sqrt{1+f_x'^2+f_y'^2}\,\mathrm{d}x\mathrm{d}y$.

证明 在 uOv 平面上以分别平行于 u 轴和 v 轴的两族直线分割区域 D，得到 D 的规范小区域均为小矩形，第 i 个小矩形 $\Delta\sigma_i=P_iP_{i1}P_{i3}P_{i2}$，为表示简单省去所有下标 i，于是 uOv 平面上小矩形 $\Delta\sigma$ 的四个顶点的坐标分别是

$$P(u,v),P_1(u+\Delta u,v),P_2(u,v+\Delta v),P_3(u+\Delta u,v+\Delta v).$$

对应曲面 Σ 上的小曲面片 ΔS_i 是一个曲边四边形，其四个顶点的坐标为

$$M(x(u,v),y(u,v),z(u,v)),$$
$$M_1(x(u+\Delta u,v),y(u+\Delta u,v),z(u+\Delta u,v)),$$
$$M_2(x(u,v+\Delta v),y(u,v+\Delta v),z(u,v+\Delta v)),$$
$$M_3(x(u+\Delta u,v+\Delta v),y(u+\Delta u,v+\Delta v),z(u+\Delta u,v+\Delta v)),$$

如图 22-1 所示. 于是

$$\overrightarrow{MM_1}=(x(u+\Delta u,v)-x(u,v),y(u+\Delta u,v)-y(u,v),z(u+\Delta u,v)-z(u,v))$$
$$=(x'_u(u,v),y'_u(u,v),z'_u(u,v))\Delta u+o(\Delta u)=\vec{r}'_u(u,v)\Delta u+o(\Delta u),$$
$$\overrightarrow{MM_2}=(x'_v(u,v),y'_v(u,v),z'_v(u,v))\Delta v+o(\Delta v)=\vec{r}'_v(u,v)\Delta v+o(\Delta v).$$

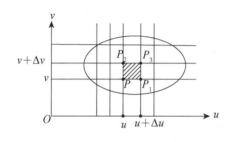
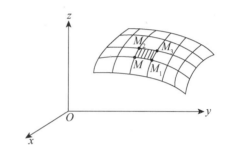

图 22-1

因此曲面 Σ 在点 M 处的切平面上 ΔA 的面积 $\Delta A=|\vec{r}'_u(u,v)\Delta u\times\vec{r}'_v(u,\ v)\Delta v|\approx\Delta S$, 故

$$S=\iint\limits_{D}|\vec{r}'_u\times\vec{r}'_v|\,\mathrm{d}u\mathrm{d}v.$$

根据向量积的模的计算公式得式 (22.2).

若曲面 Σ 的方程为 $z=f(x,\ y)$, $(x,\ y)\in D$, 则可将 Σ 的方程改写为参数方程形式:

$$x=x,y=y,z=f(x,y),(x,y)\in D.$$

此时, 有 $E=1+f_x'^2$, $F=f_x'f_y'$, $G=1+f_y'^2$. 从而 $EG-F^2=1+f_x'^2+f_y'^2$, 式 (22.3) 成立. 证毕.

注 1. 若曲面 Σ 的方程为 $y=g(z,\ x)$, $(z,\ x)\in D$, 则曲面面积为

$$S=\iint\limits_{D}\sqrt{1+g_z'^2+g_x'^2}\,\mathrm{d}z\mathrm{d}x. \tag{22.4}$$

2. 若曲面 Σ 的方程为 $x=h(y,\ z)$, $(y,\ z)\in D$, 则曲面面积为

$$S=\iint\limits_{D}\sqrt{1+h_y'^2+h_z'^2}\,\mathrm{d}y\mathrm{d}z. \tag{22.5}$$

例 22.1　求圆柱面 $x^2+y^2=a^2$ 被两平面 $x+z=0$, $x-z=0$ $(x,\ y>0,\ a>0)$ 所截部分的面积.

解　如图 22-2 所示, 题设所截部分位于第一卦限和第八卦限. 根据图形的对称性,

所求面积是第一卦限部分的两倍．又所求面积部分的方程为：$x=\sqrt{a^2-y^2}$，$y\geqslant0$，在 yOz 平面上的投影为 D：$y^2+z^2\leqslant a^2$（$y,z>0$），由式（22.5）有

$$S=2\iint\limits_{D}\sqrt{1+x_y'^2+x_z'^2}\mathrm{d}y\mathrm{d}z=2\iint\limits_{D}\sqrt{1+\left(\frac{-y}{\sqrt{a^2-y^2}}\right)^2+0}\mathrm{d}y\mathrm{d}z$$

$$=2\iint\limits_{D}\frac{a}{\sqrt{a^2-y^2}}\mathrm{d}y\mathrm{d}z=2\int_0^a\frac{a}{\sqrt{a^2-y^2}}\mathrm{d}y\int_0^{\sqrt{a^2-y^2}}\mathrm{d}z=2a^2.$$

注　曲面的面积计算中一定要保持曲面上的点与投影区域 D 中的点一一对应．

例 22.2　求球面 $x^2+y^2+z^2=2Rz$ 含在锥面 $z^2=3(x^2+y^2)$ 内的部分的面积.

解　方法 1　如图 22-3 所示，所求面积部分关于 xOz 平面和 yOz 平面是对称的，因此所求面积是第一卦限部分面积的 4 倍．下面只讨论第一卦限部分的面积求法．在球面坐标下，球面的球坐标方程为 $r=2R\cos\varphi$，于是得到球面的参数方程为

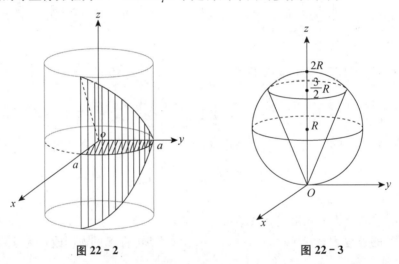

图 22-2　　　　　图 22-3

$$x=2R\cos\varphi\sin\varphi\cos\theta=R\sin2\varphi\cos\theta,$$
$$y=2R\cos\varphi\sin\varphi\sin\theta=R\sin2\varphi\sin\theta,$$
$$z=2R\cos^2\varphi=R(\cos2\varphi+1).$$

将球面坐标代入锥面方程得 $\tan\varphi=\dfrac{1}{\sqrt{3}}$，即 $\varphi=\dfrac{\pi}{6}$．根据 φ 的几何意义知锥面的半顶角为 $\varphi=\dfrac{\pi}{6}$，因此 $D:0\leqslant\theta\leqslant\dfrac{\pi}{2},0\leqslant\varphi\leqslant\dfrac{\pi}{6}$，曲面的第一类基本量为

$$E=x_\theta'^2+y_\theta'^2+z_\theta'^2=2R^2\sin^2 2\varphi,$$
$$F=x_\theta'x_\varphi'+y_\theta'y_\varphi'+z_\theta'z_\varphi'=0,$$
$$G=x_\varphi'^2+y_\varphi'^2+z_\varphi'^2=4R^2.$$

由式（22.2）知

$$S = 4 \iint\limits_{D} \sqrt{EG - F^2}\, \mathrm{d}u \mathrm{d}v = 4 \int_0^{\frac{\pi}{2}} \mathrm{d}\theta \int_0^{\frac{\pi}{6}} 2R^2 \sin 2\varphi \mathrm{d}\varphi = \pi R^2.$$

方法 2　将球面方程表示为 $z = R + \sqrt{R^2 - x^2 - y^2}$，球面与锥面的交线为

$$\begin{cases} x^2 + y^2 = \dfrac{3}{4}R^2 \\ z = \dfrac{3}{2}R \end{cases},$$

因此所讨论部分曲面在 xOy 平面上的投影区域为 $D: x^2 + y^2 \leqslant \dfrac{3}{4}R^2$. 根据式（22.3）有

$$S = \iint\limits_{D} \sqrt{1 + \frac{x^2}{R^2 - x^2 - y^2} + \frac{y^2}{R^2 - x^2 - y^2}}\, \mathrm{d}x \mathrm{d}y$$

$$= \iint\limits_{D} \frac{R}{\sqrt{R^2 - x^2 - y^2}}\, \mathrm{d}x \mathrm{d}y = R \int_0^{2\pi} \mathrm{d}\theta \int_0^{\frac{\sqrt{3}}{2}R} \frac{r \mathrm{d}r}{\sqrt{R^2 - r^2}} = \pi R^2.$$

（三）第一类曲面积分的概念

设在空间给定一个光滑的曲面状物体 Σ，其上非均匀分布有质量，面密度函数为连续函数 $\rho(x, y, z)$，现在要以合理的方式求出 Σ 上的质量.

我们一如既往地利用极限的思想并遵循定积分的四个步骤. 将曲面 Σ 任意分割成 n 个小曲面片 ΔS_i，$i = 1, 2, \cdots, n$，将这些小曲面片的面积仍然记为 ΔS_i，并记 d 为所有小曲面片直径的最大者；在每个小曲面片 ΔS_i 上任取一点 (ξ_i, η_i, ζ_i)，将每一个小曲面片 ΔS_i 看成均匀分布，其密度为 $\rho(\xi_i, \eta_i, \zeta_i)$，于是每一个小曲面片上的质量

$$\Delta m_i \approx \rho(\xi_i, \eta_i, \zeta_i) \Delta S_i.$$

而且，当 d 越来越小时近似程度越来越高，因此曲面 Σ 上的质量就定义为

$$m = \lim_{d \to 0} \sum_{i=1}^{n} \rho(\xi_i, \eta_i, \zeta_i) \Delta S_i.$$

这就是密度函数 $\rho(x, y, z)$ 在曲面 Σ 上的第一类曲面积分的概念.

定义 22.1　设 Σ 是空间可求面积的光滑曲面，$f(x, y, z)$ 是定义在 Σ 上的有界函数. 将曲面 Σ 任意分割成 n 个小曲面片 ΔS_i，$i = 1, 2, \cdots, n$，这些小曲面片的面积仍然记为 ΔS_i，并记 d 为所有小曲面片直径的最大者；在每个小曲面片 ΔS_i 上任取一点 (ξ_i, η_i, ζ_i)，作乘积 $f(\xi_i, \eta_i, \zeta_i) \Delta S_i$，再作和 $\sum\limits_{i=1}^{n} f(\xi_i, \eta_i, \zeta_i) \Delta S_i$；若极限 $\lim\limits_{d \to 0} \sum\limits_{i=1}^{n} f(\xi_i, \eta_i, \zeta_i) \Delta S_i$ 存在，且与 Σ 的分割和点 (ξ_i, η_i, ζ_i) 的选取无关，则称该极限值为 $f(x, y, z)$ 在 Σ 上的**第一类曲面积分**，也称为 $f(x, y, z)$ 在 Σ 上**关于面积的曲面积分**，记为 $\iint\limits_{\Sigma} f(x, y, z) \mathrm{d}S$. 即

$$\iint\limits_{\Sigma} f(x, y, z) \mathrm{d}S = \lim_{d \to 0} \sum_{i=1}^{n} f(\xi_i, \eta_i, \zeta_i) \Delta S_i, \tag{22.6}$$

其中 $f(x, y, z)$ 称为**被积函数**，Σ 称为**积分曲面**，dS 是**面积元**.

从定义 22.1 可以看出，第一类曲面积分的定义与定积分、重积分以及第一类曲线积分的定义是完全类似的，因此，它们都有着类似的性质，如关于被积函数的线性性质、积分曲面的可加性等，我们曾经在二重积分中列出过，这里就不再赘述. 值得注意的是，只要被积函数连续，这些积分就存在.

当 $f(x,y,z) \geqslant 0$ 时，$\displaystyle\iint_{\Sigma} f(x,y,z)dS$ 就是以被积函数 $f(x, y, z)$ 为密度的、非均匀分布在曲面 Σ 上的质量；当 $f(x,y,z)=1$ 时，$\displaystyle\iint_{\Sigma} f(x,y,z)dS = S$（即曲面 Σ 的面积）.

（四）第一类曲面积分的计算

定理 22.2 设光滑正则曲面 Σ 的方程为

$$\Sigma: \vec{r} = (x(u,v), y(u,v), z(u,v)), (u,v) \in D,$$

其中 D 是 uOv 平面上具有逐段光滑边界的有界闭区域，且 Σ 上的点与平面区域 D 上的点一一对应. 设 $f(x, y, z)$ 是定义在 Σ 上的连续函数，则

$$\iint_{\Sigma} f(x,y,z)dS = \iint_{D} f(x(u,v), y(u,v), z(u,v)) \sqrt{EG-F^2} \, du dv,$$

其中 E，F，G 为曲面 Σ 的第一类基本量.

若曲面 Σ 的方程为 $z=z(x, y)$，$(x, y) \in D$，则

$$\iint_{\Sigma} f(x,y,z)dS$$
$$= \iint_{D} f(x,y,z(x,y)) \sqrt{1+z_x'^2+z_y'^2} \, dx dy.$$

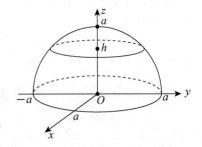

图 22-4

证明 由定义式（22.6）及面积元公式 $dS = \sqrt{EG-F^2} \, du dv$ 即得.

例 22.3 计算 $\displaystyle\iint_{\Sigma}(x+y+z)dS$，其中 Σ 是球面 $x^2 + y^2 + z^2 = a^2$ 被平面 $z=h$（$0 < h < a$）所截部分的顶部（见图 22-4）.

解 方法 1 曲面 Σ 的方程为 $z=\sqrt{a^2-x^2-y^2}$，$D: x^2+y^2 \leqslant a^2-h^2$.

$$\iint_{\Sigma}(x+y+z)dS = \iint_{\Sigma}(x+y+\sqrt{a^2-x^2-y^2})dS$$
$$= \iint_{D}(x+y+\sqrt{a^2-x^2-y^2}) \cdot \frac{a}{\sqrt{a^2-x^2-y^2}} dx dy$$
$$= a\iint_{D}\left(\frac{x}{\sqrt{a^2-x^2-y^2}} + \frac{y}{\sqrt{a^2-x^2-y^2}} + 1\right)dx dy.$$

由于 D 关于 y 轴和 x 轴均对称，$\dfrac{x}{\sqrt{a^2-x^2-y^2}}$，$\dfrac{y}{\sqrt{a^2-x^2-y^2}}$ 分别关于 x，y 为奇函数，所以

$$\iint\limits_{\Sigma}(x+y+z)\mathrm{d}S=a\iint\limits_{D}\mathrm{d}x\mathrm{d}y=\pi a(a^2-h^2).$$

方法 2 将曲面 Σ 的方程表示为

$$\Sigma:\vec{r}=(a\sin\varphi\cos\theta,a\sin\varphi\sin\theta,a\cos\varphi),$$
$$D:0\leqslant\theta\leqslant2\pi,0\leqslant\varphi\leqslant\varphi_0,\cos\varphi_0=\frac{h}{a}.$$

则 $E=|\vec{r_\theta'}|^2=a^2\sin^2\varphi,F=0,G=a^2$，于是

$$\sqrt{EG-F^2}=a^2\sin\varphi.$$

因此

$$\iint\limits_{\Sigma}(x+y+z)\mathrm{d}S=\iint\limits_{D}(a\sin\varphi\cos\theta+a\sin\varphi\sin\theta+a\cos\varphi)\cdot a^2\sin\varphi\mathrm{d}\theta\mathrm{d}\varphi$$
$$=a^3\int_0^{2\pi}\mathrm{d}\theta\int_0^{\varphi_0}(\sin^2\varphi\cos\theta+\sin^2\varphi\sin\theta+\cos\varphi\sin\varphi)\mathrm{d}\varphi$$
$$=a^3\left(\int_0^{2\pi}\cos\theta\mathrm{d}\theta\int_0^{\varphi_0}\sin^2\varphi\mathrm{d}\varphi+\int_0^{2\pi}\sin\theta\mathrm{d}\theta\int_0^{\varphi_0}\sin^2\varphi\mathrm{d}\varphi+2\pi\int_0^{\varphi_0}\sin\varphi\cos\varphi\mathrm{d}\varphi\right)$$
$$=\pi a(a^2-h^2).$$

在第一类曲面积分的计算中，要注意三点：一是要合适地选取积分曲面方程的形式；二是要准确地定出参数的变化区域，要求是曲面上的点与参数区域上的点一一对应；三是要考虑被积函数和积分曲面的对称性.

与 §20.3 节"重积分的物理应用"类似，利用第一类曲面积分可以求出曲面片的重心、转动惯量、引力等.

设曲面状薄片 Σ 上非均匀分布有质量，其面密度函数为 $f(x,y,z)$，则

（1）Σ 的重心坐标为

$$\overline{x}=\frac{\iint\limits_{\Sigma}xf(x,y,z)\mathrm{d}S}{\iint\limits_{\Sigma}f(x,y,z)\mathrm{d}S},$$

$$\overline{y}=\frac{\iint\limits_{\Sigma}yf(x,y,z)\mathrm{d}S}{\iint\limits_{\Sigma}f(x,y,z)\mathrm{d}S},$$

$$\overline{z}=\frac{\iint\limits_{\Sigma}zf(x,y,z)\mathrm{d}S}{\iint\limits_{\Sigma}f(x,y,z)\mathrm{d}S}.$$

（2）Σ 关于 x 轴、y 轴、z 轴的转动惯量分别为

$$J_x = \iint\limits_{\Sigma} (y^2 + z^2) f(x,y,z) \mathrm{d}S,$$

$$J_y = \iint\limits_{\Sigma} (x^2 + z^2) f(x,y,z) \mathrm{d}S,$$

$$J_z = \iint\limits_{\Sigma} (x^2 + y^2) f(x,y,z) \mathrm{d}S.$$

（3）Σ 对质点 $P_0(x_0, y_0, z_0)$（带有质量 m）的引力为

$$\vec{F} = Gm \left(\iint\limits_{\Sigma} \frac{(x-x_0)f(x,y,z)}{r^3} \mathrm{d}S, \iint\limits_{\Sigma} \frac{(y-y_0)f(x,y,z)}{r^3} \mathrm{d}S, \iint\limits_{\Sigma} \frac{(z-z_0)f(x,y,z)}{r^3} \mathrm{d}S \right),$$

其中 $r = \sqrt{(x-x_0)^2 + (y-y_0)^2 + (z-z_0)^2}$，表示 Σ 上动点 $P(x,y,z)$ 到点 P_0 的距离，G 为引力常数.

 习题 22.1

1. 求下列曲面的面积：

  （1）圆锥面 $z^2 = x^2 + y^2$ 含在圆柱面 $x^2 + y^2 \leqslant x$ 内的部分；

  （2）抛物面 $z = x^2 + y^2$ 被平面 $z=1$ 所截的有界部分；

  （3）双曲抛物面 $az = xy$ 含在圆柱面 $x^2 + y^2 = a^2$ 内的部分（$a > 0$）；

  （4）球面 $x^2 + y^2 + z^2 = a^2$ 含在圆柱面 $x^2 + y^2 = ax$ 内的部分（$a > 0$）.

2. 计算下列第一类曲面积分：

  （1）$\iint\limits_{\Sigma} (x+y+z) \mathrm{d}S$，其中 Σ 为平面 $y+z=5$ 含在柱面 $x^2 + y^2 = 25$ 内的部分；

  （2）$\iint\limits_{\Sigma} (x^2 + y^2) \mathrm{d}S$，其中 Σ 为立体 $\sqrt{x^2 + y^2} \leqslant z \leqslant 1$ 的边界曲面；

  （3）$\iint\limits_{\Sigma} (2x + y - z) \mathrm{d}S$，其中 Σ 为半球面 $x^2 + y^2 + z^2 = a^2$，$y \leqslant 0$；

  （4）$\iint\limits_{\Sigma} z^2 \mathrm{d}S$，其中 Σ 是圆锥面 $x = r\cos\varphi\sin\theta, y = r\sin\varphi\sin\theta, z = r\cos\theta$ 在 $0 \leqslant r \leqslant a$，

  $0 \leqslant \varphi \leqslant 2\pi$ 的一部分，常数 $0 < \theta < \dfrac{\pi}{2}$ 为圆锥面的半顶角.

3. 设面密度函数为 $\rho = z$，求抛物面 $z = \dfrac{1}{2}(x^2 + y^2)$，$0 \leqslant z \leqslant 1$ 上的质量.

4. 试求半球面 $x^2 + y^2 + z^2 = a^2$，$z \geqslant 0$ 的重心，其中各点处的面密度为该点到底面的距离.

5. 求密度为 ρ_0 的均匀半球面 $x^2 + y^2 + z^2 = a^2$，$z \geqslant 0$ 关于 z 轴的转动惯量.

§22.2　第二类曲面积分

　　本节首先给出曲面侧的概念；然后以稳定流动的不可压缩流体单位时间内流向曲面一侧的流量为例引入第二类曲面积分，这里"稳定流动"是指流体的流速不随时间变化，只与空间位置有关；接着研究第二类曲面积分的计算；最后给出两类曲面积分的关系.

（一）曲面的侧

　　设曲面 Σ 是光滑正则曲面，即光滑曲面 Σ 在每一点都有连续变动的切平面. 设 M 为 Σ 上的一点，于是曲面 Σ 在点 M 处的法线有两个方向（如图 22 - 5 所示）：当取定其中一个指向为正方向时，则另一个指向就为负方向. 当点 M 在曲面 Σ 上连续变动时，相应的法向量也随之连续变动. 若点 M 在曲面 Σ 上沿任何一条封闭曲线连续变动后（不跨越曲面的边界）回到原来的位置时，相应的法向量的方向与原方向相同，则称曲面 Σ 是一个**双侧曲面**；如果相应的法向量的方向与原方向相反，就称曲面 Σ 是一个**单侧曲面**. 一般情况下我们遇到的曲面均为双侧曲面，如椭球面、双曲面、抛物面等都是双侧曲面；单侧曲面的一个典型例子就是**莫比乌斯**（Mobius）带，即将一长方形纸条 $ABCD$ 的一端扭转 $180°$ 后再与另一端黏合起来，如图 22 - 6 所示，这时若在长方形纸条 $ABCD$ 取 AC 的中点 E，取 BD 的中点 F，连接 EF 得一条与 AB 和 CD 平行的直线段，注意到这两个点在纸条黏合成莫比乌斯带后就成了一个点，EF 直线段就成了一个圆 L，在这个黏合点处选取一个法向量 $\vec{n}$，当法向量 $\vec{n}$ 从黏合点处出发沿着 L 连续移动一周再回到黏合点时，法向量变成了相反向量 $-\vec{n}$，所以莫比乌斯带是一个单侧曲面.

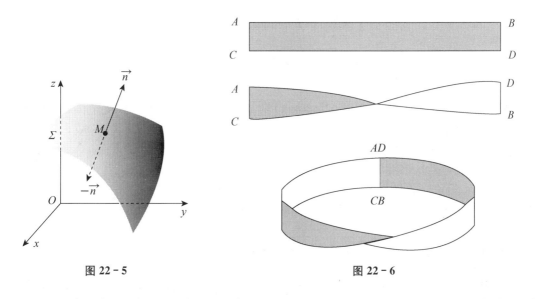

图 22 - 5　　　　　　　　　　　　　　　图 22 - 6

　　以后我们总假设所考虑的曲面是双侧曲面. 对于双侧曲面，只要在它上面的某点处指定一个法向量，通过该点的连续移动就可以得到其余所有点的法向量，从而我们可以通过选定曲面上的一个法向量来规定曲面的侧；反过来，我们也可以通过选定曲面的侧来规定曲面上各点处的法向量的指向．例如，由方程 $z = z(x, y)$ 所表示的曲面都是双侧曲面，通常当法向量与 z 轴正向的夹角为锐角时，称曲面的侧为**上侧**，否则称为**下侧**；同理，当法向量与 y 轴正向的夹角为锐角时，称曲面的侧为**右侧**，否则称为**左侧**；当法向量与 x 轴正向的夹角为锐角时，称曲面的侧为**前侧**，否则称为**后侧**．当我们指定曲面的一侧为正侧时，那么另一侧就是**负侧**．这种我们指定了侧的曲面称为**定向曲面**（或**有向曲面**）．当曲面是封闭曲面时，通常规定曲面的外侧（即法向量指向封闭曲面所围区域的外部）为正侧，内侧为负侧．

（二）第二类曲面积分的概念

引例 设有一个稳定流动、不可压缩的流体，假定其密度为单位均匀密度，其流速为

$$\vec{v} = (P(x, y, z), Q(x, y, z), R(x, y, z)).$$

该流体从一个定向曲面 Σ 的负侧流向正侧，如图 22-7 所示，其中 $P(x, y, z)$，$Q(x, y, z)$，$R(x, y, z)$ 是曲面 Σ 上的连续函数，求单位时间内流经曲面 Σ 的总流量（即总质量）E．

设曲面 Σ 上任意一点 (x, y, z) 处曲面的正侧对应的单位法向量为 $\vec{n} = (\cos\alpha, \cos\beta, \cos\gamma)$．将曲面 Σ 任意分割成 n 个小曲面 ΔS_1，ΔS_2，$\cdots$，ΔS_n，每一个小曲面的面积仍然记为 ΔS_i，在 ΔS_i 上任取一点 (ξ_i, η_i, ζ_i)，则在该点处曲面正侧对应的法向量为 $\vec{n_i} = (\cos\alpha_i, \cos\beta_i,$

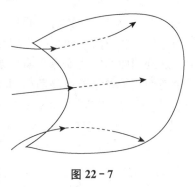

图 22-7

$\cos\gamma_i)$，流速为 $\vec{v}(\xi_i, \eta_i, \zeta_i)$，则单位时间内流过小曲面 ΔS_i 的流量为

$$\Delta E_i \approx \vec{v}(\xi_i, \eta_i, \zeta_i) \cdot \vec{n_i} \Delta S_i$$
$$= (P(\xi_i, \eta_i, \zeta_i)\cos\alpha_i + Q(\xi_i, \eta_i, \zeta_i)\cos\beta_i + R(\xi_i, \eta_i, \zeta_i)\cos\gamma_i)\Delta S_i.$$

注意到其中 $\Delta S_i\cos\alpha_i$，$\Delta S_i\cos\beta_i$，$\Delta S_i\cos\gamma_i$ 分别是 ΔS_i 沿正侧方向在 yOz 平面、zOx 平面和 xOy 平面上投影区域的面积的近似值，分别记作 $(\Delta S_i)_{yz}$、$(\Delta S_i)_{zx}$、$(\Delta S_i)_{xy}$，于是单位时间内由小曲面 ΔS_i 的负侧流向正侧的流量

$$\Delta E_i \approx P(\xi_i, \eta_i, \zeta_i)(\Delta S_i)_{yz} + Q(\xi_i, \eta_i, \zeta_i)(\Delta S_i)_{zx} + R(\xi_i, \eta_i, \zeta_i)(\Delta S_i)_{xy}.$$

因此单位时间内由曲面 Σ 的负侧流向正侧的总流量为

$$E = \lim_{d \to 0} \sum_{i=1}^{n} (P(\xi_i, \eta_i, \zeta_i)(\Delta S_i)_{yz} + Q(\xi_i, \eta_i, \zeta_i)(\Delta S_i)_{zx} + R(\xi_i, \eta_i, \zeta_i)(\Delta S_i)_{xy}),$$

其中 d 是所有小曲面 ΔS_i 的最大直径．这就是我们要定义的在有向曲面 Σ 上的第二类曲面积分．

定义 22.2 设 Σ 是光滑的有向曲面，$P(x, y, z)$，$Q(x, y, z)$，$R(x, y, z)$ 是定

义在曲面 Σ 上的有界函数. 将曲面 Σ 任意分割成 n 个小曲面 ΔS_1，ΔS_2，$\cdots$，ΔS_n，每一个小曲面的面积仍然记为 ΔS_i，且记 ΔS_i 的最大直径为 d；以 $(\Delta S_i)_{yz}$、$(\Delta S_i)_{zx}$、$(\Delta S_i)_{xy}$ 分别表示 ΔS_i 沿指定侧在 yOz 平面、zOx 平面和 xOy 平面上投影区域的有向面积，这种面积带有符号：

$$(\Delta S_i)_{yz}=\begin{cases}+(\Delta\sigma_i)_{yz},\angle(\vec{n},x)<\dfrac{\pi}{2}\\[2mm] 0,\quad \angle(\vec{n},x)=\dfrac{\pi}{2}\\[2mm] -(\Delta\sigma_i)_{yz},\angle(\vec{n},x)>\dfrac{\pi}{2}\end{cases},$$

$$(\Delta S_i)_{zx}=\begin{cases}+(\Delta\sigma_i)_{zx},\angle(\vec{n},y)<\dfrac{\pi}{2}\\[2mm] 0,\quad \angle(\vec{n},y)=\dfrac{\pi}{2}\\[2mm] -(\Delta\sigma_i)_{zx},\angle(\vec{n},y)>\dfrac{\pi}{2}\end{cases},$$

$$(\Delta S_i)_{xy}=\begin{cases}+(\Delta\sigma_i)_{xy},\angle(\vec{n},z)<\dfrac{\pi}{2}\\[2mm] 0,\quad \angle(\vec{n},z)=\dfrac{\pi}{2}\\[2mm] -(\Delta\sigma_i)_{xy},\angle(\vec{n},z)>\dfrac{\pi}{2}\end{cases}.$$

其中 $(\Delta\sigma_i)_{yz}$，$(\Delta\sigma_i)_{zx}$，$(\Delta\sigma_i)_{xy}$ 分别是 ΔS_i 在 yOz 平面、zOx 平面和 xOy 平面上的投影. 在 ΔS_i 上任取一点 (ξ_i,η_i,ζ_i)，若极限

$$\lim_{d\to 0}\sum_{i=1}^{n}(P(\xi_i,\eta_i,\zeta_i)(\Delta S_i)_{yz}+Q(\xi_i,\eta_i,\zeta_i)(\Delta S_i)_{zx}+R(\xi_i,\eta_i,\zeta_i)(\Delta S_i)_{xy})$$

存在，且与曲面 Σ 的分割和 (ξ_i,η_i,ζ_i) 在 ΔS_i 上的选取没有关系，则称该极限值为函数 $P(x,y,z)$，$Q(x,y,z)$，$R(x,y,z)$ 在有向曲面 Σ 上的**第二类曲面积分**，也称为函数 $P(x,y,z)$，$Q(x,y,z)$，$R(x,y,z)$ 在有向曲面 Σ 上**关于坐标面投影的曲面积分**，记为

$$\iint_{\Sigma}P(x,y,z)\mathrm{d}y\mathrm{d}z+Q(x,y,z)\mathrm{d}z\mathrm{d}x+R(x,y,z)\mathrm{d}x\mathrm{d}y.$$

或

$$\iint_{\Sigma}P(x,y,z)\mathrm{d}y\mathrm{d}z+\iint_{\Sigma}Q(x,y,z)\mathrm{d}z\mathrm{d}x+\iint_{\Sigma}R(x,y,z)\mathrm{d}x\mathrm{d}y.$$

当曲面 Σ 为封闭曲面时，也记为

$$\oiint_{\Sigma}P(x,y,z)\mathrm{d}y\mathrm{d}z+Q(x,y,z)\mathrm{d}z\mathrm{d}x+R(x,y,z)\mathrm{d}x\mathrm{d}y.$$

根据定义 22.2 知：(1) 某流体以 $\vec{v}=(P(x,y,z),Q(x,y,z),R(x,y,z))$ 的

流速在单位时间内从曲面 Σ 的负侧流向正侧的总质量为

$$E = \iint\limits_{\Sigma} P(x,y,z)\mathrm{d}y\mathrm{d}z + Q(x,y,z)\mathrm{d}z\mathrm{d}x + R(x,y,z)\mathrm{d}x\mathrm{d}y.$$

（2）当曲面 Σ 的侧改变方向时，记另一侧的曲面为 Σ^-，则有

$$\iint\limits_{\Sigma^-} P(x,y,z)\mathrm{d}y\mathrm{d}z + Q(x,y,z)\mathrm{d}z\mathrm{d}x + R(x,y,z)\mathrm{d}x\mathrm{d}y$$

$$= -\iint\limits_{\Sigma} P(x,y,z)\mathrm{d}y\mathrm{d}z + Q(x,y,z)\mathrm{d}z\mathrm{d}x + R(x,y,z)\mathrm{d}x\mathrm{d}y.$$

与第二类曲线积分一样，第二类曲面积分也具有被积函数的线性性质和积分曲面的可加性，即

若 $\iint\limits_{\Sigma} P_i(x,y,z)\mathrm{d}y\mathrm{d}z + Q_i(x,y,z)\mathrm{d}z\mathrm{d}x + R_i(x,y,z)\mathrm{d}x\mathrm{d}y, i=1,2,\cdots,m$ 均存在，则对任意常数 $k_i, i=1,2,\cdots,m$ 有

$$\iint\limits_{\Sigma} \left(\sum_{i=1}^{m} k_i P_i(x,y,z)\right)\mathrm{d}y\mathrm{d}z + \left(\sum_{i=1}^{m} k_i Q_i(x,y,z)\right)\mathrm{d}z\mathrm{d}x + \left(\sum_{i=1}^{m} k_i R_i(x,y,z)\right)\mathrm{d}x\mathrm{d}y$$

$$= \sum_{i=1}^{m} k_i \iint\limits_{\Sigma} P_i(x,y,z)\mathrm{d}y\mathrm{d}z + Q_i(x,y,z)\mathrm{d}z\mathrm{d}x + R_i(x,y,z)\mathrm{d}x\mathrm{d}y.$$

若有向曲面 Σ 是由两两无公共内点的曲面片 $\Sigma_i(i=1,2,\cdots,m)$ 组成，Σ_i 与 Σ 取向一致，且

$$\iint\limits_{\Sigma} P(x,y,z)\mathrm{d}y\mathrm{d}z + Q(x,y,z)\mathrm{d}z\mathrm{d}x + R(x,y,z)\mathrm{d}x\mathrm{d}y$$

存在，则

$$\iint\limits_{\Sigma} P(x,y,z)\mathrm{d}y\mathrm{d}z + Q(x,y,z)\mathrm{d}z\mathrm{d}x + R(x,y,z)\mathrm{d}x\mathrm{d}y$$

$$= \sum_{i=1}^{m} \iint\limits_{\Sigma_i} P(x,y,z)\mathrm{d}y\mathrm{d}z + Q(x,y,z)\mathrm{d}z\mathrm{d}x + R(x,y,z)\mathrm{d}x\mathrm{d}y.$$

（三）第二类曲面积分的计算

总原则是将第二类曲面积分化为二重积分来计算.

首先我们考察积分 $\iint\limits_{\Sigma} R(x,y,z)\mathrm{d}x\mathrm{d}y$ 的计算问题.

定理 22.3 设 $\Sigma: z = z(x,y)$ 是光滑有向曲面，Σ 与平行于 z 轴的直线至多交于一点，Σ 在 xOy 平面上的投影区域为 D_{xy}，这时 Σ 上的点与 D_{xy} 上的点一一对应，则

$$\iint\limits_{\Sigma} R(x,y,z)\mathrm{d}x\mathrm{d}y = \pm \iint\limits_{D_{xy}} R(x,y,z(x,y))\mathrm{d}x\mathrm{d}y,$$

其中当有向曲面 Σ 的侧为上侧时取"＋"，当 Σ 为下侧时取"－".

证明　根据第二类曲面积分的定义

$$\iint\limits_{\Sigma}R(x,y,z)\mathrm{d}x\mathrm{d}y = \lim_{d\to 0}\sum_{i=1}^{n}R(\xi_i,\eta_i,\zeta_i)(\Delta S_i)_{xy}$$

$$= \lim_{d\to 0}\sum_{i=1}^{n}R(\xi_i,\eta_i,z(\xi_i,\eta_i))(\Delta S_i)_{xy}$$

$$= \begin{cases} +\lim_{d\to 0}\sum_{i=1}^{n}R(\xi_i,\eta_i,z(\xi_i,\eta_i))(\Delta\sigma_i)_{xy}, \Sigma\text{取上侧时} \\ -\lim_{d\to 0}\sum_{i=1}^{n}R(\xi_i,\eta_i,z(\xi_i,\eta_i))(\Delta\sigma_i)_{xy}, \Sigma\text{取下侧时} \end{cases}$$

$$= \pm\iint\limits_{D_{xy}}R(x,y,z(x,y))\mathrm{d}x\mathrm{d}y.$$

证毕.

同理我们可以得到，若 $\Sigma: y = y(z,x)$，则

$$\iint\limits_{\Sigma}Q(x,y,z)\mathrm{d}z\mathrm{d}x = \pm\iint\limits_{D_{zx}}Q(x,y(z,x),z)\mathrm{d}z\mathrm{d}x,$$

其中当曲面 Σ 的侧为右侧时取"＋"，Σ 为左侧时取"－".

若 $\Sigma: x = x(y,z)$，则

$$\iint\limits_{\Sigma}P(x,y,z)\mathrm{d}z\mathrm{d}x = \pm\iint\limits_{D_{yz}}P(x(y,z),y,z)\mathrm{d}y\mathrm{d}z,$$

其中当曲面 Σ 的侧为前侧时取"＋"，Σ 为后侧时取"－".

这种方法称为直接计算法，步骤是：一"代"，二"投"，三"定向". 一"代"是指将曲面方程用相应的形式代入被积函数；二"投"是指将积分曲面向相应的坐标平面作投影，投影区域即为二重积分的积分区域；三"定向"是指曲面指定的侧为上（下）侧（或右（左）侧、或前（后）侧），确定二重积分前面的符号.

若有向曲面 Σ 的方程为参数形式：$x = x(u, v)$，$y = y(u, v)$，$z = z(u, v)$，$(u, v)\in D$. 用向量值函数表示为 $\Sigma: \vec{r} = (x(u, v), y(u, v), z(u, v))$，$(u, v)\in D$，其中曲面 Σ 上的点与区域 D 上的点一一对应，记曲面的法向量为

$$\vec{n} = \vec{r}'_u(u,v)\times\vec{r}'_v(u,v) = (A,B,C),$$

这里，$A = \dfrac{\partial(y,z)}{\partial(u,v)}, B = \dfrac{\partial(z,x)}{\partial(u,v)}, C = \dfrac{\partial(x,y)}{\partial(u,v)}$. 则

$$\iint\limits_{\Sigma} P(x,y,z)\mathrm{d}y\mathrm{d}z + Q(x,y,z)\mathrm{d}z\mathrm{d}x + R(x,y,z)\mathrm{d}x\mathrm{d}y$$

$$=\pm\iint\limits_{D}\big[P(x(u,v),y(u,v),z(u,v))A + Q(x(u,v),y(u,v),z(u,v))B$$

$$+ R(x(u,v),y(u,v),z(u,v))C\big]\mathrm{d}u\mathrm{d}v,$$

其中 $\vec{n}$ 与曲面指定侧对应的法向量方向相同时取"＋"，否则取"－".

例 22.4 计算曲面积分

$$I = \iint\limits_{\Sigma}(x+y)\mathrm{d}y\mathrm{d}z + (y+z)\mathrm{d}z\mathrm{d}x + (z+x)\mathrm{d}x\mathrm{d}y,$$

其中 Σ 是正方体 $\Omega = \{(x,\ y,\ z)\ |\ |x|\leqslant1,\ |y|\leqslant1,\ |z|\leqslant1\}$ 的表面，取外侧（如图 22-8 所示）.

解 方法1 将 Σ 分成六个部分：

$\Sigma_1: z=1, -1\leqslant x\leqslant1, -1\leqslant y\leqslant1$，上侧；

$\Sigma_2: z=-1, -1\leqslant x\leqslant1, -1\leqslant y\leqslant1$，下侧；

$\Sigma_3: y=1, -1\leqslant x\leqslant1, -1\leqslant z\leqslant1$，右侧；

$\Sigma_4: y=-1, -1\leqslant x\leqslant1, -1\leqslant z\leqslant1$，左侧；

$\Sigma_5: x=1, -1\leqslant y\leqslant1, -1\leqslant z\leqslant1$，前侧；

$\Sigma_6: x=-1, -1\leqslant y\leqslant1, -1\leqslant z\leqslant1$，后侧.

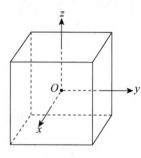

图 22-8

因为 $\Sigma_1, \Sigma_2, \Sigma_3, \Sigma_4$ 在 yOz 平面上的投影为零，Σ_5, Σ_6 在 yOz 平面上的投影均为

$$D_{yz} = \{(y,z)\,|-1\leqslant y\leqslant1, -1\leqslant z\leqslant1\},$$

因此，

$$I_1 = \iint\limits_{\Sigma}(x+y)\mathrm{d}y\mathrm{d}z = \iint\limits_{D_{yz}}(1+y)\mathrm{d}y\mathrm{d}z - \iint\limits_{D_{yz}}(-1+y)\mathrm{d}y\mathrm{d}z$$

$$= \iint\limits_{D_{yz}}2\mathrm{d}y\mathrm{d}z = 8.$$

类似地有

$$I_2 = \iint\limits_{\Sigma}(y+z)\mathrm{d}z\mathrm{d}x = 8, I_3 = \iint\limits_{\Sigma}(z+x)\mathrm{d}x\mathrm{d}y = 8.$$

因此，$I = I_1 + I_2 + I_3 = 24.$

方法2 因为当 $x,\ y,\ z$ 轮换变化时，Σ 的方程不发生变化，但 $I_1 = \iint\limits_{\Sigma}(x+y)\mathrm{d}y\mathrm{d}z$ 变成了 $\iint\limits_{\Sigma}(y+z)\mathrm{d}z\mathrm{d}x$ 和 $\iint\limits_{\Sigma}(z+x)\mathrm{d}x\mathrm{d}y$，因此

$$I = 3\iint\limits_{\Sigma}(z+x)\mathrm{d}x\mathrm{d}y = 3\times8 = 24.$$

例 22.5　计算曲面积分

$$I = \iint_{\Sigma} x^2 \mathrm{d}y\mathrm{d}z + y^2 \mathrm{d}z\mathrm{d}x + z^2 \mathrm{d}x\mathrm{d}y,$$

其中 Σ 是球面 $(x-a)^2 + (y-b)^2 + (z-c)^2 = R^2$，取外侧.

解　**方法 1**　按例 22.4 的方法. 将积分分成三个部分来计算，分别记为 I_1，I_2，I_3.

首先计算 $I_1 = \iint_{\Sigma} x^2 \mathrm{d}y\mathrm{d}z$，为此将 Σ 分成前后两个半球面 Σ_1 和 Σ_2，则

$$\Sigma_1 : x = a + \sqrt{R^2 - (y-b)^2 - (z-c)^2}，前侧，$$

$$\Sigma_2 : x = a - \sqrt{R^2 - (y-b)^2 - (z-c)^2}，后侧，$$

Σ_1 和 Σ_2 在 yOz 平面上的投影均为 $D_{yz} : (y-b)^2 + (z-c)^2 \leqslant R^2$，因此

$$
\begin{aligned}
I_1 &= \iint_{\Sigma_1} x^2 \mathrm{d}y\mathrm{d}z + \iint_{\Sigma_2} x^2 \mathrm{d}y\mathrm{d}z \\
&= \iint_{D_{yz}} \left(a + \sqrt{R^2 - (y-b)^2 - (z-c)^2}\right)^2 \mathrm{d}y\mathrm{d}z \\
&\quad - \iint_{D_{yz}} \left(a - \sqrt{R^2 - (y-b)^2 - (z-c)^2}\right)^2 \mathrm{d}y\mathrm{d}z \\
&= 4a \iint_{D_{yz}} \sqrt{R^2 - (y-b)^2 - (z-c)^2} \,\mathrm{d}y\mathrm{d}z \\
&= 4a \int_0^{2\pi} \mathrm{d}\theta \int_0^R \sqrt{R^2 - r^2}\, r \mathrm{d}r = \frac{8\pi a R^3}{3}.
\end{aligned}
$$

类似地，$I_2 = \dfrac{8\pi b R^3}{3}$，$I_3 = \dfrac{8\pi c R^3}{3}$，因此 $I = I_1 + I_2 + I_3 = \dfrac{8\pi R^3 (a+b+c)}{3}$.

方法 2　用曲面的参数方程来计算. 如图 22-9 所示，将曲面 Σ 表示为

$$\vec{r} = (a + R\sin\varphi\cos\theta, b + R\sin\varphi\sin\theta, c + R\cos\varphi),$$

$$D : 0 \leqslant \varphi \leqslant \pi, 0 \leqslant \theta \leqslant 2\pi.$$

则

$$
\begin{aligned}
\vec{n} &= \vec{r}_\varphi'(\varphi,\theta) \times \vec{r}_\theta'(\varphi,\theta) = (A, B, C) \\
&= (R^2 \sin^2\varphi\cos\theta, R^2 \sin^2\varphi\sin\theta, R^2 \sin\varphi\cos\varphi) \\
&= R^2 \sin\varphi(\sin\varphi\cos\theta, \sin\varphi\sin\theta, \cos\varphi),
\end{aligned}
$$

容易看出 $\vec{n}$ 与 $\vec{r} - (a, b, c)$ 同向，因此 $\vec{n}$ 与曲面规定的侧对应的法向量同向，故

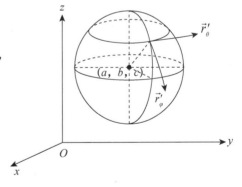

图 22-9

$$I = \iint\limits_{D} [(a+R\sin\varphi\cos\theta)^2 \cdot R^2\sin^2\varphi\cos\theta + (b+R\sin\varphi\sin\theta)^2 \cdot R^2\sin^2\varphi\sin\theta$$

$$+ (c+R\cos\varphi)^2 \cdot R^2\sin\varphi\cos\varphi]d\varphi d\theta$$

$$= R^2 \iint\limits_{D} [(a^2\sin^2\varphi\cos\theta + b^2\sin^2\varphi\sin\theta + c^2\sin\varphi\cos\varphi)$$

$$+ 2R(a\sin^3\varphi\cos^2\theta + b\sin^3\varphi\sin^2\theta + c\sin\varphi\cos^2\varphi)$$

$$+ R^2(\sin^4\varphi\cos^3\theta + \sin^4\varphi\sin^3\theta + \sin\varphi\cos^3\varphi)]d\varphi d\theta$$

$$= \frac{8\pi R^3(a+b+c)}{3}.$$

例 22.6 求曲面积分 $I = \iint\limits_{\Sigma} x^2 dydz + y^2 dzdx + z^2 dxdy$，其中 Σ 是锥面 $z^2 = x^2 + y^2$ 上 $0 \leqslant z \leqslant 2$ 的部分，取下侧（见图 22-10）.

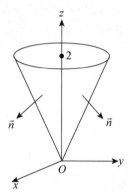

解 方法1 将积分 I 分为 $I_1 = \iint\limits_{\Sigma} x^2 dydz, I_2 = \iint\limits_{\Sigma} y^2 dzdx$ 和 $I_3 = \iint\limits_{\Sigma} z^2 dxdy$. 在 $I_1 = \iint\limits_{\Sigma} x^2 dydz$ 中将 Σ 分为 $\Sigma_1 : x = \sqrt{z^2-y^2}$（前侧）和 $\Sigma_2 : x = -\sqrt{z^2-y^2}$（后侧），且 Σ_1, Σ_2 在 yOz 平面上的投影相同，记为 D_{yz}，于是

$$I_1 = \iint\limits_{\Sigma} x^2 dydz = \iint\limits_{D_{yz}} (\sqrt{z^2-y^2})^2 dydz + (-1)\iint\limits_{D_{yz}} (-\sqrt{z^2-y^2})^2 dydz$$

图 22-10

$$= 0.$$

同理可得 $I_2 = \iint\limits_{\Sigma} y^2 dzdx = 0$. 又

$$I_3 = \iint\limits_{\Sigma} z^2 dxdy = -\iint\limits_{x^2+y^2 \leqslant 4} (x^2+y^2)dxdy = -8\pi.$$

故 $I = 0 + 0 + (-8\pi) = -8\pi$.

方法2 将曲面 Σ 表示为 $\vec{r} = (u\cos v, u\sin v, u), D : 0 \leqslant u \leqslant 2, 0 \leqslant v \leqslant 2\pi$. 则

$$\vec{n} = \vec{r}_u' \times \vec{r}_v' = (\cos v, \sin v, 1) \times (-u\sin v, u\cos v, 0) = (-u\cos v, -u\sin v, u).$$

$\angle(\vec{n}, z) < \dfrac{\pi}{2}$，$\vec{n}$ 与锥面指定方向相反，因此，

$$I = -\iint\limits_{D} [u^2\cos^2 v \cdot (-u\cos v) + u^2\sin^2 v \cdot (-u\sin v) + u^2 \cdot u]dudv$$

$$= \int_0^2 u^3 du \cdot \left(\int_0^{2\pi}\cos^3 vdv + \int_0^{2\pi}\sin^3 vdv - 2\pi\right) = -8\pi.$$

（四）两类曲面积分的关系

从第二类曲面积分的定义知 $(\Delta S_i)_{yz}$、$(\Delta S_i)_{zx}$、$(\Delta S_i)_{xy}$ 分别表示 ΔS_i 沿指定侧在 yOz

平面、zOx 平面和 xOy 平面上投影区域的有向面积，即

$$(\Delta S_i)_{yz} = \Delta S_i \cdot \cos\angle(\vec{n}, x),$$

$$(\Delta S_i)_{zx} = \Delta S_i \cdot \cos\angle(\vec{n}, y),$$

$$(\Delta S_i)_{xy} = \Delta S_i \cdot \cos\angle(\vec{n}, z).$$

因此，

$$\iint\limits_{\Sigma} P(x,y,z)\mathrm{d}y\mathrm{d}z + Q(x,y,z)\mathrm{d}z\mathrm{d}x + R(x,y,z)\mathrm{d}x\mathrm{d}y$$

$$= \iint\limits_{\Sigma} [P(x,y,z)\cos\angle(\vec{n}, x) + Q(x,y,z)\cos\angle(\vec{n}, y) + R(x,y,z)\cos\angle(\vec{n}, z)]\mathrm{d}S$$

$$= \iint\limits_{\Sigma} (P(x,y,z), Q(x,y,z), R(x,y,z)) \cdot \vec{n}\mathrm{d}S,$$

其中 $\vec{n} = (\cos\angle(\vec{n}, x), \cos\angle(\vec{n}, y), \cos\angle(\vec{n}, z))$ 是曲面指定侧对应的单位法向量. 这就是两类不同曲面积分之间的联系公式.

例 22.7 计算 $\displaystyle\iint\limits_{\Sigma} x\mathrm{d}y\mathrm{d}z + y\mathrm{d}z\mathrm{d}x + z\mathrm{d}x\mathrm{d}y$，其中 Σ 是球面 $x^2 + y^2 + z^2 = R^2$ 的外侧.

解 方法 1 利用两类曲面积分的关系. 因为 Σ 的外侧对应的单位法向量就是

$$\vec{n} = \frac{1}{R}(x,y,z).$$

因此，

$$\iint\limits_{\Sigma} x\mathrm{d}y\mathrm{d}z + y\mathrm{d}z\mathrm{d}x + z\mathrm{d}x\mathrm{d}y$$

$$= \iint\limits_{\Sigma} (x,y,z) \cdot \frac{1}{R}(x,y,z)\mathrm{d}S = \frac{1}{R}\iint\limits_{\Sigma} (x^2 + y^2 + z^2)\mathrm{d}S = RS_{\Sigma} = 4\pi R^3.$$

方法 2 利用轮换对称性知

$$\iint\limits_{\Sigma} x\mathrm{d}y\mathrm{d}z + y\mathrm{d}z\mathrm{d}x + z\mathrm{d}x\mathrm{d}y = 3\iint\limits_{\Sigma} z\mathrm{d}x\mathrm{d}y.$$

将 Σ 分成 $\Sigma_1 : z = \sqrt{R^2 - x^2 - y^2}$（上侧），$\Sigma_2 : z = -\sqrt{R^2 - x^2 - y^2}$（下侧）. Σ_1 与 Σ_2 在 xOy 平面上的投影均为 $D : x^2 + y^2 \leqslant R^2$，因此

$$\iint\limits_{\Sigma} x\mathrm{d}y\mathrm{d}z + y\mathrm{d}z\mathrm{d}x + z\mathrm{d}x\mathrm{d}y$$

$$= 3\left(\iint\limits_{\Sigma_1} z\mathrm{d}x\mathrm{d}y + \iint\limits_{\Sigma_2} z\mathrm{d}x\mathrm{d}y\right) = 6\iint\limits_{D} \sqrt{R^2 - x^2 - y^2}\mathrm{d}x\mathrm{d}y = 4\pi R^3.$$

 **习题 22.2**

1. 计算下列曲面积分：

(1) $\iint\limits_{\Sigma}(x+1)\mathrm{d}y\mathrm{d}z+y\mathrm{d}z\mathrm{d}x+\mathrm{d}x\mathrm{d}y$，$\Sigma$ 是在三个坐标轴上的截距均为 1 的平面与三个坐标平面所围成的四面体的表面，取外侧.

(2) $\iint\limits_{\Sigma}xyz\mathrm{d}x\mathrm{d}y$，$\Sigma$ 是球面 $x^2+y^2+z^2=R^2$ 外侧在 $x\geqslant 0,y\geqslant 0$ 的部分.

(3) $\iint\limits_{\Sigma}yz\mathrm{d}z\mathrm{d}x$，$\Sigma$ 是上半椭球面 $\dfrac{x^2}{a^2}+\dfrac{y^2}{b^2}+\dfrac{z^2}{c^2}=1,z\geqslant 0$，取外侧.

(4) $\iint\limits_{\Sigma}f(x)\mathrm{d}y\mathrm{d}z+g(y)\mathrm{d}z\mathrm{d}x+h(z)\mathrm{d}x\mathrm{d}y$，$\Sigma$ 是长方体 $\Omega:0\leqslant x\leqslant a,0\leqslant y\leqslant b,0\leqslant z\leqslant c$ 的边界，取外侧，式中 f,g,h 为连续函数.

(5) $\iint\limits_{\Sigma}zx\mathrm{d}y\mathrm{d}z+3\mathrm{d}x\mathrm{d}y$，其中 Σ 是抛物面 $z=4-x^2-y^2$ 在 $z\geqslant 0$ 的部分，取下侧.

(6) $\iint\limits_{\Sigma}x^2\mathrm{d}y\mathrm{d}z+y^2\mathrm{d}z\mathrm{d}x+z^2\mathrm{d}x\mathrm{d}y$，其中 Σ 是球面 $(x-a)^2+(y-b)^2+(z-c)^2=R^2$ 的外侧.

2. 用两种方法计算下列曲面积分：

(1) $\iint\limits_{\Sigma}x^3\mathrm{d}y\mathrm{d}z+y^3\mathrm{d}z\mathrm{d}x+z^3\mathrm{d}x\mathrm{d}y$，$\Sigma$ 是球面 $x^2+y^2+z^2=R^2$，取外侧.

(2) $\iint\limits_{\Sigma}x\mathrm{d}y\mathrm{d}z+y\mathrm{d}z\mathrm{d}x+z\mathrm{d}x\mathrm{d}y$，$\Sigma$ 是柱面 $x^2+y^2=1$ 被平面 $z=0$ 和 $z=3$ 所截部分，取外侧.

§22.3 高斯公式

在§21.3节中，我们将牛顿-莱布尼茨公式推广到平面区域，研究了平面曲线积分与二重积分的关系，给出了格林公式. 本节我们用类似的方法，将格林公式（或牛顿-莱布尼茨公式）推广到空间区域，研究曲面积分与三重积分之间的关系，给出高斯公式. 高斯公式对于曲面积分的计算有很大帮助，它既能将复杂的封闭曲面上的积分转化为三重积分来计算，也可以将复杂的曲面上的积分转化成简单曲面上的积分来计算.

定理 22.4 设空间区域 Ω 是由分片光滑的封闭曲面 $\partial\Omega$ 围成的，$\partial\Omega$ 的方向规定为外侧；P，Q，R 在 Ω 及 $\partial\Omega$ 上有连续的一阶偏导数，则

$$\oiint\limits_{\partial\Omega}P(x,y,z)\mathrm{d}y\mathrm{d}z+Q(x,y,z)\mathrm{d}z\mathrm{d}x+R(x,y,z)\mathrm{d}x\mathrm{d}y \tag{22.7}$$

$$=\iiint\limits_{\Omega}\left(\frac{\partial P}{\partial x}+\frac{\partial Q}{\partial y}+\frac{\partial R}{\partial z}\right)\mathrm{d}x\mathrm{d}y\mathrm{d}z.$$

式（22.7）称为**高斯公式**.

比较一下牛顿-莱布尼茨公式

$$\int_a^b f(x)\mathrm{d}x=\int_a^b F'(x)\mathrm{d}x=F(b)-F(a),$$

格林公式（21.1）

$$\iint\limits_{D}\left(\frac{\partial Q}{\partial x}-\frac{\partial P}{\partial y}\right)\mathrm{d}x\mathrm{d}y=\oint_{\partial D}P\mathrm{d}x+Q\mathrm{d}y,$$

以及高斯公式

$$\iiint\limits_{\Omega}\left(\frac{\partial P}{\partial x}+\frac{\partial Q}{\partial y}+\frac{\partial R}{\partial z}\right)\mathrm{d}x\mathrm{d}y\mathrm{d}z$$

$$=\oiint\limits_{\partial\Omega}P(x,y,z)\mathrm{d}y\mathrm{d}z+Q(x,y,z)\mathrm{d}z\mathrm{d}x$$

$$+R(x,y,z)\mathrm{d}x\mathrm{d}y$$

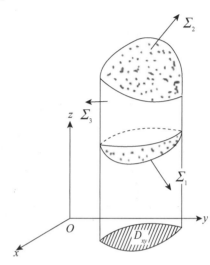

的形式可以看出它们的异曲同工之妙，左边均是在各种几何体（牛顿-莱布尼茨公式是在闭区间 $[a,b]$，格林公式是在平面闭区域 D，高斯公式是在空间闭区域 Ω）上的积分，右边都转化成了在各几何体的边界上的积分；公式左边的被积函数都是公式右边被积函数的（偏）导数形式. 因此高斯公式是牛顿-莱布尼茨公式在空间区域上的推广. 更进一步可以看到，这些公式的证明也是类似的.

图 22-11

证明 首先假设空间区域 Ω 具有如下性质：任意平行于坐标轴的直线与 Ω 的边界$\partial\Omega$至多有两个交点. 如果平行于 z 轴的直线与 Ω 的边界$\partial\Omega$ 至多有两个交点，一般称这种区域为 XY 型区域（同理可以定义 YZ 型区域和 ZX 型区域）. 记 Ω 在 xOy 平面上的投影区域为 D_{xy}. 这时以 D_{xy} 的边界曲线为准线、以平行于 z 轴的直线为母线的柱面将$\partial\Omega$ 分为三个部分：下底面 Σ_1，上底面 Σ_2，侧面 Σ_3，如图 22-11 所示.

不妨记

$\Sigma_1:z=z_1(x,y),(x,y)\in D_{xy}$，下侧；

$\Sigma_2:z=z_2(x,y),(x,y)\in D_{xy}$，上侧；

Σ_3 的法向量垂直于 z 轴，指向外面.

于是，一方面，根据三重积分的计算方法与牛顿-莱布尼茨公式有

$$\iiint\limits_{\Omega}\frac{\partial R}{\partial z}\mathrm{d}x\mathrm{d}y\mathrm{d}z=\iint\limits_{D_{xy}}\mathrm{d}x\mathrm{d}y\int_{z_1(x,y)}^{z_2(x,y)}\frac{\partial R}{\partial z}\mathrm{d}z$$

$$=\iint\limits_{D_{xy}}[R(x,y,z_2(x,y))-R(x,y,z_1(x,y))]\mathrm{d}x\mathrm{d}y.$$

另一方面，根据第二类曲面积分的计算有

$$\oiint\limits_{\partial\Omega}R(x,y,z)\mathrm{d}x\mathrm{d}y$$

$$=\iint\limits_{\Sigma_1}R(x,y,z)\mathrm{d}x\mathrm{d}y+\iint\limits_{\Sigma_2}R(x,y,z)\mathrm{d}x\mathrm{d}y+\iint\limits_{\Sigma_3}R(x,y,z)\mathrm{d}x\mathrm{d}y$$

$$=-\iint\limits_{D_{xy}}R(x,y,z_1(x,y))\mathrm{d}x\mathrm{d}y+\iint\limits_{D_{xy}}R(x,y,z_2(x,y))\mathrm{d}x\mathrm{d}y+0$$

$$= \iint\limits_{D_{xy}} [R(x,y,z_2(x,y)) - R(x,y,z_1(x,y))]dxdy$$

$$= \iiint\limits_{\Omega} \frac{\partial R}{\partial z} dxdydz.$$

类似地，可以证明

$$\oiint\limits_{\partial\Omega} P(x,y,z)dydz = \iiint\limits_{\Omega} \frac{\partial P}{\partial x} dxdydz,$$

$$\oiint\limits_{\partial\Omega} Q(x,y,z)dzdx = \iiint\limits_{\Omega} \frac{\partial Q}{\partial y} dxdydz.$$

其次，若空间区域 Ω 不具有上述性质，即平行于坐标轴的直线与 Ω 的边界$\partial\Omega$ 交于两个以上的点，则用有限个光滑曲面将 Ω 分割成若干上述情形的区域，在每个小区域上用高斯公式，并注意到每个新添曲面均有正反两个方向的积分，恰好相互抵消，因此这时也有式（22.7）成立．证毕．

根据两类曲面积分的关系，高斯公式也可以写成

$$\oiint\limits_{\partial\Omega} [P(x,y,z)\cos\angle(\vec{n},x) + Q(x,y,z)\cos\angle(\vec{n},y) + R(x,y,z)\cos\angle(\vec{n},z)]dS$$

$$= \iiint\limits_{\Omega} \left(\frac{\partial P}{\partial x} + \frac{\partial Q}{\partial y} + \frac{\partial R}{\partial z}\right)dxdydz,$$

$$(22.8)$$

其中 $\vec{n}$ 是$\partial\Omega$ 的外法线向量．

例 22.8　计算曲面积分

$$I = \iint\limits_{\Sigma} (x+y)dydz + (y+z)dzdx + (z+x)dxdy,$$

其中 Σ 是正方体$\Omega = \{(x,y,z) \mid |x|\leqslant1, |y|\leqslant1, |z|\leqslant1\}$ 的表面，取外侧．

解　在例 22.4 中我们曾直接用第二类曲面积分的计算方法给出过结果．现在利用高斯公式进行计算．因为 Σ 是封闭曲面，取外侧，且 $P=x+y$，$Q=y+z$，$R=z+x$ 有连续偏导数，由高斯公式得

$$I = \iiint\limits_{\Omega} (1+1+1)dxdydz = 3V_{\Omega} = 24.$$

例 22.9　计算曲面积分

$$I = \iint\limits_{\Sigma} x^2 dydz + y^2 dzdx + z^2 dxdy,$$

其中 Σ 是球面 $(x-a)^2 + (y-b)^2 + (z-c)^2 = R^2$，取外侧．

解　例 22.5 曾经讲解过该题．现在我们利用高斯公式进行计算．因为 Σ 是封闭曲面，取外侧，且 $P=x^2$，$Q=y^2$，$R=z^2$ 有连续偏导数，由高斯公式得

$$I = 2\iiint_\Omega (x+y+z)\mathrm{d}x\mathrm{d}y\mathrm{d}z.$$

在 $\iiint_\Omega x\mathrm{d}x\mathrm{d}y\mathrm{d}z$ 中作变量替换：$x-a=u, y-b=v, z-c=w$，则

$$\iiint_\Omega x\mathrm{d}x\mathrm{d}y\mathrm{d}z = \iiint_{u^2+v^2+w^2\leqslant R^2}(u+a)\mathrm{d}u\mathrm{d}v\mathrm{d}w$$

$$= \iiint_{u^2+v^2+w^2\leqslant R^2}u\mathrm{d}u\mathrm{d}v\mathrm{d}w + \iiint_{u^2+v^2+w^2\leqslant R^2}a\mathrm{d}u\mathrm{d}v\mathrm{d}w$$

$$= 0 + \frac{4\pi}{3}R^3 a$$

$$= \frac{4\pi}{3}R^3 a.$$

同理得 $\iiint_\Omega y\mathrm{d}x\mathrm{d}y\mathrm{d}z = \frac{4\pi}{3}R^3 b$，$\iiint_\Omega z\mathrm{d}x\mathrm{d}y\mathrm{d}z = \frac{4\pi}{3}R^3 c$，故

$$I = \frac{8\pi}{3}R^3(a+b+c).$$

例 22.10 求下面的第二类曲面积分 $I = \iint_\Sigma x^2\mathrm{d}y\mathrm{d}z + y^2\mathrm{d}z\mathrm{d}x + z^2\mathrm{d}x\mathrm{d}y$，其中 Σ 是锥面 $z^2 = x^2 + y^2$ 上 $0\leqslant z\leqslant 2$ 的部分，取下侧.

解 例 22.6 曾经讲解过该题. 现考虑用高斯公式. 因为 Σ 不是封闭曲面，所以作辅助曲面 $\Sigma_1: z=2$，$x^2+y^2\leqslant 4$，取上侧，于是 $\Sigma\bigcup\Sigma_1$ 是封闭曲面，且方向为外侧，$P=x^2$，$Q=y^2$，$R=z^2$ 有连续偏导数，由高斯公式得

$$\iint_{\Sigma\bigcup\Sigma_1} x^2\mathrm{d}y\mathrm{d}z + y^2\mathrm{d}z\mathrm{d}x + z^2\mathrm{d}x\mathrm{d}y = 2\iiint_\Omega(x+y+z)\mathrm{d}x\mathrm{d}y\mathrm{d}z.$$

又由于 $\Omega: z^2\geqslant x^2+y^2$，$0\leqslant z\leqslant 2$ 关于 zOx 平面和 yOz 平面对称，所以

$$2\iiint_\Omega(x+y+z)\mathrm{d}x\mathrm{d}y\mathrm{d}z = 2\iiint_\Omega z\mathrm{d}x\mathrm{d}y\mathrm{d}z$$

$$= 2\int_0^2 z\mathrm{d}z\iint_{x^2+y^2\leqslant z^2}\mathrm{d}x\mathrm{d}y$$

$$= 2\int_0^2 \pi z^3\mathrm{d}z = 8\pi.$$

因此，

$$I = 8\pi - \iint_{\Sigma_1} x^2\mathrm{d}y\mathrm{d}z + y^2\mathrm{d}z\mathrm{d}x + z^2\mathrm{d}x\mathrm{d}y$$

$$= 8\pi - \iint_{x^2+y^2\leqslant 4}4\mathrm{d}x\mathrm{d}y = -8\pi.$$

从以上 3 个例子可以看出，高斯公式可以使第二类曲面积分的计算变得较为简单. 下面再看一例.

例 22.11 计算曲面积分 $I = \iint\limits_{\Sigma} \dfrac{x\mathrm{d}y\mathrm{d}z + y\mathrm{d}z\mathrm{d}x + z\mathrm{d}x\mathrm{d}y}{(x^2 + y^2 + z^2)^{3/2}}$，其中积分曲面 Σ 是椭球面 $2x^2 + 2y^2 + z^2 = 4$，取外侧.

解 因为

$$P = \frac{x}{(x^2 + y^2 + z^2)^{3/2}}, \quad Q = \frac{y}{(x^2 + y^2 + z^2)^{3/2}}, \quad R = \frac{z}{(x^2 + y^2 + z^2)^{3/2}},$$

则

$$\frac{\partial P}{\partial x} = \frac{-2x^2 + y^2 + z^2}{(x^2 + y^2 + z^2)^{5/2}}, \quad \frac{\partial Q}{\partial y} = \frac{x^2 - 2y^2 + z^2}{(x^2 + y^2 + z^2)^{5/2}}, \quad \frac{\partial R}{\partial z} = \frac{x^2 + y^2 - 2z^2}{(x^2 + y^2 + z^2)^{5/2}},$$

于是

$$\frac{\partial P}{\partial x} + \frac{\partial Q}{\partial y} + \frac{\partial R}{\partial z} = 0.$$

但是 P, Q, R 在点 $(0,0,0)$ 处无界，所以不能直接使用高斯公式. 为此，作一个充分小的球面 $\Sigma_1 : x^2 + y^2 + z^2 = R^2, R > 0$ 足够小，使得 Σ_1 及其所围区域全部含在 Σ 的内部，方向取为内侧，因此由高斯公式得

$$\iint\limits_{\Sigma \cup \Sigma_1} \frac{x\mathrm{d}y\mathrm{d}z + y\mathrm{d}z\mathrm{d}x + z\mathrm{d}x\mathrm{d}y}{(x^2 + y^2 + z^2)^{3/2}} = 0.$$

故

$$\begin{aligned}
I &= -\iint\limits_{\Sigma_1} \frac{x\mathrm{d}y\mathrm{d}z + y\mathrm{d}z\mathrm{d}x + z\mathrm{d}x\mathrm{d}y}{(x^2 + y^2 + z^2)^{3/2}} \\
&= \iint\limits_{\Sigma_1(\text{外})} \frac{x\mathrm{d}y\mathrm{d}z + y\mathrm{d}z\mathrm{d}x + z\mathrm{d}x\mathrm{d}y}{(x^2 + y^2 + z^2)^{3/2}} \\
&= \frac{1}{R^3} \iint\limits_{\Sigma_1(\text{外})} x\mathrm{d}y\mathrm{d}z + y\mathrm{d}z\mathrm{d}x + z\mathrm{d}x\mathrm{d}y \\
&= \frac{1}{R^3} \iiint\limits_{x^2 + y^2 + z^2 \leqslant R^2} 3\mathrm{d}x\mathrm{d}y\mathrm{d}z = 4\pi.
\end{aligned}$$

 **习题 22.3**

1. 计算下列曲面积分：

(1) $I = \iint\limits_{\Sigma} x^3 \mathrm{d}y\mathrm{d}z + y^3 \mathrm{d}z\mathrm{d}x + z^3 \mathrm{d}x\mathrm{d}y, \Sigma : x^2 + y^2 + z^2 = R^2$，取内侧；

(2) $I = \iint\limits_{\Sigma} x\mathrm{d}y\mathrm{d}z + y\mathrm{d}z\mathrm{d}x + z\mathrm{d}x\mathrm{d}y, \Sigma : x^2 + y^2 = 9$，位于 $0 \leqslant z \leqslant 3$ 的部分，取外侧；

(3) $I = \iint\limits_{\Sigma} xz\,dydz + 2yz\,dzdx + 3xy\,dxdy$，$\Sigma: z = 1 - x^2 - \dfrac{y^2}{4}$，位于 $0 \leqslant z \leqslant 1$ 的部分，取上侧；

(4) $I = \iint\limits_{\Sigma} yz\,dydz + ydzdx + (z^2 + 1)dxdy$，$\Sigma: x^2 + y^2 + z^2 = 1$，$z \geqslant 0$ 的部分，取外侧；

(5) $I = \iint\limits_{\Sigma} (y^2 - x)dydz + (z^2 - y)dzdx + (x^2 - z)dxdy$，$\Sigma: z = 8 - x^2 - y^2$，$z \geqslant 0$ 的部分，取上侧；

(6) $I = \iint\limits_{\Sigma} x\,dydz + xz\,dzdx$，$\Sigma: x^2 + y^2 + z^2 = 1(z \geqslant 0)$，取上侧.

2. 设 $f(x)$ 有连续导数，计算 $I = \oiint\limits_{S} \dfrac{1}{y} f\left(\dfrac{x}{y}\right)dydz + \dfrac{1}{x} f\left(\dfrac{x}{y}\right)dzdx + z\,dxdy$，其中 S 是 $y = x^2 + z^2$ 和 $y = 8 - x^2 - z^2$ 所围立体的表面，取外侧.

3. 分别用直角坐标、柱面坐标和高斯公式三种方法计算三重积分

$$\iiint\limits_{V} (xy + yz + zx)dxdydz,$$

其中 V 是由 $x \geqslant 0$，$y \geqslant 0$，$0 \leqslant z \leqslant 1$ 与 $x^2 + y^2 \leqslant 1$ 所确定的空间区域.

4. 计算 $I = \iint\limits_{S} \dfrac{ax\,dydz + (z+a)^2 dxdy}{\sqrt{x^2 + y^2 + z^2}}$ $(a > 0$ 为常数$)$，其中 $S: z = -\sqrt{a^2 - x^2 - y^2}$，取上侧.

5. 设某流体的流速为 $\vec{v} = (2x + 5z, -3xz - y, 7y^2 + 2z)$，试求单位时间内从球面 S：$(x-3)^2 + (y+1)^2 + (z-2)^2 = 3$ 的内部流向外侧的流量.

6. 证明：空间立体 Ω 的体积为

$$V = \frac{1}{3} \oiint\limits_{\partial\Omega} (x\cos\alpha + y\cos\beta + z\cos\gamma)dS,$$

其中 $\cos\alpha, \cos\beta, \cos\gamma$ 为 $\partial\Omega$ 的外法线方向余弦.

7. 证明：若 S 为封闭曲面，$\vec{v}$ 为任意非零固定向量，则

$$\oiint\limits_{S} \cos\angle(\vec{n}, \vec{v})dS = 0,$$

其中 $\vec{n}$ 为曲面 S 的外法线向量.

§22.4 斯托克斯公式

本节我们将讨论牛顿-莱布尼茨公式（或格林公式、高斯公式）在空间曲面片上的推广，研究空间中曲线积分与曲面积分的关系. 首先证明斯托克斯公式，它将建立沿曲面的积分与沿该曲面边界的曲线积分之间的关系，该公式在一定程度上能简化空间曲线积分的

计算；其次由斯托克斯公式导出空间曲线积分与积分路径的无关性．

（一）斯托克斯公式

首先需要规定曲面的侧与曲面的边界曲线的方向之间的联系：当观察者站在曲面 Σ 上指定的一侧沿着曲面 Σ 的边界曲线 $\partial\Sigma$ 行进时，曲面 Σ 指定的侧总是位于观察者的左手边，则观察者行进的方向就是边界曲线 $\partial\Sigma$ 的正向（如图 22 - 12 所示），这时曲面指定侧对应的法向量与其边界曲线的方向构成右手系，所以常常简称曲面的侧与其边界曲线的方向符合**右手法则**．

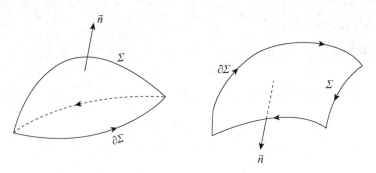

图 22 - 12

定理 22.5 设有向光滑曲面 Σ 的边界 $\partial\Sigma$ 是分段光滑的连续曲线，函数 $P(x,y,z)$，$Q(x,y,z)$，$R(x,y,z)$ 在 Σ 和 $\partial\Sigma$ 上具有连续一阶偏导数，则

$$\oint_{\partial\Sigma} P\mathrm{d}x + Q\mathrm{d}y + R\mathrm{d}z$$

$$= \iint_{\Sigma}\left(\frac{\partial R}{\partial y} - \frac{\partial Q}{\partial z}\right)\mathrm{d}y\mathrm{d}z + \left(\frac{\partial P}{\partial z} - \frac{\partial R}{\partial x}\right)\mathrm{d}z\mathrm{d}x + \left(\frac{\partial Q}{\partial x} - \frac{\partial P}{\partial y}\right)\mathrm{d}x\mathrm{d}y \tag{22.9}$$

$$= \iint_{\Sigma}\left[\left(\frac{\partial R}{\partial y} - \frac{\partial Q}{\partial z}\right)\cos\alpha + \left(\frac{\partial P}{\partial z} - \frac{\partial R}{\partial x}\right)\cos\beta + \left(\frac{\partial Q}{\partial x} - \frac{\partial P}{\partial y}\right)\cos\gamma\right]\mathrm{d}S,$$

其中曲面 Σ 的侧与边界 $\partial\Sigma$ 的方向符合右手法则，$\vec{n}^0 = (\cos\alpha,\cos\beta,\cos\gamma)$ 是曲面指定的侧对应的单位法向量．式（22.9）称为**斯托克斯公式**．

在证明定理 22.5 之前我们也可以比较一下牛顿-莱布尼茨公式（21.2）、格林公式（21.1）、高斯公式（22.7）与斯托克斯公式（22.9）的形式的关系，式（22.9）的右边依然是函数的偏导数形式，不过这里是向量函数 $\vec{F} = (P,Q,R)$ 的旋度在几何体（曲面片 Σ）上对坐标面的积分，式（22.9）的左边是向量函数 $\vec{F} = (P,Q,R)$ 在几何体边界（曲面 Σ 的边界 $\partial\Sigma$ 上对坐标的积分．下面我们还可以看到定理的证明方法也是类似的．

证明 首先证明

$$\oint_{\partial\Sigma} P(x,y,z)\mathrm{d}x = \iint_{\Sigma}\frac{\partial P}{\partial z}\mathrm{d}z\mathrm{d}x - \frac{\partial P}{\partial y}\mathrm{d}x\mathrm{d}y. \tag{22.10}$$

（1）假设 Σ 与平行于 z 轴的直线至多相交于一个点，并设曲面 Σ 可以表示为 $z = z(x, y)$，取上侧，则曲面 Σ 指定的侧对应的法向量 $\vec{n} = (-z_x', -z_y', 1)$．又因为它的单位法向量

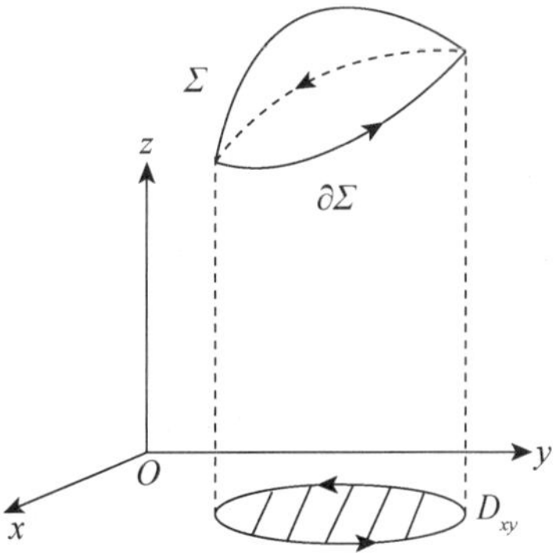

图 22-13

为 $\vec{n}^0=(\cos\alpha,\cos\beta,\cos\gamma)$，所以

$$\frac{-z'_x}{\cos\alpha}=\frac{-z'_y}{\cos\beta}=\frac{1}{\cos\gamma}.$$

于是

$$z'_x=-\frac{\cos\alpha}{\cos\gamma},z'_y=-\frac{\cos\beta}{\cos\gamma}.$$

记曲面 Σ 在 xOy 平面上的投影区域为 D_{xy}，有向边界曲线 $\partial\Sigma$ 在 xOy 平面上的投影为有向封闭曲线 C（如图 22-13 所示）. 容易证明（见习题 21.2 第 5 题）

$$\oint_{\partial\Sigma}P(x,y,z)\mathrm{d}x=\oint_C P(x,y,z(x,y))\mathrm{d}x.$$

由格林公式得

$$\begin{aligned}&\oint_C P(x,y,z(x,y))\mathrm{d}x\\&=\iint_{D_{xy}}-\frac{\partial}{\partial y}P(x,y,z(x,y))\mathrm{d}x\mathrm{d}y\\&=\iint_{D_{xy}}\left[-\frac{\partial P}{\partial y}(x,y,z(x,y))-\frac{\partial P}{\partial z}(x,y,z(x,y))\cdot\frac{\partial z}{\partial y}\right]\mathrm{d}x\mathrm{d}y\\&=-\iint_{D_{xy}}\left[\frac{\partial P}{\partial y}(x,y,z(x,y))\cdot\cos\gamma-\frac{\partial P}{\partial z}(x,y,z(x,y))\cdot\cos\beta\right]\frac{\mathrm{d}x\mathrm{d}y}{\cos\gamma}\\&=-\iint_{\Sigma}\left[\frac{\partial P}{\partial y}(x,y,z(x,y))\cdot\cos\gamma-\frac{\partial P}{\partial z}(x,y,z(x,y))\cdot\cos\beta\right]\mathrm{d}S\\&=\iint_{\Sigma}\frac{\partial P}{\partial z}\mathrm{d}z\mathrm{d}x-\frac{\partial P}{\partial y}\mathrm{d}x\mathrm{d}y.\end{aligned}$$

因此公式 (22.10) 成立.

(2) 若曲面 Σ 与平行于 z 轴的直线交点有两个或两个以上，则作辅助曲线将曲面 Σ 分成若干部分，使每一部分都可以应用式（22.10）并相加. 因为沿每条辅助曲线恰好有正向和负向两个方向的积分，相互抵消，所以式（22.10）成立.

类似地，可以证明

$$\oint_{\partial\Sigma}Q(x,y,z)\mathrm{d}y=\iint_{\Sigma}\frac{\partial Q}{\partial x}\mathrm{d}x\mathrm{d}y-\frac{\partial Q}{\partial z}\mathrm{d}y\mathrm{d}z,$$

$$\oint_{\partial\Sigma}R(x,y,z)\mathrm{d}z=\iint_{\Sigma}\frac{\partial R}{\partial y}\mathrm{d}y\mathrm{d}z-\frac{\partial R}{\partial x}\mathrm{d}z\mathrm{d}x.$$

综上便有式（22.9）成立. 证毕.

为了便于记忆，斯托克斯公式（22.9）常表示成如下形式：

$$\oint_{\partial \Sigma} P \mathrm{d}x + Q \mathrm{d}y + R \mathrm{d}z$$

$$= \iint_{\Sigma} \begin{vmatrix} \mathrm{d}y\mathrm{d}z & \mathrm{d}z\mathrm{d}x & \mathrm{d}x\mathrm{d}y \\ \dfrac{\partial}{\partial x} & \dfrac{\partial}{\partial y} & \dfrac{\partial}{\partial z} \\ P & Q & R \end{vmatrix} = \iint_{\Sigma} \begin{vmatrix} \cos\alpha & \cos\beta & \cos\gamma \\ \dfrac{\partial}{\partial x} & \dfrac{\partial}{\partial y} & \dfrac{\partial}{\partial z} \\ P & Q & R \end{vmatrix} \mathrm{d}S.$$

例 22.12 计算 $\oint_{L} y\mathrm{d}x + z\mathrm{d}y + x\mathrm{d}z$，其中

$$L: x^2 + y^2 + z^2 = 1, x + y + z = 1,$$

从 y 轴正向往负向看，L 为逆时针方向，如图 $22-14$ 所示.

解 取 S 是平面 $x+y+z=1$ 上 L 围成的圆域，取上侧，于是 $\partial S = L$ 且 S 的侧与 L 的方向符合右手法则，这时 $\vec{n}^0 = \dfrac{1}{\sqrt{3}}(1,1,1).$

由斯托克斯公式得

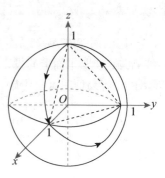

图 22-14

$$\oint_{L} y\mathrm{d}x + z\mathrm{d}y + x\mathrm{d}z = \frac{1}{\sqrt{3}}\iint_{S} \begin{vmatrix} 1 & 1 & 1 \\ \dfrac{\partial}{\partial x} & \dfrac{\partial}{\partial y} & \dfrac{\partial}{\partial z} \\ y & z & x \end{vmatrix} \mathrm{d}S$$

$$= \frac{1}{\sqrt{3}}\iint_{S} [(0-1)-(1-0)+(0-1)]\mathrm{d}S$$

$$= \frac{-3}{\sqrt{3}}\iint_{S} \mathrm{d}S = -\sqrt{3}S.$$

下面要计算圆域 S 的面积. 为此，从原点作圆域 S 所在平面 $x+y+z=1$ 的垂线：$x=y=z$；该垂线与平面 $x+y+z=1$ 的交点为 $\left(\dfrac{1}{3},\dfrac{1}{3},\dfrac{1}{3}\right)$，这就是圆心，圆心到 $(1, 0,$

$0)$ 的距离 $r = \sqrt{\dfrac{2}{3}}$ 就是圆域的半径，于是 $S = \dfrac{2\pi}{3}$，故

$$\oint_{L} y\mathrm{d}x + z\mathrm{d}y + x\mathrm{d}z = -\frac{2\sqrt{3}}{3}\pi.$$

例 22.13 计算 $I = \oint_{L} 3y\mathrm{d}x - xz\mathrm{d}y + yz^2\mathrm{d}z$，其中 $L: x^2 + y^2 = 2z, z=2$，从 z 轴正向看过去 L 为逆时针方向，如图 $22-15$ 所示.

解 **方法 1** 用斯托克斯公式. 取 $S: z = 2$，使得 $\partial S = L$，方向为上侧. 由斯托克斯公式得

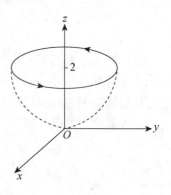

图 22-15

$$I = \iint_{S} \begin{vmatrix} \mathrm{d}y\mathrm{d}z & \mathrm{d}z\mathrm{d}x & \mathrm{d}x\mathrm{d}y \\ \dfrac{\partial}{\partial x} & \dfrac{\partial}{\partial y} & \dfrac{\partial}{\partial z} \\ 3y & -xz & yz^2 \end{vmatrix}$$

$$= \iint_S (z^2 + x)\mathrm{d}y\mathrm{d}z - (0 - 0)\mathrm{d}z\mathrm{d}x + (-z - 3)\mathrm{d}x\mathrm{d}y$$

$$= \iint_{x^2+y^2\leqslant 4} -5\mathrm{d}x\mathrm{d}y = -20\pi.$$

方法 2 将曲线 L 参数化：$x = 2\cos u, y = 2\sin u, z = 2, 0 \leqslant u \leqslant 2\pi$，于是

$$I = \int_0^{2\pi} (-12\sin^2 u - 8\cos^2 u)\mathrm{d}u = -20\pi.$$

（二）空间曲线积分与积分路径的无关性

首先介绍一下空间的一维单连通区域. 若空间区域 Ω 内的任何一条封闭曲线可以不越过区域 Ω 的边界曲面而连续地收缩于 Ω 内的某点，则称 Ω 为一维**单连通区域**. 例如球体 $\Omega = \{(x, y, z) \mid x^2+y^2+z^2 \leqslant R^2\}$ 是单连通区域，区域 $\Omega = \{(x, y, z) \mid r^2 \leqslant x^2+y^2+z^2 \leqslant R^2\}$，$0 < r < R$ 也是单连通的. 但是 xOy 平面上实心圆域 $(x-a)^2 + y^2 \leqslant b^2 (a > b)$ 绕 y 轴旋转一周所成的区域（实心轮胎）就不是一维单连通的，这是因为圆域中心绕 y 轴旋转一周得一封闭圆周. 该圆周不能在区域内部连续收缩成区域内某点.

与 §21.3 节中平面上的曲线积分与积分路径的无关性类似，空间的曲线积分与积分路径的无关性有下面相应的定理.

定理 22.6 设 Ω 是空间中的一维单连通区域. 函数 $P(x, y, z)$，$Q(x, y, z)$，$R(x, y, z)$ 在 Ω 上有连续一阶偏导数，则以下四个条件是等价的：

（1）对于 Ω 内任意一条分段光滑的封闭曲线 L 有

$$\oint_L P\mathrm{d}x + Q\mathrm{d}y + R\mathrm{d}z = 0;$$

（2）对于 Ω 内任意一条分段光滑的曲线 L，曲线积分 $\oint_L P\mathrm{d}x + Q\mathrm{d}y + R\mathrm{d}z$ 与路径无关，只与起点和终点有关；

（3）$P\mathrm{d}x + Q\mathrm{d}y + R\mathrm{d}z$ 是 Ω 内某一函数 $u(x, y, z)$ 的全微分，即

$$P\mathrm{d}x + Q\mathrm{d}y + R\mathrm{d}z = \mathrm{d}u(x, y, z);$$

（4）在 Ω 上恒有下列等式成立：

$$\frac{\partial P}{\partial y} = \frac{\partial Q}{\partial x}, \frac{\partial Q}{\partial z} = \frac{\partial R}{\partial y}, \frac{\partial R}{\partial x} = \frac{\partial P}{\partial z}.$$

定理 22.6 的证明与定理 21.2 类似，有兴趣的读者可以自行证明，这里不再赘述.

利用定理 22.6，既可以将沿复杂曲线上的曲线积分转化为沿较简单曲线上的积分，也可以找到微分形式 $P\mathrm{d}x + Q\mathrm{d}y + R\mathrm{d}z$ 的原函数.

例 22.14 验证曲线积分 $\displaystyle\int_{(-1,0,1)}^{(1,2,\frac{\pi}{3})} 2x\mathrm{e}^{-y}\mathrm{d}x + (\cos z - x^2\mathrm{e}^{-y})\mathrm{d}y - y\sin z\mathrm{d}z$ 与路径无关并求其值.

证及解 因为 $P = 2x\mathrm{e}^{-y}, Q = \cos z - x^2\mathrm{e}^{-y}, R = -y\sin z$ 在整个空间 $\mathbf{R}^3$ 中有连续一阶

偏导数，且

$$\frac{\partial P}{\partial y} = -2x\mathrm{e}^{-y} = \frac{\partial Q}{\partial x}, \frac{\partial Q}{\partial z} = -\sin z = \frac{\partial R}{\partial y}, \frac{\partial R}{\partial x} = 0 = \frac{\partial P}{\partial z}.$$

因此所求积分与积分路径无关. 取折线 L 从点 $(-1, 0, 1)$ 出发，依次经点 $(1, 0, 1)$ 和点 $(1, 2, 1)$，最后到达点 $\left(1, 2, \frac{\pi}{3}\right)$，故

$$\int_{(-1,0,1)}^{(1,2,\frac{\pi}{3})} 2x\mathrm{e}^{-y}\mathrm{d}x + (\cos z - x^2\mathrm{e}^{-y})\mathrm{d}y - y\sin z\mathrm{d}z$$

$$= \int_{-1}^{1} 2x\mathrm{e}^0\mathrm{d}x + \int_0^2 (\cos 1 - \mathrm{e}^{-y})\mathrm{d}y + \int_1^{\frac{\pi}{3}} -2\sin z\mathrm{d}z = \mathrm{e}^{-2}.$$

例 22.15 证明：微分形式 $(y+z)\mathrm{d}x + (z+x)\mathrm{d}y + (x+y)\mathrm{d}z$ 是全微分，并求出其原函数.

证及解 1 因为 $P = y + z$，$Q = z + x$，$R = x + y$ 在整个 $\mathbf{R}^3$ 中有连续一阶偏导数，且

$$\frac{\partial P}{\partial y} = 1 = \frac{\partial Q}{\partial x}, \frac{\partial Q}{\partial z} = 1 = \frac{\partial R}{\partial y}, \frac{\partial R}{\partial x} = 1 = \frac{\partial P}{\partial z},$$

所以该微分形式是全微分，且积分 $\int_L (y+z)\mathrm{d}x + (z+x)\mathrm{d}y + (x+y)\mathrm{d}z$ 与积分路径无关. 取折线 L 从点 $(0, 0, 0)$ 出发，依次经点 $(x, 0, 0)$ 和点 $(x, y, 0)$，最后到达点 (x, y, z)，如图 22-16（a）所示，则可求得原函数

$$u(x, y, z) = \int_0^x (0+0)\mathrm{d}x + \int_0^y (0+x)\mathrm{d}y + \int_0^z (x+y)\mathrm{d}z + C$$

$$= xy + xz + yz + C,$$

其中 C 为任意常数.

证及解 2 证明部分同上. 如图 22-16（b）所示，取连接原点 $O(0, 0, 0)$ 与点 $P(x, y, z)$ 的直线段为 L，则 L 的参数方程为 L：$X = xt$，$Y = yt$，$Z = zt$，$0 \leqslant t \leqslant 1$，则

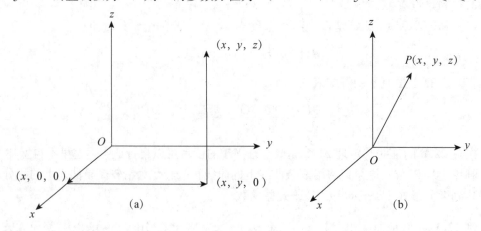

图 22-16

$$u(x,y,z) = \int_L (y+z)\mathrm{d}x + (z+x)\mathrm{d}y + (x+y)\mathrm{d}z$$

$$= \int_0^1 \left[(yt+zt)x + (zt+xt)y + (xt+yt)z \right]\mathrm{d}t + C$$

$$= 2(xy+xz+yz)\int_0^1 t\mathrm{d}t + C$$

$$= xy + xz + yz + C.$$

习题 22.4

1. 计算下列曲线积分：

(1) $I = \oint_L y\mathrm{d}x + z\mathrm{d}y + x\mathrm{d}z$, $L: x^2+y^2+z^2 = a^2$, $x+y+z = 0$, 从 x 轴正向往负向看，L 为逆时针方向；

(2) $I = \oint_L (z-y)\mathrm{d}x + (x-z)\mathrm{d}y + (y-x)\mathrm{d}z$, L 是从 $(a,0,0)$ 经 $(0,a,0)$ 和 $(0,0,a)$ 再回到 $(a,0,0)$ 的三角形；

(3) $I = \oint_L (y^2+z^2)\mathrm{d}x + (x^2+z^2)\mathrm{d}y + (x^2+y^2)\mathrm{d}z$, L 是平面 $x+y+z = 1$ 与三个坐标平面的交线，它的方向是所围平面区域的上侧在曲线的左侧；

(4) $I = \oint_L x^2 y^3 \mathrm{d}x + \mathrm{d}y + z\mathrm{d}z$, L 是圆柱面 $y^2+z^2 = 1$ 与平面 $x = y$ 所交的椭圆，方向从 x 轴正向看去 L 是逆时针方向；

(5) $I = \oint_L (y^2-z^2)\mathrm{d}x + (z^2-x^2)\mathrm{d}y + (x^2-y^2)\mathrm{d}z$, L 是平面 $x+y+z = \dfrac{3}{2}$ 截立方体 $0 \leqslant x,y,z \leqslant 1$ 表面所得截痕，方向从 x 轴正向看去 L 是逆时针方向；

(6) $I = \oint_L (y-z)\mathrm{d}x + (z-x)\mathrm{d}y + (x-y)\mathrm{d}z$, L 是椭圆 $x^2+y^2 = a^2$, $\dfrac{x}{a}+\dfrac{z}{b} = 1$, $a > 0, b > 0$, 方向从 x 轴正向看去 L 是逆时针方向.

2. 验证下列曲线积分与路径无关并求其值.

(1) $\displaystyle\int_{(1,1,2)}^{(3,5,10)} yz\mathrm{d}x + zx\mathrm{d}y + xy\mathrm{d}z$；

(2) $\displaystyle\int_{(1,1,1)}^{(2,3,-4)} x\mathrm{d}x + y^2\mathrm{d}y + z^3\mathrm{d}z$.

3. 验证下列微分形式是全微分，并求出原函数：

(1) $(x^2-2yz)\mathrm{d}x + (y^2-2xz)\mathrm{d}y + (z^2-2xy)\mathrm{d}z$；

(2) $yz(2x+y+z)\mathrm{d}x + zx(x+2y+z)\mathrm{d}y + xy(x+y+2z)\mathrm{d}z$；

(3) $\dfrac{a}{z}\mathrm{d}x + \dfrac{b}{z}\mathrm{d}y + \dfrac{-ax-by}{z^2}\mathrm{d}z$.

4. 计算曲线积分 $I = \displaystyle\int_L (x^2-yz)\mathrm{d}x + (y^2-zx)\mathrm{d}y + (z^2-xy)\mathrm{d}z$, 其中 L 是螺线 $x =$

$a\cos u, y = a\sin u, z = \dfrac{hu}{2\pi}$ 从点 $A(a,0,0)$ 到点 $B(a,0,h)$ 的一段曲线.

§22.5 场论基础

本节建立场论的基本概念，介绍几个常见数量场和向量场，给出曲线积分和曲面积分在物理学中的应用.

（一）基本概念

设 Ω 是空间一个区域，若在时刻 t，Ω 中每一点 M 处都有一个唯一确定的数值 $f(M, t)$（或确定的向量值 $\vec{A}(M, t)$）与之对应，则称 $f(M, t)$（或 $\vec{A}(M, t)$）是 Ω 上的**数量场**（或**向量场**）.

某一区域上每点的温度就确定了一个数量场，称为温度场；某流体在某一区域上每点的速度就确定了一个向量场，称为速度场. 物理学中还有很多数量场和向量场，如密度场、高度场和重力场、电磁场、引力场等.

如果一个场不随时间变化，就称该场为**稳定场**；否则就称为**不稳定场**. 在本节我们只考虑稳定场.

在空间中引入直角坐标系后，空间中点 M 的位置由三个坐标完全确定. 因此，给定了一个数量场就等于给定了一个数量函数 $f(x, y, z)$；给定了一个向量场就相当于给定了一个向量函数 $\vec{A}=(P(x, y, z), Q(x, y, z), R(x, y, z))$. 在下面的讨论中总是假设 $f(x, y, z)$，$P(x, y, z)$，$Q(x, y, z)$，$R(x, y, z)$ 都有连续偏导数，即所涉及的场均为光滑场.

给定区域 Ω 上的一个数量场 $f(x, y, z)$，假设 $f(x, y, z)$ 的偏导数不同时为零，则称曲面 $f(x, y, z)=C$（C 为常数）为**等值面**. 如温度场中的等温面、高度场中的等高线等.

给定区域 Ω 上的一个向量场 $\vec{A}=(P(x, y, z), Q(x, y, z), R(x, y, z))$. 设 L 是区域 Ω 上的一条曲线，若对于 L 上的任意一点 M，曲线 L 在点 M 处的切线方向与向量函数 $\vec{A}$ 在点 M 处的方向一致，则称曲线 L 是向量场 $\vec{A}$ 的**向量场线**，简称**向量线**，有时也称为**流线**. 若 L 的方程表示为 $L: \vec{r}=(x(t), y(t), z(t))$，则 L 的切向量为 $\dfrac{\mathrm{d}\vec{r}}{\mathrm{d}t}=\left(\dfrac{\mathrm{d}x(t)}{\mathrm{d}t}, \dfrac{\mathrm{d}y(t)}{\mathrm{d}t}, \dfrac{\mathrm{d}z(t)}{\mathrm{d}t}\right)$，于是

$$\frac{\mathrm{d}x}{P(x,y,z)}=\frac{\mathrm{d}y}{Q(x,y,z)}=\frac{\mathrm{d}z}{R(x,y,z)}. \tag{22.11}$$

式（22.11）就是向量线所满足的方程. 如果解出式（22.11），就得到向量线族. 如果再给出向量线经过某点 M，就得到过点 M 的向量线. 一般来说，向量场中每一点处有且仅有一条向量线通过该点，向量线族充满了向量场所在的空间.

需要指出的是，场的性质是场本身的属性，与坐标系的选择没有关系. 引进或选择某种坐标系就是为了便于用数学方法来研究场的性质. 因此，以下虽然都是在直角坐标系下建立各种场，但都不必证明它们与坐标系的选取无关.

（二）几个常见的场

1. 梯度场

设 $f(x, y, z)$ 是空间区域 Ω 上的数量场，即 $f(x, y, z)$ 是定义在空间区域 Ω 上的具有连续偏导数的三元函数，由 §17.6 节知其梯度为

$$\operatorname{grad} f = (f'_x, f'_y, f'_z).$$

而且这时 $f(x, y, z)$ 沿方向 $\vec{v}$ 的方向导数可以表示为

$$\frac{\partial f}{\partial \vec{v}} = \operatorname{grad} f \cdot \vec{v}^0,$$

其中 $\vec{v}^0$ 是 $\vec{v}$ 的单位向量. 数量场 $f(x, y, z)$ 的等值面 $f(x, y, z) = C$（常数）的一个单位法向量为 $\vec{n}^0 = \dfrac{\operatorname{grad} f}{|\operatorname{grad} f|}$，于是

$$\frac{\partial f}{\partial \vec{n}} = \operatorname{grad} f \cdot \vec{n}^0 = |\operatorname{grad} f|, \quad \operatorname{grad} f = \frac{\partial f}{\partial \vec{n}} \vec{n}^0. \tag{22.12}$$

式（22.12）说明，数量场 $f(x, y, z)$ 在一点的梯度方向与其等值面在该点的一个法线方向相同，这个法线方向就是方向导数取最大值的方向，而且从数值较小的等值面指向数值较大的等值面；梯度的模就等于数量场在这个方向的方向导数；$f(x, y, z)$ 在该点沿梯度的反方向的方向导数达到最小值 $-|\operatorname{grad} f|$，这说明，沿梯度的相反方向函数值减少最快. 由于方向导数的定义和曲面的法向量与坐标选取无关，以及由式（22.12）的第二式得梯度向量的定义与坐标选取无关，因此称由数量场 $f(x, y, z)$ 给出的向量场 $\operatorname{grad} f = (f'_x, f'_y, f'_z)$ 为**梯度场**.

设 $\vec{A}(x, y, z)$ 是空间某区域上的向量场. 若存在该区域上的数量场 $f(x, y, z)$ 使得 $\vec{A}(x, y, z) = \operatorname{grad} f$，则称向量场 $\vec{A}(x, y, z)$ 是**有势场**，且称 $f(x, y, z)$ 是向量场 $\vec{A}(x, y, z)$ 的**势（函数）**. 值得注意的是，向量场不一定都是有势场.

例 22.16 设在坐标系原点 $O(0, 0, 0)$ 有一质点，其质量为 m，在点 $M(x, y, z)$ 另有一质量为 1 的质点，记 r 为 O，M 之间的距离，得一数量场 $\dfrac{m}{r}$. 试求该数量场的梯度场，并说明该梯度场的物理意义.

解 因为 $r = \sqrt{x^2 + y^2 + z^2}$，所以 $\dfrac{\partial r}{\partial x} = \dfrac{x}{r}$，$\dfrac{\partial r}{\partial y} = \dfrac{y}{r}$，$\dfrac{\partial r}{\partial z} = \dfrac{z}{r}$，于是

$$\operatorname{grad} \frac{m}{r} = -\frac{m}{r^2} \left(\frac{x}{r}, \frac{y}{r}, \frac{z}{r} \right) = -\frac{m}{r^2} \vec{r}^0,$$

其中 $\vec{r}^0 = \left(\dfrac{x}{r}, \dfrac{y}{r}, \dfrac{z}{r}\right)$ 是 $\overrightarrow{OM}$ 上的单位向量. $-\dfrac{m}{r^2}\vec{r}^0$ 是质点 O 对质点 M 的引力，引力大小与两质点的质量的乘积成正比，而与它们距离的平方成反比，引力方向由点 M 指向点 O，这说明引力场是数量场 $\dfrac{m}{r}$ 的梯度场. 因此常常称数量场 $\dfrac{m}{r}$ 为引力势.

2. 通量与散度场

在 §22.2 节引入第二类曲面积分时曾讨论过流量问题. 设空间区域 Ω 中有不可压缩流体，假定为单位密度. 稳定流速场

$$\vec{A} = (P(x,y,z), Q(x,y,z), R(x,y,z))$$

单位时间内通过曲面 Σ 流向指定侧的流量为

$$\iint\limits_{\Sigma} P(x,y,z)\mathrm{d}y\mathrm{d}z + Q(x,y,z)\mathrm{d}z\mathrm{d}x + R(x,y,z)\mathrm{d}x\mathrm{d}y$$

$$= \iint\limits_{\Sigma} \vec{A} \cdot \vec{n}^0 \mathrm{d}S = \iint\limits_{\Sigma} \vec{A} \cdot \mathrm{d}\vec{S},$$

其中 $\mathrm{d}\vec{S} = \vec{n}^0\mathrm{d}S$，$\vec{n}^0$ 为曲面 Σ 指定侧对应的单位法向量.

一般地，设 $\vec{A} = (P(x,y,z), Q(x,y,z), R(x,y,z))$ 是一向量场，Σ 是场内的有向曲面，$\vec{n}^0$ 为曲面 Σ 指定侧对应的单位法向量，则称沿曲面 Σ 的第二类曲面积分

$$\Phi = \iint\limits_{\Sigma} P(x,y,z)\mathrm{d}y\mathrm{d}z + Q(x,y,z)\mathrm{d}z\mathrm{d}x + R(x,y,z)\mathrm{d}x\mathrm{d}y$$

为向量场 $\vec{A}$ 通过曲面 Σ 流向指定侧的**通量**，称

$$\frac{\partial P}{\partial x} + \frac{\partial Q}{\partial y} + \frac{\partial R}{\partial z}$$

为向量场 $\vec{A}$ 的**散度**，记为 $\mathrm{div}\vec{A}$，即

$$\mathrm{div}\vec{A} = \frac{\partial P}{\partial x} + \frac{\partial Q}{\partial y} + \frac{\partial R}{\partial z}.$$

这时高斯公式可以表示为

$$\Phi = \iint\limits_{\partial\Omega} \vec{A} \cdot \vec{n}^0 \mathrm{d}S = \iint\limits_{\partial\Omega} \vec{A} \cdot \mathrm{d}\vec{S} = \iiint\limits_{\Omega} \mathrm{div}\,\vec{A}\mathrm{d}V. \tag{22.13}$$

这样，高斯公式也称为**散度公式**.

如果向量场表示一种不可压缩流体的稳定流速场，则式（22.13）右端表示单位时间内离开区域 Ω 流体的总质量. 由于流体是不可压缩和稳定的，所以在流体离开 Ω 的同时，Ω 内部产生流体的"源"必须有同样多的流体进行补充；因此式（22.13）左端表示单位时间内在 Ω 内的"源"所产生的流体的总质量. 若 $\mathrm{div}\,\vec{A}(M)>0$，则点 M 是"源"，表示

有流体从点 M 处流出；若 $\mathrm{div}\vec{A}(M)<0$，则点 M 是"汇"，表示有流体从点 M 处流入；若 $\mathrm{div}\vec{A}(M)=0$，则点 M 既不是"源"，也不是"汇". $|\mathrm{div}\vec{A}(M)|$ 表示源或汇的强度.

　　在静电学中，高斯公式表示在闭合曲面内的电荷之和与产生的电场在该闭合曲面上的电通量积分之间的关系.

　　下面考察用通量来表示向量场 $\vec{A}$ 在一点的散度 $\mathrm{div}\vec{A}$.

　　设 $M\in\Omega$，在 Ω 内取小区域 V，满足 $M\in V\subset\Omega$. 由式 (22.13) 知存在 $M^*\in V$，使得

$$\iiint\limits_{V}\mathrm{div}\vec{A}\,\mathrm{d}V = \mathrm{div}\vec{A}(M^*)\cdot V,$$

其中 V 的体积仍然记成 V，于是高斯公式可以改写成

$$\mathrm{div}\vec{A}(M^*) = \frac{\iint\limits_{\partial V}\vec{A}\cdot\mathrm{d}\vec{S}}{V}.$$

　　令 V 收缩成点 M，取极限，这时 $M^*\to M$，所以有

$$\mathrm{div}\vec{A}(M) = \lim_{V\to M}\mathrm{div}\vec{A}(M^*) = \lim_{V\to M}\frac{\iint\limits_{\partial V}\vec{A}\cdot\mathrm{d}\vec{S}}{V}.$$

　　这说明向量场 $\vec{A}$ 的散度就是关于体积的变化率，或向量场 $\vec{A}$ 的散度就是穿出单位体积边界的通量，从而向量场 $\vec{A}$ 的散度与坐标系的选取无关. 因此由向量场 $\vec{A}$ 的散度构成一个数量场，称为**散度场**.

　　例 22.17　求引力场 $\vec{F}=-\dfrac{m}{r^2}\vec{r}^0=-\dfrac{m}{r^2}\left(\dfrac{x}{r},\dfrac{y}{r},\dfrac{z}{r}\right)$，$r=\sqrt{x^2+y^2+z^2}$ 所产生的散度场.

　　解　因为 $r=\sqrt{x^2+y^2+z^2}$，所以 $\dfrac{\partial r}{\partial x}=\dfrac{x}{r}$，$\dfrac{\partial r}{\partial y}=\dfrac{y}{r}$，$\dfrac{\partial r}{\partial z}=\dfrac{z}{r}$.

$$\mathrm{div}\vec{F} = m\left[\left(\frac{1}{r^3}-\frac{3x^2}{r^5}\right)+\left(\frac{1}{r^3}-\frac{3y^2}{r^5}\right)+\left(\frac{1}{r^3}-\frac{3z^2}{r^5}\right)\right]=0.$$

这说明引力场内除原点外散度场为零.

　　3. 环流量与旋度场

　　设 $\vec{A}=(P(x,y,z),Q(x,y,z),R(x,y,z))$ 是一向量场，则沿场 $\vec{A}$ 中某封闭有向曲线 L 上的曲线积分

$$\oint_{L}P\mathrm{d}x+Q\mathrm{d}y+R\mathrm{d}z$$

称为向量场 $\vec{A}$ 沿曲线 L 依所指定方向的**环流量**，向量函数

$$\left(\frac{\partial R}{\partial y}-\frac{\partial Q}{\partial z},\frac{\partial P}{\partial z}-\frac{\partial R}{\partial x},\frac{\partial Q}{\partial x}-\frac{\partial P}{\partial y}\right)$$

称为向量场 $\vec{A}$ 的**旋度**，记为 $\mathrm{rot}\vec{A}$，于是

$$\mathrm{rot}\vec{A}=\left(\frac{\partial R}{\partial y}-\frac{\partial Q}{\partial z},\frac{\partial P}{\partial z}-\frac{\partial R}{\partial x},\frac{\partial Q}{\partial x}-\frac{\partial P}{\partial y}\right).$$

为便于记忆，向量场 $\vec{A}$ 的旋度也可以表示为

$$\mathrm{rot}\vec{A}=\begin{vmatrix}\vec{i}&\vec{j}&\vec{k}\\\frac{\partial}{\partial x}&\frac{\partial}{\partial y}&\frac{\partial}{\partial z}\\P&Q&R\end{vmatrix}.$$

在向量场 $\vec{A}$ 中任取一点 M，曲面 Σ 是场中过点 M 的有向曲面，$\vec{n}^0$ 是曲面 Σ 指定侧对应的单位法向量，$L=\partial\Sigma$ 是 Σ 的边界曲线，其方向与有向曲面 Σ 符合右手法则. 记 $\vec{t}^0$ 是曲线 L 沿指定方向的单位切向量，记 $\mathrm{d}\vec{s}=\vec{t}^0\cdot\mathrm{d}s$，称为**弧长元素向量**，则斯托克斯公式可写成

$$\oint_L\vec{A}\cdot\mathrm{d}\vec{s}=\iint_\Sigma\mathrm{rot}\vec{A}\cdot\vec{n}^0\mathrm{d}S.$$

由第一类曲面积分中值定理知，存在 $M^*\in\Sigma$，使得

$$\oint_L\vec{A}\cdot\mathrm{d}\vec{s}=(\mathrm{rot}\vec{A}\cdot\vec{n}^0)_{M^*}\cdot S_\Sigma.$$

令曲面 Σ 收缩成点 M，取极限，于是有

$$\lim_{\Sigma\to M}(\mathrm{rot}\vec{A}\cdot\vec{n}^0)_{M^*}=\lim_{\Sigma\to M}\frac{\oint_L\vec{A}\cdot\mathrm{d}\vec{s}}{S_\Sigma}.$$

因此

$$(\mathrm{rot}\vec{A}\cdot\vec{n}^0)_M=\lim_{\Sigma\to M}\frac{\oint_L\vec{A}\cdot\mathrm{d}\vec{s}}{S_\Sigma}.$$

这说明向量场 $\vec{A}$ 的旋度在曲面指定侧对应的法向量上的投影是环流量关于曲面面积的变化率，即沿曲面单位面积边缘的环流量，它与坐标系的选取无关，因此由向量场 $\vec{A}$ 产生的旋度函数是一个向量场，称为**旋度场**.

如果向量场 $\vec{A}$ 产生的旋度场在每一点均为零，即 $\mathrm{rot}\vec{A}=\vec{0}$，则称向量场 $\vec{A}$ 是一个**无旋场**.

如果在空间某区域内，向量场 $\vec{A}=(P(x,y,z),Q(x,y,z),R(x,y,z))$ 满足

积分

$$\oint_L P\mathrm{d}x + Q\mathrm{d}y + R\mathrm{d}z$$

与积分路径 L 无关，只与 L 的起点和终点有关，则称向量场 $\vec{A}$ 是**保守场**.

由定理 22.6 有下面的结论.

定理 22.7　设 Ω 是空间中一维单连通区域，$\vec{A} = (P(x,\ y,\ z),\ Q(x,\ y,\ z),\ R(x,\ y,\ z))$ 是定义在 Ω 上的光滑向量场，则

$$\vec{A} \text{ 是有势场} \Leftrightarrow \vec{A} \text{ 是无旋场} \Leftrightarrow \vec{A} \text{ 是保守场}.$$

且这时 $\vec{A}$ 的势函数为

$$u(x,y,z) = \int_{x_0}^{x} P(x,y_0,z_0)\mathrm{d}x + \int_{y_0}^{y} Q(x,y,z_0)\mathrm{d}y + \int_{z_0}^{z} R(x,y,z)\mathrm{d}z + C,$$

其中 C 为任意常数.

 习题 22.5

1. 证明向量场 $\vec{A} = (yz(2x+y+z), xz(x+2y+z), xy(x+y+2z))$ 是有势场，并求它的势函数.

2. 证明向量场 $\vec{A} = \left(\dfrac{x-y}{x^2+y^2}, \dfrac{x+y}{x^2+y^2} \right), x>1, y>1$ 是有势场，并求势函数.

3. 设 $\vec{A} = (3, 20, -15)$，对下列数量场 f 分别求出 $\operatorname{grad} f$ 和 $\operatorname{div}(f\vec{A})$：

(1) $f = (x^2+y^2+z^2)^{-1/2}$；

(2) $f = x^2+y^2+z^2$；

(3) $f = \ln(x^2+y^2+z^2)$.

4. 若流体的流速场为 $\vec{A} = (x^2, y^2, z^2)$，求单位时间内穿过球面 $x^2+y^2+z^2 = 1, x>0, y>0, z>0$ 的流量（通量）.

5. 求向量场 $\vec{A} = (-y, x, c)$，c 为常数沿闭曲线 $L: x^2+y^2 = 1, z=0$（从 z 轴正向看去是逆时针方向）的环流量.

6. 求下列向量场 $\vec{A}$ 的散度与旋度：

(1) $\vec{A} = (y^2+z^2,\ z^2+x^2,\ x^2+y^2)$；

(2) $\vec{A} = (x^2yz,\ xy^2z,\ xyz^2)$；

(3) $\vec{A} = \left(\dfrac{x}{yz}, \dfrac{y}{zx}, \dfrac{z}{xy} \right)$.

本章小结

　　本章我们首先给出了曲面面积的定义和计算公式，并定义了在曲面上的多元函数或向量值函数关于该曲面的两类重要的曲面积分：第一类曲面积分（也称为关于面积的曲面积分）和第二类曲面积分（也称为关于坐标面投影的曲面积分）. 它们与前面介绍的各类积分有着完全类似的性质. 但要注意这两类曲面积分是有很大区别的：一个与曲面的侧（法线方向）无关（第一类曲面积分），而另一个与曲面的侧有关（第二类曲面积分）. 第一类曲面积分的计算是利用曲面方程将曲面积分化为二重积分；而第二类曲面积分的计算原理也是转化为二重积分的计算，但二重积分前带有的符号与所选择的曲面的侧及投影的坐标面有关. 具体来说，若投影的坐标面为 xOy 平面，则选择曲面的上侧为"＋"，下侧为"－"；若投影的坐标面为 yOz 平面，则选择曲面的前侧为"＋"，后侧为"－"；若投影的坐标面为 zOx 平面，则选择曲面的右侧为"＋"，左侧为"－". 与曲线积分一样，两类曲面积分之间也是有联系的. 利用曲面的法线方向余弦可以得到下面的公式：

$$\iint_{\Sigma} P(x,y,z)\mathrm{d}y\mathrm{d}z + Q(x,y,z)\mathrm{d}z\mathrm{d}x + R(x,y,z)\mathrm{d}x\mathrm{d}y$$

$$= \iint_{\Sigma} [P(x,y,z)\cos\angle(\vec{n},x) + Q(x,y,z)\cos\angle(\vec{n},y) + R(x,y,z)\cos\angle(\vec{n},z)]\mathrm{d}S$$

$$= \iint_{\Sigma} (P(x,y,z),Q(x,y,z),R(x,y,z)) \cdot \vec{n}\mathrm{d}S.$$

通过上述公式，我们可以将第二类曲面积分的计算转化为第一类曲面积分的计算.

　　本章中我们还介绍两个重要公式：**高斯公式**和**斯托克斯公式**，它们和**格林公式**一起构成了多元函数的微积分基本定理. **高斯公式**给出了空间闭区域上的三重积分与其边界曲面上的曲面积分之间的关系，是第二类曲面积分的一种有效的计算方法. 但在使用高斯公式时，千万要注意公式成立的条件：一是积分曲面必须是封闭曲面，若积分曲面不封闭，则要添加辅助曲面使其封闭，在所添加的曲面上，曲面积分应是容易计算的；二是积分曲面取外侧这一点不能忽略，尤其是对非封闭曲面的曲面积分，所添加的辅助曲面的侧与所给曲面的侧要相容，若曲面不是取外侧，则要改变符号；三是被积函数在积分曲面及其所围成的空间区域内具有连续的偏导数. **斯托克斯公式**给出了空间曲面上的曲面积分与其边界曲线上的曲线积分之间的关系，依照这一公式，空间曲线积分与曲面积分可以相互转化.

　　最后，我们给出了物理学中几个常见的场：梯度场、散度场、旋度场和保守场等概念.

　　本章的重点是两类曲面积分的计算以及高斯公式与斯托克斯公式的应用.

总练习题二十二

1. 填空题：

(1) 设曲面 Σ：$|x|+|y|+|z|=1$，则 $\oiint\limits_{\Sigma}(x+|y|)\mathrm{d}S=$ _____；

(2) 设曲面 Σ：$z=\sqrt{4-x^2-y^2}$ 的上侧，则 $\iint\limits_{\Sigma}xy\mathrm{d}y\mathrm{d}z+x\mathrm{d}z\mathrm{d}x+x^2\mathrm{d}x\mathrm{d}y=$ _____；

(3) 设曲线 L 是柱面 $x^2+y^2=1$ 与平面 $z=x+y$ 的交线，从 z 轴负向看去为逆时针方向，则曲线积分 $\oint_L xz\mathrm{d}x+x\mathrm{d}y+\dfrac{y^2}{2}\mathrm{d}z=$ _____.

2. 计算下列曲面积分：

(1) $I=\iint\limits_{\Sigma}2(1-x^2)\mathrm{d}y\mathrm{d}z+8xy\mathrm{d}z\mathrm{d}x-4zx\mathrm{d}x\mathrm{d}y$，其中 Σ 是由 xOy 平面上曲线 $x=\mathrm{e}^y$，$0\leqslant y\leqslant a$ 绕 x 轴旋转一周而成的曲面，曲面的法向量与 x 轴正向的夹角为钝角.

(2) $I=\oiint\limits_{S}(x-y+z)\mathrm{d}y\mathrm{d}z+(y-z+x)\mathrm{d}z\mathrm{d}x+(z-x+y)\mathrm{d}x\mathrm{d}y$，其中
S：$|x-y+z|+|y-z+x|+|z-x+y|=1$，
取外侧.

3. 求向量场 $\vec{A}=(x-z,x^3+yz,-3xy^2)$ 沿闭曲线 L：$z=2-\sqrt{x^2+y^2}$，$z=0$（从 z 轴正向看去 L 为逆时针方向）的环流量.

4. 设 $P=x^2+5\lambda y+3yz$，$Q=5x+3\lambda xz-2$，$R=(\lambda+2)xy-4z$.

(1) 计算 $I=\int_L P\mathrm{d}x+Q\mathrm{d}y+R\mathrm{d}z$，其中 L：$x=a\cos t$，$y=a\sin t$，$z=ct$，$0\leqslant t\leqslant 2\pi$，沿参数增加的方向；

(2) 设 $\vec{A}=(P,Q,R)$，求 $\mathrm{rot}\vec{A}$；

(3) 在何条件下 $\vec{A}$ 为有势场？并求势函数.

5. 设 $\vec{A}=\dfrac{\vec{r}}{|\vec{r}|^3}$，$\vec{r}=(x,y,z)$，$S$ 为不经过坐标原点的封闭曲面，计算向量场 $\vec{A}$ 由内到外通过 S 的通量.

6. 设在空间有界闭区域 Ω 上 $u(x,y,z)$ 具有连续二阶偏导数，$v(x,y,z)$ 具有连续一阶偏导数，$\vec{n}$ 是 $\partial\Omega$ 的外法线向量，$\Delta u=\dfrac{\partial^2 u}{\partial x^2}+\dfrac{\partial^2 u}{\partial y^2}+\dfrac{\partial^2 u}{\partial z^2}$. 证明：

(1) $\iiint\limits_{\Omega}\Delta u\mathrm{d}x\mathrm{d}y\mathrm{d}z=\oiint\limits_{\partial\Omega}\dfrac{\partial u}{\partial\vec{n}}\mathrm{d}S$；

(2) $\iiint\limits_{\Omega} v\Delta u \mathrm{d}x\mathrm{d}y\mathrm{d}z = \oiint\limits_{\partial\Omega} v\dfrac{\partial u}{\partial \vec{n}}\mathrm{d}S - \iiint\limits_{\Omega} \nabla v \cdot \nabla u \mathrm{d}x\mathrm{d}y\mathrm{d}z.$

7. 证明：$\iint\limits_{\Sigma}(1-x^2-y^2)\mathrm{d}S \leqslant \dfrac{2\pi}{15}(8\sqrt{2}-7)$，其中 Σ 是抛物面 $z = \dfrac{x^2+y^2}{2}$ 夹在平面 $z=0$ 和 $z = \dfrac{t}{2}(t>0)$ 之间的部分.

8. 已知点 $A(1,0,0)$ 和点 $B(1,1,1)$，Σ 是由直线 $\overline{AB}$ 绕 z 轴旋转一周而成的旋转曲面介于 $z=0$ 和 $z=1$ 之间部分的外侧，函数 $f(x)$ 在 $(-\infty,+\infty)$ 上具有连续导数，计算曲面积分

$$I = \iint\limits_{\Sigma}[xf(xy)-2x]\mathrm{d}y\mathrm{d}z + [y^2 - yf(xy)]\mathrm{d}z\mathrm{d}x + (z+1)^2\mathrm{d}x\mathrm{d}y.$$

9. 设 V 是 R^3 中有界闭区域，其体积为 $\dfrac{1}{2}$，且 V 关于平面 $x=1$ 对称，V 的边界 Σ 是光滑闭曲面，z 是 Σ 的外法向量与 x 轴正向的夹角. 求 $I = \iint\limits_{\Sigma}x^2\cos\alpha\mathrm{d}S.$

习题答案

习题 12.1

1. (1) 收敛于 $\frac{2}{3}$；(2) 收敛于 $\frac{1}{3}$；(3) 收敛于 $-\frac{1}{2}$；(4) 发散；

   (5) 发散；(6) 发散；(7) 收敛于 $\frac{1}{5}$；(8) 收敛于 $\frac{1}{4}$.

2. (1) 收敛于 $\frac{q\sin\alpha}{1-2q\cos\alpha+q^2}$；(2) 收敛于 $\frac{q\cos\alpha-q^2}{1-2q\cos\alpha+q^2}$；(3) 收敛于 $\frac{5}{7}$.

3. (1) 收敛；(2) 发散；(3) 收敛；(4) 收敛.

4. 不一定收敛.

5. $\frac{1}{n_0}\sum_{k=1}^{n_0}\frac{1}{k}$.

6. 注意到 $\lim_{n\to\infty}r_n=\lim_{n\to\infty}\sum_{k=n+1}^{\infty}u_k=0, u_k=r_{k-1}-r_k$，易证收敛于 $\sqrt{\sum_{n=1}^{\infty}u_n}$.

习题 12.2

1. (1) 收敛；(2) 发散；(3) 收敛；(4) 收敛；(5) 发散；
   (6) 收敛；(7) 收敛；(8) 收敛；(9) 发散；(10) 收敛.

2. (1) 收敛；(2) 收敛；(3) 收敛；(4) 收敛；(5) 收敛；
   (6) 发散；(7) 发散；(8) 收敛；(9) 发散；
   (10) 当 $a>1$ 时级数发散；当 $0<a<1$ 时级数收敛；当 $a=1$ 时，级数发散.

3. (1) 收敛；(2) 收敛；(3) 收敛；(4) 当 $|x|<e$ 时级数收敛，当 $|x|\geq e$ 时发散；(5) 收敛；(6) 发散；(7) 收敛；(8) 当 $a=0$ 时，级数发散；当 $a\neq 0$ 时，级数收敛.

4. 略.

5. 略.

6. 略.

7. 略.

8. 略.

9. 略.

10. 略.

11. 略.

12. 略.

13. （1）收敛；（2）收敛；（3）发散.

14. （1）收敛；（2）需分情形讨论：(i) 当 $p=1$ 时，若 $q>1$，该级数收敛，若 $q\leqslant 1$，该级数发散；(ii) 当 $p>1$ 时，该级数收敛；（iii）当 $p<1$ 时，该级数发散；（3）发散.

15. 先证明 $\sum\limits_{n=1}^{\infty}\ln(\mathrm{e}^{u_n}-u_n)$ 收敛.

习题 12.3

1. （1）收敛；（2）绝对收敛；（3）绝对收敛；（4）绝对收敛；（5）绝对收敛；（6）条件收敛；（7）绝对收敛；（8）发散；（9）发散；（10）条件收敛.

2. 当 $x>\dfrac{1}{2}$ 时，级数绝对收敛；当 $x\leqslant 0$ 时，级数发散；当 $0<x\leqslant\dfrac{1}{2}$ 时，级数条件收敛.

3. $\sum\limits_{n=1}^{\infty}u_n$ 为条件收敛；$\sum\limits_{n=1}^{\infty}u_n^2$ 为绝对收敛.

4. 略.

5. 略.

6. 略.

7. （1）收敛；（2）收敛；（3）收敛；（4）收敛.

8. 略.

9. 略.

10. 提示：利用正项级数 $\sum\limits_{n=1}^{\infty}n^{-2n\sin\frac{1}{n}}$ 的收敛性和比较原则的极限形式.

总练习题十二

1. （1）发散；（2）收敛；（3）收敛.

2. 略.

3. 情形 1：若 $\sum\limits_{n=1}^{\infty} b_n$ 收敛，则 $\sum\limits_{n=1}^{\infty} b_n \sin nx$ 绝对收敛.

情形 2：若 $\sum\limits_{n=1}^{\infty} b_n$ 发散，则 $\sum\limits_{n=1}^{\infty} b_n \sin nx$ 条件收敛.

级数 $\sum\limits_{n=1}^{\infty} \dfrac{\sin nx}{n^p}(x \in (0,\pi))$，当 $p > 1$ 时绝对收敛，当 $0 < p \leqslant 1$ 时条件收敛，当 $p \leqslant 0$ 时发散.

4. (1) $\dfrac{3}{2}\ln 2$；(2) $\dfrac{1}{2}\ln 2$.

5. $\lim\limits_{n \to \infty} x_n = \sqrt{2}$.

6. 不一定；

7. $\sum\limits_{n=1}^{\infty} \max(a_n, b_n)$ 一定发散；$\sum\limits_{n=1}^{\infty} \min(a_n, b_n)$ 可能收敛，也可能发散.

8. 略.

9. 略.

10. 略.

11. 略.

习题 13.1

1. (1) $f_n(x) = x^n$ 在 $\left[0, \dfrac{1}{2}\right]$ 上一致收敛于零，在 $[0,1]$ 上收敛，但不一致收敛；

(2) $f_n(x) = x^n - x^{2n}$ 在 $[0,1]$ 上收敛，但不一致收敛；

(3) $f_n(x) = \dfrac{nx}{1+n+x}$ 在 $[0,1]$ 上一致收敛于 x；

(4) $f_n(x) = \dfrac{2nx}{1+n^2 x^2}$ 在 $[0,1]$ 上不一致收敛，在 $(1, +\infty)$ 上一致收敛；

(5) $f_n(x) = n\left(\sqrt{x+\dfrac{1}{n}} - \sqrt{x}\right)$ 在 $(0, +\infty)$ 上收敛，但不一致收敛；

(6) $f_n(x) = \begin{cases} n^2 x, & 0 \leqslant x \leqslant \dfrac{1}{n} \\ n^2\left(\dfrac{2}{n} - x\right), & \dfrac{1}{n} < x < \dfrac{2}{n} \\ 0, & x \geqslant \dfrac{2}{n} \end{cases}$ 在 $(0, +\infty)$ 上收敛，但不一致收敛.

2. 略.

3. 略.

4. (1) 级数在 $(0, +\infty)$ 上绝对收敛且一致收敛；

(2) 级数 $\sum\limits_{n=1}^{\infty} \dfrac{n^2}{\sqrt{n!}}(x^n + x^{-n})$ 当 $\dfrac{1}{2} \leqslant |x| \leqslant 2$ 时一致收敛；

(3) 级数 $\sum\limits_{n=1}^{\infty} \dfrac{x^2}{\left[\frac{n}{2}\right]!}$ 当 $|x| < a$ 时一致收敛；

(4) $\sum\limits_{n=1}^{\infty} \ln\left(1 + \dfrac{x^2}{n\ln^2 n}\right)$ 当 $|x| < a$ 时一致收敛；

(5) 级数 $\sum\limits_{n=1}^{\infty} \arctan \dfrac{2x}{x^2 + n^3}$ 当 $|x| < +\infty$ 时一致收敛；

(6) 级数 $\sum\limits_{n=1}^{\infty} \left(\dfrac{x^n}{n} - \dfrac{x^{n+1}}{n+1}\right)$ 当 $-1 \leqslant x \leqslant 1$ 时一致收敛.

5. 略.

6. 略.

7. 略.

8. (1) 级数 $\sum\limits_{n=2}^{\infty} \dfrac{1 - 2n}{(x^2 + n^2)[x^2 + (n-1)^2]}$ 在 $D = [-1, 1]$ 上一致且绝对收敛；

(2) 级数 $\sum\limits_{n=1}^{\infty} \dfrac{\ln(1 + nx)}{nx^n}$ 在 $[1 + a, \infty)$ 上一致收敛；

(3) 级数 $\sin nx + \sum\limits_{n=1}^{\infty} \left(\sin \dfrac{x}{n+1} - \sin \dfrac{x}{n}\right)$ 在 $D = (-\infty, +\infty)$ 上收敛，但不一致收敛；

(4) 级数 $\sum\limits_{n=1}^{\infty} \dfrac{\sin x \sin nx}{\sqrt{n+x}}$ 在 D 上一致收敛.

9. 级数 $\sum\limits_{n=1}^{\infty} 2^n \sin \dfrac{1}{3^n x}$ 在区间 $(0, +\infty)$ 上绝对收敛，但不一致收敛.

10. 略.

11. 略.

12. 略.

13. 略.

14. 略.

习题 13.2

1. (1) $f(x)$ 的定义域为 $(-1, 1)$，$f(x)$ 在 $(-1, 1)$ 内连续；

(2) $f(x)$ 在 $(-\infty, +\infty)$ 上有定义且连续；

(3) $f(x)$ 的定义域为 $\mathbf{R}$，$f(x)$ 在点 $x = 0$ 处不连续，在点 $x \neq 0$ 处连续.

2. (1) 对任意 $a \in \mathbf{R}$，$f_n(x)$ 在区间 $[0, 1]$ 上收敛于 $f(x) = 0$；

(2) 当 $a < 1$ 时，$f_n(x)$ 在区间 $[0, 1]$ 上一致收敛于零；

(3) 当 $\alpha < 2$ 时，有 $\lim\limits_{n \to \infty} \int_0^1 f_n(x) \mathrm{d}x = \int_0^1 \left[\lim\limits_{n \to \infty} f_n(x) \right] \mathrm{d}x$.

3. 略.

4. 略.

5. 略.

6. 略.

7. 略.

8. 略.

9. 略.

10. 略.

11. （1）不合理；（2）合理；（3）合理.

总练习题十三

1. （1）当 α 取任何实数时，$\{f_n(x)\}$ 在 $(0, +\infty)$ 上均收敛；

   （2）当 $\alpha \leqslant 1$ 时 $\{f_n(x)\}$ 在 $(0, +\infty)$ 上一致收敛，当 $\alpha > 1$ 时 $\{f_n(x)\}$ 在 $(0, +\infty)$ 上不一致收敛.

2. （1）$\sum\limits_{n=1}^{\infty} x^n (\ln x)^2$ 在 $[0, 1]$ 上一致收敛；

   （2）$\sum\limits_{n=1}^{\infty} x^n \ln x$ 在 $[0, 1]$ 上不一致收敛.

3. 略.

4. 收敛域为 $(0, +\infty)$，一致收敛范围为 $[c, +\infty)$，其中 c 为任一正数.

5. 略.

6. 略.

7. 对 $\forall c > 1$，级数 $\sum\limits_{n=1}^{\infty} \dfrac{n^2}{\left(x + \dfrac{1}{n}\right)^n}$ 在 $[c, +\infty)$ 上一致收敛，即在 $(1, +\infty)$ 上内

   闭一致收敛，但它在 $(1, +\infty)$ 内不一致收敛.

8. 略.

9. 略.

10. 略.

习题 14.1

1. （1）1，$[0, 2]$；（2）1，$[0, 2]$；（3）1，$[0, 2]$；（4）3，$[-3, 3]$；

(5) 3，$[-3，3)$；(6) $\sqrt{2}$，$(-\sqrt{2}，\sqrt{2})$；(7) $\dfrac{1}{2}$，$[0，1)$；(8) 2，$[-2，2]$.

2. $|x|\neq 1$.

3. $(1，5]$.

4. (1) $S(x)=\begin{cases}-\dfrac{1}{x}\ln(1-x) & 0<|x|<1\\ 1 & x=0\end{cases}$.

(2) $S(x)=\dfrac{x}{(1-x)^2}$，$|x|<1$.

5 (1) $S(a^{-1})=\dfrac{a^{-1}}{(1-a^{-1})^2}$；(2) $\dfrac{1}{3}\ln2+\dfrac{\pi}{3\sqrt{3}}$；(3) 8.

6. (1) $R=1$，收敛域为 $[-1，1]$，$S(x)=\begin{cases}1+\dfrac{1-x}{x}\ln(1-x)，& x\neq 0，1\\ 0，& x=0\\ 1，& x=1\end{cases}$.

(2) $R=1$，收敛域为 $(3，5]$，$S(x)=\ln(x-3)$，$3<x\leqslant 5$；

(3) $R=\sqrt{2}$，收敛域为 $(-\sqrt{2}，\sqrt{2})$，$S(x)=\dfrac{6x^2-x^4}{2(2-x^2)^2}$，$\sum_{n=1}^{\infty}\dfrac{2n-1}{2^n}=S(1)+\dfrac{1}{2}=3$；

(4) $R=1$，收敛域为 $(-1，1)$，$S(x)=\dfrac{x(3-x)}{(1-x)^3}$，$x\in(-1，1)$.

7. (1) 当 $a<b$ 时，该级数的收敛域为 $\left[-\dfrac{1}{b}，\dfrac{1}{b}\right]$；当 $a\geqslant b$ 时，该级数的收敛域为 $\left[-\dfrac{1}{a}，\dfrac{1}{a}\right)$.

(2) 当 $a>1$ 时，级数的收敛域为 $[-1，1]$；当 $a\leqslant 1$ 时，级数的收敛域为 $(-1，1)$.

8. (1) $\left[-\dfrac{4}{3}，-\dfrac{2}{3}\right)$；(2) $\left(-\dfrac{1}{4}，\dfrac{1}{4}\right)$；(3) $\left(-\dfrac{1}{3}，\dfrac{1}{3}\right)$.

9. (1) $R=\sqrt{R_1}$；(2) $R=\min(R_1，R_2)$；(3) $R\geqslant R_1R_2$.

习题 14.2

1. (1) $\dfrac{1}{2+x^2}=\sum_{n=0}^{\infty}\dfrac{(-1)^n}{2^{n+1}}x^{2n}$，$-\sqrt{2}<x<\sqrt{2}$；

(2) $\dfrac{x}{2-x-x^2}=\dfrac{1}{3}\sum_{n=0}^{\infty}\left[1-\dfrac{(-1)^n}{2^n}\right]x^n$，$-1<x<1$；

(3) $\dfrac{e^x-e^{-x}}{2}=x+\dfrac{x^3}{3!}+\cdots+\dfrac{x^{2n-1}}{(2n-1)!}+\cdots$，$-\infty<x<+\infty$；

(4) $e^{-x^2}=\sum_{n=0}^{\infty}\dfrac{(-x^2)^n}{n!}=\sum_{n=0}^{\infty}(-1)^n\dfrac{x^{2n}}{n!}$，$x\in(-\infty，+\infty)$；

(5) $\cos^2 x = 1 + \sum\limits_{n=1}^{\infty} (-1)^n \dfrac{2^{2n-1}}{(2n)!} x^{2n}$, $|x| < +\infty$;

(6) $\sin^3 x = \dfrac{3}{4} \sum\limits_{n=0}^{\infty} (-1)^{n+1} \dfrac{3^{2n}-1}{(2n+1)!} x^{2n+1}$, $x \in (-\infty, +\infty)$;

(7) $\dfrac{x}{\sqrt{1-2x}} = x + \sum\limits_{n=1}^{\infty} \dfrac{(2n-1)!!}{n!} x^{n+1}$, $x \in \left[-\dfrac{1}{2}, \dfrac{1}{2} \right)$;

(8) $\dfrac{1}{(1-x^2)\sqrt{1-x^2}} = \sum\limits_{n=0}^{\infty} \dfrac{(2n+1)!!}{(2n)!!} x^{2n}$, $x \in (-1,1)$;

(9) $\mathrm{e}^x \cos x = \sum\limits_{n=0}^{\infty} \dfrac{2^{\frac{n}{2}} \cos \dfrac{n\pi}{4}}{n!} x^n$, $x \in (-\infty, +\infty)$;

(10) $\dfrac{1}{1+x+x^2} = \dfrac{2}{\sqrt{3}} \sum\limits_{n=0}^{\infty} \sin \dfrac{2(n+1)}{3} \pi$, $|x| < \min\left(\dfrac{2}{|1+\sqrt{3}\mathrm{i}|}, \dfrac{2}{|1-\sqrt{3}\mathrm{i}|} \right) = 1$.

2. (1) $\arctan \dfrac{2x}{2-x^2} = \sum\limits_{n=0}^{\infty} (-1)^{[\frac{n}{2}]} \dfrac{x^{2n+1}}{(2n+1)2^n}$, $|x| \leqslant \sqrt{2}$;

(2) $\dfrac{1}{4-x} = \sum\limits_{n=0}^{\infty} \dfrac{1}{2^{n+1}} (x-2)^n$, $0 < x < 4$;

(3) $\cos x = \dfrac{1}{2} \sum\limits_{n=0}^{\infty} \dfrac{(-1)^n \left(x + \dfrac{\pi}{3} \right)^{2n}}{(2n)!} + \dfrac{\sqrt{3}}{2} \sum\limits_{n=0}^{\infty} \dfrac{(-1)^n \left(x + \dfrac{\pi}{3} \right)^{2n+1}}{(2n+1)!}$, $(-\infty < x < +\infty)$.

3. $y = \ln(1-x-2x^2) = \sum\limits_{n=1}^{\infty} \dfrac{(-1)^{n-1}-2^n}{n} x^n$, $x \in \left[-\dfrac{1}{2}, \dfrac{1}{2} \right)$.

4. $\sum\limits_{n=1}^{\infty} \dfrac{(-1)^{n-1}}{(2n-1)! 2^{2n-2}} x^{2n-1}$ 的和函数为 $S(x) = 2\sin \dfrac{x}{2}$, $x \in (-\infty, +\infty)$;

$2\sin \dfrac{x}{2} = 2\cos \dfrac{1}{2} \times \sum\limits_{n=0}^{\infty} \dfrac{(-1)^n}{(2n+1)!} \left(\dfrac{x-1}{2} \right)^{2n+1} + 2\sin \dfrac{1}{2} \times \sum\limits_{n=0}^{\infty} \dfrac{(-1)^n}{(2n)!} \left(\dfrac{x-1}{2} \right)^{2n}$, $-\infty < x < +\infty$.

5. $\left(\dfrac{\mathrm{e}^x - 1}{x} \right)' = \dfrac{1}{2!} + \dfrac{2x}{3!} \cdots + \dfrac{(n-1)x^{n-2}}{n!} + \dfrac{nx^{n-1}}{(n+1)!} + \cdots$, $x \neq 0$.

6. $\int_0^x \dfrac{\sin t}{t} \mathrm{d}t = x - \dfrac{x^3}{3 \cdot 3!} + \dfrac{x^5}{5 \cdot 5!} - \cdots + (-1)^n \dfrac{x^{2n-1}}{(2n-1)(2n-1)!} + \cdots$, $-\infty < x < +\infty$.

7. 略.

总练习题十四

1. (1) $S(x) = \mathrm{e}^{\frac{x^2}{2}} \left(\int_0^x \mathrm{e}^{-\frac{t^2}{2}} \mathrm{d}t + 1 \right)$, $x \in \mathbf{R}$;

(2) $S(x) = \dfrac{x}{2} \left(1 + \dfrac{x}{2} \right) \mathrm{e}^{\frac{x}{2}} + \mathrm{e}^{\frac{x}{2}} = \left(1 + \dfrac{x}{2} + \dfrac{x^2}{4} \right) \mathrm{e}^{\frac{x}{2}}$, $x \in \mathbf{R}$;

(3) $S(x) = \dfrac{\arcsin x}{\sqrt{1-x^2}}$，收敛域为 $(-1, 1)$.

2. $\lim\limits_{n\to\infty}\sum\limits_{k=1}^{n}\dfrac{k+2}{k!+(k+1)!+(k+2)!}=\dfrac{1}{2}$.

3. (1) 当 $|x|<1$ 时，和为 $\dfrac{x}{1-x}$；(2) 当 $|x|>1$ 时，和为 $\dfrac{1}{1-x}$.

4. (1) 一致收敛；(2) 不一致收敛.

5. 略.

6. 略.

7. 略.

8. $\sqrt[5]{240}\approx 2.9926$.

9. $\sin 9^0\approx 0.15643$.

习题 15.1

1. $s(x)=\begin{cases} -1, & -\pi<x<0 \\ 1+x^2, & 0<x<\pi \\ 0, & x=0 \\ \pi^2/2, & x=\pi \end{cases}$.

2. (1) $\cos\dfrac{x}{2}=\dfrac{2}{\pi}+\dfrac{4}{\pi}\sum\limits_{n=1}^{\infty}(-1)^{n-1}\dfrac{\cos nx}{4n^2-1}$，$-\infty<x<+\infty$.

(2) $f(x)=\dfrac{\pi}{2}+\sum\limits_{n=1}^{\infty}\dfrac{4}{(2n-1)^2\pi}\cos(2n-1)x$，$x\neq 2k\pi(k=0,\pm1,\pm2,\cdots)$，

当 $x=2k\pi$ $(k=0,\pm1,\pm2,\cdots)$ 时，其傅里叶级数收敛于 $\dfrac{f(0+0)+f(0-0)}{2}=\pi$；

当 $x=0$ 时，有 $\dfrac{\pi}{2}+\sum\limits_{n=1}^{\infty}\dfrac{4}{(2n-1)^2\pi}\cos(2n-1)x=\pi$；

由此可推得 $1+\dfrac{1}{3^2}+\dfrac{1}{5^2}+\cdots=\dfrac{\pi^2}{8}$.

(3) $f(x)=-\dfrac{\pi}{4}+\sum\limits_{n=1}^{\infty}\left[\dfrac{1-(-1)^n}{n^2\pi}\cos nx+\dfrac{(-1)^n}{n}\sin nx\right]$，$x\neq(2k-1)\pi,k=0,\pm1,\pm2,\cdots$.

(4) $f(x)=\arcsin(\cos x)=\dfrac{4}{\pi}\sum\limits_{k=0}^{\infty}\dfrac{\cos(2k+1)x}{(2k+1)^2}$，$x\in(-\infty,+\infty)$.

3. $f(x)=\sin x+\dfrac{1}{3}\sin 3x+\cdots+\dfrac{\sin(2n-1)x}{2n-1}+\cdots$ $(n\in\mathbf{N}, x\neq 0)$，当 $x=0$ 时，$f(x)$ 的傅里叶级数收敛于 0.

$$1-\frac{1}{3}+\frac{1}{5}-\frac{1}{7}+\cdots=\frac{\pi}{4} ;$$

$$\frac{1}{3}-\frac{1}{9}+\frac{1}{15}-\frac{1}{21}+\cdots=\frac{\pi}{12};$$

$$1-\frac{1}{5}+\frac{1}{7}-\frac{1}{11}+\frac{1}{13}-\frac{1}{17}+\cdots=\frac{\sqrt{3}\pi}{6}.$$

4. $\dfrac{4}{\pi}\displaystyle\sum_{k=1}^{\infty}\dfrac{\sin(2k-1)x}{2k-1}=f(x)=\begin{cases}-1, & -\pi<x<0 \\ 0, & x=0 \\ 1 & 0<x<\pi\end{cases}, \qquad \displaystyle\sum_{n=1}^{\infty}\dfrac{(-1)^{n-1}}{2n-1}=\dfrac{\pi}{4} .$

5. $\dfrac{2\pi^2}{3}+4\displaystyle\sum_{n=1}^{\infty}\dfrac{(-1)^{n+1}}{n^2}\cos nx=\pi^2-x^2, x\in(-\pi,\pi) .$

习题 15.2

1. $f(x)=\dfrac{8}{\pi^2}\displaystyle\sum_{n=1}^{\infty}\dfrac{1}{(2n-1)^2}\cos\dfrac{(2n-1)\pi x}{2}, x\in(-\infty,+\infty) .$

2. $f(x)=\dfrac{5}{2}-\dfrac{4}{\pi^2}\displaystyle\sum_{n=0}^{\infty}\dfrac{1}{(2n+1)^2}\cos(2n+1)\pi x, x\in[-1,1] , \displaystyle\sum_{n=1}^{\infty}\dfrac{1}{(2n+1)^2}=\dfrac{\pi^2}{8} .$

3. (1) $\dfrac{2}{\pi}-\dfrac{4}{\pi}\displaystyle\sum_{n=1}^{\infty}\dfrac{\cos 2nx}{4n^2-1}=|\sin x|, x\in(-\infty,+\infty) ;$

   (2) $f(x)=\dfrac{1}{2}-\dfrac{1}{\pi}\displaystyle\sum_{n=1}^{\infty}\dfrac{\sin 2n\pi x}{n}, x\neq k, k=0,\pm1,\pm2,\cdots ;$

   (3) $f(x)=2\mathrm{sh}(ah)\left[\dfrac{1}{2ah}+\displaystyle\sum_{n=1}^{\infty}(-1)^n\dfrac{ah\cos\dfrac{n\pi x}{h}-n\pi\sin\dfrac{n\pi x}{h}}{(ah)^2+(n\pi)^2}\right], x\in(-h,h) ;$

   (4) $f(x)=a+l+\dfrac{2l}{\pi}\displaystyle\sum_{n=1}^{\infty}\dfrac{1}{n}\left(\sin\dfrac{n\pi a}{l}\cos\dfrac{n\pi x}{l}-\cos\dfrac{n\pi a}{l}\sin\dfrac{n\pi x}{l}\right), x\in(a,a+2l) .$

   (5) $\sec x=\dfrac{4}{\pi}\ln(1+\sqrt{2})+\displaystyle\sum_{n=1}^{\infty}\left[\dfrac{8}{\pi}\ln(1+\sqrt{2})-\dfrac{16\sqrt{2}}{\pi}\displaystyle\sum_{k=1}^{n}\dfrac{(-1)^k}{(4k-3)(4k-1)}\right]$

      $\left(-\dfrac{\pi}{4}<x<\dfrac{\pi}{4}\right) .$

4. (1) $\dfrac{\pi^2}{3}+4\displaystyle\sum_{n=1}^{\infty}\dfrac{(-1)^n}{n^2}\cos nx=x^2, x\in[-\pi,\pi] ;$

   (2) $2\pi\displaystyle\sum_{n=1}^{\infty}\dfrac{(-1)^{n+1}}{n}\sin nx-\dfrac{8}{\pi}\displaystyle\sum_{k=1}^{\infty}\dfrac{\sin(2k+1)x}{(2k+1)^3}=x^2, x\in(0,\pi) ;$

   (3) $\dfrac{4\pi^2}{3}+4\displaystyle\sum_{n=1}^{\infty}\dfrac{\cos nx}{n^2}-4\pi\displaystyle\sum_{k=1}^{\infty}\dfrac{\sin nx}{n}=x^2, x\in(0,2\pi) ,$

      $\displaystyle\sum_{n=1}^{\infty}\dfrac{1}{n^2}=\dfrac{\pi^2}{6}, \qquad \displaystyle\sum_{n=1}^{\infty}\dfrac{(-1)^{n+1}}{n^2}=\dfrac{\pi^2}{12}, \qquad \displaystyle\sum_{n=1}^{\infty}\dfrac{1}{(2n-1)^2}=\dfrac{\pi^2}{8} .$

5. 略.

6. 正弦级数展开式为

(i) $x+1=\dfrac{2}{\pi}\sum\limits_{n=1}^{\infty}\dfrac{\pi+2}{2n-1}\sin(2n-1)x-\sum\limits_{n=1}^{\infty}\dfrac{1}{n}\sin2nx,0<x<\pi$，且当 $x=k\pi$，$k\in\mathbf{Z}$

时，$\dfrac{2}{\pi}\sum\limits_{n=1}^{\infty}\dfrac{\pi+2}{2n-1}\sin(2n-1)x-\sum\limits_{n=1}^{\infty}\dfrac{1}{n}\sin2nx=0.$

(ii) 余弦级数展开式为

$$x+1=\dfrac{\pi}{2}+1-\dfrac{4}{\pi}\sum\limits_{n=1}^{\infty}\dfrac{1}{(2n-1)^2}\cos(2n-1)x,0\leqslant x\leqslant\pi.$$

7. $M(x)=\dfrac{2pl}{\pi^2}\sum\limits_{n=1}^{\infty}\dfrac{\sin\dfrac{(2n-1)\pi}{2}}{(2n-1)^2}\sin\dfrac{(2n-1)\pi x}{l},0\leqslant x\leqslant l.$

8. $f(x)=\dfrac{a_0}{2}+\sum\limits_{n=1}^{\infty}a_n\cos nx=1-\dfrac{\pi^2}{3}+4\sum\limits_{n=1}^{\infty}\dfrac{(-1)^{n+1}}{n^2}\cos nx,0\leqslant x\leqslant\pi,$

$\sum\limits_{n=1}^{\infty}\dfrac{(-1)^{n+1}}{n^2}=\dfrac{\pi^2}{12}.$

9. $f(x)=\dfrac{1}{2}+\sum\limits_{n=1}^{\infty}\dfrac{2}{n\pi}\sin\dfrac{n\pi}{2}\cos nx=\dfrac{1}{2}+\dfrac{2}{\pi}\cos x-\dfrac{2}{3\pi}\cos3x+\dfrac{2}{5\pi}\cos5x-$

$\cdots\left(0<x<\pi,\text{且}\ x\neq\dfrac{\pi}{2}\right).$

10. (1) $a_n=0$，$n=0$，1，2，$\cdots$，$b_{2n-1}=0$，$n=1$，2，3，$\cdots$；

(2) $a_n=0$，$n=0$，1，2，$\cdots$，$b_{2n}=0$，$n=1$，2，3，$\cdots$.

总练习题十五

1. $a_3=\dfrac{2}{2}\displaystyle\int_0^2(x-1)\cos\dfrac{3\pi x}{2}\mathrm{d}x=-\dfrac{8}{9\pi^2}.$

2. $f(x)=\sum\limits_{n=1}^{\infty}\dfrac{1}{n}\sin nx=\sin x+\dfrac{1}{2}\sin2x+\dfrac{1}{3}\sin3x+\cdots(0<x\leqslant\pi).$

$\sum\limits_{n=0}^{\infty}\dfrac{(-1)^n}{2n+1}=1-\dfrac{1}{3}+\dfrac{1}{5}-\dfrac{1}{7}+\cdots=f\left(\dfrac{\pi}{2}\right)=\dfrac{\pi-\dfrac{\pi}{2}}{2}=\dfrac{\pi}{4}.$

3. $A_0=a_0$，$A_n=\dfrac{2a_n\sin nh}{n}$，$B_n=\dfrac{2b_n\sin nh}{n}$ $(n\geqslant1)$.

4. 延拓的函数 $\widetilde{f}(x)=\begin{cases} f(x), & 0<x<\dfrac{\pi}{2} \\[2mm] -f(\pi-x), & \dfrac{\pi}{2}<x<\pi \\[2mm] f(-x), & -\dfrac{\pi}{2}<x<0 \\[2mm] -f(\pi+x), & -\pi<x<-\dfrac{\pi}{2} \end{cases}.$

5. 延拓的函数 $\widetilde{f}(x)=\begin{cases} f(x), & 0<x<\dfrac{\pi}{2} \\[2mm] f(\pi-x), & \dfrac{\pi}{2}<x<\pi \\[2mm] -f(-x), & -\dfrac{\pi}{2}<x<0 \\[2mm] -f(\pi+x), & -\pi<x<-\dfrac{\pi}{2} \end{cases}$.

6. $\bar{a}_n=a_n\cos nh+b_n\sin nh$, $\bar{b}_n=b_n\cos nh-a_n\sin nh$.

7. $A_0=a_0^2$, $A_n=a_0^2+b_n^2$, $B_n=0$.

习题 16.1

1. (1) 有界集，区域，但既不是开集又不是闭集，其聚点为 $[a,b]\times[c,d]$ 中任一点，边界点为矩形 $[a,b]\times[c,d]$ 的四条边上的任一点；

   (2) 开集，不是有界集也不是区域，其聚点为平面上任一点，其边界点为两坐标轴上的点；

   (3) 无界闭集，不是开集也不是区域，其聚点为坐标轴上的任一点，其边界点与聚点相同；

   (4) 开集，区域，其聚点为 $y\geqslant x^2$ 上任一点，其边界点为 $y=x^2$ 上的所有点；

   (5) 有界开集，其聚点为开集内的任一点和任一边界点，其边界点为直线 $x=2$，$y=2$ 和 $x+y=2$ 所围成的三角形三条边上的点；

   (6) 有界闭集，其聚点为闭集中任一点，其边界点与聚点相同；

   (7) 有界闭集，其聚点为集合 $\{(x,y)\,|\,x^2+y^2\leqslant 1$ 或 $y=0,\,1\leqslant x\leqslant 2\}$ 中的所有点，其边界点为聚点中除去 $x^2+y^2<1$ 的部分；

   (8) 闭集，没有聚点，边界点为集合 $\{(x,y)\,|\,x,\,y$ 都为整数$\}$ 中的全体点；

   (9) 非开非闭的无界集，聚点为点 $(0,0)$ 及曲线 $y=\sin\dfrac{1}{x}$ 上的点，其边界点与聚点相同；

   (10) 非开非闭的无界集，没有聚点和边界点.

2. (1) 略.

   (2) 例如 $\{(x,y)\,|\,x^2+y^2=1$ 或 $y=0,\,0\leqslant x\leqslant 1\}$ 是闭集，但不是闭域.

3. 略.

4. (1) $S^\circ=\{(x,y)\,|\,x>0,\,y\neq 0\}$, $\partial S=\{(x,y)\,|\,x=0$ 或 $x>0,\,y=0\}$,
   $\overline{S}=\{(x,y)\,|\,x\geqslant 0\}$；

   (2) $S^\circ=\{(x,y)\,|\,0<x^2+y^2<1\}$, $\partial S=\{(x,y)\,|\,x^2+y^2=0$ 或 $x^2+y^2=1\}$,
   $\overline{S}=\{(x,y)\,|\,x^2+y^2\leqslant 1\}$；

   (3) $S^\circ=\varnothing$, $\partial S=\left\{(x,y)\,\middle|\,0<x\leqslant 1,\,y=\sin\dfrac{1}{x}$ 或 $x=0,\,-1\leqslant y\leqslant 1\right\}$,

$$\overline{S}=\left\{(x,\ y)\ \middle|\ 0<x\leqslant1,\ y=\sin\frac{1}{x}\ \text{或}\ x=0,\ -1\leqslant y\leqslant1\right\}.$$

5. 略.

习题 16.2

1. 略.
2. 略.
3. 略.
4. 略.
5. 略.

6. $P_n=\displaystyle\sum_{i=1}^{n}\frac{1}{i}\in\mathbf{R}.$

7. (1) $S'=\{\pm1\}$；(2) $S'=\varnothing$；(3) $S'=\{(x,\ y)\mid y^2-x^2+1\leqslant0\}.$

8. 略.

习题 16.3

1. (1) $D=\{(x,\ y)\mid x\neq\pm y\}$，是无界开点集；

   (2) $D=\{(x,\ y)\mid 2x^2+3y^2\neq0\}=R^2-\{(0,\ 0)\}$，是无界开点集；

   (3) $D=\{(x,\ y)\mid xy\geqslant0\}$，是无界闭集；

   (4) $D=\{(x,\ y)\mid 1-x^2\geqslant0\ \text{且}\ y^2-1\geqslant0\}=\{(x,\ y)\mid |x|\leqslant1\ \text{且}\ |y|\geqslant1\}$，是无界闭集；

   (5) $D=\{(x,\ y)\mid x>0\ \text{且}\ y>0\}$，是无界开点集；

   (6) $D=\{(x,\ y)\mid 2n\pi\leqslant x^2+y^2\leqslant(2n+1)\pi,\ n=0,\ 1,\ 2,\ \cdots\}$，是无界闭集；

   (7) $D=\{(x,\ y)\mid y>x\}$，是无界开点集；

   (8) $D=\{(x,\ y)\mid(x,\ y)\in\mathbf{R}^2\}$ 整个平面，是既开又闭的无界点集.

2. (1) $D=\{(x,\ y)\mid x^2+y^2<1,\ y>x\}$；

   (2) $D=\{(x,\ y,\ z)\mid x>0,\ y>0,\ z>0\}$；

   (3) $D=\{(x,\ y,\ z)\mid r^2\leqslant x^2+y^2+z^2\leqslant\mathbf{R}^2\}$；

   (4) $D=\{(x,\ y,\ z)\mid |z|\leqslant x^2+y^2,\ x^2+y^2\neq0\}.$

3. $f(x)=\dfrac{1}{(1+x^2)^{\frac{3}{2}}}.$

4. $f(x)=(x+1)^2-1=x^2+2x,\ z(x,\ y)=x+\sqrt{y}-1.$

习题 16.4

1. 略.

2. （1）函数极限不存在；（2）函数极限不存在；
   （3）函数极限不存在；（4）函数极限存在，为 0.

3. 略.

4. 略.

5. （1）1；（2）$+\infty$；（3）$\dfrac{1}{2}$；（4）2；（5）1；（6）0；（7）$+\infty$；（8）0.

6. （1）函数的重极限不存在，

$$\lim_{x\to 0}\lim_{y\to 0}\frac{y^2}{x^2+y^2}=0,\qquad \lim_{y\to 0}\lim_{x\to 0}\frac{y^2}{x^2+y^2}=1.$$

   （2）函数的两个累次极限都不存在，函数的重极限存在且为 0.

   （3）$\lim\limits_{x\to 0}\lim\limits_{y\to 0}\dfrac{x^2y^2}{x^2y^2+(x-y)^2}=0,\qquad \lim\limits_{y\to 0}\lim\limits_{x\to 0}\dfrac{x^2y^2}{x^2y^2+(x-y)^2}=0;$
   函数的重极限不存在.

   （4）$\lim\limits_{x\to 0}\lim\limits_{y\to 0}\dfrac{x^3+y^3}{x^2+y}=0,\qquad \lim\limits_{y\to 0}\lim\limits_{x\to 0}\dfrac{x^3+y^3}{x^2+y}=0;$
   函数重极限不存在.

   （5）$\lim\limits_{x\to 0}\lim\limits_{y\to 0}y\sin\dfrac{1}{x}=0,\qquad \lim\limits_{y\to 0}\lim\limits_{x\to 0}y\sin\dfrac{1}{x}$ 不存在；
   函数的重极限存在且为 0.

   （6）$\lim\limits_{x\to 0}\lim\limits_{y\to 0}\dfrac{x^2y^2}{x^3+y^3}=0,\qquad \lim\limits_{y\to 0}\lim\limits_{x\to 0}\dfrac{x^2y^2}{x^3+y^3}=0;$
   函数的重极限不存在.

   （7）函数的两个累次极限都不存在，函数的重极限不存在.

7. （1）$f(x,\ y)=\dfrac{x^2}{x^2+y^2}$；（2）$f(x,\ y)=\dfrac{x+y}{xy}\sin x\sin y$；

   （3）$f(x,\ y)=\sin x\sin y$；（4）$f(x,\ y)=\dfrac{1}{y}\sin x.$

8. （1）0；（2）0；（3）1；（4）e；（5）0；（6）1.

习题 16.5

1. （1）$f(x,\ y)$ 在集合：

$$D=\left\{(x,\ y)\ \middle|\ 0\leqslant x^2+y^2<\frac{\pi}{2}\right\}\cup\left\{(x,\ y)\ \middle|\ \frac{2k-1}{2}\pi\leqslant x^2+y^2<\frac{2k+1}{2}\pi,\ k\in\mathbf{Z}^+\right\}$$

上连续，在 $\mathbf{R}^2/D$ 处处间断；

(2) $f(x, y)$ 在集合 $D=\{(x, y) | k<x+y<k+1, k\in\mathbf{Z}\}$ 上连续，在 $\mathbf{R}^2/D$ 处处间断；

(3) $f(x, y)$ 在 $D=\{(x, y) | y\neq 0\}\bigcup\{(0, 0)\}$ 上连续，又在任意点 $(x_0, 0)$ 处间断，故 f 仅在 D 上连续；

(4) $f(x, y)$ 在整个平面 $\mathbf{R}^2$ 处处连续；

(5) $f(x, y)$ 仅在 $D=\{(x, y) | y=0\}$ 上连续；

(6) $f(x, y)$ 在整个平面 $\mathbf{R}^2$ 处处连续；

(7) 在直线 $x=m\pi$，$y=n\pi$ 以外的点处 $f(x, y)$ 是连续的；

(8) $f(x, y)$ 在其定义域上连续.

2. 略.

3. 在平面上处处连续.

4. 当 $\alpha>2$ 时，在原点连续；当 $\alpha\leqslant 2$ 时，在原点不连续.

5. 略.

习题 16.6

1. 略.

2. 略.

3. 在 D 上连续且一致连续.

4. 略.

5. 略.

总练习题十六

1. 略.

2. 略.

3. 略.

4. 略.

5. 略.

6. 略.

7. 略.

8. 提示：利用极坐标.
$$\lim_{\substack{x\to 0 \\ y\to 0}}[f(x, y)+(x-1)\mathrm{e}^y]=-1.$$

9. 略.

10. 略.

习题 17.1

1. (1) $\dfrac{\partial z}{\partial x}=5x^4-24x^3y^2$, $\dfrac{\partial z}{\partial y}=6y^5-12x^4y$;

(2) $\dfrac{\partial z}{\partial x}=2x\ln(x^2+y^2)+\dfrac{2x^3}{x^2+y^2}$, $\dfrac{\partial z}{\partial y}=\dfrac{2x^2y}{x^2+y^2}$;

(3) $\dfrac{\partial z}{\partial x}=y+\dfrac{1}{y}$, $\dfrac{\partial z}{\partial y}=x-\dfrac{x}{y^2}$;

(4) $\dfrac{\partial z}{\partial x}=y[\cos(xy)-\sin(2xy)]$, $\dfrac{\partial z}{\partial y}=x[\cos(xy)-\sin(2xy)]$;

(5) $\dfrac{\partial z}{\partial x}=e^x(\cos y+x\sin y+\sin y)$, $\dfrac{\partial z}{\partial y}=e^x(x\cos y-\sin y)$;

(6) $\dfrac{\partial z}{\partial x}=\dfrac{2x}{y}\sec^2\left(\dfrac{x^2}{y}\right)$, $\dfrac{\partial z}{\partial y}=\dfrac{x^2}{y^2}\sec^2\left(\dfrac{x^2}{y}\right)$;

(7) $\dfrac{\partial z}{\partial x}=\dfrac{1}{y}\cos\dfrac{x}{y}\cos\dfrac{y}{x}+\dfrac{y}{x^2}\sin\dfrac{x}{y}\sin\dfrac{y}{x}$, $\dfrac{\partial z}{\partial y}=-\dfrac{x}{y^2}\cos\dfrac{x}{y}\cos\dfrac{y}{x}-\dfrac{1}{x}\sin\dfrac{x}{y}\sin\dfrac{y}{x}$;

(8) $\dfrac{\partial z}{\partial x}=y^2(1+xy)^{y-1}$, $\dfrac{\partial z}{\partial y}=(1+xy)^y\left[\ln(1+xy)+\dfrac{xy}{1+xy}\right]$;

(9) $\dfrac{\partial z}{\partial x}=\dfrac{1}{x+\ln y}$, $\dfrac{\partial z}{\partial y}=\dfrac{1}{y(x+\ln y)}$;

(10) $\dfrac{\partial z}{\partial x}=\dfrac{1}{1+x^2}$, $\dfrac{\partial z}{\partial y}=\dfrac{1}{1+y^2}$;

(11) $\dfrac{\partial u}{\partial x}=(3x^2+y^2+z^2)e^{x(x^2+y^2+z^2)}$, $\dfrac{\partial u}{\partial y}=2xye^{x(x^2+y^2+z^2)}$,

$\dfrac{\partial u}{\partial z}=2xze^{x(x^2+y^2+z^2)}$;

(12) $\dfrac{\partial u}{\partial x}=\dfrac{y}{z}x^{\frac{y}{z}-1}$, $\dfrac{\partial u}{\partial y}=\dfrac{\ln x}{z}x^{\frac{y}{z}}$, $\dfrac{\partial u}{\partial z}=-\dfrac{y\ln x}{z^2}x^{\frac{y}{z}}$;

(13) $\dfrac{\partial u}{\partial x}=-\dfrac{x}{(x^2+y^2+z^2)^{\frac{3}{2}}}$, $\dfrac{\partial u}{\partial y}=-\dfrac{y}{(x^2+y^2+z^2)^{\frac{3}{2}}}$, $\dfrac{\partial u}{\partial z}=-\dfrac{z}{(x^2+y^2+z^2)^{\frac{3}{2}}}$;

(14) $\dfrac{\partial u}{\partial x}=y^zx^{y^z-1}$, $\dfrac{\partial u}{\partial y}=zy^{z-1}x^{y^z}\ln x$, $\dfrac{\partial u}{\partial z}=y^zx^{y^z}\ln x\ln y$;

(15) $\dfrac{\partial u}{\partial x_i}=a_i$, $i=1,2,\cdots,n$;

(16) $\dfrac{\partial u}{\partial x_i}=\displaystyle\sum_{j=1}^{n}a_{ij}y_j, i=1,2,\cdots,n, \dfrac{\partial u}{\partial y_j}=\displaystyle\sum_{i=1}^{n}a_{ij}x_i, j=1,2,\cdots,n$.

2. $f_x(3,4)=\dfrac{2}{5}$, $f_y=(3,4)=\dfrac{1}{5}$.

3. 略.

4. $\theta = \dfrac{\pi}{4}$.

5. $f_x(0, 0) = 0$, $f_y(0, 0)$ 不存在.

习题 17.2

1. (1) $\mathrm{d}f(1, 2) = 8\mathrm{d}x - \mathrm{d}y$;

   (2) $\mathrm{d}f(2, 4) = \dfrac{4}{21}\mathrm{d}x + \dfrac{8}{21}\mathrm{d}y$;

   (3) $\mathrm{d}f(0, 1) = \mathrm{d}x$, $\mathrm{d}f\left(\dfrac{\pi}{4}, 2\right) = \dfrac{\sqrt{2}}{8}\mathrm{d}x - \dfrac{\sqrt{2}}{8}\mathrm{d}y$. .

2. (1) $\mathrm{d}z = y^x \ln y \, \mathrm{d}x + xy^{x-1}\mathrm{d}y$;

   (2) $\mathrm{d}z = \mathrm{e}^{xy}(1 + xy)(y\mathrm{d}x + x\mathrm{d}y)$;

   (3) $\mathrm{d}z = -\dfrac{2y}{(x-y)^2}\mathrm{d}x + \dfrac{2x}{(x-y)^2}\mathrm{d}y$;

   (4) $\mathrm{d}z = -\dfrac{xy}{(x^2+y^2)^{\frac{3}{2}}}\mathrm{d}x + \dfrac{x^2}{(x^2+y^2)^{\frac{3}{2}}}\mathrm{d}y$;

   (5) $\mathrm{d}u = \dfrac{x\mathrm{d}x + y\mathrm{d}y + z\mathrm{d}z}{\sqrt{x^2+y^2+z^2}}$;

   (6) $\mathrm{d}u = \dfrac{2(x\mathrm{d}x + y\mathrm{d}y + z\mathrm{d}z)}{x^2+y^2+z^2}$.

3. 可微.

4. 可微.

5. 略.

习题 17.3

1. $\dfrac{\partial z}{\partial x} = 4x$, $\dfrac{\partial z}{\partial y} = 4y$.

2. $\dfrac{\partial z}{\partial x} = \dfrac{2x}{y^2}\ln(3x - 2y) + \dfrac{3x^2}{(3x-2y)y^2}$, $\dfrac{\partial z}{\partial x} = -\dfrac{2x^2}{y^3}\ln(3x-2y) - \dfrac{2x^2}{(3x-2y)y^2}$.

3. $\dfrac{\mathrm{d}z}{\mathrm{d}t} = \mathrm{e}^{x-2y}(\cos t - 6t^2)$.

4. $\dfrac{\mathrm{d}z}{\mathrm{d}t} = \dfrac{3(1 - 4t^2)}{\sqrt{1 - (3t - 4t^3)^2}}$

5. $\dfrac{\mathrm{d}z}{\mathrm{d}x} = \dfrac{(1+x)\mathrm{e}^x}{1 + x^2\mathrm{e}^{2x}}$.

6. $\dfrac{\mathrm{d}u}{\mathrm{d}x} = \mathrm{e}^{ax}\sin x$.

7. 略.

习题 17.4

1. (1) $\dfrac{\mathrm{d}z}{\mathrm{d}x}=\dfrac{\mathrm{e}^x(1+x)}{1+x^2\mathrm{e}^{2x}}$;

   (2) $\dfrac{\partial z}{\partial x}=\dfrac{2}{u^2+v}(u\mathrm{e}^{x+y^2}+x)$，$\dfrac{\partial z}{\partial y}=\dfrac{1}{u^2+v}(4uy\mathrm{e}^{x+y^2}+1)$;

   (3) $\dfrac{\mathrm{d}z}{\mathrm{d}t}=4t^3+3t^2+2t$;

   (4) $\dfrac{\partial z}{\partial u}=\dfrac{u}{v^2}\left[2\ln(3u-2v)+\dfrac{3u}{3u-2v}\right]$，$\dfrac{\partial z}{\partial v}=-\dfrac{2u^2}{v^2}\left[\dfrac{1}{v}\ln(3u-2v)+\dfrac{1}{3u-2v}\right]$;

   (5) $\dfrac{\partial u}{\partial x}=f_1+yf_2$，$\dfrac{\partial u}{\partial y}=f_1+xf_2$;

   (6) $\dfrac{\partial u}{\partial x}=\dfrac{1}{y}f_1$，$\dfrac{\partial u}{\partial y}=-\dfrac{x}{y^2}f_1+\dfrac{1}{z}f_2$，$\dfrac{\partial u}{\partial z}=-\dfrac{y}{z^2}f_2$.

2. (1) $\dfrac{\partial u}{\partial x}=2xf_1'+y\mathrm{e}^{xy}f_2'$，$\dfrac{\partial u}{\partial y}=-2yf_1'+x\mathrm{e}^{xy}f_2'$;

   (2) $\dfrac{\partial u}{\partial x}=\dfrac{f_s'}{y}$，$\dfrac{\partial u}{\partial y}=-\dfrac{x}{y^2}f_s'+\dfrac{1}{z}f_t'$，$\dfrac{\partial u}{\partial z}=xyf_3'$;

   (3) $\dfrac{\partial u}{\partial x}=f_1'+yf_2'+yzf_3'$，$\dfrac{\partial u}{\partial y}=xf_2'+xzf_3'$，$\dfrac{\partial u}{\partial z}=xyf_3'$.

3. 略.

4. 略.

5. $\varphi'(1)=17$.

6. $\dfrac{1}{yf(x^2-y^2)}$.

7. 略.

习题 17.5

1. $u_L(1,\ 1,\ 2)=5$.

2. $u_{AB}(5,\ 1,\ 2)=\dfrac{98}{13}$.

3. $\dfrac{\partial z}{\partial v}=-\dfrac{1}{\sqrt{2}}$.

4. (1) 当 $\alpha=\dfrac{\pi}{4}$ 时，沿 $\vec{v}=\left(\cos\dfrac{\pi}{4},\ \sin\dfrac{\pi}{4}\right)$，方向导数最大;

   (2) 当 $\alpha=\dfrac{5\pi}{4}$ 时，沿 $\vec{v}=\left(\cos\dfrac{5\pi}{4},\ \sin\dfrac{5\pi}{4}\right)$，方向导数最小;

(3) 当 $\alpha = \dfrac{3\pi}{4}$，$\dfrac{7\pi}{4}$ 时，沿 $\vec{v} = \left(\cos\dfrac{3\pi}{4},\ \sin\dfrac{3\pi}{4}\right)$ 或 $\vec{v} = \left(\cos\dfrac{7\pi}{4},\ \sin\dfrac{7\pi}{4}\right)$，方向导数 为零.

5. (1) $\operatorname{grad} f(1,\ 2) = (2,\ 2)$；

   (2) $\left.\dfrac{\partial f}{\partial v}\right|_{(1,2)} = \dfrac{14}{5}$.

6. (1) $\operatorname{grad} z = (2x + y^3 \cos(xy),\ 2y\sin(xy) + xy^2\cos(xy))$；

   (2) $\operatorname{grad} z = \left(-\dfrac{2x}{a^2},\ -\dfrac{2y}{b^2}\right)$；

   (3) $\operatorname{grad} u = (2x + 3y + 6,\ 4y + 3x + 4z - 2,\ 6z + 4y - 5)$，$\operatorname{grad} u(1,\ 1,\ 1) = (11,\ 9,\ 5)$.

7. $\operatorname{grad} u\left(5,\ -3,\ \dfrac{2}{3}\right) = (3,\ -5,\ 0)$，$\left|\operatorname{grad} u\left(5,\ -3,\ \dfrac{2}{3}\right)\right| = \sqrt{34}$.

8. 函数值增长最快的方向为 $(1,\ 1)$ 和 $(-1,\ -1)$.

9. 略.

习题 17.6

1. (1) $\dfrac{\partial^2 z}{\partial x^2} = \dfrac{2xy}{(x^2 + y^2)^2}$，$\dfrac{\partial^2 z}{\partial x \partial y} = \dfrac{y^2 - x^2}{(x^2 + y^2)^2}$，$\dfrac{\partial^2 z}{\partial y^2} = -\dfrac{2xy}{(x^2 + y^2)^2}$；

   (2) $\dfrac{\partial^2 z}{\partial x^2} = (2 - y)\cos(x + y) - x\sin(x + y)$，

   $\dfrac{\partial^2 z}{\partial x \partial y} = (1 - y)\cos(x + y) - (1 + x)\sin(x + y)$，

   $\dfrac{\partial^2 z}{\partial y^2} = -y\cos(x + y) - (x + 2)\sin(x + y)$；

   (3) $\dfrac{\partial^3 z}{\partial x^2 \partial y} = (2 + 4xy + x^2 y^2)\mathrm{e}^{xy}$，$\dfrac{\partial^3 z}{\partial x \partial y^2} = (3x^2 + x^3 y)\mathrm{e}^{xy}$；

   (4) $\dfrac{\partial^4 u}{\partial x^4} = -\dfrac{6a^4}{(ax + by + cz)^4}$，$\dfrac{\partial^4 u}{\partial x^2 \partial y^2} = \dfrac{\partial^4 u}{\partial y^2 \partial x^2} = -\dfrac{6a^2 b^2}{(ax + by + cz)^4}$；

   (5) $\dfrac{\partial^{p+q} z}{\partial x^p \partial y^q} = p!q!$；

   (6) $\dfrac{\partial^{p+q+r} u}{\partial x^p \partial y^q \partial z^r} = (x + p)(y + q)(z + r)\mathrm{e}^{x+y+z}$.

2. $f_y(x,\ x^2) = -\dfrac{1}{2}$.

3. $\dfrac{\partial^2 z}{\partial x^2} = 2f' + 4x^2 f''$，$\dfrac{\partial^2 z}{\partial x \partial y} = 4xy f''$，$\dfrac{\partial^2 z}{\partial y^2} = 2f' + 4y^2 f''$.

4. $\dfrac{\partial^2 z}{\partial x^2} + \dfrac{\partial^2 z}{\partial y^2} = 4\sqrt{u^2 + v^2}\left(\dfrac{\partial^2 z}{\partial u^2} + \dfrac{\partial^2 z}{\partial v^2}\right)$.

5. $-2\mathrm{e}^{-x^2 y^2}$.

6. $f_1\left(xy, \dfrac{x}{y}\right) - \dfrac{1}{y^2} f_2\left(xy, \dfrac{x}{y}\right) + xy f_{11}\left(xy, \dfrac{x}{y}\right) - \dfrac{x}{y^3} f_{22}\left(xy, \dfrac{x}{y}\right) - \dfrac{1}{y^2} g'\left(\dfrac{x}{y}\right).$

习题 17.7

1. 略.

2. 略.

3. $f(x, y) = -14 - 13(x-1) - 6(y-2) + 5(x-1)^2 - 12(x-1)(y-2) + 4(y-2)^2 + 3(x-1)^3 - 2(x-1)^2(y-2) - 2(x-1)(y-2)^2 + (y-2)^3.$

4. (1) $f(x, y) = \sin(x^2 + y^2) = x^2 + y^2 + R_2(x, y)$，其中

$$R_2(x, y) = -\dfrac{2}{3}\big[3\theta(x^2+y^2)^2 \sin(\theta^2 x^2 + \theta^2 y^2)$$
$$+ 2\theta^3(x^2+y^2)^3 \cos(\theta^2 x^2 + \theta^2 y^2)\big];$$

(2) $\dfrac{x}{y} = 1 + (x-1) - (y-1) - (x-1)(y-1) + (y-1)^2 + (x-1)(y-1)^2 - (y-1)^3 + R_3(x, y),$

其中 $R_3(x, y) = -\dfrac{(x-1)(y-1)^3}{[1+\theta(y-1)]^4} + \dfrac{1+\theta(x-1)}{[1+\theta(y-1)]^5}(y-1)^4;$

(3) $\ln(1+x+y) = \sum\limits_{p=1}^{n}(-1)^{p-1}\dfrac{(x+y)^p}{p} + (-1)^n \dfrac{(x+y)^{n+1}}{(n+1)(1+\theta x + \theta y)^{n+1}} (0 < \theta < 1);$

(4) $2x^2 - xy - y^2 - 6x - 3y + 5 = 5 + 2(x-1)^2 - (x-1)(y+2) - (y+2)^2.$

5. $f(x, y) = xy - \dfrac{1}{2}xy^2 + o\big((\sqrt{x^2+y^2})^3\big).$

6. $f(x, y) = 1 + (x+y) + \dfrac{1}{2!}(x+y)^2 + \cdots + \dfrac{1}{n!}(x+y)^n + R_n,$

其中 $R_n = \dfrac{1}{(n+1)!}(x+y)^{n+1} e^{\theta(x+y)}.$

7. (1) $f(x, y) = 1 - (x-1) + (x-1)^2 - \dfrac{1}{2}y^2 + R_2,$

$$R_2 = \dfrac{1}{3!}\Big[(x-1)\dfrac{\partial}{\partial x} + y\dfrac{\partial}{\partial y}\Big]^3 f(1+\theta(x-1), \theta y)$$
$$= -\dfrac{\cos\eta}{\xi^4}(x-1)^3 - \dfrac{\sin\eta}{\xi^3}(x-1)^2 y + \dfrac{\cos\eta}{2\xi^2}(x-1)y^2 + \dfrac{\sin\eta}{6\xi}y^3,$$

其中 $\xi = 1 + \theta(x-1)$，$\eta = \theta y$，$0 < \theta < 1;$

(2) $f(x, y) = 1 + \sum\limits_{n=1}^{k}\Big[\dfrac{1}{n!}\sum\limits_{j=0}^{n}C_n^j(-1)^{n-j}(n-j)!\cos(\dfrac{j}{2}\pi)(x-1)^{n-j}y^j\Big] + R_k,$

$$R_k = \dfrac{1}{(k+1)!}\sum\limits_{j=0}^{k+1}C_{k+1}^j(-1)^{k+1-j}(k+1-j)!\dfrac{1}{\xi^{k-j+2}}\cos(\eta+\dfrac{j}{2}\pi)(x-1)^{k+1-j}y^j.$$

8. $8.96^{2.03} \approx 85.74.$

习题 17.8

1. (1) 函数在点 $(0，0)$ 处取极大值 6；在点 $(1，\sqrt{3})$，$(1，-\sqrt{3})$，$(-1，\sqrt{3})$，$(-1，-\sqrt{3})$ 4 处取极小值 -13；

   (2) 函数在 $(1，1)$，$(-1，-1)$ 两点取极小值 -2；

   (3) 函数无极值点；

   (4) 函数在 $\left(\dfrac{\sqrt{2}}{2}，\dfrac{3}{8}\right)$，$\left(-\dfrac{\sqrt{2}}{2}，\dfrac{3}{8}\right)$ 取极小值 $-\dfrac{1}{64}$；

   (5) 函数在点 $\left(\dfrac{a^2}{b}，\dfrac{b^2}{a}\right)$ 处取极小值 $3ab$；

   (6) 函数在点 $\left(2^{\frac{1}{4}}，2^{\frac{1}{2}}，2^{\frac{3}{4}}\right)$ 处取极小值 $4 \cdot 2^{\frac{1}{4}}$.

2. 略.

3. 略.

4. 最大值为 $f_{\max}=\dfrac{3\sqrt{3}}{2}$，最小值为 $f_{\min}=0$.

5. 最佳直线为 $\xi=x-\dfrac{1}{6}$.

6. 圆内接三角形为正三角形，$S_{\max}=\dfrac{3\sqrt{3}}{4}R^2$.

7. 当 $\dfrac{R}{\sqrt{5}}=\dfrac{H}{1}=\dfrac{h}{2}$ 时，布料最省.

总练习题十七

1. 略.
2. $g'(1)=a(1+b+b^2)$.
3. $f_x(0，0)=1$，$f_y(0，0)=-1$，在点 $(0，0)$ 处不可微.
4. $a=b=0$.
5. 略.
6. 略.
7. 略.
8. 略.
9. 提示：用反证法.
10. 略.

习题 18.1

1. (1) $\dfrac{\mathrm{d}y}{\mathrm{d}x} = \dfrac{y^2 - \mathrm{e}^x}{\cos y - 2xy}.$

(2) $\dfrac{\mathrm{d}y}{\mathrm{d}x} = \dfrac{y(x\ln y - y)}{x(y\ln x - x)}.$

(3) $\dfrac{\mathrm{d}y}{\mathrm{d}x} = \dfrac{x+y}{x-y}.$

(4) $\dfrac{\mathrm{d}y}{\mathrm{d}x} = \dfrac{a^2}{(x+y)^2},\ \dfrac{\mathrm{d}^2 y}{\mathrm{d}x^2} = -\dfrac{2a^2}{(x+y)^5}\ [a^2 + (x+y)^2].$

(5) $\dfrac{\partial z}{\partial x} = \dfrac{z}{x+z},\ \dfrac{\partial z}{\partial y} = \dfrac{z^2}{y(x+z)}.$

(6) $\dfrac{\partial z}{\partial x} = \dfrac{yz}{\mathrm{e}^z - xy},\ \dfrac{\partial z}{\partial y} = \dfrac{xz}{\mathrm{e}^z - xy},\ \dfrac{\partial^2 z}{\partial x^2} = \dfrac{2y^2 z}{(\mathrm{e}^z - xy)^2} - \dfrac{y^2 z^2 \mathrm{e}^z}{(\mathrm{e}^z - xy)^3},$

$\dfrac{\partial^2 z}{\partial x \partial y} = \dfrac{z}{\mathrm{e}^z - xy} + \dfrac{2xyz}{(\mathrm{e}^z - xy)^2} - \dfrac{xyz^2 \mathrm{e}^z}{(\mathrm{e}^z - xy)^3}.$

(7) $\dfrac{\partial z}{\partial x} = \dfrac{yz}{z^2 - xy},\ \dfrac{\partial z}{\partial y} = \dfrac{xz}{z^2 - xy},\ \dfrac{\partial^2 z}{\partial x^2} = -\dfrac{2xy^3 z}{(z^2 - xy)^3},$

$\dfrac{\partial^2 z}{\partial x \partial y} = \dfrac{z^5 - 2xyz^3 - x^2 y^2 z}{(z^2 - xy)^3}.$

(8) $\dfrac{\partial z}{\partial x} = -\dfrac{f_1 + f_3}{f_2 + f_3},\ \dfrac{\partial z}{\partial y} = -\dfrac{f_1 + f_2}{f_2 + f_3}.$

(9) $\dfrac{\partial z}{\partial x} = \dfrac{z f_1}{1 - x f_1 - f_2},\ \dfrac{\partial z}{\partial y} = -\dfrac{f_2}{1 - x f_1 - f_2},$

$\dfrac{\partial^2 z}{\partial x^2} = \dfrac{1}{1 - x f_1 - f_2}\left[2\dfrac{\partial z}{\partial x} f_1 + \left(z + x\dfrac{\partial z}{\partial x}\right)^2 f_{11} + 2\dfrac{\partial z}{\partial x}\left(z + x\dfrac{\partial z}{\partial x}\right) f_{12} + \left(\dfrac{\partial z}{\partial x}\right)^2 f_{22}\right].$

(10) $\dfrac{\partial z}{\partial x} = -\dfrac{f_1 + f_2 + f_3}{f_3},\ \dfrac{\partial z}{\partial y} = -\dfrac{f_2 + f_3}{f_3},$

$\dfrac{\partial^2 z}{\partial x^2} = -\dfrac{1}{f_3^3}\left[f_3^2(f_{11} + 2f_{12} + f_{22}) - 2f_3(f_1 + f_2)(f_{13} + f_{23}) + (f_1 + f_2)^2 f_{33}\right],$

$\dfrac{\partial^2 z}{\partial x \partial y} = -\dfrac{1}{f_3^3}\left[f_3^2(f_{12} + f_{22}) - f_2 f_3 f_{13} + f_2(f_1 + f_2)f_{33} - f_3(f_1 + 2f_2)f_{23}\right].$

2. 略.
3. 略.
4. 略.
5. 略.

习题 18.2

1. 略.

2. 能.

3. (1) $\dfrac{\mathrm{d}y}{\mathrm{d}x}=-\dfrac{x}{y}\dfrac{(1+6z)}{(2+6z)}$, $\dfrac{\mathrm{d}z}{\mathrm{d}x}=\dfrac{x}{1+3z}$.

$\dfrac{\mathrm{d}^2 y}{\mathrm{d}x^2}=\dfrac{1}{2y}\left[\dfrac{1}{1+3z}-\dfrac{x^2}{2y^2}\dfrac{(1+6z)^2}{(1+3z)^2}-\dfrac{3x^2}{(1+3z)^3}-2\right]$,

$\dfrac{\mathrm{d}^2 z}{\mathrm{d}x^2}=\dfrac{1}{1+3z}-\dfrac{3x^2}{(1+3z)^3}$.

(2) $\dfrac{\partial u}{\partial x}=\dfrac{ux-vy}{y^2-x^2}$, $\dfrac{\partial v}{\partial x}=\dfrac{vx-uy}{y^2-x^2}$; $\dfrac{\partial u}{\partial y}=\dfrac{vx-uy}{y^2-x^2}$, $\dfrac{\partial v}{\partial y}=\dfrac{ux-vy}{y^2-x^2}$.

$\dfrac{\partial^2 u}{\partial x^2}=\dfrac{2u(x^2+y^2)-4xyv}{(y^2-x^2)^2}$, $\dfrac{\partial^2 u}{\partial x\partial y}=\dfrac{2v(x^2+y^2)-4xyu}{(y^2-x^2)^2}$;

(3) $\dfrac{\partial u}{\partial x}=\dfrac{f_2 g_1+uf_1(2vyg_2-1)}{f_2 g_1-(xf_1-1)(2vyg_2-1)}$, $\dfrac{\partial v}{\partial x}=\dfrac{(1-xf_1)g_1-uf_1 g_1}{f_2 g_1-(xf_1-1)(2vyg_2-1)}$;

(4) $\dfrac{\partial z}{\partial x}=uv(u+v)$, $\dfrac{\partial z}{\partial y}=uv(u-v)$;

(5) $\dfrac{\partial z}{\partial x}=\dfrac{2(u\cos v-v\sin v)}{\mathrm{e}^u}$, $\dfrac{\partial z}{\partial y}=\dfrac{2(v\cos v+u\sin v)}{\mathrm{e}^u}$.

4. (1) $\mathrm{d}z=\dfrac{yz-\sqrt{xyz}}{\sqrt{xyz}-xy}\mathrm{d}x+\dfrac{xz-2\sqrt{xyz}}{\sqrt{xyz}-xy}\mathrm{d}y$.

(2) $\mathrm{d}u=\dfrac{\sin v+x\cos v}{x\cos v+y\cos u}\mathrm{d}x+\dfrac{x\cos v-\sin u}{x\cos v+y\cos u}\mathrm{d}y$,

$\mathrm{d}v=\dfrac{y\cos u-\sin v}{x\cos v+y\cos u}\mathrm{d}x+\dfrac{y\cos u+\sin u}{x\cos v+y\cos u}\mathrm{d}y$.

5. $\dfrac{\mathrm{d}x}{\mathrm{d}y}=\dfrac{yF_1 G_2+xy^2 F_2 G_1+(y-z)F_2 G_2}{y(F_1 G_2-y^2 F_2 G_1)}$, $\dfrac{\mathrm{d}z}{\mathrm{d}y}=\dfrac{zF_1 G_2-y^3 F_2 G_1-y^2(x+y)F_1 G_1}{y(F_1 G_2-y^2 F_2 G_1)}$.

习题 18.3

1. (1) $u_x=\dfrac{\partial y}{\partial v}\Big/\dfrac{\partial(x,y)}{\partial(u,v)}=\dfrac{\sin v}{1+\mathrm{e}^u(\sin v-\cos v)}$,

$v_x=-\dfrac{\partial y}{\partial u}\Big/\dfrac{\partial(x,y)}{\partial(u,v)}=\dfrac{\cos v-\mathrm{e}^u}{[1+\mathrm{e}^u(\sin v-\cos v)]u}$,

$u_y=-\dfrac{\partial x}{\partial v}\Big/\dfrac{\partial(x,y)}{\partial(u,v)}=\dfrac{-\cos v}{1+\mathrm{e}^u(\sin v-\cos v)}$,

$v_y=\dfrac{\partial y}{\partial u}\Big/\dfrac{\partial(x,y)}{\partial(u,v)}=\dfrac{\mathrm{e}^u+\sin v}{[1+\mathrm{e}^u(\sin v-\cos v)]u}$.

(2) $z_x=-3uv$.

2. $\dfrac{\partial^2 f}{\partial r^2}+\dfrac{1}{r^2}\dfrac{\partial^2 f}{\partial\theta^2}+\dfrac{1}{r}\dfrac{\partial f}{\partial r}$.

3. 略.

4. $a\left(\dfrac{\partial^2 z}{\partial \xi^2}-\dfrac{\partial z}{\partial \xi}\right)+2b\dfrac{\partial^2 z}{\partial \xi\partial \eta}+c\left(\dfrac{\partial^2 z}{\partial \eta^2}-\dfrac{\partial z}{\partial \eta}\right)=0.$

5. $\dfrac{\partial^2 z}{\partial u\partial v}=0.$

6. (1) $\dfrac{\partial w}{\partial v}=0$; (2) $\dfrac{\partial^2 w}{\partial u^2}+\left(\dfrac{v}{u}-1\right)\dfrac{\partial^2 w}{\partial v^2}=0$; (3) $\dfrac{\partial^2 w}{\partial v^2}=0.$

7. 略.

习题 18. 4

1. 略.

2. (1) 切线方程为 $2(x-1)=y-1=4(2z-1)$,
　　法平面方程为 $8x+16y+2z=25$;

　(2) 切线方程为 $x-\dfrac{\pi}{2}+1=y-1=\dfrac{\sqrt{2}}{2}z-2$,

　　　法平面方程为 $x+y+\sqrt{2}z-\dfrac{\pi}{2}-4=0$;

　(3) 切线方程为 $\begin{cases}x+z=2\\y=-2\end{cases}$, 法平面方程为 $x=z$;

　(4) 切线方程为 $x-\dfrac{R}{\sqrt{2}}=-y+\dfrac{R}{\sqrt{2}}=-z+\dfrac{R}{\sqrt{2}}$,

　　　法平面方程为 $x-y-z+\dfrac{\sqrt{2}}{2}R=0$.

3. $(-1,\ 1,\ -1)$, $\left(-\dfrac{1}{3},\ \dfrac{1}{9},\ -\dfrac{1}{27}\right)$.

4. $(0,\ -1,\ 0)$.

5. (1) 切平面方程为 $64x+9y-z-102=0$, 法线方程为 $\dfrac{x-2}{64}=\dfrac{y-1}{9}=\dfrac{z-35}{-1}$;

　(2) 切平面方程为 $x+y-2z\ln2=0$, 法线方程为 $x-\ln2=y-\ln2=-\dfrac{1}{2\ln2}(z-1)$;

　(3) 切平面方程为 $-3y+2z+1=0$, 法线方程为 $\begin{cases}x=1\\2y+3z=5\end{cases}$.

6. 法线方程为 $x+3=\dfrac{1}{3}(y+1)=z-3$.

7. $x+3y+5z\pm83=0$.

8. $\theta=\arccos\dfrac{2bz}{a\sqrt{a^2+b^2}}$.

9. 切平面方程为 $4x-2y-3z-3=0$.

10. $\dfrac{\partial u}{\partial n}=\dfrac{11}{7}$.

习题 18.5

1. (1) $\left(\dfrac{1}{2},\ \dfrac{1}{2}\right)$ 是条件极大值点，条件极大值为 $\dfrac{1}{4}$；

   (2) $(x,\ y,\ z)=\pm\left(\dfrac{1}{3},\ -\dfrac{2}{3},\ \dfrac{2}{3}\right)$，$f_{\max}=f\left(\dfrac{1}{3},\ -\dfrac{2}{3},\ \dfrac{2}{3}\right)=3$，$f_{\min}=$

   $f\left(-\dfrac{1}{3},\ \dfrac{2}{3},\ -\dfrac{2}{3}\right)=-3$；

   (3) f 的最大值与最小值分别为方程
   $$\lambda^2+\left(\dfrac{A^2-1}{a^2}+\dfrac{B^2-1}{b^2}+\dfrac{C^2-1}{c^2}\right)\lambda+\left(\dfrac{A^2}{b^2c^2}+\dfrac{B^2}{c^2a^2}+\dfrac{C^2}{a^2b^2}\right)=0$$
   的两个根.

2. $a=b=c=\dfrac{2}{3}p$，面积最大的三角形为正三角形，最大面积为 $\dfrac{\sqrt{3}}{9}p^2$.

3. 当底面半径为 $\sqrt[3]{\dfrac{1}{2\pi}}$、高为 $\sqrt[3]{\dfrac{4}{\pi}}$ 时用料最省.

4. $d_{\max}=\sqrt{9+5\sqrt{3}}$，$d_{\min}=\sqrt{9-5\sqrt{3}}$.

5. 当 $(x,\ y)=(3,\ -1)$ 时 $S_{\max}=9$.

6. $d=\dfrac{\left|aA+bB+cC+D\right|}{\sqrt{A^2+B^2+C^2}}$.

7. $S=\dfrac{\pi ab}{C}\sqrt{A^2+B^2+C^2}$.

8. 当 $x_1=\dfrac{6p_1^{\alpha-1}p_2^{\beta}}{\alpha^{\alpha-1}\beta^{\beta}}$，$x_2=\dfrac{6p_1^{\alpha}p_2^{\beta-1}}{\alpha^{\alpha}\beta^{\beta-1}}$ 时投入的总费用最少.

总练习题十八

1. $z_x=\dfrac{1}{e^z-1}$，$z_y=\dfrac{1}{e^z-1}$，$z_{yy}=z_{xx}=-\dfrac{e^z}{(e^z-1)^3}$，$z_{xy}=-\dfrac{e^z}{(e^z-1)^3}$.

2. $\dfrac{\partial u}{\partial x}=f(x-y,\ xy^2)+xf_1'(x-y,\ xy^2)+xy^2f_2'(x-y,\ xy^2)$，

   $\dfrac{\partial^2 u}{\partial x\partial y}=-f_1'+4xyf_2'-xf_{11}''+(2x^2y-xy^2)f_{12}''+2x^2y^3f''$.

3. $\dfrac{\partial u}{\partial x}=-\dfrac{x+3v^3}{9u^2v^2-xy}$，$\dfrac{\partial v}{\partial x}=\dfrac{vy+3u^2}{9u^2v^2-xy}$.

4. 略.

5. 略.

6. 略.

7. 略.

8. 略.

9. 略.

10. 略.

11. $f_{\min}=f\left(\dfrac{a}{2},\dfrac{a}{2}\right)=\dfrac{1}{16}a^4$，$\dfrac{x^4+y^4}{2}\geqslant\dfrac{1}{16}a^4=\left(\dfrac{a}{2}\right)^4=\left(\dfrac{x+y}{2}\right)^4.$

12. 当 $x^2=R^2$，$y^2=2R^2$，$z^2=3R^2$ 时取最大值 $\ln6\sqrt{3}R^6.$

13. (1) $x^k=\dfrac{a}{a+b+c}$，$y^k=\dfrac{b}{a+b+c}$，$z^k=\dfrac{c}{a+b+c}$ 时取极大值 $\left(\dfrac{a^ab^bc^c}{(a+b+c)^{a+b+c}}\right)^{\frac{1}{k}}.$

  (2) 略.

14. 当 $a=\dfrac{3\sqrt{2}}{2}$，$b=\dfrac{\sqrt{6}}{2}$ 时，椭圆 $\dfrac{x^2}{a^2}+\dfrac{y^2}{b^2}=1$ 包含圆 $(x-1)^2+y^2=1$，且面积最小.

15. 略.

16. $f_{\max}=\sqrt{\displaystyle\sum_{k=1}^{n}a_k^2}$，$f_{\min}=-\sqrt{\displaystyle\sum_{k=1}^{n}a_k^2}.$

17. $f_{\max}=\lambda_n$，$f_{\min}=\lambda_1.$

习题 19.1

1. (1) 1；(2) $\dfrac{8}{3}$；(3) $\dfrac{\pi}{4}.$

2. 略.

3. $\displaystyle\int_0^y x\cos(xy)\mathrm{d}x+\sin y^2=\begin{cases}-\cos y^2+\left(1+\dfrac{1}{y^2}\right)\sin y^2,&y\neq0\\0,&y=0\end{cases}.$

4. 略.

5. $\dfrac{\pi}{8}\ln2.$

6. $I_+'(0)=\dfrac{\pi}{2}$，$I_-'(0)=-\dfrac{\pi}{2}.$

7. 当 $0\leqslant r\leqslant1$ 时，$I(r)=0$；当 $r>1$ 时，$I(r)=4\pi\ln r.$

8. $I(\theta)=\pi\ln\dfrac{1+\sqrt{1-\theta^2}}{2}.$

9. $F(y)$ 在 $(-\infty,0)\bigcup(0,+\infty)$ 上连续，在 $y=0$ 不连续.

10. $\pi\arcsin a.$

11. $\dfrac{\pi}{2}\ln(1+\sqrt{2}).$

12. (1) $\arctan(1+b)-\arctan(1+a)$；(2) $\dfrac{1}{2}\ln\dfrac{b^2+2b+2}{a^2+2a+2}$.

13. $I=\dfrac{\pi}{4}$，$J=-\dfrac{\pi}{4}$，被积函数 $f(x,y)=\dfrac{x^2-y^2}{(x^2+y^2)^2}$ 在 $[0,1]\times[0,1]$ 上不连续.

习题 19.2

1. 略.
2. 略.
3. 略.
4. 略.
5. (1) 一致收敛；(2) 一致收敛；(3) 一致收敛；(4) 一致收敛；(5) 不一致收敛；(6) 一致收敛.
6. 略.
7. 略.
8. (1) $\arctan\dfrac{b}{p}-\arctan\dfrac{a}{p}$；(2) $\dfrac{\sqrt{\pi}}{2}e^{-\frac{p^2}{4}}$；(3) $\sqrt{\pi}(\sqrt{b}-\sqrt{a})$；
(4) $y\arctan y-\dfrac{1}{2}\ln(1+y^2)$.

习题 19.3

1. $\Gamma\left(\dfrac{5}{2}\right)=\dfrac{3\sqrt{\pi}}{4}$，$\Gamma\left(\dfrac{1}{2}+n\right)=\dfrac{(2n-1)!!}{2^n}\sqrt{\pi}$.

2. $\dfrac{(2n-1)!!}{2^{n+1}}\pi$.

3. $\dfrac{3\pi}{2^9}=\dfrac{3\pi}{512}$.

4. 略.

总练习题十九

1. 略.

2. $I(a)=\dfrac{1}{2}\operatorname{sgn}a\cdot\ln(1+|a|)$.

3. 略.

4. 略.

5. 略.

6. 略.

习题 20.1

1. 8.

2. 略.

3. 略.

4. 略.

5. 略.

6. 略.

7. (1) $\iint\limits_{D}(x+y)^2\mathrm{d}\sigma>\iint\limits_{D}(x+y)^3\mathrm{d}\sigma$; (2) $\iint\limits_{D}\ln(x+y)\mathrm{d}\sigma<\iint\limits_{D}\ln^2(x+y)\mathrm{d}\sigma$.

8. (1) $0\leqslant I\leqslant2$; (2) $\dfrac{200}{102}\leqslant I\leqslant2$.

9. (1) $\displaystyle\int_0^1\mathrm{d}y\int_{\mathrm{e}^y}^{\mathrm{e}}f(x,y)\mathrm{d}x$;

   (2) $\displaystyle\int_0^1\mathrm{d}y\int_{\arcsin y}^{\pi-\arcsin y}f(x,y)\mathrm{d}x-\int_{-1}^0\mathrm{d}y\int_{\pi-\arcsin y}^{2\pi+\arcsin y}f(x,y)\mathrm{d}x$;

   (3) $\displaystyle\int_0^1\mathrm{d}y\int_y^{2-y}f(x,y)\mathrm{d}x$;

   (4) $\displaystyle\int_0^a\mathrm{d}y\int_{\frac{y^2}{2a}}^{a-\sqrt{a^2-y^2}}f(x,y)\mathrm{d}x+\int_0^a\mathrm{d}y\int_{a+\sqrt{a^2-y^2}}^{2a}f(x,y)\mathrm{d}x+\int_a^{2a}\mathrm{d}y\int_{\frac{y^2}{2a}}^{2a}f(x,y)\mathrm{d}x$.

10. (1) $\dfrac{7}{6}$; (2) 1; (3) $\dfrac{11}{15}$; (4) $\dfrac{1}{6}\left(1-\dfrac{2}{\mathrm{e}}\right)$;

    (5) $\pi(1-\mathrm{e}^{-R^2})$; (6) $-6\pi^2$; (7) $\dfrac{\pi}{2}$; (8) $\dfrac{3\pi a^4}{2}$.

11. $\dfrac{\pi}{3}$.

12. (1) $\dfrac{1}{6}(b^3-a^3)\left(\dfrac{1}{m^3}-\dfrac{1}{n^3}\right)$; (2) $\dfrac{a^2b^2}{2c^2}$.

13. (1) $\dfrac{81}{10}$; (2) $\dfrac{7}{24}$; (3) $\dfrac{2\pi}{3}R^2h$; (4) $\dfrac{5\pi}{6}a^3$.

14. 略.

15. 略.

16. $\ln2\displaystyle\int_1^2 f(x)\mathrm{d}x$.

习题 20. 2

1. (1) $\dfrac{1}{448}$；(2) $\dfrac{3\ln3-2\ln2}{4}$；(3) $\dfrac{\ln2}{2}$；(4) $\dfrac{\ln2}{2}$.

2. (1) $\displaystyle\int_0^1 \mathrm{d}x \int_0^x \mathrm{d}z \int_0^{1-x} f(x,y,z)\mathrm{d}y + \int_0^1 \mathrm{d}x \int_x^1 \mathrm{d}z \int_{z-x}^{1-x} f(x,y,z)\mathrm{d}y$

　　$= \displaystyle\int_0^1 \mathrm{d}y \int_0^y \mathrm{d}z \int_0^{1-y} f(x,y,z)\mathrm{d}x + \int_0^1 \mathrm{d}y \int_y^1 \mathrm{d}z \int_{z-y}^{1-y} f(x,y,z)\mathrm{d}x$；

　(2) $\displaystyle\int_0^1 \mathrm{d}y \int_1^2 \mathrm{d}x \int_{1-x-y}^0 f(x,y,z)\mathrm{d}z$

　　$= \displaystyle\int_0^1 \mathrm{d}y \int_{-y}^0 \mathrm{d}z \int_1^2 f(x,y,z)\mathrm{d}x + \int_0^1 \mathrm{d}y \int_{-1-y}^{-y} \mathrm{d}z \int_{1-y-z}^2 f(x,y,z)\mathrm{d}x$

　　$= \displaystyle\int_{-2}^{-1} \mathrm{d}z \int_{-1-z}^1 \mathrm{d}y \int_{1-y-z}^2 f(x,y,z)\mathrm{d}x + \int_{-1}^0 \mathrm{d}z \int_0^{-z} \mathrm{d}y \int_{1-y-z}^2 f(x,y,z)\mathrm{d}x$

　　$+ \displaystyle\int_{-1}^0 \mathrm{d}z \int_{-z}^1 \mathrm{d}y \int_1^2 f(x,y,z)\mathrm{d}x$

　　$= \displaystyle\int_1^2 \mathrm{d}x \int_{1-x}^2 \mathrm{d}z \int_0^1 f(x,y,z)\mathrm{d}y + \int_1^2 \mathrm{d}x \int_{-x}^{1-x} \mathrm{d}z \int_{1-x-z}^1 f(x,y,z)\mathrm{d}y$；

　(3) $\displaystyle\int_0^1 \mathrm{d}x \int_0^{x^2} \mathrm{d}z \int_0^1 f(x,y,z)\mathrm{d}z + \int_0^1 \mathrm{d}x \int_{x^2}^{x^2+1} \mathrm{d}z \int_{\sqrt{z-x^2}}^1 f(x,y,z)\mathrm{d}y$

　　$= \displaystyle\int_0^1 \mathrm{d}y \int_0^{y^2} \mathrm{d}z \int_0^1 f(x,y,z)\mathrm{d}x + \int_0^1 \mathrm{d}y \int_{y^2}^{y^2+1} \mathrm{d}z \int_{\sqrt{z-y^2}}^1 f(x,y,z)\mathrm{d}x$；

　(4) $\displaystyle\int_0^1 \mathrm{d}x \int_0^{x^2} \mathrm{d}z \int_{\frac{z}{x}}^x f(x,y,z)\mathrm{d}y = \int_0^1 \mathrm{d}z \int_{\sqrt{z}}^1 \mathrm{d}x \int_{\frac{z}{x}}^x f(x,y,z)\mathrm{d}y$

　　$= \displaystyle\int_0^1 \mathrm{d}z \int_{\sqrt{z}}^1 \mathrm{d}y \int_y^1 f(x,y,z)\mathrm{d}x + \int_0^1 \mathrm{d}z \int_z^{\sqrt{z}} \mathrm{d}y \int_{\frac{z}{y}}^1 f(x,y,z)\mathrm{d}x$

　　$= \displaystyle\int_0^1 \mathrm{d}y \int_0^{y^2} \mathrm{d}z \int_y^1 f(x,y,z)\mathrm{d}x + \int_0^1 \mathrm{d}y \int_{y^2}^y \mathrm{d}z \int_{\frac{z}{y}}^1 f(x,y,z)\mathrm{d}x$.

3. (1) $\displaystyle\int_{-1}^1 \mathrm{d}x \int_{-\sqrt{1-x^2}}^{\sqrt{1-x^2}} \mathrm{d}y \int_{x^2+2y^2}^{2-x^2} f(x,y,z)\mathrm{d}z$；(2) $\displaystyle\int_0^1 \mathrm{d}x \int_0^{1-x} \mathrm{d}y \int_0^{xy} f(x,y,z)\mathrm{d}z$；

　(3) $\displaystyle\int_0^2 \mathrm{d}x \int_1^{2-\frac{x}{2}} \mathrm{d}y \int_x^2 f(x,y,z)\mathrm{d}z$；

4. (1) $\dfrac{8a^2}{9}$；(2) $\dfrac{59\pi R^5}{480}$；(3) $\dfrac{abc\pi^2}{2}$；(4) 3π.

5. (1) $\dfrac{4}{3}R^3\left(\pi-\dfrac{2}{3}\right)$；(2) $\dfrac{\pi^2}{4}abc$；(3) $\dfrac{abc}{3}$；(4) $\dfrac{9}{4}a^4$；(5) $\dfrac{81\pi}{2}$.

习题 20. 3

1. (1) $\bar{x}=\dfrac{3}{5}a$，$\bar{y}=\dfrac{3}{8}\sqrt{2pa}$；(2) $\bar{x}=0$，$\bar{y}=\dfrac{4b}{3\pi}$；(3) $\bar{x}=\dfrac{5a}{6}$，$\bar{y}=\dfrac{16a}{9\pi}$.

2. $\bar{x}=0$，$\bar{y}=\dfrac{3}{2\pi}$；$J_x=\dfrac{\pi}{10}$.

3. $J_{y=-1}=\dfrac{368}{105}$.

4. (1) $\bar{x}=0$，$\bar{y}=0$，$\bar{z}=\dfrac{1}{3}$；(2) $\bar{x}=\dfrac{1}{4}$，$\bar{y}=\dfrac{1}{8}$，$\bar{z}=-\dfrac{1}{4}$；

    (3) $\bar{x}=0$，$\bar{y}=0$，$\bar{z}=\dfrac{3}{4}$.

5. $\bar{x}=0$，$\bar{y}=0$，$\bar{z}=\dfrac{5}{4}R$.

6. $\dfrac{\pi\rho}{10}h^5$.

7. $\dfrac{\sqrt{2}}{2}R$.

8. (1) $F_x=0$，$F_y=0$，$F_z=2\pi G\rho_0 a\left[\dfrac{1}{a}-\dfrac{1}{\sqrt{R^2+a^2}}\right]$；

    (2) $F_x=0$，$F_y=0$，$F_z=2\pi G\rho_0\left(\sqrt{R^2+a^2}-\sqrt{R^2+(a-h)^2}-h\right)$.

习题 20.4

1. (1) 当且仅当 $p>q>1$ 时，积分收敛于 $\dfrac{1}{(q-1)(p-1)}$；

    (2) 收敛于 2π；(3) 收敛于 $\dfrac{\pi}{2}$.

2. (1) $p>1$，$q>1$ 时收敛；(2) 发散；(3) 发散.

3. (1) $p<1$ 收敛；(2) $p<1$ 收敛.

总练习题二十

1. (1) B；(2) D；(3) C；(4) B.

2. (1) $\dfrac{23\pi}{30}$；(2) $\dfrac{\pi}{2}$.

3. 略.

4. (1) 4π；(2) $1-\dfrac{\pi}{2}$；(3) $\dfrac{416}{3}$；(4) 先积 y，$\dfrac{44}{45}$.

5. 略.

6. 略.

7. $f'(0)$.

8. 略.

9. 略.

10. 略.

11. 略.

12. $\dfrac{5\sqrt{2}}{6}\pi$.

13. $\dfrac{\pi}{2}$.

习题 21. 1

1. (1) $1+\sqrt{2}$；(2) 4；(3) $\dfrac{16\sqrt{2}}{143}$；(4) $2\pi a^2$；(5) $\dfrac{\pi}{4}ae^a$.

2. $\dfrac{a(2\sqrt{2}-1)}{3}$.

习题 21. 2

1. (1) ① $-\dfrac{4}{3}R^3$；②0；(2) ① $\dfrac{2}{3}$；② 0；③ 2；(3) 13；(4) $\dfrac{\sqrt{2}}{16}\pi$.

2. $\dfrac{k}{2}(b^2-a^2)$.

3. 略.

4. 略.

5. 略.

习题 21. 3

1. (1) 0；(2) $-\dfrac{7}{24}$；(3) $\dfrac{ma^2}{8}\pi$；(4) $-a^2$.

2. (1) $\dfrac{25}{4}$；(2) $\dfrac{1}{6}a^2$；(3) $\dfrac{3\pi}{8}a^2$.

3. 略.

4. $2S_D$.

5. (1) $\dfrac{1}{2}x^2+2xy+\dfrac{1}{2}y^2+C$；(2) $e^{x+y}(x-y+1)+ye^x+C$；

(3) $y^2\sin x+x^2\sin y+C$.

6. (1) 0；(2) $-\dfrac{79}{5}$；(3) $\dfrac{5}{2}$；(4) $-\dfrac{3}{2}$.

总练习题二十一

1. (1) 0；(2) 2π；(3) 2π；(4) $\dfrac{1}{2}$；(5) $-\dfrac{\pi}{3}$；(6) -2；(7) 1.

2. (1) $-\pi a^3$；(2) $-\dfrac{\pi}{3}$；(3) $\dfrac{\pi}{2}-4$；(4) 1；(5) 2π.

3. $2\pi\sqrt{a}$.

4. $\dfrac{2\pi}{3}$.

5. 20.

6. 略.

7. $\lambda=-1$，$\dfrac{\sqrt{x^2+y^2}}{y}-\dfrac{\sqrt{x_0^2+y_0^2}}{y_0}$.

8. 略.

9. $\dfrac{\pi}{3}$.

10. 2π.

11. B.

12. $-\pi$.

13. $\left(\dfrac{3}{2}\right)^{\frac{3}{2}}$.

习题 22.1

1. (1) $\dfrac{\sqrt{2}}{2}\pi$；(2) $\dfrac{\sqrt{5}-1}{6}\pi$；(3) $\dfrac{2}{3}\pi a^2(2\sqrt{2}-1)$；(4) $2a^2(\pi-2)$.

2. (1) $125\sqrt{2}\pi$；(2) $\dfrac{\pi}{2}(\sqrt{2}+1)$；(3) $-\pi a^3$；(4) $\dfrac{\pi}{2}a^4\sin\theta\cos^2\theta$.

3. $\dfrac{2\pi}{15}(6\sqrt{3}+1)$.

4. $\left(0,\ 0,\ \dfrac{a}{3\pi}\right)$.

5. $\dfrac{4\pi}{3}\rho_0 a^4$.

习题 22.2

1. (1) $\dfrac{1}{3}$; (2) $\dfrac{2}{15}R^5$; (3) $\dfrac{\pi}{4}abc^2$;

(4) $bc(f(a)-f(0))+ac(g(b)-g(0))+ab(h(c)-h(0))$;

(5) -20π; (6) $\dfrac{8}{3}\pi R^3(a+b+c)$.

2. (1) $\dfrac{12}{5}\pi R^5$; (2) 6π.

习题 22.3

1. (1) $-\dfrac{12\pi}{5}R^5$; (2) 54π; (3) π; (4) $\dfrac{13\pi}{6}$; (5) -5π; (6) $\dfrac{2\pi}{3}$.

2. 16π.

3. $\dfrac{11}{24}$.

4. $-\dfrac{\pi}{2}a^3$.

5. 108π.

6. 略.

7. 略.

习题 22.4

1. (1) $-\sqrt{3}\pi a^2$; (2) $3a^2$; (3) 0; (4) 0; (5) $-\dfrac{9}{2}$; (6) $-2\pi a(a+b)$.

2. (1) -2; (2) $-53\dfrac{7}{12}$.

3. (1) $\dfrac{1}{3}(x^3+y^3+z^3)-2xyz+C$; (2) $x^2yz+xy^2z+xyz^2+C$;

(3) $\dfrac{1}{z}(ax+by)+C$;

4. $\dfrac{1}{3}h^3$.

习题 22.5

1. $u = x^2yz + xy^2z + xyz^2 + C.$

2. $u = \arctan \dfrac{y}{x} + \dfrac{1}{2}\ln(x^2 + y^2) + C.$

3. (1) $\mathrm{grad}f = -(x^2 + y^2 + z^2)^{-3/2}(x,\ y,\ z),$

$\mathrm{div}(f\vec{A}) = (x^2 + y^2 + z^2)^{-3/2}(-3x - 20y + 15z);$

(2) $\mathrm{grad}f = 2(x,\ y,\ z),\ \mathrm{div}(f\vec{A}) = 6x + 40y - 30z;$

(3) $\mathrm{grad}f = 2(x^2 + y^2 + z^2)^{-1}(x,\ y,\ z),\ \mathrm{div}(f\vec{A}) = \dfrac{6x + 40y - 30z}{x^2 + y^2 + z^2}.$

4. $\dfrac{3\pi}{8}.$

5. $2\pi.$

6. (1) $0,\ 2(y - z,\ z - x,\ x - y);$

(2) $6xyz,\ (x(z^2 - y^2),\ y(x^2 - z^2),\ z(y^2 - x^2));$

(3) $\dfrac{x + y + z}{xyz},\ \dfrac{1}{xyz}\left(\dfrac{y^2}{z} - \dfrac{z^2}{y},\ \dfrac{z^2}{x} - \dfrac{x^2}{z},\ \dfrac{x^2}{y} - \dfrac{y^2}{x}\right).$

总练习题二十二

1. (1) $\dfrac{4\sqrt{3}}{3}$；(2) 4π；(3) $\pi.$

2. (1) $-2\pi \mathrm{e}^a(1 - \mathrm{e}^{2a})$；(2) 1.

3. $12\pi.$

4. (1) $\pi a^2(1 - \lambda)(5 - 3\pi c) - 8\pi^2 c^2$；

(2) $\mathrm{rot}\vec{A} = (2(1 - \lambda)x,\ (1 - \lambda)y,\ (1 - \lambda)(5 - 3z))$；

(3) $\lambda = 1,\ u = \dfrac{1}{3}x^3 + 5xy - 2y + 3xyz - 2z^2 + C.$

5. (1) 当原点在 S 外部时，$\Phi = 0$；(2) 当原点在 S 内部时，$\Phi = 4\pi.$

6. 略.

7. 略.

8. Σ：$x^2 + y^2 - z^2 = 1,\ I = -\dfrac{11}{2}\pi.$

9. 1.

图书在版编目（CIP）数据

数学分析. 下册/戴斌祥总主编；郭瑞芝，刘心歌，许友军主编. --北京：中国人民大学出版社，2021.1
21 世纪数学基础课系列教材
ISBN 978-7-300-28873-4

Ⅰ．①数… Ⅱ．①戴… ②郭…③刘…④许… Ⅲ．①数学分析-高等学校-教材 Ⅳ．①O17

中国版本图书馆 CIP 数据核字（2020）第 263884 号

21 世纪数学基础课系列教材
数学分析（下册）
总主编　戴斌祥
主　编　郭瑞芝　刘心歌　许友军
Shuxue Fenxi

出版发行	中国人民大学出版社		
社　　址	北京中关村大街 31 号	**邮政编码**	100080
电　　话	010 - 62511242（总编室）		010 - 62511770（质管部）
	010 - 82501766（邮购部）		010 - 62514148（门市部）
	010 - 62515195（发行公司）		010 - 62515275（盗版举报）
网　　址	http://www.crup.com.cn		
经　　销	新华书店		
印　　刷	北京鑫丰华彩印有限公司		
规　　格	185 mm×260 mm　16 开本	**版　　次**	2021 年 1 月第 1 版
印　　张	23.5	**印　　次**	2021 年 1 月第 1 次印刷
字　　数	540 000	**定　　价**	55.00 元